河南省"十四五"普通高等教育规划教材

工程材料与成形工艺基础

第3版

主　编　徐晓峰

副主编　张万红　梁新合

参　编　贾利晓　杨正海

机械工业出版社

本书为适应21世纪培养高级工程技术人才的需要，按照“宽口径、厚基础、重实践、广适应”的培养模式，遵循教育部工程材料与机械制造基础系列课程指导组对教学内容的基本要求，总结多年来教学探索和实践经验，在第2版的基础上修订而成。

本书主要包括工程材料、材料成形工艺和机械加工工艺三部分。工程材料部分除了介绍金属材料的组织结构、性能、相图、热处理工艺、改性处理和强化处理方法，还介绍了非金属材料和复合材料；材料成形工艺部分介绍了金属的液态成形、塑性成形，材料的连接成形，非金属材料和复合材料的成型以及现代成形技术等内容；机械加工工艺部分介绍了切削加工的基础知识、零件表面的常见加工方法、机械零件的结构工艺性、机械加工工艺过程和先进制造技术等内容。

本书可作为高等工科院校本科机械类及近机类专业的教材，也可作为高等职业技术学校、高等专科学校相关专业的教材，还可供从事相关工程技术领域工作的技术人员参考。

图书在版编目（CIP）数据

工程材料与成形工艺基础/徐晓峰主编. —3版. —北京：机械工业出版社，2023.11

河南省“十四五”普通高等教育规划教材

ISBN 978-7-111-74280-7

Ⅰ.①工… Ⅱ.①徐… Ⅲ.①工程材料-成型-高等学校-教材 Ⅳ.①TB3

中国国家版本馆CIP数据核字（2023）第226176号

机械工业出版社（北京市百万庄大街22号 邮政编码100037）

策划编辑：赵亚敏　　责任编辑：赵亚敏　章承林

责任校对：龚思文　张　薇　　封面设计：张　静

责任印制：常天培

北京机工印刷厂有限公司印刷

2023年12月第3版第1次印刷

184mm×260mm · 21印张 · 515千字

标准书号：ISBN 978-7-111-74280-7

定价：65.00元

电话服务

客服电话：010-88361066

010-88379833

010-68326294

网络服务

机　工　官　网：www.cmpbook.com

机　工　官　博：weibo.com/cmp1952

金　书　网：www.golden-book.com

机工教育服务网：www.cmpedu.com

第3版前言

本书按照“宽口径、厚基础、重实践、广适应”的培养模式，为适应21世纪培养高级工程技术人才的需要而编写。在内容选择上，本着实用、精炼的原则，以介绍机械制造过程中的材料选用、毛坯生产、机械加工的基本理论和方法为主，既包括传统的加工方法，又吸收了生产实践中广泛应用的新技术、新工艺，在保证教材内容的科学性、完整性的同时，也体现了先进性和相对稳定性。

按照机械类、材料类及相关工程专业的教学要求，本次修订对部分内容进行了修改：改正了原教材中的错误；增加了绪论、学习目标及要求、章前导读，便于学生学习，引导学生思考，提高学习兴趣；遵循“由简单到复杂，由初级到中级，再由中级到高级”的认识规律，删减了部分超纲的内容和难度较大的实例。本书部分章节给出了重难点的讲解视频和动画演示视频。同时，为全面贯彻党的教育方针，落实立德树人根本任务，教材中引入了“新中国最早的万吨水压机”“多元的陶瓷”“揽下瓷器活的金刚钻——功勋压机”等素材视频，以培养学生的科技自立自强意识，助力培养德才兼备的拔尖创新人才。

本书共有11章，包括工程材料、金属的液态成形、金属的塑性成形、材料的连接成形、非金属材料和复合材料的成型、现代成形技术及发展趋势、切削加工的基础知识、零件表面的常见加工方法、机械零件的结构工艺性、机械加工工艺过程和先进制造技术。在编写时，以工艺方法为主线，深入浅出地讲述了相关工艺知识，为后续课程的学习建立必要的工程概念，培养初步的工程意识。

本书可作为高等工科院校本科机械类和近机类专业的教材，也可作为高等职业技术学校、高等专科学校相关专业的教材，还可供从事相关工程技术领域工作的技术人员参考。作为教材使用时，书中标有“*”的章节可作为扩展阅读内容。

本书由河南科技大学徐晓峰教授任主编，张万红、梁新合任副主编。参加本次编写和修订工作的有：河南科技大学张万红（绪论，第2、3、4章），河南科技大学梁新合（第1章1.1~1.5节、7、8、9、10章），河南科技大学徐晓峰（第6章），洛阳理工学院贾利晓（第1章1.6节），河南科技大学杨正海（第5、11章）。

本书由刘舜尧教授、陈拂晓教授审阅，在此表示衷心的感谢。在编写本书的过程中，参阅了部分国内外相关教材、科技著作及论文，在此一并向参考文献的作者表示感谢。

本书的编写力求适应高等教育改革与发展的需要，涉及的专业面较广，但由于编者学识所限，书中错误和不妥之处在所难免，敬请读者批评指正。

编　者

第2版前言

本书按照“宽口径、厚基础、重实践、广适应”的培养模式，为适应21世纪培养高级工程技术人才的需要而编写。在内容选择上，本着实用、精炼的原则，以介绍机械制造过程中的材料选用、毛坯生产、机械加工的基本理论和方法为主，既包括传统的加工方法，又吸收了生产实践中广泛应用的新技术、新工艺，在保证内容的科学性、完整性的同时，也体现了先进性和相对稳定性。

按照机械工程及相关工程专业的教学要求，本次修订对内容和结构进行了更新和充实。本书系统地介绍了材料科学与工程、材料成形科学与工程的基础理论，紧密结合材料加工和材料成形学科的现状和发展动向，列举了较多的应用实例，补充了计算机及数值模拟技术在材料学和材料加工工程行业应用的相关内容，介绍了行业前沿的科技成果。编者力求适应机械工程学科教学改革的要求，加强了对学科基础理论的阐述，增加了相关设备内容的简单介绍，提高了知识体系的完整性。本书具有知识量大、内容新、数据翔实、结构合理、紧密联系生产实际等特点。

本书共有11章，包括工程材料、金属的液态成形、金属的塑性成形、材料的连接成形、非金属材料和复合材料的成型、现代成形技术及发展趋势、切削加工的基础知识、零件表面的加工方法、机械零件的结构工艺性、机械加工工艺过程和先进制造技术。在编写时，以工艺方法为主线，深入浅出地讲述了相关工艺知识，使学生不仅知其然，也能初步知其所以然，为后续课程的学习建立必要的工程概念，培养初步的工程意识。

本书可作为高等工科院校本科机械类和近机类专业的教材，也可作为高等职业技术学校、高等专科学校相关专业的教材，还可供从事相关工程技术领域工作的技术人员参考。

2015年本书经审定被列为河南省“十二五”普通高等教育规划教材。

本书由河南科技大学徐晓峰教授任主编，张万红、梁新合任副主编。参加编写的人员有（按章节顺序）：洛阳理工学院贾利晓（第1章第1.1~1.5节）、河南科技大学杨正海（第1章第1.6节，第5章，第9章，第11章）、河南科技大学徐晓峰（第2章，第6章）、河南科技大学张万红（第3章，第4章）、河南科技大学梁新合（第7章，第8章，第10章）。

本书由刘舜尧教授、陈拂晓教授审阅，在此表示衷心的感谢。在编写本书的过程中，参阅了部分国内外相关教材、科技著作及论文，在此一并向参考文献的作者表示感谢。

本书得到了河南科技大学教材出版基金的资助，在此表示感谢。

本书的编写力求适应高等教育改革与发展的需要，涉及的专业面较广，但由于编者学识所限，书中不妥之处在所难免，敬请读者批评指正。

编　者

第1版前言

本书根据“宽口径、厚基础、重实践、广适应”的培养模式，为适应21世纪培养高级工程技术人才的需要而编写。在内容选择上，本着实用、精炼的原则，以介绍机械制造过程中的材料选用、毛坯生产、机械加工的基本理论和方法为主，既包括传统的加工方法，又吸收了生产实践中广泛应用的新技术、新工艺，以体现机械制造的发展方向，同时保证教材内容的科学性、继承性和相对稳定性。

本书共有12章，包括工程材料、金属的液态成形、金属的塑性成形、材料的焊接成形、非金属材料和复合材料的成型、现代成形技术及发展趋势、毛坯成形方法选择及质量控制、切削加工的基础知识、零件表面的加工方法、机械零件的结构工艺性、机械加工工艺过程和现代制造技术及发展趋势。在编写时，以工艺方法为主线，深入浅出地讲述了相关工艺知识，使学生不仅知其然，也能初步知其所以然，为后续课程的学习建立必要的工程概念和工程意识。

本书可作为高等工科院校本科机械类和近机类专业的教材，也可作为高等职业技术学校、高等专科学校相关专业的教材。在使用本书时，可根据专业的具体情况调整授课内容。本书还可供从事相关工程领域工作的技术人员参考。

本书由河南科技大学徐晓峰任主编，张万红、贾利晓任副主编。参加编写的有：河南科技大学徐晓峰（第2章，第6章6.1、6.2节，第7章）、成国煌（第8章，第11章）；洛阳理工学院贾利晓（第1章1.1~1.5节）；河南科技大学杨正海（第1章1.6节，第5章，第12章）、张万红（第3章，第6章6.3、6.4节）、于华（第4章，第6章6.5、6.6节）；洛阳理工学院张赛珍（第9章，第10章）。

本书由刘舜尧教授、陈拂晓教授审阅，在此表示衷心的感谢。在编写本书的过程中，参阅了部分国内外相关教材、科技著作及论文，在此一并向参考文献的作者表示感谢。

本书得到了河南科技大学教材出版基金的资助，在此表示感谢。

本书的编写力求适应高等教育改革与发展的需要，但由于编者学识所限，书中错误和不妥之处在所难免，敬请读者批评指正。

编　者

目　录

第 3 版前言
第 2 版前言
第 1 版前言
绪论 …… 1
0.1 材料的发展 …… 1
0.2 工程材料及其应用 …… 2
0.3 材料成形及产品的制造 …… 3
0.4 本课程的性质、任务、学习目的和方法 … 5
第 1 章 工程材料 …… 6
1.1 工程材料的种类与主要性能 …… 6
1.2 金属材料的结构与结晶 …… 14
1.3 铁碳合金 …… 21
1.4 金属热处理 …… 27
1.5 常用金属材料 …… 39
*1.6 非金属材料和复合材料 …… 48
复习思考题 …… 59
第 2 章 金属的液态成形 …… 62
2.1 金属液态成形工艺原理 …… 63
2.2 常用液态成形合金 …… 73
2.3 砂型铸造成形工艺 …… 84
2.4 特种铸造 …… 97
2.5 铸件结构设计 …… 102
*2.6 金属液态成形中的数值模拟 …… 109
复习思考题 …… 110
第 3 章 金属的塑性成形 …… 114
3.1 金属塑性成形工艺原理 …… 116
3.2 金属塑性成形工艺方法 …… 123
3.3 锻件与冲压件的结构设计 …… 141
*3.4 其他塑性成形工艺方法 …… 144
*3.5 数值模拟技术在塑性成形中的应用 …… 147
复习思考题 …… 149
第 4 章 材料的连接成形 …… 152
4.1 金属焊接成形工艺原理 …… 153
4.2 常用焊接成形方法 …… 163
4.3 常用金属材料的焊接 …… 172
4.4 焊接成形件的工艺设计 …… 176
*4.5 焊接成形中的数值模拟技术 …… 185
*4.6 其他连接成形方法简介 …… 186
复习思考题 …… 188
*第 5 章 非金属材料和复合材料的成型 …… 190
5.1 高分子材料的成型 …… 190
5.2 陶瓷件的成型 …… 194
5.3 复合材料的成型 …… 197
复习思考题 …… 203
*第 6 章 现代成形技术及发展趋势 … 204
6.1 快速成形技术 …… 204
6.2 粉末冶金成形技术 …… 207
6.3 半固态成形技术 …… 212
6.4 精密成形和超塑性成形技术 …… 217
6.5 高能率成形技术 …… 219
6.6 连接成形新技术 …… 222
6.7 现代成形技术发展趋势 …… 227
复习思考题 …… 227
第 7 章 切削加工的基础知识 …… 229
7.1 切削加工的分类 …… 229
7.2 切削运动与切削要素 …… 230
7.3 切削加工刀具 …… 233
7.4 切削加工过程 …… 237
7.5 金属切削条件的合理选择 …… 243
7.6 机械加工质量的概念 …… 247
复习思考题 …… 249
第 8 章 零件表面的常见加工方法 …… 250
8.1 外圆面的加工 …… 250
8.2 内圆面的加工 …… 257
8.3 平面的加工 …… 266
8.4 特形表面的加工 …… 271
复习思考题 …… 279
第 9 章 机械零件的结构工艺性 …… 281
9.1 零件结构设计的基本原则 …… 281

9.2 切削加工对零件结构工艺性的要求 … 282
复习思考题 …… 287
第 10 章 机械加工工艺过程 …… 288
10.1 机械加工工艺过程的基本概念 …… 289
10.2 工件的安装与夹具的基本知识 …… 291
10.3 机械加工工艺规程的制订 …… 296
10.4 典型零件工艺过程分析 …… 302
复习思考题 …… 308
*第 11 章 先进制造技术 …… 310
11.1 数控加工技术 …… 310
11.2 高速切削加工技术 …… 312
11.3 超精密加工 …… 313
11.4 纳米加工技术 …… 316
11.5 柔性制造系统 …… 318
11.6 虚拟制造技术 …… 320
11.7 计算机辅助设计和计算机辅助制造技术 …… 321
复习思考题 …… 323
参考文献 …… 324

绪　论

机械产品或设备是由许多零件构成的，要使机械产品从设计图样变成实物，需要经过零件的制造、装配、试验等过程。本课程就是研究机械零件的材料和加工成形方法，即从选择材料、制造毛坯直至加工出零件的综合性课程。通过本课程的学习，学生可获得常用工程材料及零件加工工艺的知识，培养工艺分析的初步能力，树立工程意识，为专业课程的学习奠定基础。

0.1　材料的发展

工程材料的应用及发展

1. 什么是材料

材料是人们用来制造各种有用的构件、器件或物品的物质。

2. 材料是人类生产生活的物质基础

材料和人类社会的关系极为密切，它是人类赖以生存和生活的物质基础。人们喝水用的杯子、吃饭用的餐具、做饭用的厨具，各种交通工具——飞机、火车、轮船，以及军工产品——坦克、大炮、运输车辆等，所有这些产品都是由各种材料制造、装配而成。可以说，没有材料的发展就没有现代文明。

3. 材料是人类文明进步的尺度

人类所用材料的创新和进步大大推动了社会生产力的发展，它标志着历史发展和人类文明的进程。历史学家把某一类材料的特征及其广泛应用，作为人类文明史各个阶段的标志。

根据材料的特征，人类的发展史可分为石器时代、青铜器时代、铁器时代、钢铁时代和新材料时代。

（1）石器时代　石器时代的人类利用各种天然材料制作各种工具和用具，并开始烧制陶器和瓷器。早在公元前6000~前5000年的新石器时代，中华民族的先人就能用黏土烧制成陶器，到东汉时期又出现了瓷器，并流传海外。

（2）青铜器时代　青铜器时代是一个辉煌的时代，我国青铜器时代制造的工具和生活用品，已经具有了精制的图案、碑文和优异的性能。在4000年前的夏朝，我们的祖先已经能够炼铜，到殷、商时期，我国的青铜冶炼和铸造技术已达到很高的水平。例如，春秋晚期越国青铜兵器“越王勾践剑”，长55.7cm，千年不锈，剑锋犀利，能割断发丝。

（3）铁器时代　在铁器时代，由铁制作的各种农具、手工工具及各种兵器得以广泛应用，大大促进了当时社会的发展。

（4）钢铁时代　坦泰尼克号、埃菲尔铁塔、金门大桥都是钢铁时代的象征。

埃菲尔铁塔于1889年建成，塔高300m，天线高24m，总高324m。其用金属7300t，钢铁构件有18038个，使用铆钉259万个。

金门大桥（Golden Gate Bridge）是世界著名的桥梁之一，也是近代桥梁工程的一项奇迹。大桥长约1900m、宽约27.4m，历时4年多，于1937年5月建成通车。金门大桥共使用钢材10万多吨，耗资达3550万美元。

新中国成立后，我国先后建起了鞍山、攀枝花、宝钢等大型钢铁基地，钢产量由1949年的15.8万吨上升到2021年的超10亿吨。

（5）新材料时代　进入21世纪，世界的变化日新月异，汽车成为人们日常的交通工具，智能（无人）驾驶正逐步进入人们的生活。由于高温高强度结构材料的研发，使得载人飞船成为现实。由于光纤的生产，使得人们的通信发生了质的飞跃。

当今，人类在发展高性能金属材料的同时，也在迅速发展和应用高性能的非金属材料，并逐渐跨入人工合成材料的新时代。

4. 材料是现代文明的四大支柱之一

能源科学与技术、信息科学与技术、生物科学与技术、材料科学与技术是现代文明的四大支柱，而材料科学又是其他三大支柱的基础。所以各个国家都非常注重材料科学的发展。如美国的国家关键技术委员会1991年确定的22项关键技术中，材料占了5项：材料的合成与加工、电子和光电子材料、陶瓷、复合材料、高性能金属和合金。日本为21世纪选定的基础技术研究项目共涉及46个领域，其中有关新材料的研究项目就占14项之多。我国自2010年将新材料纳入国家七大战略性新兴产业。

自20世纪80年代以来，世界各国对新材料的开发愈加重视。光电子信息材料、先进复合材料、先进陶瓷材料、新型金属材料、高性能塑料、超导材料等不断涌现，并被迅速投入使用，给社会生产和人们的生活带来了巨大的变化。材料科学与工程领域的努力目标是按指定性能来进行材料的设计，未来的新材料将建立在“分子设计”基础之上，改变利用化学方法探索和研制新材料的传统做法。届时，新材料的合成只要通过化学计算，重新组合分子即可实现，人类将完全摆脱对天然材料的依赖，材料的研究和生产将发生根本性变革，人类的物质文明将进入一个新时代。

0.2　工程材料及其应用

工程材料是用于制造工程结构和机械零件并对力学、物理、化学性能等有一定要求的结构材料，主要是指用于机械工程、电气工程、建筑工程、石油化工工程、航空航天工程、国防建设、交通运输等领域的材料。

1. 工程材料的分类（按化学成分分类）

工程材料按其化学成分常分为金属材料、高分子材料、无机非金属材料和复合材料四大类。

金属材料又分为钢铁合金和有色金属，钢铁合金包括钢和铸铁，有色金属的种类比较多，常用的有铜及其合金、铝及其合金、钛合金、镁合金、轴承合金等。

高分子材料包括塑料、橡胶和纤维。

无机非金属材料包括水泥、玻璃、陶瓷等。

复合材料根据基体材料的不同，有树脂基、金属基、陶瓷基复合材料；按照增强相的性质和形态，可分为颗粒复合材料、纤维复合材料、层叠复合材料、碳纤维复合材料、硼纤维复合材料、金属纤维复合材料和晶须复合材料等。

在所有的工程材料中，金属材料的综合性能最好，所以应用最为广泛。高分子材料质轻、耐腐蚀，常用于化工、机械、航空航天等领域。无机非金属材料中最典型的就是陶瓷材料，由于其具有高熔点、高硬度，且耐蚀性、绝缘性好，因此主要用于电气、化工、航空航天等领域。复合材料质轻、比强度高，并结合了两种以上材料的优点，所以在航空航天等领域获得了广泛的应用。

2. 工程材料的应用

计算机、手机、电视等都是人们常用的电子设备，可穿戴设备也开始进入人们的生活，可以说没有半导体材料的工业化生产，就没有今天的数字化生活，没有低耗能的光导纤维，就不可能有现在的光纤通信。

机械工业更是材料应用的重要领域，如各种交通运输工具、化工工程设备、工程机械、加工机床等。此外，还有陶瓷发动机的发明和使用，航天器高温结构陶瓷防护瓦片的应用。可以说，没有高温高强度结构材料，就不可能有今天的航空工业和宇航工业。

0.3 材料成形及产品的制造

产品的制造

各种机械产品或设备都是由许多零件装配起来的，对这些零件有形状、尺寸和力学性能的要求。如何才能获得满足这些形状、尺寸和力学性能要求的零件呢？首先，通过液态成形、塑性成形或连接成形的方法获得毛坯或型材。金属液态成形也称为铸造生产，是获得毛坯最主要的手段，有50%以上的毛坯是通过铸造生产的方法获得的。金属塑性成形也称为压力加工成形，是获得型材的主要手段，即通过轧制、挤压、拉拔等工艺方法制得各种钢板、圆钢、方钢、无缝钢管、轨道等型材。连接成形也称为焊接，同样是获得毛坯的重要手段，即通过焊接将多个机件连接为一个整体，从而简化生产工艺；其次，通过切削加工获得零件的高精度表面。切削加工通过去除毛坯或型材上多余的金属层，获得形状、尺寸满足要求的零件，是保证零件表面尺寸及质量的主要手段。常见的切削加工方法有车削加工、铣削加工、磨削加工、数控加工、电火花、线切割等。为了满足力学性能的要求，需要在制造过程的各工序中间穿插热处理工序，以调整制件的力学性能。

1. 金属的液态成形（铸造生产）

将液态金属浇注到与零件形状相适应的铸型型腔中，待其冷却凝固，以获得毛坯或零件的生产方法称为金属液态成形，如图0-1所示。铸造生产的方法很多，有砂型铸造、金属型铸造、压力铸造、熔模铸造、离心铸

图0-1　金属的液态成形（铸造生产）

造、消失模铸造等，但是在所有的铸造生产方法中，砂型铸造是最基本的，其适应性最强，也是应用最为广泛的。铸造生产最大的特点就是能够生产出任意形状复杂的制件，特别是内腔复杂的制件。

2. 金属的塑性成形（压力加工成形）

金属材料在外力作用下产生塑性变形，获得具有一定形状、尺寸和力学性能的毛坯或零件的生产方法称为金属塑性成形，如图 0-2 所示。

压力加工方法有轧制、挤压、拉拔、自由锻造、模型锻造和板料冲压等。通过压力加工，不仅可以获得所需要的零件形状，而且可以提高制件的力学性能。

a)

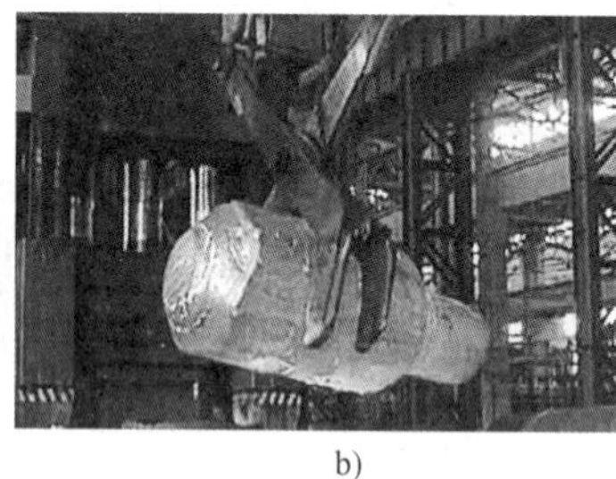
b)

c)

图 0-2　金属的塑性成形

a）手工自由锻造　b）大型锻件的生产　c）板料冲压

3. 材料的焊接

用加热、加压等工艺措施，使两分离表面产生原子间的结合与扩散作用，从而获得不可拆卸接头的材料成形方法称为焊接。

焊接生产的方法很多，从大的方面可以分为熔焊、压焊和钎焊三大类，每一类又有许多种焊接方法。图 0-3a 所示为焊条电弧焊；图 0-3b 所示为汽车覆盖件的焊接生产线，较常用的焊接方法有 CO_2 气体保护焊、氩弧焊、电阻焊等；图 0-3c 所示为焊接机器人。

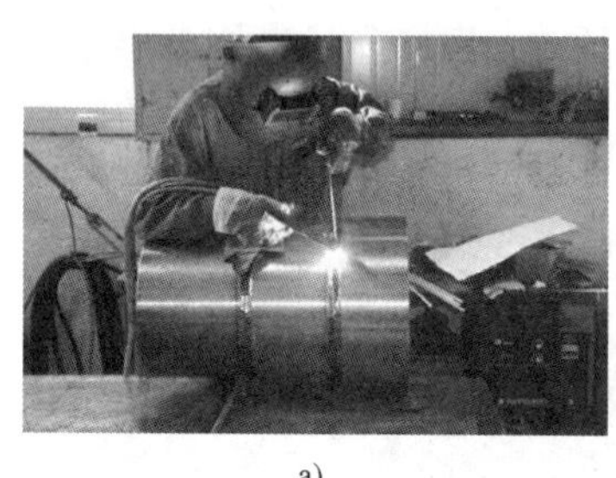
a)

b)

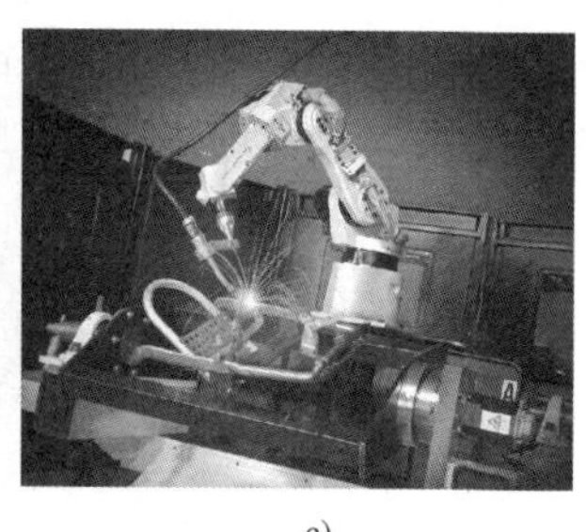
c)

图 0-3　材料的焊接

a）焊条电弧焊　b）汽车覆盖件的焊接生产线　c）焊接机器人

4. 材料的切削加工

用刀具从原材料或毛坯上切去多余的金属层，获得几何形状、尺寸精度和表面质量都符合要求的零件的生产方法称为切削加工。

图 0-4a 所示是不同表面加工的示意图，图 0-4b、c 是常用的切削加工刀具。

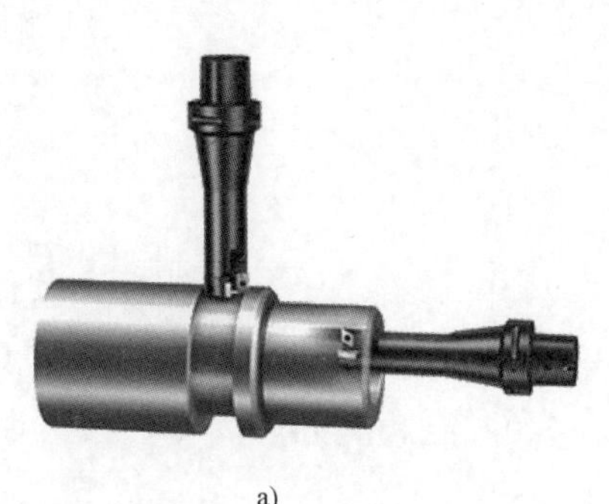

a)

b)

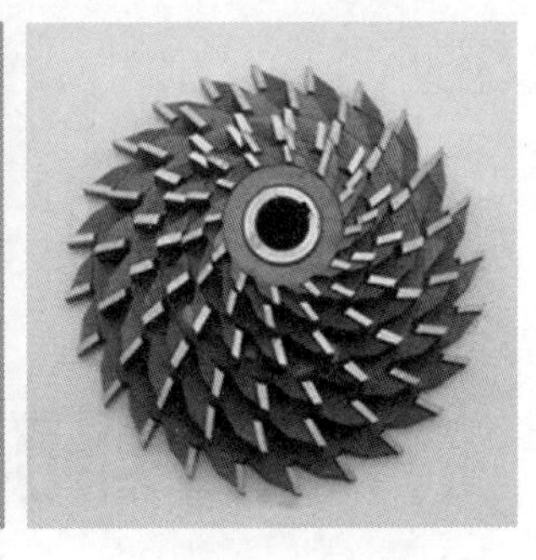

c)

图 0-4　材料的切削加工

a）零件表面的加工　b）切削加工刀具（钻头）　c）切削加工刀具（铣刀）

0.4　本课程的性质、任务、学习目的和方法

课程概述

本课程的前身是“金属工艺学”，课程改革后各高校也称其为“工程材料与机械制造基础”“金属材料成形基础”“材料成形学”“机械制造基础”等，是一门研究工程材料及其成形工艺的综合性技术基础课，是机械类、材料类、近机类各专业的必修课。通过本课程的学习，使学生建立生产过程的概念，掌握零件毛坯的加工工艺方法、金属切削加工的基础理论、零件的结构工艺性及机械加工工艺过程的基础知识，了解新材料及现代先进的制造技术和工艺知识，培养学生机械工程的基本素质和零件结构工艺性设计的能力。本课程在培养工程技术素养的全局中，具有增强学生的工程实践能力、机械技术应用能力和机械结构创新设计能力的作用。

通过学习，期望达到以下目标：

1）建立工程材料和材料成形工艺与现代机械制造的完整概念，培养良好的工程意识。

2）掌握金属材料的成分、组织与性能之间的关系，强化金属材料的基本途径，钢的热处理原理和方法，常用金属材料的性质、特点、用途和选用原则。

3）掌握各种成形工艺方法的原理、特点及适用范围，具有合理选择毛坯成形方法的能力。

4）掌握各种成形件（毛坯或零件）的结构工艺性，并具有合理设计毛坯或零件结构的能力。

5）了解与本课程有关的新技术、新工艺。

本课程融合工程材料及多种工艺方法于一体，信息量大、实践性强，叙述性内容较多。在学习中必须重视对生产实践感性知识的积累，在理解的基础上，注重比较、分析和应用，并注意前后内容的衔接和综合运用，这样才能达到预期的效果。在教学中多采用直观教学、现场教学、多媒体教学和启发式、讨论式教学等，以增强学生的感性认识，加深对教学内容的理解。在教学安排上，一般将本课程教学安排在金工实习之后，使学生积累对产品生产和零件加工的感性认识，培养一定的操作技能，才有助于学生理解和掌握本课程内容。

第 1 章 工程材料

学习目标及要求

本章主要介绍工程材料的性能、金属材料的结构、铁碳合金及钢的热处理、常用工程材料等。学习目标：第一，掌握工程材料的力学性能，了解其工艺性能；第二，掌握金属的结构及其结晶过程；第三，熟练掌握铁碳合金基本组织及相图、典型钢材的结晶转变过程；第四，掌握钢的热处理原理，了解普通热处理工艺；第五，了解常用工程材料。通过本章学习，学生应获得根据机件的用途和工况选择工程材料的基本能力。

章前导读——齿轮的选材及热处理

齿轮是一种常见的工程零件。在使用过程中，齿轮受何种载荷的作用？会产生什么形式的破坏？要求其工程材料具有怎样的力学性能？如何选择材料及相应的热处理工序呢？

1.1 工程材料的种类与主要性能

1.1.1 工程材料的种类

材料是人类社会活动的物质基础，是人类赖以生存和发展的重要条件。材料科学与技术是衡量一个国家经济实力与技术水平的重要标志，因此世界各国都把材料的研究开发放在突出地位。

人们通常所说的材料是指可供人类使用的各种材料，即能够用于制造工程结构、零件或其他产品的物质。人类使用的材料种类繁多，性能各异，本节仅介绍常用的工程材料。常见的工程材料按照化学成分可分成如下类别：

在众多工程材料中，金属材料不仅来源丰富，而且具有优良的使用性能和工艺性能，还可通过不同的成分配制和采用不同的加工工艺来改变其组织和性能，因此应用最广泛。

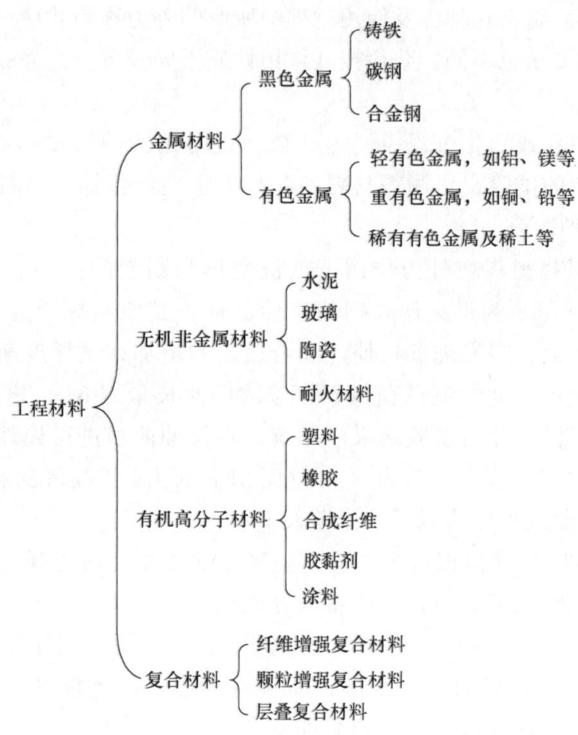

无机非金属材料的塑性和韧性远低于金属材料，但具有耐高温、耐腐蚀、抗压强度高等优点。其中，特种陶瓷材料具有独特的力学性能和物理、化学性能，能够满足工程技术的特殊要求，是发展宇航、原子能和电子等高、精、尖科学技术不可缺少的材料，已成为高温材料和功能材料的主力军。

有机高分子材料的某些力学性能不如金属材料，但它们具有金属材料不具备的某些特殊性能，如耐腐蚀、电绝缘、重量轻等。有机高分子材料来源丰富，价格低廉，因此发展很快，应用日益广泛，已成为工程上不可缺少的重要材料。

复合材料是指由两种或两种以上组分组成，具有明显界面和特殊性能的人工合成的多相固体材料。复合材料能够综合各类材料的优点，通过成分设计使各组分的性能互相补充并彼此关联，从而获得新的性能，因此是一种很有发展前途的材料。

工程材料还可以根据性能特点分为结构材料和功能材料两大类。结构材料是以强度、刚度、塑性、韧性、硬度、疲劳强度等力学性能为性能指标，用来制造承受载荷、传递动力的零件和构件的材料。结构材料可以是金属材料、无机非金属材料、有机高分子材料或复合材料。功能材料是以声、光、电、磁、热等物理性能为性能指标，用来制造具有特殊性能元件的材料。功能材料有很多，如超导材料、储氢材料、光学材料、激光材料等。

1.1.2 工程材料的力学性能

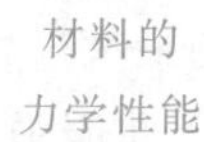
材料的力学性能

外力作用下材料的变形与失效

工程材料的力学性能是指工程材料在各种外力作用下抵抗变形或破坏的能力，是机械制造领域选用金属材料的主要依据，而且与各种加工工艺也有密切关系。工程材料力学性能范围较广，根据试验温度不同，力学性能可分为高温力学性能和常温力学性能，本书主要介绍常温力学性能。材料在加工及使用过程中所受的外力称为载荷，根据载荷作用性质不同，对材料的力学性能要求也不同。载荷按其作用性质不同，可分为静载荷和动载荷两大类。

1. 静载荷下材料的力学性能

静载荷是指大小不变或变化过程缓慢的载荷。最常用的静载试验有拉伸、压缩、弯曲、扭转等，利用这些不同的试验，可测得材料的各种力学性能指标。材料的静载力学性能指标主要有强度、塑性和硬度等。

（1）强度 强度是指材料在外力作用下抵抗变形和断裂的能力。材料的强度指标通过拉伸试验测定。图 1-1a 所示为退火低碳钢的拉伸试样，其原始标距为 L_0。试验时，将试样装夹在万能材料试验机上，缓慢加载拉伸。随着载荷的增加，试样逐渐伸长，直至试样被拉断。在此过程中，试验机自动绘制载荷（F）与试样伸长量（ΔL）之间的关系曲线，称为拉伸曲线。为了避免试样尺寸对试验结果的影响，对拉伸曲线进行处理，横轴与纵轴分别表示应变（单位长度上的变形量）、应力（单位面积上的力），可得到相应的应力-应变曲线（图 1-1b）。应力-应变曲线可分为以下几个阶段。

第一阶段：从 O 到 a，该阶段应力与应变呈现正比关系，属于弹性变形阶段。该阶段试样只产生弹性变形，此时去掉载荷，试样将恢复原状。

第二阶段：从 a 到 b，该阶段应力与应变呈现非正比关系，属于塑性变形阶段。该阶段去掉载荷时，会产生不可恢复的永久变形，即塑性变形。在此阶段，载荷不增加甚至减小时，试样变形依然增大，这种现象称为屈服现象。

第三阶段：从 b 到 c，随着载荷的不断增加，塑性变形量不断增大，材料变形抗力也在增加，因此称此阶段为强化阶段。c 点对应的载荷为材料所能承受的最大载荷，在该点处试样上的局部截面急剧缩小，该现象称为缩颈现象。材料所承受的最大应力称为抗拉强度 R_m。

第四阶段：从 c 到 d，试样的变形集中于缩颈处，称为缩颈阶段。因为试样的局部截面逐渐减小，载荷也逐渐降低，试样变形到 d 点时随即断裂。

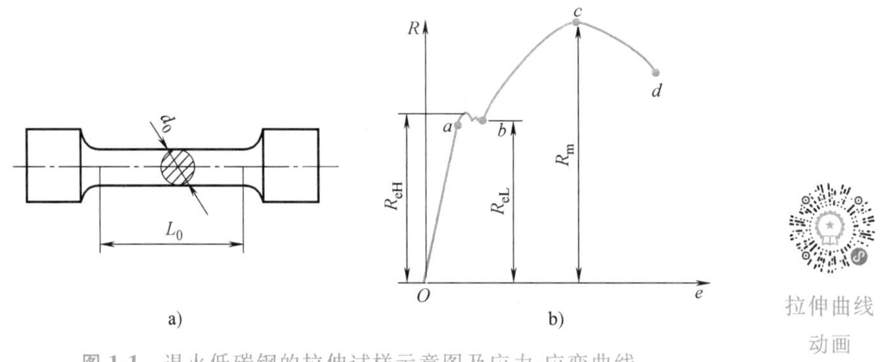

图 1-1 退火低碳钢的拉伸试样示意图及应力-应变曲线

a）拉伸试样示意图 b）应力-应变曲线

1）屈服强度。当金属材料呈现屈服现象时，在试验期间达到塑性变形发生而力不增加的应力点，区分为上屈服强度 R_{eH} 和下屈服强度 R_{eL}。上屈服强度是试样发生屈服现象而力首次下降前的最大应力，下屈服强度是指在屈服期间，不计初始瞬时效应时的最小应力，如图 1-1b 所示。屈服强度的单位为 N/mm^2 或 MPa。

对于没有明显屈服现象的金属材料（如高碳钢），用塑性伸长率等于规定的引伸计标距

百分率时对应的应力，即规定塑性延伸强度 R_p 表示材料的屈服强度。如 $R_{p0.2}$ 表示规定塑性伸长率为 0.2%时的应力。

屈服强度表示材料抵抗微量塑性变形的能力，是设计和选材的主要依据。屈服强度越大，其抵抗塑性变形的能力越强，越难以发生塑性变形。工业合金提高屈服强度的常用手段有固溶强化、形变强化、沉淀强化、弥散强化、晶界强化和亚晶界强化。温度、应变速率和应力状态对屈服强度也有影响。

2）抗拉强度。材料在拉断前所能承受的最大应力，表征材料抵抗断裂的能力，用符号 R_m 表示，其值为

$$R_m = \frac{F}{S_0}$$

式中 F——试样拉断前所承受的最大载荷（N）。

S_0——试样原始横截面面积（mm^2）。

抗拉强度的单位为 N/mm^2 或 MPa。抗拉强度也是机械零件设计和选材的重要依据，是评定金属材料强度的重要指标。当机械零件在工作时承受的应力值大于该值时，零件就会产生断裂。因此，抗拉强度也表征了材料抵抗断裂的能力。

（2）弹性模量　弹性变形是指去除载荷后，形状和尺寸能恢复至原始状态的变形。在弹性变形范围内，施加载荷与其引起的变形量成正比关系，其比例系数称为弹性模量，也称为刚性，用符号 E 表示，即 $E=R/e$。弹性模量 E 表征材料产生弹性变形的难易程度，其大小主要取决于材料内部原子间的作用力，而热处理、冷变形、合金化等强化手段对其影响较小。

零件的刚度与材料的刚度不同，它除了取决于材料的刚度，还与零件的截面尺寸、形状以及载荷作用的方式有关。如果材料的刚度不够，则可以通过增加截面尺寸或改变截面形状来提高零件的刚性。

（3）塑性　塑性是指材料产生塑性变形而不被破坏的能力。常用的塑性指标有断后伸长率 A 和断面收缩率 Z，它们也是通过拉伸试验测得的。

1）断后伸长率 A 是指试样被拉断后标距的伸长量 ΔL 与原始标距 L_0 之比，即

$$A = \frac{\Delta L}{L_0} \times 100\% = \frac{L_k - L_0}{L_0} \times 100\%$$

式中 L_k——试样断裂后的标距（mm）；

L_0——试样的原始标距（mm）。

需要说明的是，不同长度的试样测得的断后伸长率不同，因此，比较材料的断后伸长率时要注意试样规格的统一。

2）断面收缩率 Z 是指试样被拉断后，试样横截面面积的最大缩减量与原始横截面面积之比，即

$$Z = \frac{\Delta S}{S_0} \times 100\% = \frac{S_0 - S_k}{S_0} \times 100\%$$

式中 S_0——原始横截面面积（mm^2）；

S_k——拉断处的最小横截面面积（mm^2）。

显然，A、Z 越大，表明材料断裂前产生的塑性变形量越大，即塑性越好。零件塑性成

形，如需冲压、拉深、折弯、锻造等成形工艺时，需要其材料具有良好的塑性。一般零件设计时，也要求其具有一定的塑性，主要是为了避免零件偶尔过载时，不至于突然断裂。在零件的应力集中处，塑性能起到减小局部最大应力的作用，从而不至于零件早期断裂。因此，一般零件设计不仅需要具有一定的强度，还需要具有一定的塑性。

（4）硬度　硬度是指材料抵抗局部变形，特别是抵抗塑性变形、压痕或划痕的能力。材料的硬度是材料塑性与弹性的综合反映。通常，硬度越高，材料抵抗塑性变形的能力越强，材料产生塑性变形就越困难，材料的耐磨性越好。硬度常作为衡量材料耐磨性的重要指标之一。

常用的硬度指标有布氏硬度、洛氏硬度和维氏硬度等。

1）布氏硬度。布氏硬度测量原理示意图如图 1-2 所示，在一定载荷 F 的作用下，将硬质合金球压入被测材料表面，保持一定时间后卸除载荷，测量材料表面留下的压痕直径 d，并由此计算出压痕的球缺面积，此球缺单位面积上所承受的载荷即为布氏硬度值。布氏硬度值的计算公式为

$$\mathrm{HBW}=\frac{F}{S}=0.102\times\frac{2F}{\pi D(D-\sqrt{D^2-d^2})}$$

式中　F——试验载荷（N）；

S——压痕表面面积（mm^2）；

D——压头直径（mm）；

d——压痕平均直径（mm）。

布氏硬度试验的优点是压痕面积较大，能较好地反映材料的平均硬度；数据较稳定，重复性好。但测量费时，压痕较大，不适于成品零件与薄壁试样的检验。

布氏硬度的单位为 $\mathrm{N/mm^2}$，一般采用“硬度值+硬度符号（HBW）+数字/数字/数字”的形式标记。硬度符号之后的数字依次表示球形压头直径、载荷大小、载荷保持时间，如 200HBW10/3000/30 表示试验力为 3000N，保持时间为 30s，硬质合金球直径为 10mm，试样布氏硬度为 200。布氏硬度主要适用于测定灰铸铁、有色金属、各种低碳钢等硬度不高的金属，硬度值应小于 650。

2）洛氏硬度。如图 1-3 所示，洛氏硬度的测定是将一个标准压头压入试样表面，通过测量压痕深度来确定材料的硬度。压痕越深，材料越软，洛氏硬度值越低。常用的压头有两种：顶角为 120°的金刚石圆锥体压头和直径为 1.5875mm 的淬火钢球压头。洛氏硬度有 HRA、HRB、HRC 等多种表示方法，其中 HRC 最常用，其有效值范围是 20～67HRC，大量用于淬火及回火钢件的硬度测试，其数值可以直接从硬度试验机的表盘上读出。

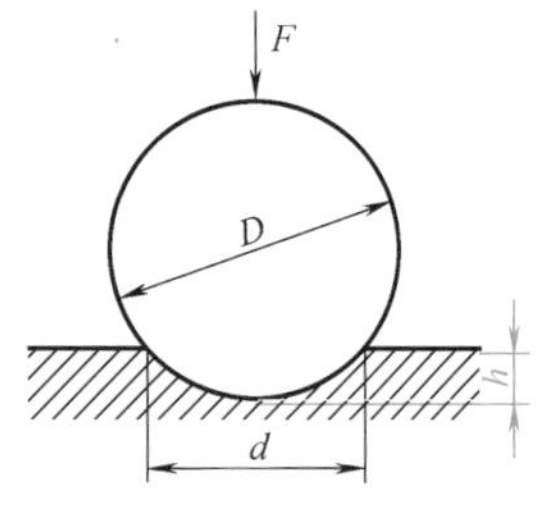

图 1-2　布氏硬度测量原理示意图

布氏硬度测定

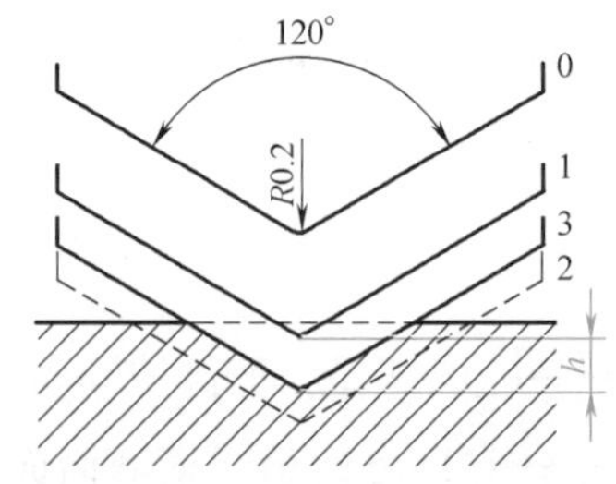

图 1-3　洛氏硬度测量原理示意图

洛氏硬度的表达方法为“硬度值+符号（HR）+使用的洛氏标尺符号+使用球形压头的类型”，如 70HR30TW 表示采用总试验力为 294. 2N、初试验力为 29. 42N、使用硬质合金球直径为 1. 5875mm，测量洛氏硬度为 70。

洛氏硬度试验的优点是压痕较小、测试效率较高，可广泛应用于热处理车间或成品零件的质量检验。但对组织较粗大且不均匀的材料，如灰铸铁、滑动轴承合金等测得的硬度值波动范围大，通常需要在不同部位测量多次，取平均值代表金属材料的硬度。

3）维氏硬度。维氏硬度的试验原理与布氏硬度基本相同，也是根据压痕单位面积上所受压力的大小来测量硬度。实际操作时，在一定载荷下将正四棱锥体形状的金刚石压头压入试样表面，测量压痕对角线长度，根据所加的载荷和对角线平均长度查表后得到材料的硬度值，用 HV 表示。如 640HV30/20 表示试验力为 30kg（294. 2N）、保持 20s，得到的硬度值为 640。

维氏硬度测量精确，硬度测量范围大，适用于测量零件表面硬化层或经化学热处理的表面层（如渗氮层）的硬度。维氏硬度所加载荷较小时又称为显微硬度，用 HM 表示，可用于测量试样表面各种组成相的硬度。

2. 动载荷下材料的力学性能

动载荷是指由于运动而产生的作用于构件上的载荷，根据作用性质的不同分为冲击载荷和交变载荷。材料的主要动载力学性能指标有冲击韧度、疲劳强度和断裂韧度。

(1) 冲击性能　材料抵抗冲击载荷的能力称为材料的冲击性能。冲击载荷是指以较高的速度施加到零件上的载荷，对于承受冲击载荷的零件需要考虑其冲击性能。

夏比冲击试验是一种常见的评定金属材料冲击韧度指标的动态试验方法。其原理如图 1-4 所示。试验时，将带缺口的标准试样放置在试验机的支座上，然后，将重量为 W（N）的摆锤抬升到一定高度 H_1，释放摆锤，冲断试样，摆锤继续上升到高度 H_2。若忽略摩擦和空气阻力等，则冲断试样所消耗的冲击吸收能量 K（J）为

$$K=W(H_1-H_2)$$

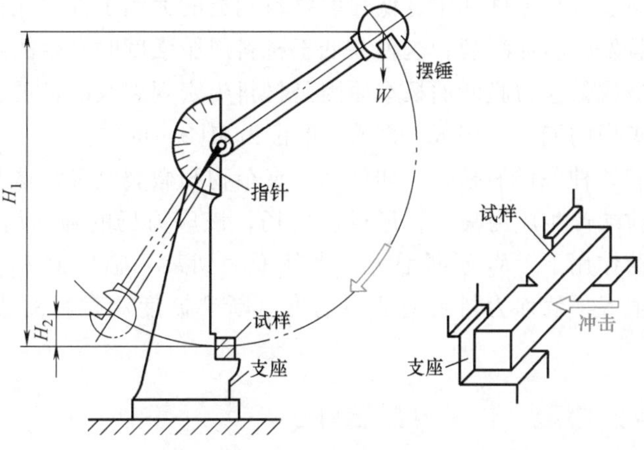

冲击韧度试验

图 1-4　夏比冲击试验原理

试验中采用的试样缺口几何形状为 U、V 两种，用下标数字 2 或 8 表示摆锤刀刃半径，如 KU_8 表示 U 型缺口试样在 8mm 摆锤刀刃下的冲击吸收能量。

一般来说，对强度相近的材料，冲击吸收能量值越大，则材料抵抗大能量冲击破坏的能

力越好，即冲击性能越好，在受到冲击时不易断裂。冲击韧性与试验温度有关，常随着温度的降低而减小，对于低温或严寒区域工作的构件或零件，应考虑最低工作温度下材料的冲击性能。冲击性能是一次大能量冲击下的试验数据，实际工作中的零件很少是受大能量一次冲击而破坏的，往往是经受小能量多次冲击，由于冲击损伤的积累引起裂纹扩展而造成断裂。

（2）疲劳强度　许多机械零件，如轴、齿轮、轴承、弹簧等，在工作中承受的是交变载荷。交变载荷是指其大小和方向随时间发生周期性循环变化的载荷，又称为循环载荷。在交变载荷作用下，虽然零件所受应力远低于材料的屈服强度，但在长期使用中往往会突然发生断裂，这种破坏过程称为疲劳断裂。

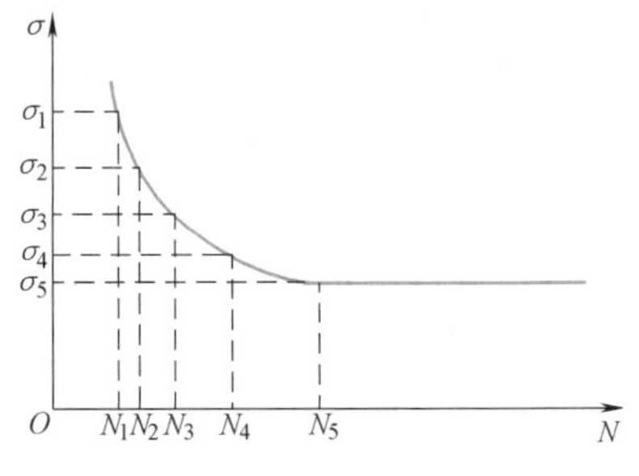

图 1-5　疲劳曲线示意图

在给定条件下，使材料发生破坏所对应的应力循环周期数（或循环次数）称为疲劳寿命。应力与疲劳寿命的关系用 σ-N 曲线表示，如图 1-5 所示，材料承受的交变应力 σ 越小，断裂前的应力循环次数 N 越多，当应力达到 σ_5 时，曲线与横坐标平行，表明当应力低于此值时，材料可经受无限多次循环而不断裂，这个应力值就称为疲劳强度。在交变应力作用下，试样具有 N 次循环而不至于引起疲劳破坏的最大应力称为对称应力循环下的疲劳强度 S。实际上，工程上采用黑色金属在经受 10^7 次、有色金属和不锈钢在经受 10^8 次交变应力作用下，不发生破坏时的应力作为材料的疲劳强度，表示材料抵抗疲劳破坏的能力。

材料的疲劳强度与其化学成分、内部组织及缺陷、表面划痕及零件截面突然改变等有关。设计零件时，为了提高零件的疲劳强度，应改善结构设计以避免应力集中；提高加工工艺以减少内部组织缺陷；还可以通过降低零件表面粗糙度值和表面强化（如表面淬火、喷丸处理等）的方法提高表面加工质量。

（3）断裂韧度　传统设计理论认为零件的最大工作应力小于材料的许用应力时是安全可靠的，但某些高强度材料零件和中、低强度材料制造的大型工件往往在工作应力远远低于材料的屈服强度时就发生脆性断裂，这种在低于材料屈服强度时发生的脆性断裂称为低应力脆断。研究表明，造成低应力脆断的根本原因是材料中宏观裂纹的扩展，断裂韧度就是表示材料抵抗裂纹失稳扩展的能力，用 K_{IC} 表示，单位为 $MPa \cdot m^{1/2}$。

在材料中存在着各种各样的缺陷，如气孔、夹杂物和微裂纹等，这些缺陷在材料受力时相当于裂纹，在其前端产生应力集中，形成应力场，该应力场的强弱用 K_I 表示，称为应力场强度因子。在载荷作用下，K_I 不断增大，当其增大到某一临界值 K_{IC} 时，材料会发生脆性断裂。这个临界值 K_{IC} 就称为材料的断裂韧度。断裂韧度对材料的成分、组织和结构很敏感。

1.1.3　工程材料的物理、化学及工艺性能

1. 工程材料的物理性能

工程材料的物理性能包括密度、熔点、导热性、导电性、热膨胀性和磁性等，各种机械零件由于用途不同，对材料的物理性能要求也有所不同。

（1）密度　单位体积某种物质的质量称为该物质的密度，用 ρ 来表示。对于金属材料，

按照密度的大小可分为轻金属和重金属。一般来说，密度小于 $5g/cm^3$ 的金属称为轻金属，如铝、镁、钛及其合金；而密度大于 $5g/cm^3$ 的金属则称为重金属，如铁、铅、钨等。非金属材料的密度相对较小，如陶瓷的密度为 $2.2\sim2.5g/cm^3$，各种塑料的密度更小，一般都在 $1.0\sim1.5g/cm^3$ 之间。

实际生产中，一些零部件的选材必须考虑材料的密度，如汽车发动机中要求采用重量轻、运动时惯性小的活塞，多采用低密度的铝合金制成。在航空领域中，密度更是选用材料的关键性能之一。

（2）熔点　熔点是指材料的熔化温度，它是制订冶炼、铸造、锻造和焊接等热加工工艺规范的一个重要参数。纯金属一般有固定的熔点，合金的熔点取决于成分，根据熔点高低，金属材料可分为难熔金属和易熔金属。

（3）导热性　材料传导热量的性能称为导热性，用热导率 λ 表示。导热性好的材料（如铜、铝及其合金）常用来制造换热器等传热设备的零部件。导热性差的材料（如陶瓷、木材、塑料等）可用来制造绝热零件。

在制订铸造、焊接、锻造和热处理等热加工工艺时，必须考虑材料的导热性，防止材料在加热和冷却过程中形成过大的内应力而造成变形与开裂。

（4）导电性　材料传导电流的能力称为导电性，常用电导率 γ 来表示，但用其倒数（电阻率 ρ）更方便。金属的电阻率常随温度的升高而增加，而非金属的电阻率随温度的升高而降低。

（5）热膨胀性　材料随着温度变化而发生体积膨胀或收缩的特性称为热膨胀性。一般来说，材料受热时膨胀而使体积增大，冷却时收缩而使体积减小。热膨胀性的大小用线胀系数 α_l 和体胀系数 α_V 来表示。在制订加工工艺时，应考虑材料的热胀影响，尽量减小工件的变形和开裂。

（6）磁性　通常把材料被磁场吸引或磁化的性能称为磁性，用磁导率 μ 来表示材料磁性的大小。具备显著磁性的材料称为磁性材料，可分为铁磁性材料、顺磁性材料和抗磁性材料。磁性只存在于一定的温度范围内，当温度升高到一定值时，磁性就会消失，这个温度称为居里点，如铁的居里点为 770℃。

2. 工程材料的化学性能

工程材料的化学性能主要是指材料在室温或高温时抵抗各种介质化学侵蚀的能力，主要包括耐蚀性、抗氧化性和化学稳定性等。

（1）耐蚀性　耐蚀性是指材料在常温下抵抗周围各种介质腐蚀的能力。金属材料在腐蚀性介质中常常会发生化学腐蚀或电化学腐蚀，因此对金属制品的腐蚀防护十分重要。在金属材料中，碳钢、铸铁的耐蚀性较差；钛及其合金、不锈钢的耐蚀性较好；铝和铜也有较好的耐蚀性。非金属材料，如陶瓷材料和塑料等都具有优良的耐蚀性。

（2）抗氧化性　材料在加热时抵抗氧化作用的能力称为抗氧化性。金属及合金抗氧化的机理是材料在高温下迅速氧化后，能在表面形成一层连续而致密并与母体结合牢固的膜以阻止进一步氧化。在钢中加入 Cr、Ni、Si 等元素，可大大提高钢的抗氧化性。在高温下工作的发动机气门、内燃机排气阀等零部件，就是采用抗氧化性好的 42Cr9Si2 等材料来制造的。

（3）化学稳定性　化学稳定性是材料耐蚀性和抗氧化性的总称。高温下的化学稳定性又称热稳定性。在高温条件下工作的设备（如锅炉、汽轮机、火箭等）上的零部件需要选择热稳定性好的材料来制造。

3. 工程材料的工艺性能

工程材料的工艺性能是指工程材料适应某种加工的能力，按照工艺方法不同，可分为铸造性能、塑性成形性能、焊接性能、热处理性能和切削加工性能。

（1）铸造性能　铸造是将液态金属浇注到铸型型腔中，经冷却凝固和清理后得到具有一定形状、尺寸和性能的铸件的工艺过程，也称为液态成形。金属及合金在铸造工艺中获得优良铸件的能力称为铸造性能。衡量铸造性能的主要指标有流动性、收缩性和偏析倾向等。金属材料中，灰铸铁和青铜的铸造性能较好。

（2）塑性成形性能　塑性成形是利用金属在外力作用下所产生的塑性变形，来获得具有一定形状、尺寸和力学性能的毛坯或零件的生产方法。用塑性成形的方法获得合格零件的难易程度称为塑性成形性能。塑性成形性能的好坏主要与金属的塑性和变形抗力有关，也与材料的成分和加工条件有很大的关系。塑性越好，变形抗力越小，材料的塑性成形性能就越好。例如，黄铜和铝合金在室温下就有良好的塑性成形性能，碳素钢在加热状态下塑性成形性能较好，铸铁、铸铝、青铜则几乎不能采用塑性成形方法。

（3）焊接性能　焊接是通过加热、加压或者既加热又加压的方式将金属或其他材料（如塑料）连接起来的一种制造工艺及技术。焊接性能是指材料对焊接加工的适应性，即在一定的焊接工艺条件下，获得优质焊接接头的难易程度。对碳钢和低合金钢，焊接性主要与材料的化学成分有关，如低碳钢具有良好的焊接性，高碳钢、合金钢和铸铁的焊接性较差。

（4）热处理性能　热处理是改变材料性能的主要手段，在热处理过程中，材料的成分、组织和结构发生变化。热处理性能是指材料热处理的难易程度和产生热处理缺陷的倾向，其衡量的指标或参数很多，如淬透性、淬硬性、回火稳定性、回火脆性、氧化与脱碳倾向及变形开裂倾向等。

（5）切削加工性能　切削加工性能是指材料在切削加工时的难易程度。切削加工性能一般由工件切削后的表面粗糙度及刀具寿命等来衡量。影响切削加工性能的因素主要有工件的化学成分、组织状态、硬度、导热性和形变强化等。一般认为，材料具有适当硬度（170~230HBW）和足够的脆性时较易切削，就材料的种类而言，铸铁、铜合金、铝合金和一般碳钢都具有较好的切削加工性能。改变钢的化学成分和进行适当的热处理，是改善钢切削加工性能的重要途径。

1.2　金属材料的结构与结晶

金属及合金的晶体结构

1.2.1　金属的晶体结构

1. 金属的理想晶体结构

（1）晶体结构的基本概念

1）晶体与非晶体。自然界中的一切固态物质，按其内部粒子的排列情况可分为晶体和非晶体两大类。凡内部粒子呈规则排列的固态物质称为晶体，如食盐、雪花、固态金属等都

是晶体。凡内部粒子呈无规则堆积的固态物质称为非晶体，如普通玻璃、松香等都是非晶体。晶体具有固定的熔点，而非晶体液态与固态之间的转变是一个逐渐过渡的过程；晶体具有各向异性的特征，而非晶体则是各向同性的。在一定条件下，晶体与非晶体可以互相转化。

2）晶格与晶胞。在晶体中，原子按一定的规律在空间有规则地堆垛在一起，如图 1-6a 所示。为了便于分析晶体中原子排列的规律，通常以通过各原子中心的假想直线把它们在三维空间里的几何排列形式描绘出来，形成如图 1-6b 所示的三维空间格架，这种表示晶体中原子排列形式的空间格架称为晶格，晶格的结点代表原子中心的位置。由于晶体中原子排列具有规律性，因此可以从晶格中取出一个能完全代表晶格结构特征的最基本的几何单元，这种基本单元称为晶胞。晶胞的大小和形状常以晶胞的棱边长度 a、b、c 及棱边夹角 α、β、γ 来表示，如图 1-6c 所示。晶胞的棱边长度一般称为晶格常数或点阵常数，单位为 mm；棱边夹角又称为轴间夹角。

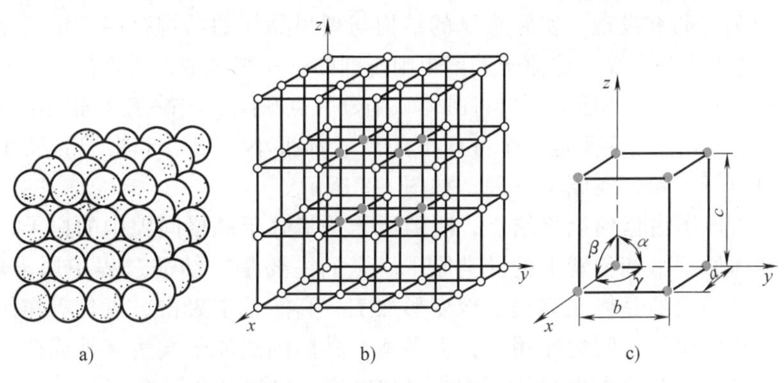

图 1-6 晶体中原子排列示意图

a）原子堆垛模型 b）晶格 c）晶胞

（2）三种常见的典型晶体结构 工业上使用的金属元素中，除少数具有复杂的晶体结构外，绝大多数都具有比较简单的晶体结构，其中最常见的金属晶体结构有体心立方晶格、面心立方晶格和密排六方晶格三种类型，如图 1-7 所示。

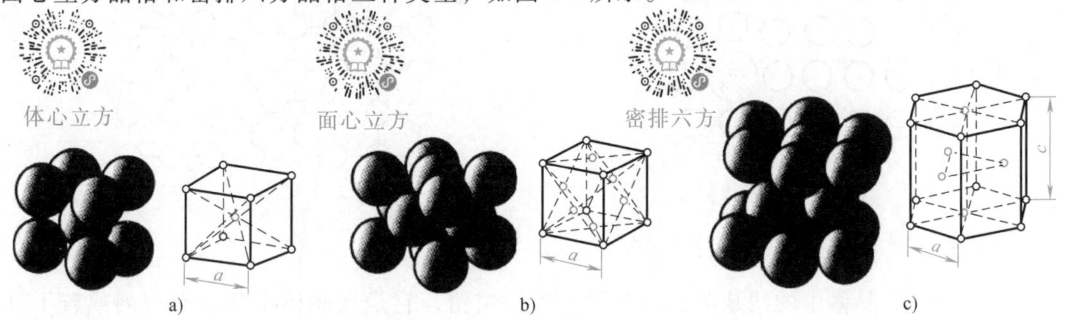

图 1-7 三种常见典型晶体结构示意图

a）体心立方晶格的晶胞 b）面心立方晶格的晶胞 c）密排六方晶格的晶胞

1）体心立方晶格。体心立方晶格的晶胞如图 1-7a 所示。晶胞的三个棱边长度相等，三个棱边夹角均为 90°，构成立方体。除了在晶胞的八个顶角上各有一个原子外，在立方体的中心还有一个原子。具有体心立方结构的金属有 α-Fe、Cr、V、Nb、Mo、W 等。

2）面心立方晶格。面心立方晶格的晶胞如图 1-7b 所示。在晶胞的八个顶角上各有一个原子，构成立方体，在立方体六个面的中心各有一个原子。具有面心立方结构的金属有 γ-Fe、Cu、Ni、Al、Ag 等。

3）密排六方晶格。密排六方晶格的晶胞如图 1-7c 所示。在晶胞的 12 个顶角上各有一个原子，构成六方柱体，上底面和下底面的中心各有一个原子，晶胞内还有三个原子。具有密排六方晶格的金属有 Zn、Mg、Be、α-Ti、α-Co、Cd 等。

2. 金属的实际晶体结构

（1）单晶体与多晶体　晶体内部的晶格位向完全一致的晶体称为单晶体。在工业生产中，只有经过特殊制作才能获得单晶体。实际使用的金属材料，其内部包含许多颗粒状的小晶体，每个小晶体内部的晶格位向一致，而各个小晶体彼此间位向都不同，这种外形不规则的小晶体称为晶粒。晶粒与晶粒之间的界面称为晶界。这种由许多晶粒组成的晶体称为多晶体。一般金属材料都是多晶体。

（2）晶体缺陷　研究发现，实际金属的结构与理想晶体的结构存在一定的差异，在实际金属中总是不可避免地存在着一些原子偏离规则排列的不完整区域，通常把这些不完整区域称为晶体缺陷。根据几何形态特征，可以将晶体缺陷分为点缺陷、线缺陷和面缺陷三种类型。

1）点缺陷。点缺陷的特征是三个方向上的尺寸都很小，相当于原子的尺寸。常见的点缺陷有空位、间隙原子和置换原子三种，如图 1-8 所示。

空位是指未被原子占据的晶格结点；间隙原子是指处于晶格间隙中的原子；置换原子是指占据在原来基体原子平衡位置上的异类原子。它们主要是在结晶过程中原子堆积不完善、外来原子溶入或已形成的晶体在高温、冷变形加工、高能粒子轰击、氧化等作用下形成的。

点缺陷的存在使原子之间的作用力失去平衡，其周围的原子发生靠拢或撑开，使晶体结构的规律性遭到破坏，晶格发生歪扭，称为晶格畸变，如图 1-9 所示。

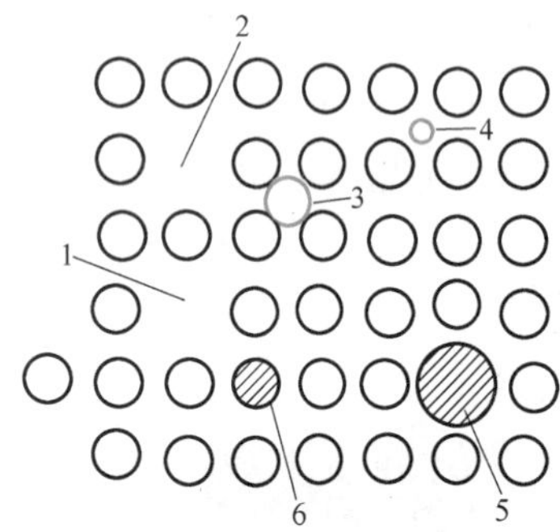

图 1-8　晶体中的各种点缺陷

1、2—空位　3、4—间隙原子　5、6—置换原子

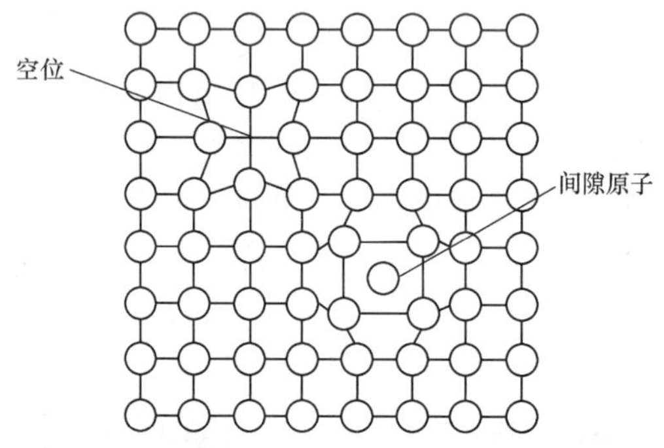

图 1-9　晶格畸变示意图

2）线缺陷。晶体中的线缺陷就是各种类型的位错，它是在晶体中某处有一列或若干列原子发生了有规律的错排现象，使长度达几百至几万个原子间距、宽度约几个原子间距范围内的原子离开其平衡位置，发生了有规律的错动。晶体中的位错有刃型位错和螺型位错，这里只介绍刃型位错。图 1-10 所示为刃型位错原子排列示意图，这种位错可以描述为在一个完整晶体的某个晶面上，多出了半个原子面，此多余的半个原子面犹如刀刃一般地垂直切入，从而使晶体中某一晶面的上、下部分晶体产生了错排现象，故称之为刃型位错。通常把

在晶体上半部多出半个原子面的位错称为正刃型位错，用符号“⊥”表示；把在晶体下半部多出半个原子面的位错称为负刃型位错，用符号“T”表示，如图 1-10b 所示。

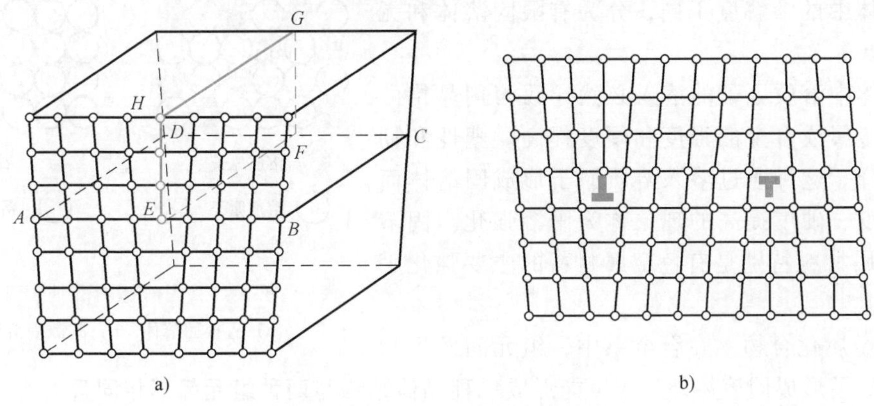

图 1-10 刃型位错原子排列示意图

a）立体图 b）垂直于位错线的原子平面

3）面缺陷。晶体的面缺陷主要是指晶界。晶界是指晶体结构相同但位向不同的晶粒之间的界面，如图 1-11 所示。它可以看作是由点缺陷和线缺陷堆积起来的一种面层状晶体缺陷，也是各种杂质原子聚集的场所。

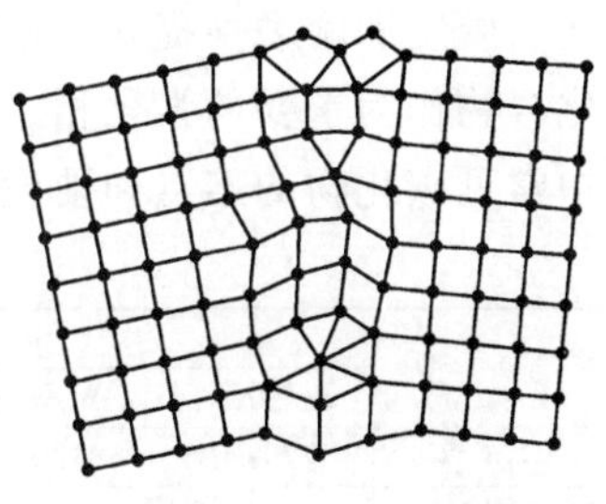

图 1-11 晶界示意图

晶体缺陷的存在破坏了晶体的完整性，使晶格产生畸变，晶格能量增加，因而晶体缺陷相对于完整的晶体来说处于一种不稳定状态，它们在外界条件（温度、外力等）变化时会发生原子的扩散与迁移，从而引起金属的某些性能发生变化。

3. 合金的结构

合金是指两种或两种以上的金属元素，或金属元素与非金属元素，经熔炼、烧结或用其他方法组合而成的具有金属特性的物质。例如，工业上广泛应用的碳素钢和铸铁是铁碳合金，黄铜是铜锌合金等。组成合金最基本的能够独立存在的物质称为组元。一般来说，组元就是组成合金的元素，但也可以是稳定的化合物。根据组成合金组元数目的多少，合金可分为二元合金、三元合金和多元合金等。由相同组元组成的不同成分的一系列合金称为合金系。

合金中化学成分相同、晶体结构相同并与其他部分有界面分开的均匀组成部分称为相。用肉眼或借助于显微镜所观察到的内部组成相的数量、形态、大小、分布及各相之间的结合状态特征称为组织。相是组成组织的基本组成部分，仅由一个相组成的组织为单相组织，而由多个相组成的组织为多相组织。根据晶体结构特点，可以将合金中的相分为固溶体和金属化合物两大类。

（1）固溶体 固溶体是指溶质组元溶入溶剂晶格中而形成的单一均匀的固体。固溶体的晶格类型与溶剂组元的晶体结构相同。

根据溶质原子在溶剂晶格中的位置不同，可以将固溶体分为置换固溶体和间隙固溶体。置换固溶体是指溶质原子位于溶剂晶格的某些结点位置而形成的固溶体，如图 1-12a 所示。间隙固溶体是指溶质原子填入溶剂晶格的间隙中形成的固溶体，如图 1-12b 所示。固溶体还可以根据溶质原子在溶剂晶格中的分布有无规律性，分为有序固溶体和无序固溶体；也可以根据溶质原子在固溶体中的溶解度不同，分为有限固溶体和无限固溶体。

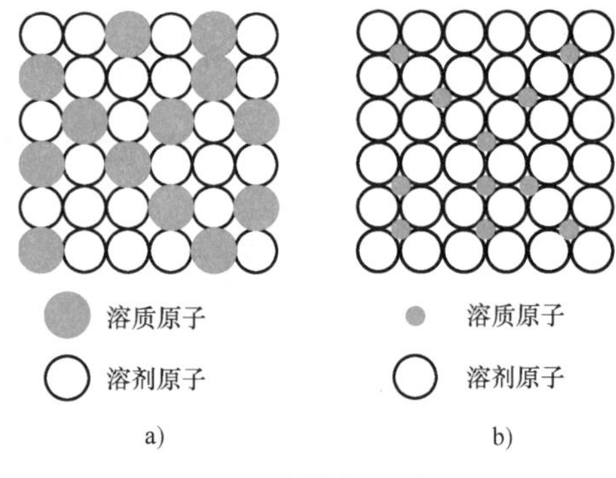

图 1-12　固溶体的两种类型

a）置换固溶体　b）间隙固溶体

固溶体中溶质原子的溶入必然导致溶剂晶格的畸变，使金属或合金的强度和硬度提高，塑性和韧性略有下降。这种通过溶入溶质原子形成固溶体而使金属强度、硬度提高的现象称为固溶强化。固溶强化是金属材料特别是有色金属材料的主要强化手段之一。

（2）金属化合物　在合金系中，组元间发生相互作用，除了形成固溶体外，还可能形成一种晶体结构与两种组元都不相同且具有金属性质的新相，即金属化合物。它的晶格类型与组成它的两组元完全不同，性能差别也很大，金属化合物一般具有高熔点、高硬度和高脆性。合金中出现金属化合物时，通常会使合金的强度、硬度和耐磨性提高，但也会使其塑性和韧性降低，因此，绝大多数的工程材料都将金属化合物作为重要的强化相。钢中常见的金属化合物有 WC、TiC、Fe_3C 等。表 1-1 给出了钢中常见碳化物的熔点和硬度。

表 1-1　钢中常见碳化物的熔点和硬度

类　型	间　隙　相								间隙化合物	
	NbC	W_2C	WC	Mo_2C	TaC	TiC	ZrC	VC	$Cr_{23}C_6$	Fe_3C
熔点/℃	3770±125	3130	2867	2960±50	4150±140	3410	3805	3023	1577	1227
硬度 HV	2050	—	1730	1480	1550	2850	2840	2010	1650	约 800

1.2.2　金属的结晶与同素异构转变

1. 金属的结晶

（1）纯金属的结晶　物质从液态到固态的转变过程称为凝固，如果所凝固成的固体是晶体，则此凝固过程又称为结晶。金属由液态到固态的转变过程就是结晶过程。

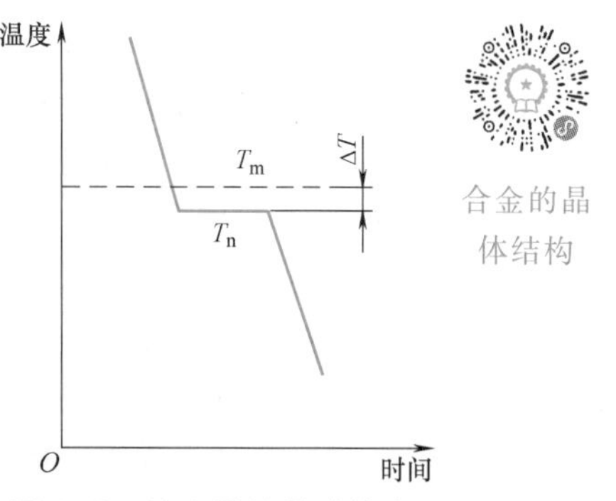

图 1-13　纯金属结晶时的冷却曲线示意图

合金的晶体结构

1）结晶的过冷现象。图 1-13 所示为纯金属结晶时的冷却曲线示意图，由图可知：金属在结晶之前，温度连续下降，当液态金属冷却到理论结晶温度 T_m（熔点）时，并未开始结晶，而是需要继续冷却到 T_m 之下某一温度 T_n，液态金属才开始结晶。金属的理论结晶温度 T_m 与实际结晶温度 T_n 之差，称为过冷度，用 ΔT 表示，$\Delta T=T_m-T_n$。过冷度越大，则实际结晶温度越低。

影响过冷度的主要因素有金属的性质、纯度和冷却速度。金属不同，过冷度的大小也不同；金属的纯度越高，则过冷度越大；如果金属的种类和纯度都确定，则过冷度主要取决于冷却速度，冷却速度越大，过冷度也越大。金属结晶必须在一定的过冷度下进行，过冷是金属结晶的必要条件。

2）结晶的过程。金属的结晶过程是晶核的形成和长大的过程。结晶时首先在液体中形成具有某一临界尺寸的晶核，然后这些晶核不断凝聚，液体中的原子继续长大。图 1-14 是氯化铵的结晶过程照片及组织示意图。当液态金属过冷到理论结晶温度以下时，晶核并未立即形成，而是经过一段时间后才开始出现第一批晶核。结晶开始前的这段停留时间称为孕育期。随着时间的推移，已形成的晶核不断长大，同时不断产生新的晶核，直到各个晶体相互接触，液态金属耗尽，形成由许多位向不同、外形不规则的晶粒所组成的多晶体。

金属的结晶动画

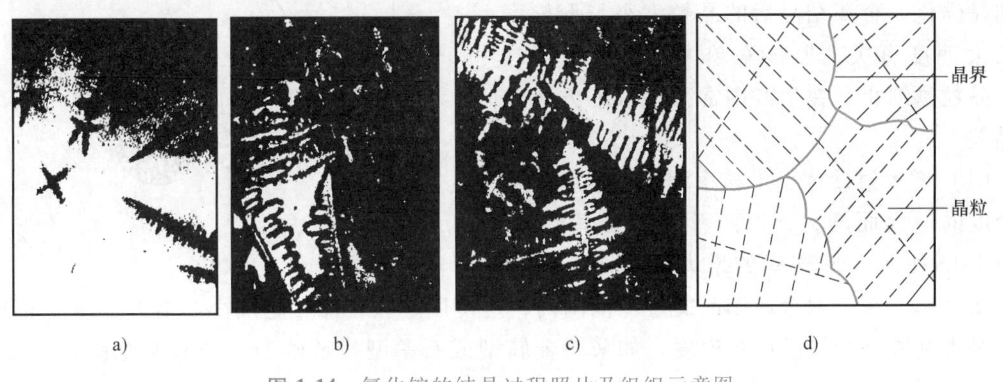

图 1-14　氯化铵的结晶过程照片及组织示意图

a）形核　b）长大　c）结束　d）组织示意图

3）晶核的形成与长大。在过冷液体中形成固态晶核时，可能有两种形核方式：一种是均匀形核，又称为自发形核；另一种是非均匀形核，也称为非自发形核。晶核形成之后，就进入长大阶段，晶核长大实质上是原子逐个从液相中扩散到晶核表面上，并按照晶体点阵规律要求，逐个占据适当的位置而与晶体稳定牢靠地结合起来的过程。

实际金属结晶时晶核大多以树枝状方式长大。在晶核成长初期，由于晶体内部原子呈规则排列，晶体基本上可以保持规则的外形。但由于受散热条件的影响，晶核的生长呈现出各向异性，散热有利的方向优先生长，形成图 1-14 所示的树枝状晶体（简称枝晶）。

（2）合金的结晶　合金的结晶过程与纯金属的结晶过程基本相同，都是晶核的形成与长大过程。但由于合金的成分比纯金属复杂，因此其结晶过程具有如下一些特点。

1）异分结晶。合金在结晶时，所结晶出的固相成分与原液相的成分不同，这种结晶出的晶体与母相化学成分不同的现象称为异分结晶，也称为选择结晶。而纯金属结晶时，所结晶出的晶体与母相的化学成分完全一样，所以称为同分结晶。

2）合金的结晶在一定温度范围内进行。合金的结晶需要在一定的温度范围内进行，在此温度范围内的每一温度下，只能结晶出来一定数量的固相。随着温度的降低，固相的数量增加，同时固相和液相的成分也不断发生变化，直到固相的平均成分与原合金的成分相同时，才结晶完毕。

3）晶内偏析。合金的结晶过程与液相及固相内的原子扩散过程密切相关，只有在极其缓慢的冷却条件下才能使每个温度下的扩散过程进行完全，使液相或固相的整体处处均匀一致。然而在实际生产条件下，液态金属浇入铸型时，冷却速度较快，在一定温度下，扩散过程尚未完全时温度就继续下降，这样就使液相尤其是固相内保持着一定的浓度梯度，造成各组成相内成分不均匀，这种现象称为晶内偏析。晶内偏析会导致合金的塑性、韧性降低，易于引起晶内腐蚀，还会给热加工带来困难。出现晶内偏析现象时，一般采用均匀化退火的方

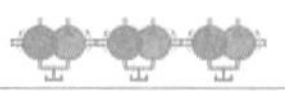

法来消除，即将铸件加热到低于固相线150~200℃的温度，进行较长时间的保温，使偏析元素充分扩散，以达到成分均匀的目的。

2. 金属的细晶强化

金属结晶后是由许多大小不等、外形各异的小晶粒构成的多晶体，晶粒大小对金属的力学性能影响很大。一般情况下，金属的强度、硬度、塑性和韧性都随晶粒的细化而提高，称为细晶强化。金属结晶后的晶粒大小与形核率和长大速度有关，形核率越大，长大速度越小，晶粒越细小。在生产中常采用以下方法细化晶粒：

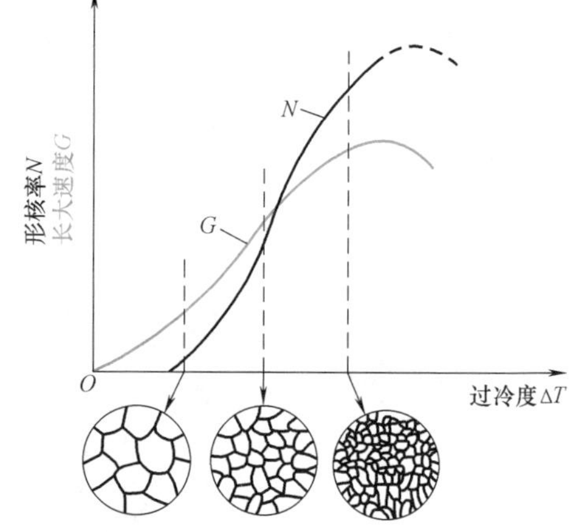

图 1-15　形核率和长大速度与过冷度的关系

（1）增大过冷度　形核率和长大速度都随过冷度的增大而增大，但两者的增大率不同，如图 1-15 所示，形核率的增大率大于长大速度的增大率。在一般金属结晶的过冷范围内，过冷度越大，晶粒越细小。增大过冷度的方法主要是提高液态金属的冷却速度，如采用金属型或石墨型代替砂型，局部加冷铁等。另外，降低浇注温度和浇注速度也可以增大过冷度。

（2）变质处理　用增大过冷度的方法细化晶粒只对小型或薄壁铸件有效，而不适于较大壁厚的铸件。因此，工业上广泛采用变质处理的方法来细化晶粒。变质处理是在液态金属中加入变质剂作为人工晶核（非自发形核），增加晶核数目，使晶粒细化。例如，在铝合金中加入 Ti 和 B，在钢中加入 Ti、Zr、V，在铸铁中加入硅铁或硅钙合金等。

（3）振动、搅拌　对即将凝固的金属进行振动或搅拌，如超声波振动、电磁搅拌等，一方面依靠外界输入的能量促使晶核形成，另一方面使成长中的枝晶破碎，使晶核数目增加，都可细化晶粒。

3. 金属的同素异构转变

某些金属，如铁、锰、钛、锡、钴等，凝固后在不同的温度下具有不同的晶体结构形式，这种金属在固态下由于温度的改变而发生晶体结构改变的现象称为金属的同素异构转变。这一转变与液态金属的结晶过程相似，也是晶核的形成和长大过程，故又称为二次结晶或重结晶。以不同晶体结构型式存在的同一金属元素的晶体称为该金属的同素异构体。

铁是典型的具有同素异晶转变特性的金属。图 1-16 所示为纯铁的冷却曲线，它表示了冷却时纯铁的结晶和同素异构转变过程。由图 1-16 可见，液态纯铁在温度为 1538℃时开始结晶，得到具有体心立方晶体结构的 δ-Fe；当温度降低至 1394℃时发生同素异构转变，δ-Fe 转变为具有面心立方晶体结构的 γ-Fe；当温度降低至 912℃时再次发生同素异构转变，γ-Fe 又转变为具有体心立方晶体结构的

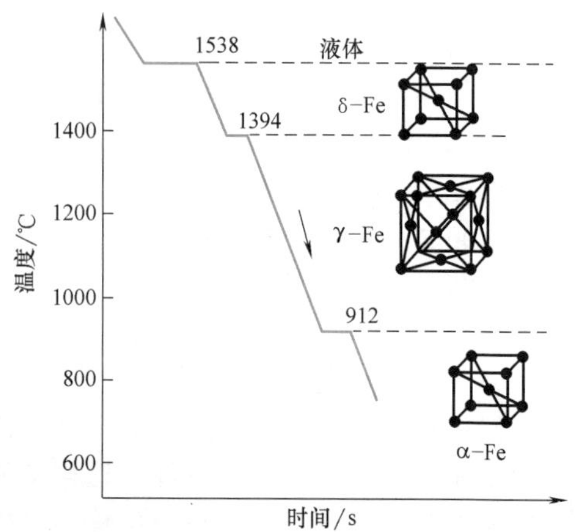

图 1-16　纯铁的冷却曲线

α-Fe；当温度低于912℃时，铁的晶体结构不再发生变化。转变过程可表示为

$$\text{纯铁液体} \xrightleftharpoons{1538℃} \delta\text{-Fe} \xrightleftharpoons{1394℃} \gamma\text{-Fe} \xrightleftharpoons{912℃} \alpha\text{-Fe}$$

同素异构转变不仅存在于纯铁中，而且存在于以铁为基的钢铁材料中。这是钢铁材料性能多种多样，用途广泛，并能通过热处理进一步改善其组织和性能的重要原因。

1.3 铁碳合金

1.3.1 二元合金相图

相图是表示合金在缓慢冷却条件下平衡相与温度、成分间关系的图解，也就是用图解的方式来表示合金系在平衡条件下，不同温度和不同成分的合金所处的状态，因此相图又称为状态图或平衡图。相图是研制新材料，制订合金的熔炼、铸造、压力加工和热处理工艺以及进行金相分析的重要依据。

1. 二元合金相图的建立

建立相图的方法有试验测定法和理论计算法两种。目前使用的相图大多是用试验测定法建立起来的，该方法是通过测定一系列合金的临界相变温度，来确定不同相存在的温度和成分区间而将相图建立起来的。测定临界相变温度的方法有多种，下面以Cu-Ni合金为例来说明用热分析法测定临界点和建立二元合金相图的过程。

1）选用高纯度组元，配制几组成分（质量分数）不同的合金，如图1-17中给出的合金Ⅰ（纯铜）、合金Ⅱ（70%Cu+30%Ni）、合金Ⅲ（50%Cu+50%Ni）、合金Ⅳ（30%Cu+70%Ni）和合金Ⅴ（纯镍）。组元越纯，配制的合金数目越多，试验数据之间的间隔越小，测得的合金相图越精确。

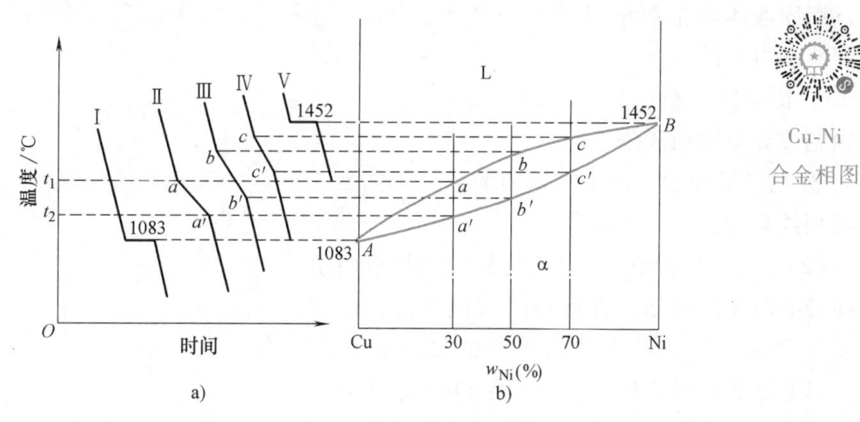

Cu-Ni 合金相图

图1-17 Cu-Ni合金相图的建立
a）冷却曲线 b）相图

2）测出以上合金在缓慢冷却条件下的冷却曲线（图1-17a），并找出各冷却曲线上的相变临界点（转折点和平台）温度。

3）将上述各临界点标注在温度-成分坐标平面内。

4）把相同意义的临界点连成线，并根据已知条件和分析结果写上数字、字母和各相区所存在的相或组织的名称，就得到如图 1-17b 所示的 Cu-Ni 合金相图。

Cu-Ni 合金相图是一种最简单的相图。实际上，许多材料的相图都比较复杂，可以看成是由若干个简单的相图所组成。下面简要介绍几种基本类型的二元合金相图。

2. 常见的二元合金相图

（1）二元匀晶相图　二元匀晶相图是指两组元在液态和固态都能无限互溶的二元合金相图（图 1-17b）。具有这类相图的合金系主要有 Cu-Ni、Cu-Au、Au-Ag、Mg-Cd 和 Fe-Ni 等。这类合金结晶时，都是从液相结晶出单相固溶体，这种结晶过程称为匀晶转变。

1）相图分析。A 点和 B 点分别是 Cu 和 Ni 的熔点。$AabcB$ 线称为液相线，表示液态合金冷却时开始结晶的温度线或固态合金加热时的熔化终了线；$Aa'b'c'B$ 线称为固相线，表示液态合金冷却时的结晶终了线或固态合金加热时的开始熔化线。$AabcB$ 线以上为液相区，$Aa'b'c'B$ 线以下为固相区，两条线之间的区域为液固共存区。

2）固溶体合金的结晶过程。以 Ni 质量分数为 30%的合金（合金Ⅱ）为例，从高温缓慢冷却到室温的结晶过程分析如下：由图 1-17 可看出，过合金成分点作垂直线，分别与液相线和固相线相交于 a、a'两点。当合金缓冷到 a 点对应的 t_1 温度时，开始从液相中结晶出固相 α；随着温度的降低，液相数量不断减少，结晶出的固相数量不断增多；当温度下降到 a'对应的 t_2 温度时，所有液相全部转变成 α 相；从 t_2 温度开始一直到室温，合金保持单相固溶体 α 不变。

固溶体合金的结晶过程如图 1-18 所示。

从以上结晶过程可以看出，固溶体合金的结晶与纯金属的结晶有不同之处，具体表现如下：

① 纯金属的结晶在恒温下进行，而固溶体合金的结晶是在一个温度范围内进行的。

② 固溶体合金结晶时，结晶出的固相成分与液相成分不同。

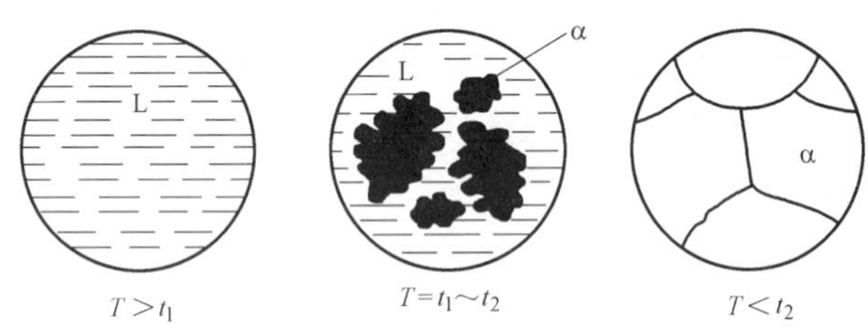

图 1-18　固溶体合金的结晶过程

③ 结晶过程中，两个平衡相的成分不断发生变化，液相成分沿液相线变化，固相成分沿固相线变化。

（2）二元共晶相图　二元共晶相图是指两组元在液态时无限互溶，在固态时有限互溶，冷却时发生共晶转变，形成共晶组织的二元合金相图。具有这类相图的合金系主要有 Pb-Sn、Pb-Sb、Ag-Cu 等，在 Fe-C、Al-Mg 等相图中，也包含有共晶部分。这类合金在冷却到某一温度时发生共晶转变，即由一定成分的液相同时结晶出成分、结构不同的两个固相，也称为共晶反应。共晶转变的产物是两个固相的混合物，称为共晶组织或共晶体。图 1-19 所示为 Pb-Sn 合金相图，其共晶反应可用式子表示为 $L_E \xrightarrow{\text{共晶温度}} \alpha_M + \beta_N$。

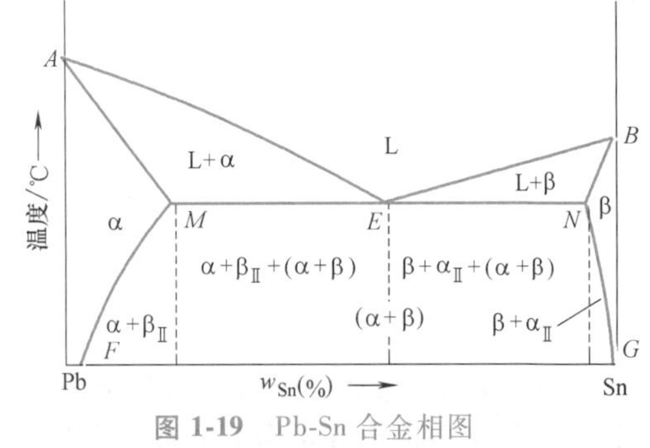

图 1-19　Pb-Sn 合金相图

1.3.2 铁碳合金相图

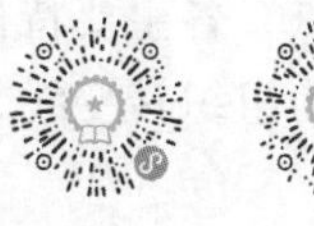

铁碳合金的基本组织 铁碳合金相图 铁碳合金的分类与组织

在二元合金中，铁碳合金是现代工业生产中使用最广泛的合金。铁碳合金由铁和碳两种基本元素组成。根据碳的质量分数不同，可以把铁碳合金分为碳素钢和铸铁两大类。碳的质量分数为 0.0218%～2.11%的铁碳合金称为碳钢，碳的质量分数大于 2.11%的铁碳合金称为铸铁。

铁碳合金相图是研究铁碳合金的重要工具，了解与掌握铁碳合金相图，对于钢铁材料的研究和使用、各种热加工工艺的制订以及工艺废品产生原因的分析等都有重要的指导意义。当铁碳合金中碳的质量分数大于 6.69%时，合金的脆性太大而无使用价值。因此，常用的铁碳合金相图主要是简化的 $Fe\text{-}Fe_3C$ 相图，如图 1-20 所示。

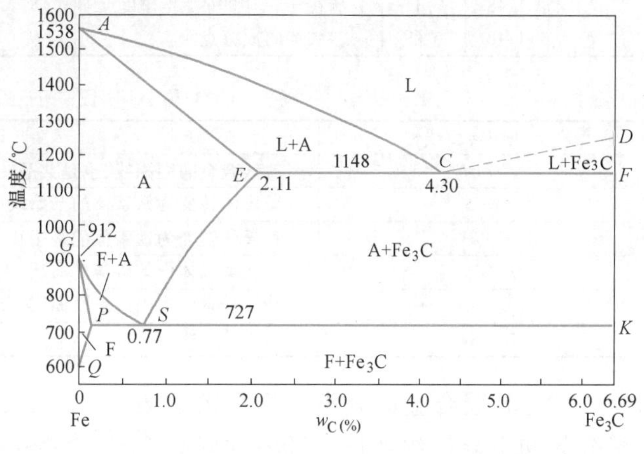

图 1-20 简化的 $Fe\text{-}Fe_3C$ 相图

1. 铁碳合金的基本相和组织

（1）铁素体 铁素体是碳溶于 α-Fe 中形成的间隙固溶体，具有体心立方晶体结构，常用符号 F 或 α 表示。铁素体的溶碳能力很小，727℃时的溶碳量最高，仅为 0.0218%；室温时的溶碳量更低，只有 0.0008%。铁素体的性能与纯铁基本相同，具有良好的塑性、韧性，但强度很低。

（2）奥氏体 奥氏体是碳溶于 γ-Fe 中形成的间隙固溶体，具有面心立方晶体结构，常用符号 A 或 γ 表示。奥氏体的溶碳能力比铁素体要高得多，1148℃时溶碳量最高，为 2.11%；727℃时溶碳量最低，为 0.77%。奥氏体也具有良好的塑性、韧性，但强度较低。

（3）渗碳体 渗碳体（Fe_3C）是铁与碳形成的间隙化合物，碳的质量分数为 6.69%，既是铁碳合金的组元，又是铁碳合金的相组成物和组织组成物。渗碳体属于正交晶系，晶体结构十分复杂。渗碳体具有很高的硬度，约为 800HBW；但塑性很差，断后伸长率接近于零。

Fe_3C 是钢中的强化相，其形态、大小、数量和分布都会对钢的性能产生影响。

（4）珠光体 珠光体是铁素体与渗碳体的机械混合物，用符号 P 来表示。珠光体是共析反应的产物，其碳的质量分数为 0.77%。由于渗碳体起强化作用，故珠光体具有良好的综合力学性能。

（5）莱氏体 莱氏体是奥氏体与渗碳体的机械混合物，用符号 Ld 来表示。莱氏体是共晶反应的产物，其碳的质量分数为 4.3%。由于莱氏体中含有较多的渗碳体，其力学性能与渗碳体接近，属于脆性组织。当温度降低到 727℃时，莱氏体将转变为珠光体与渗碳体的混合物，称为低温莱氏体，用符号 Ld′来表示。

2. $Fe\text{-}Fe_3C$ 相图分析

（1）相图中的特性点和组织转变线 在图 1-20 中用字母标出的点都具有一定的成分和

温度，称为特性点，各主要特性点的含义见表 1-2。相图中的各条线表示合金内部组织发生转变的界限，称为组织转变线，一些主要组织转变线的含义见表 1-3。

表 1-2　$Fe\text{-}Fe_3C$ 相图中的主要特性点

符　号	温度/℃	w_C(%)	说　明	符　号	温度/℃	w_C(%)	说　明
A	1538	0	纯铁的熔点	*G*	912	0	α-Fe⟷γ-Fe 转变温度点
C	1148	4.30	共晶点	*K*	727	6.69	渗碳体的成分点
D	1227	6.69	渗碳体的熔点	*P*	727	0.0218	碳在 α-Fe 中的最大溶解度点
E	1148	2.11	碳在 γ-Fe 中的最大溶解度点	*S*	727	0.77	共析点
F	1148	6.69	渗碳体的成分点	*Q*	600	0.0057	碳在 α-Fe 中的溶解度点

表 1-3　$Fe\text{-}Fe_3C$ 相图中的主要组织转变线

组织转变线	含　义
ECF	铁碳合金的固相线，也是共晶转变线
GS	奥氏体转变为铁素体的开始线（A_3 线）
GP	奥氏体转变为铁素体的终了线
ES	碳在奥氏体中的溶解度曲线（A_{cm} 线），开始析出二次渗碳体（Fe_3C_{II}）
PQ	碳在铁素体中的溶解度曲线，开始析出三次渗碳体（Fe_3C_{III}）
PSK	共析转变线（A_1 线）

（2）铁碳合金的分类　根据碳的质量分数和室温组织特征，可将铁碳合金分为七类，它们在相图上的位置如图 1-21 所示。

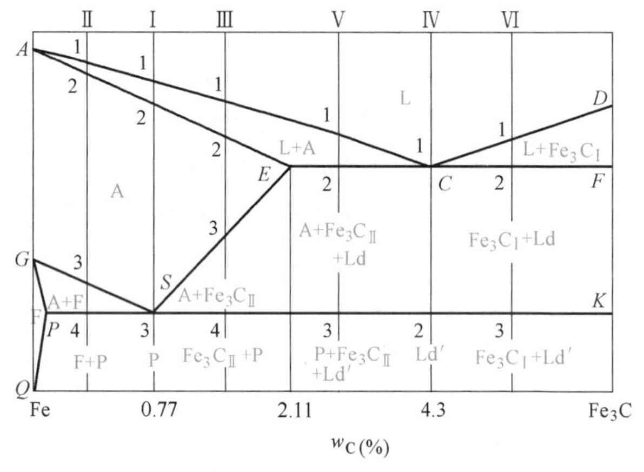

图 1-21　典型合金在 $Fe\text{-}Fe_3C$ 相图上的位置

1）工业纯铁：$w_C<0.0218\%$，室温平衡组织为铁素体（F）。

2）共析钢：$w_C=0.77\%$，室温平衡组织为珠光体（P）。

3）亚共析钢：$w_C=0.0218\%\sim0.77\%$，室温平衡组织为铁素体和珠光体（F+P）。

4）过共析钢：$w_C=0.77\%\sim2.11\%$，室温平衡组织为珠光体和二次渗碳体（$P+Fe_3C_{II}$）。

5）共晶白口铸铁：$w_C=4.3\%$，室温平衡组织为低温莱氏体（Ld′）。

6）亚共晶白口铸铁：$w_C=2.11\%\sim4.3\%$，室温平衡组织为低温莱氏体、珠光体和二次渗碳体（$Ld'+P+Fe_3C_{II}$）。

7）过共晶白口铸铁：$w_C=4.3\%\sim6.69\%$，室温平衡组织为低温莱氏体和一次渗碳体（$Ld'+Fe_3C_{I}$）。

（3）典型合金平衡结晶过程分析

1）共析钢。共析钢（图 1-21 中的曲线Ⅰ）在 1～2 点温度区间内，合金按匀晶转变结晶出奥氏体。奥氏体冷却到 3 点温度（727℃），在恒温下发生共析转变 $A_S \longrightarrow F_P+Fe_3C$，转变产物称为珠光体。珠光体中的渗碳体称为共析渗碳体。因此，共析钢的室温平衡组织全部是珠光体（图 1-22a）。共析钢结晶过程如图 1-23 所示。

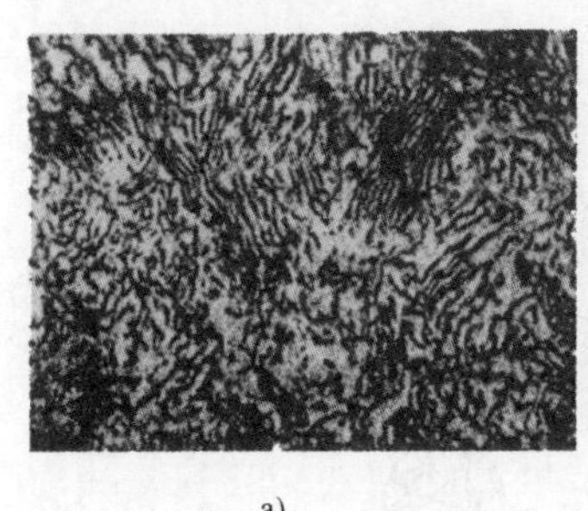
a)

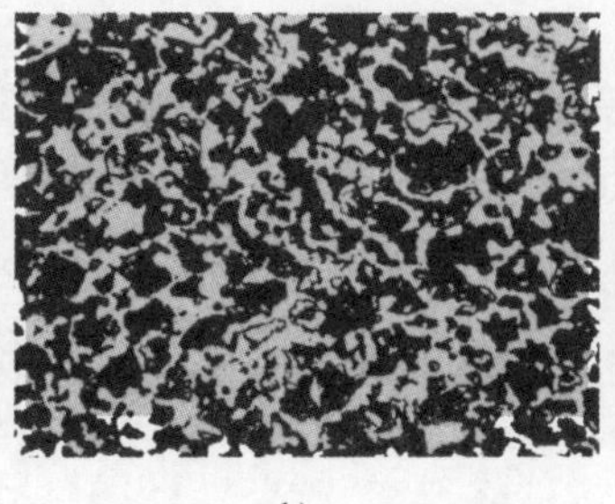
b)

c)

图 1-22 碳钢的显微组织
a）共析钢 b）亚共析钢 c）过共析钢

2）亚共析钢。亚共析钢（图 1-21 中的曲线Ⅱ）在 1~2 点温度区间内，合金按匀晶转变结晶出奥氏体。单相奥氏体冷却到 3 点温度，开始析出铁素体，随着温度的降低，铁素体数量不断增多。当到达 4 点温度时，剩余奥氏体在恒温下发生共析转变，形成珠光体。因此，亚共析钢的室温平衡组织由先共析铁素体和珠光体所组成（图 1-22b）。亚共析钢结晶过程如图 1-24 所示。

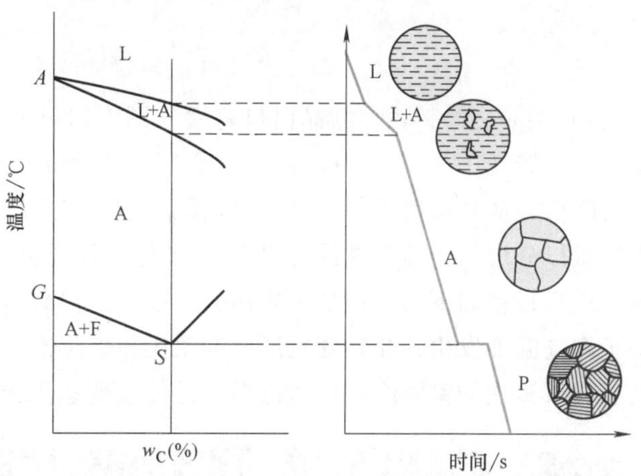

图 1-23 共析钢结晶过程示意图

3）过共析钢。过共析钢（图 1-21 中的曲线Ⅲ）在 1~2 点温度区间内，合金按匀晶转变析出奥氏体，到 2 点温度，合金全部转变成奥氏体。继续冷却到 3 点温度，开始从奥氏体中析出二次渗碳体（$Fe_3C_{Ⅱ}$），直到 4 点为止。当温度降低到 4 点时，剩余奥氏体在恒温下发生共析转变，形成珠光体。因此，过共析钢的室温平衡组织由珠光体和二次渗碳体所组成（图 1-22c）。过共析钢结晶过程如图 1-25 所示。

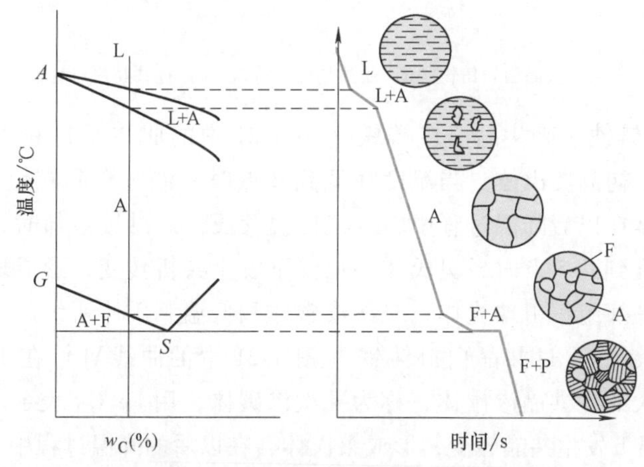

图 1-24 亚共析钢结晶过程示意图

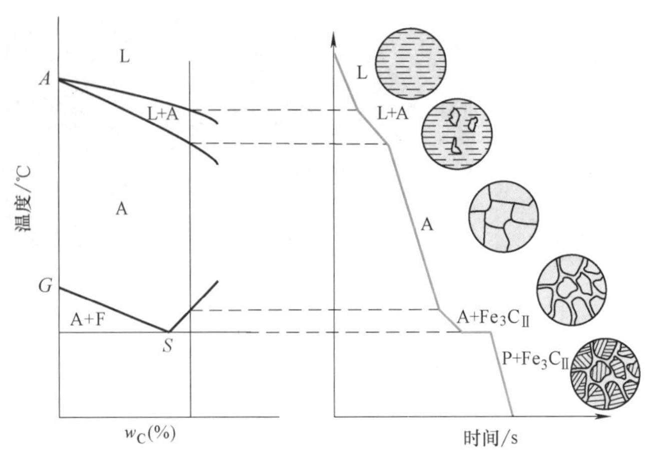

图 1-25 过共析钢结晶过程示意图

4）共晶白口铸铁。共晶白口铸铁（图 1-21 中的曲线Ⅳ）冷却到 1 点温度时，在恒温下发生共晶转变 $L_C \longrightarrow A_E + Fe_3C$，转变产物称为莱氏体。继续冷却时，碳在奥氏体中溶解度不断降低，从共晶奥氏体中析出 $Fe_3C_{Ⅱ}$，但由于 $Fe_3C_{Ⅱ}$ 依附在共晶渗碳体上析出并长大，所以难以分辨。当温度继续降低到 2 点时，剩余奥氏体在恒温下发生共析转变，形成珠光体。最后，室温下的组织是珠光体分布在共晶渗碳体的基体上。共晶白口铸铁的室温组织保持了在高温下发生共晶转变后形成的莱氏体的形态特征，但组成相发生了改变。因此，常将共晶白口铸铁的室温组织称为低温莱氏体或变态莱氏体，用 Ld′表示（图 1-26a）。

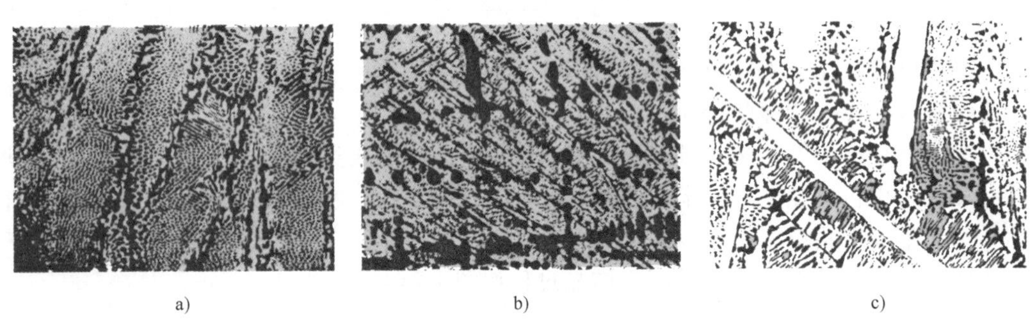

a) b) c)

图 1-26 白口铸铁的显微组织

a）共晶白口铸铁 b）亚共晶白口铸铁 c）过共晶白口铸铁

5）亚共晶白口铸铁。亚共晶白口铸铁（图 1-21 中的曲线Ⅴ）在 1~2 点温度区间内，合金按匀晶转变析出初晶奥氏体。当温度降低到 2 点时，液态金属在恒温下发生共晶转变，形成莱氏体，莱氏体在以后降温过程中转变成低温莱氏体。继续冷却时，将从初晶奥氏体中析出 $Fe_3C_{Ⅱ}$，当温度到达 3 点时，奥氏体在恒温下发生共析转变，形成珠光体。因此，亚共晶白口铸铁的室温平衡组织由珠光体、二次渗碳体和低温莱氏体所组成（图 1-26b）。

6）过共晶白口铸铁。过共晶白口铸铁（图 1-21 中的曲线Ⅵ）在 1~2 点温度区间内，从合金液中析出粗大的先共晶渗碳体，称为一次渗碳体，用 $Fe_3C_{Ⅰ}$ 表示。当温度降低到 2 点时，液态金属在恒温下发生共晶转变，形成莱氏体，在以后的降温过程中，莱氏体转变为低温莱氏体。因此，过共晶白口铸铁的室温平衡组织由一次渗碳体和低温莱氏体组成（图 1-26c）。

3. 铁碳合金组织和性能的变化规律

（1）组织的变化 由图1-21中可以看出，随着碳的质量分数的增加，铁碳合金的平衡组织组成物发生了相应变化，其变化规律为

$$F \rightarrow F+P \rightarrow P \rightarrow P+Fe_3C_{\text{II}} \rightarrow P+Fe_3C_{\text{II}}+Ld' \rightarrow Ld' \rightarrow Ld'+Fe_3C_{\text{I}}$$

除了组织组成物发生变化以外，随着碳的质量分数的增加，铁碳合金的组织形态也会发生变化。例如铁素体，从奥氏体中析出的铁素体一般呈块状，而经共析转变形成的珠光体中的铁素体则呈片状。又如渗碳体，一次渗碳体直接从液相中析出，呈长条状；二次渗碳体从奥氏体中析出，沿晶界呈网状；三次渗碳体从铁素体中析出，沿晶界呈小片状或粒状；共晶渗碳体在莱氏体中为连续的基体；共析渗碳体同铁素体交互形成，呈交替片状。正是由于铁碳合金具有复杂的组织形态，决定了其性能变化的复杂性。

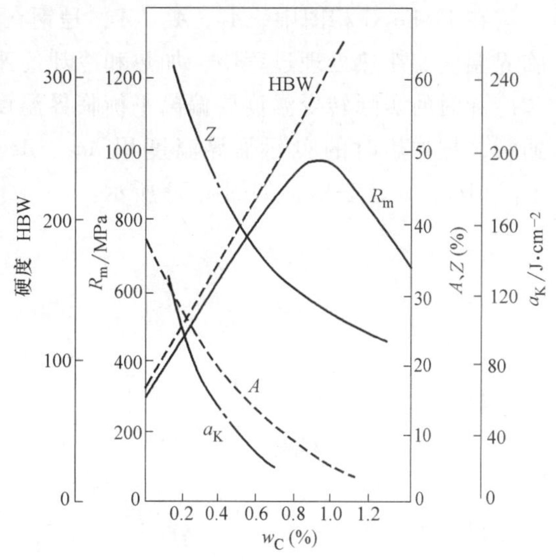

图 1-27 碳的质量分数对碳素钢力学性能的影响

（2）性能的变化

1）力学性能的变化。图1-27所示为碳的质量分数对碳素钢力学性能的影响。由图可见，在亚共析钢中，随着碳的质量分数的增加，钢的强度、硬度升高，而塑性、韧性降低；在过共析钢中，当碳的质量分数约为1.0%时钢的强度达到最高值，碳的质量分数继续增加，钢的强度反而降低。这是由于硬、脆的二次渗碳体在碳的质量分数高于1.0%时，在晶界形成连续网状，使钢的脆性大大增加。硬度对组织形态不敏感，主要取决于组成相的数量和硬度。所以，随着碳的质量分数的增加，铁碳合金的硬度呈直线升高。

2）工艺性能的变化。钢中碳的质量分数对切削加工性能有一定的影响。低碳钢中铁素体较多，塑性、韧性好，切削时产生的切削热较多，容易粘刀，而且切屑不易折断，影响表面质量，因此切削加工性能较差。高碳钢中渗碳体多，硬度较高，严重磨损刀具，切削加工性能也较差。中碳钢中铁素体与渗碳体的比例适当，硬度和塑性也比较适中，其切削加工性能最好。

金属的铸造性能主要包括流动性、收缩性和偏析倾向等，良好的铸造性能要求金属流动性好、收缩和偏析倾向小。共晶成分附近的铁碳合金结晶温度区间小，流动性好，且其收缩和偏析倾向也小，具有良好的铸造性能。

可锻性是指金属在压力加工时，能改变形状而不产生裂纹的性能。良好的可锻性要求材料具有良好的塑性和小的变形抗力。在碳素钢中，低碳钢的可锻性较好，随着碳的质量分数的增加，可锻性变差。将钢加热到高温可获得单相奥氏体组织，其具有良好的可锻性。

1.4 金属热处理

1.4.1 钢的热处理原理

钢的热处理是指将钢在固态下加热到一定温度，并在该温度下保持一段时间，然后以一定速度冷却到室温，以改变钢的内部组织，从而获得所需性能的工艺方法。一般来说，热处理工艺的基本过程包括加热、保温和冷却三个阶段，各种热处理过程都可以用温度-时间曲线来表示，称为热处理工艺曲线，如图 1-28 所示。

根据热处理的目的、要求和工艺方法，可将热处理分为整体热处理和表面热处理两类。整体热处理包括退火、正火、淬火和回火；表面热处理包括表面淬火和表面化学热处理（渗碳、渗氮、碳氮共渗等）。

在 $Fe\text{-}Fe_3C$ 相图中，A_1、A_3、A_{cm} 是钢在缓慢加热和冷却时的临界相变温度，称为平衡临界温度。在热处理过程中，加热和冷却的速度不可能很慢。因此，存在滞后现象，即加热和冷却时的实际转变温度要偏离平衡临界温度。加热或冷却的速度越快，滞后现象越明显。通常，把加热时的实际临界温度用 Ac_1、Ac_3、Ac_{cm} 表示，而把冷却时的实际临界温度用 Ar_1、Ar_3、Ar_{cm} 表示，如图 1-29 所示。

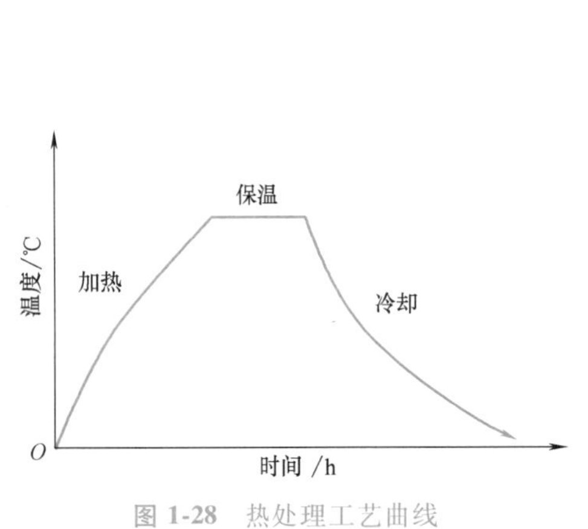

图 1-28 热处理工艺曲线

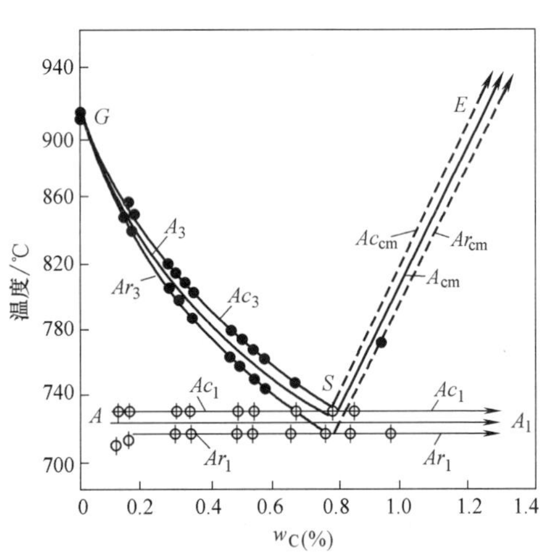

图 1-29 加热和冷却时的临界相变温度

1. 钢在加热时的组织转变

钢的热处理加热通常是指把钢加热到 $Fe\text{-}Fe_3C$ 相图中的奥氏体相区，使其组织转变为奥氏体的过程，通常将此过程称为“奥氏体化”。钢的“奥氏体化”过程包括奥氏体形核、奥氏体晶粒长大、剩余渗碳体溶解和奥氏体成分均匀化四个阶段，最终形成的奥氏体的化学成分、晶粒大小、均匀化程度以及过剩相的数量和分布等，直接影响钢在冷却后的组织和性能。

（1）共析钢在加热时的组织转变　将共析钢加热到 Ac_1 以上温度保温时，珠光体处于非稳定状态，通常首先在铁素体和渗碳体的相界面上形成奥氏体晶核（图 1-30a）。奥氏体晶核形成后，高碳的渗碳体溶入奥氏体，低碳的铁素体转变成奥氏体。这个过程就是奥氏体晶粒的长大过程（图 1-30b）。由于铁素体的晶体结构和碳浓度比渗碳体更接近于奥氏体，所以在奥氏体化过程中，铁素体总是先转变完，而渗碳体有剩余。当铁素体消失后，继续保温或加热，随着碳在奥氏体中的继续扩散，剩余渗碳体将不断向奥氏体中溶解（图 1-30c）。当渗碳体刚刚全部溶入奥氏体时，奥氏体内的碳浓度仍然不均匀，只有经过长时间的保温或继续加热，让碳原子进行充分扩散才能得到成分均匀的奥氏体（图 1-30d）。

（2）亚共析钢和过共析钢的奥氏体化　亚共析钢的原始组织为铁素体+珠光体，过共析

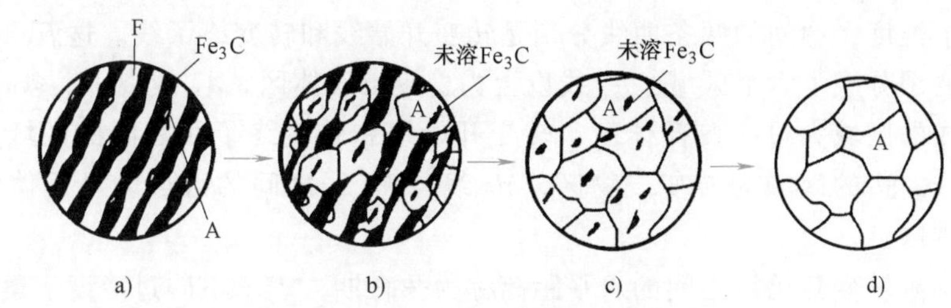

图 1-30 共析钢中奥氏体的形成过程示意图

a) A 形核 b) A 长大 c) 剩余 Fe_3C 溶解 d) A 均匀化

钢的原始组织为珠光体和二次渗碳体。当将亚共析钢和过共析钢加热至 Ac_1 以上温度时，原始组织中的珠光体转变成奥氏体，而先共析铁素体或先共析渗碳体将会保留下来。随着温度的升高，铁素体会逐渐转变为奥氏体，而二次渗碳体也会逐渐溶解到奥氏体中。要想得到全部的奥氏体组织，需要将亚共析钢加热到 Ac_3 以上温度，将过共析钢加热到 Ac_{cm} 以上温度。

钢在加热后形成奥氏体组织的均匀化程度和晶粒大小，特别是晶粒大小，对钢在冷却后的组织和性能有很大影响。一般情况下，希望在加热后获得均匀细小的奥氏体晶粒，以使钢在热处理以后可以具有较好的力学性能。而奥氏体的均匀化程度和晶粒大小，与加热温度和保温时间密切相关。因此，在热处理加热过程中控制钢的加热温度和保温时间十分重要。

2. 钢在冷却时的组织转变

钢的热处理加热是为了获得均匀细小的奥氏体晶粒，而钢的热处理冷却是为了获得所需要的组织，从而使工件具有合理的使用性能。在热处理生产中，通常有两种冷却方式：等温冷却和连续冷却。连续冷却是使奥氏体化后的钢在温度连续下降的过程中发生组织转变；而等温冷却是使奥氏体化后的钢先以较快的速度冷却到 A_1 以下一定温度后保温，使奥氏体在等温下发生组织转变，转变完成后再连续冷却到室温。两种冷却曲线如图 1-31 所示。

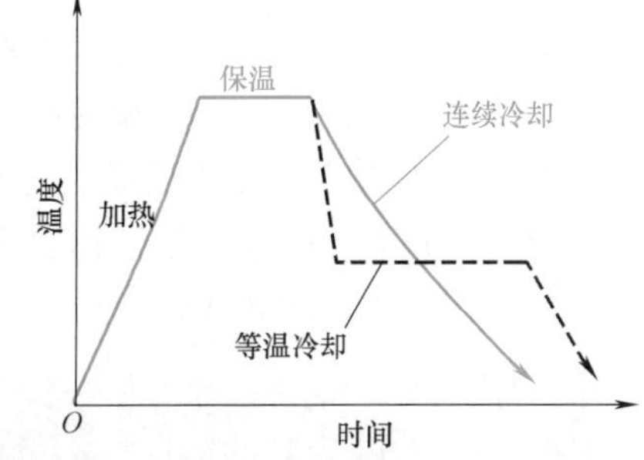

图 1-31 奥氏体不同冷却方式示意图

(1) 钢的等温冷却转变图 奥氏体在临界相变温度以上是稳定的，不会发生转变。当将奥氏体冷却到临界相变温度以下时，奥氏体处于不稳定状态，有发生相变的趋势。通常将低于临界相变温度而尚未发生转变的奥氏体称为过冷奥氏体。过冷奥氏体的转变可以用等温冷却转变图来描述，如图 1-32 所示。等温冷却转变图表示了一定成分的钢经奥氏体化后等温冷却转变的时间-温度-组织的关系，是制订热处理工艺的重要依据。

以共析钢为例来分析等温冷却转变图。在图 1-32 中共有五条线：上部的水平线 A_1 是奥氏体与珠光体的平衡温度，下部的两条水平线 Ms 和 Mf 分别是马氏体转变开始温度和

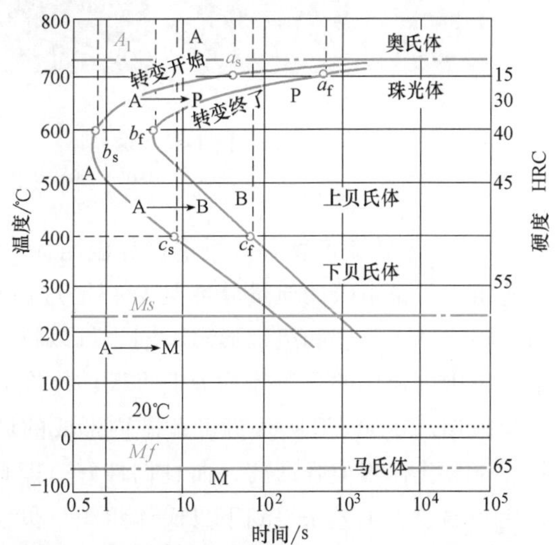

图 1-32 共析钢过冷奥氏体等温冷却转变图

马氏体转变终了温度，中间的两条曲线分别是转变开始线和转变终了线。这五条线把共析钢的等温冷却转变图分成了六个区域：A_1 线以上为稳定奥氏体区，A_1 线以下、*Ms* 线以上与转变开始线所构成的区域为过冷奥氏体区，转变开始线和转变终了线之间的区域为正在转变区，转变终了线右边的区域为转变产物区，*Ms* 线与 *Mf* 线之间的区域为马氏体转变区，*Mf* 线以下为马氏体区。

从纵坐标轴到转变开始线之间的水平距离称为孕育期，表示不同过冷度下奥氏体稳定存在的时间。孕育期的长短代表过冷奥氏体稳定性的高低，反映过冷奥氏体的转变速度。孕育期越长，则过冷奥氏体越稳定，转变速度越慢。由图 1-32 可知，共析钢大约在 550℃时孕育期最短，表明过冷奥氏体在此温度下最不稳定，转变速度最快，此温度称为等温冷却转变图的“鼻温”。A_1 线至鼻温之间，随着过冷度增大，孕育期缩短，过冷奥氏体的稳定性降低；鼻温至 *Ms* 线之间，随着等温冷却温度的下降，原子扩散能力降低，孕育期变长，过冷奥氏体的稳定性提高。

（2）钢的等温冷却转变产物　根据发生转变的温度不同，可以将共析钢过冷奥氏体的等温冷却转变产物分为三类：

1）高温转变产物。共析钢过冷奥氏体在等温冷却转变图中的较高温度范围内（A_1 线至鼻温之间）的等温冷却转变产物为珠光体类型的组织，都是由铁素体和渗碳体组成的层片状机械混合物。珠光体中相邻两片铁素体或渗碳体之间的距离称为珠光体的片间距，过冷度越大，片间距越小，钢的强度和硬度也越高。根据片间距的大小不同，可以将珠光体分为三类。在A_1 ~650℃温度范围内形成的珠光体片间距较大，称为珠光体；在 650 ~ 600℃温度范围内形成的珠光体片间距较小，称为索氏体；在 600 ~ 550℃温度范围内形成的珠光体片间距极小，称为托氏体。珠光体、索氏体、托氏体的显微组织如图 1-33 所示。

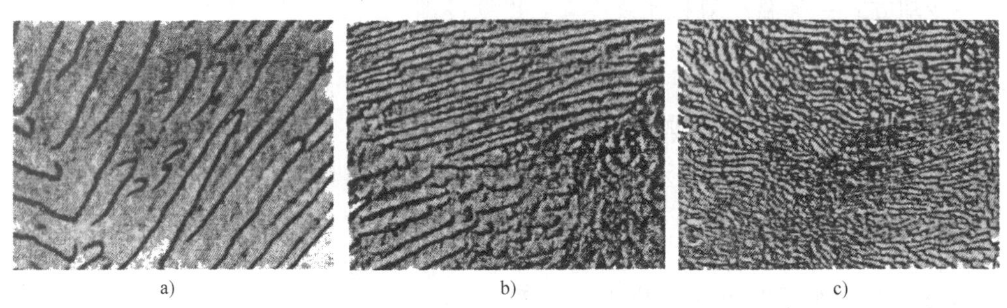

a)　　b)　　c)

图 1-33　珠光体、索氏体、托氏体的显微组织

a）珠光体（×3800）　b）索氏体（×3800）　c）托氏体（×3800）

2）中温转变产物。共析钢在鼻温至 *Ms* 线温度范围内的等温冷却转变产物为贝氏体类型的组织，是由碳的质量分数具有一定过饱和度的铁素体和微量的渗碳体组成的机械混合物。根据转变温度和组织形态不同，可以将贝氏体分为上贝氏体和下贝氏体。在 550 ~ 350℃温度范围内形成的贝氏体称为上贝氏体，在光学显微镜下呈羽毛状，由于其韧性差，生产中很少采用。在 350℃ ~ *Ms* 温度范围内形成的贝氏体称为下贝氏体，在光学显微镜下呈黑色针状。下贝氏体不但强度高，而且韧性好，即具有良好的综合力学性能。因此，在生产中广泛采用等温淬火工艺来得到下贝氏体组织。贝氏体的显微组织如图 1-34 所示。

3）低温转变产物。共析钢在 *Ms* ~ *Mf* 温度范围内的等温冷却转变产物为马氏体组织，是

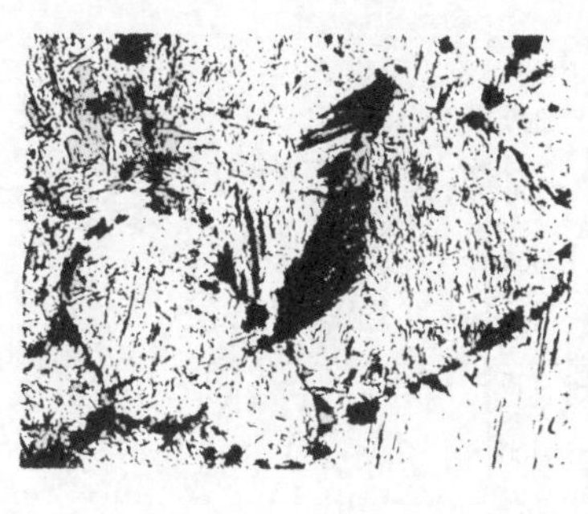

a)

b)

图 1-34 贝氏体的显微组织

a）上贝氏体（×400） b）下贝氏体（×400）

碳在 α-Fe 中的过饱和间隙固溶体，一般为体心正方晶体结构。钢中的马氏体有两种形态：针状马氏体和板条状马氏体，如图 1-35 所示。针状马氏体中碳的质量分数较高，其亚结构主要是孪晶，因此又称为高碳马氏体或孪晶马氏体；板条状马氏体中碳的质量分数较低，其亚结构主要是高密度的位错，因此又称为低碳马氏体或位错马氏体。钢中马氏体的形态，主要取决于奥氏体中碳的质量分数。碳的质量分数低于 0.2%的奥氏体几乎全部形成板条状马氏体，而碳的质量分数高于 1.0%的奥氏体几乎只形成针状马氏体，当奥氏体中碳的质量分数介于 0.2%～1.0%之间时，形成板条状马氏体和针状马氏体的混合组织。

a)

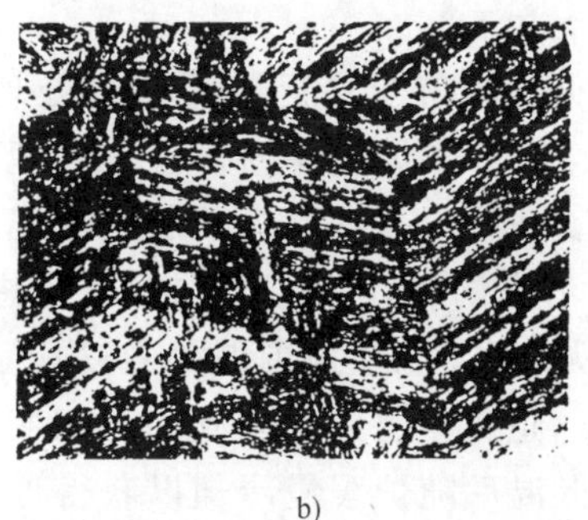

b)

图 1-35 马氏体的显微组织

a）针状马氏体（×400） b）板条状马氏体（×400）

马氏体力学性能的显著特点是具有高强度和高硬度，但不同组织形态的马氏体具有不同的特点。板条状马氏体具有良好的塑性和韧性，但强度、硬度较低；针状马氏体具有很高的强度和硬度，但塑性和韧性较差。

（3）钢的连续冷却转变图　连续冷却转变图与等温冷却转变图既有区别又有联系。图 1-36 中的实线是共析钢的连续冷却曲线，图中除了 A_1 线和 Ms 线以外，还有三条曲线。左边的一条是珠光体转变开始线，右边的一条是珠光体转变终了线，下面的一条是珠光体转变终止线。这三条曲线与 A_1 线、Ms 线和 Mf 线（Mf 线图中未标出），把共析钢的连续冷却转变图分成六个区：稳定奥氏体区、过冷奥氏体区、珠光体转变区、珠光体区、马氏体转变区和马氏体区。另外，连续冷却曲线在等温冷却曲线的右下方，说明与等温冷却相比，连续冷却转变需要的孕育期较长，转变温度较低。和等温冷却相似，与连续冷却曲线相切的冷却速度 v_c 是连续冷却转变的临界冷却速度，当钢以大于 v_c 的速度冷却时，可得到全部马氏体组织。

（4）钢的连续冷却转变产物　与等温冷却转变相同，过冷奥氏体在连续冷却转变中也会发生珠光体转变、贝氏体转变和马氏体转变，但由于连续冷却要先后通过各个转变的温度区间，可能先后发生几种转变，使钢在冷却后得到几种转变产物的不均匀混合组织。而且，冷却速度不同，可能发生的转变及其转变组织的相对量也不同，因此得到的组织和性能也不同。所以，连续冷却转变比等温冷却转变更复杂。在图 1-36 中，共析钢只有珠光体转变区和马氏体转变区，而没有贝氏体转变区，但亚共析钢在连续冷却时可能会有贝氏体转变。

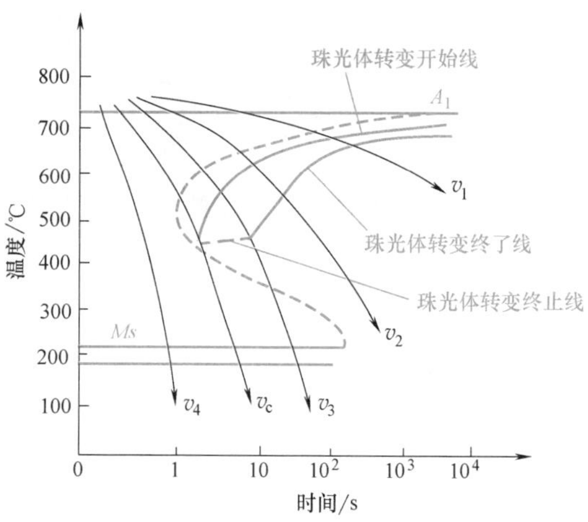

图 1-36　共析钢连续冷却转变图

由于连续冷却转变曲线测定比较困难，而目前等温冷却转变曲线的资料较多，所以生产上常用等温冷却转变曲线定性、近似地分析同一种钢在连续冷却时的转变过程，但在分析时要注意两种曲线的上述差异。

1.4.2　钢的普通热处理工艺

1. 钢的退火与正火

退火和正火是生产上广泛应用的热处理工艺，主要用于铸件、锻件和焊接件的预备热处理，目的在于消除热加工缺陷、改善组织及加工性能。对于某些性能要求不高的零件，也可作为最终热处理。各种退火和正火的加热温度范围如图 1-37 所示。

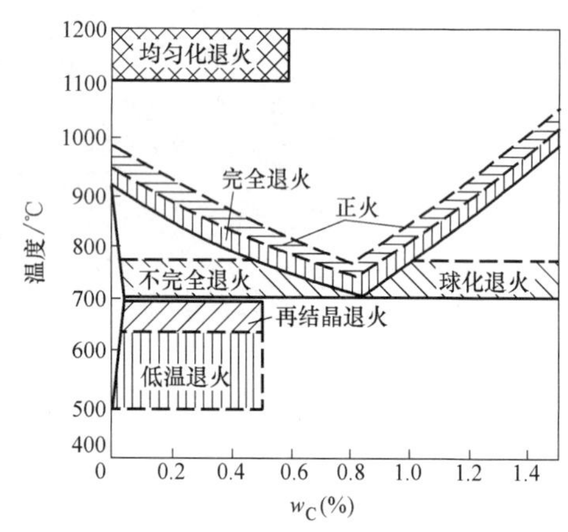

图 1-37　退火和正火的加热温度范围

（1）退火　退火是将钢加热到临界相变点以上或以下温度，保温后随炉缓慢冷却以获得近于平衡状态组织的热处理工艺。退火工艺的种类很多，生产上常用的退火工艺有以下几种：

1）完全退火。完全退火是将钢件加热至 Ac_3 以上 30～50℃，保温足够时间，使组织完全奥氏体化后缓慢冷却，以获得近于平衡组织的热处理工艺。

完全退火主要用于碳含量较高的亚共析钢，目的是细化晶粒，均匀组织，消除内应力，降低硬度和改善切削加工性能。退火后的组织为铁素体加珠光体。

2）不完全退火。不完全退火是将钢件加热到 Ac_1～Ac_3（亚共析钢）或 Ac_1～Ac_{cm}（过共析钢）之间，经保温后缓慢冷却以获得近于平衡组织的热处理工艺。

不完全退火主要用于过共析钢获得球状珠光体组织，因此过共析钢的不完全退火又称为球化退火。其目的是改变组织形态，使网状渗碳体转变为球粒状，消除内应力，降低硬度，改善切削加工性能，并为淬火做组织准备。

3）去应力退火。去应力退火是将钢件加热到 Ac_1 以下某一温度，保温后缓慢冷却的热

处理工艺。去应力退火过程中不发生相变，其目的是消除铸件、锻件、焊接件及机械加工工件中的残余内应力，以提高工件的尺寸稳定性，防止工件变形和开裂。由于其加热温度较低，又称为低温退火。

4）再结晶退火。再结晶退火是把冷变形后的金属加热到再结晶温度以上，保温适当时间，使变形晶粒重新转变为均匀的等轴晶粒，同时消除加工硬化和残余内应力的热处理工艺。再结晶退火既可作为金属多次冷变形之间的中间退火，也可作为冷变形金属的最终热处理。经过再结晶退火，金属的组织和性能重新恢复到冷变形前的状态。

（2）正火　正火是将钢件加热到 Ac_3 或 Ac_{cm} 以上 30~50℃，保温适当时间后在空气中冷却得到珠光体类型组织的热处理工艺。亚共析钢的正火温度略高于完全退火，但正火的冷却速度较快，所得到的珠光体组织更细小，钢的强度、硬度更高。

正火生产率高，不会长时间占用设备，低碳钢多用正火来改善切削加工性。对于某些受力较小、性能要求不高的零件，正火可以作为最终热处理工序。正火能消除过共析钢的网状碳化物，为球化退火做组织准备。对于大型工件及形状复杂或截面尺寸变化很大的工件，用正火代替淬火和回火可以防止变形和开裂。

2. 钢的淬火与回火

（1）淬火　淬火是将钢加热到临界相变点 Ac_3 或 Ac_1 以上 30~50℃，经保温后快速冷却以得到马氏体、贝氏体等非平衡组织的热处理工艺。钢淬火的主要目的是使工件获得尽量多的马氏体，然后再配以不同温度的回火获得各种需要的性能。淬火质量取决于淬火加热温度、淬火冷却介质和淬火方法。

1）淬火加热温度。淬火加热温度的选择应以得到均匀细小的奥氏体晶粒为原则，以便淬火后获得细小的马氏体组织，具体的淬火加热温度要根据钢的临界相变点来确定。

亚共析钢的淬火加热温度通常为 Ac_3 以上 30~50℃，因为亚共析钢的淬火加热温度如果在 Ac_1 ~ Ac_3 之间，则淬火后组织中除了马氏体以外，还保留一部分铁素体，使钢的强度和硬度降低；但淬火加热温度也不能超过 Ac_3 太多，以防奥氏体晶粒粗化，淬火后得到粗大的马氏体组织。

共析钢、过共析钢的淬火加热温度通常为 Ac_1 以上 30~50℃，主要是为了得到细小的奥氏体晶粒并保留适量渗碳体质点，以便淬火后得到隐晶马氏体和均匀分布的粒状碳化物组织，从而使钢不但具有更高的强度、硬度和耐磨性，而且具有较好的韧性。如果加热温度过高，二次渗碳体颗粒大量溶解，会使钢在淬火后的残留奥氏体量增加，变形和开裂倾向增大。

合金钢的淬火加热温度一般都比碳钢高，因为大多数合金元素都阻碍奥氏体的晶粒长大，提高淬火加热温度可以使合金元素充分溶解和均匀化，取得较好的淬火效果。

2）淬火冷却介质。钢从奥氏体状态冷至 Ms 点以下所用的冷却介质称为淬火冷却介质。介质的冷却能力越强，钢的冷却速度越大，则工件在淬火后的淬硬层越深。但是，冷却速度过大会使工件产生巨大的淬火应力，易于变形和开裂。因此，在淬火时选择适当的淬火冷却介质很重要。

常用的淬火冷却介质有水、盐水、碱水溶液和油等，常用淬火冷却介质的冷却能力见表 1-4。在表中所列的淬火冷却介质中，水和油最常用。一般情况下，尺寸不大、形状简单的碳钢工件用水淬火，而对于尺寸大、形状复杂的碳素钢工件和合金钢工件，一般用油淬火。

表 1-4　常用淬火冷却介质的冷却能力

淬火冷却介质	下列温度范围内的冷却能力/(℃/s)	
	650~550℃	300~200℃
水(18℃)	600	270
10%NaCl 水溶液(18℃)	1100	300
10%NaOH 水溶液(18℃)	1200	300
10%Na_2CO_3 水溶液(18℃)	800	270
矿物油	150	30
菜籽油	200	35
熔融硝盐(200℃)	350	10

3）淬火方法。常用的淬火方法有单液淬火、双液淬火、分级淬火和等温淬火四种，其冷却曲线如图 1-38 所示。

① 单液淬火法是将加热至奥氏体状态的工件放入一种淬火冷却介质中，连续冷却至室温的淬火方法（图 1-38 中的曲线 1）。这种方法适用于形状简单的碳钢和合金钢工件，一般情况下，碳素钢件淬水，合金钢件淬油。

② 双液淬火法是将加热至奥氏体状态的工件先在冷却能力较强的淬火冷却介质中冷却至接近 *Ms* 点温度，再立即转入冷却能力较弱的淬火冷却介质中冷却，直至完成马氏体转变（图 1-38 中的曲线 2）。这种方法适用于尺寸较大的碳钢件，一般采用水淬油冷或油淬空冷。

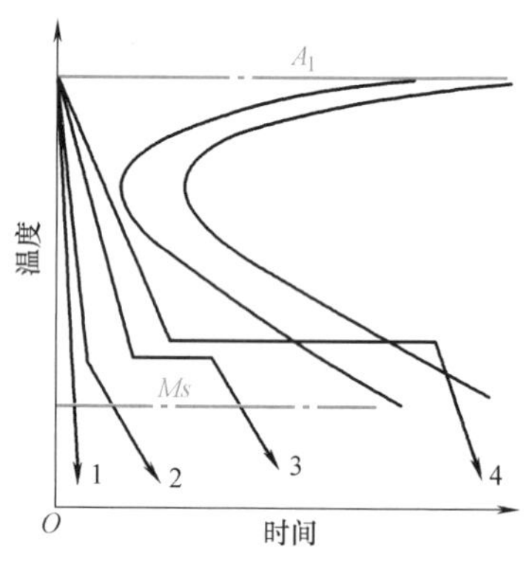

图 1-38　各种淬火方法冷却曲线示意图

③ 分级淬火法是将加热至奥氏体状态的工件先放入温度略高于 *Ms* 点的淬火冷却介质（如盐浴）中保温，当工件内外温度均匀后，再取出空冷至室温，完成马氏体转变（图 1-38 中的曲线 3）。这种淬火方法适用于尺寸较小的工件，如刀具、量具和要求变形很小的精密工件。

④ 等温淬火法是将加热至奥氏体状态的工件放入 *Ms* 点以上适当温度的盐浴中，长时间保温使其转变为下贝氏体组织，然后取出空冷至室温（图 1-38 中的曲线 4）。这种淬火方法主要用于形状复杂、尺寸要求精密的工具和重要的机器零件，如模具、刀具、齿轮等。

4）钢的淬透性。钢的淬透性是指奥氏体化后的钢在淬火时获得马氏体的能力，其大小以钢在一定条件下淬火获得的淬透层深度和硬度分布来表示。淬透性是钢的重要工艺性能，也是选材和制订热处理工艺的重要依据之一。

对于截面尺寸较大的工件，加热后淬火时，工件表面冷却速度最大，而心部冷却速度最小。在工件截面上，凡是冷却速度大于临界冷却速度（$v_{临界}$）的部分全部得到马氏体组织，而冷却速度低于 $v_{临界}$ 的部分得到非马氏体组织，如图 1-39 所示。一般规定从工件表面到半马氏体区（马氏体与非马氏体组织各占 50%的区域）的深度作为淬透层深度。半马氏体区的位置容易用金相显微镜观察和硬度仪测量硬度来确定。因此，淬透性也可以理解为钢在淬火后获得淬透层深度大小的能力，其实质是反映过冷奥氏体的稳定性。

（2）回火　回火是将淬火钢在 A_1 以下温度加热，使其转变成稳定的回火组织，并以适

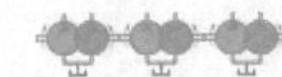

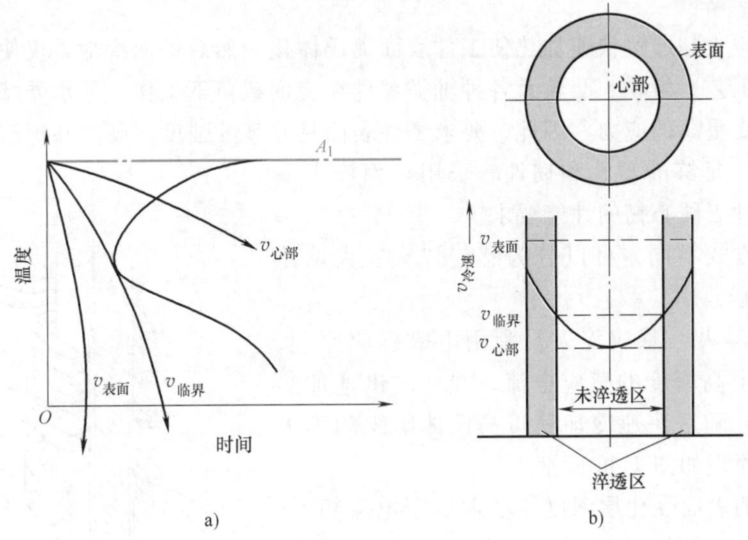

a) b)

图 1-39 工件截面不同冷却速度与未淬透区示意图

a）工件截面不同冷却速度 b）未淬透区

当的方式冷却到室温的工艺过程。回火的主要目的是减少或消除淬火应力，保证相应的组织转变，提高钢的韧性和塑性，获得强度、硬度、塑性和韧性的适当配合，以满足各种用途工件的性能要求。

根据加热温度的不同，回火可分为低温回火、中温回火和高温回火三种。

1）低温回火的加热温度为150~250℃，回火组织主要是回火马氏体。回火马氏体既保持了钢的高强度、高硬度和良好的耐磨性，又适当提高了韧性。因此，低温回火特别适用于刀具、量具、滚动轴承以及渗碳件和表面淬火工件。对于高碳钢和高碳合金钢，低温回火保持了高硬度和高耐磨性，同时显著降低了钢的淬火应力和脆性。对于淬火获得低碳马氏体的钢，经低温回火后可减少内应力，并进一步提高钢的强度和塑性，保持优良的综合力学性能。

2）中温回火的加热温度为350~500℃，回火组织主要是回火托氏体。中温回火后工件的淬火应力基本消失，因此钢具有高的弹性极限，较高的强度和硬度，良好的塑性和韧性。故中温回火主要用于各种弹簧零件及热作模具。

3）高温回火的加热温度为500~650℃，回火组织主要是回火索氏体。生产上把淬火和高温回火相结合的热处理工艺称为调质处理。经调质处理后，钢具有优良的综合力学性能。因此，高温回火主要适用于中碳结构钢或低合金结构钢制作的重要机器零件，如轴、齿轮、连杆和螺栓等，这些机器零件在使用中要求较高的强度并能承受冲击和交变载荷的作用。

*1.4.3 钢的表面热处理

某些机器零件如齿轮、轴等在复杂应力条件下工作时，表面和心部承受不同的应力，往往要求零件表面和心部具有不同的性能。采用普通热处理难以达到这种要求，这时可以采用表面热处理技术。常用的表面热处理工艺有两类：一类是只改变表面组织而不改变表面化学成分的表面淬火；另一类是既改变表面组织又改变表面化学成分的表面化学热处理。

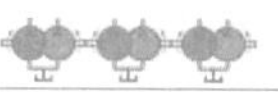

1. 钢的表面淬火

钢的表面淬火是通过快速加热使工件表面奥氏体化，然后迅速冷却，仅使表面层获得马氏体的热处理工艺。齿轮、凸轮及各种轴类零件在交变载荷下工作，并承受摩擦和冲击，其表面比心部承受更高的应力。因此，要求零件表面具有高的强度、硬度和耐磨性，而心部具有一定的强度、足够的塑性和韧性。采用表面淬火工艺可以达到这种表硬心韧的性能要求。

根据加热方式不同，可以分为感应淬火、火焰淬火和激光淬火等。

（1）感应淬火　感应淬火是利用电磁感应原理，在工件表面产生高密度的感应电流，并使之迅速加热至奥氏体状态，随后快速冷却获得马氏体组织的淬火方法，其工作原理如图 1-40 所示。

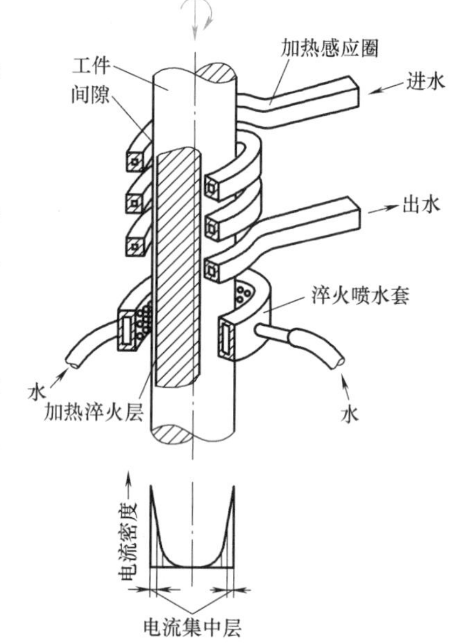

图 1-40　感应淬火工作原理

感应淬火的表面硬化层深度主要取决于电流频率，电流频率越高，表面硬化层深度越小。生产上根据零件尺寸和硬化层深度的要求选择不同的电流频率。根据电流频率不同，可以将感应淬火分为三类：

1）高频感应淬火的常用电流频率为 200~300kHz，可获得 0.5~2mm 的表面硬化层，主要用于中小模数齿轮和小轴的表面淬火。

2）中频感应淬火的常用电流频率为 2.5~10kHz，可获得 3~6mm 的表面硬化层，主要用于要求淬硬层较深的零件，如发动机曲轴、大模数齿轮和较大尺寸轴的表面淬火。

3）工频感应淬火的常用电流频率为 50Hz，可获得 10~15mm 的表面硬化层，主要用于大直径钢材的穿透加热及要求淬硬层深的大工件的表面淬火。

感应淬火的加热速度快，生产率高，工件变形小，淬火质量高，适用于大批量生产。淬硬层深度易于控制，易于实现机械化和自动化。主要用于碳的质量分数 $w_C=0.4\%\sim0.5\%$ 的中碳结构钢或中碳低合金结构钢，也可用于高碳工具钢和铸铁件。但是，感应淬火的设备较复杂且价格昂贵，对于小批量生产和不规则外形的零件不宜采用。

（2）火焰淬火　火焰淬火是利用氧-乙炔或其他可燃气体形成的高温火焰对工件表面进行快速加热，并随即喷水冷却的表面淬火方法。

火焰淬火所需设备简单，操作方便、灵活，成本低廉，但加热温度不易控制，零件表面容易过热，淬火质量不稳定。火焰淬火的淬硬层深度一般为 2~6mm，适用于单件小批量及大型轴类、大模数齿轮等的表面淬火。

（3）激光淬火　激光淬火是利用激光束扫描工件表面，使工件表面迅速奥氏体化，当激光束离开工件表面时，由于基体金属大量吸热，使表面获得急速冷却而硬化的表面淬火方法。

激光淬火的特点是方便、灵活，可利用激光的反射，实现对形状复杂工件的拐角、沟槽、不通孔底部或深孔侧壁等进行表面淬火。激光淬火的淬硬层深度为 0.3~0.5mm，淬火后可获得极细的马氏体组织，硬度高且耐磨性好。

2. 钢的表面化学热处理

钢的表面化学热处理是将工件放入含有某种活性原子的化学介质中，通过加热使介质中

的原子扩散渗入工件一定深度的表层，改变其化学成分和组织并获得与心部不同性能的热处理工艺。

化学热处理后钢件表面可以获得比表面淬火更高的硬度、耐磨性和疲劳强度，心部在具有良好塑性和韧性的同时，还可获得较高的强度。通过适当的化学热处理还可使钢件表层具有减摩、耐磨、耐蚀等特殊性能。因此，化学热处理得到了越来越广泛的应用。

根据渗入元素的不同，钢的表面化学热处理可分为渗碳、渗氮、碳氮共渗、渗硼和渗金属等，其中以渗碳、渗氮和碳氮共渗最为常用。

（1）渗碳　渗碳是将低碳钢工件放入渗碳介质中，在 900～950℃加热保温，使活性碳原子渗入钢件表面并改变表层组织和性能的热处理工艺。

根据渗碳介质不同，可以将渗碳方法分为固体渗碳、液体渗碳和气体渗碳三种，生产上以气体渗碳应用最广。气体渗碳是把工件放入含有气体渗碳介质的密封高温炉罐中进行碳的渗入过程，常用的渗剂有煤油、天然气等，加热温度一般为 920～950℃。气体渗碳的渗碳过程可以控制，渗碳层的质量和力学性能较好，生产率高，劳动条件好。

渗碳多用于低碳钢和低碳合金钢制成的齿轮、活塞销、轴类等重要零件，经过渗碳，工件表层碳的质量分数 w_C＝0.85%～1.05%，再经淬火、低温回火后，表层组织为细针状的高碳马氏体与渗碳体，具有高硬度和高耐磨性；而心部组织为低碳马氏体或索氏体，具有一定的强度和良好的韧性。

（2）渗氮　向钢件表面渗入氮元素，形成富氮硬化层的化学热处理称为渗氮。渗氮后可显著提高工件表面的硬度和耐磨性，并能提高其疲劳强度和耐蚀性。按照使用设备的不同，渗氮可分为气体渗氮和离子渗氮。气体渗氮应用较广泛，它是将氨气通入加热到渗氮温度的密封渗氮罐中，使其分解出活性氮原子并被钢件表面吸收、扩散形成一定深度的渗氮层。由于氨气分解温度低，所以渗氮温度一般为 500～600℃，渗层厚度一般为 0.3～0.5mm。

工件在渗氮前须进行调质处理，以改善机械加工性能并获得均匀的回火索氏体组织，保证较高的强度和韧性。适于渗氮的钢有结构钢、工具钢、不锈钢等，当要求工件表面硬度高、抗磨损、抗疲劳、耐蚀，心部具有良好的力学性能时，常选用含 Cr、Mo、Al、Ti、V 等合金元素的合金结构钢（如 38CrMoAlA）。对于形状复杂或精度要求高的工件，在渗氮前的精加工后还要进行去应力退火，以减少渗氮时的变形。

与渗碳相比，钢件渗氮后具有更高的表面硬度、耐磨性、高的热稳定性、高的疲劳强度和低的缺口敏感性。并且，由于渗氮后在钢件表面形成致密的氮化物薄膜，因而具有良好的耐蚀性。此外，由于渗氮温度低，工件在渗氮后不需要再进行热处理，因此变形很小。

（3）碳氮共渗　向钢件表层同时渗入碳和氮的过程称为碳氮共渗。目前生产中应用较广的是气体碳氮共渗法，其主要目的是提高钢的疲劳强度、表面硬度和耐磨性，所用介质是渗碳和渗氮用的混合气体。根据温度不同，碳氮共渗可分为高温、中温和低温三种，目前生产上常用中温气体碳氮共渗和低温气体碳氮共渗。

中温气体碳氮共渗是将工件放入密封炉内，加热到 820～860℃，并向炉内通入煤油或渗碳气体，同时通入氨气。碳氮共渗的渗层厚度一般为 0.5～0.8mm，共渗后进行淬火并低温回火处理。碳氮共渗后工件可同时兼有渗碳和渗氮的优点，主要用于形状复杂、要求变形小的小型耐磨零件。

低温气体碳氮共渗是以渗氮为主的氮碳共渗过程，它是将工件加热到 500～570℃，在含有活性碳、氮原子的气氛中保温，使工件表层形成一定深度共渗层的热处理工艺。渗层厚度一般为0.2~0.5mm，共渗后一般不再进行热处理，可直接使用。低温气体碳氮共渗后，工件表层硬度高而不脆，且处理温度低，时间短，工件变形小。因此，广泛适用于碳素钢、合金钢和铸铁材料，可用于处理各种工具、模具及一些轴类零件。

*1.4.4　金属材料的表面改性

金属材料的表面改性主要是通过对金属材料表面进行喷涂覆层、气相沉积和高能束强化等，在金属材料表面形成一层具有高耐磨性、耐蚀性、耐高温氧化等特殊性能的表面层，而基体仍保持原有性能，从而提高材料表面的使用性能。金属材料表面改性的方法很多，主要有涂层技术、薄膜技术和表面强化技术等。本节只简要介绍几种常用的表面改性技术。

1. 涂层技术

（1）热喷涂　热喷涂是将喷涂材料加热至熔融状态，通过高速气流使其雾化，并喷射到零件表面形成覆盖层的一种表面改性技术。由于热喷涂技术具有操作温度低、操作过程简单、被喷涂件的大小不受限制等特点，工业上常采用热喷涂技术进行磨损机件修复和提高材料的耐磨性、耐蚀性。

常用的热喷涂方法有氧-乙炔火焰喷涂、等离子喷涂和爆炸喷涂等，广泛应用于机械制造、建筑、造船、车辆、化工装置和纺织机械等领域中的各种材料。

（2）气相沉积　气相沉积是利用气相中发生的物理、化学反应，使气相中的纯金属或化合物在零件表面沉积，形成具有特殊性能涂层的方法。根据涂层的形成机理不同，可以将气相沉积分为物理气相沉积和化学气相沉积两类。

物理气相沉积是通过真空蒸发、真空溅射或电离等过程，产生金属离子并沉积在工件表面，形成金属涂层或与反应气体作用形成化合物涂层。物理气相沉积的沉积温度低（<600℃），沉积速度快，适用于金属、非金属、陶瓷、玻璃、塑料等各种材料，在电器元件生产中应用十分普遍，如半导体、集成电路、液晶、摄像管、电容器及金属膜电阻等。

化学气相沉积是在一定温度下，使一定的气态物质，在固体表面上发生化学反应，并在表面上生成固态沉积膜的过程。化学气相沉积的沉积温度较高（>900℃），工件容易变形，高温时的组织变化可能导致基体金属力学性能降低，故目前化学气相沉积主要用于硬质合金刀具和工模具的涂层。

2. 薄膜技术

生产中为了对工件表面进行有效的保护，在工件表面形成一层均匀致密的保护薄膜，以提高工件的缓蚀性和减摩性能等。

（1）电镀　电镀是利用电解使工件表面覆盖一层均匀致密、结合力强的金属的工艺过程。电镀时将金属工件浸入金属盐溶液中并将其作为阴极，通以直流电，在直流电场的作用下，金属盐溶液中的阳离子在工件表面上沉积，形成牢固镀层。电镀主要用于修复磨损零件，改善零件表面性质；使基体金属既耐蚀又美观；使工件具有耐磨、导电和其他特殊性能等。

（2）刷镀　刷镀是在工件表面快速电化学沉积金属的一种工艺方法，采用专用直流电源，电源正极接镀笔作为阳极，负极接工件作为阴极。刷镀时，使浸满镀液的镀笔以一定的速度和压力在工件表面上移动，在镀笔与工件接触部位，镀液中的金属离子在电场力的作用下扩散到工件表面被还原成金属原子，并沉积结晶形成镀层。

(3) 化学转化膜　化学转化膜技术是通过化学或电化学手段，使金属表面形成稳定的化合物薄膜的工艺过程。化学转化膜技术主要用于工件的缓蚀和表面装饰，也可用于提高工件的耐磨性等方面。生产中常用的化学转化膜技术主要有磷化处理和发蓝处理。

磷化处理是将工件浸入磷酸盐溶液中，使其表面形成一层不溶于水的磷酸盐薄膜的工艺过程。磷化膜为多孔膜层，它能使基体表面层的吸附性、耐蚀性和减摩性得到改善，广泛用于钢铁制品涂装涂层的底层和冷变形加工过程中的减摩，也可用于零件的缓蚀。

发蓝处理是把工件放入某些氧化性溶液中加热，使其表面形成一层致密氧化膜的工艺过程。发蓝处理既可用于防止金属腐蚀和机械磨损，也可用作装饰性加工。发蓝处理时对零件尺寸和表面粗糙度影响不大，并能在处理过程中消除内应力。因此，在精密仪器、仪表、工具和模具等生产制造中得到了广泛应用。

3. 表面强化技术

(1) 电火花表面强化　电火花表面强化是通过电火花放电的作用，把一种导电材料涂覆熔渗到另一种导电材料的表面，从而改变材料表面的物理和化学性能。这种强化方法设备简单，操作容易，成本低廉，可用于模具、刀具及机械零件的表面强化和磨损部位的修补。例如，把硬质合金等材料涂覆在各类碳素钢模具、刀具、量具及机械零件的表面，可以提高其表面硬度，增加耐磨性和耐蚀性，延长零件的使用寿命。

(2) 喷丸表面强化　喷丸表面强化是将大量高速运动的弹丸喷射到零件表面，使其表面产生强烈的塑性变形，从而获得一定厚度的强化层。喷丸表面强化可显著提高材料的屈服强度和疲劳强度，广泛应用于机械制造和航空制造等领域，如齿轮、连杆、飞机起落架和涡轮发动机中的关键承力件等都要经过喷丸表面强化。

(3) 激光表面强化　激光表面强化是利用高能激光束在选定工件表面形成一层具有特殊性能的材料，以改善工件表面性能的工艺。激光表面强化无污染，无辐射，低噪声，劳动条件好，且强化质量容易精确控制，形成的强化层与基体结合强度高，性能较好。因此，在工业生产中得到了越来越广泛的应用，如用钴基合金强化发动机排气门密封面和发动机缸盖头锥面等。

(4) 离子注入表面强化　离子注入表面强化是将从离子源中引出的低能离子束加速成高能离子束后注入固体材料表面，形成具有特殊物理、化学或力学性能表面强化层的工艺过程。离子注入表面强化可大幅度提高零件的疲劳强度，改善材料的耐蚀性和抗高温氧化性能，在工业上得到了广泛的应用。例如，采用离子注入技术对轴承套内环、外环、轴承套顶面、滚柱柱面和滚珠等进行处理，可大幅度改善它们的接触疲劳性能，在很大程度延长轴承的使用寿命。

1.5 常用金属材料

碳钢与合金钢

1.5.1 碳素钢与合金钢

1. 碳素钢

(1) 碳素钢的分类

1) 按照用途不同，可将碳素钢分为碳素结构钢和碳素工具钢两大类。

碳素结构钢是指用于制造各种工程结构和各种机器零件的碳素钢。其中，用于制造工程结构的碳素钢多为低碳钢，焊接性能良好，一般不进行热处理，在热轧状态下使用。用于制造机器零件的碳素钢，碳的质量分数一般在0.6%以下，具有良好的力学性能，使用前通常要进行热处理。

碳素工具钢是指用于制造各种刀具、量具和模具等的碳素钢。碳的质量分数较高，经适当热处理后，具有较高的强度、硬度和耐磨性。

2）根据碳的质量分数不同，碳素钢可分为低碳钢、中碳钢和高碳钢三类。

低碳钢：$w_C<0.25\%$；

中碳钢：$w_C=0.25\%\sim0.60\%$；

高碳钢：$w_C>0.60\%$。

3）根据碳素钢中S、P的质量分数的不同（按质量等级分类），碳素钢可分为四类。

普通钢：$w_S\leqslant0.050\%$，$w_P\leqslant0.045\%$；

优质钢：$w_S\leqslant0.035\%$，$w_P\leqslant0.035\%$；

高级优质钢：$w_S\leqslant0.020\%$，$w_P\leqslant0.030\%$；

特级优质钢：$w_S\leqslant0.015\%$，$w_P\leqslant0.025\%$。

4）按照冶炼方法分类。按照冶炼用炉不同，碳素钢可分为平炉钢、转炉钢和电炉钢；按照冶炼时的脱氧方法不同，又可将碳素钢分为沸腾钢、镇静钢和特殊镇静钢。

（2）碳素钢的牌号、性能及用途

1）普通碳素结构钢。普通碳素结构钢简称碳素结构钢，其牌号由代表屈服强度的字母Q、屈服强度数值、质量等级符号和脱氧方法符号等按顺序组成，如Q235AF。普通碳素结构钢的牌号、化学成分、力学性能及用途举例见表1-5。

2）优质碳素结构钢。优质碳素结构钢的牌号采用两位数字表示，该数字表示钢中平均碳的质量分数，以万分数表示。如45钢表示平均碳的质量分数为0.45%的优质碳素结构钢。优质碳素结构钢的牌号、化学成分、力学性能及用途举例见表1-6。

表1-5　普通碳素结构钢的牌号、化学成分、力学性能及用途举例

牌号	等级	化学成分（%），不大于					脱氧方法	力学性能			用途举例
		w_C	w_{Mn}	w_{Si}	w_S	w_P		R_{eH} /MPa	R_m /MPa	A （%）	
Q195	—	0.12	0.5	0.30	0.040	0.035	F、Z	≥195	315~430	≥33	承受小载荷的结构件（如铆钉、垫圈、地脚螺栓、开口销、拉杆、螺纹钢筋等）、冲压件和焊接件
Q215	A	0.15	1.2	0.35	0.050	0.045	F、Z	≥215	335~450	≥31	
	B				0.045						
Q235	A	0.22	1.4	0.35	0.050	0.045	F、Z	≥235	370~500	≥26	薄板、型钢、螺栓、螺母、铆钉、拉杆、齿轮、轴、连杆等，Q235C、Q235D可用作重要焊接结构件
	B	0.20			0.045						
	C	0.17			0.040	0.040	Z				
	D				0.035	0.035	TZ				
Q275	A	0.24	1.5	0.35	0.050	0.045	F、Z	≥275	410~540	≥22	承受中等载荷的零件，如键、链、拉杆、转轴、链轮、螺栓及螺纹钢筋等
	B	0.21			0.045		Z				
	C	0.2			0.040	0.040	Z				
	D				0.035	0.035	TZ				

注：A、B、C、D表示质量等级；F表示沸腾钢；Z表示镇静钢；TZ表示特殊镇静钢。

表 1-6　优质碳素结构钢的牌号、化学成分、力学性能及用途举例

牌号	化学成分(%)			力学性能(不小于)						用途举例
	w_C	w_{Si}	w_{Mn}	R_m /MPa	R_{eL} /MPa	A (%)	Z (%)	HBW (热轧)	KU/J	
08	0.05~0.11	0.17~0.37	0.35~0.65	325	195	33	60	131	—	各种形状的冲压件、拉杆、垫片等
10	0.07~0.13	0.17~0.37	0.35~0.65	335	205	31	55	137	—	
20	0.17~0.23	0.17~0.37	0.35~0.65	410	245	25	55	156	—	拉杆、吊环、吊钩等
35	0.32~0.39	0.17~0.37	0.50~0.80	530	315	20	45	197	55	轴、螺栓、螺母等
40	0.37~0.44	0.17~0.37	0.50~0.80	570	335	19	45	217	47	齿轮、曲轴、连杆、联轴器、轴等
45	0.42~0.50	0.17~0.37	0.50~0.80	600	355	16	40	229	39	
60	0.57~0.65	0.17~0.37	0.50~0.80	675	400	12	35	255	—	弹簧、弹簧垫圈等
65	0.62~0.70	0.17~0.37	0.50~0.80	690	410	10	30	255	—	

3）碳素工具钢。碳素工具钢的牌号由字母 T 和数字组成。T 表示碳素工具钢，数字表示钢中平均碳的质量分数，以千分数表示。如 T10 表示平均碳的质量分数为 1.0% 的碳素工具钢。高级优质碳素工具钢在牌号后加“A”，如 T10A。碳素工具钢的牌号、化学成分、力学性能及用途举例见表 1-7。

表 1-7　碳素工具钢的牌号、化学成分、力学性能及用途举例

牌号	化学成分(%)			淬火温度/℃	硬度 HRC	用途举例
	w_C	w_{Si}	w_{Mn}			
T7	0.65~0.74	≤0.35	≤0.40	800~820 (水淬)	≥62	锤头、锯、钻头、錾子等
T8	0.75~0.84			780~800 (水淬)		冲头、木工工具等
T10 T10A	0.95~1.04			760~780 (水淬)		丝锥、板牙、锯条、刨刀、小型冲模等
T13 T13A	1.25~1.35			760~780 (水淬)		锉刀、量具、刮刀等

2. 合金钢

合金钢是在碳素钢的基础上添加某种合金元素，使其使用性能和工艺性能得以提高。合金钢中常加入的合金元素有锰、硅、铬、镍、钼、钨、钒、钛、硼和稀土元素等，这些合金元素可以改善钢的综合力学性能、淬透性、热稳定性和耐蚀性等。

（1）合金元素在钢中的作用

1）固溶强化。大多数合金元素都能不同程度地溶解于铁素体中，使钢的强度、硬度升高，塑性、韧性降低。有些合金元素，如 Mn、Cr、Ni 等，如果配比得当，不仅能强化铁素体，而且能提高钢的韧性，使之具有良好的综合力学性能。

2）第二相强化。当合金元素与 C 的亲和力大于 Fe 与 C 的亲和力时，不仅能固溶于铁素体，还能形成合金渗碳体和碳化物，这些组成相都具有较高的强度和稳定性，使钢的强度、硬度和耐磨性得以提高。

3）细晶强化。强碳化物形成元素 V、Ti、Nb、Zr 及强氮化物形成元素 Al，可形成稳定的碳化物、氮化物粒子，阻碍奥氏体晶粒的长大，细化铁素体晶粒。细晶粒钢具有较好的力

学性能，特别是能显著提高钢的韧性。

4）提高钢的淬透性。除 Co 外，所有溶入奥氏体的合金元素都能增加过冷奥氏体的稳定性，使等温冷却转变曲线向右移，降低了钢的临界冷却速度。因此，在同种淬火冷却介质中冷却时，可获得较大的淬硬层深度；或者在欲获得同样淬硬层深度时，可用冷却能力较低的淬火冷却介质，使工件的淬火应力降低，变形和开裂倾向减小。

5）提高钢的耐回火性。合金元素对钢的回火过程有很大影响。一般来说，合金元素使淬火钢在回火时马氏体不易分解，阻碍碳化物聚集长大，并使发生这些转变的温度升高。因此，使钢的硬度随回火温度升高而下降的程度减慢，即增加了耐回火性。

6）使钢获得某些特殊性能。当向钢中加入一定量某些合金元素时，钢的组织和性能将发生某些特殊的变化，获得具有某些特殊性能的合金钢，如不锈钢、耐热钢、耐磨钢等。

（2）合金钢的种类

1）根据用途不同，可以将合金钢分为合金结构钢、合金工具钢和特殊性能钢三类。

2）根据合金元素含量不同，可以将合金钢分为低合金钢（w_M<5%）、中合金钢（w_M=5%~10%）和高合金钢（w_M>10%）三类。

（3）合金结构钢的牌号、力学性能和用途　合金结构钢包括工程结构用钢和机械制造用钢。合金结构钢的牌号一般由钢中碳的平均质量分数（以万分数表示）+合金元素符号+合金元素的质量分数（以百分数表示）组成，但也有例外。常用合金结构钢的牌号、力学性能及用途举例见表 1-8。

表 1-8　常用合金结构钢的牌号、力学性能及用途举例

钢种类别	牌号	热处理加热温度/℃		力学性能			用途举例
		淬火	回火	R_m/MPa	R_{eL}/MPa	A(%)	
低合金高强度结构钢	Q355	—	—	450~630	355	20~22	桥梁、船舶、压力容器等
	Q390			470~650	390	20~21	
合金渗碳钢	20Cr	880(水、油)	200	834	540	10	齿轮、活塞销、汽车(拖拉机)变速器齿轮等
	20CrMnTi	880(油)	200	1080	850	10	
合金调质钢	40Cr	850(油)	520	980	785	9	机床主轴、曲轴、连杆、齿轮等
	35CrMo	850(油)	550	980	835	12	
合金弹簧钢	60Si2Mn	870(油)	440	1570	1375	5	汽车(拖拉机)上的板簧、螺旋弹簧等
	50CrV	850(油)	500	1275	1130	10	

1）低合金高强度结构钢。低合金高强度结构钢是在低碳钢的基础上加入少量合金元素（w_M<5%）而得到的合金钢。这类钢一般用于工程结构，其强度仍较低，塑性、韧性和焊接性良好，价格低廉，一般在热轧状态下使用，必要时进行正火处理以提高强度。低合金高强度结构钢主要用于制造桥梁、船舶、锅炉、高压容器、输油管道和大型钢结构等。

2）合金渗碳钢。合金渗碳钢是指经渗碳处理后使用的合金钢。这类钢碳的质量分数较小（0.15%~0.25%），以保证工件心部具有较高的强度和韧性，而表层经渗碳后低温回火，具有高硬度（58~64HRC）和高耐磨性。合金渗碳钢主要用于制造要求高耐磨性、承受动载荷的零件，如汽车、拖拉机的变速器齿轮，内燃机的凸轮轴等。常用的合金渗碳钢有 15Cr、20Cr、20CrMnTi 等。

3）合金调质钢。这类钢一般碳的质量分数 w_C = 0.25% ~ 0.45%，经淬火、高温回火

（调质）后，得到回火索氏体组织，使钢件具有高强度、高韧性相结合的良好综合力学性能。主要用于制造承受较大交变载荷和各种复杂应力的零件，如汽车、拖拉机上的连杆、传动轴、机床主轴、齿轮、凸轮等。常用的合金调质钢有40Cr、35CrMo、40CrNiMo等。

4）合金弹簧钢。合金弹簧钢是指用于制造各种弹簧和弹性元件的合金钢。这类钢一般碳的质量分数 $w_C=0.50\%\sim0.65\%$，并含有Mn、Si、Cr、V等合金元素。经淬火、中温回火后，得到回火托氏体组织，具有高的弹性极限和屈服强度。常用的合金弹簧钢有65Mn和50CrV等。

（4）合金工具钢的牌号、力学性能和用途　合金工具钢是在碳素工具钢的基础上，添加合金元素后形成的，包括刃具钢、模具钢和量具钢。合金工具钢的牌号一般由钢中碳的平均质量分数（以千分数表示）+合金元素符号+合金元素含量组成，如果碳的质量分数超过1.0%，则在牌号中不标出。常用合金工具钢的牌号、热处理状态及用途举例见表1-9。

1）合金刃具钢。合金刃具钢是用来制造各种切削加工工具，如车刀、铣刀、钻头、丝锥、板牙等的钢材。常用的合金刃具钢有低合金刃具钢和高速工具钢。

低合金刃具钢中一般碳的质量分数 $w_C=0.75\%\sim1.45\%$，热处理工艺为淬火后低温回火。这类钢的最高工作温度不超过300℃，只用于制造低速切削或耐磨性要求较高的刨刀、丝锥、板牙、钻头等。常用的低合金刃具钢有9SiCr、CrWMn等。

高速工具钢属于高碳高合金钢，碳的质量分数 $w_C=0.7\%\sim1.6\%$，含有大量的W、Cr、Mo、V等合金元素。高速工具钢的热处理采用淬火后多次高温回火，得到回火马氏体+碳化物组织，回火后硬度一般不小于60HRC，具有良好的耐热性。高速工具钢所制刀具在600℃切削温度下，仍保持60HRC左右的高硬度，因此适用于高速切削。常用的高速工具钢有W18Cr4V、W6Cr5Mo4V2等。

表1-9　常用合金工具钢的牌号、热处理状态及用途举例

钢种类别	牌号	热处理及硬度				用途举例
		淬火		回火		
		加热温度/℃	硬度HRC	加热温度/℃	硬度HRC	
低合金刃具钢	9SiCr	860~880（油淬）	62~65	162~200	58~62	丝锥、板牙、铰刀、搓丝板等
	CrWMn	820~840（油淬）	63~65	140~160	62~65	冲裁凸模及凹模、铝合金挤压凸模及凹模、丝锥、板牙、量具等
				170~200	60~62	
				230~280	55~60	
高速工具钢	W18Cr4V	1280（油淬）	62~64	560	≥62	广泛用于铣刀、车刀、钻头、刨刀、拉刀、丝锥、板牙、齿轮刀具等，也可用于冲头、冷作模具等
	W6Mo5Cr4V2	1150~1240（油淬）	62~64	560	60~64	
热作模具钢	5CrNiMo	830~860（油淬）	≥47	490~580	34~47	大型锻模、热压模、热剪切模、压铸型等
	3Cr2W8V	1050~1100（油淬）	49~52	600~620	40~47	
冷作模具钢	Cr12	950~980（油淬）	63~65	180~200	60~62	冷冲模冲头、落料模、拉丝模、切边模等

2）合金模具钢。合金模具钢分为热作模具钢和冷作模具钢。热作模具钢用于制造各种热锻模、热挤压模和压铸型等，工作时型腔表面温度可达 600℃以上；冷作模具钢用于制造各种冷冲模、冷镦模、冷挤压模和拉丝模等，工作温度不超过 300℃。

冷作模具钢碳的质量分数 $w_C \geq 1.0\%$，加入的合金元素能强化基体，形成碳化物，提高钢的硬度和耐磨性。冷作模具钢经淬火、低温回火后，得到回火马氏体和粒状碳化物组织。常用的冷作模具钢有 Cr12、Cr12MoV 等。

热作模具钢碳的质量分数一般为 0.3%~0.6%，加入的合金元素可提高钢的淬透性、耐热性和抗热疲劳性能。热作模具钢经淬火、高温回火或中温回火后，得到回火索氏体或回火托氏体组织。常用的热作模具钢有 5CrNiMo、3Cr2W8V 等。

（5）特殊性能钢　特殊性能钢是指具有特殊使用性能的钢。特殊性能钢的种类很多，本节仅介绍机械工业中常用的不锈钢、耐热钢和耐磨钢。

1）不锈钢。不锈钢是指具有抵抗大气或腐蚀性介质作用能力的钢。常用的不锈钢有 12Cr13 马氏体型不锈钢、10Cr17 铁素体型不锈钢和 18-8 铬镍奥氏体型不锈钢。其中，马氏体不锈钢多用于制造力学性能要求较高、耐蚀性要求较低的产品；铁素体不锈钢广泛用于硝酸、氮肥、磷酸等工业，也可作为高温下的抗氧化材料；奥氏体型不锈钢是工业上应用最广泛的不锈钢，但要防止发生晶间腐蚀。

2）耐热钢。耐热钢是指在高温下具有高的化学稳定性和热强性的钢。化学稳定性是指在高温下钢耐各类介质化学腐蚀的能力，热强性是指钢在高温下的强度性能。常用的耐热钢有珠光体型耐热钢、马氏体型耐热钢和奥氏体型耐热钢。其中，珠光体耐热钢的工作温度为 450~550℃，主要用于制造载荷较小的动力装置上的零部件，如锅炉钢管等；马氏体耐热钢的工作温度为 550~600℃，主要用于制造汽轮机叶片、柴油机排气阀等；奥氏体耐热钢的工作温度为 600~700℃，最高可达 850℃，主要用于制造喷气发动机叶轮和排气管等。常用的耐热钢有 12Cr1MoV、42Cr9Si2 和 4Cr13Ni8Mn8MoVNb 等。

3）耐磨钢。耐磨钢一般是指在冲击载荷作用下发生冲击硬化的高锰钢。它的主要成分为：$w_C = 1.0\% \sim 1.3\%$，$w_{Mn} = 11\% \sim 14\%$。采用铸造成形，经热处理后获得全部奥氏体组织，才能呈现出良好的韧性和耐磨性。常用的高锰钢有 ZGMn13、ZGMn13Cr2 等。

高锰钢广泛应用于制造承受较大冲击或压力的零部件，如挖掘机的铲斗、坦克车履带等。此外，高锰钢在寒冷气候条件下不发生冷脆，适于高寒地区使用。

1.5.2 有色金属及合金

有色金属及合金　新中国第一块粗铜锭

1. 铝及铝合金

纯铝呈银白色，具有面心立方晶体结构，无同素异构转变。其性能特点为熔点低（660℃）、密度小（2.7g/cm^3）、强度低（R_m = 80MPa）、塑性高（Z=80%），具有良好的导电、导热性。因此，纯铝不宜用来制作承力结构件，主要用来制造电线、电缆和强度要求不高的器皿、用具以及配制各种铝合金等。纯铝化学性质活泼，极易在其表面形成一层牢固致密的氧化膜，从而使其在空气及淡水中具有良好的耐蚀性。

根据加工工艺特点，可将铝合金分为形变铝合金和铸造铝合金。图 1-41 是铝合金分类示意图，点 D 以左的合金加热后呈单相固溶体状态，具有良好的塑性，适宜压力加工，称

为形变铝合金。点 D 以右的合金，合金元素的质量分数大，具有共晶组织，合金的熔化温度低，流动性好，适于铸造成形，称为铸造铝合金。

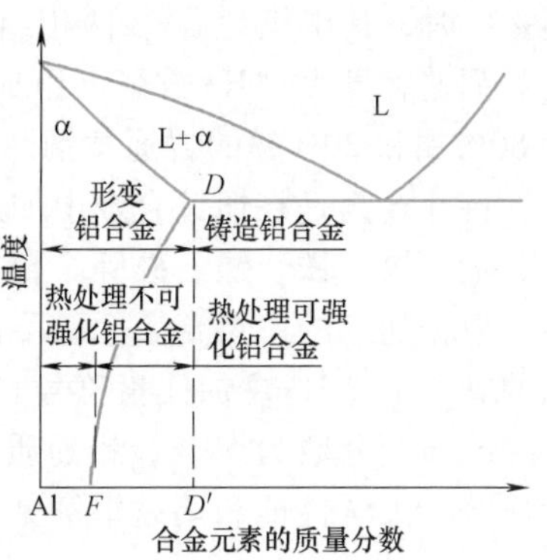

图 1-41 铝合金分类示意图

形变铝合金通常经不同的变形加工方式制成各种半成品，如板、棒、管、线、型材及锻件等。形变铝合金中，Al-Mg 系和 Al-Mn 系合金大多为单相组织，不可进行热处理强化，其主要特点是耐蚀性、焊接性和塑性好，并有良好的低温性能，在航空航天等领域有着广阔的应用前景。Al-Cu-Mg 系和 Al-Cu-Mn 系合金具有极强的时效强化能力，强度高，耐蚀性和焊接性较差，主要用作结构件。Al-Mg-Cu-Zn 系合金是室温强度最高的铝合金，但高温软化快，耐蚀性差，主要用于受力较大的重要结构和零件。Al-Mg-Si-Cu 系和 Al-Cu-Mg-Fe-Ni 系合金具有良好的热塑性、铸造性能和较高的力学性能，主要用作复杂的航空及仪表零件，也可用作耐热合金。Al-Cu-Mg 系、Al-Cu-Mn 系、Al-Mg-Cu-Zn 系、Al-Mg-Si-Cu 系和 Al-Cu-Mg-Fe-Ni 系铝合金都可热处理强化。常用形变铝合金的代号、力学性能和用途举例见表 1-10。

表 1-10 常用形变铝合金的代号、力学性能和用途举例

代号	状态	力学性能			用途举例
		R_m/MPa	$R_{p0.2}$/MPa	A(%)	
5A05	退火	265	120	15	焊接结构件、飞机蒙皮和骨架等
3A21		≤165	—	20	良好成形性能、高耐蚀性和焊接性的零件,如压力罐、油管、铆钉等
2A11	淬火+自然时效	370	215	12	通用机械零件,如骨架、螺旋桨叶片、铆钉等
2A12		390	255	12	飞机结构件、铆钉、导弹构件等
7A04	淬火+人工时效	490	370	7	主要受力构件,如飞机大梁、起落架
2A50	淬火+人工时效	355	—	12	形状复杂、中等强度的锻件
2A70		355	—	8	飞机蒙皮、内燃机活塞、气缸盖以及在 150~250℃条件下工作的耐热部件
2A14		430	—	8	要求高强度、高硬度的场合,如飞机结构件、车轮等

2. 铜及铜合金

纯铜的密度为 8.94g/cm^3，熔点为 1083℃，具有面心立方晶体结构，无同素异构转变。纯铜具有良好的导电性、导热性和耐蚀性。纯铜塑性好，但强度、硬度低，不宜直接用作结构材料，多用于制作导电、导热材料及耐蚀器件，也可作为配制铜合金的原料。纯铜不能通过热处理进行强化。根据化学成分不同，可将铜合金分为黄铜、青铜和白铜三类。

（1）黄铜　以锌为主要合金元素的铜合金称为黄铜。根据化学成分不同，黄铜可分为普通黄铜和特殊黄铜。按照工艺不同，又可分为加工铜和铸造铜。普通黄铜是铜锌二元合金，当锌的质量分数<39%时，其组织为面心立方结构的 α 固溶体，称为单相黄铜。该黄铜塑性好，适宜于制造冷变形零件，如弹壳、冷凝器管等。当锌的质量分数≥39%（不超过

45%）时，其组织为 α+β 两相组织，称为双相黄铜。该黄铜高温塑性好，适于热加工。普通黄铜的牌号由“H+数字”组成，其中，H 代表黄铜，数字表示铜的质量分数，如 H80 是含 80%铜和 20%锌的普通黄铜。

特殊黄铜是在铜锌合金中加入其他合金元素形成的，除锌外，常加入的合金元素有铅、铝、锰、锡、铁、镍、硅等。合金元素的加入，使黄铜的强度、耐蚀性和耐磨性等得到提高。根据加入的主要合金元素不同，可将特殊黄铜分为铅黄铜、铝黄铜和锰黄铜等。特殊黄铜的牌号由“H+主加元素符号+铜的质量分数+主加元素的质量分数”组成，如 HPb59-1 表示铜的质量分数为 59%，铅的质量分数为 1%，其余为锌的特殊黄铜。常用黄铜的牌号、化学成分、力学性能和用途举例见表 1-11。

表 1-11 常用黄铜的牌号、化学成分、力学性能和用途举例

类别		牌号	化学成分（质量分数，%）		状态	力学性能		用途举例
			Cu	其他		R_m/MPa	A(%)	
普通黄铜		H90	89~91	Zn:其余	冷加工	390	3	冷凝管、散热器管、导电零件
					退火	245	35	
		H62	60.5~63.5	Zn:其余	冷加工	580	2.5	铆钉、螺母、垫圈、散热器零件
					退火	290	35	
特殊黄铜	铅黄铜	HPb59-1	57~60	Pb:0.8~1.9 Zn:其余	冷加工	440	5	用于热冲压和切削加工零件，如销子、螺钉等
					退火	340	25	
	锡黄铜	HSn62-1	61~63	Sn:0.7~1.10 Zn:其余	冷加工	390	5	用于制造船舶使用的耐腐蚀零件
					退火	295	35	
	锰黄铜	HMn58-2	57~60	Mn:1.0~2.0 Fe:1.0 Zn:其余	冷加工	585	3	腐蚀条件下工作的重要零件和弱电用零件
					退火	380	30	

（2）青铜　青铜是指除以 Zn 和 Ni 以外的其他元素为主要合金元素的铜合金，其牌号由“Q+主要合金元素符号+主要合金元素质量分数”组成，若为铸造青铜，则在牌号前加“Z”。青铜分为普通青铜和特殊青铜两类。

普通青铜是指锡青铜，以 Sn 为主要合金元素。Sn 的质量分数是决定锡青铜性能的关键。Sn 的质量分数为 5%~7%的锡青铜塑性最好，适用于冷、热变形加工；Sn 的质量分数超过 10%的锡青铜强度高，但塑性差，只能用于铸造。锡青铜在大气、海水和无机盐类溶液中有极好的耐蚀性，但在氨水、盐酸和硫酸中耐蚀性较差。

特殊青铜是指不含 Sn 的青铜，根据主要合金元素不同，可分为铝青铜、硅青铜、铍青铜、硅青铜等。铝青铜中铝的质量分数为 5%~10%，其化学稳定性高，耐蚀性、耐磨性好，强度和塑性较高，且工艺性好，主要用于在海水或高温下工作的高强度耐磨零件；铍青铜中铍的质量分数为 1.7%~2.5%，可进行固溶强化和时效强化，具有高的强度、耐磨性、耐蚀性和导电、导热性，同时还具有抗磁、受冲击时不产生火花等特殊性能，主要用于精密仪器中的弹性元件和电动机的防爆部件；硅青铜中硅的质量分数为 3%~4.6%，具有比锡青铜更高的力学性能，铸造性能和冷、热加工性能良好。硅青铜中加入 Ni 可显著提高强度和耐磨性，主要用于航空工业和长距离架空的电话线、输电线等。常用青铜的牌号、化学成分、力学性能和用途举例见表 1-12。

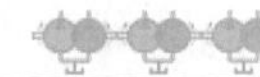

表 1-12 常用青铜的牌号、化学成分、力学性能和用途举例

类别		牌号	化学成分(质量分数,%)		状态	力学性能		用途举例
			主加元素	其他		R_m/MPa	A(%)	
普通青铜		QSn4-3	Sn:3.5~4.5	Cu:其余	L	665	2	弹性元件,耐磨、抗磁元件
					T	290	40	
		QSn6.5-0.1	Sn:6~7	P:0.1~0.25 Zn:0.3 Cu:其余	L	690	—	接触片、弹簧、耐磨件
					T	290	38	
特殊青铜	铝青铜	QAl7	Al:6~8.5	Fe:0.5 Zn:0.2 Cu:其余	L	585~740	10	耐磨件及在蒸汽、海水中工作的高强度件
						635	5	
	硅青铜	QSi3-1	Si:2.7~3.5	Mn:1.0~1.5 Cu:其余	L	685	1	弹簧以及在腐蚀介质中工作的零件
					T	340	40	
	铍青铜	QBe2	Be:1.8~2.1	Ni:0.2~0.5 Cu:其余	G	400~560	35	重要弹簧、弹性元件、轴承等
					L+S	1310~1520	1	

注:表中符号的意义,L—冷变形状态,T—退火状态,G—固溶处理,S—时效处理。

(3)白铜 白铜是指以 Ni 为主要合金元素的铜合金,分为普通白铜和特殊白铜两类。

普通白铜只含 Cu 和 Ni,有较好的强度和优良的塑性,能进行冷、热压力加工,耐蚀性很好,电阻率较高且电阻温度系数很小,主要用于制造船舶仪器零件、化工机械零件及医疗器械等。白铜的牌号由“B+Ni 的平均质量分数”组成,如 B19 表示 $w_{Ni}=19\%$的普通白铜。

特殊白铜是在白铜中添加其他合金元素。白铜中所添加的合金元素不同,其性能和用途也不同。如 Mn 的质量分数高的锰白铜可制造热电偶丝、测量仪器等。如 BZn15-20 表示 $w_{Ni}=15\%$、$w_{Zn}=20\%$的特殊白铜。

3. 钛及钛合金

纯钛的密度为 4.5g/cm^3,熔点为 1667℃,有同素异构转变。在温度低于 882.5℃时,纯钛为密排六方晶体结构,称为 α-Ti;温度高于 882.5℃时为体心立方晶体结构,称为 β-Ti。纯钛(α-Ti)的弹性模量较低,耐冲击性好,比强度很高,且具有很好的塑性,主要用于在 350℃以下工作、对强度要求不高的零件,如石油化工用的热交换器、海水净化装置舰船零部件。

合金元素溶入 α-Ti 中形成 α 固溶体,合金元素溶入 β-Ti 中形成 β 固溶体,钛合金按其组织分为 α 型(TA)、β 型(TB)和 α+β 型(TC)三种。钛合金性能的主要特点是强度高,密度小,耐热性、耐蚀性好。但其工艺性差,不耐磨,且成本较高。常用钛合金的牌号、化学成分、力学性能和用途举例见表 1-13。

表 1-13 常用钛合金的牌号、化学成分、力学性能和用途举例

牌号	名义化学成分	力学性能(退火状态)			用途举例
		R_m/MPa	$R_{p0.2}$/MPa	A(%)	
TA5	Ti-4Al-0.005B	≥685	≥585	≥15	常用于制作飞机蒙皮、骨架、发动机压缩机盘和叶片、涡轮壳以及超低温容器
TA13	Ti-2.5Cu	540~770	≥400	≥16	
TB6	Ti-10V-2Fe-3Al	≥1105	≥1000	≥6	飞机压气机叶片、轴、弹簧等

（续）

牌号	名义化学成分	力学性能（退火状态）			用途举例
		R_m/MPa	$R_{p0.2}$/MPa	A(%)	
TC1	Ti-2Al-1.5Mn	≥585	≥460	≥12	火箭发动机外壳、液氢燃料箱部件、船舶耐压壳体
TC2	T1-4Al-1.5Mn	≥685	≥560	≥10	
TC4	Ti-6Al-4V	≥895	≥825	≥8	

（1）α 型钛合金　主要合金化元素为铝、锡、硼等。这类合金不能进行热处理强化，主要依靠固溶强化，热处理只进行退火。此类合金的组织稳定，耐蚀性优良，塑性及加工成形性好，还具有优良的焊接性和低温性能。常用于制作飞机蒙皮、骨架、发动机压缩机盘和叶片、涡轮壳以及超低温容器。

（2）β 型钛合金　主要合金化元素有钼、铬、钒、铝等。通过淬火可得到较稳定的 β 相钛合金。这类合金室温强度较高，且冷成形性好，但冶炼工艺复杂，应用受到限制。主要用于制造飞机中使用温度不高但要求高强度的零部件，如弹簧、紧固件及厚截面构件。

（3）α+β 型钛合金　主要合金化元素有铝、钒、钼、铬等。这类合金可以进行热处理强化，兼具 α 型和 β 型钛合金的特点，强度高、塑性好，具有良好的耐蚀性和低温性能，应用广泛。如 TC4 广泛应用于航空航天和其他工业部门。

*1.6　非金属材料和复合材料

非金属材料指除金属材料以外的其他工程材料，主要包括有机高分子材料、陶瓷等。

1.6.1　有机高分子材料

高分子化合物是由一种或几种低分子化合物聚合而成的相对分子质量很大的化合物，又称为高聚物或聚合物。它与低分子化合物的根本区别就在于相对分子质量不同，低分子化合物一般由几个至几十个原子组成，相对分子质量都不大；而高分子化合物的相对分子质量都在 5000 以上，一般为几万或几十万，甚至可高达数百万。高分子与低分子之间并没有严格的界限。常见的高分子有塑料、橡胶和胶黏剂。

1. 塑料

（1）塑料的组成及分类　塑料是以合成树脂为主要成分或加有其他添加剂，经一定温度、压力塑制成型的高分子材料。按其力学状态也可以说，凡在室温下处于玻璃态（组成原子不存在结构上的长程有序或平移对称性的一种无定型固体状态）的高聚物即可称为塑料。

1）塑料的组成。塑料组分有树脂、添加剂、填料、增塑剂、稳定剂、润滑剂、着色剂、固化剂、发泡剂、防老化剂、抗静电剂、阻燃剂等多种。

树脂是塑料的主要成分，它将其他组分黏结起来而具有成型能力，树脂对塑料性能起决定性作用。添加剂是为了改变塑料的某些特性而加入的物质，常用的添加剂有十余种。填料是为了改善塑料的性能或降低成本而加入的物质。常用的粉状填料有木粉、滑石粉、铝粉、石墨粉等；纤维状填料有玻璃纤维、石棉纤维、碳纤维等；片状填料有麻片、棉布、玻璃布

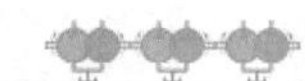

等。增塑剂是用来提高树脂可塑性和柔软性的一些低挥发性物质，一般在树脂中均加入适量的增塑剂，如甲酸酯类、磷酸酯类等。稳定剂是为防止塑料在光、热或其他条件下性能变坏而加入的物质，常用的稳定剂有硬脂酸盐、铅的化合物及环氧化合物等。着色剂又称为染料，使塑料制品有鲜艳的色彩，以适应使用上的要求。

2）塑料的分类。塑料品种繁多，按塑料受热行为，可分为热塑性塑料和热固性塑料。热塑性塑料是指在特定温度范围内能反复加热软化和冷却硬化的塑料，如聚乙烯、聚苯乙烯、ABS、聚酰胺等。热固性塑料指在一定温度和压力等条件下，保持一定时间而固化，固化后成为不溶性物质的塑料。当它再次受热后不具有可塑性，如酚醛塑料、环氧塑料等。按塑料使用特点，可分为通用塑料、工程塑料和特种塑料三类。通用塑料是指产量大、用途广、价格低的常用塑料，包括聚乙烯、聚氯乙烯、聚丙烯、酚醛塑料等，产量占全部塑料产量的80%以上。工程塑料指可以作为结构材料的塑料，可代替金属作为工程结构件使用，如聚碳酸酯、ABS、聚酰胺等。通用塑料经改性和增强，也可制成工程构件。特种塑料指具有特殊性能的塑料，如高耐热性、高电绝缘性、高耐蚀性等，如氟塑料、有机硅树脂等。

（2）塑料的性能　塑料的性能包括力学性能、热性能、电性能和化学性能等多个方面。

塑料相对于金属来说，除了具有密度小、比强度高、耐蚀性和电绝缘性好及耐磨性和自润滑性好，还有透光、隔热、消声、吸振等优点，但强度低、耐热性差、容易蠕变和老化。常用塑料的主要特性和用途见表1-14。

表1-14　常用塑料的主要特性和用途

名称（代号）	使用温度/℃	拉伸强度/MPa	主要性能特点	用途举例
聚氯乙烯（PVC）	-15~60	30~60	硬质聚氯乙烯强度较高，电绝缘性优良，化学稳定性好；软质聚氯乙烯强度不如硬质，但断后伸长率较大，有良好的电绝缘性；泡沫聚氯乙烯用作质轻、隔热、隔声、防振	硬质聚氯乙烯用于化工耐蚀件，如输油管、阀门管件等；软质聚氯乙烯用作电线、电缆的绝缘包皮，农用薄膜等；泡沫聚氯乙烯用作衬垫、包装材料
聚乙烯（PE）	-70~100	8~36	低压聚乙烯具有良好的耐磨性、耐蚀性和电绝缘性，而耐热性差；高压聚乙烯化学稳定性高，有良好的高频绝缘性、柔软性、耐冲击性和透明性；超高分子聚乙烯冲击强度高，耐疲劳、耐磨	低压聚乙烯用于制造塑料板、承受小载荷的齿轮、轴承等；高压聚乙烯适宜吹塑成薄膜、软管、塑料瓶等用于食品和药品包装的制品；超高分子聚乙烯可作减摩、耐磨件及传动件
聚丙烯（PP）	-35~121	40~49	强度、硬度、刚性和耐热性好，几乎不吸水，并有较好的化学稳定性，优良的高频绝缘性，且不受温度影响。但低温脆性大，不耐磨，易老化	制作一般机械零件，如齿轮、管道、接头等耐蚀件，如泵叶轮、化工管道、容器、绝缘件；制作电视机、收音机、电扇、电动机罩等
聚酰胺（尼龙）（PA）	<100	45~90	无味、无毒；一定的耐热性；有较高的强度，良好的韧性、耐磨性和自润滑性，摩擦因数小；良好的消声性、耐油性、耐水性、耐蚀性、抗霉菌性；成型性好。但蠕变值较大，导热性较差，吸水性高，成型收缩率较大	用于制造要求耐磨、耐蚀的某些承载和传动零件，如轴承、齿轮、滑轮、螺钉、螺母及一些小型零件；还可制作高压耐油密封圈，或在喷涂金属表面作为缓蚀耐磨涂层
聚甲基丙烯酸酯（有机玻璃）（PMMA）	-60~100	42~50	透光性、着色性好，可透过99%以上太阳光；耐紫外线及大气老化，耐蚀，优良的电绝缘性能；但质较脆，易溶于有机溶剂中，表面硬度不高，易擦伤	制作航空、仪器、仪表、汽车和无线电工业中的透明件与装饰件，如飞机座窗、灯罩、电视及雷达的屏幕、油标、油杯、设备标牌、仪表零件等

（续）

名称(代号)	使用温度/℃	拉伸强度/MPa	主要性能特点	用途举例
苯乙烯-丁二烯-丙烯腈共聚体(ABS)	-60~100	21~63	有高的冲击韧度和强度，优良的耐油性、耐水性和化学稳定性，好的电绝缘性和耐寒性，高的尺寸稳定性和一定的耐磨性。表面可以镀饰金属，易于加工成形，但长期使用易起层	制作电话机、扩音机、电视机、电动机、仪表的壳体，齿轮，泵叶轮，轴承，把手，管道，贮槽内衬，仪表盘，轿车车身，汽车扶手等
聚甲醛(POM)	-40~100	60~75	优良的综合力学性能，耐磨性好，吸水性小，尺寸稳定性高，着色性好，良好的减摩性、抗老化性、电绝缘性和化学稳定性。但加热易分解，成型收缩率大	制作减摩、耐磨传动件，如轴承、滚轮、齿轮、电气绝缘件、耐蚀件及化工容器等
聚四氟乙烯(也称塑料王)(F-4)	-180~260	21~28	几乎能耐所有化学药品的腐蚀；良好的耐老化性、电绝缘性、耐高低温性，不吸水；摩擦因数小，有自润滑性。但其高温下不流动，不能热塑成型，只能用类似粉末冶金的冷压、烧结成型工艺	制作耐蚀件、减摩耐磨件、密封件、绝缘件，如高频电缆、电容线圈架以及化工用的反应器、管道等
聚砜(PSF)	-65~150	~70	优良的耐热、耐寒、耐候性，抗蠕变及尺寸稳定性，强度高，优良的电绝缘性，化学稳定性高，但不耐极性溶剂	制作高强度耐热件、绝缘件、减摩耐磨件、传动件，如精密齿轮、凸轮、仪表壳体和罩，耐热或绝缘的仪表零件，汽车护板、计算机零件、电镀金属制成集成电子印制电路板
聚碳酸酯(PC)	-100~130	60~120	透明度高达86%~92%，韧性好、耐冲击、硬度高、抗蠕变、耐热、耐寒、耐疲劳、吸水性好、电性能好。但有应力开裂的倾向	制作飞机座舱罩，防护面盔，防弹玻璃及机械、电子、仪表的零部件
酚醛塑料(俗称电木)(PF)	<140	21~56	高的强度、硬度及耐热性，在水润滑条件下具有极小的摩擦因数，优异的电绝缘性，耐蚀性好（除强碱外），耐霉菌，尺寸稳定性好。但质较脆，耐光性差，色泽深暗，加工性差，只能模压	制作一般机械零件、水润滑轴承、电绝缘件、耐化学腐蚀的结构件和衬里等，如仪表壳体、电器绝缘板、绝缘齿轮、整流罩、耐酸泵、制动片等
环氧塑料(EP)	-80~155	56~70	强度、韧性较好，电绝缘性优良，防水、防潮、防霉、耐热、耐寒，化学稳定性较好，固化成型后收缩率小，对许多材料的黏结力强，成型工艺简便，成本较低	制作塑料模具、精密量具、机械仪表和电气结构零件，电气、电子元件及线圈的灌注、涂覆和包封以及修复机件等

2. 橡胶

(1) 橡胶的组成、分类及结构特点　橡胶是以生胶为基础加入适量的配合剂组成的高分子弹性体。生胶按原料来源可分为天然橡胶（从橡树或杜仲树的浆汁中制取）和合成橡胶（通过化学合成方法制取）。橡胶制品的性质主要取决于生胶的性质。

配合剂是为提高和改善橡胶制品的各种性能而加入的物质。配合剂包括硫化剂、硫化促进剂、防老剂、软化剂、填充剂、发泡剂、着色剂等多种。硫化剂的作用是使线型结构的橡胶分子相互交联成为网型结构，提高橡胶的弹性和强度。硫化促进剂的作用是缩短硫化时间，降低硫化温度，提高经济性。防老剂的作用是延缓橡胶在存储和使用过程中因环境导致的发黏、变脆等老化过程。软化剂的作用是提高橡胶的塑性、降低强度。填充剂的作用是提高橡胶的力学性能，降低成本，改善工艺性能。

橡胶的分类方法很多，按原料来源分为天然橡胶和合成橡胶；按应用分为通用橡胶和特

种橡胶。

橡胶是一种在使用温度下处于高弹态的高分子材料。橡胶与其他材料最基本的区别是其弹性模量低（约为10MPa）且具有很高的断后伸长率（100%~1000%），即具有高弹性，同时具有优良的伸缩性和可贵的积储能量的能力，另外还有良好的耐磨性、隔声性、绝缘性。由于上述特点使橡胶成为常用的弹性材料、密封材料、减振防振和传动材料。

（2）常用橡胶

1）天然橡胶。天然橡胶是指橡树上流出的胶乳，经凝固、干燥、加压等工艺可以制成片状生胶。其橡胶的质量分数占90%以上，是以异戊二烯为主要成分的天然高分子化合物。平均相对分子质量为70万左右，为线型结构，通常呈非晶态，具有很高的弹性，为使之硬化，常要进行硫化处理（即通过加硫使橡胶变韧变硬的过程）。

2）通用合成橡胶。通用合成橡胶的品种较多，常用的有以下三种类型。

① 丁苯橡胶。它是以丁二烯和苯乙烯为单体共聚而成的浅黄色弹性体。丁苯橡胶是合成橡胶中规模较大，产量、品种较多的通用橡胶。丁苯橡胶种类很多，有较好的耐磨性、耐热性、耐老化性且价格低。其缺点是生胶强度差，粘接性差，弹性低等，但可与天然橡胶共混，以取长补短，使丁苯橡胶用途更加广泛。

② 顺丁橡胶。它是顺式聚丁二烯橡胶的简称，以弹性好、耐磨而著称。顺丁橡胶的产量仅次于丁苯橡胶，是制造轮胎的一种优良材料，它的耐磨性比丁苯橡胶高26%。

③ 氯丁橡胶。它是氯丁二烯单体的弹性聚合物。氯丁二烯单体的分子链上挂有侧基Cl，作为极性基团，增强了分子间的作用力。因此，氯丁橡胶具有耐油、耐酸、耐碱、耐热、耐氧化、耐燃烧和透气性好等性能，故有“万能橡胶”的美称。氯丁橡胶已成为橡胶工业的重要原料。

3）特种合成橡胶。特种合成橡胶主要用于制作在特殊条件下工作的橡胶制品。一般物理、力学性能比通用橡胶略差，但某些特殊性能大大超过通用橡胶。其主要用于国防工业和尖端科学领域，主要有以下几种：

① 丁腈橡胶。它是丁二烯和丙烯腈共聚而获得的高分子弹性体，属于非结晶聚合物，故力学性能较低，所以需要加入炭黑增强后方能使用。丁腈橡胶的耐油性和耐水性较突出，并随丙烯腈含量的增加而提高，一般丙烯腈的质量分数在15%~50%之间。丁腈橡胶主要用于耐油和吸振零件。

② 硅橡胶。硅橡胶的结构是以硅—氧键为主链，侧链由硅和有机基团相连，其键的结合力远大于一般碳—碳键，为此具有很高的热稳定性。作为特殊橡胶，硅橡胶的主要特性是耐高温也耐低温，使用温度范围宽，为-70~300℃，耐老化和绝缘性能优良。其缺点是力学性能较低，耐油性差，价格较贵。硅橡胶因具有多种优良性能，应用面广，发展很迅速，主要用于耐高、低温的各种制品。

③ 氟橡胶。它是以碳原子构成主链并含有氟原子的一种合成高分子弹性体。氟橡胶最突出的性能是耐蚀、耐油、耐多种化学药品侵蚀，耐强氧化剂腐蚀的能力都高于其他各类橡胶；其耐热、耐老化性能与硅橡胶不分上下。氟橡胶价格昂贵，目前仅在国防和尖端技术中得到应用。

3. 胶黏剂

胶黏剂是一种能将同种或不同种材料黏合在一起，并在胶接面有足够强度的物质，它能起胶接、固定、密封、浸渗、补漏和修复的作用。胶黏剂可以在塑料—塑料、塑料—金属、金属—金属、金属—陶瓷等同类或异类材料之间进行胶接。

胶黏剂的主要组成是黏料或凝胶物质、固化剂和各种助剂。黏料或凝胶物质在胶接工艺中起黏附作用，有天然与合成、无机与有机之分，如有机胶黏剂中的天然胶质（鱼胶、骨胶等）、合成树脂（如环氧树脂、酚醛树脂等）、橡胶液等，无机胶黏剂中的硅酸盐、磷酸盐等凝胶物质。固化剂的作用是与黏料起化学反应，形成网状交联结构，从而提高黏料的黏附力。各种助剂的作用是改善胶黏剂的某种性能（如韧性、电性能、耐温性、强度等）和满足某种要求（如便于操作、降低成本等）。常用的助剂类型有增韧剂、偶联剂、改性剂、稀释剂、填料等。

胶黏剂的种类繁多，目前国内外还没有统一的分类方法。常用的分类方法有：①按黏料的化学类型可分为有机胶黏剂和无机胶黏剂两大类；②按外观形态可分为糊状、粉状、胶棒、胶带、溶剂型胶液和液态胶等；③按胶接工艺可分为厌氧胶、热熔胶、常温固化胶、中温固化胶和高温固化胶等；④按用途可分为结构胶、非结构胶、特种胶。常用胶黏剂的特点和用途见表 1-15。

表 1-15　常用胶黏剂的特点和用途

品　种	主要成分	特　点	用途举例
环氧-尼龙胶	环氧或改性环氧、尼龙、固化剂	强度高，但耐潮湿和耐老化性较差，双组分	一般金属结构件的胶接
环氧-聚砜胶	环氧、聚砜、固化剂	强度高，耐湿热老化，耐碱性好，单组分或双组分	金属结构件的胶接，高载荷接头、耐碱零件的胶接
环氧-丁腈胶	改性环氧、丁腈橡胶、增塑剂、填料、潜性固化剂、促进剂	耐 200~250℃的高温，5min 内可固化，耐冲击，单组分	金属、非金属结构件的胶接，“粘接磁钢”的制造，电机磁性槽楔引拔成形，玻璃布与钢丝的胶接
酚醛-缩醛胶	酚醛、聚乙烯醇缩醛	强度高，耐老化，能在 150℃下长期使用	金属、陶瓷、塑料、玻璃钢等的胶接
氧化铜-磷酸盐无机胶	氧化铜、磷酸、氢氧化铝	耐 600℃以上的高温，配胶、施工较易，适用于槽接、套接	金属、陶瓷、刀具、工模具等的胶接和修补
硅酸盐无机胶	硅酸盐、磷酸盐、少量氧化锆或氧化硅、硅酸钠	耐热性高，可达 1000~1300℃，质较脆，固化工艺不便，适用于槽接、套接	金属、陶瓷高温零部件的胶接
预聚体型聚氨酯胶	二异氰酸酯与多羟基树脂预聚体、多羟基树脂，如聚醚、聚酯、环氧等	胶接强度高，耐低温性（-196℃）极好，能胶接多种材料	金属、塑料、玻璃、皮革、陶瓷、纸张、织物、木材等的胶接，低温零件的胶接、修补
反应型（第二代）丙烯酸酯胶	甲基丙烯酸甲酯、甲基丙烯酸、弹性体、促进剂、引发剂	双组分，不需称量和混合，固化快，润湿性强，对金属、塑料的胶接强度好，耐油性好，耐老化	金属、有机玻璃、塑料的胶接，商标纸的压敏胶接

1.6.2　陶瓷

多元的陶瓷

陶瓷原始定义是指含有黏土矿物原料经高温烧结的制品。近百年来又出现了许多新的陶瓷品种，并且出现了许多新的工艺。它们不再使用或很少使用黏土、长石、石英等传统陶瓷原料。美国和欧洲一些国家的文献甚至将陶瓷理解为各种无机非金属固体材料的通称。

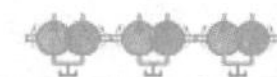

1. 陶瓷的分类

陶瓷种类繁多，工业陶瓷大致可分为普通陶瓷和特种陶瓷两大类。普通陶瓷（或称传统陶瓷）以天然硅酸盐矿物如黏土（多种含水的铝硅酸盐混合料）、长石（碱金属或碱土金属的铝硅酸盐）、石英、高岭土等为原料烧结而成。特种陶瓷（或称现代陶瓷）采用纯度较高的人工合成原料，如氧化物、氮化物、硅化物、硼化物、氟化物等制成，它们具有各种特殊的力学、物理、化学性能。按性能和应用的不同，陶瓷也可分为工程陶瓷和功能陶瓷两大类。在工程结构上使用的陶瓷称为工程陶瓷。现代工程陶瓷主要在高温下使用，故也称为高温结构陶瓷。这些陶瓷具有在高温下优越的力学、物理和化学性能，在某些科技场合和工作环境往往是唯一可用的材料。目前应用广泛和有发展前途的工程陶瓷有氧化铝、氮化硅、碳化硅和增韧氧化物等材料。利用陶瓷特有的物理性能可制造出种类繁多、用途各异的功能陶瓷材料。例如，导电陶瓷、半导体陶瓷、压电陶瓷、绝缘陶瓷、磁性陶瓷、光学陶瓷（光导纤维、激光材料等），以及利用某些精密陶瓷对声、光、电、热、磁、力、湿度、射线及各种气氛等信息显示的敏感特性而制得的各种陶瓷传感器材料。

2. 陶瓷的性能

（1）力学性能　陶瓷最突出的特点是具有高硬度、高耐磨性，这些性能都大大高于金属；几乎没有塑性，完全是脆性断裂，故冲击韧度和断裂韧度很低；抗拉强度低，但抗压强度较高；弹性模量高，可达金属的数倍。

（2）热性能　陶瓷的熔点很高，有很好的高温强度；高温抗蠕变能力强，1000℃以上也不会氧化，故用作耐高温材料；热膨胀系数小，热导率低，抗热振性差；温度剧烈变化时易破裂，不能急热骤冷。

（3）化学性能　陶瓷在室温和高温下都不会氧化，对酸、碱、盐有良好的耐蚀能力，是化学稳定性很高的材料。

（4）电性能　一般陶瓷都有较好的电绝缘性能，可直接作为传统的绝缘材料使用。当前也出现了具有各种电性能的特种陶瓷，如压电陶瓷、磁性陶瓷等。电性能将使陶瓷应用更加广泛。

3. 部分陶瓷材料介绍

部分陶瓷性能用途一览表见表1-16。

表1-16　部分陶瓷性能用途一览表

种　类	原　料	性　能	用　途
日用陶瓷	黏土、石英、长石、滑石等	具有较好的热稳定性、致密性、强度和硬度	生活器皿
建筑陶瓷	黏土、石英、长石等	具有较好的吸水性、耐磨性，耐酸碱腐蚀	铺设地面、输水管道、卫生间等
化工陶瓷	黏土、焦宝石、滑石、长石等	耐酸碱腐蚀，不污染介质	石油化工、冶炼、造纸化纤工业、制药
装置陶瓷	主要成分为 Al_2O_3	介电常数小，介质损耗小，机械强度高	无线电设备中的高频绝缘子，瓷轴、波段开关等
电容器陶瓷	原料品种多，如氧化钛、氧化锆、碳酸钡、氟化钙等	介电常数大	电容器介质
压电陶瓷	钛酸钡、钛酸钙加氧化锰制成	有将电能转化成机械能或机械能转化成电能的功能材料	精密测量、超声技术、航天、导弹方面广泛运用

（续）

种　类	原　料	性　能	用　途
高温陶瓷	一类是金属与B、C、Si、N、O等的化合物；另一类是非金属间化合物与B或Si的碳化物、氮化物	耐高温腐蚀，高温导电性好，抗热冲击性好	电炉发热体、炉膛、高温模具、钢液连续铸锭材料、宇航、核反应堆用材
玻璃陶瓷	原料品种多，如氧化铜、氧化镁、氧化铝、氧化硅等	耐磨、耐蚀、机械强度高、膨胀系数为零	望远镜镜头、精密机械的滚动轴承、飞机、火箭上的前锥体、微波天线等
导电陶瓷	一类是氧化锆、氧化铪、氧化钍等加碱土金属或稀土氧化物；另一类是氧化锶、氧化锆、氧化镧等	热稳定性好、电导率高	钠硫电池、电子手表电池、磁流体发电的电极材料

1.6.3　复合材料

1. 复合材料的概念和分类

由两种或两种以上不同性质或不同组织的物体，以宏观或微观形式结合而成的材料均可称为复合材料，其组成为基体和增强相。

复合材料是多相材料，它的性能比组成中的各相性能都好。在工程应用上，复合材料主要是指为克服单一材料的某些弱点，充分发挥材料的综合性能，将一种或几种材料用人工方法均匀地与另一材料结合而成的一种工程材料。

复合材料的分类方法有多种，按性能可分为功能复合材料和结构复合材料；按基体可分为非金属基复合材料和金属基复合材料；按增强剂的种类和形状可分为颗粒增强复合材料、层叠复合材料、纤维增强复合材料。

2. 复合材料的特点

目前大量研究和应用的纤维增强复合材料是一种各向异性的非均质材料，其主要性能特点如下：

（1）比强度和比模量高　复合材料的比强度和比模量都很高。如碳纤维和环氧树脂组成的复合材料的比强度是钢的7倍多，比模量是钢的5倍多。

（2）抗疲劳性能好　大多数金属的疲劳强度是抗拉强度的40%~50%，而碳纤维增强复合材料高达70%~80%，这是由于裂纹扩展机理不同所致。金属疲劳破坏时，裂纹沿拉应力方向迅速扩展而造成突然断裂。复合材料中基体和增强纤维间的界面能够有效地阻止疲劳裂纹的扩展。

（3）减振能力强　许多机器和设备如汽车、动力机械等的振动问题十分突出，而复合材料的减振性能好。这是因为纤维增强复合材料的比模量大，自振频率高，可避免产生共振而引起早期破坏。另外纤维与界面吸振能力强，故振动阻尼性好，即使发生振动也会很快衰减。

（4）耐高温性能好　由于各种增强纤维一般在高温下仍保持高的强度，所以用它们增强的复合材料高温强度和弹性模量均较高，特别是金属基复合材料。如400℃时，一般铝合金的弹性模量接近于零，强度也降至室温的1/10以下，而用碳纤维或硼纤维增强后，400℃时强度和弹性模量与室温水平基本一致，从而提高了金属的高温性能。

（5）断裂安全性好　在每平方厘米截面上有成千上万根增强纤维的复合材料，即使有一部分纤维断裂，载荷也会由未断裂的纤维承担起来，所以断裂安全性好。

（6）化学稳定性好 能耐酸碱腐蚀，还具有一些特殊性能，如隔热性、烧蚀性和特殊的电、磁性能等。

复合材料也有不足之处，如断后伸长率较小，抗冲击性低，横向拉伸和层间抗剪强度较低，成本高，价格比其他工程材料高得多，工艺成形方法尚需改进等。

3. 常用复合材料

（1）纤维增强复合材料 纤维增强复合材料的增强相有玻璃纤维、碳纤维、硼纤维等。晶须作为增强相的运用也越来越广泛。晶须就是金属或陶瓷自由长大的针状单晶体，其直径小于30μm，长度约几毫米。目前有氧化铝、氮化硅几种晶须，由于成本高，仅用于尖端工业。下面简要介绍几种纤维增强复合材料。

1）玻璃纤维增强复合材料（即玻璃钢）。玻璃钢以合成树脂为基体，以玻璃纤维或其制品为增强材料制成。玻璃纤维是由熔化的玻璃液体以极快的速度抽拉而成的细丝。玻璃硬而脆，但玻璃纤维却质地柔软，强度高。它的截面为圆形，直径为5~9μm。另外还可以制成玻璃纱、玻璃布、玻璃带、玻璃毡等玻璃纤维制品作为增强材料。纤维越细，分布在内部的微裂纹等缺陷越少，因而强度越高。玻璃纤维的抗拉强度高达1000~3000MPa，是高强度钢的2倍，它的弹性模量为钢的1/3左右，但其密度为2.5~2.7g/cm^3，因此比模量和比强度都比钢高。玻璃纤维制取容易，价格低，是当前应用最多的增强材料。因所用树脂不同，可分为热塑性玻璃钢和热固性玻璃钢。

2）碳纤维树脂复合材料。用作基体的树脂主要有热固性的酚醛树脂、环氧树脂、聚酯树脂和热塑性的聚四氟乙烯。作为增强相的碳纤维是用人造纤维为原料，在隔绝空气的条件下经高温炭化而成。碳纤维的弹性模量比玻璃纤维高出4~5倍，强度也略高，密度更小。故其比模量与比强度均优于玻璃纤维。它既耐高温又耐低温，在温度达2000℃以上时，强度和弹性模量基本不变，在低温（-180℃）时也不变脆，其摩擦磨损性能好，导电性、耐化学腐蚀性、高温热绝缘性能均好。碳纤维的主要缺点是比较脆，与树脂的黏结力更差。

碳纤维树脂复合材料可制作耐磨零件、化工耐蚀件等，在航空、航天工业中占有举足轻重的地位。

3）硼纤维增强复合材料。硼纤维的抗拉强度与玻璃纤维相似，而弹性模量为玻璃纤维的5倍，其比强度和比模量是钢、钛、铝等望尘莫及的。硼纤维硬度极高，且有很高的耐热性、抗氧化性及耐蚀性。硼纤维增强复合材料主要在航空、航天工业中有所应用，但它加工困难，成本较高。

（2）颗粒增强复合材料 在基体材料中均匀分布一种或多种大小适宜的增强粒子所获得的高强度材料称为颗粒增强复合材料。颗粒增强复合材料的基体可以是金属，也可以是非金属；增强粒子有金属粒子，也有非金属粒子。增强的效果取决于增强粒子的尺寸。一般来说，粒子的尺寸越小，增强效果越明显。粒子直径在0.01~0.1nm范围的称为弥散强化材料；粒子直径在1~50nm范围的称为颗粒增强材料。

将陶瓷微粉分散于金属基体中制得的金属陶瓷具有强度高、耐磨损、耐腐蚀、耐高温的特性，克服了一般金属材料高温强度低的弱点，是优良的工具材料。如氧化铝金属陶瓷，用作高速切削刀具材料和高温耐磨材料；钴基碳化钨金属陶瓷即硬质合金，用作刀具材料、拉丝模、阀门件等。

将石墨粉分散于铝合金液体中浇注而成的复合材料、铅粉加于氟塑料中制成的复合材料，都具有密度小、减摩性好和减振性好的特性，是新型的轴瓦材料。

（3）层叠复合材料　层叠复合材料由两层或多层不同的材料层叠复合而成。层叠复合材料可使强度、刚度、耐磨、耐蚀、绝热、隔声、密度等性能得到改善。典型的双金属复合材料是以碳钢为基层、不锈钢为覆层的不锈复合钢板，基层的碳钢有良好的力学性能，覆层的不锈钢有良好的耐蚀性，广泛用于制作化工设备。塑料也可以作为覆层代替不锈钢，制成复合钢板，从而大大降低设备的造价。如在两层玻璃间夹一层聚乙烯醇缩丁醛，则可制成安全玻璃。

用钢作为基体，塑料作为覆层，在中间夹以青铜则可制成具有高强度、高耐磨性的耐磨材料，可用于制作无油或少油润滑的轴承、垫片、球头座等磨损件。

1.6.4　新型工程材料

新型材料是指那些新近研究出来的或正在开发中的、具有优异性能和特殊功能且对科学技术尤其是对高新技术的发展及新兴产业的形成具有决定意义的材料。本节仅就部分新型工程材料进行简单的介绍。

1. 光导纤维

光导纤维（简称光纤）是用于传输光信息的光学纤维。作为光波传输介质，典型的光纤由高折射率的纤芯和低折射率的包层所组成。实际应用中，须将多根光纤（可以是几百根，甚至上千根）组合成某种类型的光缆结构，且在远距离传输时，须使用光中继器以使传输过程中逐渐变小的光信号得以恢复。光纤最主要的特性参数是光损耗与传输带宽，前者决定传输距离，后者则规定了信息容量。光导纤维目前正向着增长通信距离和降低损耗、发展超长波长和超宽频带的方向发展。已经使用和开发的光导纤维主要有以下几种：

（1）石英光纤　目前通信光纤主要由高纯度的熔石英玻璃组成，石英光纤具有化学性能稳定、膨胀系数小、长期可靠性优异及资源丰富等优点，但有一定的脆性，进一步降低光损受到限制。

（2）塑料光纤　塑料光纤的芯料可采用聚甲基丙烯酸甲酯（PMMA）和聚苯乙烯（PS），包覆纤料可采用在PMMA中配合氟树脂系，在PS中配合PMMA材料。塑料光纤具有弯曲特性好、不易破断、重量轻、成本低和加工工艺简单等许多优点，但因传输损耗大，其应用范围集中在较短距离的能量传输和图像信息传输方面。

（3）硫属化合物光纤　最典型的硫属化合物玻璃光纤是As-S系，具有高熔点、工艺性能好等优点。

（4）卤化物晶体光纤　卤化物晶体光纤有卤化物单晶CsBr、CrI，卤化物多晶TiBrI等。晶体光纤在1~10μm以上很宽的波长带宽内是低损耗的，可用于CO_2气体激光的传送。

（5）氟化物玻璃　在研究的红外超低损耗光纤材料中有应用前景的氟化物玻璃主要有氟锆（铪）酸盐玻璃、氟铝酸盐玻璃、以氧化钍和稀土氟化物为主要组成的氟玻璃等。其中，氟锆（铪）酸盐玻璃被认为是最有希望的超长波段通信光纤材料，其具有低色散、波长范围宽、较好的加工工艺性能等优点。

光纤可用于计算机信息的传输，利用它可建立起灵活高速的大规模计算机网，办理资料检索、银行账目往来、期货签约等，并有可能远距离传送全息图像；也可以用在传输高强度的激光，制作光纤传感器等方面。

2. 超导材料

1911 年，荷兰物理学家昂涅斯在液氦温度下测量水银电阻时发现，在 4.2K 时，出现电阻突然消失的现象，这种现象称为超导现象，能出现超导现象的物体称为超导体，超导体出现零电阻状态时称为超导态。将超导现象出现的温度定义为临界温度，记为 T_c，用热力学温标（单位 K）计。后来还发现，如果把超导体放在磁场中加以冷却，则在材料电阻消失的同时，磁感线将从导体中排出，即出现所谓完全抗磁性（迈斯纳效应）。超导性和抗磁性是超导体的两个主要特征。

超导材料可用于能源、交通运输、信息、基础科学及医疗等各个领域。如在电力系统中，超导电力储存是目前效率最高的储存方式，利用超导输电可大大降低输电损耗；利用超导磁体（磁场强、损耗电能小且重量轻）实现磁流体发电，可直接将热能转换成电能，大大提高了发电机的输出功率；利用超导隧道效应可制成各种器件，特点是灵敏度高、噪声低、响应速度快和损耗小等，可用于电磁波的探测，促进精密测量、测试技术的实用化；超导材料可用于计算机中，用超导材料制成的约瑟夫逊式电子计算机，在 1s 内能进行 10^9 次高速运算，且体积小、容量大。利用超导体与磁场间产生的磁悬浮效应可以制作超导磁悬浮列车。此外，利用超导体产生的巨大磁场，还可用于受控热核反应。

3. 减振材料

减振合金是具有减振功能并兼有必要的结构强度的功能材料，是一种内耗非常大，从而能使振动迅速衰减的合金。减振合金按其减振机理不同，可以分为复相型、铁磁性、孪晶型、位错型等。

（1）复相型合金　复相型合金由两相或两相以上的复相组织构成，一般在较高硬度的基体上分布着较软的第二相。它是利用合金中的第二相反复塑性变形来将振动能转变为摩擦热而减振的。具有片状石墨的灰铸铁是应用最广的复相型减振合金，通常用作机床的底座、曲轴、凸轮等。Al-Zn 合金也是典型的复相型减振合金，可用于立体声放大器等。

（2）铁磁性合金　这种合金是利用铁磁体磁致伸缩和振动时磁畴转动、移动而消耗振动能实现减振的。如 $w_{Cr}=12\%$ 的铬钢、Fe-Cr-Al 系等合金都属于铁磁性减振合金，可用作蒸汽轮机叶片、精密仪器的齿轮等。

（3）孪晶型合金　孪晶型合金是利用相变时形成微细孪晶组织，在遭受到外界振动时，通过孪晶晶界的移动吸收振动能而减振的。如日本开发的 Mn-Cu-Ni-Fe 系合金在一次振动中即可使振幅减少一半，可用于发动机零部件、电动机的壳体以及洗衣机的零部件等。

（4）位错型合金　位错型合金是由于位错及夹杂原子间的相互振动而吸收振动能的。如 Mg-Zr（$w_{Zr}=6\%$）合金，可用作导弹中用于导向的陀螺罗盘，也可用作控制仪等精密仪器的台架，以确保仪器的正常工作。Mg-MgNi 合金不仅减振性能好，且强度高、密度小，是飞机和航天工业极好的减振材料。

4. 低温材料

材料在低温下最危险的失效形式是低温脆性断裂。所以在低温下工作的材料，关键是要具有良好的低温韧性。此外，为防止构件在室温和低温间变化产生热变形，低温材料的热膨胀系数应较小，还要求材料具有良好的工艺性。在磁场中应用的低温材料，通常还应是非磁性材料。低温金属材料主要包括低合金铁素体钢、奥氏体不锈钢、镍钢、双相钢、铁镍基超合金、铝合金、铜合金、钛合金等。

常用的低温钢材根据化学成分不同可以分为如下三类：

（1）低合金钢 以锰为主要合金元素的低合金钢，如16MnDR、09MnNiDR，其使用温度范围为-70～-30℃；以镍为主要合金元素的低合金钢，如08Ni3DR、10Ni3MoVD，其使用温度范围为-100～-50℃。低合金钢主要用于石油化工、冷冻设备、寒冷地区的工程结构、输气管道以及在低温工作的压缩机、泵和阀等。

（2）中（高）合金钢 主要有6%Ni钢、9%Ni钢和36%Ni钢，其中9%Ni钢应用最广泛，典型牌号有06Ni9DR，具有强度高、焊接可靠的特点，工作温度可达-196℃。

（3）奥氏体钢 该类钢材具有较高的低温韧性，可以用于-269～-196℃各种深冷技术中。有如下几种类型：18-8型不锈钢，如S30408不锈钢（06Cr19Ni10）、S31608不锈钢（06Cr17Ni12Mo2），其具有优异的低温韧性，但强度较低，膨胀系数较大；以18-8型不锈钢为基础，添加锰、氮而形成的超低温无磁钢，如0Cr21Ni6Mn9N、0Cr16Ni22Mn9Mo2；高锰奥氏体低温无磁钢，如15Mn26A14等。主要用于制作贮存运输液氢和液氮的容器，低温无磁钢可用于带有强磁场的超导电动机等超导装置中的部件。

5. 形状记忆材料

与普通材料相比，形状记忆材料的显著特点是：材料在低温下被施加应力产生变形，当应力去除后，形变并不消失。但当加热到这种材料固有的某一临界温度以上时，材料能完全恢复到变形前的几何形态，仿佛记住了原来的形状，这种效应称为形状记忆效应。具有形状记忆效应的材料称为形状记忆材料。金属和陶瓷记忆材料都是通过马氏体相变出现形状记忆效应的，而高分子记忆材料是由于其链结构随温度改变而出现形状记忆效应的。

形状记忆材料主要是形状记忆合金，目前已有几十种之多，已应用的形状记忆合金大致可分为以下几种：

（1）Ni-Ti基 由原子比为1∶1的镍钛组成，具有优异的形状记忆效应，高的耐热性、耐蚀性，高的强度，以及其他合金无法比拟的热疲劳性与良好的生物相容性。但原材料昂贵，制造工艺困难，使其成本高，且切削加工性不良。

（2）铜基 铜基合金具有价格便宜、生产过程简单、良好的形状记忆效应、电阻率小、加工性能好等特点，但长期或反复使用时，形状恢复率会减小，是尚需探索解决的问题。铜基合金中比较实用的是Cu-Zn-Al系合金，此外还有Cu-Al-Mn系和Cu-Al-Ni系合金。

（3）铁基 铁基形状记忆合金具有强度高、塑性好、价格便宜等优点，但其M_s点较低且具有明显的滞后现象，因而限制了其在工业上的应用。目前，人们一方面致力于现有记忆合金机理的研究及性能提高，另一方面致力于开发新的记忆合金材料。

近年来，人们又在陶瓷材料、高分子材料、超导材料中发现了形状记忆效应，而且在性能上各具特色，更拓宽了形状记忆材料的应用前景。

形状记忆材料的应用已遍及航空、航天、机械、电子、能源、医学领域以及日常生活中。如美国某航空公司用形状记忆效应解决了F-14战斗机上难焊接输油管的连接问题。

6. 贮氢材料

氢能为无公害能源，且在地球上的蕴藏量极其丰富，预计将作为一种未来的主要能源。但氢的贮存是个难题。能把氢以金属氢化物的形式吸收贮存起来，在必要时把贮存的氢释放出来的一种功能材料称为贮氢材料。贮氢材料在冷却或加压后吸取氢形成金属氢化物，同时放热；反之，在加热或减压后又还原为金属和氢，释放氢气同时吸热。贮氢材料中的氢密度

是气态氢的1000~1300倍。

目前正在研究和开发的贮氢材料主要有：

镁系：贮氢量大，价格低廉，缺点是释放氢需要在250℃以上的高温。如Mg_2Ni、Mg_2Cu等。

钛系：钛系贮氢合金吸氢量大，室温下易活化，成本低，适宜于大量应用。如钛-锰、钛-铬等二元合金及钛-锰-铬、钛-锆-铬-锰等三元及多元合金。

锆系：特点是在100℃以上的高温下也具有很好的贮氢特性，能大量快速高效地吸收、释放氢气，适合在高温下作为贮氢材料。如$ZrCr_2$、$ZrMn_2$等。

稀土系：稀土系贮氢合金以镧镍合金$LaNi_5$为代表，它的吸氢特性好且容易活化，在40℃以上放氢速度快，但成本较高。为降低成本和改进性能，可采用混合稀土取代镧，或利用其他金属元素部分置换混合稀土与Ni形成的多元贮氢合金。

铁系：最典型的铁系贮氢合金是铁-钛合金，具有优良的贮氢性能，价格低廉，但活化较困难。

7. 磁性材料

自然界物质的导磁性可分为顺磁性、抗磁性和铁磁性。磁性材料是指具有铁磁性的物质。磁性材料是电子、电力、电动机、仪表和电信等工业中运用的重要材料。磁性材料按其磁特性可分为软磁材料和硬磁材料。

软磁材料是指在外磁场作用下很容易磁化，而去掉外磁场时又很容易去磁的磁性材料。其特点是具有高的磁导率和磁感应强度、低的矫顽力、反复磁化和退磁时电能损耗小。软磁材料的种类很多，常用的有电工纯铁、硅钢片、Fe-Al合金、Fe-Ni合金和铁氧体软磁材料等。

硬磁材料又称为永磁材料，是经过磁化后不再从外部供电即能产生磁场的材料。硬磁材料的特点是具有较大的矫顽力和剩磁，广泛应用于磁电系仪表、扬声器、永磁发电机及通信装置中。硬磁性材料大致可分为金属硬磁材料、铁氧体硬磁材料、稀土硬磁材料、钕铁硼硬磁材料等。

此外，还有一些特殊用途的磁性材料，如记录信息（制造磁带、磁盘等）的磁记忆材料，记录磁头用材料，电子计算机中的记忆磁材料，精密仪表中的磁补偿材料等。

复习思考题

1. 什么是工程材料？工程材料是如何分类的？

2. 解释下列名词：

1）屈服强度、抗拉强度、硬度、疲劳强度、塑性、冲击韧度。

2）晶体、晶格、晶胞。

3）单晶体、多晶体、晶粒、晶界、细晶强化。

4）过冷度、变质处理。

5）结晶、再结晶、重结晶。

3. 同一种钢，经三种不同的热处理后，硬度分别为63HRC、280HBW、900HV，试比较它们的硬度高低。

4. 某金属材料的拉伸试样 $L_0 = 100\text{mm}$，$d_0 = 10\text{mm}$。拉伸到产生 0.2%塑性变形时作用力（载荷）$F_{0.2} = 6.5 \times 10^3\text{N}$，$F_b = 8.5 \times 10^3\text{N}$。拉断后标距长度 $L_u = 120\text{mm}$，断口处最小直径 $d_u = 6.4\text{mm}$，试求该材料的 $R_{p0.2}$、R_m、A、Z。

5. 钢厂供应的 20 钢，力学性能按照国家标准应不低于以下指标：$R_m = 410\text{MPa}$、$R_{eL} = 245\text{MPa}$、$A = 25\%$、$Z = 55\%$。现购回 $\phi 10\text{mm}$ 的 20 钢若干，经拉伸试验检测，得到以下数据：$F_b = 35.20\text{kN}$、$F_s = 24.90\text{kN}$，试问这批钢材是否合格？

6. 一根 $\phi 10\text{mm}$ 的钢棒，在拉伸断裂时直径变为 8.5mm，此钢的抗拉强度 $R_m = 450\text{MPa}$，问此棒能承受的最大载荷和断面收缩率各是多少？

7. 常见的金属晶格类型有哪几种？它们的晶格常数和原子排列各有什么特点？

8. 在实际金属中存在哪几种晶体缺陷？它们对金属的力学性能有何影响？

9. 举例说明工业生产中常采取哪些措施进行细晶强化。

10. 合金中的相有哪几类？其晶体结构与性能各有什么特点？

11. 什么是金属的同素异构转变？画出纯铁的结晶冷却曲线和晶体结构变化图。

12. 试比较匀晶转变、共晶转变和共析转变的异同点。

13. 画出 $Fe\text{-}Fe_3C$ 相图，分析碳的质量分数分别为 0.2%、0.6%和 1.0%的铁碳合金从液态缓冷到室温时的结晶过程和室温组织，并比较这三种合金的性能。

14. 渗碳体有哪几种基本形态？它们的来源和形态有何区别？

15. 根据 $Fe\text{-}Fe_3C$ 相图，说明产生下列现象的原因：

1）碳的质量分数为 1.0%的钢比碳的质量分数为 0.5%的钢硬度高。

2）在室温下，碳的质量分数为 0.8%的钢比碳的质量分数为 1.2%的钢强度高。

3）低温莱氏体的塑性比珠光体的塑性差。

4）在 1100℃时，碳的质量分数为 0.4%的钢能进行锻造，而碳的质量分数为 4.0%的铸铁不能进行锻造。

16. 钢热处理的基本原理是什么？其目的和作用是什么？

17. 什么是连续冷却与等温冷却？两种冷却方式有何差异？试绘出共析钢过冷奥氏体的冷却转变图，并说明图中各个区域和各条线的含义。

18. 奥氏体在等温冷却时，按照温度不同可以获得哪些组织？

19. 退火的主要目的是什么？常用的退火工艺有哪些？

20. 为什么亚共析钢一般采用完全退火，而过共析钢采用不完全退火？

21. 淬火的目的是什么？常用的淬火方法有哪些？

22. 简述淬透性、淬硬性和淬透层深度的关系。

23. 回火的目的是什么？常用的回火工艺有哪些？试说明各种回火工艺得到的组织、性能及应用场合。

24. 什么是调质处理？钢在调质后具有什么样的组织和性能？

25. 在生产中为了提高亚共析钢的强度，常用的方法是提高其组织中的珠光体含量，一般采用什么热处理工艺提高珠光体的含量？

26. 直径为 10mm 的 45 钢（退火状态）经 700℃、760℃和 840℃加热并水冷后所获得的组织各是什么？

27. 45 钢经调质处理后硬度为 240HBW，若再进行 200℃回火，可否使其硬度提高？为

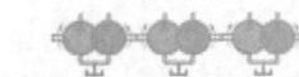

什么？如果 45 钢经淬火+低温回火后硬度为 57HRC，若再进行 560℃回火，可否使其硬度降低？为什么？

28. 举例说明碳钢按质量和用途可分为哪几类。合金钢又是如何分类的？

29. 合金钢中经常加入的合金元素有哪些？它们对钢的性能有何影响？

30. 什么是合金渗碳钢和合金调质钢？它们的成分、性能有何特点？如何选用？

31. 指出下列合金钢的类别、用途和各合金元素的主要作用：

1）40CrNiMo；2）60Si2Mn；3）9SiCr；4）Cr12MoV；5）W18Cr4V。

32. 下列零件和工具，若由于管理上的差错造成钢材错用，在使用过程中会出现哪些问题？

1）把 Q235 钢当作 45 钢制成齿轮。

2）把 30 钢当作 T12 钢制成锉刀。

3）把 20 钢当作 65 钢制成弹簧。

33. 铝合金是如何分类的？各类铝合金可通过哪些途径进行强化？

34. 铝合金的淬火与钢的淬火有何异同？

35. 黄铜与青铜各有什么特点和用途？

36. 钛合金如何进行分类？其性能特点与用途有哪些？

37. 什么是高分子材料？

38. 塑料由哪些成分组成？它们各起什么作用？

39. 橡胶的特点有哪些？橡胶如何分类？

40. 什么是复合材料？复合材料如何分类？

第 2 章 金属的液态成形

2

学习目标及要求

本章主要介绍铸造过程原理、常用铸造合金的特点及应用，铸造生产方法及砂型铸造工艺的制订，铸件结构工艺性设计等。学完之后，第一，了解铸造方法的特点，结合具体铸件实例加深对工艺特点的认识和理解；第二，掌握铸造过程基本原理、铸造缺陷产生的原因及防止措施；第三，掌握常用铸造合金的特点及选用；第四，掌握砂型铸造工艺制订的一般步骤和典型铸件工艺图的绘制；第五，理解铸造工艺对铸件结构设计的要求；第六，了解常见特种铸造方法的流程、特点和典型应用。

章前导读——曾侯乙尊盘

曾侯乙尊盘（图 2-1），是战国早期周王族诸侯国中曾国国君曾侯乙的青铜器。1978 年在湖北随州市擂鼓墩曾侯乙墓中出土，收藏于湖北省博物馆。尊高 30.1cm，口径 25cm；盘高 23.5cm，口径 58cm。曾侯乙尊盘是春秋战国时期最复杂、最精美的青铜器件。尊与盘精美细腻的镂空附饰，玲珑剔透，精巧华丽。

图 2-1　曾侯乙尊盘

该工艺品的制造涉及哪些金属材料的成形方法和工艺？古人如何制造出如此精美绝伦的艺术品？

金属液态成形是将液态金属浇注到与零件的形状、尺寸相适应的铸型型腔中，待其冷却凝固，以获得毛坯或零件的生产方法，又称为铸造生产。金属液态成形的方法很多，可分为砂型铸造和特种铸造两大类。其中，砂型铸造是最基本的液态成形方法，其生产的铸件要占铸件总量的 80%以上。为了提高铸件的质量和生产率，各种特种铸造生产方法获得越来越广泛的应用。

金属液态成形在机械制造业中占有重要的地位，是制造毛坯、零件的重要方法之一。在一般机械设备中，铸件占整个机械设备的 45%~90%；在金属切削机床中占 70%~80%；在汽车及农业机械中占 40%~70%。

金属液态成形具有以下特点：

1）能够制成形状复杂，特别是具有复杂内腔的毛坯，如各种箱体、床身、机架、车轮等。

2）适应性强。金属液态成形既可用于单件小批量生产，也可用于大批大量生产；铸件的大小几乎不受限制，质量可从几克到几百吨；工业生产中的常用合金都可采用液态成形来制造毛坯或零件。

3）成本低。所用原材料来源广泛，价格低廉；一般不需要昂贵的设备。

4）铸件形状和尺寸与零件相近，因而切削加工余量可减少到最小，从而减少了金属材料消耗，节省了切削加工工时。

但是，金属液态成形过程比较复杂，一些工艺过程难以控制，易出现铸造缺陷，使得铸件质量不够稳定；由于铸件内部晶粒粗大、组织不均匀，且常伴有缩孔、缩松、气孔、砂眼等缺陷，使得其力学性能比同类材料的锻件低。这些缺陷对铸件质量有着严重的影响。

随着科学和技术的不断进步，新工艺、新技术、新材料、新设备日益获得广泛的应用。现代液态成形技术是集计算机技术（如计算机凝固模拟、计算机辅助铸造工艺设计、计算机控制熔炼等）、信息技术、自动控制技术、真空技术、现代管理技术与传统铸造技术之大成，形成优质、高效、低耗、灵活的铸造生产系统工程。这些技术的应用使铸件的表面质量、内在质量和力学性能显著提高，铸造生产率和工艺出品率大大提高，也使工人的劳动强度减小，劳动条件得到改善。

浇注动画　金属的液态成形概述

2.1 金属液态成形工艺原理

铸造生产中，获得优质铸件是最基本的要求，所谓优质铸件是指铸件的轮廓清晰、尺寸准确、表面光洁、组织致密、力学性能合格，没有超出技术要求的缺陷等。由于铸造的工序繁多，影响铸件质量的因素繁杂，难以综合控制，因此铸造缺陷不能完全避免，废品率比其他加工方法高。同时，许多铸造缺陷隐藏在铸件内部，难以被发现和修补，有些则是在机械加工时才暴露出来，这不仅浪费机械加工工时、增加制造成本，有时还会延误整个生产过程的完成。因此，控制铸件质量，降低废品率是非常重要的。铸造缺陷的产生不仅取决于铸型工艺，还与铸件结构、合金的铸造性能、熔炼、浇注等密切相关。

合金的铸造性能是指合金在铸造成形时获得外形准确、内部完整铸件的能力，主要包括合金的流动性、凝固特性、收缩性、吸气性、偏析倾向等，它们对铸件质量有很大影响。依据合金铸造性能特点，采取必要的工艺措施，对于获得优质铸件有着重要意义。本节将对与合金铸造性能有关的铸造缺陷的形成与防止进行分析，为阐述铸造工艺奠定基础。

2.1.1 液态金属的充型能力

液态合金填充铸型的过程，简称充型。

液态金属充满铸型型腔，获得尺寸精确、轮廓清晰的成形件（铸件）的能力，称为充型能力。充型能力不足时，铸件易产生浇不足、冷隔、夹渣、气孔等缺陷。

液态金属的充型能力

充型能力主要受金属液本身的流动性、铸型性质、浇注条件、铸件结构等因素的影响。

1. 合金的流动性

合金的流动性是指液态合金本身的流动能力。液态合金具有良好的流动性，不仅易于获得形状复杂、轮廓清晰的薄壁铸件，而且有利于气体和夹杂物在凝固过程中向液面上浮和排出，有利于补缩，从而能有效地防止铸件出现冷隔、浇不足、气孔、夹杂、缩孔等缺陷。合金的流动性是衡量合金铸造性能优劣的主要指标之一。

合金的流动性用浇注流动性试样的方法来衡量。流动性试样的种类很多，如螺旋形、球形、α 形、真空试样等，应用最多的是螺旋形标准试样（图 2-2）。它是将液态合金在相同的过热度或相同的浇注温度条件下浇注，然后比较各种合金的试样长度。合金的试样越长，其流动性越好。

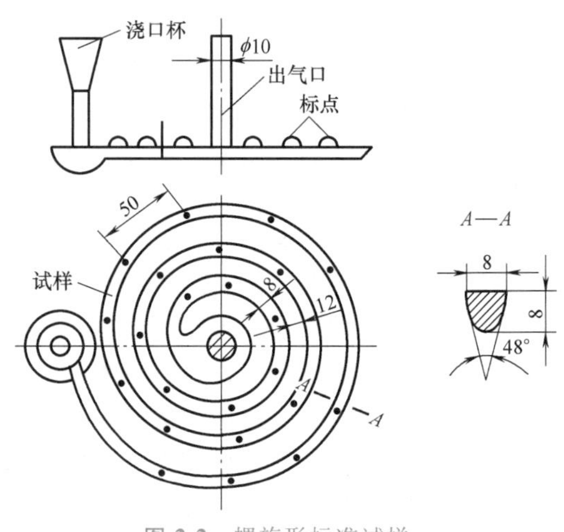

图 2-2 螺旋形标准试样

影响合金流动性的因素：

（1）合金的化学成分 合金的流动性主要取决于合金的化学成分。纯金属、共晶点和形成金属间化合物成分的合金，凝固层界面分明、表面光滑，对尚未凝固的金属液流动阻力小，因此流动性好（图 2-3a）。其他成分合金的结晶是在一个温度区间内完成的。在结晶区间中，既有形状复杂的枝晶，又有液体，由于初生枝晶使结晶固体层内表面粗糙（图 2-3b）。枝晶不仅阻碍液体流动，而且使液体金属的冷却速度加快，所以合金的流动性变差。合金的凝固温度范围越宽，其流动性越差。

在相同过热度条件下，铁碳合金的流动性与碳的质量分数的关系如图 2-4 所示。由图可以看出，纯铁的流动性好。随着碳的质量分数的增加，合金的凝固温度范围增大，流动性也随之下降。在亚共晶铸铁中，成分越靠近共晶成分铸铁，凝固温度范围越小，流动性越好。共晶成分铸铁在恒温下凝固，流动性最好。

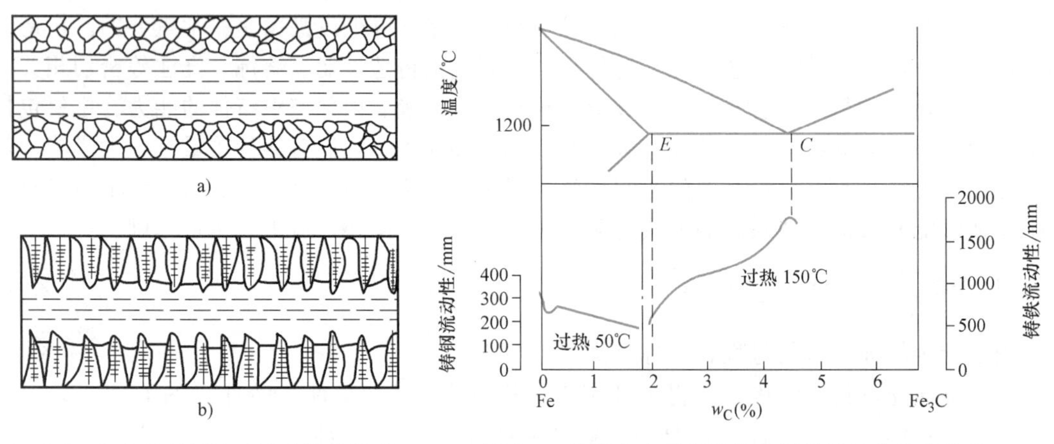

图 2-3 合金结晶特性对流动性的影响
a）在恒温下凝固 b）在一定温度范围内凝固

图 2-4 铁碳合金的流动性与碳的质量分数的关系

因此，从合金流动性的角度考虑，在铸造生产中，应尽量选择共晶成分、近共晶成分或凝固温度范围小的合金作为铸造合金。

(2) 合金的物理性质 与合金流动性有关的物理性质有比热容、密度、热导率、结晶潜热和黏度等。液态合金的比热容和密度越大，热导率越小，凝固时释放的结晶潜热越多，能使合金在较长时间内保持液态，有利于提高液态合金的流动性；液态合金的黏度越小，流动时的内摩擦力越小，液态合金的流动性越好。

(3) 液态合金的温度 在一定的温度范围内，液态合金的流动性随其温度的升高而直线上升。但液态合金的温度过高，会造成液态合金的氧化、吸气严重，易使铸件产生气孔、夹渣、粘砂、缩孔、缩松等缺陷。

2. 浇注条件

浇注条件包括浇注温度、充型压力和浇注系统的结构。

(1) 浇注温度 浇注温度对液态金属的充型能力有决定性影响。浇注温度越高，液态金属的黏度越低，且因过热度高，金属液包含热量多，保持液态时间长，故充型能力越强。实际生产中提高液态合金的充型能力主要是通过提高浇注温度来实现的。但对铸件的质量而言，浇注温度并非越高越好，应在保证充型能力的前提下，采用较低的浇注温度。对铸铁件，可以采用“高温出炉、低温浇注”：高温出炉能使铁液中一些高熔点的固体质点熔化，铁液中的未熔质点和气体在浇包中的镇静阶段有机会上浮而除去；在保证铁液具有足够流动性的前提下，应选择尽可能低的浇注温度。

(2) 充型压力 液态金属在流动方向上所受的压力越大，充型能力就越强。如在砂型铸造中常采用加高直浇道等工艺措施提高金属的静压力，压力铸造中液态金属在压力下充型，能有效地提高液态合金的充型能力。但金属液的静压力过大或充型速度过高时，会发生喷射和飞溅现象。

(3) 浇注系统的结构 浇注系统的结构越复杂，液态合金的流动阻力越大，其充型能力越差。

3. 铸型充填条件

液态合金充型时，铸型的阻力将影响合金的流动速度，而铸型与合金的热交换又将影响合金保持流动的时间。因此，铸型的以下因素对充型能力均有显著影响：

(1) 铸型的蓄热系数 铸型的蓄热系数表示铸型从其中的金属吸取热量并储存在本身的能力。蓄热系数越大，铸型的激冷能力就越强，金属液于其中保持液态的时间就越短，充型能力下降。

(2) 铸型温度 铸型温度越高，液态金属与铸型的温差越小，充型能力越强。

(3) 铸型中的气体 铸型在浇注时发气，能在金属液与铸型间形成气膜，减小摩擦阻力，有利于充型。但铸型的发气能力过强，浇注速度太快，而铸型的排气能力又差时，则型腔中的气体压力增大，阻碍金属流动。

4. 铸件结构

衡量铸件结构特点的因素是铸件的折算厚度和复杂程度。

(1) 折算厚度 折算厚度也称为当量厚度或模数，为铸件体积与表面积之比。折算厚度大，热量散失慢，充型能力就好。铸件壁厚相同时，垂直壁比水平壁更容易充填。

(2) 铸件复杂程度 铸件结构复杂，流动阻力大，铸型的充填就困难。

2.1.2　液态合金的凝固与收缩

液态金属的凝固与收缩

1. 铸件的凝固方式

在铸件凝固过程中，其断面上一般存在三个区域，即固相区、凝固区和液相区。其中，对铸件质量影响较大的主要是液相和固相并存的凝固区的宽窄。铸件的凝固方式（图 2-5）就是依据凝固区的宽窄来划分的。凝固区的宽度如图 2-5b 中 s 所示。

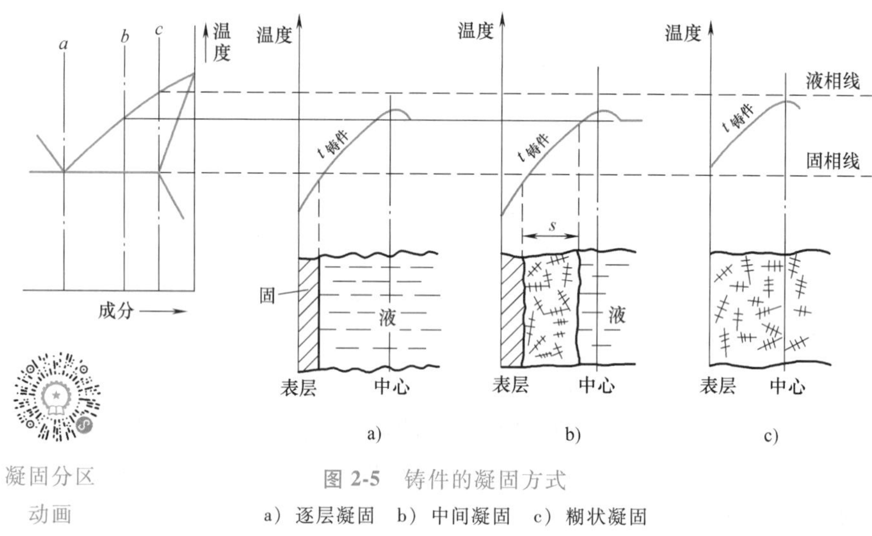

凝固分区动画

图 2-5　铸件的凝固方式

a）逐层凝固　b）中间凝固　c）糊状凝固

（1）逐层凝固　纯金属和共晶成分的合金在凝固过程中不存在液、固并存的凝固区（图 2-5a），故断面上外层的固体和内层的液体有一条明显的界限（凝固前沿）。随着温度的下降，固体层不断加厚、液体不断减少，直达铸件中心，这种凝固方式称为逐层凝固。

（2）中间凝固　大多数合金的凝固介于逐层凝固和糊状凝固之间（图 2-5b），称为中间凝固。

（3）糊状凝固　如果合金的结晶温度范围很宽，且铸件的温度分布比较平坦，则在凝固的某段时间内，铸件表面并不存在固体层，而液、固并存的凝固区贯穿整个断面（图 2-5c），故称为糊状凝固。

铸件质量与其凝固方式密切相关。一般来说，逐层凝固时，合金的充型能力强，有利于防止缩孔和缩松；糊状凝固时，易产生缩松，难以获得组织致密的铸件。

影响铸件凝固方式的主要因素是合金的结晶温度范围和铸件的温度梯度。

合金的结晶温度范围越小，凝固区越窄，越倾向于逐层凝固。如在铁碳合金中，普通灰铸铁为逐层凝固，高碳钢为糊状凝固。

铸件的温度梯度是指铸件内外层之间的温度差。在合金结晶温度范围一定的前提下，凝固区域的宽窄取决于铸件的温度梯度。若铸件内外层之间的温度差由小变大，则其对应的凝固区由宽变窄。

2. 合金的收缩

（1）收缩的概念　合金从液态冷却至室温的过程中，其体积或尺寸缩减的现象，称为收缩。收缩是合金的物理特性。合金的收缩给液态成形工艺带来许多困难，是许多铸造缺陷

 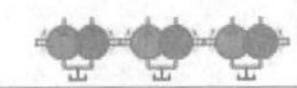

（如缩孔、缩松、裂纹、变形等）产生的根源。合金的收缩是衡量合金铸造性能优劣的主要指标之一。

合金从液态冷却至室温的收缩经历了如下三个阶段：

1）液态收缩：液态合金从浇注温度冷却到凝固开始温度（液相线温度）之间的收缩。

2）凝固收缩：合金从凝固开始温度冷却到凝固终止温度（固相线温度）之间的收缩。

3）固态收缩：合金从凝固终止温度冷却到室温之间的收缩。

所以，合金的总收缩率为上述三种收缩的总和。

合金的液态收缩和凝固收缩表现为合金体积的缩减，常用单位体积的收缩量即体收缩率 ε_V 来表示。它是铸件产生缩孔或缩松的根本原因。合金的固态收缩不仅引起合金体积的缩减，同时，更明显地表现为铸件线尺寸的缩减，常用单位长度的收缩量即线收缩率 ε_L 来表示。它是铸件产生应力、变形、裂纹的根本原因，并直接影响铸件的尺寸精度。

不同合金的收缩率不同。在常用合金中铸钢的收缩率最大，灰铸铁的收缩率最小。这是由于在灰铸铁中大部分碳是以石墨状态存在的。石墨的密度较小，在结晶过程中石墨析出所产生的体积膨胀，抵消了合金的部分收缩。

铸件的实际收缩率与其化学成分、浇注温度、铸件结构、铸型条件等因素有关。铸件的实际线收缩率比合金的自由线收缩率要小，见表 2-1。所以，设计铸件时，应根据铸造合金的种类、铸件的复杂程度和大小选取适当的线收缩率。

表 2-1　砂型铸造时几种合金的线收缩率

合金种类		铸造收缩率(%)	
		自由收缩	受阻收缩
灰铸铁	中小型铸件	1.0	0.9
	中大型铸件	0.9	0.8
	特大型铸件	0.8	0.7
球墨铸铁		1.0	0.8
碳素铸钢和低合金钢		1.6~2.0	1.3~1.7
锡青铜		1.4	1.2
无锡青铜		2.0~2.0	1.6~1.8
硅黄铜		1.7~1.8	1.6~1.7
铝硅合金		1.0~1.2	0.8~1.0

（2）铸件中的缩孔与缩松　液态合金在冷凝过程中，若其液态收缩和凝固收缩所缩减的体积得不到补充，则会在铸件最后凝固的部位形成一些孔洞。大而集中的孔洞称为缩孔，细小而分散的孔洞称为缩松。铸件中缩孔与缩松的形成，都使铸件的有效承载面积减小，产生应力集中效应，使其力学性能、气密性和其他物理化学性能大大降低，以致成为废品。

1）缩孔。缩孔是集中在铸件上部或最后凝固部位体积较大的孔洞，多呈倒锥形，内表面粗糙。缩孔的形成条件是：合金在恒温或很窄的温度范围内结晶，铸件以逐层凝固的方式凝固。

图 2-6 所示为缩孔的形成过程。液态合金充满铸型型腔（图 2-6a）后，由于铸型的吸热及不断向外散热，靠近型腔表面的金属温度很快降低到凝固温度，凝结成一层外壳（图 2-6b），而内部仍然是高于凝固温度的液体。温度继续下降，外壳加厚，但内部液体产

生液态收缩和凝固收缩，体积缩减，液面下降，使铸件内部出现了空隙（图 2-6c）。由于空隙的容积得不到金属液的补充，待金属全部凝固后，就在金属最后凝固的部位形成大而集中的孔洞——缩孔（图 2-6d、e）。铸件完全凝固后，随着温度的下降，固态收缩会使铸件的体积不断缩小（图 2-6f），直到室温为止。合金的液态收缩和凝固收缩越大、浇注温度越高、铸件越厚，缩孔的容积越大。

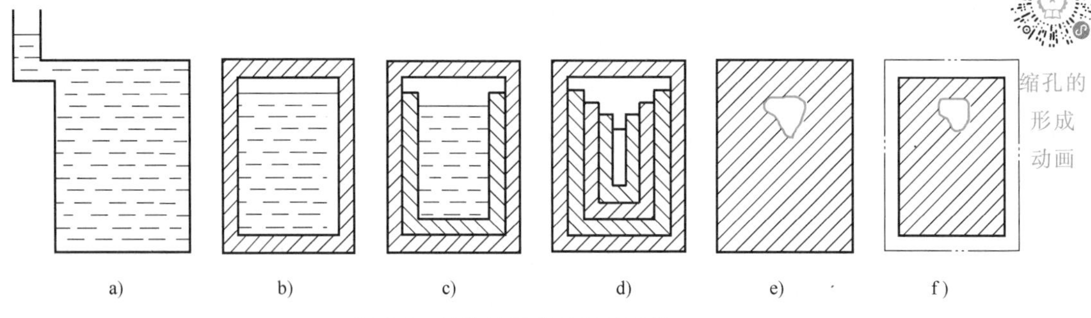

图 2-6　缩孔的形成过程示意图

2）缩松。分散在铸件某区域内的细小缩孔称为缩松。缩松的形成也是由于铸件最后凝固区域的液态收缩和凝固收缩得不到补充，当合金以糊状凝固的方式凝固时就易形成分散性的缩松。如图 2-7 所示，具有较宽凝固温度范围的合金在温度梯度较小的条件下凝固时，液态金属在最后较宽区域内同时凝固（图 2-7a），初生的树枝晶把液体分隔成许多小的封闭区（图 2-7b），这些小的封闭区液态金属的收缩得不到外界金属的补充，便形成细小、分散的孔洞（图 2-7c），即缩松。

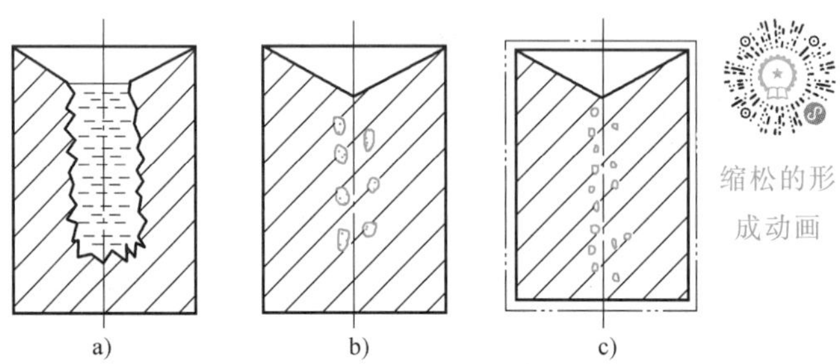

图 2-7　缩松的形成过程示意图

a）锯齿形凝固前沿　b）形成液体孤岛　c）形成缩松

缩松一般出现在铸件壁的轴线区域、热节处、冒口根部和内浇口附近甚至厚大铸件的整个断面，也常分布在集中缩孔的下方。缩松分布面广，难以控制，对铸件的力学性能影响很大，是铸件最危险的缺陷之一。

由以上分析可见：

① 纯金属及共晶成分的合金以逐层凝固的方式凝固，倾向于形成集中缩孔；凝固温度范围宽的合金，易形成缩松。缩孔比缩松易于检查和修补，也便于采取工艺措施来防止。因此，从收缩的角度考虑，在生产中应尽量选择共晶成分、近共晶成分或凝固温度范围小的合金作为铸造合金。

② 对于给定成分的铸件，在一定的浇注条件下，缩孔和缩松的总容积是一定值。适当增大铸件的冷却速度可以促进缩松向缩孔转化。

③ 合金（铸钢、白口铸铁、锡青铜等）的液态收缩和凝固收缩越大，铸件的缩孔体积越大。

④ 铸造合金的浇注温度越高，液态收缩越大，缩孔的体积越大。

⑤ 缩孔和缩松总是存在于铸件最后凝固的部位。

(3) 缩孔和缩松的防止　虽然收缩是合金的物理特性，但铸件中的缩孔是可以避免的。防止缩孔常用的工艺措施就是控制铸件的凝固次序，使铸件实现顺序凝固。

顺序凝固是在铸件可能出现缩孔的热节处，通过增设冒口和冷铁等一系列工艺措施，使铸件上远离冒口的部位先凝固，然后靠近冒口的部位凝固，最后冒口本身凝固（图 2-8）。使铸件按照一定的次序逐渐凝固即为顺序凝固原则。按此原则进行凝固，能使缩孔集中到冒口中，最后将冒口切除，就可以获得致密的铸件。

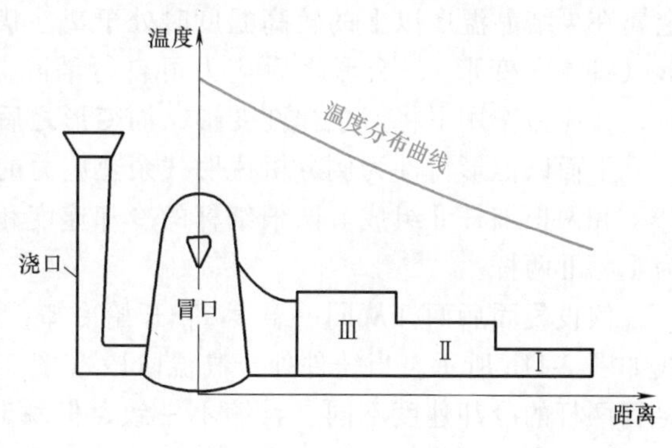

图 2-8　铸件的顺序凝固

为了控制铸件的凝固次序，还可在铸件的热节处安放冷铁，以加快热节处的冷却速度。图 2-9 所示为阀体铸件，左边表示未设冒口和冷铁时，热节处可能产生缩孔；右边表示增设冒口和冷铁后，铸件实现了顺序凝固，集中缩孔进入冒口，防止了铸件产生缩孔。

(4) 缩孔位置的确定　正确地估计铸件上缩孔或缩松可能产生的部位是合理安放冒口和冷铁的重要依据。在实际生产中，常以画“凝固等温线法”“内切圆法”（图 2-10）和计算机凝固模拟法等近似地找出缩孔的部位。图 2-10a 中等温线未曾通过的心部和图 2-10b 中内切圆直径最大处，即为容易出现缩孔的热节。

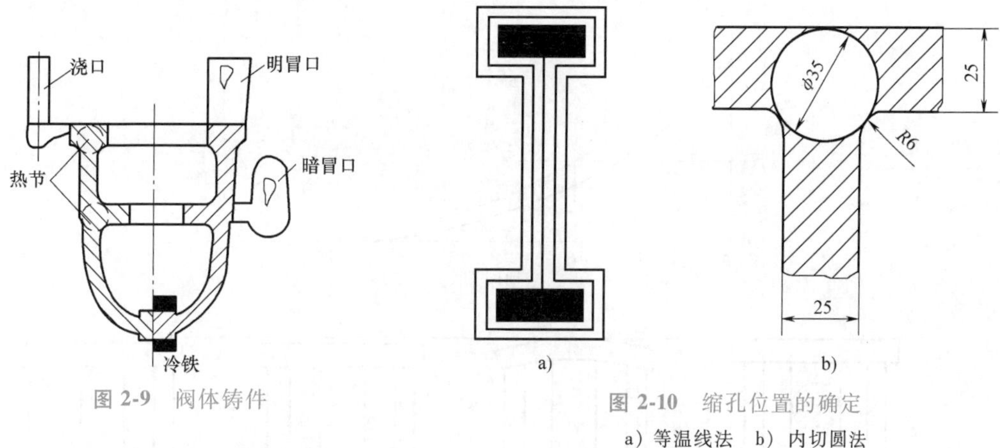

图 2-9　阀体铸件

图 2-10　缩孔位置的确定
a）等温线法　b）内切圆法

计算机凝固模拟法可以较为准确地预测铸件最后凝固的部位和可能产生缩孔的位置，并能优化铸造工艺，提高铸件的工艺出品率。目前，在实际生产中已得到应用。

2.1.3　铸造内应力及铸件的变形、裂纹

铸造内应力及铸件的变形、裂纹

1. 铸造内应力

铸件在凝固以后的继续冷却过程中还会继续收缩，有些合金甚至发生固态相变而引起收缩或膨胀，这些收缩或膨胀受到阻碍，铸件内部将产生内应力。液态成形内应力是铸件产生变形和裂纹的主要原因。

（1）热应力　热应力是由于铸件壁厚不均匀，各部分冷却速度不同，以致在同一时期内铸件各部分收缩不一致，铸件内部彼此相互制约而引起的应力。

为了分析热应力的形成，首先必须了解金属自高温冷却到室温时应力状态的改变。固态金属在再结晶温度以上的较高温度时处于塑性状态。此时，在较小的应力下就可产生塑性变形（即永久变形），变形之后应力可自行消除。在再结晶温度以下，金属呈弹性状态，此时，在应力作用下将产生弹性变形，而变形之后应力继续存在。

下面以框形铸件为例分析说明残余热应力的形成过程。如图 2-11b 所示，铸件由一根粗杆Ⅰ和两根细杆Ⅱ组成。两根细杆的冷却速度和收缩完全一致，为叙述方便，把三根杆简称为Ⅰ、Ⅱ两杆。

假设凝固后两杆从同一温度 T_H 开始冷却，最后冷却到同一温度 T_0，两杆的固态冷却曲线如图 2-11a 所示。当铸件处于高温阶段（图 2-11a 中，$t_0 \sim t_1$）时，两杆均处于塑性状态，尽管两杆的冷却速度不同、收缩不一致，但瞬时的应力均可通过塑性变形而自行消失（图 2-11b）；继续冷却后，冷却较快的细杆Ⅱ已进入弹性状态，而粗杆Ⅰ仍处于塑性状态（图 2-11a 中，$t_1 \sim t_2$），由于细杆Ⅱ冷却快，收缩大于粗杆Ⅰ，所以细杆Ⅱ受拉伸、粗杆Ⅰ受压缩（图 2-11c），形成了暂时内应力，但这个内应力随之便通过粗杆Ⅰ的塑性变形（压缩）而消失（图 2-11d）；当进一步冷却到更低温度阶段（图 2-11a 中，$t_2 \sim t_3$）时，两杆均处于弹性状态。此时，尽管两杆长度相同，但所处的温度不同，粗杆Ⅰ的温度较高并会进行较大的收缩；细杆Ⅱ的温度较低，收缩已趋于停止。因此粗杆Ⅰ的收缩必然受到细杆Ⅱ的强烈阻碍，于是，粗杆Ⅰ受拉伸，细杆Ⅱ受压缩，直至室温，形成了残余内应力（图 2-11e）。

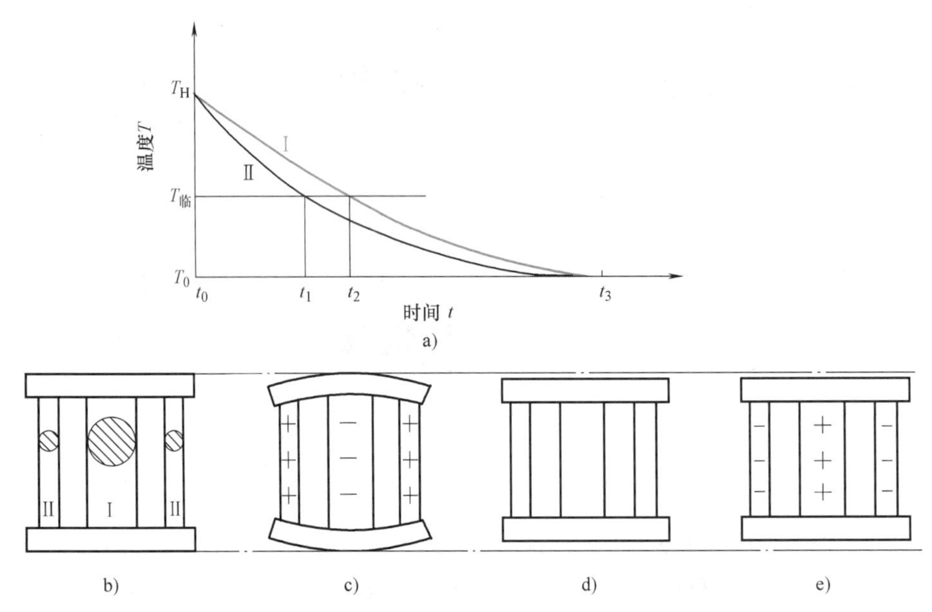

图 2-11　热应力的形成

a）铸件的固态冷却曲线　b）无应力　c）产生应力　d）应力消失　e）形成应力

注：+ 表示拉应力；- 表示压应力。

热应力使铸件的厚壁或心部受拉伸，薄壁或表层受压缩。合金固态收缩率越大、弹性模量越大，铸件壁厚差别越大、形状越复杂，所产生的热应力越大。

目前，对于铸件残余应力，不仅能进行定性分析（分析其应力状态），还能利用有限元

法或有限差分法对其进行定量模拟计算，从而求得铸件不同温度下的应力场。

（2）机械应力 铸件的收缩受到铸型、型芯及浇注系统的机械阻碍而形成的内应力称为机械应力。如图 2-12 所示，铸件在冷却收缩时，其轴向受砂型阻碍，径向受型芯阻碍，使铸件产生机械应力。显然，机械应力将使铸件产生拉伸或剪切应力，其大小取决于铸型及型芯的退让性。当铸件落砂后，这种内应力便可自行消除。然而若机械应力在铸型中与热应力共同起作用，则将增大某部位的拉伸应力，促进铸件产生裂纹的倾向。

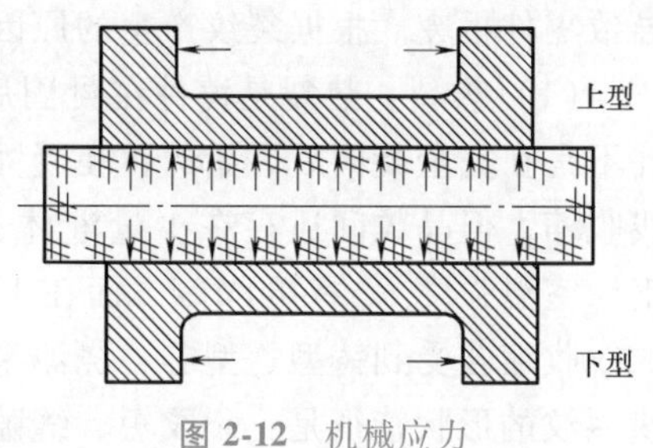

图 2-12 机械应力

2. 铸件的变形与防止

具有残余热应力的铸件，厚壁部分受拉伸，薄壁部分受压缩，就像被拉伸或压缩的弹簧一样，处于一种非稳定状态，将自发地通过铸件变形来减缓其应力，以回到稳定的平衡状态。显然，只有原来受拉伸部分产生压缩变形、受压缩部分产生拉伸变形，才能使铸件中的残余内应力减小或消除。换言之，铸件变形总是朝着力图减小或消除残余内应力的方向发生的。实际上，铸件变形中多以“杆”件和“板”件上的弯曲变形最为明显。如图 2-13 所示车床床身铸件，其导轨较厚，受拉应力，箱体壁厚较薄，受压应力，最后导致床身产生导轨内凹的挠曲变形。图 2-14 所示为一平板铸件，尽管其壁厚均匀，但其中心比边缘冷却慢而受拉，边缘则受压，且铸型上面又比下面散热冷却快，于是平板产生如图 2-14 所示的变形。

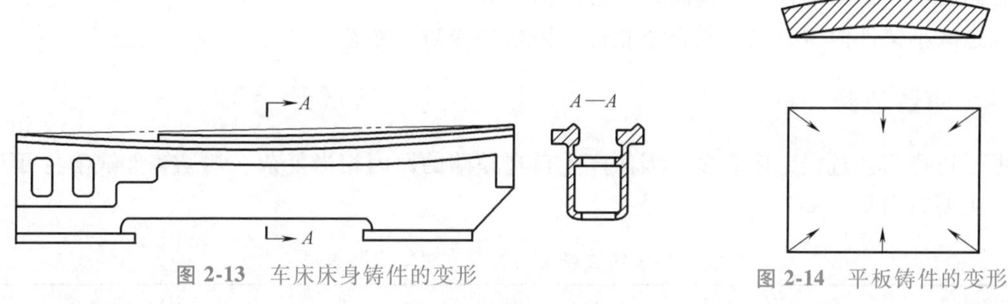

图 2-13 车床床身铸件的变形

图 2-14 平板铸件的变形

为了防止铸件变形，设计时应使铸件各部分壁厚尽量均匀或结构对称，使其内应力互相平衡而不易变形，在铸造工艺上应采用同时凝固原则。对于细长易变形的铸件，还可采用“反变形”工艺。反变形法是在统计某类铸件变形规律的基础上，在模型上预先做出相当于铸件变形量的反变形量，以抵消铸件的变形。如长度大于 2m 的床身铸件的反变形量为每米长放 1~3mm 的挠度或更多。

实践证明，尽管变形后铸件的内应力有所减缓，但并未彻底消除。经机械加工后内应力会重新分布，铸件仍会发生变形，影响零件的精度，严重时会使零件报废。因此，对某些重要、精密的铸件（如机床床身、变速箱、刀架等）必须进行去应力退火或自然时效处理，以消除残余内应力。时效处理宜在粗加工之后进行，这样既有利于原有内应力的消除，又可将粗加工过程中产生的应力一并消除，以确保零件的精度。

3. 铸件的裂纹与防止

当铸件的内应力超过金属的强度极限时，铸件将产生裂纹。裂纹是铸件的严重缺陷，常导致零件报废。根据裂纹产生的原因，裂纹可分为热裂和冷裂两种。

（1）热裂　热裂是铸件在凝固后期，接近固相线的高温下形成的。因为合金的线收缩并不是在完全凝固后开始的，在凝固后期，结晶出的固态物质已形成了完整的骨架，开始了线收缩，但晶粒间还存在少量液体，故金属的高温强度很低。例如，对于 $w_C=0.3\%$ 的碳钢，室温强度 $R_m \geq 480$MPa，而在 1300~1410℃时的高温强度 $R_m \leq 0.75$MPa。在高温下铸件的线收缩若受到铸型、型芯、浇注系统的阻碍，机械应力超过了其高温强度，将发生热裂。热裂纹的形状特征是：裂纹短、缝隙宽、形状曲折、缝内呈氧化色。热裂纹常见于铸钢和铝合金铸件中。

生产上防止热裂的措施有以下几种：

1）应尽量选择凝固温度范围小、热裂倾向小的合金。

2）应提高铸型和型芯的退让性，以减小机械应力。

3）浇注系统的设计要合理。

4）对于铸钢件和铸铁件，必须严格控制硫的含量，防止热脆性。

（2）冷裂　冷裂是较低温度下形成的，多出现在铸件受拉应力的部位，尤其是在应力集中处（如铸件的尖角、缩孔、气孔以及非金属夹杂物等的附近）。冷裂纹的特征是：裂纹细小，呈连续直线状，缝内有金属光泽或轻微氧化色。

铸件的冷裂倾向与热应力的大小密切相关。铸件的壁厚差别越大、形状越复杂，特别是大而壁薄的铸件，越易产生冷裂纹。不同铸造合金的冷裂倾向不同；灰铸铁、白口铸铁、高锰钢等塑性差的合金较易产生冷裂；塑性好的合金因内应力可通过其塑性变形来自行缓解，故冷裂倾向小。铸钢中含磷量越高，冷裂倾向越大。

凡是减小铸件内应力或降低合金脆性的因素均能防止冷裂。

2.1.4　铸造缺陷分析

由于铸造工艺过程工序繁多，因而产生铸造缺陷的原因相当复杂。常见铸件缺陷特征及产生的主要原因见表 2-2。

表 2-2　常见铸件缺陷特征及产生的主要原因

缺陷名称	特　征	图　例	主要原因分析
气孔	铸件内部或表面有大小不等的孔眼，孔的内壁光滑，多呈圆形		砂型舂得太紧或型砂透气性差，型砂太湿，起模、修模时刷水过多
缩孔	铸件厚截面处出现形状不规则的孔眼，孔的内壁粗糙	缩孔	铸件壁厚相差过大，造成局部金属集聚；浇注系统和冒口设计不当，浇注温度过高
砂眼	铸件的内部或表面有充满砂粒的孔眼，孔形不规则	砂眼	型砂强度不够或局部没舂紧而掉砂，合箱时砂型局部挤坏而掉砂
渣眼	孔内充满熔渣，孔形不规则		浇注时没挡住熔渣，或浇注温度太低，熔渣不易上浮

（续）

缺陷名称	特征	图例	主要原因分析
粘砂	铸件表面粗糙，粘有砂粒		型砂和芯砂的耐火度不够，浇注温度太高，未刷涂料或涂料太薄，熔铸温度过高
错箱	铸件沿分型面处相对位置错移		模样的上半模和下半模未对好，合箱时上下砂型未对准
冷隔	铸件上有未完全熔合的缝隙，接头处边沿光滑		浇注温度太低，浇注速度太慢；浇注系统位置开设不当，内浇口横截面积太小
浇不足	浇不到：铸件未浇满，外形不完整		浇注时金属液不足；浇注温度太低，浇注速度太慢，铸件太薄
裂纹	热裂：铸件开裂，该处表面被氧化，呈蓝色 冷裂：裂纹处表面不被氧化或轻微氧化		铸件壁厚相差太大，合金化学成分不当，收缩大，砂型（芯）退让性差，浇注系统位置开设不当，造成冷却及收缩不均，形成内应力等

2.2 常用液态成形合金

几乎所有的金属材料都可用液态成形的方法使之成形而生产铸件，在生产中常用的液态成形合金有铸铁、铸钢及铸造有色合金。

2.2.1 铸铁件的生产

常用铸造合金（一）

铸铁是碳的质量分数为2.5%~4.0%的铁碳合金。铸铁常用来制造机架、床身、箱体、曲轴、缸套等，是工程材料中最重要的液态成形合金。

1. 铸铁的分类

（1）根据碳在铸铁中存在的形式分类

1）白口铸铁。所含碳除极少量溶于铁素体外，主要以 Fe_3C 形式存在，断口呈银白色。白口铸铁性能硬而脆，很难切削加工，因此，工业上很少用它来制造机器零件，主要用作炼钢原料或制造可锻铸铁的坯料。由于白口铸铁具有良好的耐磨性，可以用来制造一些要求耐磨而不受冲击的制件，如轧辊、锤头、衬板和磨球等。

2）麻口铸铁。这种铸铁组织中既存在石墨，又有莱氏体，是白口和灰口间的过渡组织，因断口处有黑白相间的麻点，故而得名。麻口铸铁像白口铸铁一样既硬又脆，很难切削加工；同时，它又不具备灰铸铁的优点，故在生产中应用很少。

3）灰铸铁。灰铸铁中所含碳除微量溶于铁素体外，其余大部或全部以石墨形式存在，断口呈暗灰色，是工业中应用最广泛的铸铁。

（2）根据铸铁中石墨形态分类

1）普通灰铸铁。普通灰铸铁简称灰铸铁，其石墨呈片状（图2-15a）。

2）可锻铸铁。可锻铸铁中的石墨呈团絮状（图2-15b）。

3）球墨铸铁。球墨铸铁中的石墨呈球状（图2-15c）。

4）蠕墨铸铁。蠕墨铸铁中的石墨呈蠕虫状（图2-15d）。

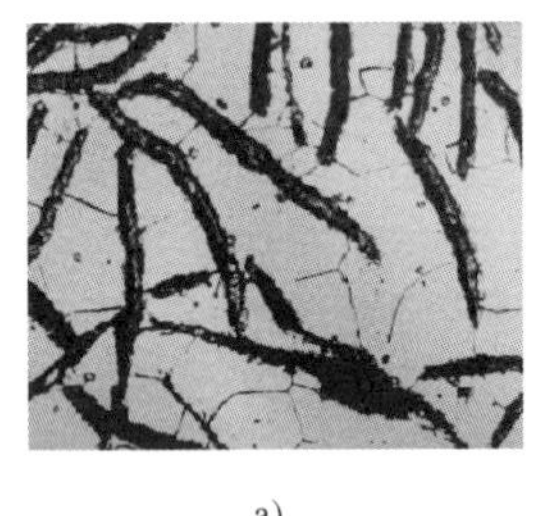
a)

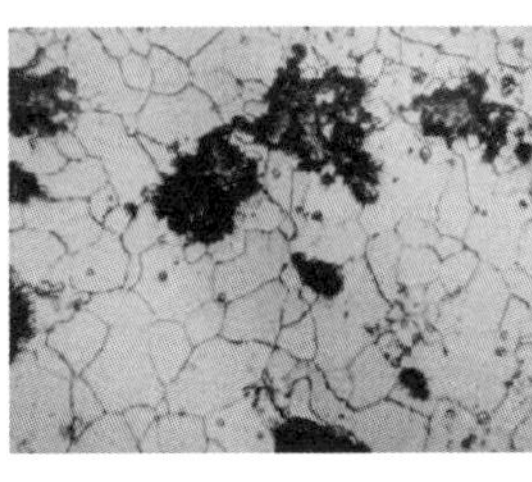
b)

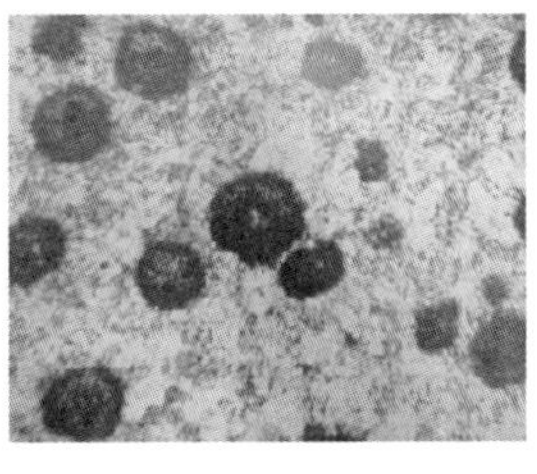
c)

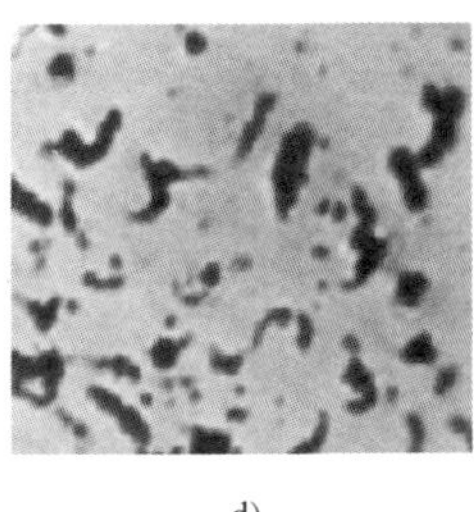
d)

图2-15 铸铁显微组织

a）灰铸铁 b）可锻铸铁 c）球墨铸铁 d）蠕墨铸铁

2. 灰铸铁

（1）铸铁的石墨化过程 铸铁的性能取决于铸铁的组织，而铸铁的组织又取决于碳的存在形式。铸铁中的碳可以化合态——渗碳体（Fe_3C）和游离态石墨（常用G来表示）两种形式存在。碳以石墨形式析出的现象称为石墨化。石墨化程度不同，铸铁组织也不同。因此，铸铁的组织和性能主要取决于石墨化程度，影响铸铁石墨化的主要因素是化学成分和冷却速度。

1）化学成分的影响。

① 碳和硅。碳是形成石墨的元素，也是促进石墨化的元素。碳的质量分数越高，析出石墨的可能性就越大，但这种可能性还取决于硅的质量分数。硅是强烈促进石墨化的元素，随着硅质量分数的增加，石墨显著增多。实践证明，若硅的质量分数过低，即使碳的质量分数很高，石墨也难以形成。因此，当铸铁中碳、硅的质量分数均高时，析出的石墨就越多、越粗大，而基体中铁素体增多，珠光体减少；反之，则石墨析出量减少，而且较细，同时基体中铁素体减少，珠光体增多。所以，控制铸铁中碳、硅的质量分数的不同配比，将得到不同组织与性能的铸铁。铸铁中碳、硅的质量分数一般为 $w_C=2.5\%\sim4.0\%$ 和 $w_{Si}=1.0\%\sim3.0\%$。

② 硫。硫是强烈阻碍石墨化的元素，硫的质量分数高易促使铸铁形成白口组织。同时，硫在铸铁中可形成FeS，而FeS与Fe又形成低熔点（985℃）的共晶体，分布在晶界上，造成铸铁的热脆性。此外，硫还会使铸铁的铸造性能恶化（如降低流动性，增大收缩率），因此必须严格控制其含量，通常铸铁中硫的质量分数限制在0.15%以下，高强度铸铁则应更低。

③ 锰。锰是弱阻碍石墨化的元素，具有稳定珠光体，提高铸铁强度和硬度的优点。同时锰与硫亲和力大，易形成熔点高（1600℃）、密度小的MnS，可以上浮进入熔渣而排出炉外，从而减小了硫的有害作用。故锰是铸铁中的有益元素，一般铸铁中锰的质量分数控制在0.6%~1.2%之间。

④ 磷。磷对铸铁的石墨化影响不显著，但当磷的质量分数超过 0.3%时，易形成呈网状分布于晶界的以 Fe_3P 为主的共晶体，增加铸铁的冷脆性。普通灰铸铁中磷的质量分数应限制在 0.5%以下，高强度铸铁则限制在 0.3%以下。

2）冷却速度的影响。相同化学成分的铸铁，若冷却速度不同，其组织和性能也不同。减小冷却速度可以促进石墨化，易得到粗大的石墨片和铁素体基体。

影响冷却速度的因素有：

① 铸型材料。不同铸型材料的导热能力不同。例如：金属型比砂型导热快，冷却速度大，使石墨化受到严重阻碍，易获得白口组织；而砂型冷却速度小，易获得灰口组织。

② 铸件壁厚。当其他条件（如化学成分、铸型材料、浇注温度等）一定时，铸件壁越厚，冷却速度越小，则石墨化倾向越大，易得到粗大石墨片和铁素体基体；反之，铸件壁越薄，冷却速度越大，则石墨化倾向越小，易得到细小石墨片和珠光体基体。当铸件壁厚小到一定程度时，因冷却速度过大，石墨化不能进行，将产生白口组织。由此可知，随着壁厚的增加，石墨片的数量和尺寸都增大，铸铁强度、硬度反而下降。这一现象称为壁厚（对力学性能的）敏感性。

在实际生产中，一般是根据铸件的壁厚（主要部位的壁厚），选择适当的化学成分（主要指碳、硅），以获得所需要的组织。图 2-16 所示为砂型铸件壁厚、化学成分和组织的关系。

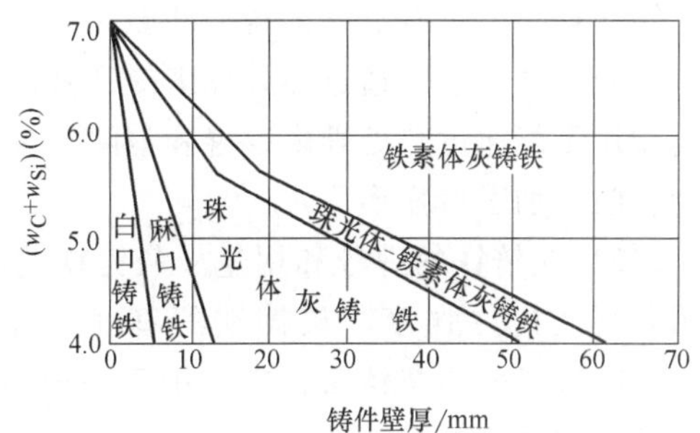

图 2-16 砂型铸件壁厚、化学成分和组织的关系

（2）灰铸铁的组织和性能 按照基体组织的不同，灰铸铁可分为以下三种：

1）铁素体灰铸铁。它是在铁素体基体上分布着粗大的石墨片，这种铸铁抗拉强度和硬度低，易加工，铸造性能好。常用来制造性能要求不高的铸件，应用很少。

2）铁素体-珠光体灰铸铁。它是在铁素体和珠光体的混合基体上分布着较粗大的石墨片。这种铸铁强度也较低，可满足一般机件要求，其铸造性能、切削加工性能和减振性较好，因此应用最广。

3）珠光体灰铸铁。它是在珠光体的基体上分布着较细小均匀的石墨片。这种铸铁强度和硬度较高，主要用来制造较为重要的零件。

灰铸铁的组织结构如同在钢的基体上嵌入大量石墨片。由于石墨的强度、硬度极低，塑性近于零，石墨的存在相当于在基体上嵌入大量孔洞，特别是片状石墨的尖角会引起应力集中。因此，灰铸铁的抗拉强度比钢低得多，通常仅为 120~250MPa，仅为钢件的 20%~30%，塑性和韧性接近为零。但石墨的存在也使得灰铸铁具有良好的减振性、良好的耐磨性以及低的缺口敏感性，而且灰铸铁具有良好的铸造性能和切削加工性能。

（3）灰铸铁的孕育处理 灰铸铁的组织和性能，很大程度上取决于石墨的数量、大小和形态。粗大石墨片对铸铁金属基体割裂严重，使其力学性能很低，而提高灰铸铁性能的途径就是降低碳、硅含量，改善基体组织，减少石墨的数量和尺寸，并使其均匀分布。孕育处理是实现此途径的有效方法。孕育处理的原理是：熔炼出相当于白口或麻口组织的低碳、低硅的高温铁液，向铁液中冲入细颗粒的孕育剂，常用的孕育剂为硅的质量分数为 75%的硅铁，加入量为铁液质量的 0.25%~0.6%。孕育剂在铁液中形成大量弥散的石墨结晶核心，使石墨化作用骤然提高，从而得到在细晶粒珠光体上均匀分布着细片状石墨的组织。孕育铸铁的强度、硬度比普通灰铸铁显著提高（R_m = 250~400MPa，硬度为 170~270HBW），但孕育铸铁的石墨仍为片状，塑性、韧性仍然很低，仍属灰铸铁的范畴。

孕育铸铁的另一优点是冷却速度对其组织和性能的影响很小，因此铸件上厚大截面的性能较均匀，如图 2-17 所示。孕育铸铁适用于静载荷下，要求较高的强度、硬度、耐磨性或气密性的铸件，特别是厚大截面铸件，如重型机床床身、气缸体、缸套及液压件等。

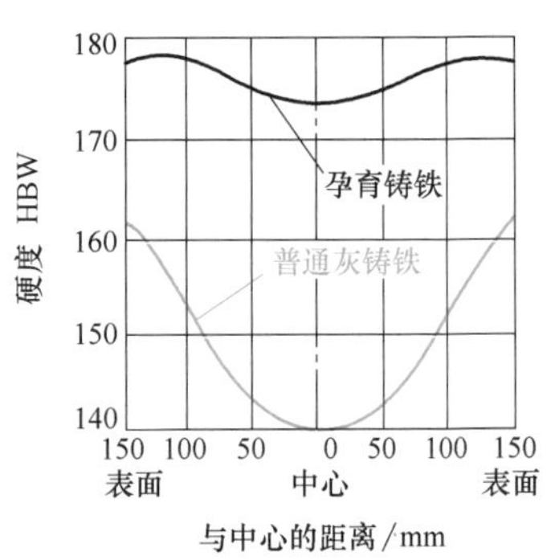

图 2-17　孕育铸铁和灰铸铁截面上硬度的分布

（4）灰铸铁件的生产特点及牌号选用

1）灰铸铁件的生产特点。灰铸铁一般在冲天炉中熔炼，且大多不需炉前处理，成本低廉。灰铸铁的化学成分接近共晶点，凝固过程中又有石墨化膨胀补偿收缩，故流动性好，收缩小，铸件的缩孔、缩松、浇不足、热裂、气孔倾向均小，具有良好的铸造性能。

灰铸铁一般不通过热处理来提高其性能，这是因为灰铸铁组织中粗大石墨片对基体的破坏作用不能通过热处理来改善和消除。生产中仅对要求高的铸件进行时效处理，以消除内应力，防止加工后变形。

2）灰铸铁的牌号和用途。灰铸铁的牌号用汉语拼音“HT”和一组数字表示，数字表示其最低抗拉强度。灰铸铁的牌号、性能及用途举例见表 2-3。其中，HT100、HT150、HT200 属于普通灰铸铁，广泛用于一般机件；HT250~HT350 是经过孕育处理的孕育铸铁，用于要求更高的重要件。

必须指出，因灰铸铁的性能不仅取决于化学成分，还与铸件壁厚有关，所以在选择铸铁牌号时，必须考虑铸件壁厚。

表 2-3　灰铸铁的牌号、性能及用途举例

牌号	单铸试棒的最小抗拉强度 R_m/MPa	主要特性	用途举例
HT100	100	铸造性能好，工艺简便，铸造应力小，不需要人工时效处理	盖、外罩、油底壳、手轮、支架、底板、镶导轨的机床底座等对强度无要求的零件
HT150	150	有一定的机械强度和良好的减振性	底座、床身、与 HT200 相配的溜板、工作台；泵壳、容器、法兰盘；工作压力不太大的管件
HT200	200	强度、耐热性、耐磨性均较好，减振性良好。铸造性能好	要求高的强度和一定耐蚀能力的泵壳、容器、法兰、硝化塔；机床床身、立柱、平尺、划线平板、气缸、齿轮、活塞、制动轮、联轴器盘、水平仪框架；压力为 80MPa 以下的液压缸、泵体、阀门
HT250	250		
HT300	300	强度高、耐磨性好，白口倾向大，铸造性能差	床身导轨、车床、压力机等受力较大的床身、机座、主轴箱、卡盘、齿轮；高压液压缸、水缸、泵体、阀门；衬套、凸轮、大型发动机曲轴、气缸体、气缸盖；镦模、冷冲模
HT350	350		

3. 可锻铸铁

可锻铸铁是将白口铸铁件经长时间的高温石墨化退火，使渗碳体分解，获得在铁素体或珠光体的基体上分布着团絮状石墨的铸铁。

常用铸造合金（二）

（1）可锻铸铁的性能、牌号及选用　由于可锻铸铁中的石墨呈团絮状，大

大减轻了对基体的割裂作用，故抗拉强度显著提高，一般达 300~400MPa，最高达 700MPa，且具有一定的塑性和韧性（$A \leqslant 12\%$，$a_K \leqslant 30J/cm^2$）。可锻铸铁并不能真正用于锻造。

按退火方法的不同，可锻铸铁可分为黑心可锻铸铁和珠光体可锻铸铁两种，其牌号分别用汉语拼音“KTH”“KTZ”及两组数字表示。数字分别表示其最低抗拉强度和断后伸长率。黑心可锻铸铁是铁素体基体，具有良好的塑性和韧性，耐蚀性较好，适于制造承受振动和冲击、形状复杂的薄壁小件，如各种水管接头、农机件等。珠光体可锻铸铁的基体为珠光体，其强度、硬度、耐磨性优良，并可通过淬火、调质等热处理强化，可取代锻钢制造小型连杆、曲轴等重要件。可锻铸铁的牌号、性能和用途举例见表 2-4。

表 2-4 可锻铸铁的牌号、性能和用途举例

牌号	R_m/MPa	$R_{p0.2}$/MPa	A(%)	硬度 HBW	用途举例
	≥				
KTH300-06	300	—	6	≤150	弯头、三通、管件、中压阀门
KTH330-08	330	—	8		输电线路件，农机件的犁刀、犁柱，车轮壳及纺织机的盘头等
KTH350-10	350	200	10		汽车、拖拉机的前后轮壳、差速器壳、转向节壳、制动器，农机件及冷暖器接头等
KTH370-12	370	—	12		
KTZ450-06	450	270	6	150~200	曲轴、凸轮轴、连杆、齿轮、摇臂、活塞环、轴套、犁片、耙片、闸、万向接头、棘轮、扳手、传动链条、矿车轮
KTZ550-04	550	340	4	180~230	
KTZ650-02	650	430	2	210~260	
KTZ700-02	700	530	2	240~290	

（2）可锻铸铁的生产特点　制造可锻铸铁件的首要步骤是先铸出白口坯料，因此铸铁中碳、硅的质量分数必须很低，以保证获得完全的白口组织。通常 w_C 为 2.4%~2.8%，w_{Si} 为 0.4%~1.4%。如果铸出的坯料中已有片状石墨，则退火后无法获得团絮状石墨的铸铁。

石墨化退火是制造可锻铸铁最主要的过程。其退火工序是：将清理后的坯料置于退火箱中，并加盖用泥密封，再送入退火炉中，缓缓地加热到 920~980℃，保温 10~20h，并按规范冷却到室温（对于黑心可锻铸铁还要在 700℃以上进行第二阶段保温）。石墨化退火的总周期一般为 40~70h。因此，可锻铸铁的生产过程复杂，而且周期长、能耗大，铸件的成本高。

4. 球墨铸铁

球墨铸铁是 20 世纪 40 年代末发展起来的一种新型铸造合金。它是向高温的铁液中加入一定量的球化剂和孕育剂，直接得到球状石墨的铸铁。

（1）球墨铸铁的组织、性能、牌号及用途　球墨铸铁的牌号、性能及用途举例见表 2-5。其牌号用汉语拼音“QT”和两组数字表示，两组数字分别表示最低抗拉强度和断后伸长率。

球墨铸铁按基体组织的不同，可分为珠光体球墨铸铁、铁素体-珠光体球墨铸铁和铁素体球墨铸铁三大类。

表 2-5　球墨铸铁的牌号、性能及用途举例

牌　号	抗拉强度 R_m/MPa	屈服强度 $R_{p0.2}$/MPa	断后伸长率 A(%)	硬度 HBW	基体组织	用途举例
	≥					
QT400-18	400	250	18	130~180	铁素体	减速器壳体，汽车、拖拉机的轮毂、驱动桥壳体、离合器壳、差速器壳、拨叉等；农机具，重型机犁铧、牵引架以及阀体、阀盖、输水管道等
QT400-15	400	250	15	130~180	铁素体	
QT450-10	450	310	10	160~210	铁素体	
QT500-7	500	320	7	170~230	铁素体+珠光体	内燃机泵齿轮、水轮机阀体、机车轴瓦、输电联板
QT600-3	600	370	3	190~270	珠光体+铁素体	大型内燃机曲轴、轻型机械的凸轮、气缸套、连杆等；农业机械的齿条、齿轮、犁铧；机床的主轴等；通用机械的曲轴、缸体、缸套及冶金、矿山机械的球磨机曲轴、矿车轮等；小型水轮机曲轴
QT700-2	700	420	2	225~305	珠光体	
QT800-2	800	480	2	245~335	珠光体或索氏体	
QT900-2	900	600	2	270~360	回火马氏体或索氏体+屈氏体	

1）珠光体球墨铸铁。珠光体球墨铸铁是指基体组织中珠光体量占 80%以上，其余为铁素体的球墨铸铁，通常经正火处理后得到。珠光体球墨铸铁的性能特点如下：

① 抗拉强度高。特别是屈服强度高，屈强比（$R_{p0.2}/R_m \approx 0.7 \sim 0.8$）高于 45 钢（$R_{p0.2}/R_m \approx 0.6$），屈强比是机械设计中最重要的力学性能指标之一。

② 疲劳强度较高。交变负荷使零件产生疲劳，实践和实验都证明珠光体球墨铸铁的疲劳强度与 45 钢相当，甚至超过 45 钢。

③ 硬度和耐磨性远比高强度灰铸铁高，某些情况下（如球墨铸铁用作曲轴时）优于锻钢。

因此，珠光体球墨铸铁可代替碳钢制造某些受较大交变负荷的重要件，如曲轴、连杆、凸轮、蜗杆等。

2）铁素体球墨铸铁。铁素体球墨铸铁是指基体组织中铁素体量占 80%以上，其余为珠光体的球墨铸铁，通常经退火处理得到。由于其基体为铁素体，具有较高的塑性和韧性，力学性能优于可锻铸铁。我国主要用于代替可锻铸铁制造汽车、拖拉机底盘类零件，如后桥壳等。国外则大量用于铸管，如上、下水管道及输气管道等。

由于球墨铸铁的石墨呈球状，对基体的割裂作用已降低到最低程度，基体强度利用率高达 70%~90%，因此球墨铸铁的力学性能显著提高。它还可以像钢一样，通过热处理来进一步提高其性能。因多数球墨铸铁的铸态基体是珠光体和铁素体的混合组织，很少是单一的基体组织，有时还存在自由渗碳体，而且形状复杂件还存在铸造残余应力。因此，球墨铸铁一般情况下都要进行热处理。热处理的目的主要是改善金属基体，以获得所需的组织和性能。

（2）球墨铸铁的生产　球墨铸铁在一般铸造车间均可生产，但在熔炼技术、热处理工艺上比灰铸铁要求更高。

1）控制原铁液化学成分。生产球墨铸铁所用的原铁液与一般灰铸铁基本相同，但成分控制较严，其中硫、磷对球墨铸铁的危害很大，其质量分数越低越好，一般应控制 $w_S \leq 0.07\%$、$w_P \leq 0.1\%$，而且要适当提高碳的质量分数（$w_C = 3.6\% \sim 4.0\%$），以改善铸造性能和球化效果。

2）控制较高的铁液出炉温度。出炉温度应高于 1400℃，以防止球化处理和孕育处理后

铁液温度过低，使铸件产生浇不足等缺陷。

3）球化处理和孕育处理。球化处理和孕育处理是生产球墨铸铁的关键，必须严格控制。

球化剂的作用是促使石墨在结晶时呈球状析出。我国广泛采用的球化剂是稀土镁合金，其球化能力强，球化效果好，与铁液反应平稳、安全，并提高了镁的吸收率。球化剂加入量一般为铁液质量的 1.0%~1.6%，实际生产应根据铁液的化学成分和铸件的大小而定。

孕育剂的作用是促进铸铁石墨化，防止球化元素所造成的白口倾向。同时，通过孕育处理后可使石墨球圆整、细化，改善球墨铸铁的力学性能。常用的孕育剂为硅质量分数为75%的硅铁，加入量为铁液质量的 0.4%~1.0%。

目前在生产中应用较普遍的球化处理工艺有冲入法和型内球化法。图 2-18 所示为冲入法球化处理。它是将球化剂放在浇包底部的“堤坝”内，上面铺以硅铁粉和稻草灰，以防球化剂上浮，并使其作用缓和。首先冲入占浇包 1/2~2/3 容量的铁液，使球化剂和铁液充分反应。然后将孕育剂放在冲天炉出铁槽内，再冲入剩余的铁液进行孕育处理，炉前检验合格后即可浇注。

处理后的铁液应及时浇注，以防球化衰退和孕育衰退。

为了克服球化衰退现象，进一步提高球墨铸铁的性能，并减少球化剂用量，近年来型内球化法（图 2-19）得到一定的应用。它是将球化剂和孕育剂置于浇注系统的反应室内，铁液流过时与之作用而进行球化处理和孕育处理。型内球化法最适合在大批量生产的流水线上制造球墨铸铁件。

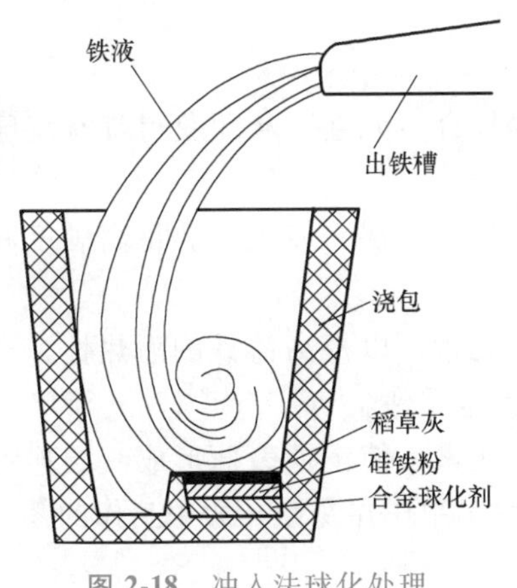

图 2-18 冲入法球化处理

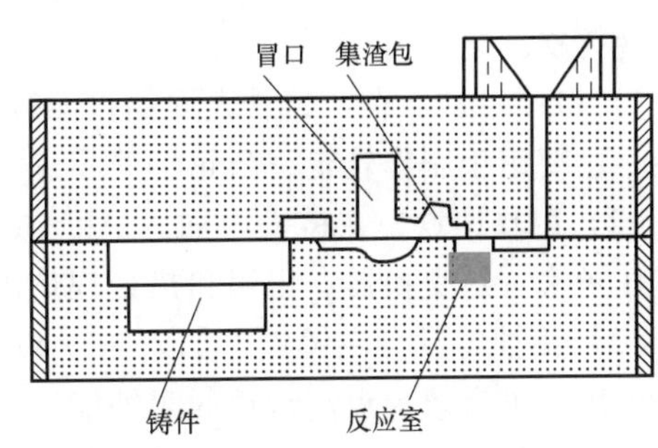

图 2-19 型内球化法

4）球墨铸铁的铸造工艺特点。球墨铸铁比灰铸铁易产生缩孔、缩松、皮下气孔、夹渣等缺陷，因而在铸造工艺上要求较严格。

生产球墨铸铁件多采用冒口和冷铁，采用顺序凝固原则。在铸型刚度很好的条件下，也可采用同时凝固原则，不用冒口或用较小的冒口。因此，球墨铸铁铸型的紧实度、透气性应比灰铸铁高，型砂水分不能过高，型腔排气能力要好。

球墨铸铁容易出现夹渣（MgS、MgO 等）和皮下气孔等缺陷，浇注系统一般用半封闭式，以保证铁液迅速、平稳地流入型腔，并多采用滤渣网、集渣包等结构加强挡渣措施。

5. 蠕墨铸铁

蠕墨铸铁是一种新型高强度铸铁，其石墨形状短、厚，端部圆滑类似蠕虫状。显然，蠕墨铸铁中的石墨是介于片状和球状之间的一种过渡石墨。蠕墨铸铁保留了灰铸铁优良的工艺性能，力学性能介于相同基体的灰铸铁和球墨铸铁之间。蠕墨铸铁一般不进行热处理。

蠕墨铸铁主要用来代替高强度灰铸铁、合金铸铁、铁素体球墨铸铁和铁素体可锻铸铁生产复杂的大型铸件，如大型柴油机壳体、大型机床立柱等，更适合制造在热循环作用下工作的零件，如大型柴油机气缸盖、排气管、制动盘、钢锭模及金属型等。蠕墨铸铁的牌号、力学性能及用途举例见表 2-6。牌号中 RuT 为“蠕铁”的汉语拼音，其后数字为最小抗拉强度。

表 2-6 蠕墨铸铁的牌号、力学性能及用途举例

牌号	R_m/MPa	$R_{p0.2}$/MPa	A(%)	硬度 HBW	基体组织	用途举例
	≥					
RuT500	500	350	0.5	220~260	珠光体	活塞环、气缸套、制动盘、玻璃模具、制动鼓、钢珠研磨盘、吸泥泵体等
RuT450	450	315	1.0	200~250	珠光体	
RuT400	400	280	1.0	180~240	珠光体+铁素体	重型机床件、大型齿轮箱体、盖、制动鼓、玻璃模具、飞轮等
RuT350	350	245	1.5	160~220	铁素体+珠光体	排气管、变速箱体、气缸盖、纺织零件、液压件等
RuT300	300	210	2.0	140~210	铁素体	汽车、拖拉机的某些底盘类零件、增压器废气进气壳体等

6. 合金铸铁

为了满足生产中对铸铁性能的特殊要求，如耐磨性、耐热性和耐蚀性等，常向铸铁中加入某些合金元素，从而获得具有特殊性能的合金铸铁。

（1）耐磨铸铁

1）耐磨灰铸铁。在铸铁中加入 Cr、Mo、Cu 等少量合金元素，从而获得具有特殊性能的合金铸铁。

2）冷硬铸铁。在灰铸铁表面通过激冷处理形成一层白口层，使表面获得高硬度和高耐磨性。主要用于制作轧辊、凸轮轴等零件。

（2）耐热铸铁　在铸铁中加入 Al、Si、Cr 等合金元素，以提高铸铁的耐热性。主要用于制作炉底、热交换器、坩埚和热处理炉内的运输链条等零件。

（3）耐蚀铸铁　在铸铁中加入 Al、Si、Cr 等合金元素，使铸铁表面形成一层连续致密的保护膜，可有效地提高铸铁的耐蚀能力。耐蚀铸铁用于制作在腐蚀介质中工作的零件，如化工设备的管道、阀门、泵体、反应釜和盛贮器等。

2.2.2 铸钢件的生产

铸钢的应用仅次于铸铁，铸钢件产量占铸件总量的 12%左右，其主要优点是力学性能高，强度、塑性、韧性比铸铁高很多。铸钢主要用于制造形状复杂、承受重载荷及冲击载荷的零件，如火车轮、锻锤机架和砧座、高压阀门、轧辊等。此外，铸钢的焊接性能优良，适于采用铸、焊组合工艺制造形状复杂的重型铸件。

1. 铸钢的分类、性能及应用

按化学成分，铸钢可分为铸造碳钢和铸造合金钢两大类。其中铸造碳钢应用较广，占铸

钢件总产量的80%以上，常用一般工程用铸造碳钢的牌号、化学成分、性能及用途举例见表2-7。其“ZG”后的第一组数字表示屈服强度值，第二组数字表示抗拉强度值，单位均为MPa。表中的力学性能为热处理状态下的性能。

表2-7 常用一般工程用铸造碳钢的牌号、化学成分、性能及用途举例

牌号	化学成分(%)				力学性能，≥					用途举例
	w_C	w_{Si}	w_{Mn}	w_P、w_S	$R_{p0.2}$/MPa	R_m/MPa	A(%)	Z(%)	KV/J	
	≤									
ZG200-400	0.20	0.60	0.80	0.35	200	400	25	40	30	用于受力不大、要求韧性高的各种机械零件，如机座、箱体等
ZG230-450	0.30	0.60	0.90	0.35	230	450	22	23	25	用于受力不大、要求韧性较高的各种机械零件，如外壳、轴承盖、阀体、砧座等
ZG270-500	0.40	0.60	0.90	0.35	270	500	18	25	22	用于轧钢机机架、轴承座、连杆、曲轴、缸体、箱体等
ZG310-570	0.50	0.60	0.90	0.35	310	570	15	21	15	用于负荷较高的零件，如大齿轮、缸体、制动轮、辊子等
ZG340-640	0.60	0.60	0.90	0.35	340	640	10	18	10	用于齿轮、棘轮、联接器、拨叉等

常用铸造碳钢主要是碳的质量分数为0.25%~0.45%的中碳钢。低碳钢熔点高、流动性差、易氧化和热裂，通常仅利用其软磁特性制造电磁吸盘和电动机零件。高碳钢虽然熔点较低，但塑性差、易产生冷裂，仅用于制造某些耐磨件。为了提高钢的力学性能，可在碳钢的基础上加入少量（<3.5%）合金元素，如Mn、Si、Cr、Mo、V等，这些低合金结构钢淬透性好，适于制造需要热处理强化的合金结构钢铸件。

要使铸钢件具有耐磨、耐蚀、耐热等特殊性能，则须加入更多（>10%）的合金元素，形成高合金钢。例如，ZGMn13为铸造耐磨钢，其碳平均质量分数为1.2%，锰的质量分数为13%，这种钢经淬火韧化处理后，用于制造坦克和推土机的履带板、火车道岔、破碎机颚板、大型球磨机衬板等。又如ZG12Cr18Ni9铸造镍铬不锈钢，其耐蚀性高，常用于制造耐酸泵、天然气管道阀门等石油、化工用机械和设备。

2. 铸钢的铸造工艺

铸钢的铸造性能差、熔点高、易氧化和吸气、流动性差、收缩大，因此铸钢比铸铁铸造困难，易产生浇不足、气孔、缩松、缩孔、裂纹、夹渣、粘砂等缺陷。为获得健全铸件，须采用的工艺措施有：

1）铸钢用型砂、芯砂要具有高耐火度、良好的透气性和退让性。

2）铸钢件要安放冒口和冷铁，以实现顺序凝固。除薄壁铸件和小件外，几乎绝大多数铸钢件都采用冒口和冷铁控制铸件的冷却速度，以达到补缩效果，防止铸件产生缩孔和缩松。如图2-20所示齿轮铸钢件，由于壁厚不均匀，在最厚的中心轮毂处

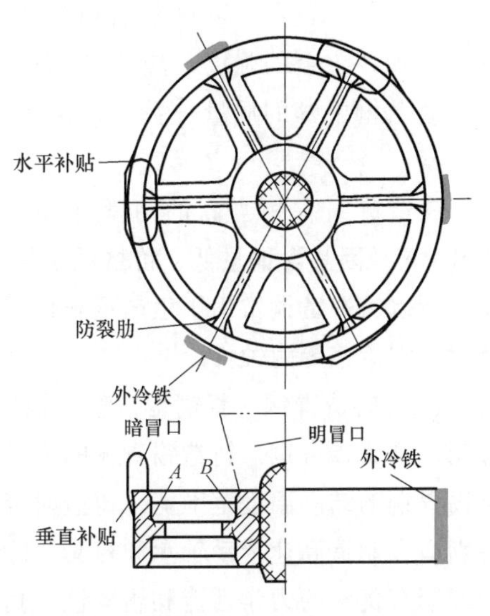

图2-20 铸钢齿轮的铸造工艺

及轮缘与轮辐连接的热节处极易形成缩孔，铸造时必须保证对这两部分的充分补缩。

3）必须严格控制浇注温度，防止过高或过低。具体浇注温度应根据牌号和铸件结构确定，一般为1500~1650℃。对低碳钢、薄壁小件或结构复杂不容易浇满的铸件，应取较高的浇注温度；对高碳钢、大铸件、厚壁铸件和易产生热裂的铸件，应取较低的浇注温度。

热处理是铸钢件的必要工序。因钢件在铸态晶粒粗大，组织不均匀，且常存在残余内应力，使钢件的强度，特别是塑性和韧性降低。所以必须对铸钢件进行正火或退火处理，以细化晶粒、提高力学性能和消除内应力。

① 退火。退火是将铸钢件加热到 Ac_3 以上20~30℃，保温一定时间，然后冷却的热处理工艺。退火的目的是消除铸造组织中的柱状晶、粗等轴晶、魏氏体组织和树枝状偏析，以改善铸钢的力学性能。碳钢退火后的组织是：亚共析铸钢为铁素体和珠光体，共析铸钢为珠光体，过共析铸钢为珠光体和碳化物。退火适用于所有牌号的铸钢件。

② 正火。正火是将铸钢件加热到 Ac_3 以上30~50℃保温，使之完全奥氏体化，然后在静止空气中冷却的热处理工艺。正火的目的是细化钢的组织，使其具有所需的力学性能，也可作为以后热处理的预备处理。经正火处理的铸钢强度稍高于退火铸钢，其珠光体组织较细。一般工程用碳钢及部分厚大、形状复杂的合金钢铸件多采用正火处理。

2.2.3　铸造有色合金件的生产

铸造有色合金是指除铸铁、铸钢等黑色合金以外的铸造合金。铸造有色合金种类较多，这里仅介绍工业中常用的铸造铜合金和铸造铝合金。

1. 铸造铜合金

铸造铜合金因其具有良好的耐蚀性和减摩性，并具有一定的力学性能，虽然价格较贵，但目前仍是工业上不可或缺的合金。按其成分，铸造铜合金可分为两类：

（1）铸造黄铜　黄铜是铜和锌的合金。锌在铜液中有较高的溶解度，随着锌质量分数的增加，合金的强度、塑性显著提高，但锌的质量分数超过47%时力学性能将显著下降，故黄铜中锌的质量分数 $w_{Zn}<47\%$。铸造黄铜除锌外，还常含有硅、锰、铝、铅等合金元素。

铸造黄铜有相当高的力学性能，如 $R_m=250\sim450$MPa，$A=7\%\sim30\%$，硬度为60~120HBW。因其含铜量低，价格低于铸造青铜，而且它的凝固温度范围小，有优良的铸造性能。所以铸造黄铜常用于生产重载低速下或一般用途下的轴承、衬套、齿轮等耐磨件和阀门及大型螺旋桨等耐蚀件。

（2）铸造青铜　青铜是指除了铜锌合金以外的其他铸造铜合金。铜锡合金是最普通的青铜，称为锡青铜。铸造锡青铜的力学性能虽低于黄铜，但其耐磨性、耐蚀性优于黄铜。由于锡青铜的结晶温度范围宽，铸造时容易产生显微缩松，这些缩松可作为储油槽，使锡青铜特别适合制造高速滑动轴承和衬套。除锡青铜外，还有铝青铜、铅青铜、铍青铜等，其中，铝青铜有优良的力学性能和耐磨性、耐蚀性，但铸造性能较差，仅用于重要用途的耐磨、耐蚀件。几种常用铸造铜合金的牌号、主要成分、力学性能和用途举例见表2-8。

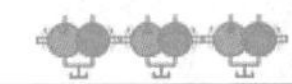

表 2-8　几种常用铸造铜合金的牌号、主要成分、力学性能和用途举例

类别	牌号	主要化学成分的质量分数	铸造方法	力学性能，≥				用途举例
				R_m/MPa	$R_{p0.2}$/MPa	A(%)	硬度HBW	
普通黄铜	ZCuZn38	Cu:60.0%~63.0% 其余为 Zn	S	295	95	30	60	制作一般结构件，如螺杆、螺母、法兰、阀座、日用五金等
			J	295	95	30	70	
锰黄铜	ZCuZn40Mn2	Cu:57.0%~60.0% Mn:1.0%~2.0% 其余为 Zn	S	345	—	20	80	制作在空气、水、蒸汽、液体燃料中工作的耐蚀件；需镀锡或浇注巴氏合金的零件
			J	390	—	25	90	
锡青铜	ZCuSn5Pb5Zn5	Sn:4.0%~6.0% Zn:4.0%~6.0% Pb:4.0%~6.0%	S	200	90	13	60*	制造在较高载荷、中等滑动速度下工作的耐磨、耐蚀件，如轴瓦、衬套、活塞、离合器、泵件压盖等
			J					
铅青铜	ZCuPb10Sn10	Sn:9.0%~11.0% Pb:8.0%~11.0%	S	180	80	7	65*	制造表面压力高，又存在侧压力的滑动轴承，如轧辊、车辆轴承等
			J	220	140	5	70*	
铝青铜	ZCuAl8Mn13Fe3	Al:7.0%~9.0% Fe:2.0%~4.0% Mn:12%~14%	S	600	270	15	160	制造抗剪强度高、耐磨、耐蚀的重型铸件，如轴套、螺母、蜗轮等
			J	650	280	10	170	

注：S—砂型铸造；J—金属型铸造；有"*"符号的数据为参考值。

2. 铸造铝合金

世界最大规格 7050 铝合金扁锭

铝合金密度小，比强度（强度/质量）高，熔点低，导电性、导热性和耐蚀性优良，常用于制造一些要求比强度高的铸件。

铸造铝合金一般含有较多的合金元素（8%~25%），成分接近共晶点，具有良好的铸造性能，可制成各种形状复杂的零件，有足够的力学性能和良好的耐蚀性，还可通过热处理等方式改善其力学性能，在许多工业领域有着广泛的应用。按照成分不同，可将铸造铝合金分为 Al-Si 系合金、Al-Cu 系合金、Al-Mg 系合金和 Al-Zn 系合金。

铝硅合金因流动性好、线收缩率低、热裂倾向小、气密性好，又有足够的强度，所以应用最广。常用于制造形状复杂的薄壁件或气密性要求较高的铸件，如内燃机缸体、化油器、仪表外壳等。铝铜合金的铸造性能差、热裂倾向大、气密性和耐蚀性较差，但耐热性较好，主要用于制造活塞、气缸盖等。铝镁合金是所有铝合金中比强度最高的，主要用于航天、航空或长期在大气、海水中工作的零件等。铝锌合金具有良好的铸造性和可加工性，但耐蚀性差，主要用于制造工作温度不超过 200℃、形状复杂的压铸件。几种常用铸造铝合金的牌号、主要成分、力学性能和用途举例见表 2-9。

表 2-9　几种常用铸造铝合金的牌号、主要成分、力学性能和用途举例

类别	合金牌号	合金代号	主要合金元素的质量分数	铸造方法	热处理状态	力学性能，≥			用途举例
						R_m/MPa	A(%)	硬度HBW	
铝硅合金	ZAlSi7Mg	ZL101	Si:6.5%~7.5% Mg:0.25%~0.45%	S	T4	175	4	50	适于形状复杂的承受中等载荷的零件，如飞机、仪表件等
				J	T5	205	2	60	
	ZAlSi5Cu1Mg	ZL105	Si:4.5%~5.5% Cu:1.0%~1.5% Mg:0.4%~0.6%	S	T5	215	1	70	在航天工业中应用广泛，生产形状复杂、承受较高载荷的零件，如气缸体、发动机曲轴等
				J	T5	235	0.5	70	

（续）

类别	合金牌号	合金代号	主要合金元素的质量分数	铸造方法	热处理状态	力学性能，≥			用途举例
						R_m/MPa	A（%）	硬度HBW	
铝铜合金	ZAlCu5Mn	ZL201	Cu:4.5%~5.3% Mn:0.6%~1.0% Ti:0.15%~0.35%	S	T4	295	8	70	适于工作温度在300℃以下承受中等载荷、中等复杂程度的飞机受力件。应用广泛
				J	T5	335	4	90	
铝镁合金	ZAlMg10	ZL301	Mg:9.5%~11.0%	S J	T4	280	9	60	适于承受高静载荷或冲击载荷，长期在大气或海水中工作的零件，如水上飞机、船舶零件
铝锌合金	ZAlZn11Si7	ZL401	Zn:9.0%~13.0% Si:6.0%~8.0% Mg:0.1%~0.3%	S	T1	195	2	80	适于大型、受力复杂、承受高静载荷零件，如汽车件、仪表件、医疗器械等
				J	T1	245	1.5	90	

注：S—砂型铸造；J—金属型铸造；T1—人工时效；T4—固溶处理加自然时效；T5—固溶处理加不完全人工时效。

铸造铜合金、铸造铝合金多采用坩埚炉熔炼。将铜合金、铝合金置于坩埚炉中（铜合金用石墨坩埚、铝合金用铸铁坩埚），间接加热，使金属料不与燃料直接接触，以减少金属烧损，保持金属液纯净。

为减少有色合金在浇注过程中再度氧化、吸气，应尽量使其平稳快浇、快凝，因此多采用底注式或某些特殊的浇注系统，以防止金属飞溅，使其连续平稳地导入型腔。同时，为使铜、铝铸件表面光洁，减少机械加工余量，应尽量选用细砂造型。特别是铜合金铸件，由于合金液的密度大，流动性好，易渗入砂粒间，产生机械粘砂，使铸件清理工作量加大。所以，有色合金多采用金属型铸造使铸件快速冷凝，减少吸气，组织致密，并提高表面质量。

铜、铝合金的凝固收缩率比铸铁大，除锡青铜外，一般都需安放冒口、顺序凝固，以利于补缩。

2.3　砂型铸造成形工艺

新中国第一枚金属国徽

砂型铸造动画

砂型铸造生产过程及特点

2.3.1　砂型铸造的生产过程

砂型铸造是目前应用最广泛的液态成形工艺方法，它适用于各种形状、大小及各种合金铸件的生产。砂型铸造的生产过程如图2-21所示。首先根据零件图设计出铸件图及模样图，制出模样及其他工装设备，并用模样、砂箱等和配制好的型砂制成相应的铸型，浇入熔炼好的合金液，待合金液在型腔内凝固冷却后，取出铸件。砂型铸造最基本的工序就是造型，造型方法通常分为手工造型和机器造型两大类。

1. 手工造型

全部用手或手动工具完成的造型工序称为手工造型。手工造型的特点是操作灵活，适应性强，模样制作成本低，生产准备时间短。但造型效率低，对工人的技术水平要求较高，劳动强度大，铸件质量不稳定，尺寸精度和表面质量较差，主要用于单件、小批量生产。造型时如何将木模顺利地从砂型中取出，而又不破坏型腔的形状，是成功造型的关键。因此，围

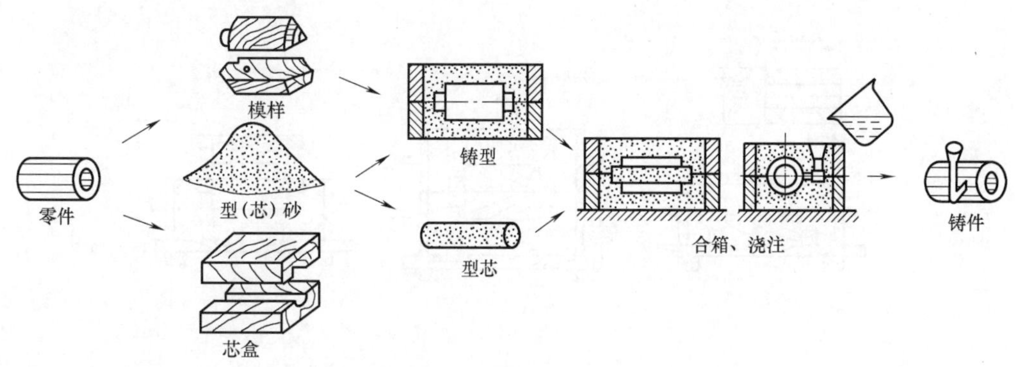

图 2-21 砂型铸造的生产过程

绕如何起模这一问题，就形成了各种不同的造型方法。

（1）整体模造型 整体模造型是将模样做成与零件形状相应的整体结构进行造型的方法。整体模造型的特点是将整体模样放在一个砂箱内，并以模样一端的最大表面作为铸型分型面，如图 2-22 所示。这种造型方法操作简便，制造容易，适用于形状简单、最大截面在端部且为平面的铸件，如轴承座、齿轮坯、罩、壳类零件等。

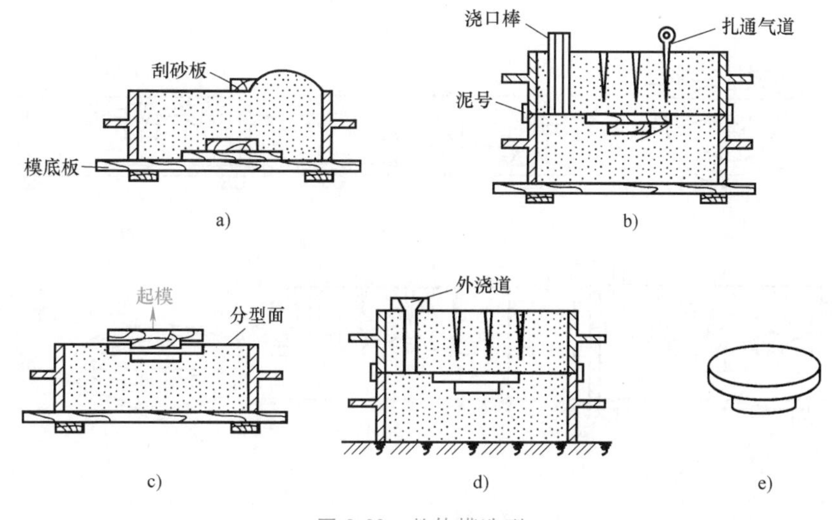

图 2-22 整体模造型

a）造下型 b）造上型 c）起模 d）合箱 e）浇注出的铸件

（2）分开模造型 模样分为两半，造型时模样分别在上、下砂箱内进行造型的方法，称为分开模造型，如图 2-23 所示。分开模造型时分模面（模样与模样间的接合面）与分型面位置相重合，造型方便，但需要分别制造模样。分开模造型广泛应用于最大截面在零件中部，形状比较复杂的铸件生产，如阀体、套类、管类、箱体等铸件。

（3）挖砂造型 模样虽是整体的，但铸件的分型面为曲面，为了能取出模样，造型时用手工挖去阻碍起模型砂的造型方法，称为挖砂造型。图 2-24 为手轮铸件的挖砂造型过程。挖砂造型适用于小批量生产整体模、分型面不是平面的铸件。

（4）假箱造型 利用预先制备好的半个铸型简化造型操作的方法，称为假箱造型，如图 2-25 所示。假箱造型可免去挖砂操作，分型面整齐，适用于形状较复杂零件的批量生产。

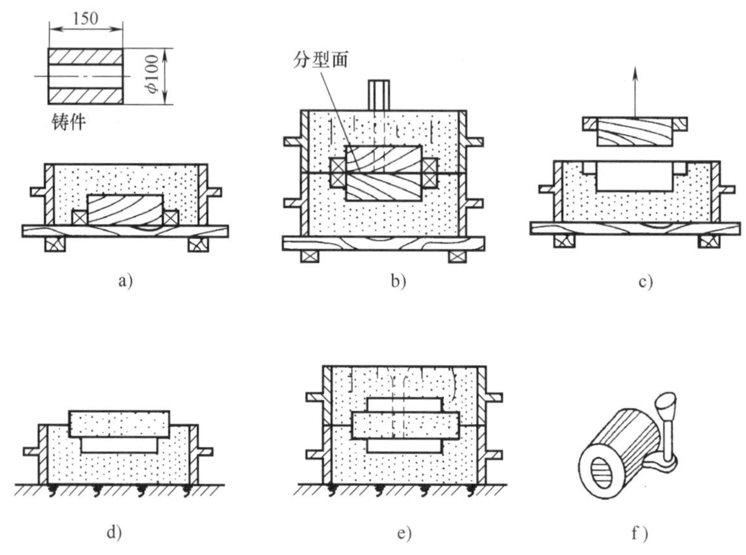

图 2-23 分开模造型

a）造下型 b）造上型 c）起模 d）放入芯棒 e）合箱 f）浇注出的铸件

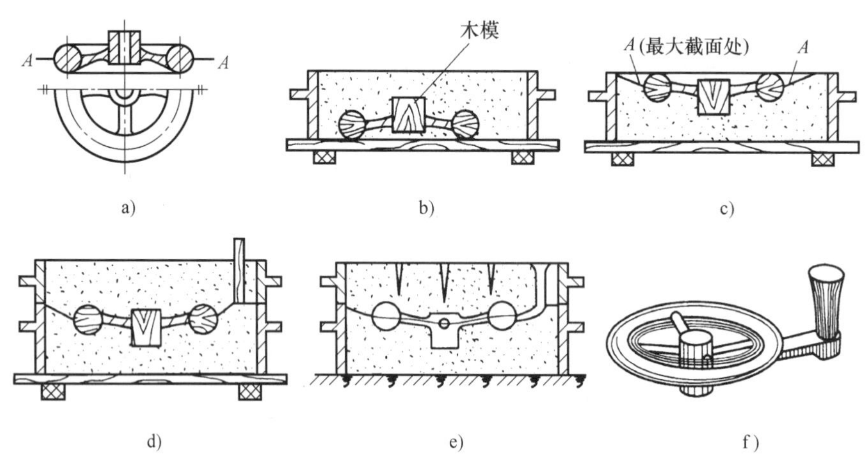

图 2-24 挖砂造型

a）零件 b）放置模样，造下型 c）翻转，挖出分型面
d）造上型 e）起模、合箱 f）带浇道的铸件

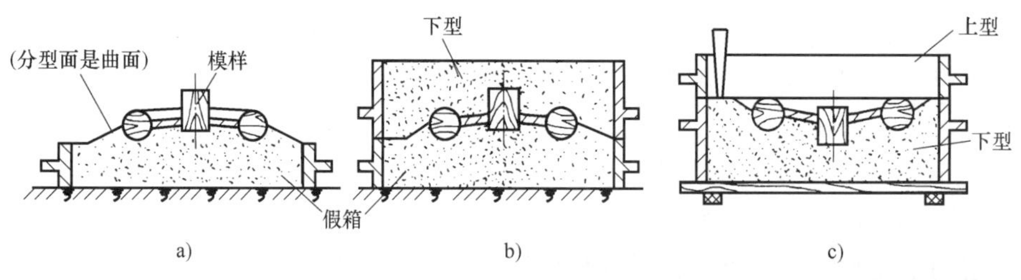

图 2-25 假箱造型

a）模样放在假箱上 b）造下型 c）翻转，造上型

(5) 活块造型 将铸件上阻碍起模的部分（如凸台、筋条等）做成活块，用销或燕尾结构使活块与模样主体形成可拆连接，起模时先取出模样主体，再从侧面取出活块的造型方法称为活块造型，如图 2-26 所示。活块造型和制作模样都很麻烦，生产率低，主要用于单件、小批量生产带有突起部分的铸件。

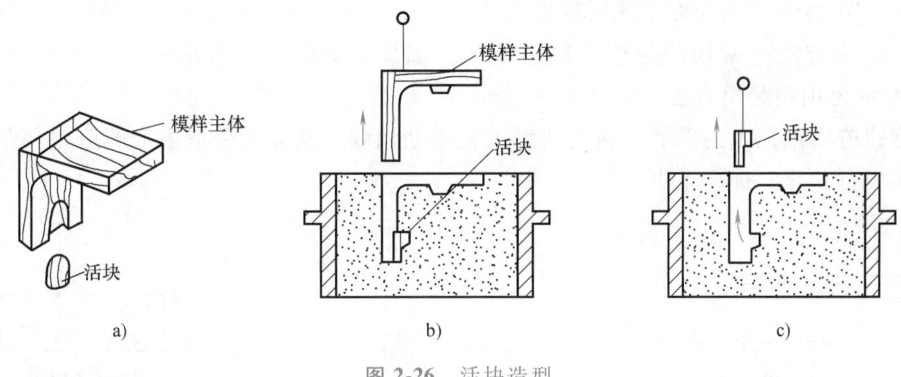

图 2-26 活块造型

a）木模 b）取出模样主体 c）取出活块

(6) 三箱或多箱造型 当铸件的外形具有两端截面大而中间截面小时，只用一个分型面取不出模样，则可采用三箱或多箱造型，将铸型放在多个砂箱中组合而成，如图 2-27 所示。三箱或多箱造型可用于生产多个分型面、高大而结构复杂的铸件，但是该法造型复杂，易错箱，生产率低，要求工人操作技术水平较高。

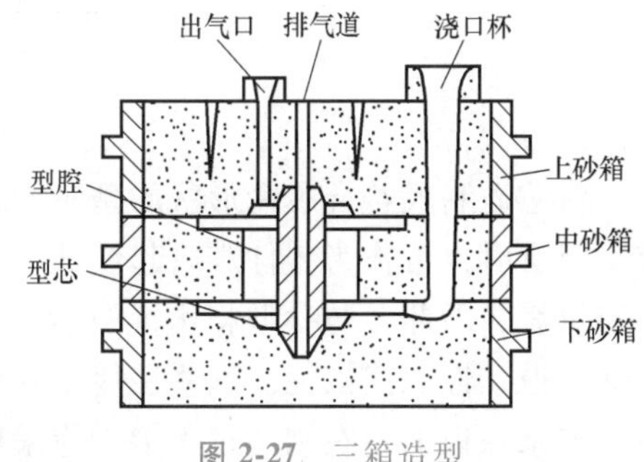

图 2-27 三箱造型

(7) 刮板造型 造型时用一块与铸件截面形状相应的刮板（多用木材制成）来代替模样，在上、下砂箱中刮出所需铸件的型腔，这种造型方法称为刮板造型，如图 2-28 所示。这种造型方法的特点是可以显著降低模样制作成本，缩短生产准备时间，但是生产率低，造型时操作复杂，对工人技术水平要求较高。一般仅适用于大、中型回转体铸件的单件、小批量生产。

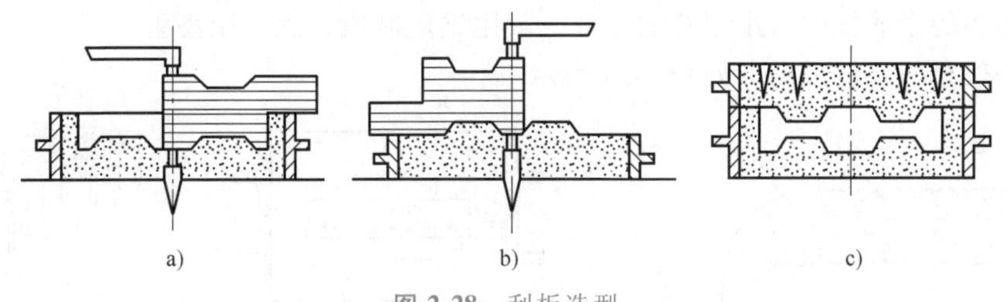

图 2-28 刮板造型

a）刮制下型 b）刮制上型 c）合箱、浇注

2. 机器造型

在大批量生产的机械化铸造车间中，生产过程是按流水作业连续进行的，型砂的处理及运送、造型、制芯、合箱（合型）、浇注、落砂清理，以及砂箱、铸型、合金液及铸件的输送等绝大部分工作都是由机器来完成的。机器造型的特点是生产率高，铸型质量好（紧实

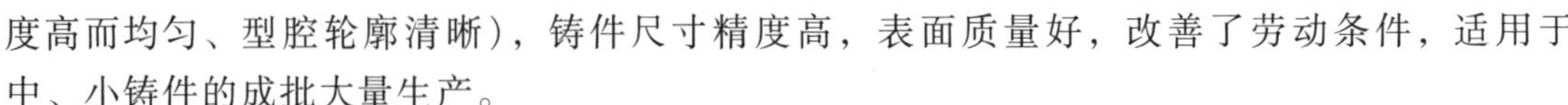

度高而均匀、型腔轮廓清晰），铸件尺寸精度高，表面质量好，改善了劳动条件，适用于中、小铸件的成批大量生产。

（1）紧砂方法　常用的紧砂方法有震实、压实、振压、抛砂、射压、气冲等方法，其中以振压式方法应用最广，图 2-29 所示为振压式紧砂方法，图 2-30 所示为射压式紧砂方法。

振压紧实动画　抛砂紧实动画

（2）起模方法　常用的起模方法有顶箱、漏模、翻转三种方法。图 2-31 所示为顶箱起模方法。

随着铸造生产技术的发展，新的造型设备不断出现，从而使铸造生产的造型和制芯过程逐步地实现自动化，提高了生产率。

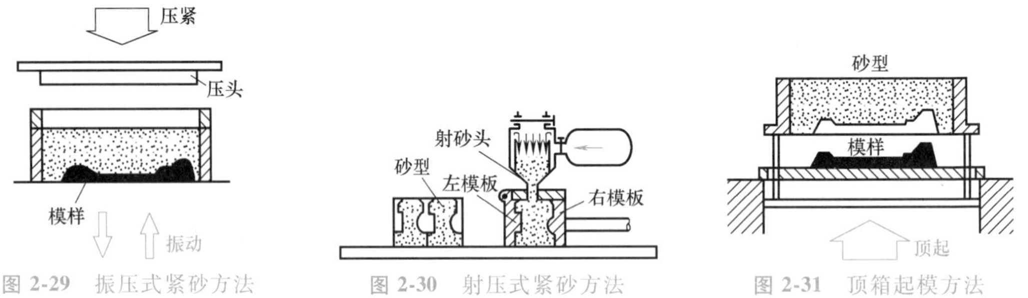

图 2-29　振压式紧砂方法　图 2-30　射压式紧砂方法　图 2-31　顶箱起模方法

3. 制芯

将芯砂制成符合芯盒形状的型芯的过程称为制芯。型芯的主要作用是用来获得铸件的内腔，但有时也可作为铸件难以起模部分的局部铸型。浇注时，由于型芯受金属液的冲击、包围和烘烤，因此，与砂型相比，型芯必须具有较高的强度、耐火度、透气性、退让性和溃散性。这些性能主要是依靠合理配制芯砂和正确的制芯工艺来保证的，在制芯过程中，应采取以下措施。

图 2-32　用通气针扎出通气孔

（1）在型芯上开设通气孔　形状简单的型芯，可以用通气针扎出通气孔，如图 2-32 所示。形状复杂的型芯，可在型芯内放入蜡线，待烘干时蜡线被烧掉，从而形成通气孔，如图 2-33 所示。

（2）在型芯里放置芯骨　芯骨是放入型芯中用以加强或支持型芯并有一定形状的金属框架。小型型芯的芯骨一般用钢丝制成，大、中型型芯的芯骨一般是铸铁铸成的，如图 2-34 所示。

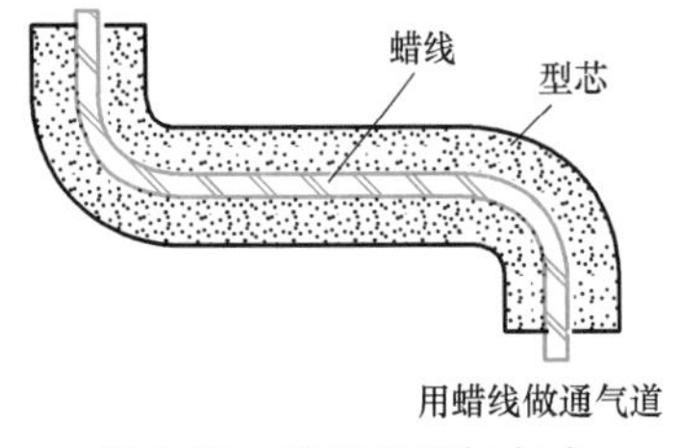

图 2-33　型芯的通气方式

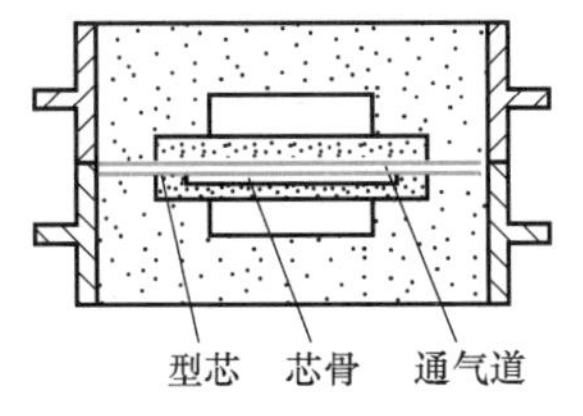

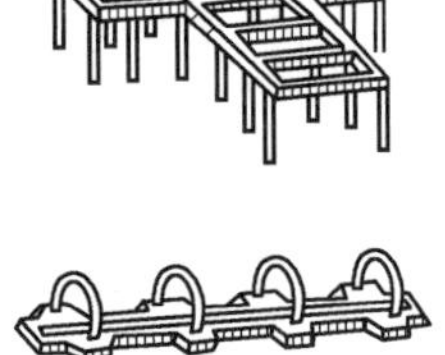

图 2-34　钢丝芯骨与铸铁芯骨

（3）刷涂料及烘干　为了降低铸件内腔的表面粗糙度值，防止液态金属与型芯表面相互作用产生粘砂等缺陷，在型芯与金属液接触的部位需要刷涂料。铸铁件的型芯多用石墨涂料，铸钢件的型芯多用石英粉涂料。

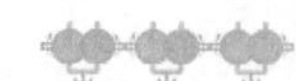

为进一步提高型芯的强度和透气性，型芯须在专用的烘干炉内烘干。黏土型芯的烘干温度为250~350℃，并保温3~6h，然后缓慢冷却。油砂的烘干温度一般为200~220℃。

型芯可以采用手工制芯，也可以采用机器制芯。手工制芯时主要是采用芯盒制芯，如图2-35所示。

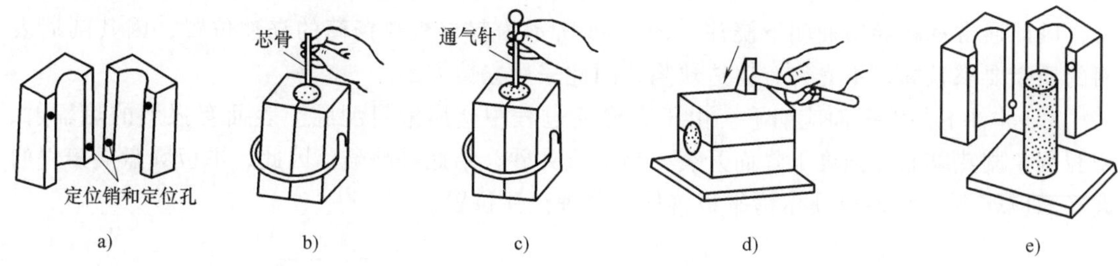

图2-35 对开式芯盒制芯示意图

a）准备芯盒 b）舂砂，放芯骨 c）刮平，扎通气孔 d）敲打芯盒 e）打开芯盒（取芯）

2.3.2 铸造工艺设计

铸造工艺设计

铸造工艺设计就是根据零件的结构特征、技术要求、生产批量和生产条件等因素，确定铸造工艺方案。具体设计内容包括：铸件浇注位置和分型面的选择；工艺参数（机械加工余量、起模斜度、铸造圆角、铸造收缩率等）的确定；型芯的数量、芯头形状及尺寸的确定；浇冒口系统、冷铁等的形状、尺寸及在铸型中的布置等的确定。然后将工艺设计的内容（工艺方案）用工艺符号或文字在零件图上表示出来，即构成了铸造工艺图。

铸造工艺图是制造模样和铸型、进行生产准备和铸件检验的依据，是铸造生产的基本工艺文件。图2-36所示为衬套零件的铸造工艺图。

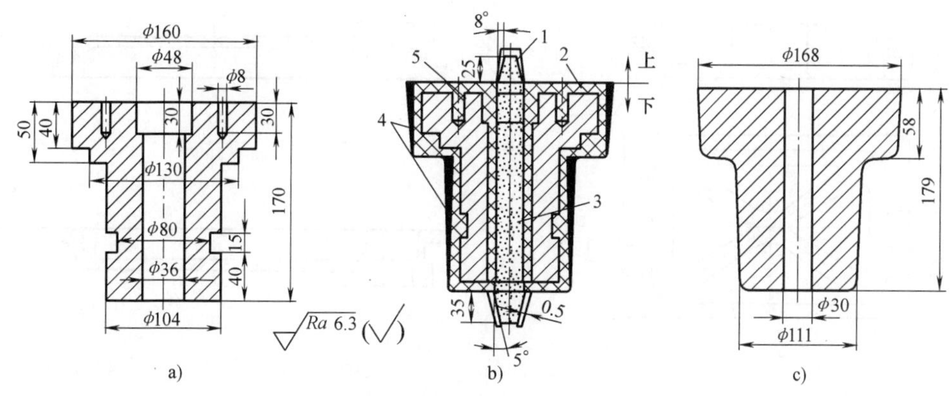

图2-36 衬套零件的铸造工艺图

a）零件图 b）铸造工艺图 c）铸件图

1—芯头 2—机械加工余量 3—型芯 4—起模斜度 5—不铸出孔

1. 浇注位置的选择

浇注时铸件在铸型中所处的空间位置称为铸件的浇注位置。它对铸件质量、造型方法、砂箱尺寸、加工余量等都有很大的影响。所以，浇注位置的选择以保证铸件的质量为主，应考虑以下原则：

1）铸件的重要加工面和受力面应朝下或位于侧面。因为铸造为液态成形，铸件的上表面易产生气孔、夹渣、砂眼等缺陷，组织也不如下表面致密。图 2-37 所示为车床床身铸件的浇注位置方案。由于床身导轨面是关键表面，不允许有明显的表面缺陷，而且要求组织致密，因此通常都将导轨面朝下浇注。图 2-38 所示为起重机卷扬筒的浇注位置，因其圆周表面的质量要求较高，不允许有铸造缺陷，因此采用立铸方案。

2）铸件上的大平面应朝下。由于在浇注过程中金属液对型腔上表面有强烈的热辐射，型腔因急剧热膨胀和强度下降而开裂，易形成夹砂、结疤等缺陷。因此，平板圆盘类铸件的大平面应朝下。图 2-39 所示为平板铸件的合理浇注位置。

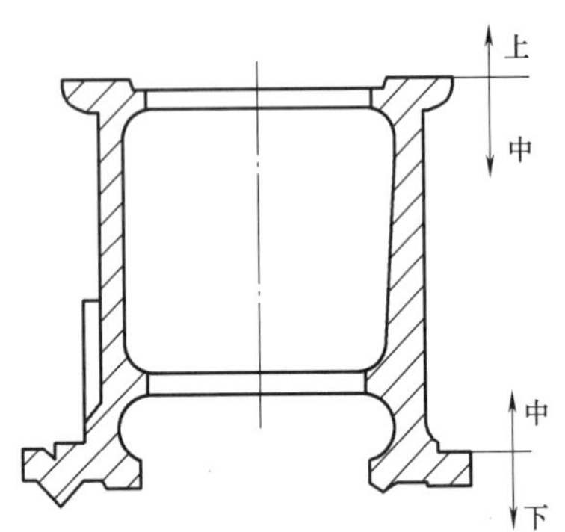

图 2-37 车床床身铸件的浇注位置方案

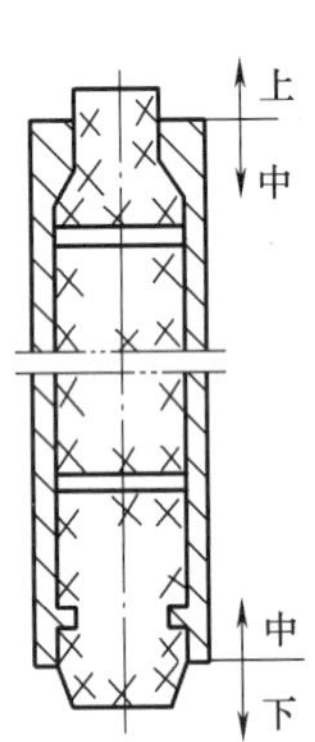

图 2-38 起重机卷扬筒的浇注位置

3）为防止铸件薄壁部位产生浇不足、冷隔缺陷，应将面积较大的薄壁部位置于铸型下部，或使其处于垂直或倾斜位置。图 2-40 所示为油盘铸件的浇注位置。其中，图 2-40b 所示的浇注位置是合理的，它将铸件大面积的薄壁部位置于铸型的下面，以防止产生浇不足的缺陷。

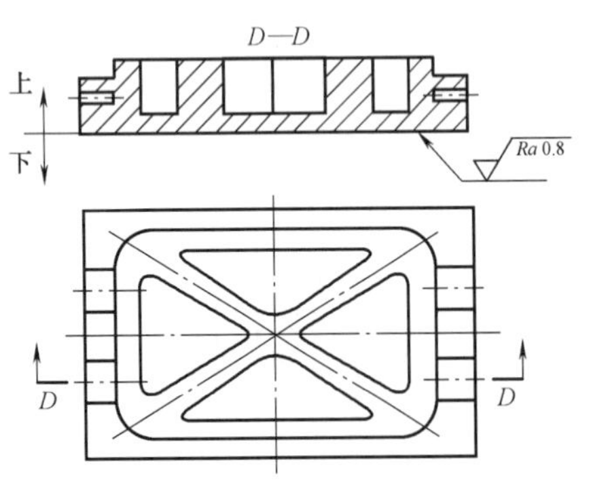

图 2-39 平板铸件的合理浇注位置

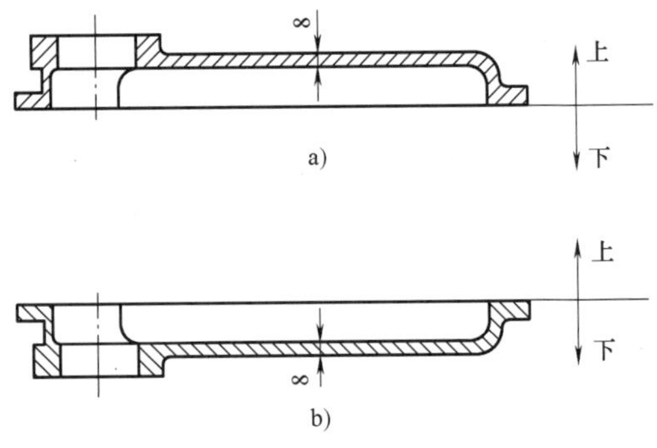

图 2-40 油底壳铸件的浇注位置

a）不合理 b）合理

4）对于一些需要补缩的铸件，应使厚大部位朝上或侧放，以便在铸件的厚壁处安放冒口，形成合理的凝固顺序，有利于铸件的补缩。

2. 铸型分型面的选择

铸型分型面是指铸型间相互接触的表面。铸型分型面选择得合理与否，对造型工艺、铸

件质量、工装设备的设计与制作有着重要的影响。分型面的选择要在保证铸件质量的前提下，尽量简化铸造工艺过程，以节省人力、物力。选择分型面时要考虑以下原则：

1）分型面的选择应保证模样能顺利从铸型中取出，这是确定分型面最基本的要求。因此，分型面应选在铸件的最大截面处，以便使模样顺利取出，简化造型工艺，如图 2-41 所示。

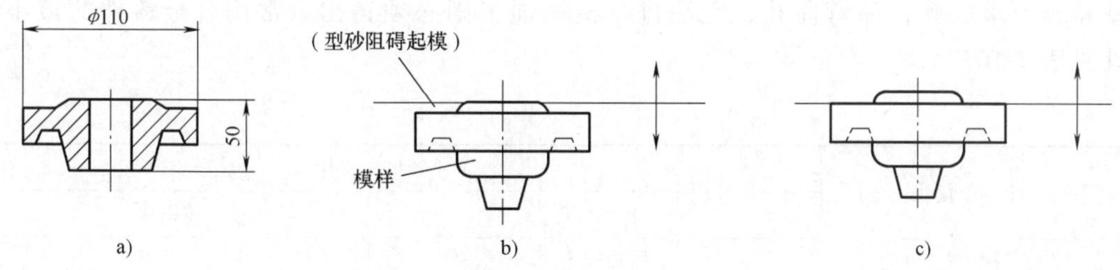

图 2-41　分型面应选在铸件的最大截面处

a）铸件图　b）不合理　c）合理

2）应尽量使铸件的全部或大部分置于同一砂箱，以保证铸件的尺寸精度，便于造型、下芯、合箱及检验铸件壁厚，应尽量使型腔及主要型芯位于下箱。图 2-42 所示为管子堵头的分型方案，铸件加工时，以四方头中心线为定位基准，加工外螺纹。图 2-42a 所示方案使基准面与加工面在同一砂箱内，铸件精度易于保证。

3）应尽量减少分型面的数量，并尽可能选择平面分型。图 2-43 所示为绳轮铸件的分型方案，在大批量生产时，为便于机器造型，则采用环状型芯，将两个分型面改为一个分型面。

4）应尽可能减少活块和型芯的数量，减少砂箱高度。这样可以简化铸型制作，简化造型工艺，便于起模和修型。

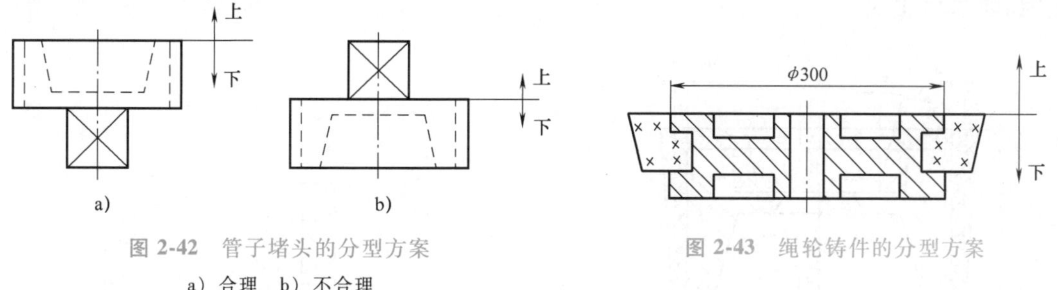

图 2-42　管子堵头的分型方案

a）合理　b）不合理

图 2-43　绳轮铸件的分型方案

3. 工艺参数的确定

铸造生产的工艺方案确定以后，还应根据产品零件的形状、尺寸和技术要求，确定各种工艺参数，以保证铸件的质量。

（1）机械加工余量和铸出孔　在铸件加工表面上留出的、准备切削去除的金属层厚度称为机械加工余量。机械加工余量应根据铸造合金的种类、铸造方法、生产批量、加工要求、铸件的形状和尺寸以及铸件加工面在浇注时的位置等来确定。铸钢件表面粗糙，其加工余量应比铸铁件大些；有色金属的合金价格贵，铸件表面光洁，加工余量应小些。机器造型的铸件精度比手工造型的高，加工余量可小些；铸件尺寸越大，或加工表面浇注时处于顶面时，其加工余量也应越大。铸件的加工余量一般取 3~15mm，具体可参阅 GB/T 6414—2017《铸件　尺寸公差、几何公差与机械加工余量》选用。

铸件上的加工孔和槽是否要铸出，要考虑它们铸出的可能性、必要性及经济性。若铸件上的孔、槽较大时，应当铸出，以缩减切削加工工时、节省金属材料，同时也可减小铸件上的热节；若孔很深、孔径小，不便铸出，或铸出并不经济时，一般就不铸出。有些特殊要求的孔，如弯曲孔，无法进行机械加工则必须铸出。常用合金铸件的最小铸出孔见表 2-10。

表 2-10　常用合金铸件的最小铸出孔　（单位：mm）

生产批量	最小铸出孔直径	
	灰铸铁件	铸钢件
大量生产	12~15	—
成批生产	15~30	30~50
单件、小批生产	30~50	50

注：表中孔径数值为零件图上的孔径。

(2) 起模斜度　起模斜度是为了在造型和制芯时便于起模，以免损坏铸型和型芯，在模样、芯盒的起模方向留有的斜度。起模斜度应留在铸件垂直于分型面且要加工的表面上，其大小取决于立壁的高度、造型方法、模样材料等因素，通常为 15′~3°。如图 2-44 所示，图中 α、β、γ 表示铸件不同表面上的起模斜度，一般内壁的斜度要比外壁的斜度大些。

(3) 铸造圆角　在设计和制造模样时，相交壁的交角要做成圆弧过渡，即称为铸造圆角。避免铸件在尖角处产生裂纹、应力集中、缩孔、粘砂等缺陷，防止尖角处在浇注时产生冲砂、砂眼等，应将铸件上的尖角做成圆角。圆角半径一般为相交两壁平均厚度的 1/4~1/3，如图 2-45 所示。

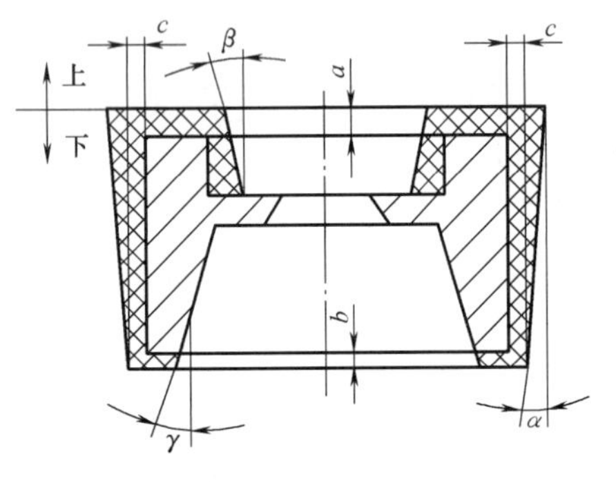

图 2-44　铸件的起模斜度

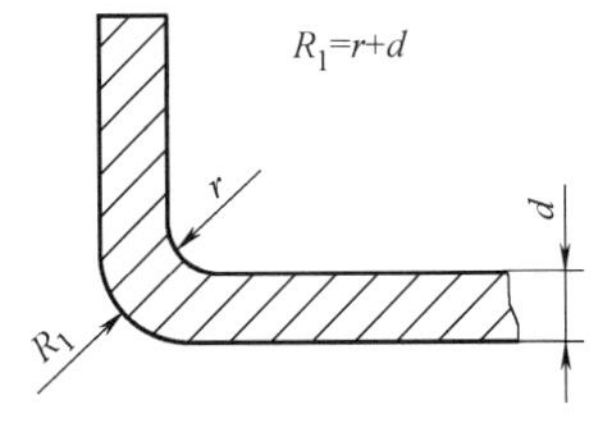

图 2-45　铸造圆角

(4) 铸造收缩率　铸件在凝固和冷却过程中会发生线收缩而造成各部分尺寸缩小。为了使铸件的实际尺寸符合图样要求，在制作模样和芯盒时，模样和芯盒的制造尺寸应比铸件放大一个该合金的线收缩率。收缩率的大小取决于铸造合金的种类及铸件的结构、尺寸等。通常灰铸铁为 0.7%~1.0%，铸造碳钢为 1.6%~2.0%，铝硅合金为 0.8%~1.2%，锡青铜为 1.2%~1.5%。

（5）型芯及芯头　型芯是铸型的一个重要组成部分，型芯的功用是形成铸件的内腔、孔洞和形状复杂阻碍起模部分的外形。芯头是型芯的定位、支承和排气结构，在设计时需考虑如何保证定位准确、能够承受型芯自身重量和液态合金的冲击、浮力等的作用，以及浇注时型芯内部产生的气体引出铸型等问题。依照型芯在铸型中安放位置的不同，分为垂直型芯和水平型芯两类。要使型芯工作可靠，必须使芯头具有合适的尺寸，如芯头长度、芯头斜度、芯头装配间隙等，如图 2-46 所示。

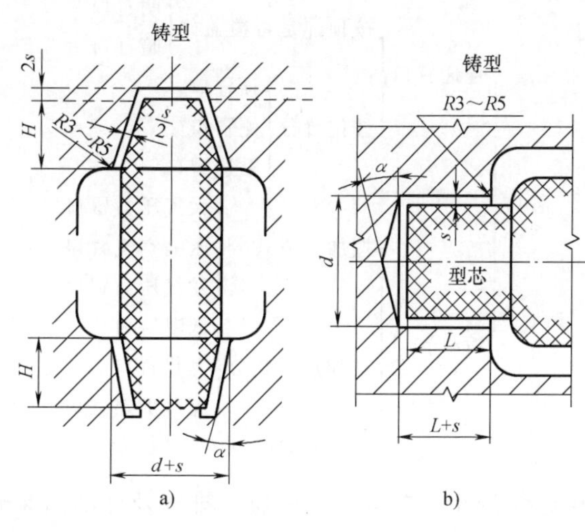

图 2-46　芯头的构造

a）垂直芯头　b）水平芯头

4. 浇、冒口系统

（1）浇注系统　浇注系统是引导金属液进入铸型型腔的一系列通道的总称。合理设置浇注系统，能避免铸造缺陷的产生，保证铸件质量。对浇注系统一般有以下要求：

1）使金属液平稳、连续、均匀地流入铸型，避免对铸型和型芯的冲击。

2）防止熔渣、砂粒或其他杂质进入铸型。

3）调节铸件各部分的温度分布，控制冷却和凝固的顺序，避免缩孔、缩松及裂纹的产生。

浇注系统的基本组元有浇口杯、直浇道、横浇道和内浇道，如图 2-47 所示。

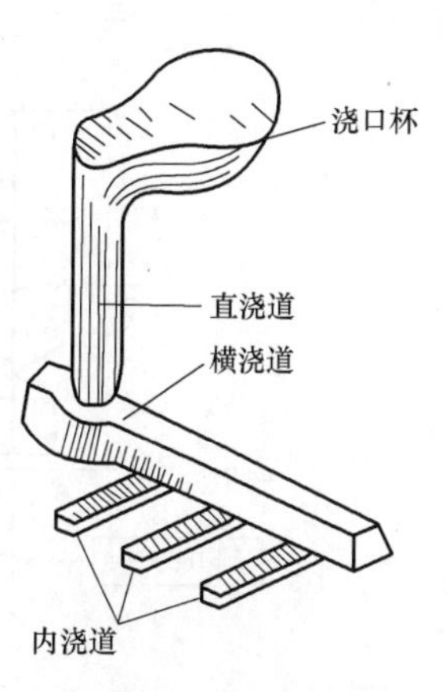

图 2-47　浇注系统

1）浇口杯。浇口杯的作用是承受金属液的冲击和分离熔渣，避免金属液对铸型的直接冲击。

2）直浇道。直浇道是一个圆锥形的垂直通道，利用它的高度所产生的静压力，可以控制金属液流入铸型的速度并提高充型能力。

3）横浇道。横浇道承接直浇道流入的金属液并分配到内浇道，且起挡渣的作用，金属液在横浇道内速度减缓，熔渣及气体能充分上浮而不进入铸型。

4）内浇道。内浇道是把金属液直接引入铸型的通道。利用它的位置、大小和数量可以控制金属液流入铸型的速度和方向，以及调节铸件各部分的温度分布。

（2）冒口　冒口是在铸型中设置的一个储存金属液的空腔。其主要作用是在铸件凝固收缩过程中，提供由于铸件体积收缩所需要的金属液，对其进行补缩，防止铸件产生缩孔、缩松等缺陷。铸件清理时，应将冒口切除，以获得健全的铸件。

冒口的类型如下所列：

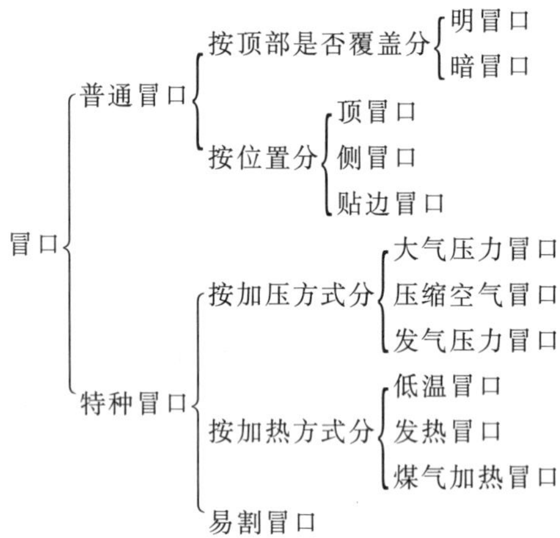

明冒口一般都设置在铸件顶部，它与大气相通，排气及浮渣效果较好，在轻合金铸件、铸铁件及中小型铸钢件的生产中多使用明冒口。暗冒口可设置在铸件的任何位置上。如需要补缩的部分与铸型顶面的距离较大，或冒口的上部受到铸件另一部分结构的阻碍时常采用暗冒口。暗冒口的顶部常开有出气孔，以保证冒口空腔中的气体在浇注时逸出铸型。设计冒口时可参阅有关铸造手册。

2.3.3　铸造工艺设计实例

铸造工艺设计的内容主要是在对零件图进行工艺分析的基础上，绘制出铸造工艺图。

1. 接盘铸造工艺设计

图 2-48 所示为接盘的零件图。

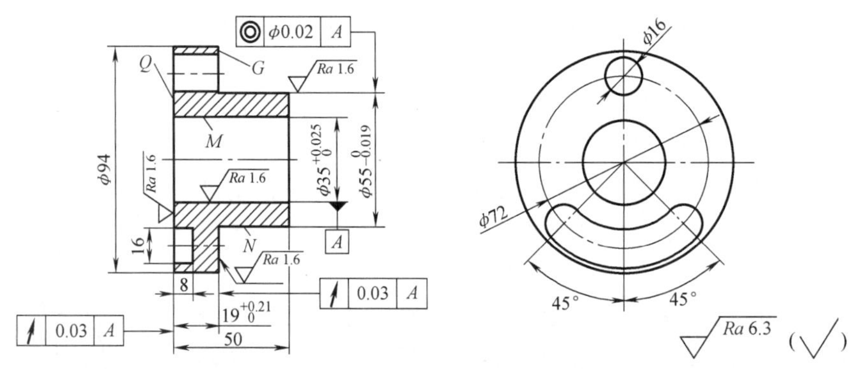

图 2-48　接盘的零件图

（1）铸件结构、工作条件和技术要求分析　零件材料为 HT150；生产批量为单件、小

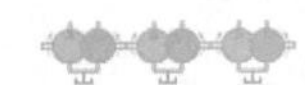

批量生产。该零件为一般连接件，ϕ35mm 中心孔和两端面质量要求较高，需机械加工，不允许有铸造缺陷。ϕ35mm 孔较大，需用型芯铸出。ϕ16mm 小孔和接盘端面半环槽则不予铸出。

（2）造型方法的确定　由于该铸件为单件、小批量生产，技术要求一般，采用砂型铸造即可，手工两箱造型。

（3）分型面和浇注位置的选择　该铸件分型面和浇注位置的选择有以下两种方案：

方案Ⅰ：沿法兰盘上端面分型。

方案Ⅱ：沿零件轴线分型。零件轴线呈水平位置。

若选择方案Ⅱ，需采用分开模造型，容易错箱，而且无法保证质量要求较高的 ϕ35mm 孔的质量。若选择方案Ⅰ，则浇注位置采用垂直位置，ϕ35mm 孔的质量易于得到保证，沿大端面分型，整个铸件在同一砂箱中，可采用整体模造型，避免了错箱，铸件质量好，而且造型操作简单方便。为了避免方案Ⅰ大平面朝上和型芯不稳定的缺点，在工艺上可采取适当增大上表面的加工余量、增大下芯头的直径等措施来解决。综合分析结果，方案Ⅰ是最佳方案。

（4）确定加工余量　该铸件为回转体，按零件尺寸依次确定机械加工余量，可以在铸造工艺图中直接标注机械加工余量值，如图 2-49 所示。

（5）确定起模斜度　因该铸件全部进行机械加工，两侧壁高度均为 50mm。查手册可得，木模的起模斜度 α 值为 1.5°，构成起模斜度，如图 2-49 所示。

（6）确定铸造收缩率　查手册可得，对于灰铸铁小型铸件，铸造收缩率取 1%。

（7）芯头尺寸　垂直芯头查手册得到如图 2-49 所示的芯头尺寸。

（8）铸造圆角　对于小型铸件，外圆角半径取 2mm，内圆角半径取 4mm。

（9）绘制铸造工艺图　图 2-49 所示为按上述铸造工艺设计步骤绘制的铸造工艺图。

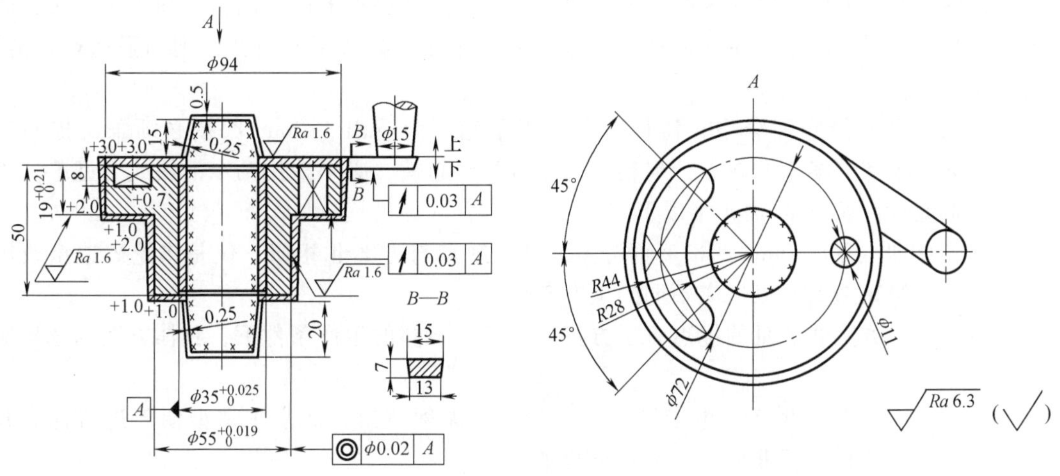

图 2-49　接盘铸造工艺图

2. 支座铸造工艺设计

图 2-50 所示为支座零件图，材料为 HT150，大批量生产。支座属于支承件，没有特殊

的质量要求，故不必考虑浇注位置，主要着眼于工艺上的简化。该件虽属简单件，但底板上四个 ϕ10mm 孔的凸台及两个轴孔的内凸台可能妨碍起模。同时，轴孔如果铸出，还必须考虑下芯的可能性。根据以上分析，该件可供选择的分型方案如下：

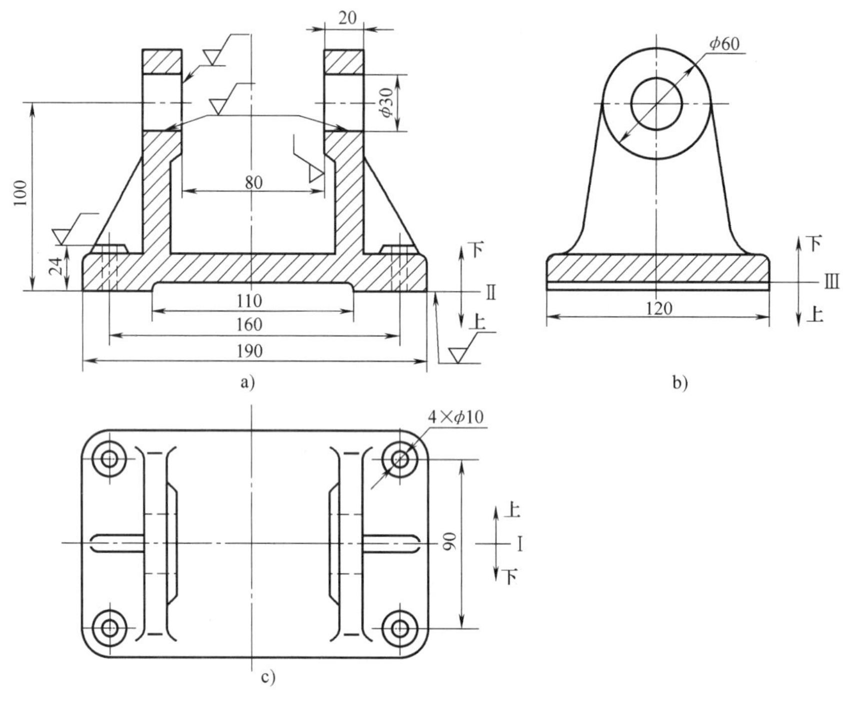

图 2-50　支座零件图

a) 主视图（方案Ⅱ）　b) 左视图（方案Ⅲ）　c) 俯视图（方案Ⅰ）

（1）方案Ⅰ　沿底板中心线分型，即采用分开模造型。其优点是底面上 110mm 凹槽容易铸出，轴孔下芯方便，轴孔内凸台不妨碍起模。缺点是底板上四个凸台必须采用活块，同时，铸件易产生错箱缺陷，飞翅清理的工作量大。此外，若采用木模样，则加强筋处过薄，木模样易损坏。

（2）方案Ⅱ　沿底面分型，铸件全部位于下箱，为铸出 110mm 凹槽必须采用挖砂造型。方案Ⅱ克服了方案Ⅰ的缺点，但轴孔内凸台妨碍起模，必须采用两个活块或下型芯。当采用活块造型时，ϕ30mm 轴孔难以下芯。

（3）方案Ⅲ　沿 110mm 凹槽底面分型。其优缺点与方案Ⅱ相似，仅是将挖砂造型改用分开模造型或假箱造型，以适应不同的生产条件。

可以看出，方案Ⅱ、Ⅲ的优点多于方案Ⅰ。但在不同的生产条件下，具体方案的选择应根据生产量确定。

（1）单件、小批量生产　由于轴孔直径较小、无须铸出，而手工造型便于进行挖砂和活块造型，所以选择方案Ⅱ分型较为经济合理。

（2）大批大量生产　由于机器造型难以使用活块，因此应采用型芯制出轴孔内凸台。同时，应采用方案Ⅲ从 110mm 凹槽底面分型，以降低模板制造费用。图 2-51 为其铸造工艺图（浇注系统图从略），由图可见，方型芯的宽度大于底板，以便使上箱压住该型芯，防止浇注时上浮。若轴孔需要铸出，采用组合型芯即可实现。

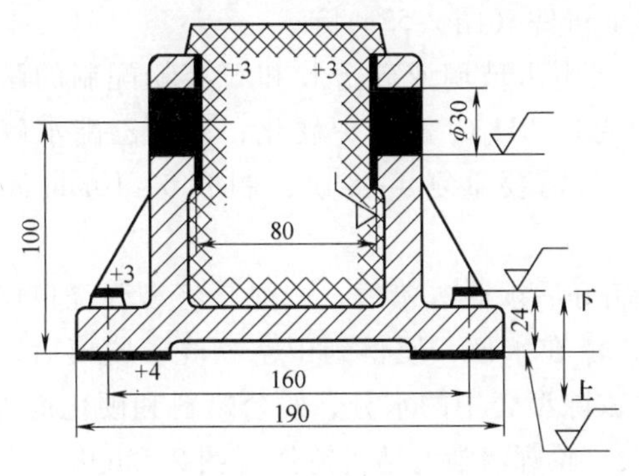

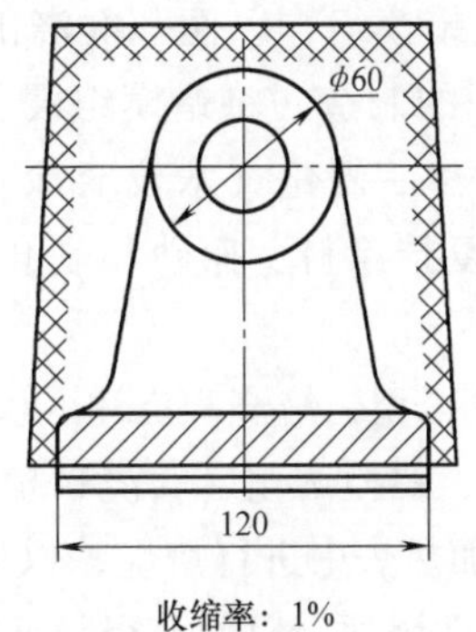

图 2-51 支座的铸造工艺图

2.4 特种铸造

特种铸造

2.4.1 熔模铸造成形工艺

熔模铸造又称为精密铸造，是在易熔模样（蜡质模样）表面包覆若干层耐火材料，待其硬化干燥后，将模样熔去制成中空型壳，经浇注而获得铸件的一种成形工艺方法。

1. 熔模铸造的工艺过程

熔模铸造的工艺过程如图 2-52 所示。

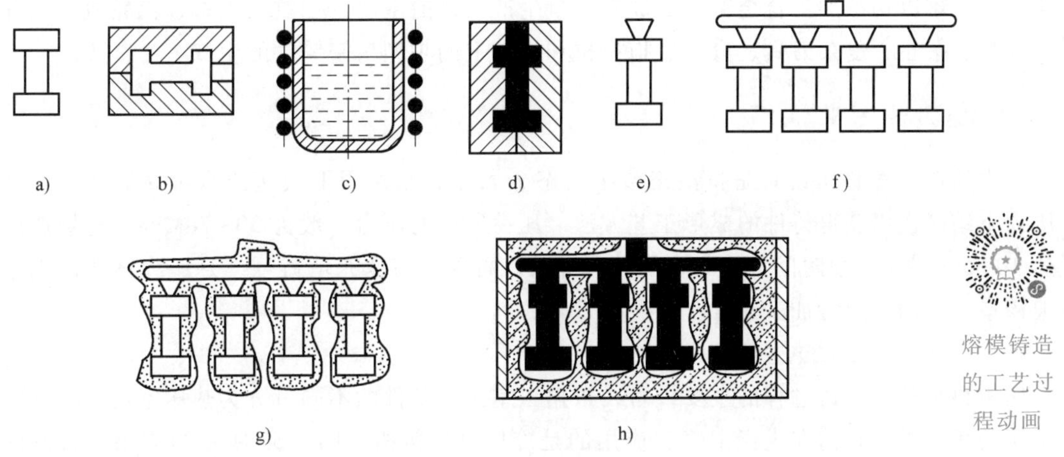

熔模铸造的工艺过程动画

图 2-52 熔模铸造工艺过程示意图

a）母模 b）压型 c）熔蜡 d）压制 e）蜡模 f）蜡模组 g）结壳 h）脱蜡、造型、浇注

（1）蜡模的制造 熔模铸造用模样即蜡模由压型制出，压型是用于压制熔模的专用工具。压型应尺寸精确、表面光洁，而且压型的型腔尺寸必须包括蜡模和铸造合金的双重收缩量，以压出尺寸精确、表面光洁的蜡模。

压制蜡模时，先将蜡料熔为糊状，然后用压力把糊状蜡料压入压型，待其冷凝后取出，修去毛刺，即可获得附有内浇道的单个蜡模。然后将单个蜡模按一定分布方式熔焊在浇口棒熔模上，组成蜡模组，以便一次浇出多个铸件（图 2-52a~f）。

（2）型壳的制造　将蜡模组浸挂一层用水玻璃或硅溶胶和石英粉配制的耐火涂料，撒上一层硅砂，然后硬化（水玻璃涂料型壳在 NH_4Cl 溶液中硬化，硅酸乙酯水解液型壳通氯气硬化）。重复挂涂料、撒砂和硬化，一般需要重复 4~8 次，制成 5~10mm 厚的耐火型壳（图 2-52g）。

（3）脱模、型壳焙烧和浇注　型壳制好后须脱去蜡模，一般是将型壳浇口向上浸在 85~95℃的热水中，蜡模熔化后从浇口溢出，浮在水面，便得到中空型壳。脱模后，把型壳送入 800~950℃的加热炉中进行焙烧，以彻底去除型壳中的水分、残余蜡料和硬化剂等。型壳出炉后，应趁热立即浇注，以便获得薄而复杂、轮廓清晰的精密铸件（图 2-52h）。

2. 熔模铸造的特点和适用范围

1）铸件的精度和表面质量较高，尺寸公差等级可达 IT13~IT11，表面粗糙度 Ra 值达 12.5~1.6μm。

2）合金种类不受限制，钢铁及有色合金均可适用，尤其适用于高熔点及难加工的高合金钢，如耐热合金、不锈钢、磁钢等。

3）可铸出形状较复杂的铸件，如铸件上宽度大于 3mm 的凹槽、直径大于 2mm 的小孔均可直接铸出。

4）生产批量不受限制，单件、成批、大量生产均可采用。

5）工艺过程较复杂，生产周期长；原材料价格贵，铸件成本高；铸件不能太大、太长，否则蜡模易变形，丧失原有精度。

综上所述，熔模铸造是一种少切削、无切削的先进精密成形工艺，它最适合 25kg 以下的高熔点、难以切削加工合金铸件的成批大量生产。目前主要用于航天飞机、汽轮机、燃气轮机叶片、泵轮、复杂刀具、汽车、拖拉机和机车上的小型精密铸件的生产。

2.4.2 压力铸造成形工艺

压力铸造（简称压铸）是将液态或半液态金属在高压作用下快速压入金属铸型中，并在压力下结晶，以获得铸件的成形工艺方法。压铸所用的压力一般为 30~70MPa，充填速度可达 10~50m/s，充填时间为 0.05~0.2s。所以，高压、高速充填铸型，是压力铸造区别于其他铸造方法的重要特征。

1. 压铸机和压铸工艺过程

压铸机是完成压铸过程的主要设备，根据压室工作条件的不同可分为热压室压铸机和冷压室压铸机两类。目前在生产中广泛应用的是冷压室压铸机，图 2-53 所示为应用较普遍的卧式冷压室压铸机的工作过程。

压力铸造所用的铸型称为压型，用耐热钢制成。压型与垂直分型的金属型相似，由定型和动型两部分组成，定型固定在压铸机的定模底板上，动型固定在压铸机的动模底板上，并可做水平移动。推杆和芯棒由压铸机上的相应机构控制，可自动抽出芯棒和顶出铸件。压铸机主要由压射机构和合型机构所组成。压射机构的作用是将金属液压入型腔；合型机构用于开合压型，并在压射金属时顶住动型，以防止金属液自分型面喷出。压铸机的规格通常是以合型力的大小来表示的。

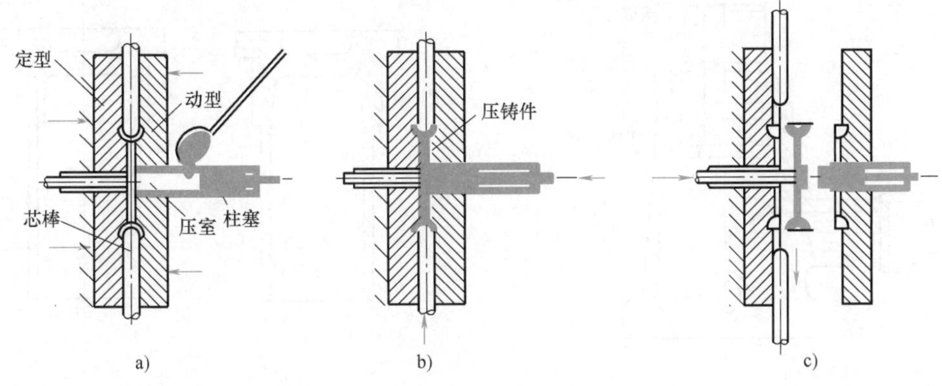

图 2-53 卧式冷压室压铸机工作过程示意图

a）合型，向压室浇入液态金属 b）将液态金属压入铸型 c）芯棒退出、压型分开、推出铸件

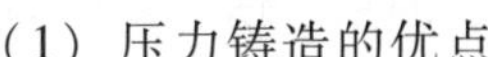

2. 压力铸造的特点和适用范围

压力铸造
动画

压力铸造成形的特点是高压、高速和金属型。

（1）压力铸造的优点

1）铸件的尺寸精度和表面质量最高。尺寸公差等级一般为IT11~IT13，表面粗糙度 Ra 值为0.8~3.2μm，一般可不经机械加工直接使用。

2）铸件的强度和表面硬度高。因压铸件冷却快，又是在压力下结晶，故铸件的晶粒细小、组织致密、表层紧实。压力铸造的铸件抗拉强度比砂型铸造的铸件高25%~30%，但断后伸长率有所下降。

3）可压铸出形状复杂的薄壁件。由于是在高压下充填铸型，故极大地提高了液态金属的充型能力。可铸出极薄件，或可铸出细小的螺纹、孔、齿、槽、凸纹及文字，但都有一定的尺寸限制，可参阅《特种铸造手册》。

4）生产率高。国产压铸机每小时可铸50~150次，最高可达500次，是所有铸造生产方法中生产率最高的方法。

5）便于采用镶嵌法。对于复杂而无法取芯的铸件或局部要求有特殊性能（耐磨、导电、导磁、绝缘等）的铸件，可采用镶嵌法。把金属或非金属镶嵌件预先放在压型内，然后和压铸件铸接在一起，如图2-54所示。镶嵌法可制出一般压铸法难以铸出的复杂件。如图2-55a所示的深腔件，若采用一次成形，因内腔过深，抽芯困难；此时，可按图2-55b所示，先用相同合金压铸出圆筒作为第二次压铸的嵌件，最后压铸成整体。镶嵌法扩大了压铸件的应用范围，可将许多小铸件合铸在一起，铸出十分复杂的铸件。

（2）压力铸造的缺点和适用范围　压铸也有不少缺点，故在应用中受到如下限制：

1）压铸设备投资大，压型制造成本高，工艺准备时间长，不适宜单件、小批量生产。

2）由于压型寿命的原因，目前压铸尚不适宜铸铁、铸钢等高熔点合金的铸造。

3）压铸时，金属液注入和冷凝速度过快，使得型腔气体难以完全排出，壁厚处难以进行补缩，故压铸件内部存在缩孔和缩松，表皮下形成许多气孔。在压铸件的设计和使用中，应注意如下几方面：

① 应使铸件壁厚均匀，并以3~4mm壁厚为宜，最大壁厚应小于6mm，以防止缩孔、缩松等缺陷。

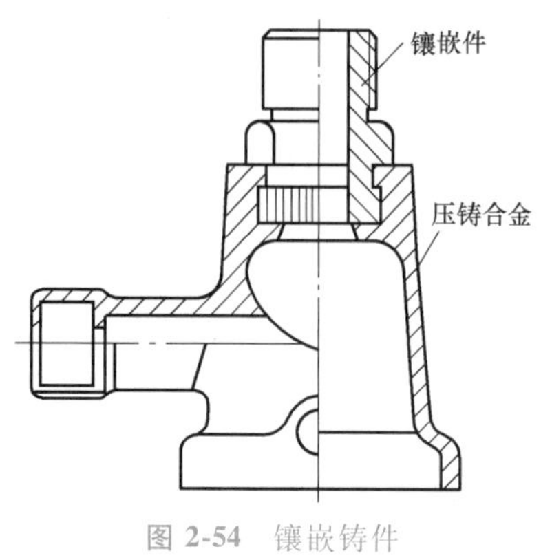

图 2-54 镶嵌铸件

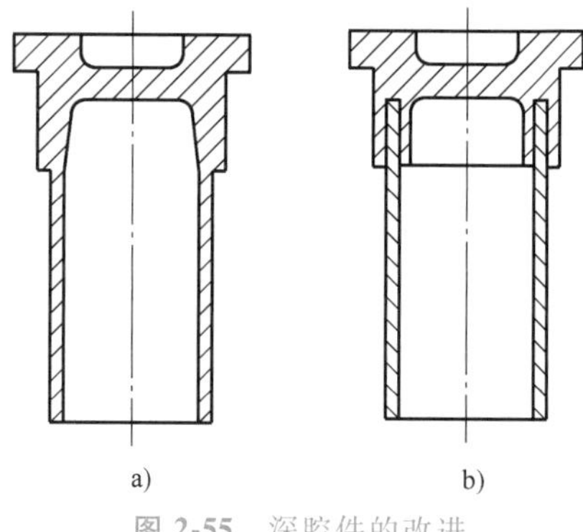

图 2-55 深腔件的改进

② 压铸件不能进行热处理或在高温下工作，以免压铸件内部气孔中的气体膨胀，导致铸件表面鼓包或变形。同时压铸件应尽量避免切削加工，以防止内部孔洞外露。

③ 由于压铸件内部疏松，塑性、韧性相对较差，因此不适宜制造承受冲击的零件。

压力铸造是目前应用较广泛的一种铸造方法，主要适用于低熔点的铝、镁、锌、铜及其合金的中、小型铸件的大批量生产，如发动机气缸体、气缸盖、变速器箱体、发动机罩、仪器仪表、管接头等。

2.4.3 离心铸造成形工艺

将液态金属浇入高速旋转的铸型中，使金属液在离心力的作用下充填铸型并凝固成形的铸造方法称为离心铸造。

离心铸造在离心铸造机上进行，根据铸型旋转轴的空间位置，离心铸造机分为立式离心铸造机和卧式离心铸造机两类，如图 2-56 所示。

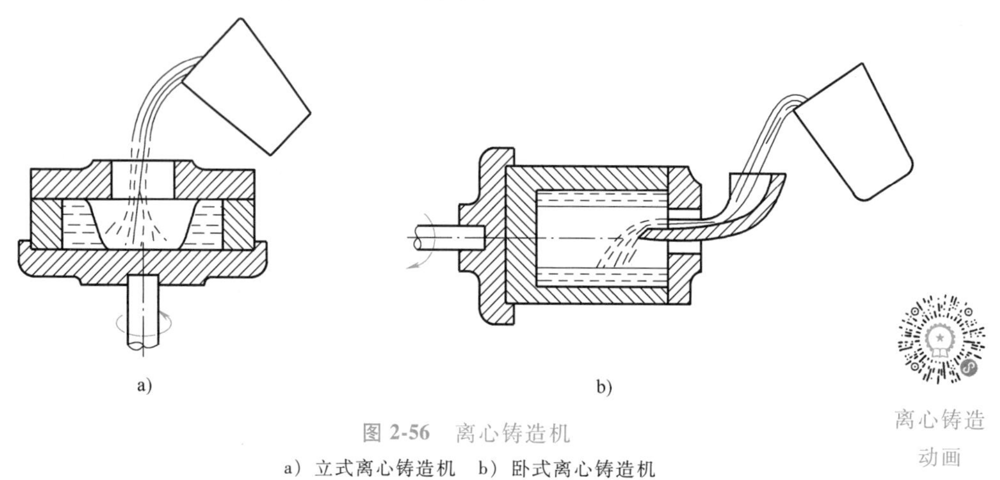

图 2-56 离心铸造机

a）立式离心铸造机 b）卧式离心铸造机

离心铸造动画

与砂型铸造相比，离心铸造有如下特点：

1）工艺过程简单。铸造中空筒类、管类零件时，省去了型芯、浇注系统和冒口，节约了金属材料。

2）离心铸造使液态金属在离心力的作用下充型并凝固，由于金属从外向内呈方向性结

晶，因而铸件组织致密，无缩孔、气孔、夹渣等缺陷，力学性能好。

3）便于制造“双金属”铸件，如制造钢套内壁挂衬巴氏合金的滑动轴承，既可达到滑动轴承的使用要求，又可节约较贵重的滑动轴承合金。

4）合金的种类几乎不受限制。

离心铸造的缺点是铸件的内表面质量差，孔的尺寸不易控制。但对一般管道类零件可以满足其使用要求，对于内孔需要加工的机器零件，则可加大内孔加工余量。

目前，离心铸造已广泛应用于大批量生产灰铸铁及球墨铸铁管、气缸套及滑动轴承等中空件，也可采用熔模离心铸造浇注刀具、齿轮等成形铸件。

2.4.4　消失模铸造成形工艺

消失模铸造又称为实型铸造和气化模铸造，其原理是用聚苯乙烯泡沫塑料模样代替木模或金属模（包括浇冒口系统），放入可抽真空的特殊砂箱进行造型，造型后模样不取出，铸型呈实体，浇入液态金属后，模样燃烧气化消失，金属液充填模样的位置，冷却凝固后获得所需铸件。图 2-57 所示为消失模铸造工艺过程示意图。

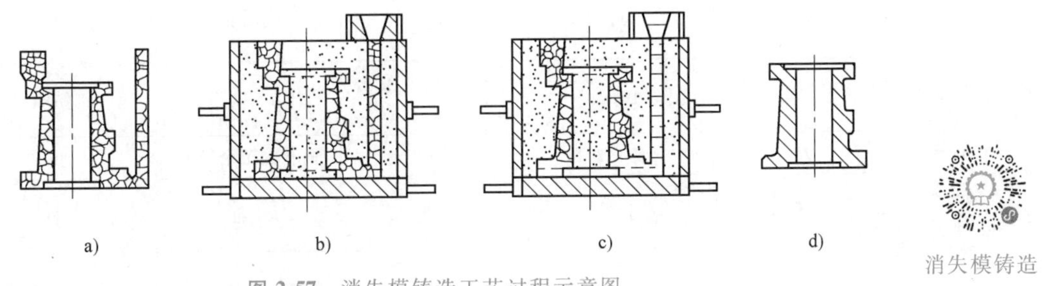

图 2-57　消失模铸造工艺过程示意图

a）泡沫塑料模样　b）铸型　c）浇注　d）铸件

消失模铸造具有以下特点：

1）由于采用了遇金属液即气化的泡沫塑料模样，无须起模、无分型面、无型芯，因而无飞边、毛刺，铸件的尺寸精度和表面粗糙度接近熔模铸造，但铸件尺寸可以大于熔模铸造。

2）各种形状复杂铸件的模样均可采用泡沫塑料模样黏合，成形为整体，减少了加工装配时间，可降低铸件成本 10%~30%，也为铸件结构设计提供了充分的自由。

3）简化了铸造生产工序，缩短了生产周期，其造型效率比砂型铸造提高了 2~5 倍。

消失模铸造的缺点是模样只能使用一次，且泡沫塑料的密度小、强度低，模样易变形，影响铸件尺寸精度；浇注时模样产生的气体污染环境。

消失模铸造主要用于形状复杂、不易起模且尺寸较大铸件（如大型模具）的批量及单件生产。

2.4.5　常用金属液态成形方法的选择

各种铸造方法均有其优缺点，都有一定的应用条件和适用范围。铸造方法的选择应从技术、经济和本厂生产的具体情况，如铸件的结构形状、尺寸、重量、合金种类、技术要求、生产批量、车间设备及技术状态等进行全面分析、综合考虑，从而正确地选择铸造方法。尽管砂型铸造有许多缺点，但适应性强，所用设备比较简单，因此，它仍然是当前生产中最基本、应用最广泛的生产方法。特种铸造方法仅在一定条件下才能显示其优越性。表 2-11 列出了几种常用铸造方法的比较，供选择时参考。

表 2-11　几种常用铸造方法的比较

比较项目	砂型铸造	熔模铸造	压力铸造	离心铸造	消失模铸造
适用合金	各种合金	不限制，以碳钢和合金钢为主	铝、锌等低熔点合金，铜合金	铸钢、铸铁、铜合金	铸钢、铸铁、有色合金
适用铸件大小	任意	一般小于 25kg	一般为 10kg 以下小件，也可用于中等铸件	不限制	不限制
铸件最小壁厚	铸铁、有色合金 3mm，铸钢 5mm	通常>0.7mm 孔径>1.5mm	铜合金>2mm 其他 0.5~1mm 孔径>0.7mm	最小孔径为 7mm	>5mm
表面粗糙度值 $Ra/\mu m$	12.5~50	1.6~12.5	0.8~3.2	3.2~12.5（内孔粗糙）	3.2~12.5
铸件尺寸公差等级	IT14~IT18	IT11~IT13	IT11~IT13	IT12~IT14	IT12~IT14
金属利用率（%）	70	90	95	70~90	70
铸件内部质量	粗结晶	粗结晶	细结晶内部多有气孔	细结晶缺陷少	细结晶
铸件加工余量	大	少或不加工	不加工	内孔加工余量大	小
投产的最小批量	单件	小批	大批	小批	单件
生产率（机械化程度）	低、中	低、中	最高	中、高	低、中、高
应用举例	机床床身、轧钢机机架、带轮等一般铸件	刀具、叶片、自行车零件、机床零件、刀杆、风动工具等	汽车、电器仪表、照相器材、国防工业零件等	各种管、套环、筒、辊、叶轮、滑动轴承等	汽车发动机、医疗器械零件等

2.5　铸件结构设计

铸件结构设计

生产中铸件的结构是否合理，不仅会直接影响铸件的力学性能、尺寸精度、质量要求和其他使用性能，同时，对铸造生产过程也有很大的影响。铸造工艺性良好的铸件结构应该是铸件的使用性能容易保证，生产过程及所使用的工艺装备简单，生产成本低。铸件结构要素与铸造合金的种类、铸件的大小、铸造方法及生产条件密切相关。

2.5.1　铸造性能对铸件结构的要求

铸件中很多缺陷的产生是因为在设计过程中，未考虑到合金的铸造性能所致，如气孔、缩孔、缩松、裂纹、浇不足、冷隔等。

1. 铸件壁厚的设计

在确定铸件壁厚时，首先应保证铸件达到所要求的强度和刚度，同时还必须从合金的铸

造性能的可行性来考虑，以避免铸件产生某些铸造缺陷。

（1）合理设计铸件壁厚

1）铸件的最小壁厚。由于每种铸造合金的流动性不同，在相同铸造条件下，所能浇注出的铸件最小允许壁厚也不同。如果所设计铸件的壁厚小于允许的“最小壁厚”，铸件就易产生浇不足、冷隔等缺陷。在各种工艺条件下，铸造合金能充满型腔的最小厚度称为铸件的最小壁厚。铸件的最小壁厚主要取决于合金的种类、铸件的大小及形状等因素。一般砂型铸造条件下几种合金铸件的最小壁厚见表2-12。

表2-12　一般砂型铸造条件下几种合金铸件的最小壁厚

铸造方法	铸件尺寸(长×宽)/mm×mm	合金种类					
		铸钢	灰铸铁	球墨铸铁	可锻铸铁	铝合金	铜合金
砂型铸造	<200×200	8	5~6	6	5	3	3~5
	200×200~500×500	10~12	6~10	12	8	4	6~8
	>500×500	15~20	10~15	12~20	10~12	6	10~12

2）铸件的临界壁厚。在铸造厚壁铸件时，容易产生缩孔、缩松、结晶组织粗大等缺陷，从而使铸件的力学性能下降。因此，在设计铸件时，如果一味地采取增加壁厚的方法来提高铸件的强度，其结果可能适得其反。因为各种铸造合金都存在一个临界壁厚。在最小壁厚和临界壁厚之间就是适宜的铸件壁厚。

据资料推荐，在砂型铸造条件下，各种铸造合金的临界壁厚约等于其最小壁厚的三倍。为避免铸件厚大截面，又能充分发挥材料潜力，保证铸件的强度和刚度，可从铸件截面形状考虑，如选择T字形、工字形、槽形等截面形状，在铸件薄弱部位可设置加强肋来提高其强度和刚度。

（2）铸件壁厚应均匀、避免厚大截面　铸件壁过厚容易使铸件内部晶粒粗大，并产生缩孔、缩松等缺陷。如图2-58a所示，轴承座铸件内孔需装配一根轴，现因壁厚过大而出现缩孔。若采用图2-58b所示挖空或图2-58c所示设置加强肋，使其壁厚均匀，在保证其使用性能的前提下，既可消除缩孔缺陷，又节约了金属材料。

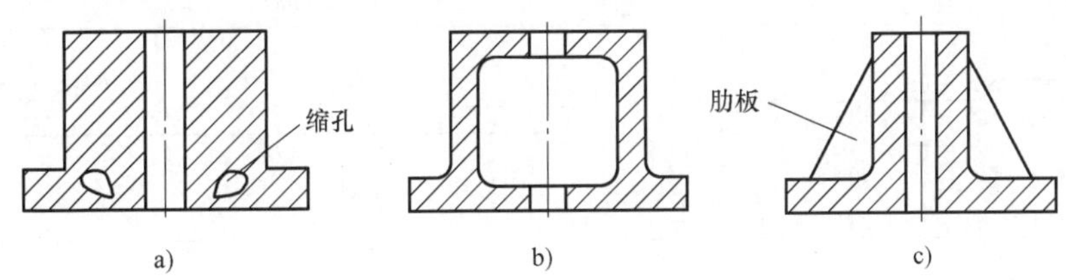

图2-58　应尽量减小铸件壁厚并使壁厚均匀

2. 铸件壁的连接

（1）铸件的结构圆角　铸件壁间的转角处一般应具有结构圆角，避免直角连接。图2-59a所示结构直角连接的转角处形成了金属的积聚，故较易产生缩孔和缩松缺陷；在载荷的作用下，直角处易产生应力集中；同时，由于晶体结晶的方向性，使直角处形成了晶间的脆弱，易导致铸件在该处产生裂纹。图2-59b所示铸件采用圆角连接过渡，避免了金属积聚和应力集中现象。

（2）避免锐角和交叉连接　铸件壁间出现锐角和交叉连接时，将使该处应力集中增大，导致铸件产生裂纹、缩孔等缺陷。为减小金属积聚和应力集中，当两壁间的夹角小于90°时，建议采用图2-60b、c所示的过渡形式。图2-61a所示的十字形连接处有金属积聚，易形成缩孔；图2-61b所示的T字形连接，减轻了金属的积聚程度。

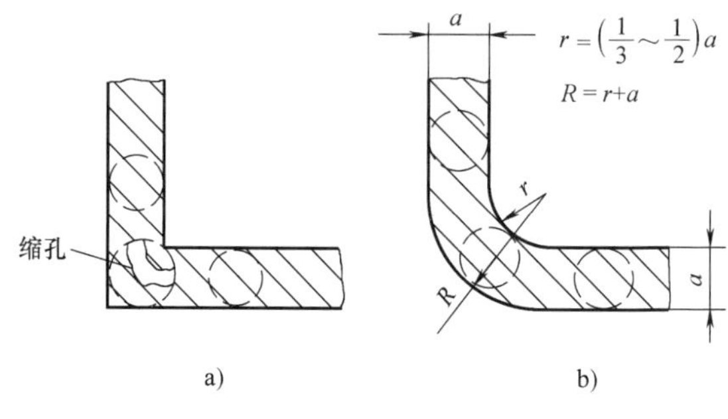

图2-59　铸件的结构圆角

a）直角结构　b）圆角结构

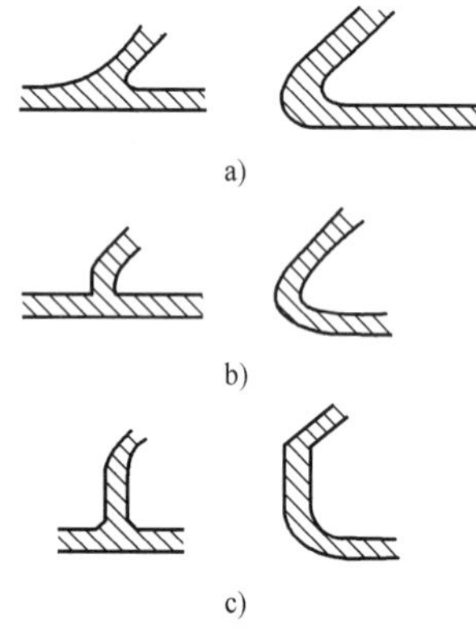

图2-60　铸件壁的连接

a）不正确的　b）许可的　c）正确的

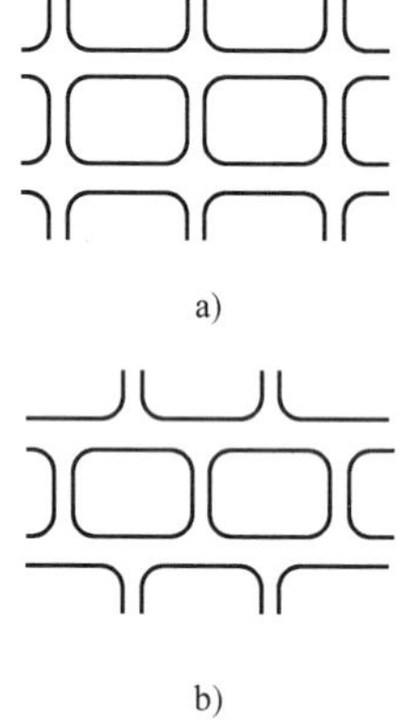

图2-61　避免交叉连接

a）十字形连接　b）T字形连接

（3）厚壁与薄壁间的连接要逐步过渡　当铸件各部分的壁厚难以做到均匀一致，甚至存在很大差别时，为减小应力集中，应采用逐步过渡的方法，防止壁厚的突变。壁厚过渡的几种形式和尺寸见表2-13。

表2-13　壁厚过渡的几种形式和尺寸

图例	尺寸/mm		
	$b\leqslant 2a$	铸铁	$R\geqslant\left(\frac{1}{6}\sim\frac{1}{3}\right)\left(\frac{a+b}{2}\right)$
		铸钢	$R\approx\frac{a+b}{4}$
	$b>2a$	铸铁	$L>4(b-a)$
		铸钢	$L\geqslant 5(b-a)$
	$b>2a$	$R\geqslant\left(\frac{1}{6}\sim\frac{1}{3}\right)\left(\frac{a+b}{2}\right)$；$R_1\geqslant R+\left(\frac{a+b}{2}\right)$ $c\approx 3\sqrt{b-a}$，$h\geqslant(4\sim5)c$	

（4）减缓肋板、轮辐收缩的阻碍　当铸件的收缩受到阻碍，铸造内应力超过合金的强度极限时，铸件将产生裂纹。图 2-62 所示为常见的轮形铸件轮辐的设计，图 2-62a 所示轮辐为直线形、偶数，当合金的收缩较大，而轮毂、轮缘、轮辐的厚度差又较大时，因冷却速度不同，收缩不一致，形成较大的内应力，偶数轮辐使铸件不能通过变形自行缓解其应力，故常在轮辐与轮缘（或轮毂）连接处产生裂纹。为防止上述裂纹，可改用图 2-62b 所示的弯曲轮辐，它可借助轮辐本身的微量变形自行缓解内应力。同理，也可改为图 2-62c 所示的奇数轮辐，此时，在内应力的作用下，可通过轮缘的微量变形自行减缓内应力。显然，后两种轮辐的抗裂性能更好。

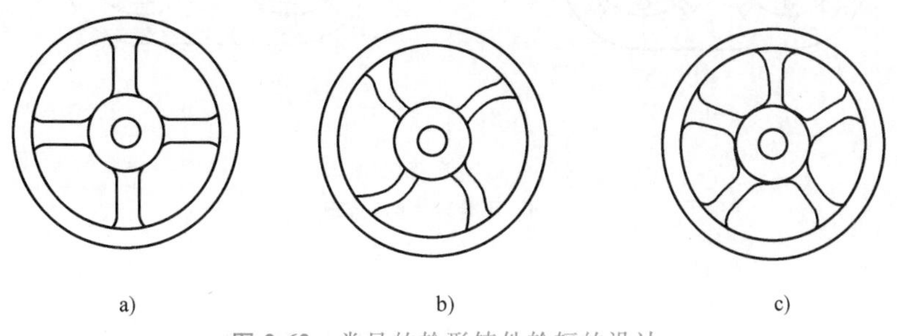

图 2-62　常见的轮形铸件轮辐的设计

（5）避免过大水平面的设计　如图 2-63 所示，当薄壁罩壳铸件壳顶呈水平面时（图 2-63a），因薄壁件金属液散热冷却快，加上渣、气易滞留在顶面，故易使铸件产生浇不足、冷隔、气孔和夹渣等缺陷。若改为图 2-63b 所示的斜面结构，并将浇注位置倒置，则可克服上述缺陷。

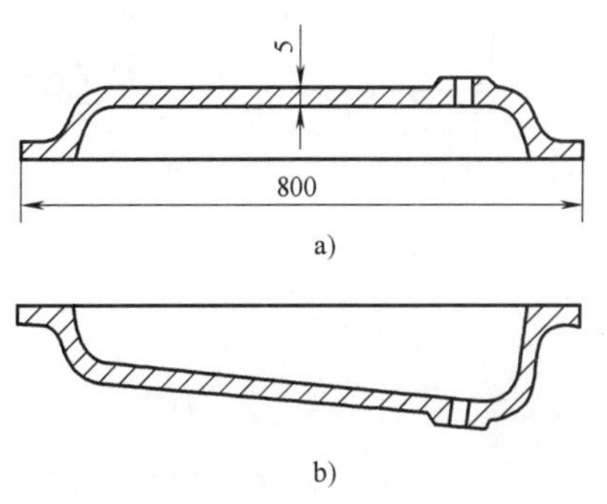

图 2-63　薄壁罩壳结构
a）薄壁大水平面　b）薄壁倾斜面

2.5.2　铸造工艺对铸件结构的要求

铸件结构应能简化铸造工艺，便于机械化生产，提高铸件质量，降低废品率。为此，铸件结构应尽量简单合理，避免不必要的复杂结构。

1. 铸件外形的设计

铸件的外形应便于起模，简化造型工艺。

铸件外形设计应力求简单，避免零件上的凸台、肋板、侧凹、外圆角等结构影响铸件的起模。图 2-64 所示铸件，应合理布置加强肋，以便于起模。图 2-65b、d 所示为铸件改进后的结构，避免了活块，较适合机器造型、成批生产。图 2-66 所示铸件为避免侧凹的结构设计。

铸件外形的设计（一）

铸件外形的设计（二）

2. 铸件内腔的设计

良好的内腔设计，既可减少型芯的数量，又有利于型芯的固定、排气和清理，因而可防止偏芯、气孔等缺陷的产生，并简化造型工艺，降低成本。图 2-67 所示为悬臂支架的两种结构。图 2-67a 所示为箱形截面结构，必须采用悬臂型芯和芯撑使型芯定位和固定，将箱形截面结构改为图 2-67b 所示的工字形截面结构，可省去型芯，降低成本，但刚度和强度比箱

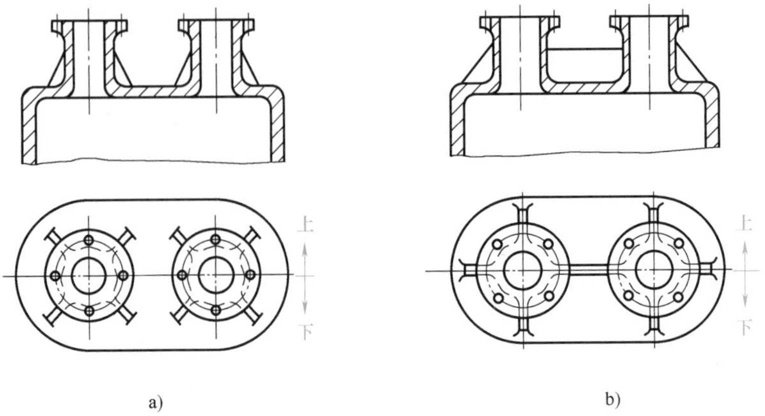

a) b)

图 2-64 合理布置加强肋

a）不合理 b）合理

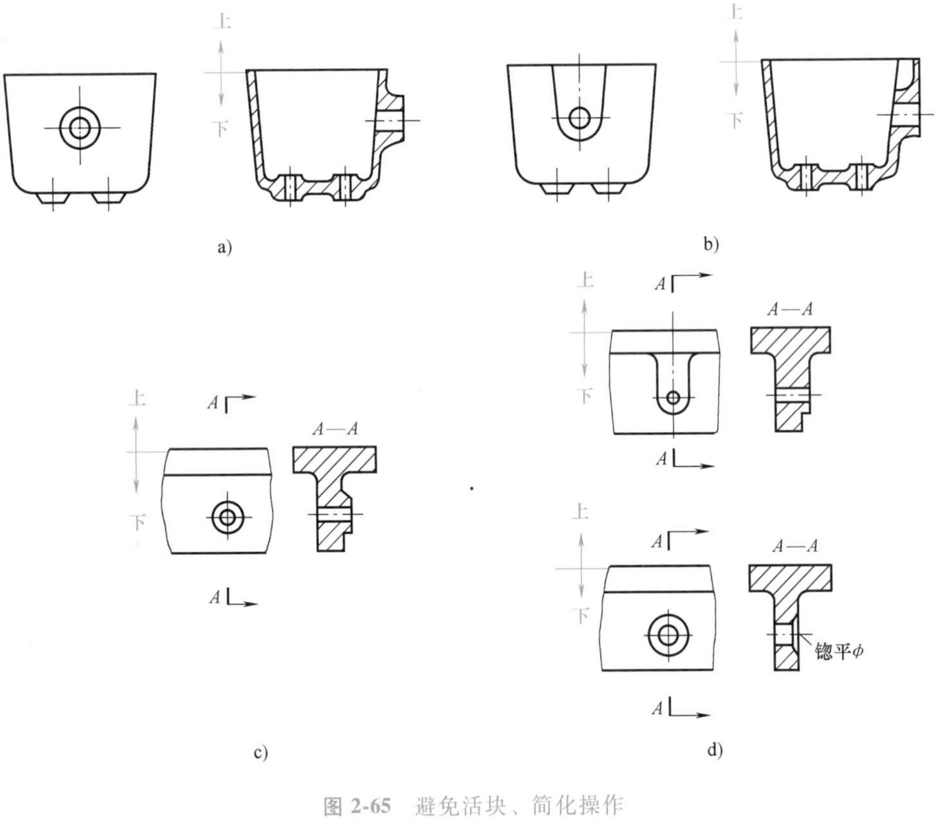

a) b) c) d)

图 2-65 避免活块、简化操作

a）、c）不合理 b）、d）合理

形结构略差。图 2-68 所示为端盖铸件的两种内腔设计，将图 2-68a 所示结构改进为图 2-68b 所示结构，因内腔直径 D 大于高度 H，可采用砂垛取代型芯，使造型工艺简化。图 2-69 所示为轴承架铸件，图 2-70 所示为水套铸件，改进后的结构有利于型芯的固定、排气和铸件的清理。

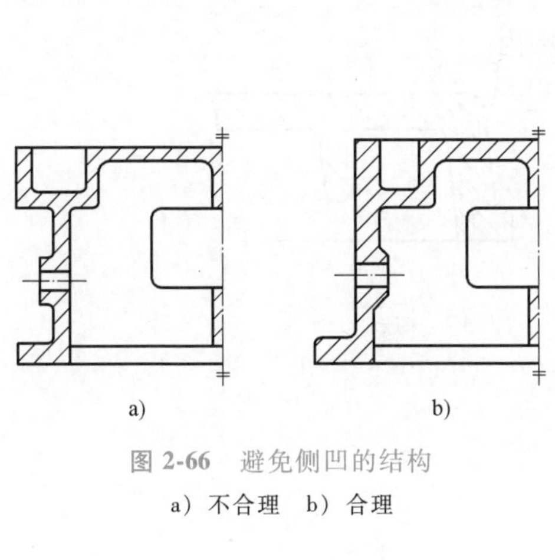

图 2-66 避免侧凹的结构

a）不合理 b）合理

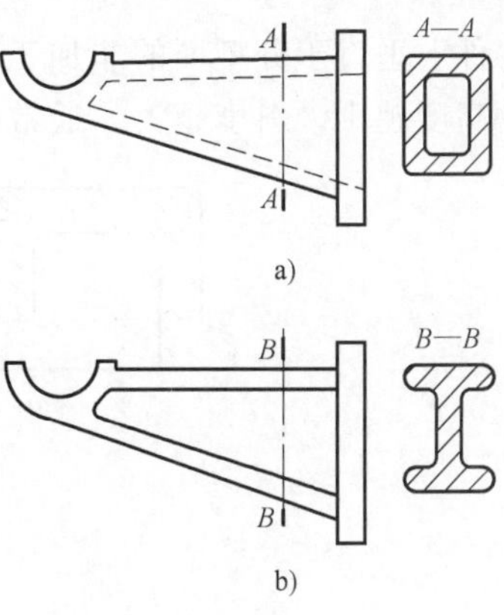

图 2-67 悬臂支架的两种结构

a）不合理 b）合理

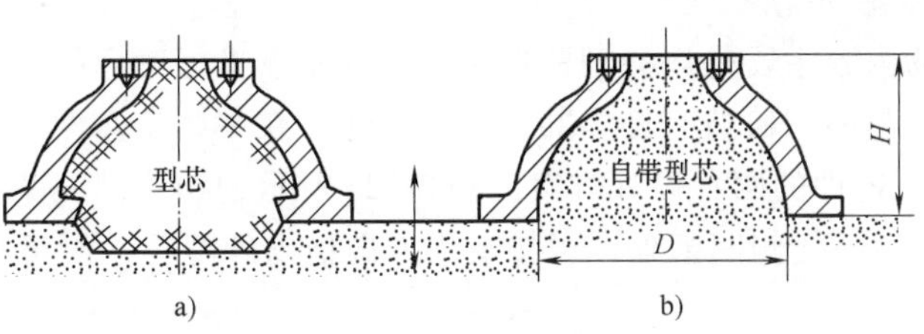

图 2-68 端盖铸件的两种内腔设计

a）不合理 b）合理

铸件内腔的设计

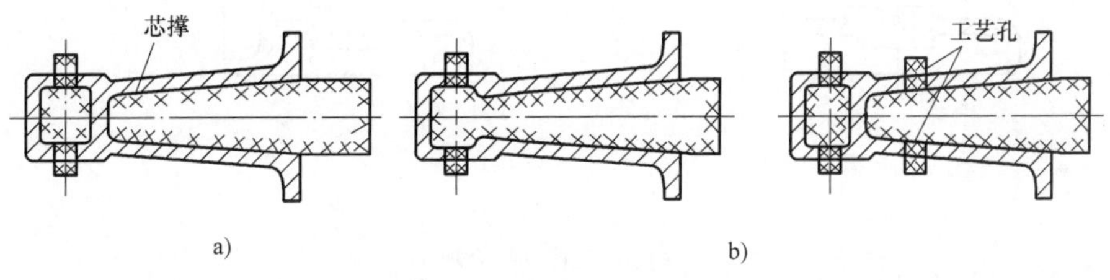

图 2-69 轴承架铸件的结构改进

a）不合理 b）合理

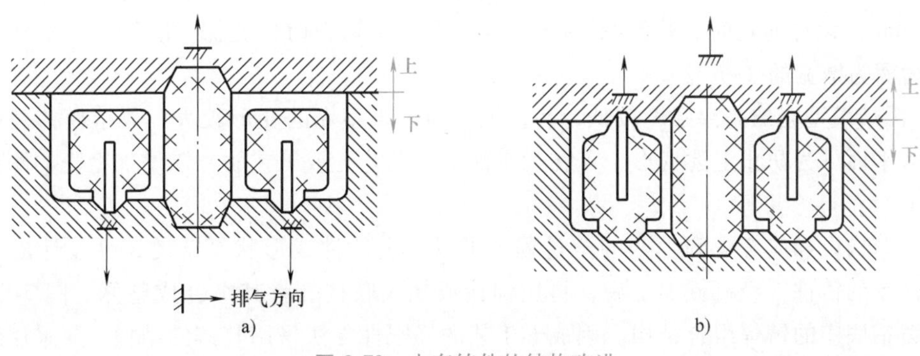

图 2-70 水套铸件的结构改进

a）不合理 b）合理

3. 结构斜度的设计

铸件上垂直于分型面的非加工表面应设计结构斜度，以利于起模，如图 2-71 所示。一般铸件高度越小，斜度越大，通常在 1°~3°范围内。

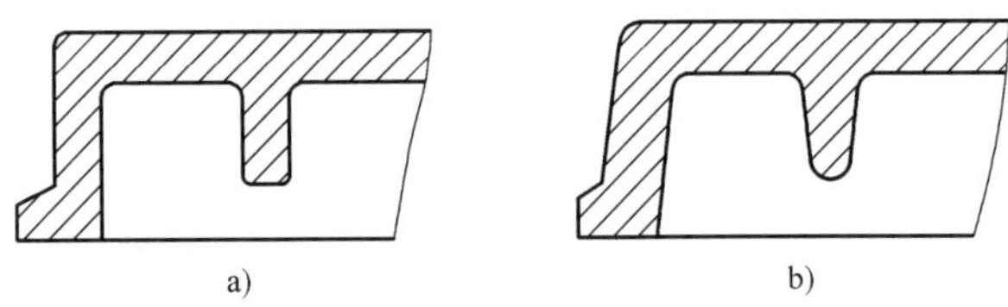

图 2-71 铸件的结构斜度改进
a）不合理 b）合理

2.5.3 铸件结构设计应考虑的其他方面

1. 铸件结构应考虑不同成形工艺的特殊性

铸件结构设计的内容主要是以砂型铸造工艺为基本点进行考虑的，但不同的成形工艺方法对铸件结构要求除与砂型铸造有许多共性之外，还存在一些特殊性。

图 2-72 所示为压铸件的两种设计方案。图 2-72a 所示的结构因侧凹朝内，侧凹处无法抽芯，按图 2-72b 改进后，使侧凹朝外，可按箭头方向抽出外型芯，便可从铸型的分型面顺利取出铸件。

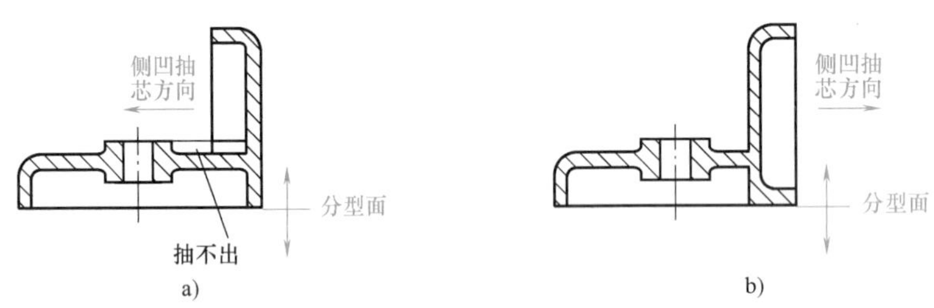

图 2-72 压铸件的两种设计方案
a）不合理 b）合理

设计熔模成形件时，应考虑以下几方面：

1）为便于浸渍涂料和撒砂，孔、槽不宜过小或过深。通常，孔径应大于 2mm（薄件孔径>0.5mm）。设计通孔时，孔深/孔径≤4~6；采用不通孔时，孔深/孔径≤2。槽宽应大于 2mm，槽深为槽宽的 2~6 倍。

2）因熔模型壳的高温强度较低，易变形，而平板型壳的变形较大，故熔模铸件应尽量避免有大平面。为防止上述变形，可在大平面上设工艺孔或工艺肋，以增加型壳的刚度。

2. 铸件的组合设计

铸件结构设计应考虑到生产的全过程，可以将大铸件或形状复杂的铸件设计成几个较小、较简单的铸件，经机械加工后，再用焊接或螺纹联接等将其组合成整体。图 2-73 所示为大型铸钢底座的铸焊组合结构。因成形工艺的局限性无法采用整铸的结构，应采用组合设计。如图 2-74a 所示砂型铸件，因内腔采用砂芯，故铸造并无困难，但改为压铸件时，则无法抽芯，出型也较困难，若改成图 2-74b 所示的两件组合，则出型和抽芯均可顺利进行。

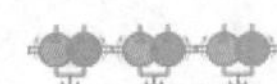

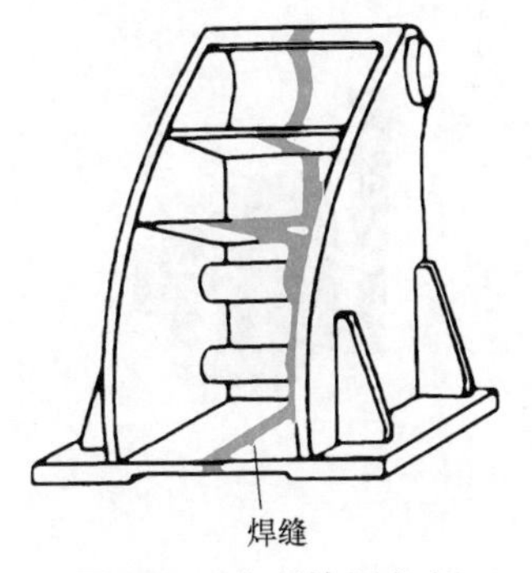

图 2-73 大型铸钢底座的铸焊组合结构

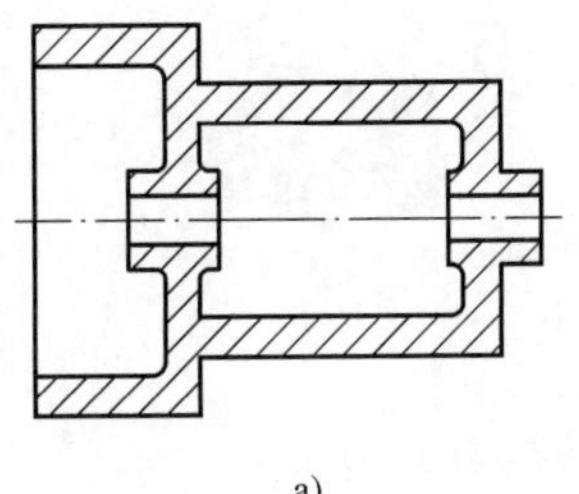

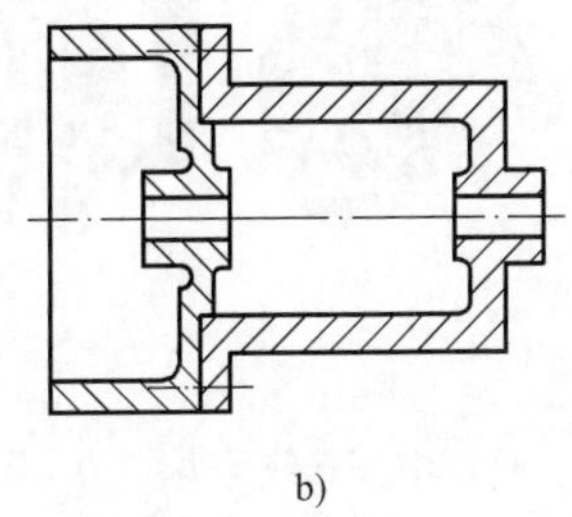

图 2-74 砂型铸件改为压铸件时的结构设计

a）砂型铸件 b）压铸件

*2.6 金属液态成形中的数值模拟

金属液态成形中的数值模拟就是利用数值分析技术、数据库技术、可视化技术并结合经典传热、流动及凝固理论对铸件成形过程进行仿真，以模拟出铸件充型、凝固及冷却中的各种物理场，并据此对铸件进行质量预报的技术。其主要研究内容有：

（1）温度场模拟 利用传热学原理，分析铸件的传热过程，模拟铸件的冷却凝固过程，预测缩孔、缩松等缺陷。

（2）流动场模拟 利用流体力学原理，分析铸件的充型过程，可以优化浇注系统，预测卷气、夹渣、冲砂等缺陷。

（3）流动与传热耦合计算 利用流体力学与传热学原理，在模拟充型的同时计算传热，可以预测浇不足、冷隔等缺陷，同时可以得到充型结束时的温度分布，为后续的凝固模拟提供准确的初始条件。

（4）应力场模拟 利用力学原理，分析铸件的应力分布，预测热裂、冷裂、变形等缺陷。

（5）组织模拟 组织模拟分宏观、中观及微观组织模拟，利用一些数学模型来计算形核数、枝晶生长速度、组织转变等，预测铸件的性能。

目前，金属液态成形数值模拟技术尤其是三维温度场模拟、流动场模拟、流动与传热耦合计算以及弹塑性状态应力场模拟已逐渐进入实用阶段。图 2-75a 所示为摩托车壳体零件的三维图（用 UG 软件绘制），初步确定的铸造工艺方案如图 2-75b 所示。采用“华铸 CAE”凝固模拟软件，对初步的铸造工艺方案进行凝固过程模拟发现：采用上述浇注方案及浇注系统尺寸，在铸件的内中心孔壁上半部分有形成缩松缺陷的倾向（图 2-75c 中的深色部分）。然后对铸造工艺方案进行修改，将铸件的浇注系统改进为图 2-76 所示的结构。对改进后的新工艺方案再次进行铸造过程凝固模拟，结果显示铸件没有出现缺陷。为获得最佳的工艺方案与参数，可进行多方案的模拟比较择优选择。

随着科学技术的迅速发展和全球可持续发展战略的实施，现代铸造技术正朝着清洁化、专业化、高效化、智能化、数字化、网络化、集成化和铸件的高性能化、精确化、轻质薄壁化的方向发展。

图 2-75　摩托车壳体铸件凝固过程模拟
a）壳体零件的三维图　b）壳体零件的初步铸造工艺方案
c）凝固过程模拟结果

图 2-76　重新设计的铸造工艺方案

复习思考题

1. 什么是液态金属的充型能力？它与流动性有何关系？流动性对铸件质量有何影响？

2. 合金收缩由哪三个阶段组成？各会产生哪些铸造缺陷？

3. 试述提高液态金属充型能力的方法，采用这些方法时应注意什么问题？

4. 什么是合金的收缩？影响合金收缩的因素有哪些？

5. 铸件中的缩孔和缩松是如何形成的？根本原因是什么？如何防止铸件的缩孔和缩松？从铸造工艺上看，防止哪种缺陷更困难？为什么？

6. 铸造内应力分为哪几类？热应力是如何形成的？在铸件不同部位的应力状态如何？

7. 铸件变形的原因是什么？如何防止铸件的变形？

8. 某厂自行设计了一批如图 2-77 所示的铸铁槽形梁。铸后立即进行了机械加工，使用一段时间后发生了如图所示的变形（双点画线所示），试分析：

1）该件壁厚均匀，为什么还会产生变形？

2）有何措施能防止此变形？能否对其槽形梁铸件的结构进行改进？

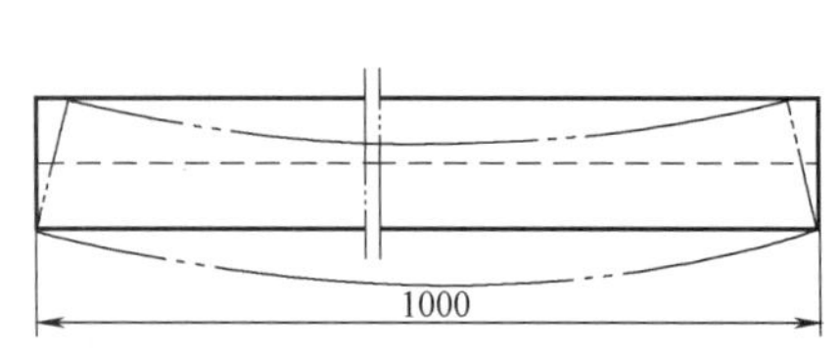

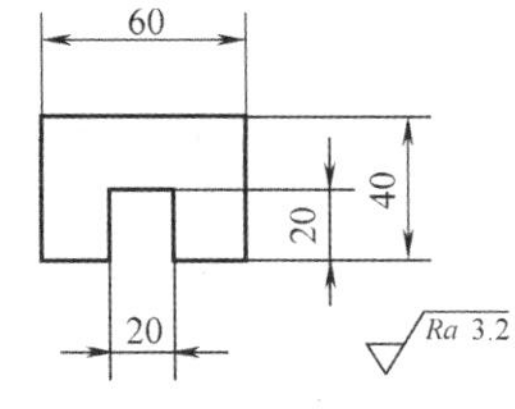

图 2-77　铸铁槽形梁

9. 根据碳在铸铁中存在形式的不同，铸铁可分为哪几种？

10. 影响铸铁石墨化的因素是什么？相同化学成分的铸铁件其力学性能是否相同？

11. 试从石墨的存在分析灰铸铁的力学性能和其他性能特征。

12. 某铸件壁厚在不同位置设计有 5mm、20mm、52mm 三种，其力学性能全部要求 $R_m \geqslant 200$MPa，若选用 HT200 浇注此件，问能否满足性能要求？

13. 灰铸铁最适宜制造什么样的铸件？试举出 10 种你所知道的铸铁件名称并说明不选用其他材料的原因。

14. 球墨铸铁是如何获得的？为什么说球墨铸铁是“以铁代钢”的好材料？球墨铸铁可否全部代替可锻铸铁？

15. 识别下列牌号的材料名称，并说明字母和数字所表示的含义：QT600-2、KTH350-10、HT200、RuT350、ZAlSi7MgA、ZCuSn5Pb5Zn5。

16. 手工造型的造型方法有哪些？

17. 铸造工艺图包括哪些内容？试确定如图 2-78 所示手柄、槽轮铸件的分型面和浇注位置，并说明原因（分单件生产和大批量生产两种情形）。

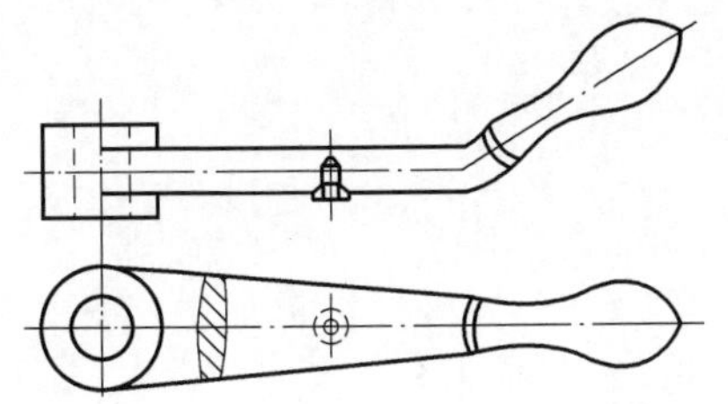

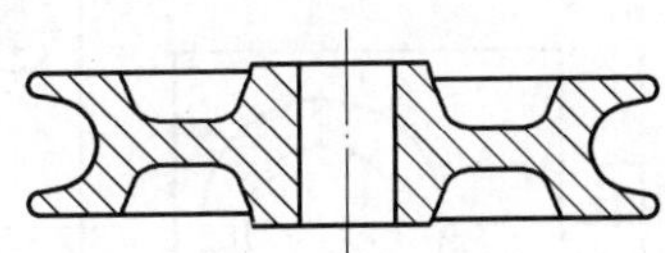

图 2-78　手柄、槽轮

18. 什么是熔模铸造？试述其工艺过程。在不同批量下，其压型生产方法有何不同？

19. 压力铸造有何优点？它与熔模铸造的适用范围有何显著不同？

20. 试确定下列零件在大批量生产条件下，最宜采用哪种成形方法：①缝纫机头；②汽轮机叶片；③铝活塞；④柴油机缸套；⑤摩托车气缸体；⑥车床床身；⑦大模数齿轮滚刀；⑧汽车喇叭；⑨家用煤气炉减压阀。

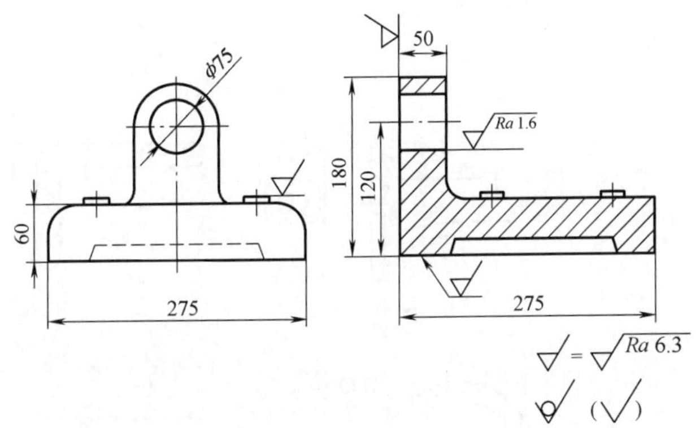

图 2-79　底座（图中次要尺寸从略）

21. 试确定图 2-79～图 2-81 所示铸件的铸造工艺方案。要求如下：

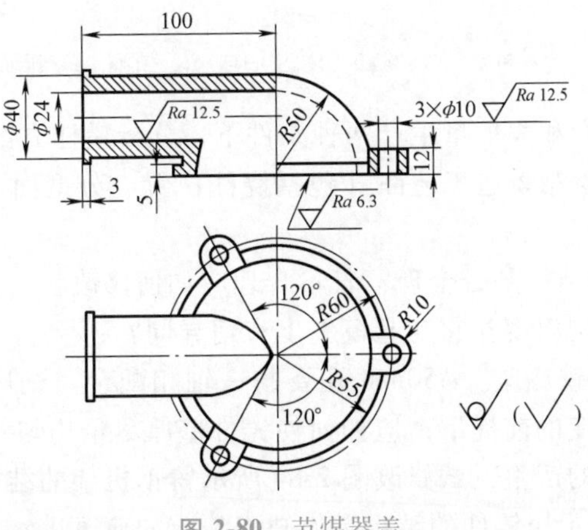

图 2-80　节煤器盖

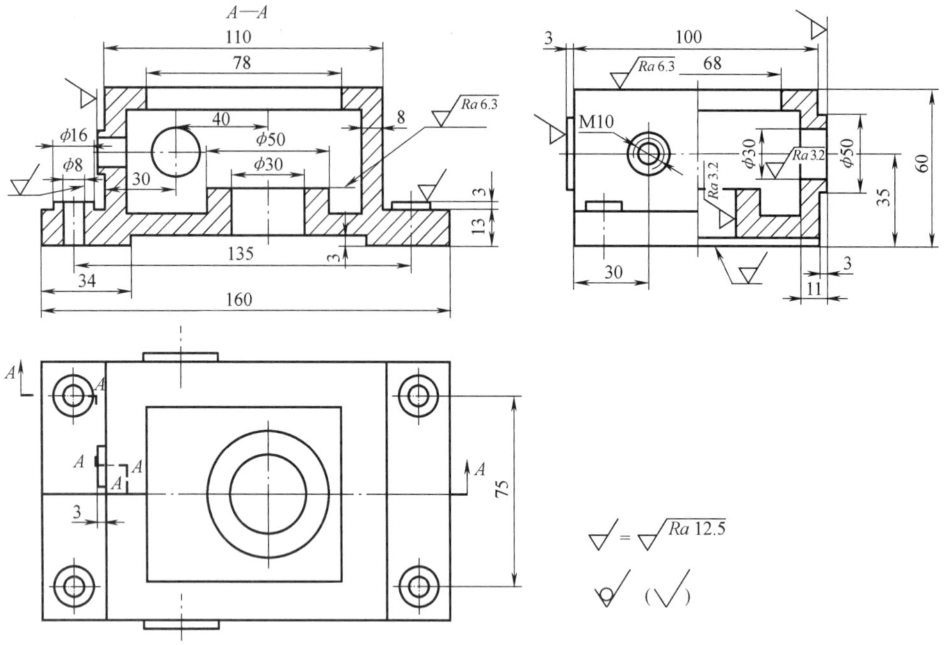

图 2-81　变速器箱体

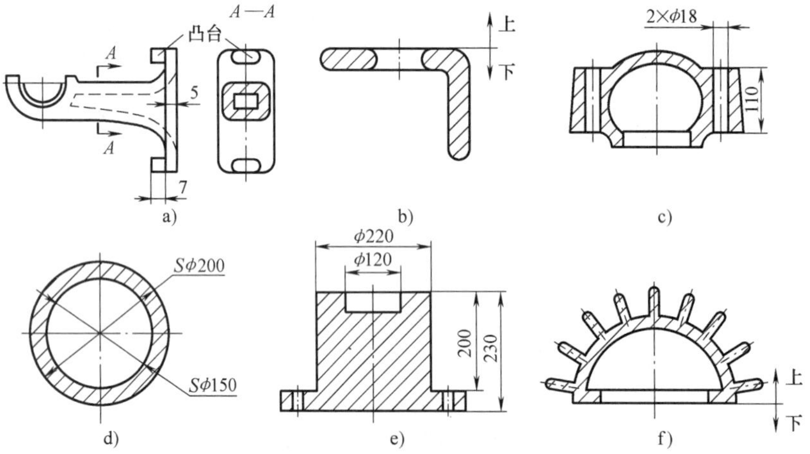

图 2-82　铸件结构

a）轴托　b）角架　c）圆盖　d）空心球　e）支座　f）压缩机缸盖

1）在单件、小批生产和大批量生产两种条件下，分析最佳方案。

2）按所选最佳方案绘制铸造工艺图（包括浇注位置、分型面、型芯及型芯头、浇注系统等）。

22. 图 2-82 所示铸件结构是否合理？若不合理应如何修改？

23. 什么是铸件的结构斜度？它与起模斜度有何异同？

24. 图 2-83 所示为铸铁底座，ϕ50mm 孔要与一轴相配合。试用内切圆法确定其热节部位，在保证尺寸 A、H 不变的前提下，应如何使铸件壁厚尽量均匀？

25. 为防止铸造缺陷的产生，试修改图 2-84 所示铸钢机架的结构。

26. 试指出图 2-85 所示压铸件的结构有何缺点？应如何改进？

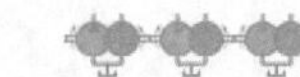

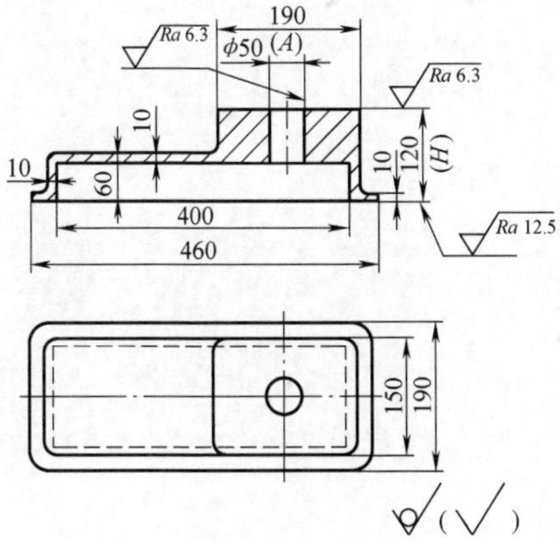

图 2-83　铸铁底座

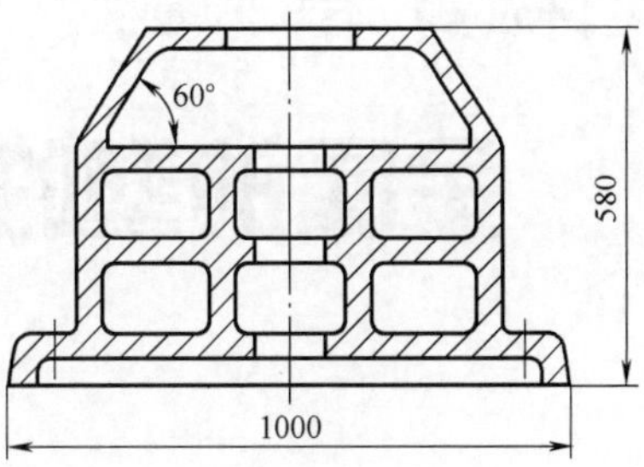

图 2-84　铸钢机架

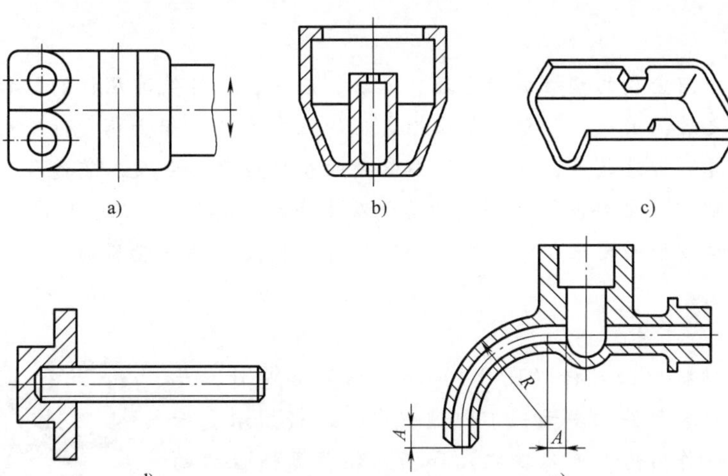

a)　b)　c)

d)　e)

图 2-85　几种压铸件

第3章 金属的塑性成形

学习目标及要求

本章主要介绍金属的塑性成形原理、方法、应用、锻件及冲压件的结构工艺性设计等内容。学完之后，第一，了解金属塑性成形的基本原理，如金属塑性变形的实质、冷变形强化、回复、再结晶等；第二，了解常用的塑性成形方法及工艺过程，掌握自由锻及模锻的工艺制订（主要包括锻件图的绘制及工序的选择）；第三，理解塑性成形工艺方法对零件结构设计的要求，掌握锻件和冲压件结构设计的一般原则。

章前导读——发动机连杆

在车用发动机中，连杆（图3-1）连接活塞和曲轴，是发动机中重要的零部件。发动机工作过程中，连杆组承受活塞销传来的气体作用力及其本身摆动和活塞组往复惯性力的作用，因此要求连杆必须具有足够的强度和结构刚度。

要满足连杆的大批量生产和使用要求，应如何选用材料和确定毛坯的成形工艺？

图3-1 发动机连杆

金属的塑性成形是利用金属材料所具有的塑性，在外力作用下使金属坯料产生塑性变形，获得具有一定形状、尺寸和力学性能的毛坯或零件的成形工艺方法。由于外力多数情况下是以压力的形式出现的，因此也称为金属的压力加工。

塑性成形的基本生产方式有轧制、挤压、拉拔、自由锻造、模型锻造和板料冲压等，如图3-2所示。前三种方法以生产型材为主，后三种方法以生产毛坯或零件为主。

金属的塑性成形

从重轨到“鞍钢宪法”

1. 轧制

金属坯料在一对回转轧辊的孔隙中，产生连续的塑性变形，获得要求的截面形状并改变其性能的工艺方法称为轧制（Rolling），如图3-2a所示。

合理设计轧辊上各种不同的孔型，可以轧制出不同截面的原材料，如钢板、各种型材（如圆钢、方钢、扁钢、角钢、槽钢、钢轨等）、无缝管材等，也可以直接轧制出毛坯或零件。

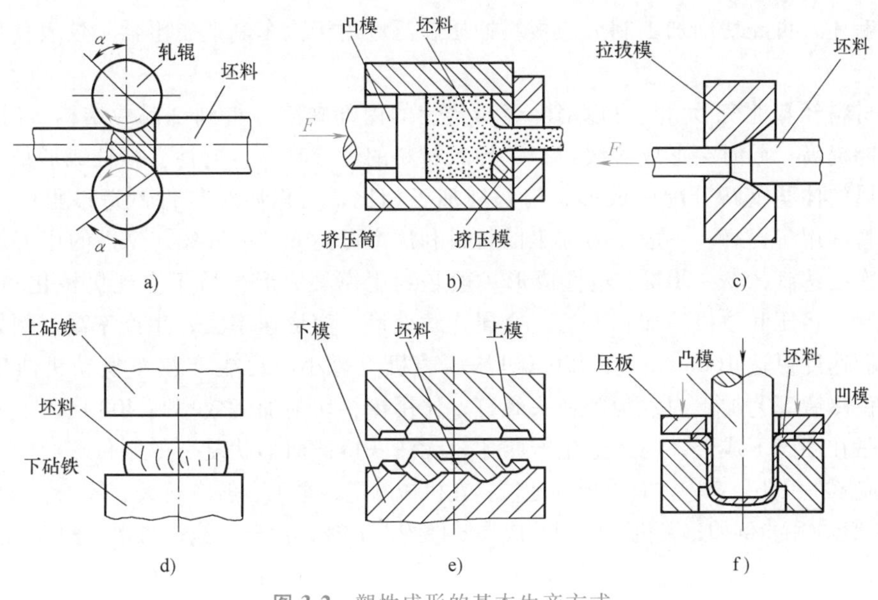

图 3-2 塑性成形的基本生产方式

a）轧制 b）挤压 c）拉拔 d）自由锻造 e）模型锻造 f）板料冲压

2. 挤压

挤压动画

坯料从挤压模的模孔或缝隙挤出而变形的工艺方法称为挤压（Extruding），如图 3-2b 所示。按挤压温度的不同可分为冷挤、温挤和热挤；按金属流动方向与凸模运动方向的不同，可分为正挤压、反挤压和复合挤压。挤压可以获得各种复杂截面的型材或零件，适用于加工低碳钢、有色金属及其合金。如采取适当的工艺措施，也可以加工合金钢和难熔合金。

3. 拉拔

将金属坯料从小于坯料断面的模孔中拉出，使其断面减小而长度增加的工艺方法称为拉拔（Drawing），如图 3-2c 所示。拉拔常在冷态下进行，因此又称为冷拔。拉拔主要用于生产各种细线材、薄壁管和特殊几何形状截面的型材。拉拔的产品具有较高的尺寸精度和较低的表面粗糙度值，同时具有冷作硬化作用，因而拉拔常用于对轧制件的再加工，以提高产品质量。低碳钢和大多数有色金属及其合金，都可以经拉拔成形。

4. 自由锻造

金属坯料在上、下砧铁之间受冲击力或压力而变形获得所需锻件的加工方法称为自由锻造（Free Forging），如图 3-2d 所示。

5. 模型锻造

模型锻造（Die Forging）是金属坯料在具有一定形状的锻模模膛内受冲击力或压力作用而变形的工艺方法，如图 3-2e 所示。

6. 板料冲压

利用冲模使金属板料受压产生分离或变形的工艺方法称为板料冲压（Impact Forging），如图 3-2f 所示。板料冲压一般在室温条件下进行，所以又称为冷冲压。

常用的金属型材、板材、管材和线材等原材料，大都是通过轧制、挤压、拉拔等方法制成的。凡承受重载的机器零件，如机器的主轴、重要齿轮、连杆、炮管和枪管等，通常均需采用锻件毛坯，再经切削加工制成。板料冲压广泛应用于汽车制造、电器、仪表及日用品工业等方面。

金属材料经塑性变形后，可以消除金属铸锭的内部缺陷，得到细晶粒结构，组织致密，使力学性能提高；同时会形成流线组织，导致材料的性能具有方向性。塑性成形是依靠塑性变形使金属的体积重新分配而成形，与切削加工相比，可以减少零件制造过程中的金属消耗，使材料利用率提高。一般压力加工的材料利用率可达60%～70%，先进的压力加工方法材料利用率已达到85%～90%。塑性成形一般是利用模具成形，易于实现机械化和自动化，尤其是轧制、挤压和拉拔等加工方法，金属连续变形，变形速率大，生产率高。例如：目前线材的轧制速度可达100m/s；在120000kN压力机上每小时可生产汽车发动机曲轴90件；利用多工位冷镦工艺加工内六角圆柱头螺钉，比用棒料切削加工效率高400倍以上。但由于塑性成形是在固态下成形，与铸造生产相比，无法获得截面形状复杂的制件。

塑性成形在工业生产中占有重要的地位，在机械制造、军工、航空航天、轻工、家用电器等行业得到广泛应用。例如，飞机上的塑性成形零件约占85%，汽车、拖拉机上的塑性成形零件占60%～80%。

3.1 金属塑性成形工艺原理

金属塑性成形（压力加工）主要是通过工件（坯料）的塑性变形来实现的。塑性成形时，必须对金属材料施加外力，使之产生塑性变形，同时，还必须保证坯料产生足够的塑性变形量而不破裂。金属材料经塑性变形后，其内部组织会发生很大变化，使材料的性能得以提高。为了正确选用塑性成形方法，合理设计塑性成形零件，必须深入了解金属塑性变形的实质及其对金属组织与性能的影响以及其他相关理论。

3.1.1 金属的塑性变形原理

塑性变形的机理、组织与性能

1. 金属塑性变形的实质

大多数工业用金属材料都是由许多位向不同的晶粒组成的多晶体。为便于了解金属塑性变形的实质，首先必须认识单晶体的塑性变形机理。

（1）单晶体的塑性变形　单晶体的塑形变形主要通过滑移和孪生两种方式进行。

1）滑移。金属塑性变形最常见的方式就是滑移，即在切应力τ的作用下，晶体的一部分相对于另一部分沿一定的晶面（滑移面）和一定的晶向（滑移方向）产生相对位移（图3-3）。这种位移在应力去除后不能恢复，从而形成金属的宏观塑性变形。金属晶体在未受外力时，晶格处于正常排列状态（图3-3a）。当切应力较小时，晶格产生扭曲，晶体发生弹性变形（图3-3b）。当切应力进一步增大至超过某一临界值时，晶体的一部分相对于另一部分沿受剪晶面产生滑移（图3-3c）。外力去除后晶格的弹性扭曲消失，但金属原子的滑移被保留下来，金属产生塑性变形（图3-3d）。

事实上，上述理论所描述的滑移运动，相当于滑移面上下两部分晶体彼此以刚性整体做相对运动。由于实际晶体内部存在大量缺陷，其中以位错对金属塑性变形的影响最为明显，实际金属的滑移主要是依靠位错的运动来实现的（图3-4a）。由于位错的存在，部分原子处于不稳定状态。这时，在较小的切应力作用下，处于高位能的原子只需做微量的位移就可以从一个相对平衡的位

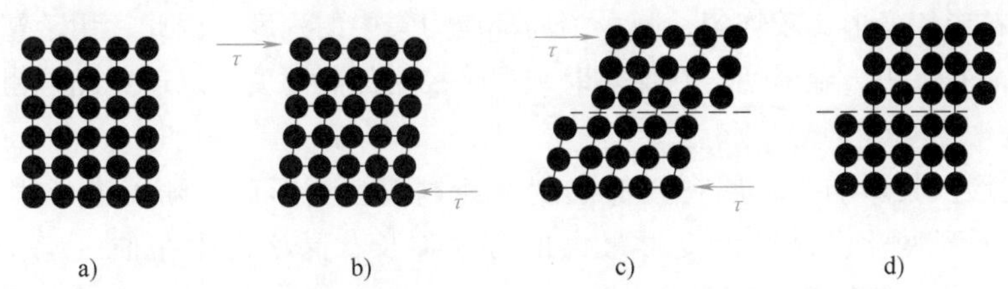

图 3-3　单晶体滑移变形示意图

a）未变形　b）弹性变形　c）弹、塑性变形　d）塑性变形

置移动到另一个位置（图 3-4b），形成位错运动，实现整个晶体的塑性变形。

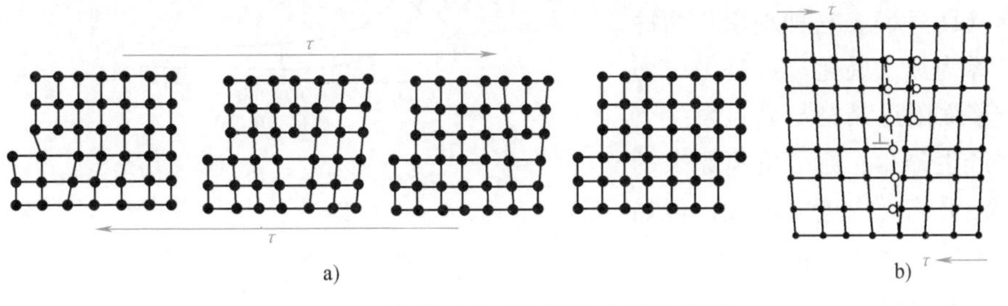

图 3-4　位错运动引起滑移变形示意图

位错运动引起滑移变形动画

2）孪生。孪生是指在切应力作用下，晶体的一部分相对于另一部分沿一定的晶面（孪晶面或孪动面）发生转动，转动后的原子以孪晶面为界面与未转动部分呈镜面对称，其变形过程如图 3-5 所示。当滑移变形受到限制时，塑性变形可能以孪生方式进行。如镁、锌、镉等具有密排六方晶格的金属滑移变形比较困难，容易产生孪生变形；而面心立方晶格的金属一般不易发生孪生变形；体心立方晶格的金属也只有在低温或室温冲击载荷作用下，才可能发生孪生变形。孪生变形量虽小，但由于晶格转动后改变了位向而有利于进一步的滑移。

图 3-5　单晶体在切应力作用下的孪生变形示意图

（2）多晶体的塑性变形　大多数金属材料是多晶体。多晶体是由许多原子呈不同位向排列的单个晶粒组合而成。多晶体的塑性变形包括单个晶体的塑性变形（晶内变形）和各晶粒之间的变形（晶间变形）。晶内变形方式为滑移和孪生；晶间变形方式为晶粒的滑动和转动。多晶体进行塑性变形时，一方面由于多晶体的晶粒取向不同，彼此之间在变形过程中相互约束，滑移时需要各晶粒间相互协调配合转动；另一方面晶界也会对塑性变形产生影响，因而多晶体的塑性变形比单晶体更加复杂，而且需要施加更大的外力。

晶间滑动与移动动画

晶界的存在对多晶体的塑性变性产生很大的障碍，相邻晶粒位向差越大，其影响越大，并且由于晶界上原子排列紊乱，其影响更加显著。显然，晶粒越细小，晶界相对于晶粒体积所占的比例越大，其变形抗力越大，强度越高，同时其塑性也越好。这是因为同样的变形量可以分散在更多的晶粒中，变形比较均匀，减小了局部应力集中的程度。因此，用于塑性成形的金属坯料应具有细晶粒组织，金属坯料在加热时须严格控制加热温度，以避免晶粒粗大。

2. 塑性变形后金属的组织和性能

（1）冷变形及其影响　金属在较低温度下经过塑性变形后，随着变形程度的增加，内部组织将发生下列变化：晶粒沿变形最大的方向伸长；晶格发生扭曲（畸变），产生内应力；滑移面附近及晶粒间产生碎晶。

随着冷变形（再结晶温度以下的变形）程度的增加，材料的力学性能也会随之发生变化，金属的强度、硬度提高，塑性和韧性下降（图 3-6），这种现象称为冷变形强化，又称为加工硬化。这是由于塑性变形引起滑移面附近晶格与晶粒发生严重畸变，甚至产生碎晶，原子偏离原来的平衡位置，内能升高，内应力增大，再加上位错运动产生的缠绕使塑性变形的阻力增大，滑移难以进行所致。

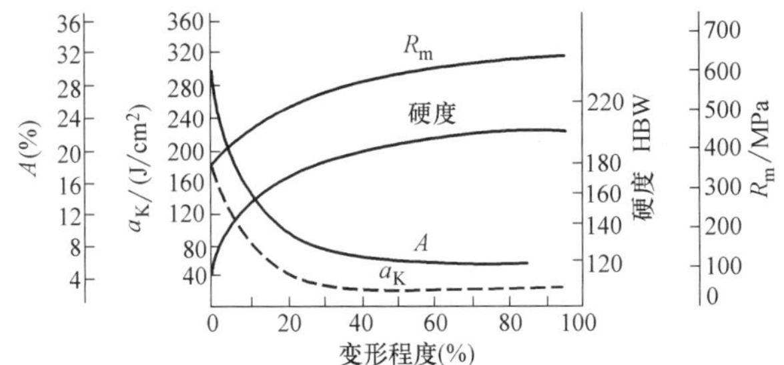

图 3-6　冷变形对低碳钢力学性能的影响

R_m—抗拉强度　HBW—布氏硬度

A—断后伸长率　a_K—冲击韧度

加工硬化现象在工业生产中具有重要意义。生产上常利用加工硬化来强化金属，提高其强度、硬度及耐磨性。尤其对纯金属、某些铜合金及镍铬不锈钢等难以通过热处理强化的材料，加工硬化更是唯一有效的强化方法（如冷轧、拉拔、冷挤压等）。

（2）回复与再结晶　加工硬化是一种不稳定的组织状态。处于高位能的原子具有自发回复到稳定状态的趋势。但是，在常温下原子的活动能力较弱，几乎观察不到。当温度升高时，金属原子获得热能，热运动加剧，最后趋于较稳定的状态，金属的组织和性能也会发生一系列的变化。随着加热温度的提高，冷变形金属相继会发生回复、再结晶和晶粒长大三个阶段的变化，如图 3-7 所示。

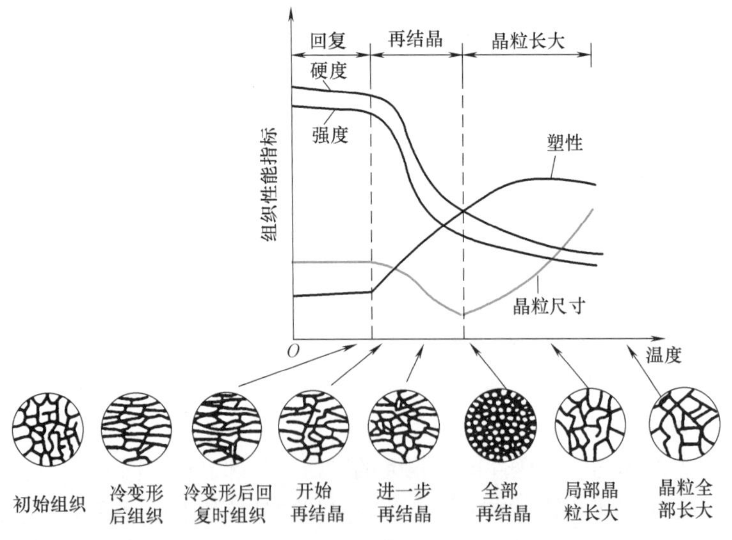

图 3-7　冷变形金属的回复和再结晶示意图

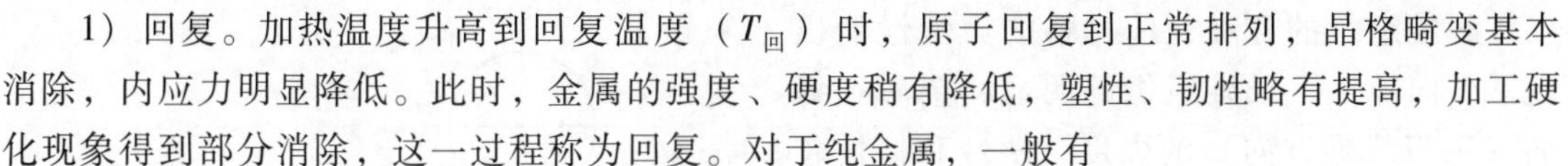

1）回复。加热温度升高到回复温度（$T_{回}$）时，原子回复到正常排列，晶格畸变基本消除，内应力明显降低。此时，金属的强度、硬度稍有降低，塑性、韧性略有提高，加工硬化现象得到部分消除，这一过程称为回复。对于纯金属，一般有

$$T_{回}=(0.25\sim0.3)T_{熔}$$

式中　$T_{回}$——回复温度（K）；

$T_{熔}$——金属的熔点（K）。

实际生产中将这种回复处理称为低温退火（或去应力退火）。它能够降低或消除冷变形金属的残余应力。如碳钢弹簧在冷卷加工后加热到250～300℃进行回复处理，可以减少脆性，适当提高其塑性，而依然保持较高的强度。

2）再结晶。经冷加工变形后的金属重新加热到再结晶温度（$T_{再}$）时，其显微组织会发生显著变化。这时，原子获得了足够的活动能量，能够在高密度位错的晶粒边界或碎晶处形成晶核，并不断长大，形成新的细小的等轴晶粒，从而完全消除晶格畸变和加工硬化现象。金属的强度、硬度降低，塑性、韧性显著提高，内应力完全消除，这一过程称为再结晶(Recrystallization)。一般纯金属的再结晶温度为

$$T_{再}=0.4T_{熔}$$

式中　$T_{再}$——再结晶温度（K）；

$T_{熔}$——金属的熔点（K）。

再结晶以后金属的加工硬化完全消除，并恢复良好的塑性及冷变形前的金属耐蚀性、导电性和导磁性。在实际生产中，如拉拔、冷拉和冲压过程中，由于加工硬化的产生，增加了塑性变形的难度，需要在工序间增加再结晶退火，恢复材料的塑性，以便于进一步加工。

应当注意，再结晶是金属固态下的结晶过程，可以细化晶粒。但再结晶不同于金属的同素异晶转变，因其不发生晶体结构的变化。只有经过冷塑性变形的金属，才能进行再结晶。

3）晶粒长大。再结晶过程完成以后，若继续升高加热温度，或延长保温时间，再结晶产生的细晶粒又会逐渐长大。晶粒长大是一种自发过程，通过大晶粒吞并小晶粒和晶界的迁移来实现。晶粒长大将导致材料的力学性能下降，应尽量避免。

晶粒长大主要受下列因素的影响：

① 加热温度与保温时间。温度越高，晶粒长大越快；保温时间越长，晶粒越粗大。

② 变形程度。变形程度很小时几乎不发生再结晶；当变形程度达到2%～10%时，再结晶晶粒特别粗大（此变形程度称为临界变形度）；超过临界变形度后，随变形量增大，再结晶晶粒细化；当变形程度超过90%以后，在某些金属（如铁）中又会出现晶粒再次粗化的现象。

（3）金属材料的热塑性变形　金属材料在高温下强度下降，塑性提高，易于进行变形加工，故生产中有冷、热加工之分。金属材料在再结晶温度以下进行的塑性变形称为冷变形加工，冷变形加工将产生加工硬化。金属材料在再结晶温度以上进行的塑性变形称为热变形加工，热变形加工时产生的加工硬化将随时被再结晶所消除。

热变形加工可使金属中的气孔和疏松焊合，并可改善夹杂物、碳化物的形态、大小和分布，提高材料的强度、塑性及冲击韧度。

（4）金属的纤维组织与锻造比　在热变形过程中，金属材料内部的夹杂物及其他非基体物质，沿塑性变形方向所形成的流线组织，称为纤维组织（图3-8）。

纤维组织的存在，使材料的力学性能出现了各向异性。纤维组织越明显，金属在纵向（平行纤维方向）的强度、塑性和韧性越高，横向（垂直纤维方向）的同类性能越低。

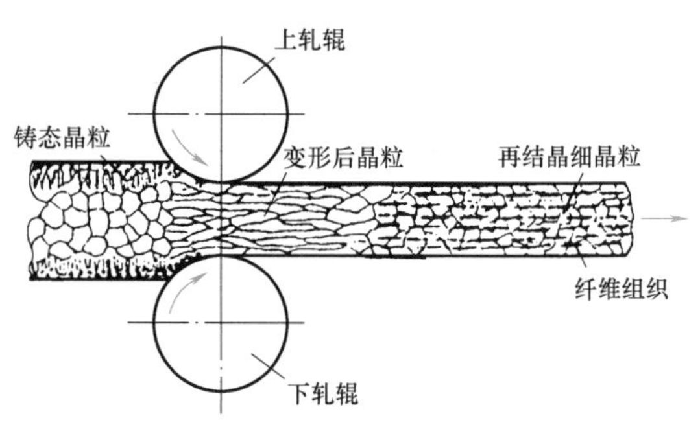

图 3-8 钢锭在热轧时的组织变化示意图

纤维组织的稳定性很高，不会因热处理而改变，只能通过压力加工才能改变其方向和形状。因此，在设计和制造零件时，必须考虑纤维组织的合理分布，充分发挥其纵向性能高的优势，限制其横向性能差的劣势。一般应遵循以下两点：①使零件工作时承受的最大拉应力方向与纤维方向一致，最大切应力方向与纤维方向垂直；②尽可能使纤维方向与零件的外形轮廓相符合而不被切断。生产中用模锻方法制造曲轴，用局部镦粗法制造螺钉，用轧制齿形法制造齿轮（图 3-9），形成的纤维组织流线就能较好地适应零件的受力情况。

纤维组织的明显程度与金属的变形程度有关。变形程度越大，纤维组织越明显。变形程度常用锻造比来表示。

拔长时，锻造比为 $Y_{拔}=S_0/S$

镦粗时，锻造比为 $Y_{镦}=H_0/H$

式中 S_0、H_0——坯料变形前的横截面积和高度；

S、H——坯料变形后的横截面积和高度。

锻造比的大小影响金属的力学性能和锻件质量。通常情况下，增加锻造比有利于改善金属的组织与性能，但锻造比过大也无益。一般来说，当锻造比 $Y<2$ 时，随着锻造比的增加，钢的内部组织不断细密化，锻件力学性能得到明显提高；当 $Y=2\sim5$ 时，在变形金属中开始形成纤维组织，锻件的力学性能开始出现各向异性；当 $Y>5$ 时，钢材组织的紧密程度和晶粒细化程度已接近极限，力学性能不再提高，各向异性则进一步增加。因此，选择合适的锻造比十分重要，应根据坯料的种类、锻件尺寸、所需性能和锻造工序等多方面因素进行选择。用轧制钢材或锻坯作为坯料时，内部组织已得到改善，一般取 $Y=1.1\sim1.5$；用钢锭作为坯料时，对于碳素结构钢，可取 $Y=2\sim3$；对于合金结构钢，可取 $Y=3\sim4$；对于铸造缺陷严重、碳化物粗大的高合金钢钢锭，需采用较大的锻造比，如不锈钢的锻造比取 $Y=4\sim6$，高速钢的锻造比取 $Y=5\sim12$。

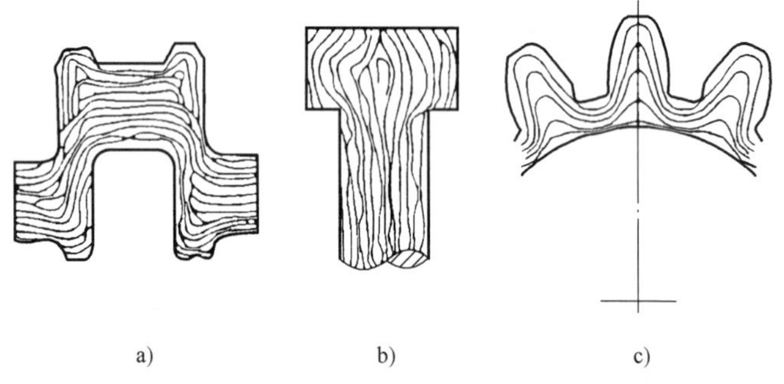

图 3-9 合理的热加工纤维组织流线分布形式

a）模锻制造曲轴 b）局部镦粗制造螺钉 c）轧制齿形制造齿轮

3.1.2 金属材料的塑性成形性能

衡量金属材料通过压力加工获得优质零件难易程度的工艺性能称为塑性成形性能，是指

金属材料在压力加工时，经受塑性变形而不开裂的能力。塑性成形性能常用塑性和变形抗力两个指标进行衡量。金属材料的塑性好，变形抗力小，则塑性成形性能好；反之，则塑性成形性能差。

影响金属材料塑性成形性能的因素包括金属的本质和工艺条件。

1. 金属的本质

（1）化学成分　一般纯金属具有较好的塑性成形性能。合金的强度提高，塑性下降，塑性成形性能变差。合金元素的种类越多、质量分数越大，则塑性成形性能显著下降。因此，低碳钢的塑性成形性能比高碳钢好；碳钢的塑性成形性能比相同碳质量分数的合金钢好；低合金钢的塑性成形性能比高合金钢好。

（2）组织结构　金属内部的组织结构不同，其塑性成形性能有很大差别。纯金属及其固溶体组织具有良好的塑性成形性能；合金中化合物含量的增加会使其塑性成形性能迅速下降；金属在单相状态下的塑性成形性能优于多相状态。因为多相状态下各相的塑性不同，变形不均匀会引起内应力，甚至开裂；细晶组织优于粗晶组织。因而锻造时要控制加热温度，避免晶粒长大。

2. 工艺条件

工艺条件是指金属变形时的温度、变形速度、所受应力状态和坯料的表面状况等。

（1）变形温度　变形温度对材料的塑性和变形抗力影响很大。通常，随着温度的升高，原子的动能增加，热运动加剧，削弱了原子间的作用力，减小了滑移阻力，从而使金属材料的变形抗力减小，塑性提高，塑性成形性能得以改善。热变形抗力通常只有冷变形的1/15~1/10，故热变形在生产中得到广泛应用。

金属的加热应控制在一定的温度范围内，否则会产生过热、过烧、脱碳和严重氧化等加热缺陷。过热是指由于加热温度过高或高温下保温时间过长而引起的晶粒粗大现象。过热组织的力学性能和塑性成形性能均较差。金属的过热组织可通过正火使晶粒细化，恢复其塑性成形性能。过烧是指加热温度过高、接近金属的熔点时，使晶界出现氧化或熔化的现象。过烧组织的晶粒非常组大，且晶界的氧化破坏了晶粒间的结合，使金属完全失去塑性成形性能，是一种不可挽回的加热缺陷。

锻造时，必须合理地控制锻造温度范围，即始锻温度（开始锻造的温度）与终锻温度（停止锻造的温度）之间的温度间隔。始锻温度是指金属在锻造前加热允许的最高温度。始锻温度的确定原则是在不产生过热、过烧等缺陷的前提下，尽量提高，以提高金属的塑性成形性能。在锻造过程中，随着温度的降低，塑性变差，变形抗力增大，当温度降低到一定程度后，不但工件变形困难，而且容易开裂，此时必须停止锻造，继续锻造需重新加热。始锻温度也不能过高，否则停锻后晶粒会在高温下继续长大，造成锻件内部晶粒粗大。终锻温度的确定原则是在不产生裂纹的前提下，尽量降低，以扩大锻造温度范围，提高生产率，并防止锻件冷却后得到粗晶粒组织。

确定锻造温度范围的理论依据主要是合金相图。碳钢的始锻温度应在固相线 AE 以下150~250℃，在1050~1250℃之间，终锻温度约为800℃（图3-10）。亚共析钢的终锻温度虽处于两相区，但仍具有足够的塑性和较小的变形抗力；对于过共析钢，在两相区锻击是为了击碎沿晶界分布的网状二次渗碳体。

（2）变形速度　变形速度是指单位时间内的变形程度。变形速度对金属塑性成形性能的影响如图 3-11 所示。图中变形速度存在一临界值 v_C。低于临界值 v_C 时，随变形速度增加，金属的变形抗力增加，塑性减小。这是由于再结晶过程来不及消除变形所产生的加工硬化现象，残余硬化作用逐渐积累，使塑性成形性能变差。当变形速度高于临界值 v_C 时，由于塑性变形产生的热效应（消耗于金属塑性变形的能量一部分转化为热能，使金属的温度升高）加快了再结晶过程，同时使金属的变形温度提高，金属的塑性提高，变形抗力减小，塑性成形性能得以改善。高速锤锻造便是利用这一原理。

但是，在普通锻压设备上金属的变形速度均不可能高于临界值 v_C。因此，对于塑性较差的材料（如高合金钢）或大型锻件，宜采用较小的变形速度（如在压力机上成形），以防止锻裂坯料。

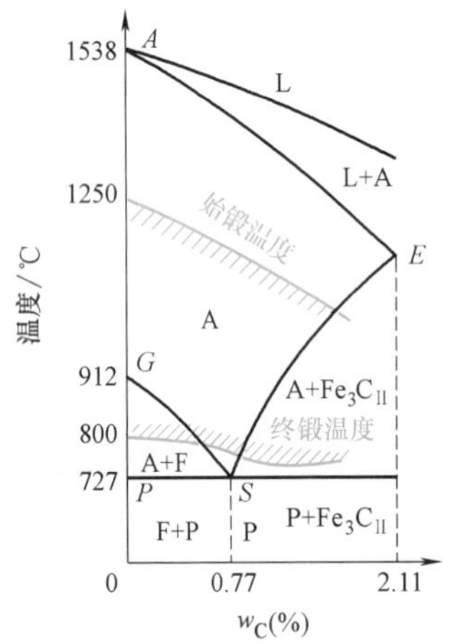

图 3-10　碳钢的锻造温度范围

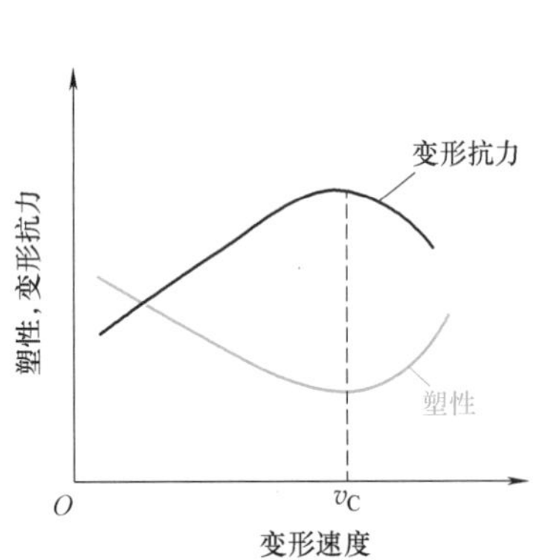

图 3-11　变形速度对金属塑性成形性能的影响

（3）应力状态　应力状态是指金属在压力加工过程中实际所处的受力状态。变形方式不同，在金属中产生的应力状态也不同。即使同一种变形方式，金属内部不同位置的应力状态也可能不同。例如：金属在挤压时三向受压（图 3-12a）表现出较好的塑性，但变形抗力较大；拉拔时两向受压，一向受拉（图 3-12b），与挤压相比，表现出较低的塑性和较小的变形抗力；（平砧）镦粗时（图 3-12c），坯料内部处于三向压应力状态，但侧面表层在水平方向上却处于拉应力状态，因而工件的侧表面上容易产生垂直方向的裂纹。

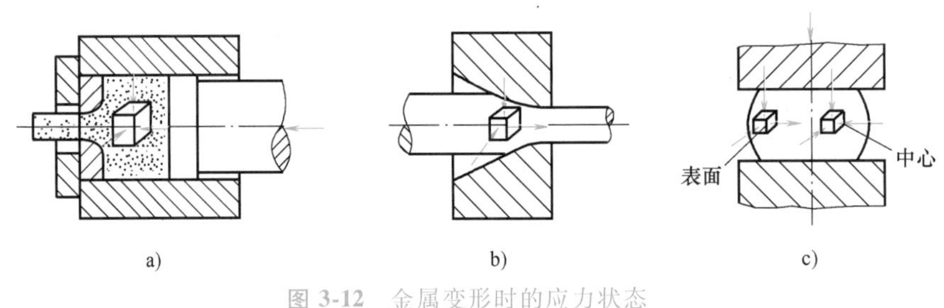

图 3-12　金属变形时的应力状态

a）挤压　b）拉拔　c）镦粗

三向受压时金属的塑性最好，出现拉应力则使塑性降低。这是因为压应力阻碍了微裂纹的产生和扩展，而金属处于拉应力状态时，内部缺陷处会产生应力集中，使裂纹扩展而导致

金属的破坏。因此，选择变形方法时，应考虑应力状态对金属塑性成形性能的影响。对于塑性较好的金属材料，变形时出现拉应力可以减少变形时的能量消耗；但对于塑性较差的坯料，应避免在拉应力状态下成形，尽量在三向压应力状态下成形，以防止产生裂纹。但由于变形抗力增大，需要相应增加加工设备的吨位。

坯料的表面状况对材料的塑性也有影响，在冷变形时尤为显著，坯料表面粗糙或有刻痕、微裂纹和粗大夹杂物等，都会在变形过程中产生应力集中而引起开裂。故应在加工前对坯料进行清理，消除表面缺陷。

3.1.3 金属塑性变形的基本定律

金属的塑性变形遵循两个基本定律：体积不变定律和最小阻力定律。

1. 体积不变定律

金属的体积在塑性变形过程中保持不变，即金属在变形前的体积等于变形后的体积。金属的塑性变形过程实际上是通过金属流动而使金属体积再分配的过程，因而遵循体积不变定律。

事实上，金属在塑性变形过程中，其体积总会发生一些很小的变化，但这种变化对锻造生产来说非常微小，可以忽略不计。在计算锻件坯料尺寸和各种工序间尺寸时，均可根据体积不变定律进行计算。

2. 最小阻力定律

最小阻力定律是指金属变形时总是向着阻力最小的方向流动。变形物体内某一质点流动阻力最小的方向是通过该质点向金属变形部分的周边所作的法线方向。因为质点沿此方向移动的距离最短，所需的变形功最小。

根据最小阻力定律，能够确定金属变形时各部分的流动方向及其所受阻力间的简单关系。影响金属流动的因素有变形金属与工具接触面上的摩擦、工具与坯料间的相互作用，以及坯料化学成分、组织结构和温度分布的不均匀性等。如图 3-12c 所示的圆柱体坯料在镦粗后侧面形成鼓形，轴向截面上变形不均匀。这些现象就是由于变形金属上下表面与工具接触面间的摩擦以及坯料内外温度分布不均等因素所影响，导致金属各部分流动阻力不同而引起的。侧面的中间横断面部分的金属变形时流动阻力最小，因而出现鼓肚状。

掌握和运用金属流动规律，可以采取相应措施，使金属按预定方向流动，以获得所需形状和尺寸的锻件。

3.2 金属塑性成形工艺方法

自由锻造

3.2.1 自由锻造

自由锻造是利用冲击力或静压力使金属坯料在上、下砧铁之间产生塑性变形，获得锻件的工艺方法。坯料在锻造过程中，除与上、下砧铁或其他辅助表面接触的部分表面外，都是自由表面，变形不受限制，故称自由锻造。

自由锻造通常采用热变形，常以逐段变形的方式达到成形的目的。自由锻造所用工具和设备简单，通用性好，工艺灵活，成本低。锻件质量可以从数十克到二三百吨，对于大型锻件，如轧辊、发电机转子、大型主轴、汽轮机叶轮、大型多拐曲轴等，大多采用自由锻的方法成形。因此，自由锻在重型机械制造中占有重要地位。但是，自由锻件精度低，加工余量大，生产率低，故主要用于单件、小批量生产。

新中国最早的万吨水压机

1. 自由锻设备

自由锻设备按其对坯料产生的作用力性质的不同，可分为锻锤（空气锤、蒸汽-空气自由锻锤）和液压机（水压机、油压机）两大类。

自由锻锤包括空气锤和蒸汽-空气自由锻锤等。空气锤利用电动机带动活塞产生压缩空气，使锤头上下往复运动进行锤击。它的特点是结构简单、操作方便、维护容易，但吨位较小（小于750kg），只能用来锻造100kg以下的小型锻件。蒸汽-空气自由锻锤是以蒸汽和压缩空气作为动力实现锤头的连续击打动作，其吨位稍大，可以锻造中型或较大型锻件。蒸汽-空气自由锻锤的吨位可达630～5000kg，可锻造小于1500kg的锻件。锻锤的吨位以落下部分（活塞、锤杆和上砧）的质量来表示。

水压机产生静压力使金属坯料变形。目前大型水压机可达万吨以上，能锻造300t的锻件。水压机的吨位以所能产生的最大压力来表示，一般为5～150MN。

水压机的优点在于它以压力代替锻锤的冲击力，工作时的振动和噪声小，变形速度低（水压机上砧的移动速度为0.1～0.3m/s，锻锤锤头的移动速度可达7～8m/s），有利于改善坯料的塑性成形性能。由于静压力作用时间长，容易达到较大的锻透深度，可获得整个断面均为细晶组织的锻件。但水压机设备庞大，造价高，一般用于碳钢、合金钢等大型锻件的单件、小批量生产。

2. 自由锻基本工序

平砧镦粗　拔长　芯轴拔长　冲孔　错移

自由锻工序分为基本工序、辅助工序和修整工序。基本工序是使金属产生塑性变形，以达到锻件所需形状和尺寸的工序，包括镦粗、拔长、冲孔、弯曲、扭转、错移和切割等。辅助工序是为基本工序操作方便而进行的预变形工序，如压钳口、倒棱及切肩等。修整工序有校直、滚圆、平整等。表3-1列出了常用自由锻基本工序的定义及应用。

表3-1　常用自由锻基本工序的定义及应用

工序名称		定义	图例	应用
镦粗	平砧镦粗(图a) 局部镦粗(图b)	平砧镦粗：减少坯料高度而增大其横截面积的锻造工序 局部镦粗：对坯料上某一部分进行镦粗	D_0　H_0 a) 平砧镦粗　b) 局部镦粗	1)制造盘类零件，如齿轮坯、圆盘等 2)作为冲孔前的准备工序 3)增大锻造比
拔长	平砧拔长(图a) 芯轴拔长(图b)	平砧拔长：使坯料横截面积减小、长度增加的锻造工序 芯轴拔长：减小空心毛坯的外径和壁厚，增加其长度	a) 平砧拔长　b) 芯轴拔长	1)制造细长类锻件，如轴类、连杆等 2)制造空心长轴类、圆环类锻件，如炮筒、圆环、套筒等

（续）

工序名称		定　义	图　例	应　用
冲孔	实心冲子冲孔（图a） 空心冲子冲孔（图b）	冲孔：用冲头在坯料上冲出通孔或不通孔的锻造工序	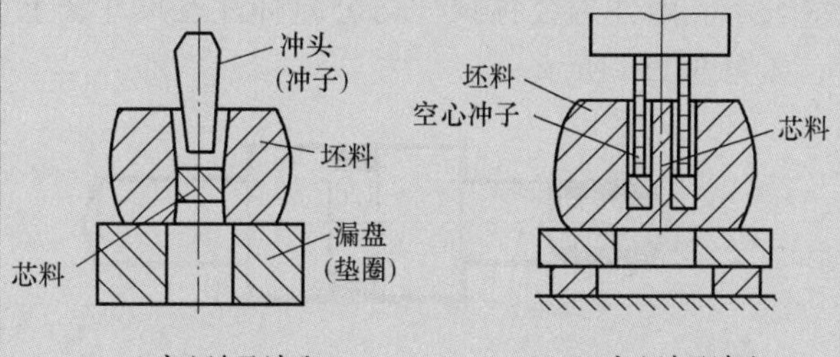 冲头（冲子）　坯料　漏盘（垫圈）　芯料 a) 实心冲子冲孔 坯料　空心冲子　芯料 b) 空心冲子冲孔	1)锻造各种带孔锻件和空心锻件，如齿轮、圆环、套筒等 2)锻件质量要求高的大型工件，可用空心冲子去掉质量较低的铸锭中心部分
弯曲		将坯料弯成一定角度和形状的工序	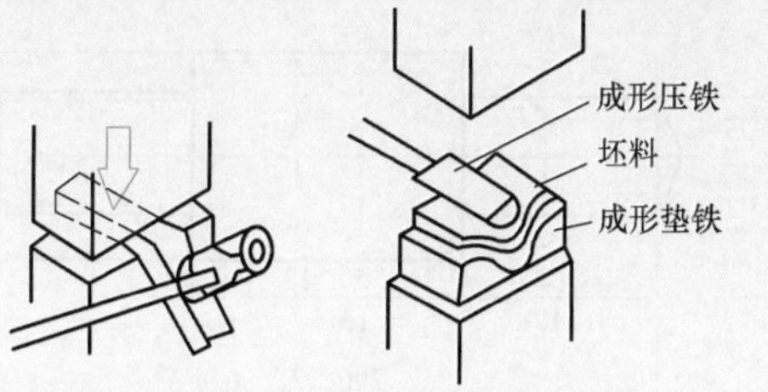 成形压铁　坯料　成形垫铁	用来生产吊钩、弯板、链环等
扭转		将坯料的一部分相对于另一部分旋转一定角度的工序	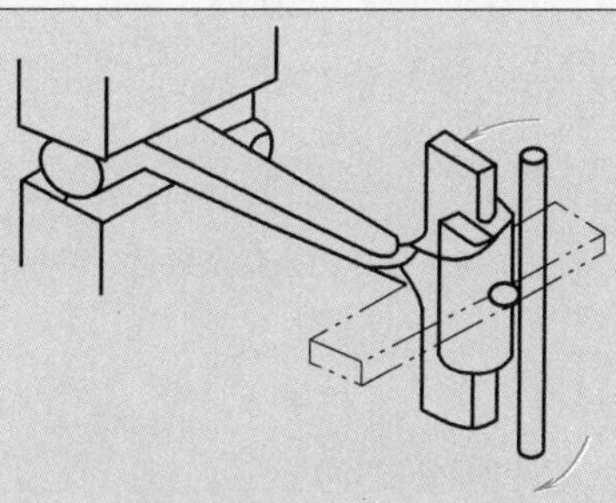	用来制造多拐曲轴和连杆等
错移		将坯料的一部分相对于另一部分错开，但两部分的轴线仍保持平行的工序	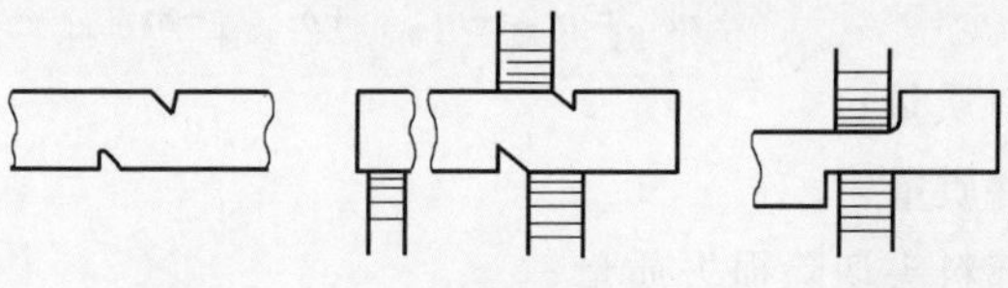 a) 压肩　b) 锻打　c) 修整	用于曲轴等的制造

3. 自由锻工艺规程的制订

制订工艺规程、编写工艺卡片是进行自由锻生产必不可少的技术准备工作，是组织生产、规定操作规范、控制和检查产品质量的依据。其主要内容和步骤如下：

（1）绘制锻件图　锻件图是自由锻工艺规程中的核心内容，是以零件图为基础结合自由锻工艺特点绘制而成的。绘制锻件图应考虑以下几个因素：

1）敷料。为了简化锻件形状、便于锻造而增加的一部分金属称为敷料。当零件上带有难以直接锻出的凹槽、台阶、凸肩、小孔时，均需添加敷料，如图 3-13a 所示。

2）加工余量。锻件上需要切削加工的表面，应留有加工余量。锻件加工余量的大小与零件的形状、尺寸等因素有关。零件越大，形状越复杂，则余量越大。加工余量的具体数值可结合生产的实际条件查表确定。

3）锻件公差。零件的公称尺寸加上加工余量即为锻件的公称尺寸。锻件公差是指锻件公称尺寸的允许变动量。公差的数值可查阅有关手册，通常为加工余量的 1/4~1/3。

确定了加工余量、公差和敷料后，便可绘出锻件图。锻件图的外形用粗实线表示，零件的外形用双点画线表示。锻件的公称尺寸与公差标注在尺寸线上面，零件的尺寸标注在尺寸线下面的括号内，如图 3-13b 所示。

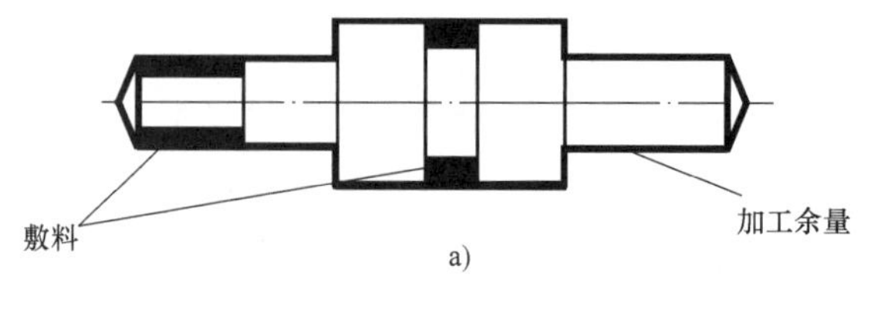

a)

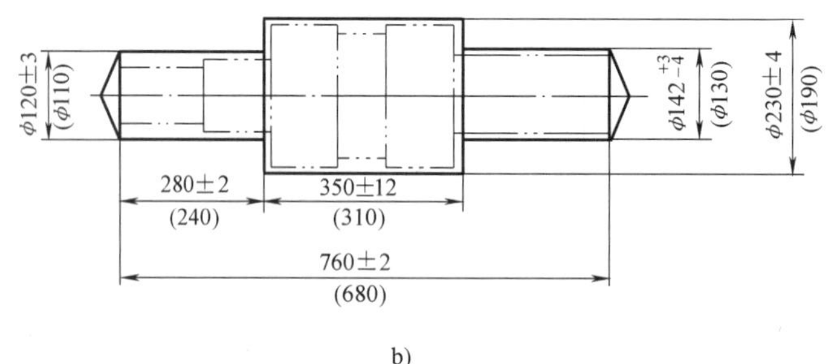

b)

图 3-13　锻件工艺图
a）锻件的余量及敷料　b）锻件图

（2）确定坯料质量及尺寸

1）坯料质量的计算。其计算公式为

$$m_{坯}=m_{锻}+m_{料头}+m_{芯料}+m_{烧损}$$

式中　$m_{坯}$——坯料质量；

$m_{锻}$——锻件质量；

$m_{料头}$——端部料头切除损失质量；

$m_{芯料}$——冲孔时芯料的质量；

$m_{烧损}$——加热时坯料表面氧化而烧损的质量。

2）坯料尺寸的确定。首先根据材料的密度和坯料质量计算坯料的体积，然后再根据基本工序的类型（如拔长、镦粗）及锻造比计算坯料横截面积、直径、边长等尺寸。

镦粗时，坯料的高径比（H_0/D_0）应大于 1.25，但必须小于 2.5。

由于坯料的质量已知，可先计算出坯料的体积，再确定坯料的截面尺寸（直径或边长），最后确定坯料的长度。

拔长时，根据坯料拔长后的最大截面需满足锻造比 Y 的要求，坯料截面积 $S_{坯}$ 应大于或等于锻件最大截面积 $S_{锻max}$ 的 1.1~1.5 倍，即 $S_{坯} \geqslant YS_{锻max}=(1.1\sim1.5)S_{锻max}$。

（3）选择锻造工序　锻造工序应根据锻件的形状、尺寸和技术要求，并综合考虑生产批量、生产条件以及各工序的变形特点，参照有关典型零件的自由锻工艺确定。常见锻件的自由锻工序见表 3-2。

 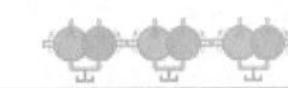

表 3-2 常见锻件的自由锻工序

锻件类别	常见锻件	图例	锻造工序
盘类零件	齿轮、凸轮等		镦粗、冲孔
轴杆类零件	传动轴、连杆等		镦粗、拔长、切肩
筒类零件	筒体等		镦粗、冲孔、在芯轴上拔长
环类零件	圆环、法兰、齿圈等		镦粗、冲孔、扩孔
曲轴类零件	曲轴、偏心轴等		拔长、错移、扭转
弯曲类零件	吊钩、轴瓦等		拔长、弯曲

此外，自由锻工艺规程还包括：确定锻造设备、所用工辅具、锻造温度范围、加热设备、加热次数（即火次）、冷却规范和锻件的后续处理等。

自由锻造工艺规程各项内容所组成的工艺文件就是工艺卡。盘类典型锻件齿轮坯的自由锻工艺卡见表 3-3。

表 3-3 盘类典型锻件齿轮坯的自由锻工艺卡

锻件名称	齿轮坯	工艺类别	自由锻
材料	45	设备	65kg 空气锤
加热火次	1	锻造温度范围	1200~800℃
锻件图		坯料图	
$\phi28\pm1.5$ 29 ± 1 44 ± 1 $\phi58\pm1$ $\phi92\pm1$		$\phi50$ 125	

（续）

序号	工序名称	工序简图	使用工具	操作要点
1	镦粗	45	夹钳、镦粗漏盘	控制镦粗后的高度为45mm
2	冲孔		夹钳、镦粗漏盘、冲子、冲孔漏盘	1)注意冲子对中 2)采用双面冲孔，图示为翻转冲透的状态
3	修整外圆	φ92±1	夹钳、冲子	边轻打边旋转锻件，使外圆消除纹形并达到(φ92±1)mm
4	修整平面	44±1	夹钳、镦粗漏盘	轻打(如砧面不平，需边打边转动锻件)，使锻件厚度达到(44±1)mm

3.2.2 模型锻造

模型锻造

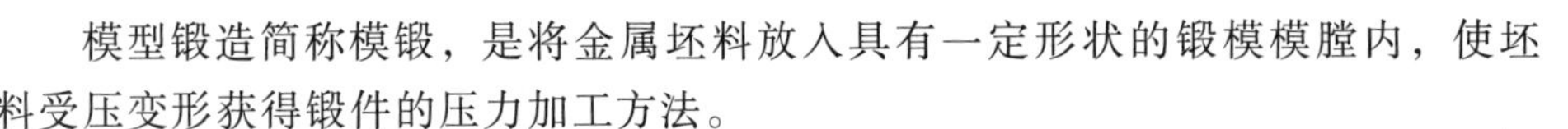

模型锻造简称模锻，是将金属坯料放入具有一定形状的锻模模膛内，使坯料受压变形获得锻件的压力加工方法。

与自由锻相比，模锻件的形状和尺寸比较精确，机械加工余量较少，节省加工工时，材料利用率高；可以锻制形状复杂的锻件，锻件纤维组织分布更加合理，力学性能高；生产率高，操作简单，劳动强度低，对工人技术水平要求不高，易于实现机械化和自动化。但由于模型锻造是整体变形，变形抗力较大，受模锻设备吨位的限制，模锻件的质量一般在150kg以下。由于制造锻模成本很高，所以模锻只适用于中小型锻件的成批大量生产。

按照使用的设备不同，模锻可分为锤上模锻、压力机上模锻和胎模锻造等。

1. 锤上模锻

锤上模锻所用设备有蒸汽-空气模锻锤、液压锤和高速锤等。一般工厂主要采用蒸汽-空气模锻锤，其结构简图如图 3-14 所示。其工作原理与蒸汽-空气自由锻锤基本相同，但由于模锻时受力大，锻件精度要求高，故模锻设备的刚性好，导向精度高。锤头与导轨之间的间隙比自由锻锤小，以保证上、下模的合模准确性；机架直接与砧座相连，以提高设备刚度和抗冲击能力。模锻锤的吨位一般为 1~16t。

（1）锻模结构　锤上模锻的锻模由上模和下模组成，如图 3-15 所示。上模和下模分别用楔铁固定在锤头和模垫上，模垫用楔铁固定在砧座上。上模随锤头做上下往复运动，上下模合在一起形成完整的模膛。

模膛是形成锻件基本形状和尺寸的空腔，飞边槽用于增加金属从模膛中流出的阻力，促使金属充满模膛，并容纳多余的金属。

锤上模锻动画

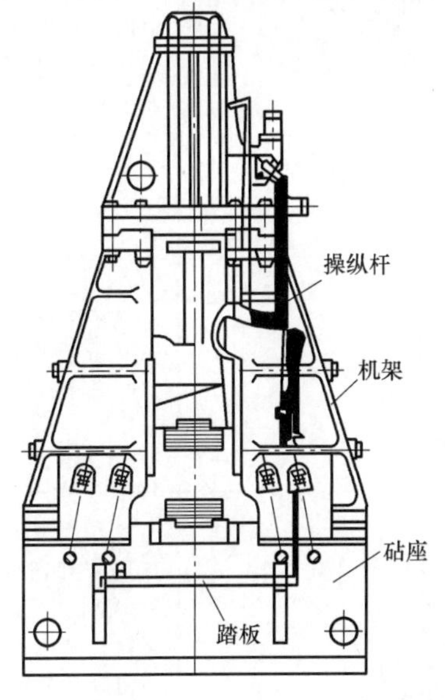

图 3-14　蒸汽-空气模锻锤结构简图

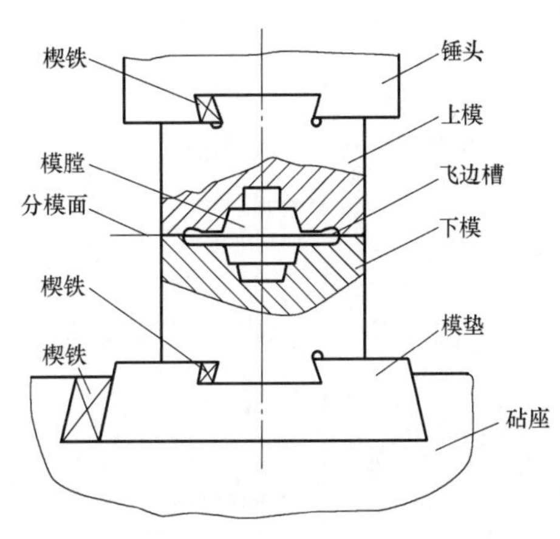

图 3-15　锤上模锻用锻模

（2）模膛的分类　锻模模膛根据其功能的不同，分为模锻模膛和制坯模膛两大类（表 3-4）。

根据模锻件的复杂程度不同，所需变形的模膛数量不等，可将模膛设计成单膛锻模或多膛锻模。单膛锻模是在一副锻模上只有一个终锻模膛。多膛锻模是在一副锻模上有两个以上模膛的锻模，如弯曲连杆模锻件的锻模即为多膛锻模。一般情况下，多膛锻模设计时将模锻模膛设置在锻模的中部，而制坯模膛排在两侧。图 3-16 所示为弯曲连杆的多膛锻模及成形过程。

（3）模锻工艺规程的制订

1）模锻件图的绘制。模锻件图是确定模锻工艺、设计和制造锻模、计算坯料及检验锻件的重要依据。绘制模锻件图时，应考虑的主要问题有：

① 选择分模面。分模面是上下锻模在锻件上的分界面。分模面的位置关系到锻件的成形、出模、锻模制造和材料利用率等一系列问题。一般按以下原则确定分模面：

a. 应保证锻件从模膛中顺利取出，故分模面一般应选取在锻件的最大截面上。

表 3-4　锻模模膛分类及用途

类别	性　质	模膛名称	简　图	用　途
制坯模膛	改变坯料横截面积和形状，使金属合理分布并基本接近锻件形状，以利于金属顺利充满模锻模膛	拔长模膛	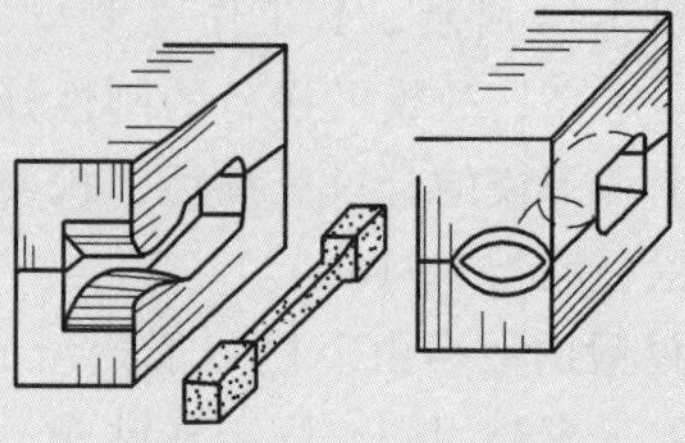 a) 开式　b) 闭式	减小坯料某部分的横截面积，增加其长度，兼有去除氧化皮的作用。主要用于长轴类锻件的制坯
		滚压模膛	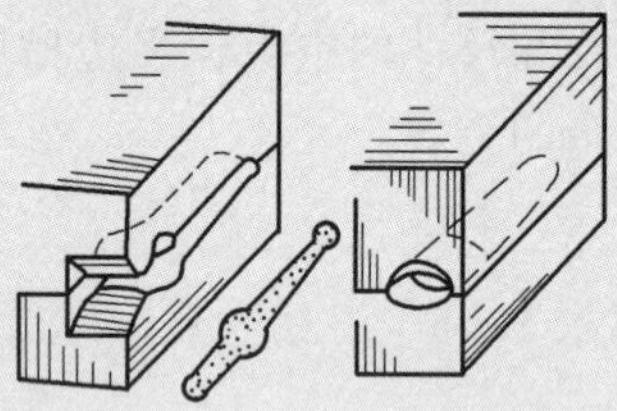 a) 开式　b) 闭式	在坯料长度基本不变的前提下，减小某部分的横截面积，增大另一部分的横截面积。主要用于某些变截面长轴类锻件的制坯
		弯曲模膛	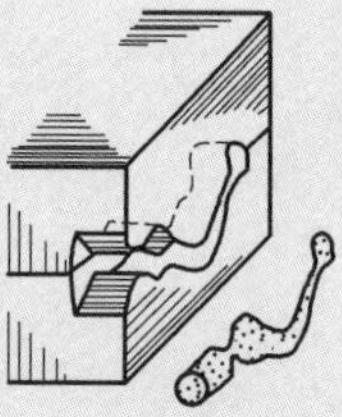	改变坯料轴线形状。主要用于具有弯曲轴线的锻件的制坯
		切断模膛		用来切断金属。单件锻造时，从坯料上切下锻件或从锻件上切下钳口。多件锻造时，用于分离成单个锻件
模锻模膛	使坯料进一步变形，直至最终形成锻件	预锻模膛	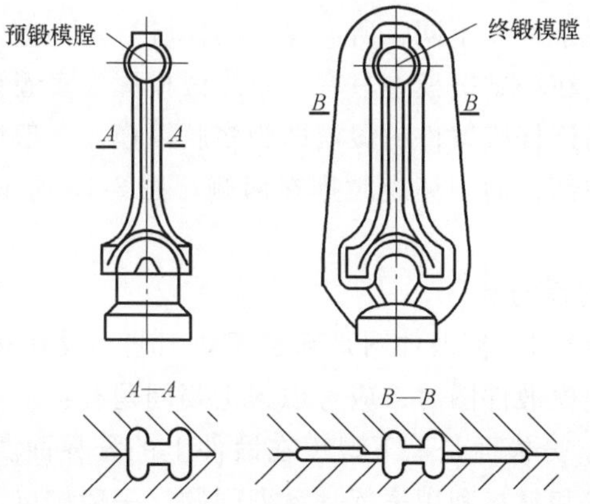 预锻模膛　A　A　终锻模膛　B　B	使坯料变形到接近于锻件的形状和尺寸，以利于锻件在终锻时清晰成形，提高锻件质量，并减少终锻模膛的磨损，延长锻模的使用寿命。无飞边槽，主要用于形状复杂的锻件
		终锻模膛	A—A　B—B	最终形成所需形状和尺寸的锻件。有飞边槽，其作用是增加金属流动的阻力，促使金属更好地充满模膛并容纳多余的金属

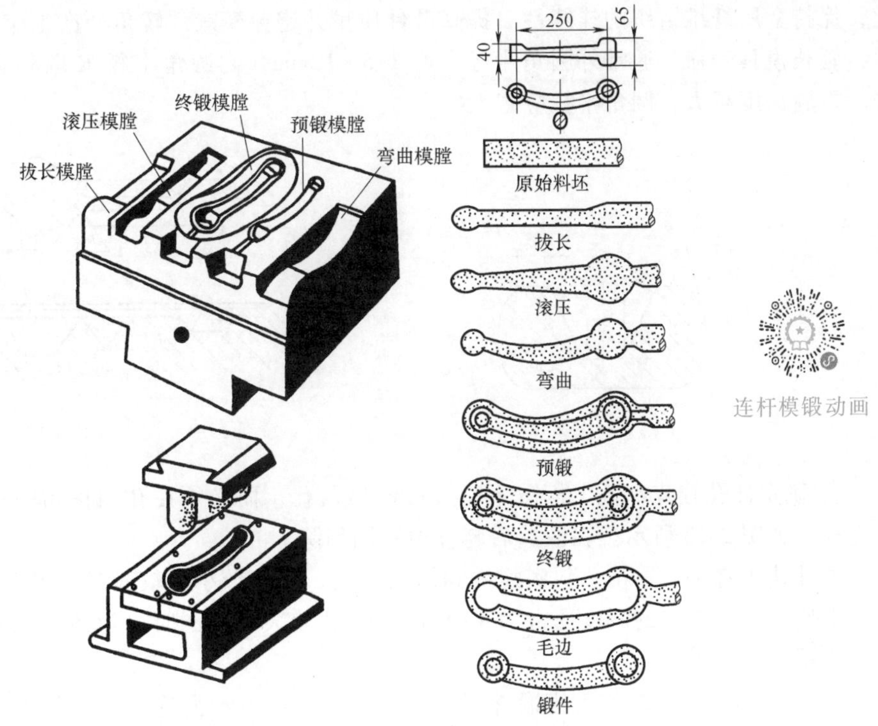

连杆模锻动画

图 3-16 弯曲连杆的多膛锻模及成形过程

b. 应使模膛浅而对称，以利于金属充满模膛，便于取出锻件。

c. 应使锻件上所加敷料最少，以节约金属，减少机械加工的工作量。

d. 应使分模面处上、下模模膛的外形一致，以便及时发现错模并进行调整，且分模面最好是平直面。

根据上述原则综合分析，图 3-17 所示零件中 d—d 面是最合理的分模面。

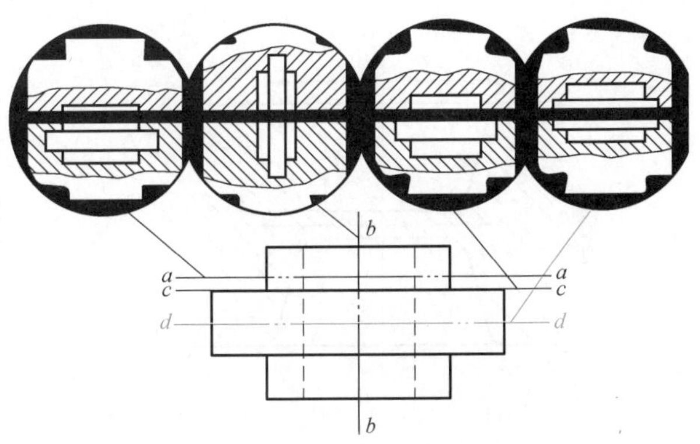

图 3-17 分模面的选择

② 确定机械加工余量、公差和敷料。模锻时坯料是在模膛内成形，因此模锻件的形状可以较复杂，尺寸较精确，所加敷料较少，机械加工余量和公差也比自由锻件小得多。

通常，模锻件的机械加工余量一般为 1~4mm，公差在 0.6~6mm 之间，具体数值可根据锻件的尺寸、形状、复杂程度、材料及精度要求等查阅有关手册确定。模锻件均为批量生产，应尽量减少或不加敷料，直径小于 25mm 的孔一般不予锻出。

③ 确定模锻斜度和圆角半径。为便于将锻件从模膛中取出，在锻件平行于锤击方向的表面应具有一定的斜度。模锻斜度如图 3-18 所示，外斜度 α_1（锻件外壁上的斜度）一般取 5°~10°，内斜度 α_2（锻件内壁上的斜度）一般取 7°~15°。

模锻件上所有两表面的交角处均应设计成圆角（图 3-19），以利于金属的流动和充满模膛，保持金属纤维组织的连续性，提高锻件质量并避免模锻件转角处产生应力集中及变形开裂，延长模具寿命。通常外圆角半径 r 取 1.5～12mm，内圆角半径 R 取外圆角半径的 3～4 倍。模膛深度越大，圆角半径应越大。

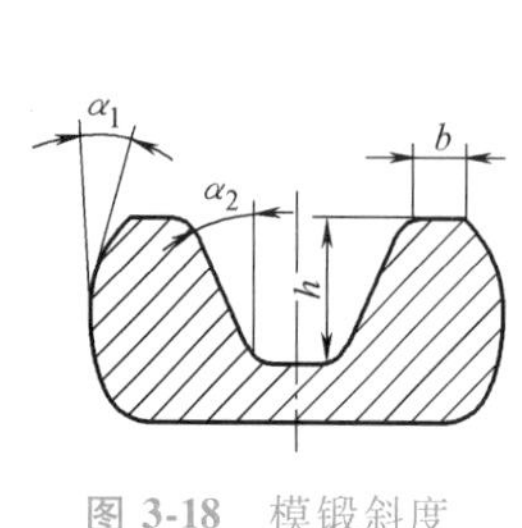

图 3-18　模锻斜度

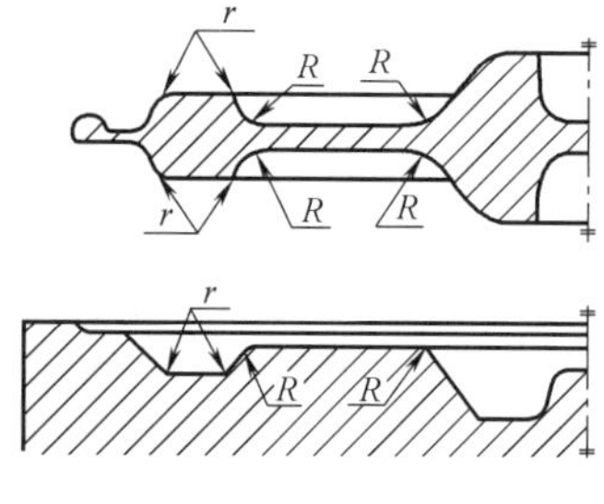

图 3-19　模锻圆角半径

④ 确定冲孔连皮。锤上模锻不能直接锻出通孔，而必须在孔内保留一层金属，称为冲孔连皮，如图 3-20 所示。在锻造后与飞边一同切除。

冲孔连皮有平底连皮、斜底连皮等结构型式，当孔较小、较浅时（孔径为 25～60mm），采用平底连皮，连皮的厚度通常为 4～8mm；当孔较大、较深时，为便于孔底金属向四周排出，应采用斜底连皮。

图 3-21 所示为齿轮坯的模锻件图。图中双点画线表示齿轮零件的外形，实线表示锻件的外形轮廓。

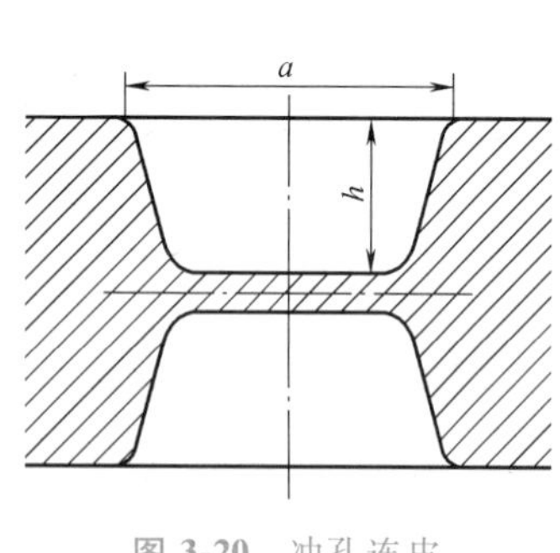

图 3-20　冲孔连皮

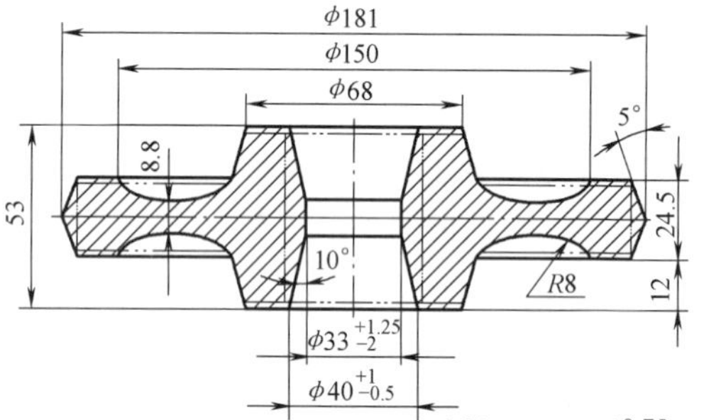

未注圆角 R 为2.5mm，公差：高度 $^{+1.50}_{-0.75}$ mm，水平 $^{+0.75}_{-1.15}$ mm

图 3-21　齿轮坯的模锻件图

2）模锻工序的选择。模锻工序主要根据锻件的形状和尺寸来确定。模锻件按其形状可分为两大类：一类是长轴类零件，如台阶轴、曲轴、连杆、变速叉、弯曲摇臂等，如图 3-22 所示，其模锻工序通常采用拔长、滚压、预锻和终锻等工序，对于弯轴类零件，还要在预锻之前附加弯曲工序；另一类是盘类零件，如齿轮、十字轴、法兰盘等，如图 3-23 所示，其模锻工序一般采用镦粗或压扁模膛制坯后终锻成形，带孔锻件在终锻后应有冲孔工序切除飞边和冲孔连皮。

坯料在锻模内制成模锻件后，尚需经一系列修整工序，以保证和提高锻件质量。修整工序包括切边、冲孔、校正、热处理和清理等。模锻件一般都带有飞边和冲孔连皮，需在压力机上的切边模和冲孔模上将其切去。当锻件为大量生产时，切边和冲孔连皮可在一个较复杂的复合模或连续模上联合进行；模锻件进行热处理的目的是消除模锻件的过热组织或冷变形强化组织，使模锻件具有所需的力学性能，一般采用正火或退火；清理是为了提高模锻件的

表面质量、改善切削加工性能而对锻件进行的表面处理，去除在生产过程中形成的氧化皮、所沾油污及其他表面缺陷等。

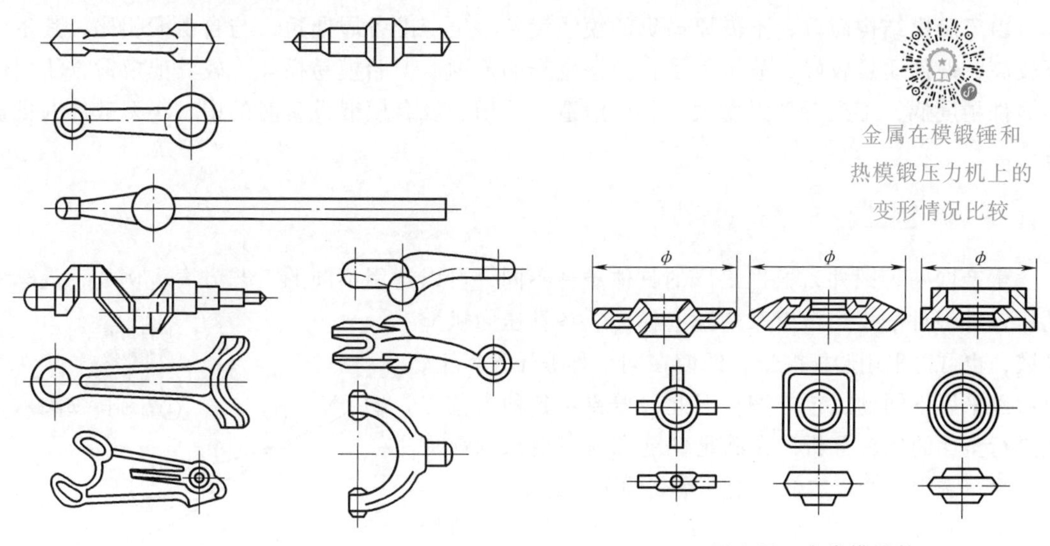

图 3-22　长轴类模锻件　　　图 3-23　盘类模锻件

2. 压力机上模锻

锤上模锻具有设备投资较少，锻件质量较高，适应性强，可以实现多种变形工步，锻制不同形状的锻件等优点，因此在中小锻件的生产中得到了广泛应用。目前，锤上模锻是我国应用最多的一种模锻方法。但由于锤上模锻振动、噪声大，蒸汽做功效率低，能源消耗大；完成一个变形工步往往需要多次锤击，难以实现机械化和自动化，因此在大批量生产中有逐渐被压力机上模锻所取代的趋势。生产上常用的压力机有曲柄压力机、摩擦压力机、平锻（压力）机等。

3. 胎模锻造

胎模锻造是在自由锻设备上使用胎模生产模锻件的工艺方法，是一种介于自由锻和模锻之间的锻造方法。一般采用自由锻制坯，然后在胎模中终锻成形。

胎模的种类较多，主要有扣模、筒模和合模三种，如图 3-24 所示。扣模用来对非回转

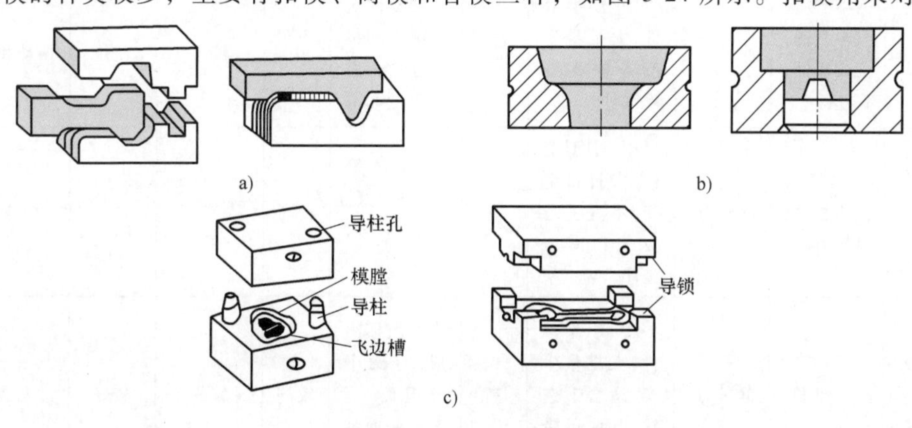

图 3-24　胎模的分类

a）扣模　b）筒模　c）合模

体锻件的局部或整体成形，也可以为合模锻造制坯；筒模主要用于锻造齿轮、法兰盘等回转体盘类锻件；合模由上模和下模组成，主要用于生产形状复杂、精度较高的非回转体锻件。

由于胎模结构简单，不需要昂贵的模锻设备，生产准备周期短，与自由锻相比，其生产率较高，锻件质量较好，故扩大了自由锻生产的范围。但胎模易损坏，较其他模锻方法生产的锻件精度低，工人劳动强度大。胎模锻造主要用于没有模锻设备时的中、小型锻件的批量生产。

3.2.3 锻造工艺方案的选择

生产同一种锻件，根据工厂的具体条件不同，可以选用不同的工艺方案。例如，汽车发动机连杆锻件的生产可以采用锤上模锻、各种压力机上模锻，也可以采用胎模锻造。即使在同一种锻压设备上，也可以采用不同的工艺方案，因此，需要对各种工艺方案进行全面的比较分析，在满足性能和质量要求的前提下，尽量选用生产成本低、生产率高的工艺方案。

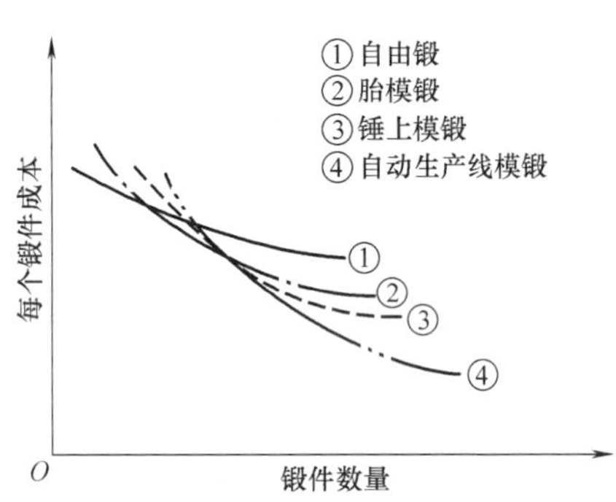

图 3-25 生产批量对锻件成本的影响

锻件的成本由原材料、模具、工资、直接和间接管理费用、能源耗费等组成。各部分的比例随工艺方案的合理性和管理水平而异。工艺方案的确定应以生产批量为重要依据，并综合考虑各种因素，合理选择锻造方法。图 3-25 所示为采用不同的锻造方法时生产批量与成本的变动情况。表 3-5 列出了常用锻造方法的特点及应用比较。

表 3-5 常用锻造方法的特点及应用比较

加工方法		使用设备	锻造力性质	应用范围	生产率	模具特点	模具寿命	机械化与自动化	劳动条件	对环境影响
自由锻		空气锤	冲击力	小型锻件，单件、小批生产中型锻件，单件、小批生产大型锻件	低	无模具		难	差	振动和噪声大
		蒸汽-空气自由锻锤	冲击力							
		水压机	静压力							
模锻	锤上模锻	蒸汽-空气模锻锤、无砧座锤、高速锤	冲击力	中、小型锻件，大批量生产各种类型模锻件	高	锻模固定在锤头和模座上，模膛复杂，造价高	中	较难	较差	振动和噪声大
	曲柄压力机上模锻	热模锻压力机、曲柄压力机	静压力	中、小型锻件，大批量生产，不宜进行拔长和滚压工序	高	组合模具，有导柱、导套和顶出装置	较高	易	好	较小
	平锻机上模锻	平锻机	静压力	中、小型锻件，大批量生产，适合锻造法兰轴和带孔的模锻件	高	三块模组成，有两个分模面，可锻出侧面带凹槽的锻件	较高	较易	较好	较小

（续）

加工方法		使用设备	锻造力性质	应用范围	生产率	模具特点	模具寿命	机械化与自动化	劳动条件	对环境影响
模锻	摩擦压力机上模锻	摩擦压力机	介于冲击力和静压力之间	小型锻件，中、小批量生产，可进行精密模锻	较高	一般为单模膛	较高	较易	好	较小
	胎模锻	空气锤、蒸汽-空气自由锻锤	冲击力	中、小型锻件，中、小批量生产	较高	模具简单，且不固定在设备上，取换方便	较低	较易	差	振动和噪声大

3.2.4 板料冲压

板料成形

1. 板料冲压的特点、应用及设备

板料冲压是利用冲模在压力机上对金属板料施加压力，使其产生分离或变形，从而获得所需零件的加工方法。板料冲压通常是在常温下进行的，故又称为冷冲压，只有当板厚大于10mm时，才采用热冲压。

板料冲压具有以下特点：

1）生产率高，操作简单，工艺过程易于实现机械化和自动化。

2）产品的尺寸精度和表面质量较高，互换性好，一般无须切削加工。

3）可以冲压出形状复杂的零件，废料少，材料利用率高。

但是，冲模制造复杂，成本高，只有在大批量生产的条件下，才能显示出优越性。

板料冲压的应用广泛，既适用于金属材料，也适用于非金属材料；既可加工仪表上的小型零件，也可加工汽车覆盖件等大型零件。在汽车、拖拉机、航空、机电、仪表、日用品制造业以及国防工业中均占有重要的地位。

冲压所用原材料，特别是制造中空杯状和环状等成品时，必须具有足够的塑性，如采用低碳钢、铜合金、铝合金、镁合金及塑性好的合金钢等。从形状上分，金属材料有板料、条料及带料等。

冲压生产中常用的设备是剪床和压力机。剪床用来把板料剪切成一定宽度的条料，以供下一步冲压工序用。压力机用来实现冲压工序，以制成所需形状和尺寸的零件。压力机的最大吨位可达40000kN。

2. 板料冲压的基本工序及变形特点

板料冲压的基本工序可分为分离工序和变形工序两大类。

（1）分离工序　分离工序是使冲压件与板料沿所要求的轮廓线相分离的工序，如剪切、冲裁（落料和冲孔）、修整等。

1）剪切。使板料沿不封闭的轮廓线分离的工序称为剪切。它属于备料工序，其任务是：根据冲压工艺的要求，将板料剪切成一定尺寸的条料或其他形状的坯料。

2）冲裁。利用冲模使板料沿封闭的轮廓线分离的工序称为冲裁。冲裁是落料和冲孔的总称。

落料、冲孔所用的冲模结构以及板料的变形过程均相同，但作用不同。落料时，冲落的部分为工件，带孔的周边是废料；冲孔则相反，如图 3-26 所示。

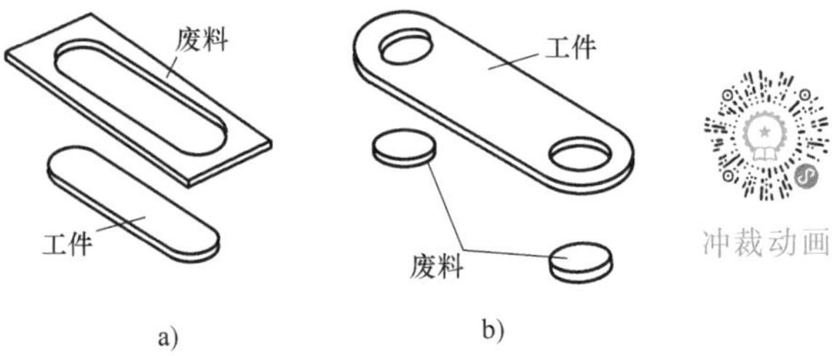

图 3-26　落料与冲孔示意图
a）落料　b）冲孔

① 冲裁时板料的变形与分离过程。冲裁时板料的变形和分离过程对冲裁件质量有很大影响，其过程可分为三个阶段，如图 3-27 所示。

当凸模下行接触板料下压时，板料产生弹性压缩、弯曲、拉深等变形，并略微挤入凸模型腔（图 3-27a）。此时板料的内应力低于材料屈服强度。当凸模继续下压，板料的内应力大于屈服强度时，进入塑性变形阶段（图 3-27b）。随着凸模的继续向下运动，板料变形程度增大，由于金属的加工硬化现象及位于凸模和凹模刃口处的金属产生应力集中而出现微裂纹。当板料的内应力达到材料的抗剪强度时，上下裂纹逐渐扩展并会合，板料被剪断分离（图 3-27c）。

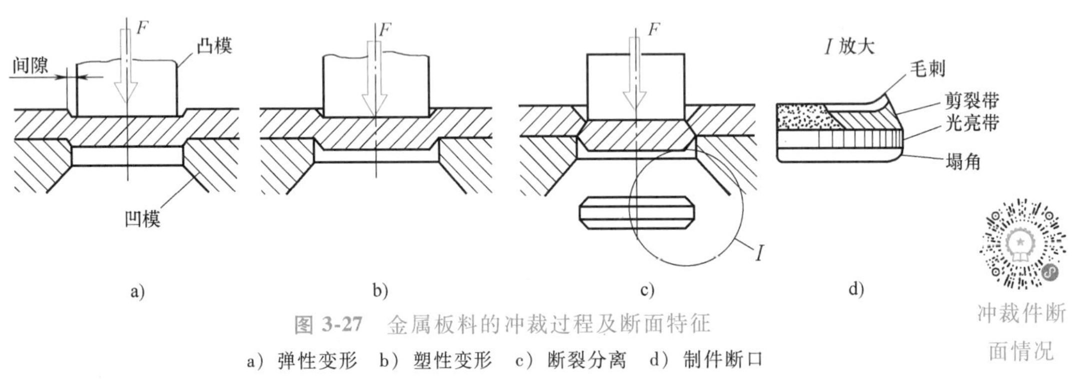

图 3-27　金属板料的冲裁过程及断面特征
a）弹性变形　b）塑性变形　c）断裂分离　d）制件断口

板料分离后所形成的断口区域包括塌角、光亮带、剪裂带和毛刺四部分（图 3-27d）。其中，光亮带尺寸准确，表面质量好，其余部分则使断口表面质量下降。

② 冲裁模设计及冲裁工艺特点。冲裁件断面质量的优劣，与冲模间隙、刃口锋利程度和材料排样方式密切相关。为了顺利完成冲裁过程，保证冲裁件的断面质量，要求凸模、凹模具有锋利的刃口以及合理的模具间隙。间隙过大或过小，均会影响冲裁件断面质量，甚至损坏冲模。模具间隙主要取决于板厚和冲裁件的精度要求，同时考虑模具寿命因素，模具的双边间隙 Z 一般取值为板厚 t 的 5%～10%。

冲裁件的尺寸精度主要取决于凸、凹模刃口尺寸及其公差。为了获得合格的冲裁件，在确定模具刃口尺寸和公差时，必须考虑冲裁变形规律、冲裁件的精度要求、刃口尺寸磨损规律以及模具的制造加工等特点。一般在设计落料模具时，应以凹模作为设计基准，使凹模刃口尺寸等于成品尺寸，将凹模尺寸减去双边间隙值得到凸模尺寸；设计冲孔模具时则相反，应使凸模刃口尺寸等于所要求的孔的尺寸，凸模尺寸加上双边间隙值得到凹模尺寸。其次，必须遵循模具刃口磨损规律。对于圆形和矩形等简单形状的冲裁件，凸模刃口尺寸越磨越小，凹模刃口尺寸越磨越大。

在落料前，还应考虑落料件在板料上的布置方式，称为排样。排样是否合理，直接影响材料的利用率、生产成本和产品质量等。排样方式分为有接边排样和少、无接边排样。图 3-28 所示为同一冲裁件的四种不同排样形式及单件材料消耗的对比。采用有接边排样

（图 3-28a、b、c），冲裁件尺寸准确，剪断面质量较高、毛刺少，模具寿命也较长，但材料利用率较低。采用少、无接边排样（图 3-28d），可减少废料，降低成本，但冲裁件尺寸精度不高，主要用于质量要求不高的冲压件。生产中通常采用有接边排样。

3）修整。修整是利用修整模沿冲裁件外缘或内孔刮削一薄层金属，切掉冲裁件上的剪裂带和毛刺，从而提高冲裁件的尺寸精度，降低表面粗糙度值。修整冲裁件的外形称为外缘修整，修整冲裁件的内孔称为内孔修整，如图 3-29 所示。

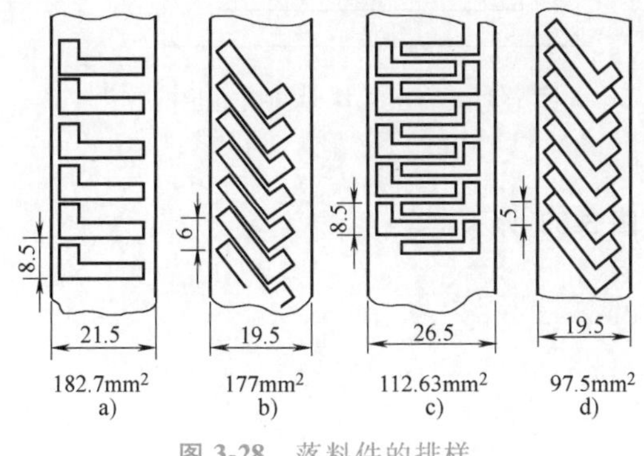

图 3-28 落料件的排样

a）、b）、c）有接边排样 d）少、无接边排样

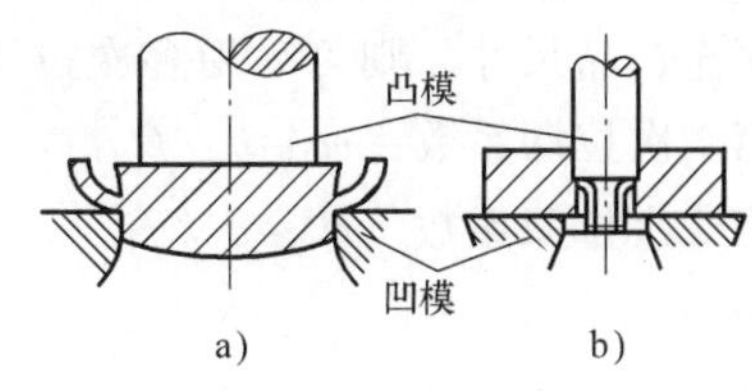

图 3-29 修整工序简图

a）外缘修整 b）内孔修整

修整后冲裁件的公差等级可达 IT7～IT6，表面粗糙度 Ra 值为 1.6～0.8μm。

（2）变形工序 变形工序是使板料产生塑性变形而不破裂的工序，如拉深、弯曲、翻边、成形等。

1）拉深。拉深是使平面坯料变成开口空心件的冲压工序。拉深可以制成筒形、阶梯形、盒形、球形、锥形及其他复杂形状的薄壁零件。

图 3-30 所示为拉深变形过程。直径为 D、厚度为 t 的圆形板料经过拉深后，得到直径为 d 的圆筒形拉深件。

拉深过程中金属内部相互作用，使各个金属小单元体之间产生了内应力：沿径向受拉应力（使板料沿径向伸长）；沿切向受压应力（使板料沿圆周切向压缩）。在这两种力的共同作用下，法兰区的材料发生塑性变形和转移，不断被拉入凹模内，成为圆筒形零件。其法兰和凸模圆角部位变形最大。法兰部分在圆周切向压应力的作用下会起皱（图 3-31a），坯料厚度越小，拉深深度越大，起皱越严重。凸模圆角部位承受筒壁传递的拉应力，材料变薄严重，此处易产生拉裂缺陷（图 3-31b）。

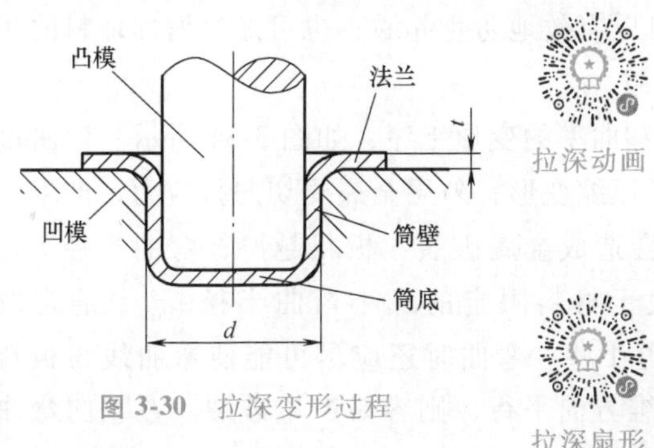

图 3-30 拉深变形过程

拉深动画

拉深扇形

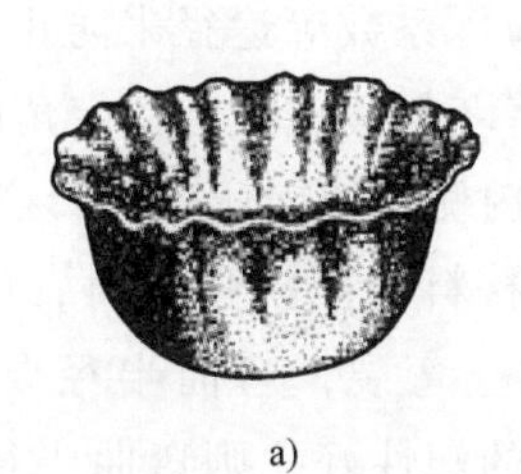

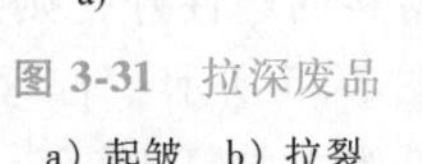

图 3-31 拉深废品

a）起皱 b）拉裂

拉深件的起皱与拉裂

防止拉裂与起皱的主要措施有：

① 正确选择拉深系数 m。拉深件直径 d 与坯料直径 D 的比值称为拉深系数，用 m 表示，即 $m=d/D$。它是衡量拉深变形程度的指标。拉深系数越小，表明拉深件直径越小，高度越大，拉深变形程度越大，因此越容易产生拉裂。一般情况下，拉深系数取 0.5～0.8，塑性差的板料取上限值，塑性好的板料取下限值。

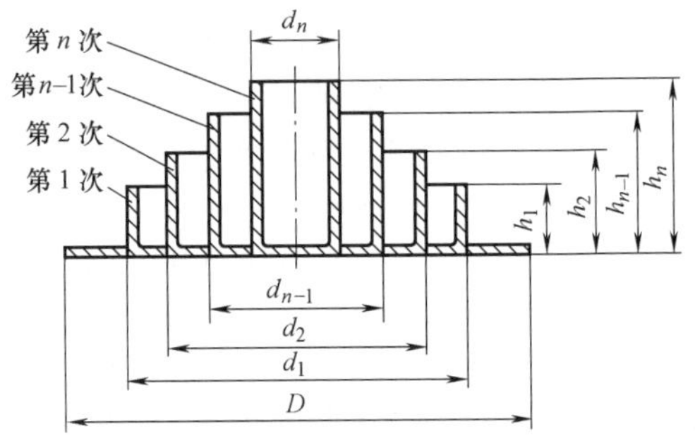

图 3-32　多次拉深时圆筒直径的变化

如果筒形件直径 d 与坯料直径 D 相差较大、拉深系数小于材料允许的最小值、不能一次拉深至产品尺寸，则可采用多次拉深工艺，如图 3-32 所示。

第 1 次拉深系数　$m_1=d_1/D$

第 2 次拉深系数　$m_2=d_2/d_1$

……

第 n 次拉深系数　$m_n=d_n/d_{n-1}$

总的拉深系数　$m_{总}=d_n/D=m_1m_2\cdots m_n$

式中　D——毛坯直径（mm）；

d_1，d_2，…，d_{n-1}，d_n——第 1，2，…，$n-1$，n 次拉深后的平均直径（mm）。

总拉深系数等于每次拉深系数的乘积。

多次拉深时应在工序中间穿插再结晶退火处理，消除加工硬化现象，保证坯料具有足够的塑性。

② 合理设计凸、凹模的圆角半径。设凸、凹模的圆角半径分别为 $r_{凸}$、$r_{凹}$，板料的材质为钢，厚度为 t，则 $r_{凹}=(6\sim10)t$，$r_{凸}=(0.6\sim1)r_{凹}$。若这两个圆角半径过小，制品则容易拉裂。

③ 合理设计凸、凹模的间隙。一般取凸、凹模单边间隙 $z=(1.1\sim1.2)t$。间隙过小，模具与拉深件之间的摩擦力增大，容易拉裂工件，擦伤工件表面，缩短模具寿命；间隙过大，又容易使拉深件起皱，影响拉深件的精度。

④ 注意润滑。拉深时通常要在凹模与坯料的接触面上涂敷润滑剂，以利于坯料向内滑动，减小摩擦，降低拉深件壁部的拉应力，减少模具的磨损，防止拉裂。

⑤ 设置压边圈。设置压边圈（图 3-33），可以有效地防止起皱，也可通过增加坯料的相对厚度（t/D）或增大拉深系数等途径来防止起皱。

2）弯曲。弯曲是将坯料弯成具有一定角度和曲率的变形工序，如图 3-34 所示。弯曲过程中，板料弯曲部分的内侧受切向压应力，产生压缩变形；外层金属受切向拉应力，产生伸长变形。当拉应力超过材料的抗拉强度时，便会造成金属破裂。板料越厚，弯曲半径 r 越小，越容易弯裂。为防止弯裂，弯曲半径要大于材料限定的最小弯曲半径 r_{min}，通常取 $r_{min}=(0.25\sim1)t$。材料的塑性好，则弯曲半径可小些。弯曲时还应尽可能使弯曲线与板料纤维方向垂直，如图 3-35 所示。若弯曲线与纤维方向平行，则容易产生破裂。在双向弯曲时，应使弯曲线与纤维方向呈 45°角，在排样时应加以注意。

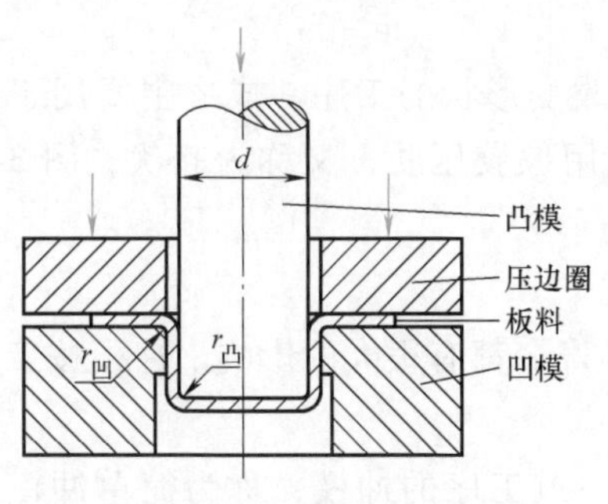

图 3-33 有压边圈的拉深

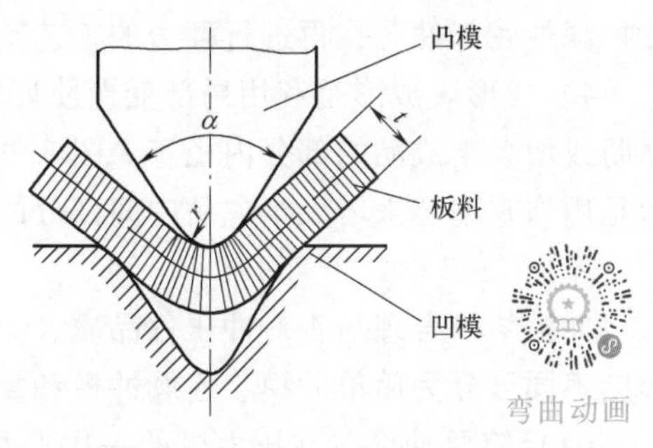

图 3-34 弯曲示意图

弯曲时还应使弯曲件的毛刺区位于内侧，若位于外侧，圆角部位受拉应力而产生应力集中，则容易引起该部位破裂。

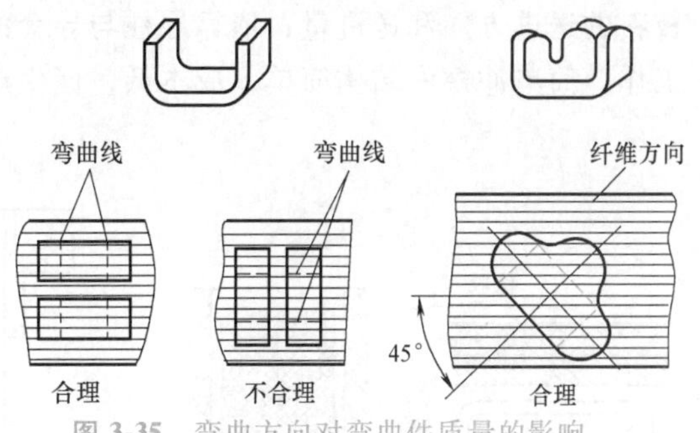

图 3-35 弯曲方向对弯曲件质量的影响

在弯曲结束载荷卸除后，由于弹性变形的恢复，会造成工件的弯曲角度、弯曲半径略有增大，而与模具的形状、尺寸不一致，称为弯曲件的回弹现象（图 3-36）。增大的角度称为回弹角，回弹角一般为 0°～10°。弯曲件的回弹会直接影响其精度，因此在设计弯曲模具时，应使模具的弯曲角 α 比弯曲件弯曲角 α_0 小一个回弹角 $\Delta\alpha$。另外，设计弯曲件时应加强其变形部位的刚性，如在弯曲部位设置加强肋等（图 3-37），可以增加冲压件的强度和刚性，减小回弹。

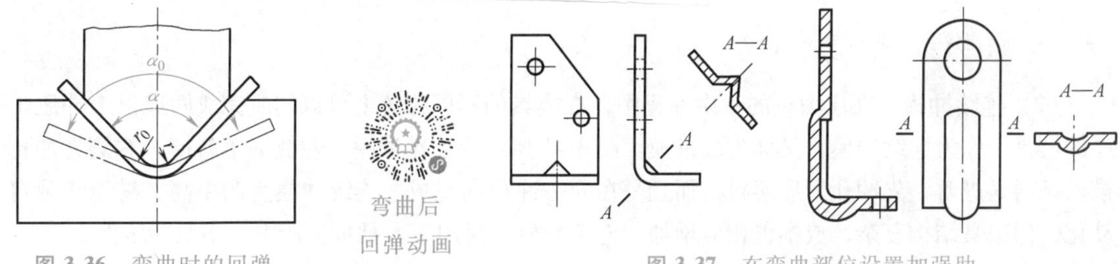

图 3-36 弯曲时的回弹

图 3-37 在弯曲部位设置加强肋

3）翻边。翻边是将制件的孔缘或外缘沿曲线翻成一定角度的工序。内孔翻边如图 3-38 所示。

内孔翻边时的变形程度可用翻边系数 K_0 表示，即

$$K_0 = d_0/d$$

式中 d_0——翻边前板料的预制孔直径（mm）；

d——翻边后所得工件的凸缘内径（mm）。

K_0 越小，变形程度越大。翻边时的变形程度过大时，会造成孔的边缘破裂，称为翻裂。为防止翻裂，翻边系数一般不小于 0.72。

当零件所需翻边凸缘的高度较大，翻边系数 $K_0 <$ 0.68 时，不能直接翻边成形，可采用先拉深，然后在

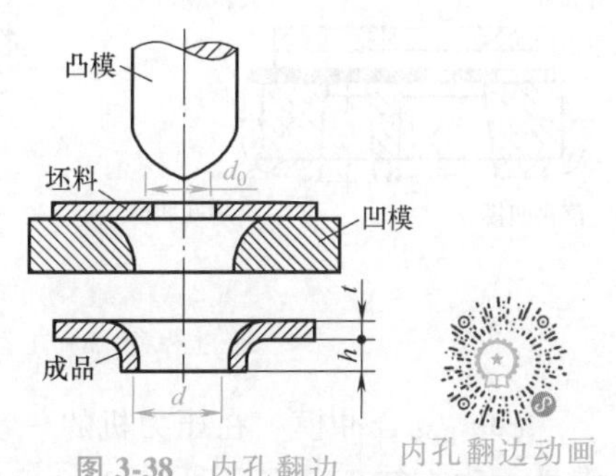

图 3-38 内孔翻边

此拉深件底部冲孔，再进行翻边的工艺来实现。

4）成形。成形是利用局部变形使坯料或半成品改变形状的工序。成形主要用于压制加强肋或增大半成品的部分内径等。图 3-39a 所示为使用橡胶压肋，又称为起伏；图 3-39b 所示是用橡胶型芯来增大半成品中间部分的直径，即胀形。

3. 冲压模具的分类及结构

冲模结构合理与否对冲压件品质、生产率及模具寿命都有很大的影响。冲模按工序组合程度不同可分为简单冲模、连续冲模和复合冲模三种。

（1）简单冲模　在压力机的一次冲程中只完成一道工序的冲模，称为简单冲模，又称为单工序模，如图 3-40 所示。其工作部分由凹模和凸模组成，采用导料板和限位销来控制板料的送进方向和送进量；依靠导柱与导套的精密配合来保证凸模准确进入凹模，进行冲裁工作。简单冲模的结构简单，成本低，但生产率较低，适用于简单冲裁件的批量生产。

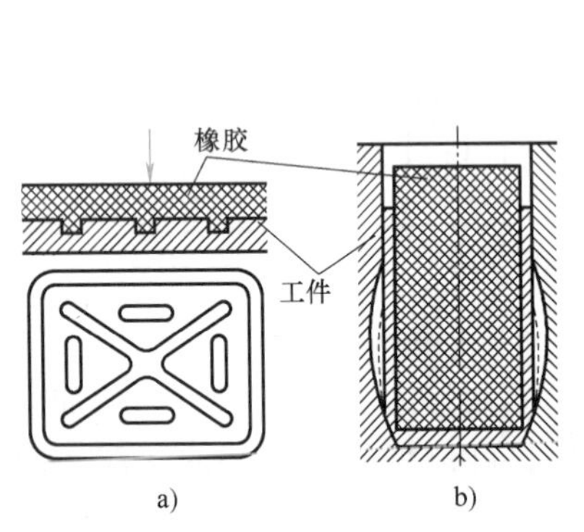

图 3-39　成形工序简图
a）起伏　b）胀形

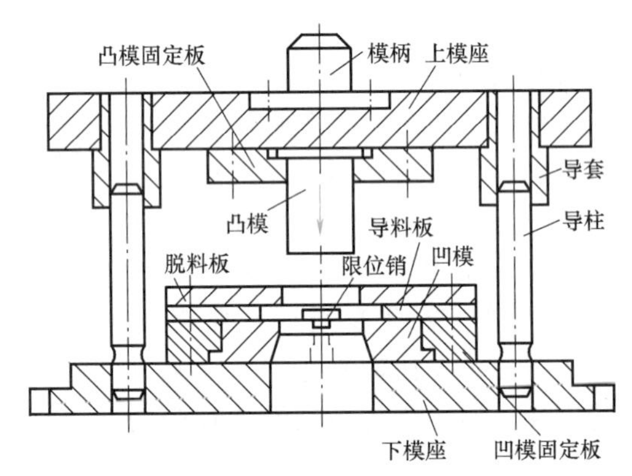

图 3-40　简单冲模

简单冲模

（2）连续冲模　在压力机的一次冲程中，在模具的不同位置上可以同时完成两道以上冲压工序的模具，称为连续冲模，又称为级进模。图 3-41 所示为连续冲模，左侧为落料模，右侧为冲孔模。条料送进时，先冲孔，后落料，而且是在同一冲程内完成。连续冲模生产率高，易于实现自动化，但模具结构复杂，成本也相应增加。连续冲模广泛用于大批量生产中、小型冲压件。

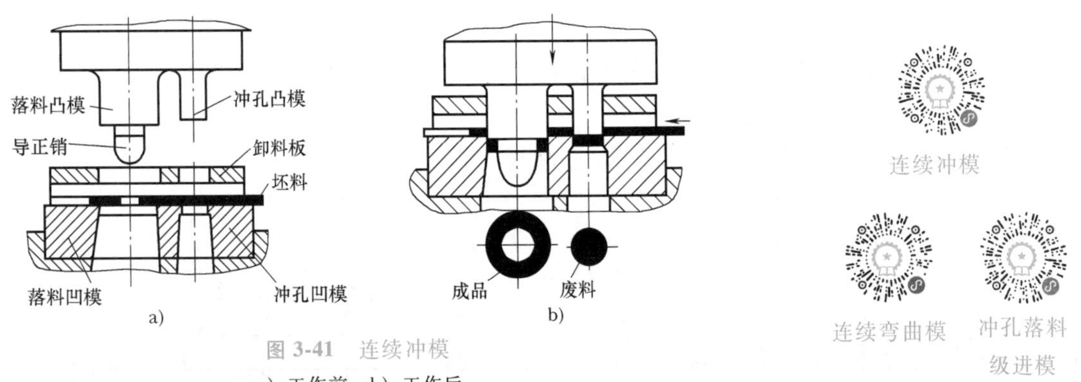

图 3-41　连续冲模
a）工作前　b）工作后

（3）复合冲模　在压力机的一次冲程中，在模具的同一部位完成两道以上冲压工序的模具，称为复合冲模。图 3-42 所示为生产中经常采用的落料、拉深复合冲模。复合冲模最

突出的特点是模具中有一个凸凹模，其外圆为落料凸模刃口，内孔则成为拉深凹模。当凸凹模下降时，首先与落料凹模配合进行落料，然后与拉深凸模配合进行拉深。这样在一个冲程、同一位置上便可完成落料和拉深两道工序。复合模具生产率高，零件加工精度高，但模具制造复杂，成本高，适用于大批量生产。

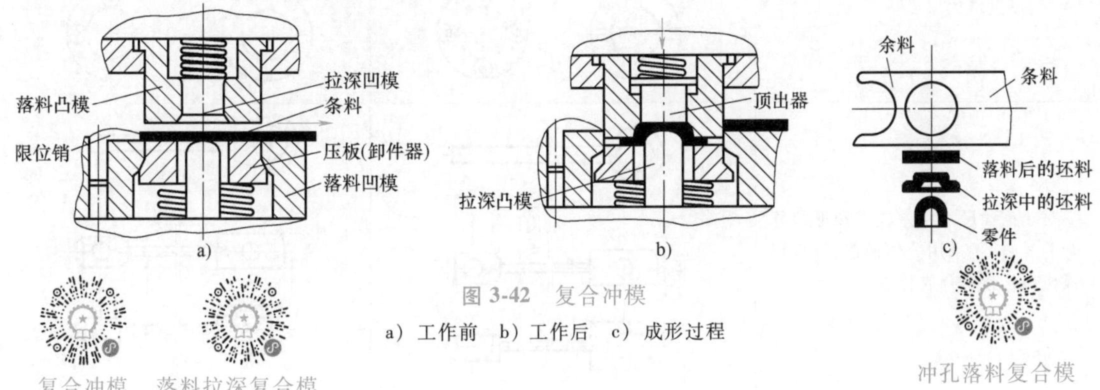

图 3-42　复合冲模

a）工作前　b）工作后　c）成形过程

复合冲模　落料拉深复合模　冲孔落料复合模

3.3　锻件与冲压件的结构设计

设计工作者在进行产品或零件设计时，除满足使用性能要求外，还应充分考虑制件的工艺特点，使零件结构符合工艺性要求，达到锻造方便、节约金属、易于保证锻件质量和提高生产率的目的。

锻件与冲压件的结构工艺性

3.3.1　自由锻件结构工艺性

由于自由锻一般是在平砧上用简单工具锻造而成，其形状、尺寸主要靠工人的操作技术水平来保证，难以锻造出形状复杂的锻件。因而，自由锻件应设计得尽量简单，自由锻件的结构工艺性见表 3-6。

表 3-6　自由锻件的结构工艺性

设 计 原 则	不合理结构	合 理 结 构
尽量避免锥面或斜面		
尽量避免曲面相交		

（续）

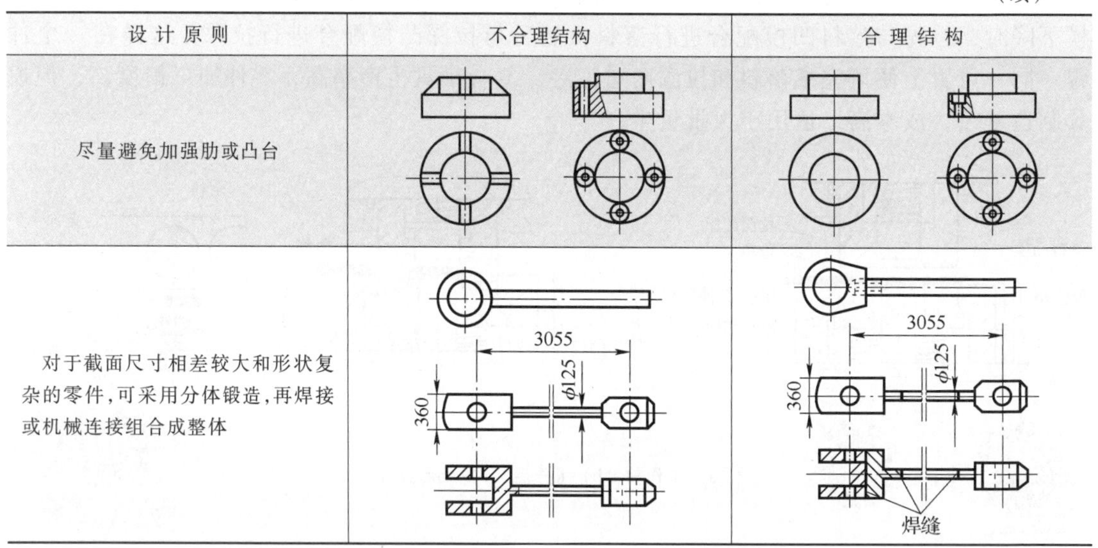

设 计 原 则	不合理结构	合 理 结 构
尽量避免加强肋或凸台		
对于截面尺寸相差较大和形状复杂的零件，可采用分体锻造，再焊接或机械连接组合成整体		

3.3.2　模锻件结构工艺性

设计模锻件时，应充分考虑模锻的工艺特点和要求，尽量使锻模结构简单，模膛易于加工，模锻件易于成形，以降低生产成本，提高生产率。模锻件的结构设计应考虑以下原则：

1）易于从锻模中取出锻件。模锻零件必须有一个合理的分模面，以保证模锻件易于从锻模中取出，并且敷料最少、易于模锻。为此，零件上与分模面垂直的表面应尽可能避免凹槽和孔。如图 3-43 所示零件，由于选不出一个能够出模的分模面，所以无法模锻。如果允许 *A* 臂旋转 90°，工艺性就可以得到改善。

2）模锻斜度和圆角的设计。零件上与锤击方向平行的非加工表面应设计出模锻斜度。非加工表面所形成的交角应为圆角。

图 3-43　模锻结构不合理的零件

3）零件的外形应力求简单、平直和对称。为了使金属容易充满模膛，减少加工工序，零件的外形应力求简单、平直和对称，尽量避免零件截面相差过大，或具有薄壁、高肋、凸起、长而复杂的分枝和多向弯曲等结构。图 3-44a 所示零件的最小截面与最大截面之比小于 0.5，而且零件凸缘薄而高，所以模锻时金属难以充满模膛；图 3-44b 所示零件直径很大但厚度很小，模锻时中间薄壁部分金属迅速冷却，流动阻力很大，所以模锻困难；图 3-44c 所示汽车羊角轴件原设计有一个高而薄的凸缘，模锻时很难充满模膛，锻件出模也

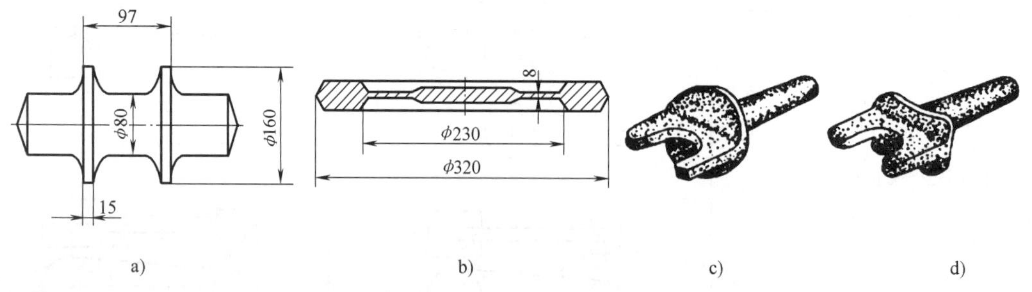

图 3-44　模锻件的结构工艺性

很困难，改进为图3-44d所示结构，其工艺性得到明显改善。

4）避免深孔、多孔结构。在零件结构允许的条件下，设计时应尽量避免有深孔和多孔结构，必要时可将这些部位设计成敷料，以便模具制造和延长模具使用寿命。如图3-45所示齿轮零件4×ϕ20mm的孔不必锻出，留待以后机加工成形即可。

5）采用锻-焊组合工艺。在可能的条件下，对于形状复杂的零件应采用锻-焊组合结构，以减少敷料，简化模锻工艺，如图3-46所示。

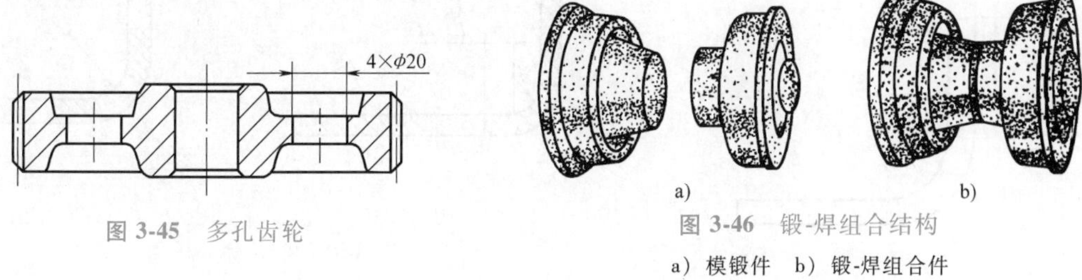

图3-45 多孔齿轮

图3-46 锻-焊组合结构
a）模锻件 b）锻-焊组合件

3.3.3 冲压件结构工艺性

在进行冲压件的结构设计时，不仅要保证它具有良好的使用性能，而且应具有良好的工艺性能，以保证冲压件质量、减少材料消耗、延长模具寿命、提高生产率和降低成本。

1. 对冲裁件的要求

1）冲裁件的形状应力求简单、对称，有利于材料的合理利用。设计冲裁件时，尽可能采用圆形、矩形等规则形状，并尽量使其在排样时将废料降低到最小的程度。如图3-47所示零件，其外形由图3-47a改为图3-47b所示结构，材料利用率可从38%提高到79%。同时应避免图3-48所示的长槽与细长悬臂结构，否则会使模具制造困难，并降低模具寿命。

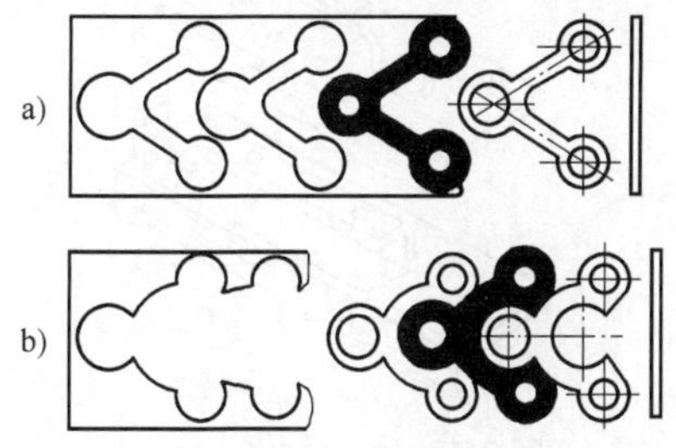

图3-47 零件的外形应便于合理排样

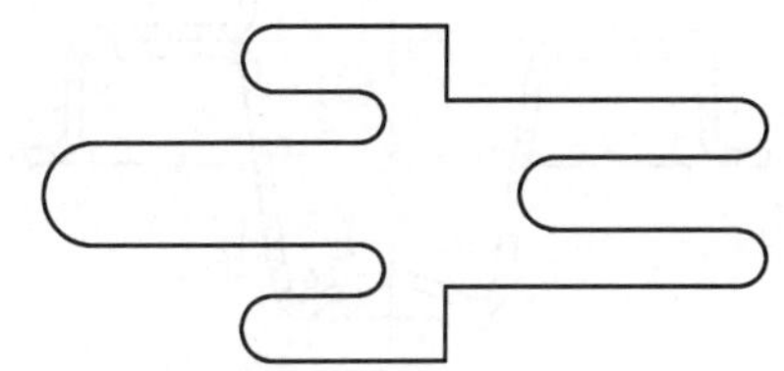

图3-48 不合理的冲裁件外形

2）在冲裁件的内外转角处，应尽量避免出现尖角。冲孔或落料件上直线与直线、曲线与直线的交接处均应为圆弧连接，以避免因应力集中而被冲模冲裂。其最小圆角半径可查阅有关手册。为避免工件变形，孔间距和孔边距以及外缘凸出和凹进的尺寸都不能过小，冲裁件上的孔及其相关尺寸的设计要求如图3-49所示。

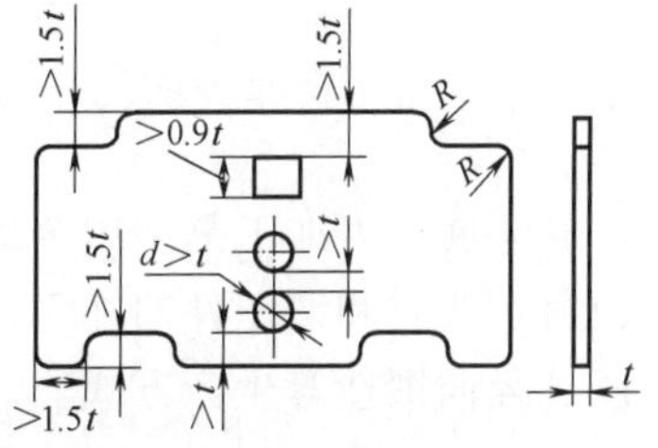

图3-49 冲裁件上的孔及其相关尺寸的设计要求

2. 对弯曲件的要求

弯曲件的形状应尽量对称，弯曲半径不能小于材料的最小弯曲半径，并考虑材料纤维方向，以免成形过程中弯裂。

弯曲边过短不易成形，应使弯曲件的直边长度 $H>2t$（图 3-50）。如果要求 H 很短，则需先留出适当的余量以增大 H，弯曲后再切去多余材料。弯曲带孔件时，为避免孔的变形，孔的边缘距弯曲中心应有一定的距离（图 3-51a）。当距离 L 过小时，可在弯曲线上冲工艺孔（图 3-51b）。如对零件上孔的精度要求较高，则应弯曲后再冲孔。

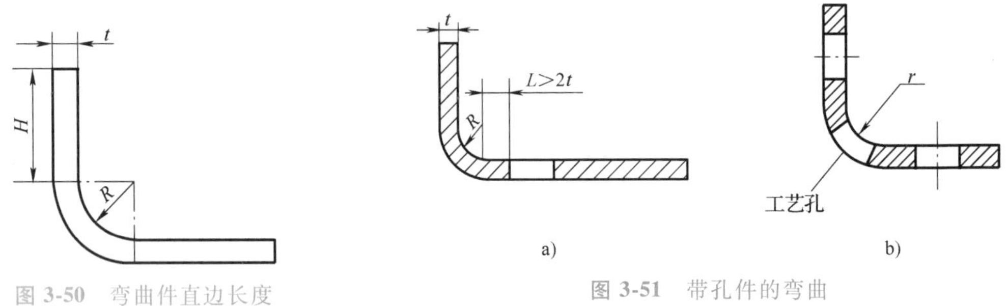

图 3-50　弯曲件直边长度

图 3-51　带孔件的弯曲

3. 对拉深件的要求

拉深件的形状应力求简单、对称，尽量避免直径小而深度过大，否则不仅需要多副模具进行多次拉深，而且容易出现废品。拉深件的底部与侧壁、凸缘与侧壁应有足够的圆角。

4. 改进结构型式，以便简化工艺和节省材料

1）采用冲-焊结构。对于形状复杂的冲压件，可分解成若干个简单件分别冲制，然后再焊接成整体件，如图 3-52 所示。

2）采用冲口工艺，以减少组合件数量。如图 3-53 所示，原设计用三个零件铆接或焊接组合，现采用冲口工艺（冲口、弯曲）制成整体零件，可以节省材料，简化工艺过程。

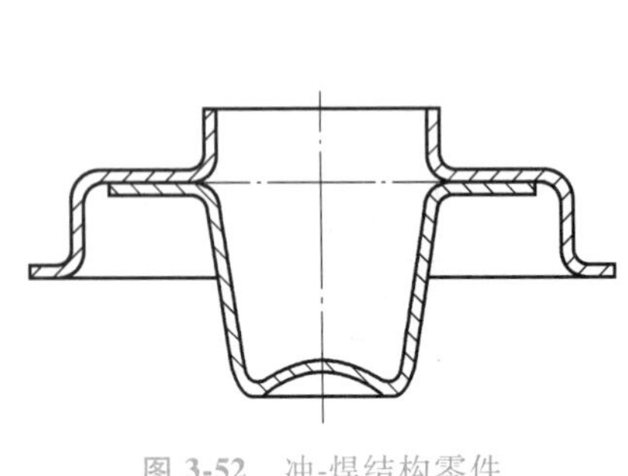

图 3-52　冲-焊结构零件

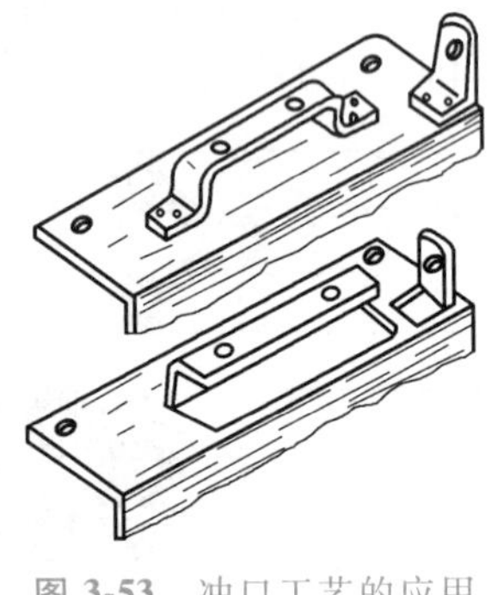

图 3-53　冲口工艺的应用

*3.4　其他塑性成形工艺方法

金属压力加工是利用金属的塑性，使其改变形状、尺寸和改善性能，获得型材、棒材、板材、线材和锻压件的加工方法。它除了包括一般的锻造和冲压外，还包括辊轧、拉拔、挤压、径向锻造等生产方式。

3.4.1　辊轧

金属坯料在旋转轧辊的作用下产生连续的塑性变形，从而获得所要求的截面形状并改变

其性能的加工方法，称为辊轧。常用的辊轧工艺有辊锻、斜轧、横轧、辗环等。

辊轧具有生产率高、零件质量好、节约金属和成本低等优点。

1. 辊锻

辊锻是使坯料通过装有扇形模具的一对相对旋转的轧辊受压产生塑性变形，从而获得所需锻件或锻坯的锻造工艺方法。辊锻的扇形模具可以从轧辊上拆装更换，如图 3-54 所示。

辊锻的生产率为锤上模锻的 5~10 倍，可节约金属 6%~10%。各种扳手、麻花钻、柴油机连杆、涡轮机叶片等都可以辊锻成形。目前，汽车发动机曲轴和前梁都已采用辊锻制坯。

2. 斜轧

轧辊互相倾斜配置，以相同方向旋转，轧件在轧辊的作用下反向旋转，同时还可轴向运动，即螺旋运动，这种轧制称为斜轧，也称为螺旋轧制或横向螺旋轧制，如图 3-55 所示。斜轧可以生产形状呈周期性变化的毛坯或零件，如冷轧丝杠等。

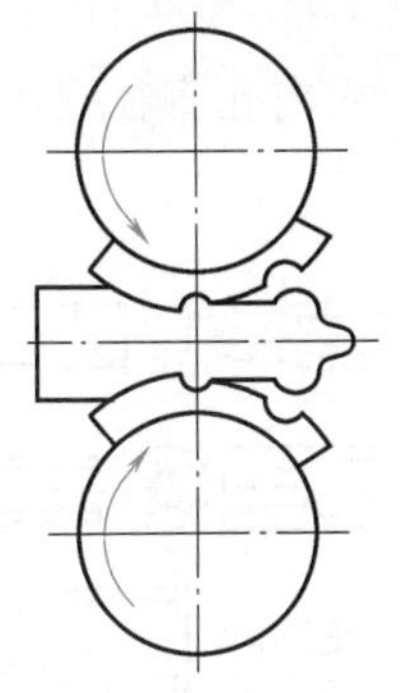

图 3-54　辊锻示意图

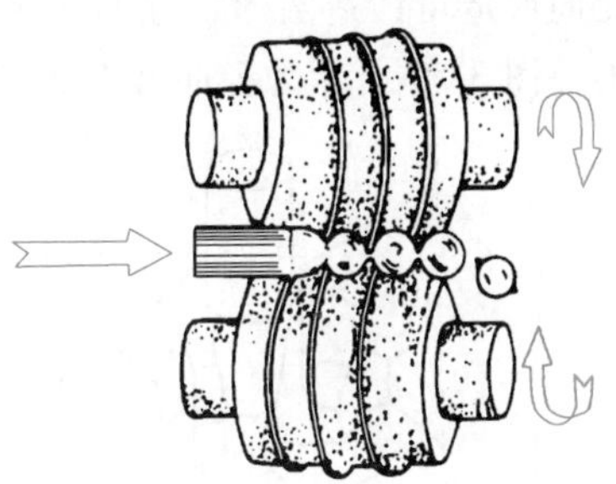

图 3-55　斜轧

3. 横轧

轧辊轴线与轧制件轴线平行且轧辊与轧制件做相对转动的轧制方法称为横轧。横轧轧件内部锻造流线与零件的轮廓一致，轧制件的力学性能较高。因此，横轧在国内外受到普遍重视，可用于齿轮的热轧生产。图 3-56 所示为两种横轧示意图。

4. 辗环

环形毛坯在旋转的轧辊中进行轧制的方法称为辗环，它是用来扩大环形坯料的内外直径，获得各种环状零件的轧制方法。如图 3-57 所示，驱动辊 1 由电动机带动旋转，利用摩擦力使坯料 5 在驱动辊 1 和芯辊 2 之间受压变形。驱动辊还可由液压缸推动做上下移动。改

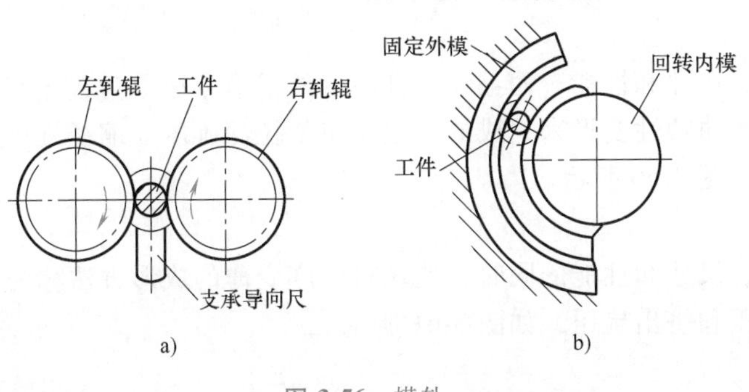

图 3-56　横轧

a）外回转楔形模横轧　b）内回转楔形模横轧

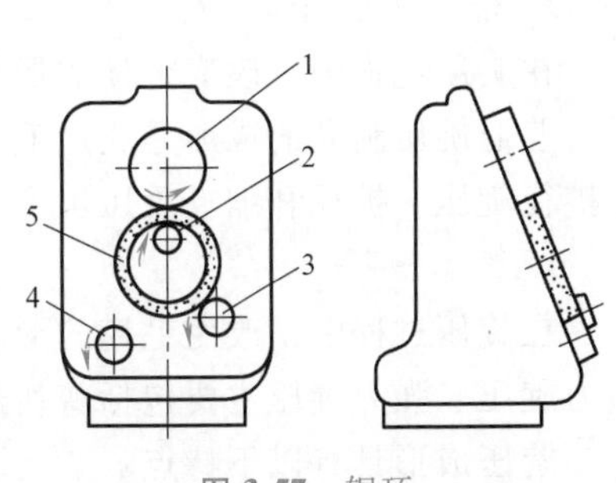

图 3-57　辗环

1—驱动辊　2—芯辊　3—导向辊

4—信号辊　5—坯料

变1、2两辊间的距离，使坯料厚度逐渐变小，而直径得到扩大。导向辊3用来保持正确运送坯料。信号辊4用来控制环件直径。当坯料变形到与信号辊4接触时，信号辊立即发出信号，使驱动辊1停止工作。用这种方法可以生产火车轮箍、轴承座圈、法兰等环形锻件。目前，铁路车辆的车轮都采用辗环成形。

3.4.2 径向锻造

径向锻造是对轴向旋转送进的棒料或管料施加径向脉冲打击力，锻成沿轴向具有不同横截面制件的工艺方法，如图3-58所示。

径向锻造所需的变形力和变形功很小，脉冲打击使金属内外摩擦力减小，变形均匀，对提高金属的塑性十分有利（低塑性合金的塑性可提高2.5~3倍）。

径向锻造可采用热锻（温度为900~1000℃）、温锻（温度为200~700℃）和冷锻三种方式。

径向锻造可锻造圆形、方形、多边形的台阶轴和内孔复杂或内孔直径很小而长度较长的空心轴。图3-59所示为径向锻造的部分典型零件。

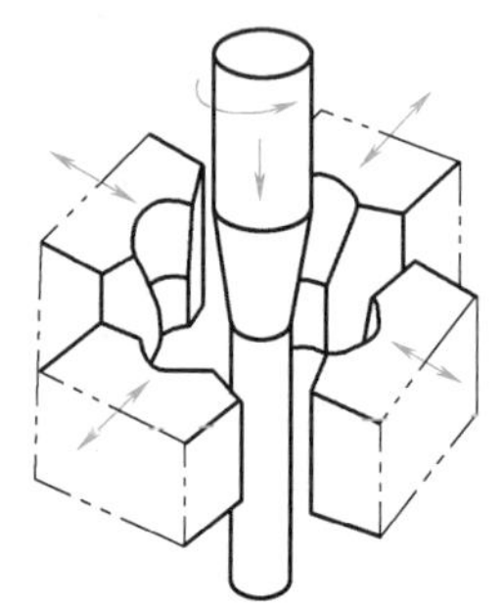

图3-58 径向锻造示意图

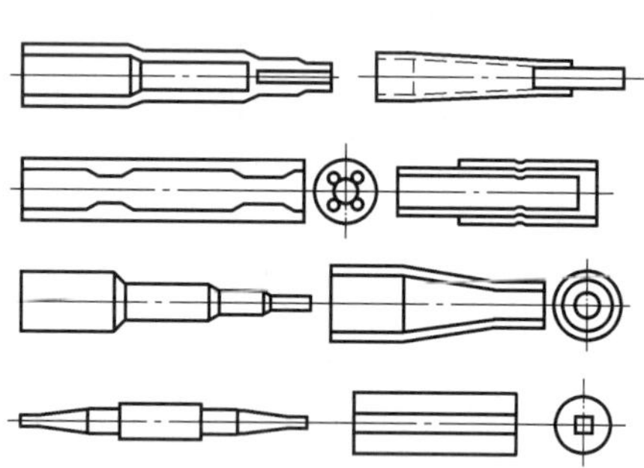

图3-59 径向锻造的部分典型零件

3.4.3 旋压成形

旋压成形是现代冲压加工方法之一，它综合了锻造、挤压、拉深、环轧、横轧和滚压等工艺特点。旋压成形是利用旋轮或杆棒等工具做进给运动，加压于随芯模沿同一轴线旋转的毛坯，使其产生连续的局部塑性变形，成为所需空心回转体制品的变形方法。

旋压主要包括普通旋压（不变薄旋压）和强力旋压（变薄旋压）。

1. 普通旋压

在旋压过程中，改变毛坯的形状、尺寸和性能，而毛坯厚度不变的成形方法称为普通旋压。普通旋压制品的成形是通过毛坯弯曲塑性变形来完成的，主要包括拉深旋压、缩径旋压和扩径旋压。扩径和缩径旋压示意图如图3-60所示。

2. 强力旋压

在旋压过程中，改变毛坯的形状、尺寸和性能的同时，使坯料厚度变薄的成形方法称为强力旋压。强力旋压主要包括剪切旋压和挤出旋压，如图3-61所示。

旋压成形具有以下特点：

1）旋压过程中，旋轮和毛坯是逐点接触的，接触点的压力可达2500MPa以上，适合于加工碳钢、不锈钢和铝、铜、镁合金，以及钛、钨、钼、银等高强度难变形材料。旋压需要

 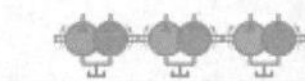

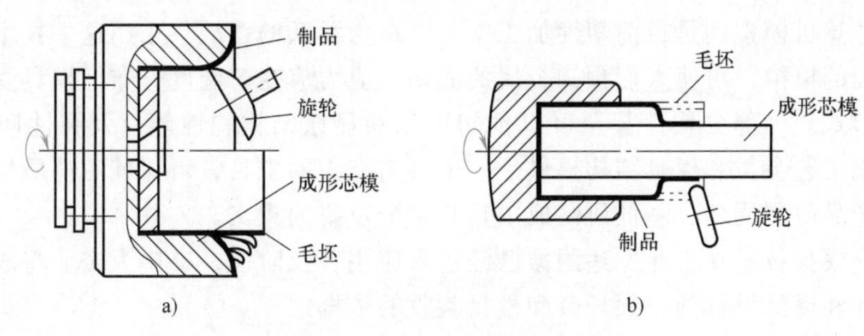

图 3-60 扩径和缩径旋压示意图

a）扩径 b）缩径

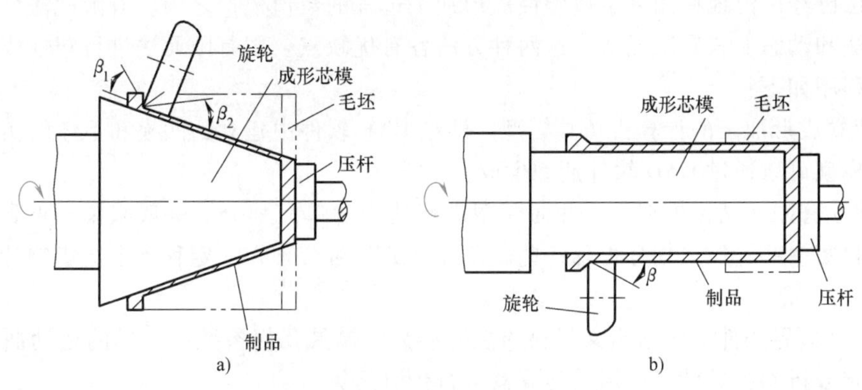

图 3-61 剪切旋压和挤出旋压示意图

a）剪切旋压 b）挤出旋压

的总变形力或设备压力较小，功率消耗大大降低。

2）旋压制品尺寸精度可以和切削加工相当。在旋压过程中，旋轮不仅对毛坯有压延作用，而且有平整作用。其制品表面质量高，表面粗糙度值 $Ra=0.2\sim3.2\mu m$。

3）在变形时由于加工硬化使制品的硬度、抗拉强度、屈服强度及疲劳强度提高，改善了制品的力学性能。

4）材料的利用率高，节省工时，生产成本低。

5）节约模具费用。与拉深成形同一制品相比，旋压成形模具费用仅为拉深模具的1/10。

6）制品类型广泛。旋压可以加工圆筒形、圆锥形、管形、阶梯形以及由这类形状组成的复合形状制品。目前旋压制品已经广泛应用于航空航天、石油化工、电子电器、日用五金以及食品等工业领域。

7）旋压成形也有一定的局限性，目前还只限于加工回转体形状制品。

*3.5 数值模拟技术在塑性成形中的应用

随着先进制造技术的飞速发展，传统的设计方法已经不能适应现代工业发展的要求。传统的塑性加工技术和现代计算机技术全方位的密切结合，以实现塑性加工的智能化，这是当今塑性成形技术发展的一个最为明显的趋势。CAD/CAM/CAE 技术在塑性加工中的应用日益普遍，而计算机模拟则是目前塑性加工中一个最为活跃的领域。采用这一技术来进行塑性加工工艺过程的模拟，可使人们预知金属的流动、应力应变、温度分布、模具受力、可能的缺陷及失效形式。一部分软件甚至可以预知产品的显微结构、性能以及弹性回复和残余应力，这给优化工艺参数和模具结构提供了一个极为有力的工具，对保证工件质量、减少材料消耗、缩短产品研制周期、降低研制成本具有十分重要的意义。

塑性成形模拟技术在工业发达国家已经进入应用普及阶段，一些大企业将成形模拟作为成形工艺设计和模具设计的必须环节和模具验收的依据之一。

1. 数值模拟技术的一般方法

在塑性成形数值分析中应用最广泛、最有效、最具生命力的一种方法就是有限元法。目前有限元法已经广泛地应用到金属塑性成形加工过程的数值模拟之中。有限元法分为静态隐式有限元法和动态显式有限元法，这两种方法各有优缺点。用有限元法进行塑性成形数值模拟的一般程序如下：

1）建立成形加工的计算机仿真模型。即在 CAE 软件中建立凸凹模和毛坯的实体几何模型，几何模型可以通过 CAD 软件造型生成。

2）建立有限元网格模型。对几何模型进行适当的单元划分。一般来说，变形大的部位单元划分得密一些，反之划分得稀一些。单元划分是否合理在一定程度上会影响计算的精确度和时间。

3）定义边界条件。包括定义材料的性能参数、模具几何参数、动模的运动曲线和压力曲线。确定分析参数后就可以启动运算器进行仿真运算。

4）后处理。读取运算分析结果，以不同方式显示成形分析的各个目标参数随动模行程的变化情况。

2. 板料成形过程数值模拟

金属板料成形是利用冲压模具使金属薄板发生塑性变形而生产薄壳零件的一种塑性成形工艺，在汽车行业中应用十分广泛。板料成形过程中既存在着几何非线性和材料非线性，又必须考虑模具与板料的相互作用，其中尤其以汽车覆盖件最为典型、最为复杂，其成形质量受到多种因素的影响，包括材料的成形性能、毛坯的形状和尺寸、模具的几何形状、接触条件以及各种工艺参数等。板料成形过程的数值模拟涉及几何、材料和边界条件三重非线性等一系列难题，多年来一直是国际塑性加工领域的一个研究热点。目前的研究已从对简单形状的板料成形分析逐步发展到对复杂的汽车覆盖件成形过程进行模拟，特别是对数值模拟软件处理多工序、模拟起皱和回弹的能力提出了较高的要求。

3. 金属体积成形的数值模拟

体积成形是金属塑性成形中一大类应用广泛的工艺方法，如锻造、挤压、摆辗等。体积成形的特征是金属材料产生较大塑性变形，而弹性变形相对很小。塑性成形的分析方法有刚塑性分析或弹塑性分析、小变形增量分析或有限应变增量分析，各有其特点。实际上，对于绝大多数体积成形过程的分析，采用刚（黏）塑性小变形增量分析法是非常有效的。因此，刚塑性有限元法已成为金属体积成形的主要数值模拟方法。随着有限元理论和模拟实施中的关键技术以及计算机相关技术的发展，刚塑性有限元法在金属体积成形方面的应用已由二维问题扩展到三维问题，由典型的简单工艺延伸到工业生产中的复杂成形工艺，并且能进行成形过程的热力耦合分析，还可以从成品的形状反向模拟出合理的毛坯。

4. 塑性成形的数值模拟软件

目前国际上较为流行并已进入我国市场的专业化冲压成形模拟软件主要有 DYNAFORM、AutoForm、PAM-STAMP、OPTRIS 等，它们都具有与 CAD 软件的接口，以便与冲压工艺和冲模设计软件相衔接。在体积成形方面，目前国际上比较流行并进入我国市场的模拟软件主要有 DEFORM，它除了可以模拟锻造过程外，还可以模拟轧制、挤压、粉末成形等多种体积成形工艺。

我国许多大学和研究机构在塑性成形数值模拟方面也开展了长期的、系统的理论研究和软件开发，有的软件达到了一定的商品化水平，如吉林大学开发的 KMAS 软件系统已成功地应用于小型红旗轿车 488 发动机油底壳的冲压成形工艺优化。

5. 数值模拟技术的发展前景

数值模拟技术在塑性加工中的应用已有 40 多年的历史。目前，在成形过程模拟方面，温度和变形耦合模拟都已基本成熟，二维软件在塑性成形中已得到广泛的应用，而三维软件也正在为人们所接受。数值模拟技术已应用到体积成形、板料成形以及当前塑性成形的前沿领域——微成形和镁、铝、钛等难变形轻合金的成形。随着计算机技术和数值模拟技术的进一步发展，计算时间和精度等问题将逐步得到解决，对板材、管材和锻件成形时材料的流动应力、摩擦、充模流动及热力耦合等数值模拟分析已取得较大的进展。而未来的发展方向主要集中在三维复杂零件成形加工过程的模拟，板料成形的回弹与起皱模拟，镁、铝、钛等轻合金成形模拟，成形工艺和模具的优化以及反求工程技术，宏观与微观结合或者变形、温度与微观组织性能演变耦合模拟等方面。

复习思考题

1. 常用的金属压力加工方法有哪些？各有何特点？
2. 为什么承受重载荷的重要机械零件需要锻造而不宜直接选用型材进行加工？
3. 单晶体和多晶体塑性变形的实质各是什么？
4. 冷变形和热变形有何区别？冷变形强化对金属组织性能有何影响？在生产中怎样运用其有利因素？
5. 再结晶对金属组织性能有何影响？在生产中如何运用其有利因素？
6. 什么是锻造比？锻造比对锻件质量有何影响？
7. 纤维组织是怎样形成的？它的存在有何利弊？
8. 影响金属锻造性能的因素有哪些？“趁热打铁”的含义何在？
9. 试述自由锻、胎模锻和锤上模锻的特点及适用范围。
10. 绘制模锻件图应考虑哪些问题？如何确定模锻件分模面的位置？分模面与铸件的分型面有何异同？为什么要考虑模锻斜度和圆角半径？锤上模锻带孔的锻件时，为什么不能锻出通孔？
11. 如何确定冲孔模和落料模的刃口尺寸？
12. 圆筒件拉深时为何会起皱？生产中应采取哪些措施来防止拉深件起皱？
13. 冲模结构分为哪几类？各有何特点？
14. 什么是弯曲回弹？请列举减少弯曲件回弹的常用措施。

15. 在图 3-62 所示的两种砧铁上拔长时，其效果有何不同？

16. 对图 3-63 所示零件拟采用自由锻制坯，试定性绘出锻件图，并选择自由锻工序。

17. 图 3-64 所示模锻零件的设计有哪些不合理之处？应如何改进？

18. 对图 3-65 所示的三种零件大批量生产时拟采用模锻方法制造，试定性绘出锻件图并选择模锻工序。

19. 图 3-66 所示为两种连杆零件图，采用模锻方法制造。请分别作出其分模面并画出锻件图。

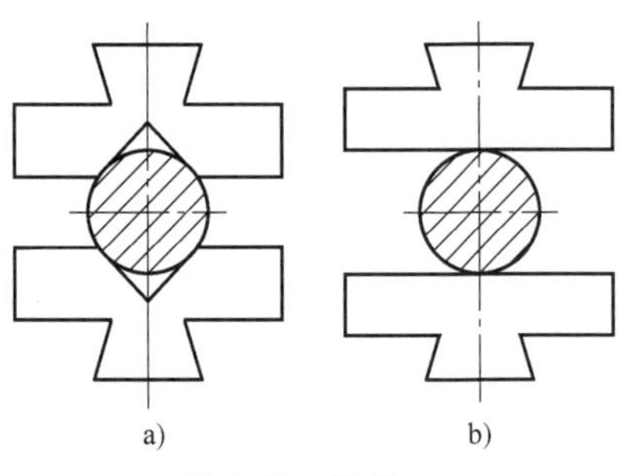

图 3-62　拔长

a）V 形砧　b）平砧

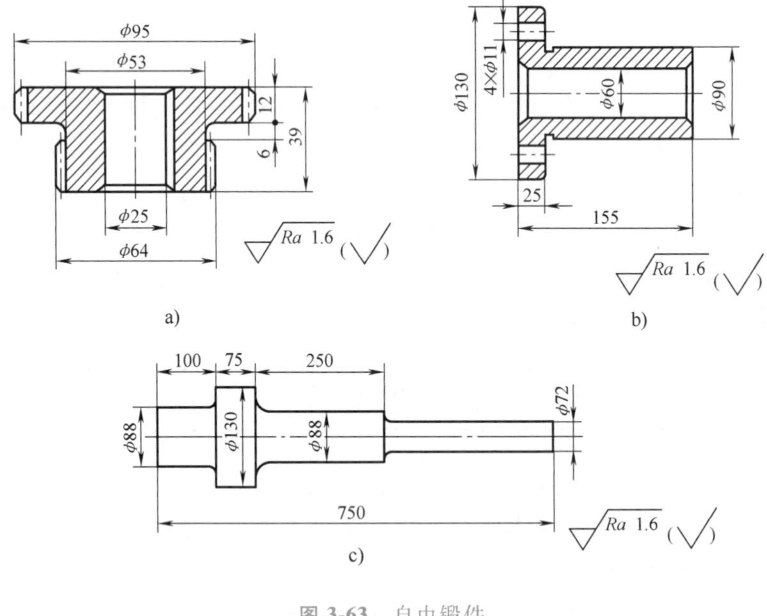

图 3-63　自由锻件

a）齿轮　b）轴套　c）阶梯轴

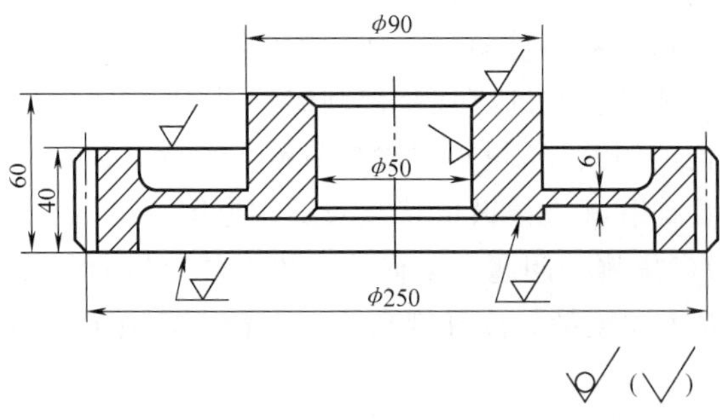

图 3-64　齿轮

20. 图 3-67 所示为一冲压件的冲压工艺过程，请说明具体加工工序名称，应选用哪种冲模加工？

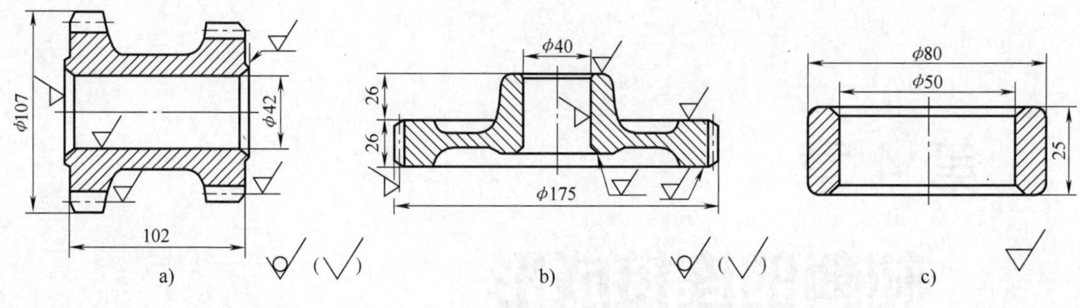

图 3-65 模锻件

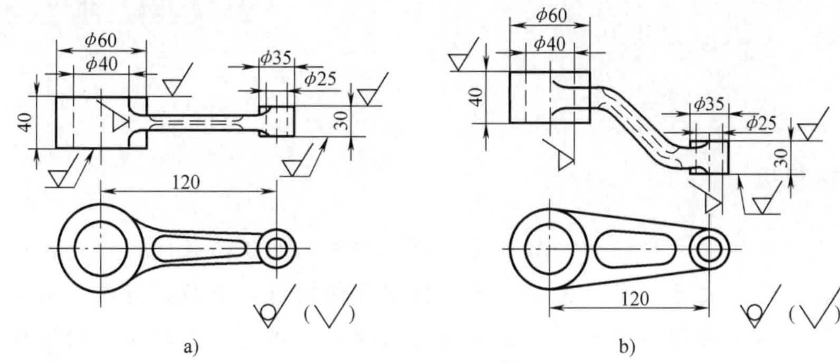

图 3-66 连杆零件

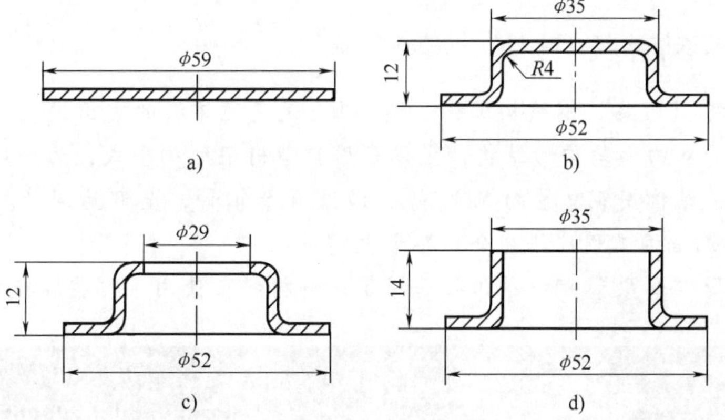

图 3-67 冲压工艺过程

第 4 章

材料的连接成形

学习目标及要求

本章主要介绍焊接成形的方法与应用，焊接接头的组织与性能，焊接性能及焊接工艺设计等内容。学完之后，第一，了解各种焊接方法的特点及应用范围；第二，掌握熔焊的工艺过程，常见焊接缺陷产生的原因及防止措施；第三，了解常见的熔焊、压焊和钎焊方法及其应用范围；第四，理解焊接性能及其评定方法、碳当量的含义及应用；第五，合理设计焊接接头及焊缝结构。

章前导读——国家体育场“鸟巢”钢结构工程

国家体育场“鸟巢”钢结构工程（图 4-1）是奥运工程的突出代表，其建筑造型独特新颖，顶面为双曲面马鞍形结构，主体采用箱型桁架结构型式，为全焊接结构，应力应变控制复杂，结构用钢总量约 5.3 万 t，涉及 6 个钢种，全部为国产。当年，国家体育场“鸟巢”钢结构工程被评为全世界十大建筑之首。

国家体育场“鸟巢”钢结构工程选用了何种材料？使用了哪些焊接方法和工艺？

图 4-1 国家体育场“鸟巢”钢结构工程

工业生产中往往需要将两个或多个坯料或零件连接成所需要的构件或部件。连接就是将分离的物体相互结合在一起，它是材料成形的重要组成部分。而焊接是连接最主要的技术之一。本章重点介绍焊接成形技术，简要介绍其他连接技术。

焊接概述及焊接成形工艺原理

4.1 金属焊接成形工艺原理

焊接是通过加热或加压（或两者并用），在使用或不使用填充材料的情况下，使两个分离的金属表面的原子达到晶格距离，并形成金属键而获得不可拆接头的材料连接方法。按照焊接的工艺特点，可将其分为熔焊、压焊和钎焊三大类，见表 4-1。

焊接作为一种永久性的连接方法，与铆接相比，具有生产率高、节省金属材料、连接强度高、劳动强度低、能满足气密性要求等优点；从制造工艺来看，它比铸造生产周期短，能采用化大为小、以小拼大的工艺方法制造大型构件和复杂的机器零部件，同时还可以采用锻-焊、铸-焊和冲-焊组成复杂的大型件。焊接广泛用于航空、车辆、船舶、建筑及国防等工业部门。但焊接也存在一些问题，主要表现为焊接接头的组织性能往往不均匀，易产生焊接应力、变形和开裂等缺陷，某些材料的焊接还有一定的困难等。

表 4-1 焊接方法的分类

<table>
<tr><td rowspan="10">熔焊</td><td rowspan="4">电弧焊</td><td>焊条电弧焊</td><td rowspan="10">压焊</td><td rowspan="3">电阻焊</td><td>点焊</td><td rowspan="10">钎焊</td><td rowspan="7">硬钎焊</td><td rowspan="2">火焰钎焊</td></tr>
<tr><td>埋弧焊</td><td>缝焊</td></tr>
<tr><td>氩弧焊</td><td>对焊</td><td rowspan="2">盐浴钎焊</td></tr>
<tr><td>CO_2 气体保护焊</td><td rowspan="2">感应焊</td><td>高频焊</td></tr>
<tr><td rowspan="3">高能束焊</td><td>激光焊</td><td>工频焊</td><td rowspan="2">感应钎焊</td></tr>
<tr><td>电子束焊</td><td colspan="2">扩散焊</td></tr>
<tr><td>等离子弧焊</td><td colspan="2">超声波焊</td><td>真空钎焊</td></tr>
<tr><td rowspan="2">化学热焊</td><td>气焊</td><td colspan="2">摩擦焊</td><td rowspan="3">软钎焊</td><td rowspan="2">烙铁钎焊</td></tr>
<tr><td>铝热焊</td><td colspan="2">爆炸焊</td></tr>
<tr><td colspan="2">电渣焊</td><td colspan="2">冷压焊</td><td>浸渍钎焊</td></tr>
</table>

4.1.1 焊条电弧焊的特点与焊接电弧

大国工匠　大任担当

1. 焊条电弧焊的特点

焊条电弧焊是用手工操纵焊条（引弧、焊条的送进与运行）进行焊接的电弧焊方法，其原理如图 4-2 所示。焊条电弧焊的特点如下：

1）能在任何场合使用，如野外、车间、水下。

2）成本低、噪声小。

3）易于操作，几乎可焊接所有材料。

4）对铁锈、氧化皮、油脂等敏感度低。

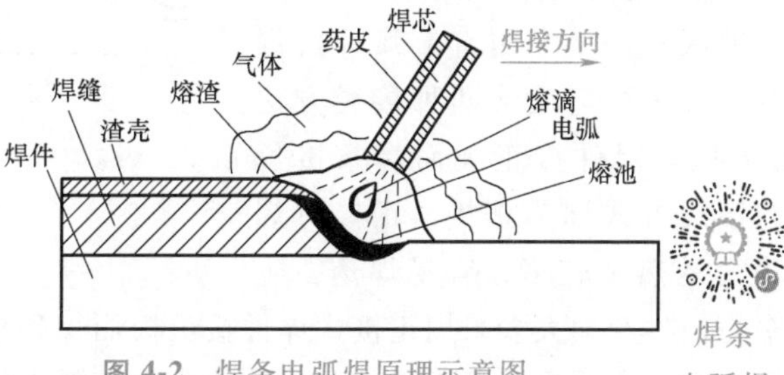

图 4-2 焊条电弧焊原理示意图

焊条电弧焊

5）生产率低，易产生焊接应力、变形和裂纹。

焊条电弧焊的主要设备是弧焊机。弧焊机一般分为直流弧焊机和交流弧焊机两大类。

直流弧焊机的特点是电弧的稳定性好，焊接工艺性好，并可根据焊件的特点选用正接与反接，因而广泛用于重要构件的焊接。

交流弧焊机电弧的稳定性较差，但可通过焊条药皮成分来改善。又因其结构简单、制造方便、成本低和焊接效率高而广泛应用。交流弧焊机实质上是一个交流降压变压器。空载（不焊接）时，电压为60~80V；起弧后，工作电压为20~35V。当焊条与工件接触短路时，弧焊机电压会自动降低到趋于零。

2. 焊接电弧

焊接电弧是在具有一定电压的电极与焊件之间的气体介质中产生的强烈而持久的放电现象，即在局部气体介质中有大量电子流通过的导电现象。电弧把电能转换成焊接所需的热能。

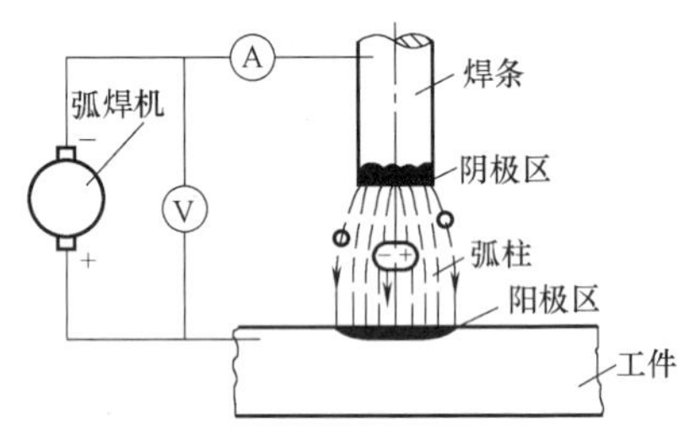

图 4-3 焊接电弧的构造

焊接电弧的构造如图 4-3 所示。焊接电弧由阳极区、阴极区和弧柱组成。阳极区和阴极区在电弧长度方向上的尺寸均很小（10^{-5}~10^{-4}cm），故电弧长度也称为弧柱长度。引燃焊接电弧时，由焊接电源提供一定的两极电压，两极轻触，产生较大的短路电流，使接触点温度急剧升高，同时产生电子逸出和气体电离，阴极产生热电子发射。当两极分开时，在电场力的作用下，自由电子高速飞出，撞击空隙气体的原子和分子，使其部分电离。带电质点同时在电场力的作用下做定向运动，即自由电子和阴离子向阳极运动，阳离子向阴极运动。上述运动过程不断出现碰撞和复合，产生大量的光和热，构成焊接电弧的能量转换。

若要使电弧稳定燃烧，必须提供并维持一定的电弧电压，同时要保证电弧空间有足够的介质和电离程度，并将电弧长度控制在一定的范围内。

电弧的热量与焊接电流和电压的乘积成正比。在一般情况下，阳极区产生的电弧热量较多，约占总热量的43%；阴极区因发射出大量的电子，消耗了一部分热量，约占36%；弧柱区约占21%。

电弧中阳极区和阴极区的温度因电极材料的不同而有所不同。用钢焊条焊接钢材时，阳极区温度约为2600K，阴极区温度约为2400K，弧柱温度高达5000~8000K。

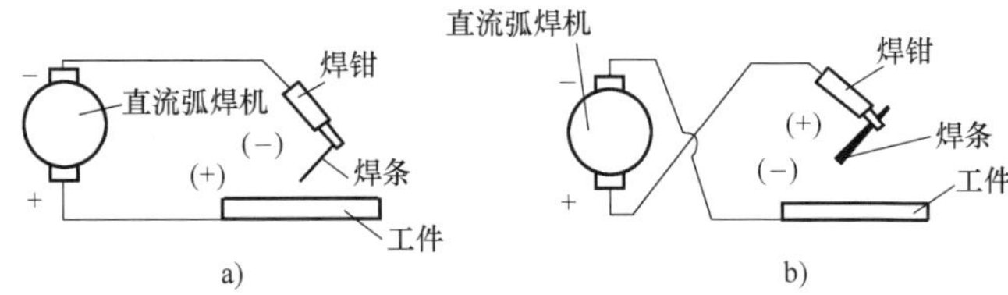

图 4-4 直流电弧的正接与反接

a）正接 b）反接

由于电弧产生的热量在阳极区和阴极区不同，在用直流弧焊机焊接时，有正接与反接两种接线方法（图 4-4）。焊件接正极而焊条接负极的接线方式称为正接。正接时焊件获得的热量较多，容易焊透，生产率高，生产中大多采用正接。焊件接负极而焊条接正极的接线方式称为反接。反接时焊件不易烧穿，主要用于薄板件的焊接。使用交流弧焊机焊接时，由于电极每秒钟正负变化多达100次，所以两极加热温度一样，都在2500K左右，不存在正接和反接问题。

4.1.2　焊接冶金过程与焊条

焊接冶金过程与焊条

1. 焊接冶金过程的特点

电弧焊时，熔化的金属、熔渣、气体三者之间将发生复杂的冶金反应，如金属的氧化与还原、气体的溶解与析出、杂质的去除等。因此，可以把焊接熔池比作微型“冶金炉”。但焊接冶金过程与一般的冶金过程不同，主要有以下特点：

（1）熔池温度高　在焊接碳素结构钢和普通低碳钢时，熔滴的平均温度约为2300℃，熔池温度也高达1600℃以上，冶金反应剧烈，容易造成合金元素的蒸发与烧损。

（2）反应过程短　焊接时，由于熔池体积很小（一般为2~3cm^3），冷却速度极快（熔池周围是冷金属），液态停留时间很短（熔池从形成到凝固约为10s），各种冶金反应无法达到平衡状态，反应很不充分，在焊缝中会出现化学成分不均匀的偏析现象。

（3）冶金条件差　焊接熔池一般暴露在空气中，熔池周围的气体、铁锈、油污等在电弧的高温作用下，将分解成原子态的氧、氮、氢等，极易与金属元素发生化学反应，易产生气孔、夹渣等焊接缺陷，使焊缝的力学性能下降；空气中的水分分解成氢原子进入焊缝金属，会出现“氢脆”现象。

2. 熔焊过程中必须采取的工艺措施

1）对焊接区采取保护措施，以防止周围的有害气体侵入熔池。如采用焊条药皮、焊剂保护或使用保护气体等，使焊接区的熔化金属被熔渣和气体保护，与空气隔绝。

2）对熔池进行冶金处理，主要通过在焊接材料（焊条药皮、焊丝、焊剂）中加入一定量的脱氧剂（主要是锰铁和硅铁）和一定量的合金元素，如Mn、Si、Nb、V、Ti等，清除已经进入熔池中的有害元素，如S、P等元素形成的杂质，对熔化金属进行脱氧、脱硫、脱磷、去氢和渗合金等，以保证和调整焊缝金属的化学成分。可能的冶金反应如下：

脱硫反应　$Mn+FeS \longrightarrow Fe+MnS$　　$MnO+FeS \longrightarrow FeO+MnS$

$CaO+FeS \longrightarrow FeO+CaS$　　$MgO+FeS \longrightarrow FeO+MgS$

脱氧反应　$Mn+FeO \longrightarrow Fe+MnO$　　$Si+2FeO \longrightarrow 2Fe+SiO_2$

反应产物MnO和SiO_2可形成密度小、熔点低的硅酸盐$MnO \cdot SiO_2$，进入熔渣，MnS、CaS和MgS均不溶解于液态铁中，也进入熔渣。

3. 焊条

（1）焊条的组成及作用　焊条由焊芯和药皮所组成，它对焊缝质量有很大影响。

焊芯作为电极和填充金属，其主要作用是引燃电弧和填充焊缝，其化学成分直接影响焊缝质量，因此对焊芯金属的化学成分有较严格的要求。焊芯通常用碳、硫、磷含量较低的专用钢丝制成。几种常用焊芯的牌号和成分见表4-2。焊芯的直径（即焊条直径）最小为1.6mm，最大为8mm，其中以直径为3.2~5mm的焊条应用最广；长度一般为250~450mm。

表4-2　几种常用焊芯的牌号和成分

牌号①	化学成分（%）							用　途
	w_C	w_{Mn}	w_{Si}	w_{Cr}	w_{Ni}	w_S	w_P	
H08	≤0.10	0.30~0.55	≤0.03	≤0.20	≤0.30	≤0.04	≤0.04	一般焊接结构
H08A	≤0.10	0.30~0.55	≤0.03	≤0.20	≤0.30	≤0.03	≤0.03	重要焊接结构
H08E	≤0.10	0.30~0.55	≤0.03	≤0.20	≤0.30	≤0.02	≤0.02	

（续）

牌号①	化学成分(%)							用　途
	w_C	w_{Mn}	w_{Si}	w_{Cr}	w_{Ni}	w_S	w_P	
H08MnA	≤0.10	0.80~1.10	≤0.07	≤0.20	≤0.30	≤0.03	≤0.03	埋弧焊焊丝
H08Mn2SiA	≤0.10	1.80~2.10	0.65~0.95	≤0.20	≤0.30	≤0.03	≤0.03	二氧化碳焊焊丝

① 焊芯牌号的含义：H是“焊”字汉语拼音的第一个字母，表示焊接用钢丝；H后面的数字表示碳的质量分数，A表示高级优质焊接钢丝；E表示特级优质焊接钢丝（w_S、$w_P \leqslant 0.02\%$）；化学元素后面的数字表示其质量分数（<1%不标出）。

药皮是压涂在焊芯表面上的涂料层，由多种矿物质、铁合金、有机物和化工材料混合而成。焊条药皮由稳弧剂、造气剂、造渣剂、脱氧剂、合金剂、稀释剂、黏结剂、稀渣剂和增塑剂等组成。它的主要作用如下：

1）保护作用。焊接时利用焊条药皮熔化后产生的大量气体和形成的熔渣，使熔化金属与空气隔离，防止空气中的氧、氮侵入，保护熔滴和熔池金属。

2）冶金处理和渗合金作用。通过熔渣与熔化金属的冶金反应，除去有害杂质（如氧、氮、硫、磷、氢等），渗入有益的合金元素，使焊缝获得所需的力学性能。

3）改善焊接工艺性能。药皮中加入的物质要保证焊条能够获得良好的焊接工艺性能，保证焊接电弧稳定燃烧、飞溅少、焊缝成形好、易脱渣、熔敷效率高，以及有利于进行各种位置的焊接等。

（2）焊条的分类、型号及牌号

1）焊条的分类。我国的焊条按用途可分为10类，见表4-3。根据焊条药皮性质的不同，结构钢焊条又可分为酸性焊条和碱性焊条两大类。不同的焊条药皮具有不同的焊接工艺性能和焊缝力学性能。焊条药皮的类型和所适用的电源见表4-4。

表4-3　焊条类型

焊条类型	代　号	
	拼音字母	汉　字
结构钢焊条	J	结
钼及铬钼耐热钢焊条	R	热
不锈钢焊条	G	铬
	A	奥
堆焊焊条	D	堆
低温钢焊条	W	温
铸铁焊条	Z	铸
镍及镍合金焊条	Ni	镍
铜及铜合金焊条	T	铜
铝及铝合金焊条	L	铝
特殊用途焊条	TS	特殊

表 4-4　焊条药皮的类型和所适用的电源

牌　号	药皮类型	适用电源	备　注
□××0	不定型	不规定	酸性焊条
□××1	氧化钛型	交流或直流	
□××2	钛钙型	交流或直流	
□××3	钛铁矿型	交流或直流	
□××4	氧化铁型	交流或直流	
□××5	纤维素型	交流或直流	
□××6	低氢钾型	交流或直流	碱性焊条
□××7	低氢钠型	直流	
□××8	石墨型	交流或直流	
□××9	盐基型	直流	

注：1. 表中"□"表示焊条牌号中的拼音字母或汉字。
　　2. "×"表示牌号中的前两位数字。

酸性焊条药皮熔渣的主要成分是酸性氧化物（如 SiO_2、TiO_2、Fe_2O_3 等），不含 CaF，氧化性较强，易烧损合金元素。但其电弧稳定，对焊件上的油污、铁锈不敏感，工艺性较好。酸性焊条熔点较低，流动性好，有利于脱渣和焊缝成形，但难以有效清除焊缝中的硫、磷等杂质，容易形成偏析，焊缝塑性和韧性稍差，渗合金作用弱，热裂倾向大。酸性焊条适合各种电源，常用于一般钢结构件的焊接。

碱性焊条药皮熔渣的主要成分是碱性氧化物（如 CaO、FeO、MnO、MgO、Na_2O 等）和铁合金，氧化性弱，脱硫、脱磷能力强，焊缝含氢量低、韧性好、抗裂性好。但对油污、铁锈等敏感性较大，易产生气孔，工艺性较差。碱性焊条一般用于直流反接，主要用于压力容器等重要结构件的焊接。

2）焊条的型号和牌号。焊条的型号和牌号都是焊条的代号。焊条型号为国际通用标准规定的代号，表示为 E××××。其中 E 为 Electrode 的首写字母；前两位数字××表示熔敷金属抗拉强度的最小值，单位为 10MPa；第三位数字×表示焊接位置（0 和 1 表示全位置焊，2 表示平焊，4 表示向下立焊）；第三、四两位数字的组合表示焊接电流种类和药皮类型。例如 E5015，"E"表示焊条，"50"表示焊缝金属抗拉强度不低于 500MPa；"1"表示焊条适用于全位置焊接；"15"表示低氢钠型焊条药皮，电流种类为直流反接。

焊条牌号是我国行业标准统一规定的代号，由汉语拼音的第一个字母加上三位数字组成。常用的牌号有 J×××、A×××、Z×××。其中"J"代表结构钢焊条，"A"代表奥氏体钢焊条，"Z"代表铸铁焊条；前两位数字为熔敷金属抗拉强度的最小值，单位为 10MPa；最后一位数字表示药皮类型和电流种类，其中 1～5 为酸性药皮，6～9 为碱性药皮。酸性药皮可在交、直流电源下焊接，而碱性药皮一般只能在直流电源下焊接。例如 J422，"J"表示结构钢焊条，"42"表示焊缝金属抗拉强度不低于 420MPa；"2"表示焊条药皮类型为钛钙型，适用于直流或交流电源。

（3）焊条的选用原则　选用焊条时应首先根据焊件的化学成分、力学性能、抗裂性、耐蚀性以及高温性能等要求，选用相应的焊条种类，再根据结构形状、受力情况、焊接设备条件和焊条售价来选定具体型号。选用时可考虑以下原则：

1）等强度原则。焊接低碳钢和低合金钢时，一般应使焊缝金属与母材等强度。但应注意，钢材是按屈服强度等级确定的，而结构钢焊条的等级是指焊缝金属抗拉强度的最低保证值。

2）同成分原则。焊接耐热钢、不锈钢等金属材料时，应使焊缝金属的化学成分与焊件的化学成分相同或相近，即按母材化学成分选用相应成分的焊条。

3）考虑工件的工作条件和使用性能。被焊工件如果在承受动载荷或冲击载荷条件下工作，除应保证强度指标外，还应选择韧性和塑性较好的低氢型焊条。如果被焊工件在低温、高温、磨损或腐蚀介质条件下工作，则应优先选择相应种类的焊条。由于几何形状复杂或大厚度工件的焊接加工易产生较大的应力而引起裂纹，因此宜选择抗裂性好、强度较高的焊条。如果焊件接头部位有油污、铁锈等，不易清理干净，应选用抗气孔能力强、脱渣性好、电弧稳定的酸性焊条，以免在焊接过程中气体滞留于焊缝中，形成气孔。

4）低成本原则。在满足使用要求的前提下，应优先选用工艺性能好、成本低和生产率高的焊条。

此外，应根据焊件厚度、焊缝位置等条件选择焊条直径。一般焊件越厚，选用的焊条直径也越大。

4.1.3 焊接接头金属的组织与性能

焊接接头金属的组织与性能

1. 焊接热循环

在焊接加热和冷却过程中，焊缝及其附近母材的温度随时间变化的过程称为焊接热循环。图 4-5 所示为低碳钢焊接热循环的特征。温度达到 1100℃以上的区域为过热区，$t_{过1}$ 为点 1 的过热时间；500~800℃的区域为相变温度区，$t_{8/5}$ 为点 1 处从 800℃冷却到 500℃的时间。由此可见，焊缝及其附近的母材上各点在不同时间经受的加热和冷却作用是不同的，在同一时间各点的温度变化也不同，因此冷却后的组织和性能也不同。

焊接热循环的特点是加热和冷却速度很快。对于易淬火钢，易导致马氏体相变；对于其他材料，也会产生相变和再结晶，易产生焊接变形、应力及裂纹。受焊接热循环的影响，焊缝附近的母材因焊接热循环作用而发生组织或性能变化的区域称为焊接热影响区。因此，焊接接头由焊缝区和焊接热影响区组成。

2. 焊缝金属

焊接加热时，焊缝处的温度在液相线以上，母材与填充金属共同形成熔池，冷凝后成为铸态组织，如图 4-6 所示。在冷却过程中，液态金属自熔池壁向焊缝中心方向结晶，形成柱

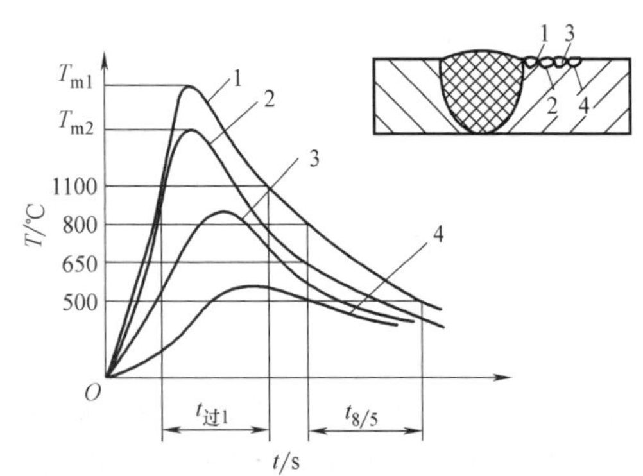

图 4-5 低碳钢焊接热循环的特征

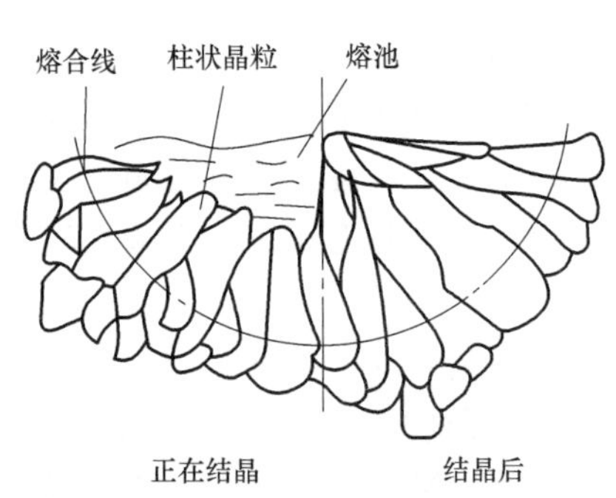

图 4-6 焊缝的组织示意图

状晶组织。焊缝金属的化学成分主要取决于焊芯金属的成分，也受熔化母材的影响。

熔池中的液态金属冷却速度很快，合金元素来不及扩散，存在严重的成分偏析，影响焊缝性能。但是，由于焊芯的化学成分控制严格，碳、磷、硫等含量低；焊条药皮在焊接过程中通过渗合金作用，使焊缝金属中锰、硅等合金元素的含量可能比母材金属高，所以只要合理选择焊条和焊接规范，焊缝金属的力学性能一般不会低于母材。

3. 焊接热影响区

由于热影响区中各点的受热情况不同，其组织变化也不同。不同类型的母材金属，热影响区各部位也会产生不同的组织变化。图 4-7a 所示为低碳钢焊接接头焊接热影响区最高加热温度曲线及室温下的组织，图 4-7b 为简化后的部分 $Fe\text{-}Fe_3C$ 相图。低碳钢的焊接热影响区分为以下几个区域：

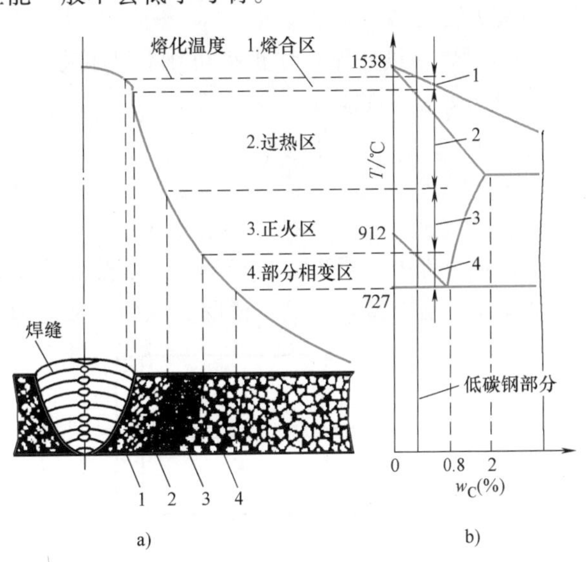

图 4-7 低碳钢焊接热影响区的组织变化

a）温度曲线及组织图 b）$Fe\text{-}Fe_3C$ 相图

（1）熔合区 熔合区是焊接接头中焊缝金属向热影响区过渡的区域，又称为半熔化区，加热温度在合金的固-液相线之间。熔合区有填充金属与母材金属的多种成分，故成分不均，其组织为粗大的过热组织或淬硬组织，强度下降，塑性很差，是产生裂纹及局部脆性破坏的发源地。

（2）过热区 过热区紧靠熔合区，加热温度为1100℃至固相线之间。由于加热温度大大超过 Ac_3，奥氏体晶粒急剧长大，冷却后得到过热粗晶组织，使塑性和冲击韧度大幅度降低。

（3）正火区 正火区加热温度为 850~1100℃，属于正常的正火加热温度范围。冷却后得到均匀细小的珠光体和铁素体组织，力学性能优于母材。

（4）部分相变区 部分相变区加热温度处于 $Ac_1 \sim Ac_3$ 之间，只有部分组织发生转变，冷却后组织不均匀，力学性能稍差。

焊接热影响区是影响焊接接头性能的关键部位。焊接接头的断裂往往不是出现在焊缝区，而是出现在焊接热影响区，尤其是熔合区及过热区中，因此必须对焊接热影响区进行控制。

4. 影响焊接接头性能的因素

（1）焊剂与焊芯 焊剂与焊芯直接影响焊缝的化学成分。通过焊剂、药皮可向焊缝过渡一部分合金元素。

（2）焊接方法 热源、温度和热量集中程度不同，热影响区的大小和组织也不同；杂质含量不同，焊缝性能也不同。一般热量集中的焊接方法（如电子束焊、等离子弧焊）热影响区小，而加热时间长、热量分散的焊接方法（如电渣焊、气焊）热影响区大。

（3）焊接参数 焊接电流增大、焊接速度减缓和热输入增大（单位长度焊缝上输入的能量），都会使焊接热影响区增大。

(4) 熔合比　熔合比是指被熔合的母材在焊缝中所占面积的百分数。如图 4-8 所示，S_m 为被熔合的母材所占面积，S_t 为填充金属所占面积，则熔合比为 $S_m/(S_t+S_m)$。熔合比将影响焊缝的化学成分及焊接接头的性能。熔合比越大，则表示母材熔入焊缝的数量越多，对焊接接头性能的影响也越大。

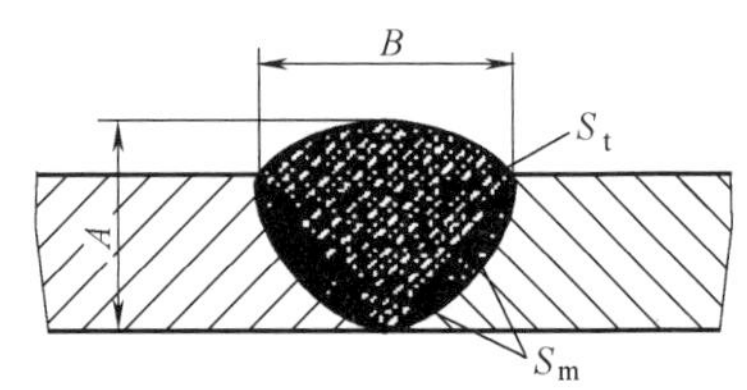

图 4-8　焊缝中的母材与填充金属

(5) 焊后热处理　如正火可细化焊接接头的组织，改善焊接接头的性能。

焊接应力与变形

4.1.4　焊接应力与变形

1. 焊接应力与变形的原因及危害

焊接过程中，对焊件进行不均匀加热和冷却，是产生焊接应力和变形的根本原因。下面以低碳钢平板对接焊为例，说明其纵向焊接应力与变形的形成过程，如图 4-9 所示。

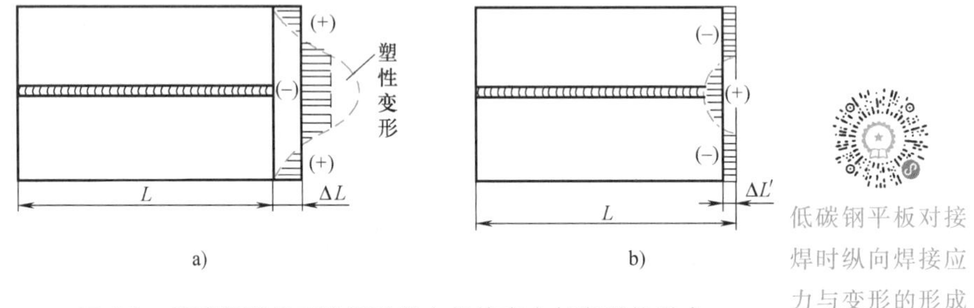

图 4-9　低碳钢平板对接焊时纵向焊接应力与变形的形成

a) 焊接加热时　b) 冷却后

焊接加热时，钢板上各部位温度不均匀，焊缝区温度最高，离焊缝越远，温度越低。钢板各区因温度不同将产生大小不等的纵向膨胀。图 4-9a 中虚线表示焊接加热时接头截面的温度分布，也表示钢板各区若能自由膨胀时的伸长量分布。焊缝及其相邻区域由于受到焊件未加热部分的冷金属的阻碍，不能自由伸长，只能在整个长度方向上伸长 ΔL，因此焊缝区中心部分因膨胀受阻产生压应力（用符号“-”表示），两侧则形成拉应力（用符号“+”表示）。当焊缝区中心部分的压应力超过屈服强度时，则产生压缩塑性变形，其变形量为图 4-9a 所示被虚线包围的部分。

由于焊缝及邻近区域在高温时已产生压缩塑性变形，而两侧区域未产生塑性变形，因此，在随后的冷却过程中，若钢板各区能自由收缩，焊缝及邻近区域将会缩至图 4-9b 中的虚线位置，两侧区域则恢复到焊接前的原长。但这种自由收缩同样无法实现，由于整体作用，钢板的端面将共同缩短至比原始长度短 $\Delta L'$ 的位置，这样，焊缝及邻近区域收缩受阻，受拉应力作用，其两侧则受到压应力作用。

综上所述，低碳钢平板对接焊后的结果是：在焊缝长度方向，焊缝及邻近区域产生拉应力，两侧产生压应力，平板整体缩短了 $\Delta L'$。这种在室温下保留在结构中的焊接应力和变形，称为焊接残余应力和变形。

焊接应力与变形往往同时存在，又相互联系。当结构拘束度较小，焊接过程中能够比较自由地膨胀和收缩时，焊接应力较小而焊接变形较大；反之，若结构拘束度较大或外加较大

刚性拘束时，焊接过程中难以自由膨胀和收缩，则焊接变形较小而焊接应力较大。

焊接应力与变形会给结构的制造和使用带来不利的影响。当熔焊过程中产生的焊接应力足够大时，在一定条件下会导致焊接热裂纹；焊后残留于结构中的焊接残余应力会影响结构的机械加工精度，降低结构的承载能力，引发焊接冷裂纹，甚至发生结构脆断事故。焊接变形不仅给保证装配质量带来很大的困难，还会影响结构的工作性能。当变形量超过允许值时，必须进行矫正，矫正无效时只能报废。因此，在设计和制造焊接结构时，应尽量减小焊接应力与变形。

2. 焊接变形的基本形式

焊接变形可能是多种多样的，但常见的焊接变形有如图 4-10 所示的五种基本形式。

收缩变形（图 4-10a）是由于焊缝金属纵向和横向收缩引起的尺寸缩短；角变形（图 4-10b）是由于焊缝截面上、下不对称，焊后沿横向上、下收缩不均匀而引起的；弯曲变形（图 4-10c）是由于焊缝布置不对称，焊缝较集中的一侧纵向收缩较大而引起的；扭曲变形（图 4-10d）常常是由于焊接次序不合理而引起的；波浪形变形（图 4-10e）是焊接薄板结构时，由于薄板在焊接应力作用下丧失稳定性而引起的。

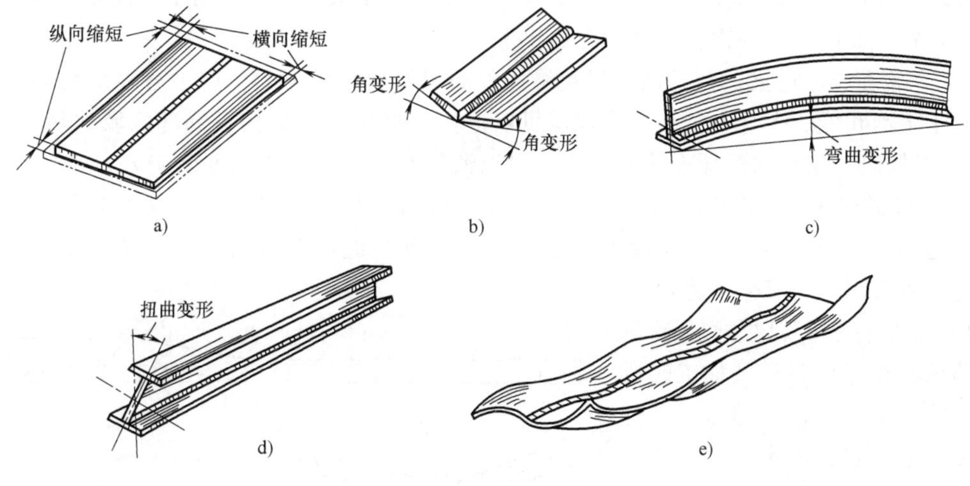

图 4-10 焊接变形的基本形式

a）收缩变形 b）角变形 c）弯曲变形 d）扭曲变形 e）波浪形变形

3. 减小和消除焊接应力与变形的措施

（1）减小和消除焊接应力的措施　减小焊接应力可从设计和工艺两方面综合考虑。在设计焊接结构时，应采用刚性较小的焊接接头形式，尽量减少焊缝数量，减小焊缝截面尺寸，避免焊缝过分集中等。在工艺方面可以采用以下措施：

1）合理选择焊接顺序和焊接方向。焊接顺序的确定应尽量使焊缝能较自由地收缩，以减少应力。图 4-11a 所示焊接顺序产生的焊接应力小，而图 4-11b 中因先焊焊缝 1 导致对焊缝 2 的拘束度增加，而增大了残余应力。

2）锤击焊缝法。在焊缝的冷却过程中，用圆头小锤均匀迅速地锤击焊缝，使焊缝金属产生局部塑性伸长变形，抵消一部分焊接收缩变形，从而减小焊接残余应力。

3）加热“减应区”法。焊接前，在工件的适当部位（称为减应区）加热使之伸长

（图 4-12），焊后冷却时，减应区与焊缝同向收缩，使焊接应力与变形减小。

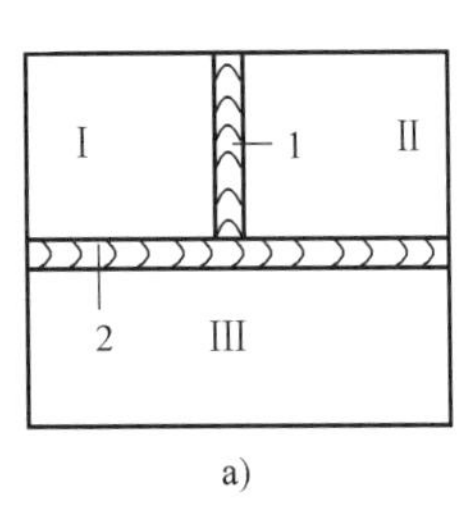

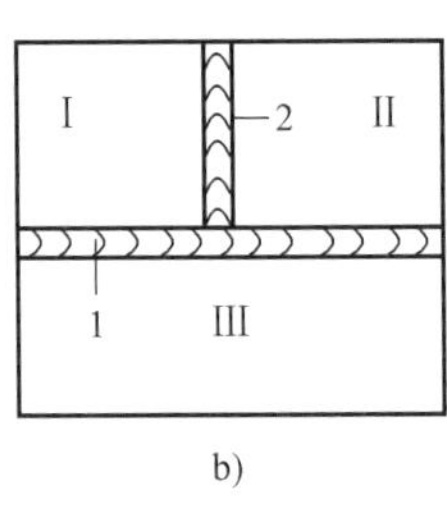

图 4-11　焊接顺序对焊接变形的影响

a）焊接应力小　b）焊接应力大

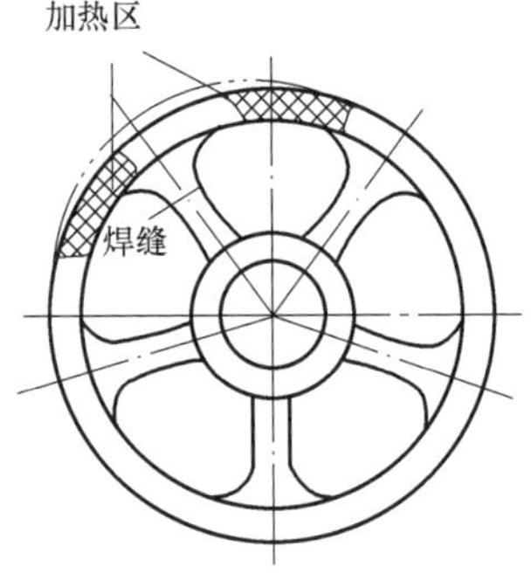

图 4-12　加热“减应区”法示例

4）焊前预热和焊后缓冷。焊前预热的目的是减小焊接区与周围金属的温度差，降低焊缝区的冷却速度，使焊接加热和冷却时的不均匀膨胀和收缩减小，以达到减小焊接应力的目的。焊后缓冷也能起到同样的作用。但这种方法使工艺复杂化，只适用于塑性差、容易产生裂纹的材料，如高、中碳钢，铸铁和合金钢等。

5）焊后去应力退火。为了消除焊接结构中的焊接残余应力，生产中通常采用去应力退火。对于碳钢和低、中合金钢结构，焊后可以把构件整体或焊接接头局部区域加热到 600～800℃，经保温一定时间后缓慢冷却。一般可以消除 80%以上的焊接残余应力。

（2）控制和减小焊接变形的措施　为了控制焊接变形，在设计焊接结构时，应合理地选用焊缝的尺寸和形状，尽可能减少焊缝的数量，使焊缝的布置对称等。在焊接结构生产中，通常可采用以下工艺措施：

1）加裕量法。根据理论计算和经验值，在焊件备料及加工时预先考虑收缩余量，以便焊后工件达到所要求的形状和尺寸。

2）反变形法。根据经验或测定，预先估计结构焊接变形的大小和方向，在焊接结构组装时人为地制成一个方向相反而数值相等的变形，以抵消焊后产生的变形（图 4-13）。

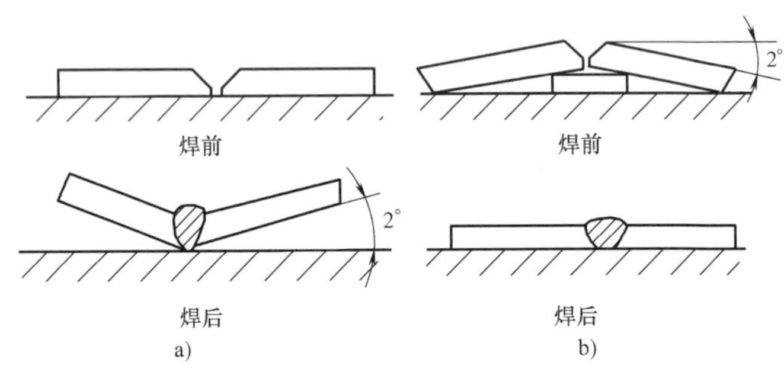

图 4-13　Y 形坡口对焊时的反变形法

a）产生角变形　b）角变形抵消

3）刚性固定法。焊接时将焊件加以固定，焊后待焊件冷却至室温后再去掉刚性固定，可有效地防止角变形和波浪形变形，但会增大焊接应力。该方法只适用于塑性较好的低碳钢结构，不能用于铸铁和淬硬倾向大的钢材，以免焊后断裂。图 4-14 所示为利用刚性固定法防止法兰盘面的角变形。

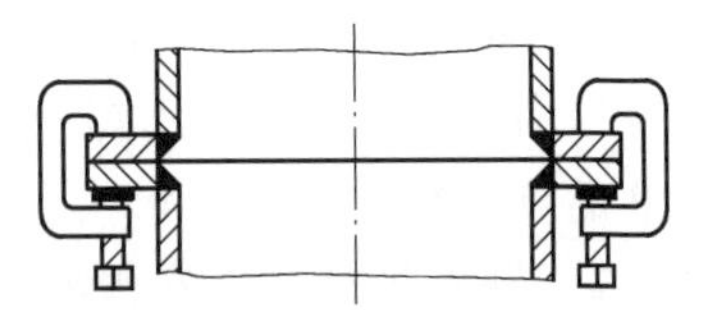

图 4-14　刚性固定法

4）选择合理的焊接顺序。选择合理的焊接顺序对控制焊接变形非常重要。对于对称截面梁的焊接，采用

图 4-15 所示的焊接顺序可有效地减小焊接变形；而对于焊缝分布不对称的工件，如图 4-16 所示桥式起重机的主梁，为了控制焊接变形，合理的焊接顺序是：由两名工人同时对称地先焊接 1-1′焊缝，再焊接 2-2′焊缝，最后焊接 3-3′焊缝。这样，1-1′焊缝引起的上拱变形可以被 2-2′和 3-3′焊缝引起的下挠变形基本抵消。

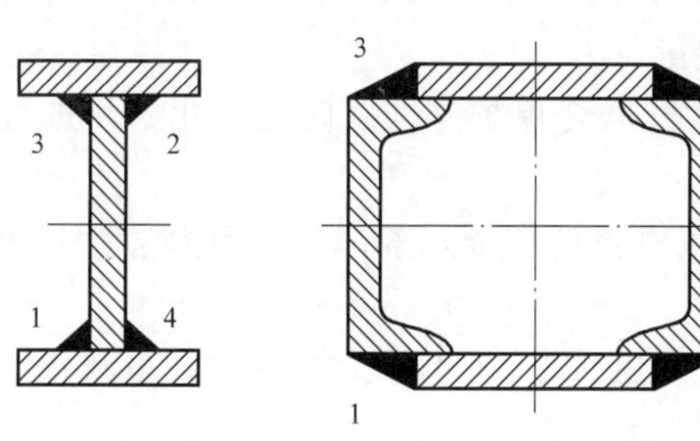

图 4-15 对称截面梁的合理焊接顺序

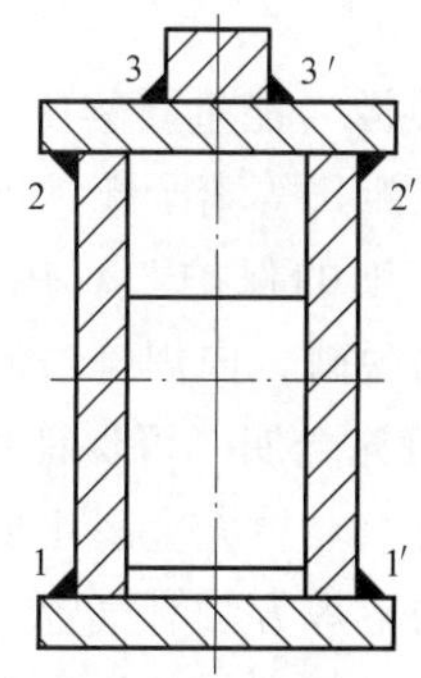

图 4-16 桥式起重机主梁各焊缝的焊接顺序

（3）焊接变形的矫正 在焊接过程中，即使采用了上述措施，有时也会产生超过允许值的焊接变形。对焊接变形进行矫正，常采用的矫正方法有：

1）机械矫正。机械矫正是利用外力使构件产生与焊接变形方向相反的塑性变形，使两者变形互相抵消（图 4-17）。该方法通常只适用于刚性较小、塑性较好的低碳钢和普通低合金钢。

2）火焰矫正。火焰矫正是利用金属局部受热后的冷却收缩来矫正已发生的焊接变形。图 4-18 所示为焊接后 T 形梁产生上拱变形，可用火焰在腹板位置进行加热，加热区为三角形，加热温度为 600~800℃，冷却后腹板收缩引起反向变形，将焊件矫直。这种方法主要适用于塑性好且无淬硬倾向的材料。

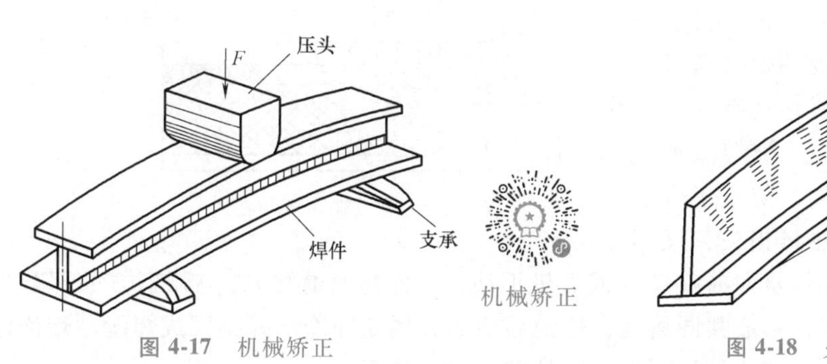

图 4-17 机械矫正

图 4-18 火焰矫正

4.2 常用焊接成形方法

常用焊接成形方法（熔化焊）

4.2.1 熔焊

熔焊是将待焊处的母材金属熔化（常需加入填充金属）且不加压力即形成焊缝的焊接方法。

熔焊的本质是小熔池熔炼与铸造，是金属熔化与结晶的过程。当温度达到材料熔点时，母材和焊丝熔化形成熔池，熔池结晶成柱状晶。熔池存在的时间短、温度高、冷却速度快，结晶后易生成粗大的柱状晶。

要获得良好的焊接接头必须有合适的热源、良好的熔池保护和焊缝填充金属，这称为熔焊三要素。

（1）热源　能量要集中，温度要高，以保证金属快速熔化，减小热影响区。满足要求的热源有电弧、等离子弧、电渣热、电子束和激光等。

（2）熔池的保护　可用渣保护、气保护和渣-气联合保护等，以防止氧化，并进行脱氧、脱硫和脱磷，向焊缝过渡合金元素。

（3）填充金属　可保证焊缝填满及给焊缝带入有益的合金元素，并达到力学性能和其他性能的要求。填充金属主要有焊芯和焊丝。

常见的熔焊方法有气焊、焊条电弧焊、埋弧焊、氩弧焊、CO_2 气体保护焊、电渣焊、等离子弧焊、电子束焊和激光焊等。

1. 埋弧焊

埋弧焊是焊丝自动连续送进，电弧在焊剂层下燃烧进行焊接的方法。用颗粒状的焊剂代替焊条药皮，用自动连续送进的焊丝代替焊芯。因其引弧、送丝、电弧的前移等过程全部由机械来完成，故生产率、焊接质量高。

（1）埋弧焊的焊接过程　埋弧焊的原理如图 4-19 所示。焊接时，先在焊接接头上面覆盖一层颗粒状焊剂，厚度为 30~50mm。自动焊机头将连续的盘状焊丝自动送入电弧区并保证一定的弧长，使焊丝、焊件接头和部分焊剂熔化，形成熔渣和熔池并发生冶金反应，同时少量焊剂和金属蒸发形成气体。具有一定压力的气体将电弧周围的熔渣排开，形成一个封闭的熔渣泡。它具有一定的黏度，能承受一定的压力。被熔渣泡包围的熔池金属与空气隔离，防止了金属的飞溅，这样既减少了热量损失，又阻止了弧光四射。随着自动焊机向前移动（或焊机不动，工件匀速前移），电弧下方的部分母材金属和焊丝不断加热熔化形成共同熔池，熔池后面的金属随即冷却并凝固成焊缝。熔渣浮在熔池表面冷凝成焊渣，未熔化的焊剂经回收处理可重新使用。

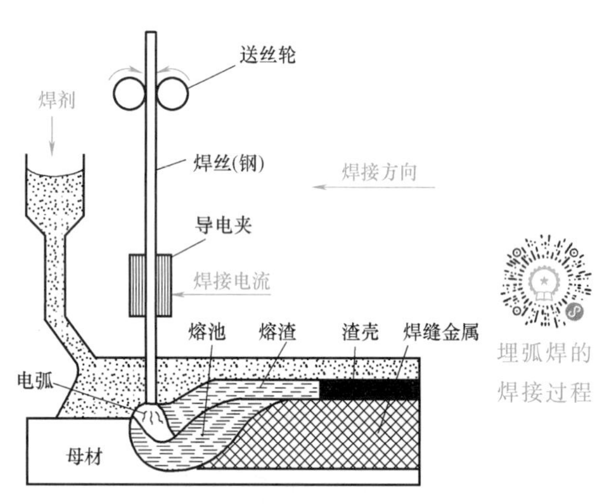

图 4-19　埋弧焊原理示意图

埋弧焊的焊接过程

（2）埋弧焊工艺

1）焊前准备。埋弧焊的焊接电流大、熔深大，因此，板厚在 20~25mm 以下的工件可不开坡口。但实际生产中，为保证工件焊透，通常板厚为 14~22mm 时，应开 Y 形坡口；板厚为 22~50mm 时，可开双 Y 形或 U 形坡口，Y 形和双 Y 形坡口的角度为 50°~60°。焊缝间隙应均匀。焊直缝时，应安装引弧板和引出板（图 4-20f），以防止起弧和熄弧时所产生的气孔、夹杂、缩孔、缩松等缺陷进入工件焊缝中，影响焊接质量。

2）平板对接焊。如图 4-20 所示，平板对接焊时，一般采用双面焊，可不留间隙直接进行双面焊接，也可采用打底焊或采用垫板焊接。为提高生产率，也可采用水冷铜板进行单面焊双面成形。

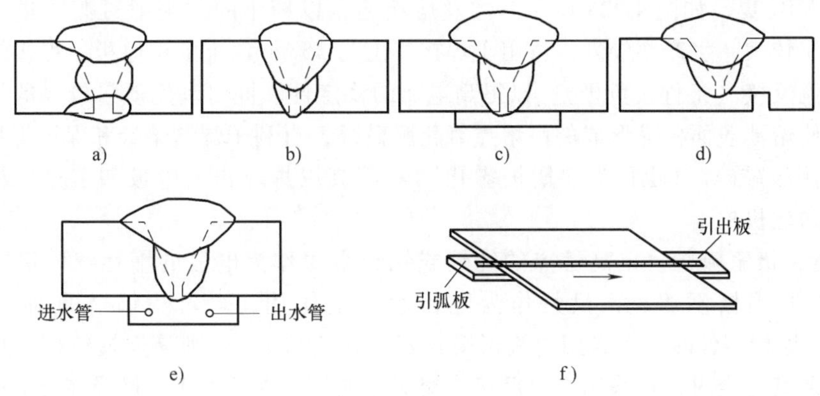

图 4-20　平板对接焊工艺

a）双面焊　b）打底焊　c）采用垫板　d）用锁底坡口　e）采用水冷铜板　f）采用引弧板、引出板

3）环焊缝。焊接环焊缝时，焊丝起弧点应与环的中心线偏离一定距离 e（图 4-21），以防止熔池金属的流淌，一般 $e=20\sim40\mathrm{mm}$。直径小于 250mm 构件的环焊缝一般不采用埋弧焊。

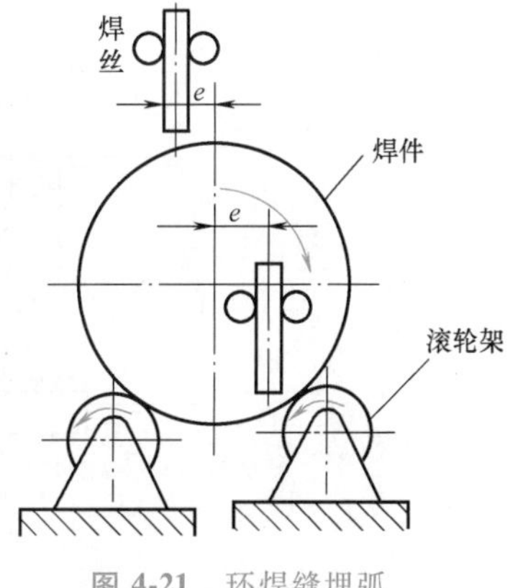

图 4-21　环焊缝埋弧焊原理示意图

（3）埋弧焊的特点及应用　埋弧焊与焊条电弧焊相比，具有以下优点：

1）生产率高。埋弧焊电流常达 1000A 以上，比焊条电弧焊高 6~8 倍，因而熔深大，焊速高；不需更换焊丝，节省了时间，生产率比焊条电弧焊高 5~10 倍。

2）焊接质量高且稳定。焊接过程自动进行，工艺参数稳定；熔池保持液态时间较长，冶金过程较为彻底，气体、熔渣易于浮出，焊缝金属化学成分均匀。同时，由于焊剂充足，电弧区保护严密，因此，焊缝成形美观，焊接质量稳定。

3）节省金属材料，生产成本低。埋弧焊工件可不开或少开坡口，节省了因开坡口而消耗的金属材料和焊接材料，同时由于没有焊条电弧焊时的焊条头损失，熔滴飞溅少，故生产成本低。

4）劳动条件好。埋弧焊过程中的机械化和自动化使工人的劳动强度大大降低，而且由于电弧埋于焊剂之下，因此看不到弧光且焊接烟雾少，劳动条件得到改善。

埋弧焊只适合于平焊、长直焊缝和大直径环焊缝的焊接，不适合于薄板和曲线焊缝的焊接，而且对被焊件预装配要求较高。

埋弧焊适用于碳钢、低合金结构钢、不锈钢、耐热钢等材料，主要用在压力容器的环焊缝和直焊缝、锅炉冷却壁的长直焊缝、船舶和潜艇壳体、起重机械（行车）及冶金机械（高炉炉身）的焊接。

2. 氩弧焊

（1）氩弧焊的分类　氩弧焊是用氩气作为保护气体保护电弧和焊接区的电弧焊方法。

氩气是惰性气体，不溶于液态金属，也不与金属发生反应。氩弧一旦引燃，电弧很稳定。按所用电极的不同，氩弧焊分为熔化极氩弧焊和非熔化极氩弧焊（也称为钨极氩弧焊）两种。

1）熔化极氩弧焊。以连续送进的焊丝作为电极，熔化后又兼作填充金属的惰性气体保护焊，简称 MIG 焊，如图 4-22a 所示。焊丝熔滴通常以细小的“喷射过渡”进入熔池。焊接中所用电流较大，生产率较高，适用于焊接厚度为 25mm 以下的中厚板。焊接铝及铝合金时常采用直流反接（工件接负极），以提高电弧的稳定性。同时利用质量较大的氩离子撞击熔池表面，使熔池表面极易形成的高熔点氧化膜破碎，有利于焊缝熔合和保证焊接质量，此作用称为“阴极破碎”（也称为“阴极雾化”）。因其以焊丝作为电极和填充材料，故还需要有专门的送丝机构。

2）非熔化极氩弧焊。以高熔点的纯钨或钨合金棒作为电极的惰性气体保护焊，简称 TIG 焊。焊接时钨极不熔化，只是作为电极起导电作用，焊丝从钨极的前方送入熔池（图 4-22b）。焊接钢件时，多采用直流正接（工件接正极），否则易烧损钨极。焊接铝、镁等有色金属及其合金时，可采用直流反接或交流氩弧焊，焊件处于负极或在交流电源的负半周时，有利于发挥“阴极破碎”作用。为减少钨极烧损，通过电极的焊接电流不宜过大，焊缝熔深浅，故非熔化极氩弧焊通常用于焊接厚度为 6mm 以下的薄板。

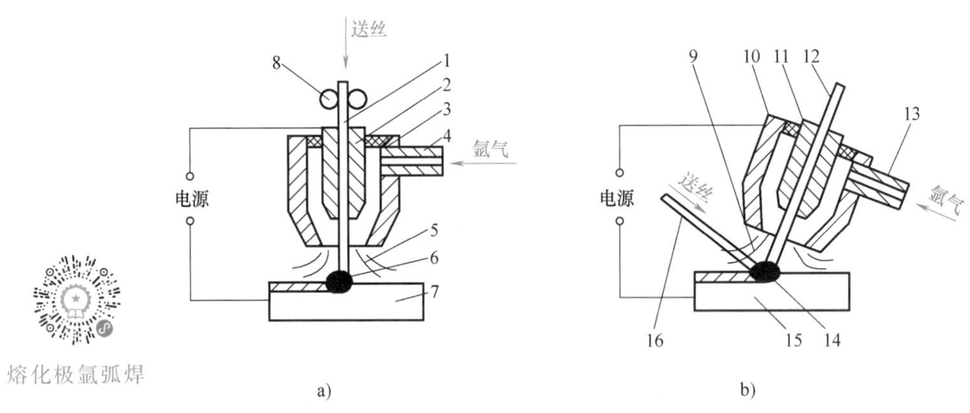

图 4-22　氩弧焊原理示意图

a）MIG 焊　b）TIG 焊

1、16—焊丝　2、11—导电嘴　3、10—喷嘴　4、13—进气管　5、9—气流

6、14—电弧　7、15—焊件　8—送丝轮　12—钨棒

（2）氩弧焊的特点及应用

1）焊接质量好。惰性气体保护效果好，焊缝金属纯净，焊缝成形美观。

2）焊接热影响区和变形小。氩弧焊电弧稳定，能量集中（由于电弧的收缩作用），焊接过程易控制。

3）便于实现机械化和自动化。明弧焊接，易于观察焊缝成形；焊后无须清渣处理。

氩弧焊的不足之处是：氩气昂贵，设备造价高，焊前清理要求严格，且氩气无脱氧去氢作用。氩弧焊适用于易氧化的有色金属及合金钢等材料的焊接，如铝、镁、钛及其合金，耐热钢，不锈钢等。

3. CO_2 气体保护焊

CO_2 气体保护焊是以 CO_2 气体来保护电弧和焊接区的一种熔化极气体保护焊，简称 CO_2

焊。这种焊接方法采用连续送进的焊丝作为电极，靠焊丝和焊件之间产生的电弧熔化母材金属与焊丝，以自动或半自动方式进行焊接。电弧引燃后，焊丝末端、电弧及熔池被 CO_2 气体所包围，可防止空气对高温金属的有害作用。其原理与装置类似于熔化极氩弧焊，只是通入的保护气体不同。常用的焊丝为 H08Mn2SiA。

CO_2 气体保护焊的特点如下：

1）生产率高。焊丝自动送进，电流密度大，电弧热量集中，故焊接速度高，且焊后无焊渣，节省清渣时间，生产率比焊条电弧焊高 1~4 倍。

2）焊接质量好。由于 CO_2 气体的保护，焊缝氢含量低，且焊丝中锰含量较高，脱硫效果明显。另外，由于电弧在气流压缩下燃烧，热量集中，热影响区较小，焊接接头抗裂性好。

3）操作性能好。CO_2 气体保护焊是明弧焊，易发现焊接问题并及时处理，且适用于各种位置的焊接，操作灵活。

4）成本低。CO_2 气体价格低廉，且焊丝是盘状光焊丝，成本仅为埋弧焊和焊条电弧焊的 40%左右。

CO_2 气体保护焊也有不足之处，如飞溅大，焊缝成形差；易产生气孔；金属及合金元素易氧化、烧损，因此不宜焊接易氧化的有色金属和高合金钢。

CO_2 气体保护焊适用于低碳钢和强度级别不高的普通低合金结构钢的焊接，主要用于薄板焊接。

4. 电渣焊

电渣焊是利用电流通过液态熔渣时产生的电阻热进行焊接的熔焊方法。

电渣焊的焊接过程如图 4-23 所示。两焊件垂直放置（呈立焊缝），相距 20~60mm，两侧装有水冷铜滑块，底部加装引弧板，顶部加装引出板。开始焊接时，焊丝与引弧板短路引弧。电弧将不断加入的焊剂熔化形成渣池，当渣池达到一定厚度时电弧熄灭，依靠渣池的电阻热熔化焊丝和工件。渣池随填充金属量的增加而逐渐上升，两侧水冷铜滑块跟随提升，焊缝下部相继凝固成固态，形成焊缝。根据工件厚度不同，焊丝可采用单丝或多丝。

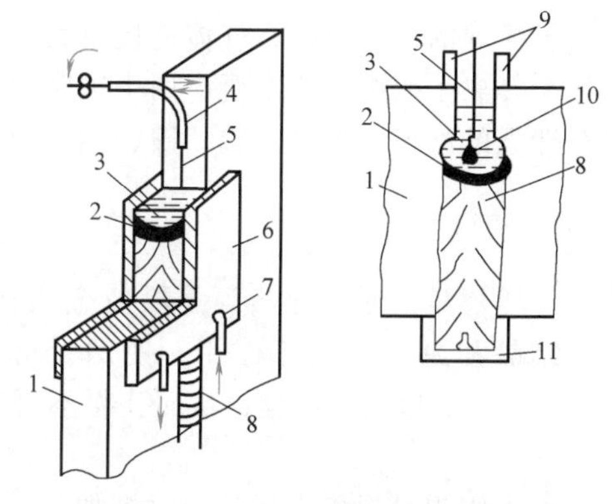

图 4-23 电渣焊的焊接过程

1—焊件 2—金属熔池 3—渣池 4—导电嘴 5—焊丝 6—滑块 7—冷却水管 8—焊缝 9—引出板 10—熔焊丝 11—引弧板

电渣焊的特点如下：

1）生产率高。厚大工件可一次焊成。若单丝不摆动，可焊厚度为 40~60mm；若单丝摆动，可焊厚度为 60~150mm。

2）焊接质量好。焊缝液态金属停留时间长，焊缝不易产生气孔、夹杂等缺陷；熔渣覆盖在熔池上，保护作用好。

3）节省金属材料，成本低。焊接任何厚度均不需开坡口，仅留 25~60mm 的间隙，即可一次焊成；焊接材料和电能消耗少。

电渣焊的缺点是熔池高温停留时间长，晶粒粗大，热影响区较宽，焊后需进行正火处理；焊接适应性较差；总是以立焊方式进行，不能平焊，不适于焊接厚度较小的工件，焊缝也不宜过长。

电渣焊适用于碳钢、合金钢、不锈钢等材料的焊接，主要用于厚壁压力容器，铸-焊、锻-焊、厚板拼焊等大型构件的焊接。焊接厚度一般应大于40mm。

5. 等离子弧焊

等离子弧焊是利用机械压缩效应（电弧通过喷嘴细小孔隙时的被迫收缩）、热压缩效应（在冷气流的强烈作用下，带电粒子负离子、电子流往弧柱中心集中）和电磁收缩效应（弧柱带电粒子的电流线为平行电流线，磁场作用使电流线相互吸引而收缩）将电弧压缩为一束细小等离子体的一种焊接工艺，其原理如图4-24所示。等离子弧温度高达24000~50000K，能量高度集中，能量密度可达10^5~10^6W/cm²，可一次性熔化较厚的材料。等离子弧焊可用于焊接和切割。

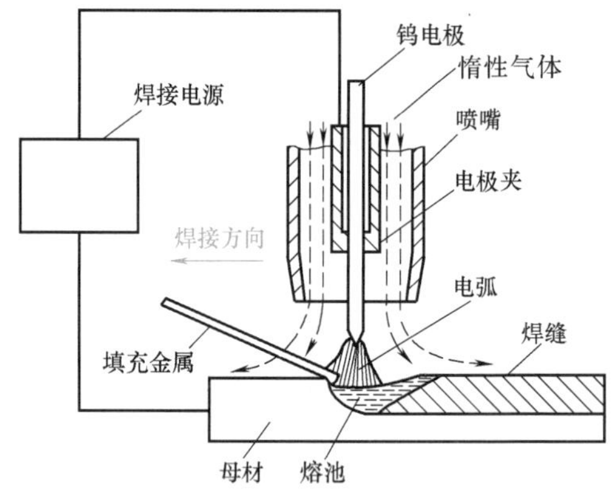

图4-24　等离子弧焊原理示意图

等离子弧焊能量密度大，弧柱温度高，穿透力强，对于厚度为10~12mm的钢材可不开坡口一次焊透，双面成形，焊接速度快，生产率高，热影响区小，焊接变形小，焊缝质量好。当电流小至0.1A时，等离子弧仍可稳定燃烧，可焊0.1~2mm厚的超薄板，如箔材、热电偶等。等离子弧焊的设备复杂，气体消耗量大，只适用于室内焊接。

等离子弧焊目前主要应用于国防工业和尖端工业技术中，焊接一些难熔、易氧化、热敏感性强的材料，如铜、钨、镍、钼、铝、钛及其合金，以及不锈钢、高强度钢等。

4.2.2　压焊

压焊、钎焊

压焊是指通过加热等手段使金属达到塑性状态，加压使其产生塑性变形、再结晶和原子扩散等作用，使两个分离表面的原子接近到晶格距离（0.3~0.5nm）而形成金属键，从而获得不可拆卸接头的一类焊接方法。

1. 电阻焊

电阻焊是对组合焊件经电极加压，利用电流通过焊接接头的接触面及邻近区域产生的电阻热来进行焊接的方法。根据接头形式常分为点焊、缝焊和对焊。

（1）点焊　点焊是将焊件装配成搭接接头，压紧在两柱状电极间使之紧密贴合，加压通电，利用电阻热局部熔化母材金属形成焊点的一种电阻焊方法，其原理如图4-25所示。常用点焊的接头形式如图4-26所示。

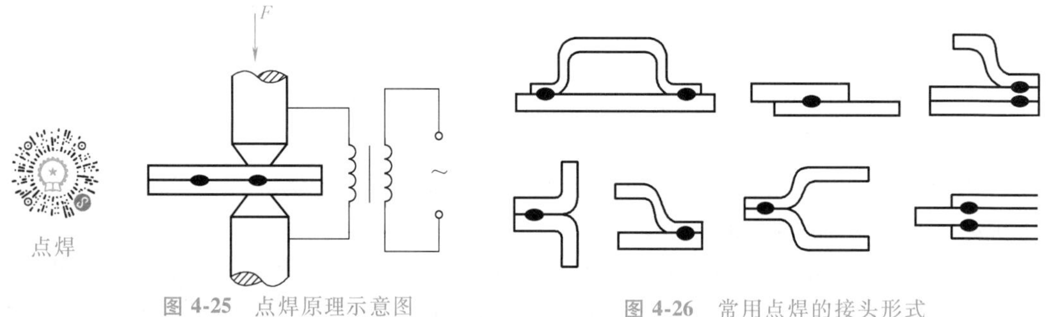

图4-25　点焊原理示意图

图4-26　常用点焊的接头形式

点焊时，先加压使两焊件紧密接触，然后通电加热。由于焊件接触处电阻较大，热量集中，使该处的温度迅速升高，金属熔化，形成一定尺寸的熔核。当切断电流、去除压力后，两焊件接触处的熔核凝固而形成组织致密的焊点。点焊前需严格清理焊件表面的氧化膜、油污等，避免因焊件接触电阻过大而影响点焊的质量和电极寿命。此外，点焊时有部分电流流经已焊好的焊点，使焊接处电流减小，出现分流现象。为减少分流现象，点焊间距不应过小。

影响点焊质量的主要工艺参数是电极压力、焊接电流和通电时间。电极压力过大，接触电阻下降，热量减少，造成焊点强度不足；电极压力过小，则焊件间接触不良，热源虽强，但不稳定，甚至出现飞溅、烧穿等缺陷。焊接电流不足，则热量不足，熔深过小，甚至造成未熔化；焊接电流过大，熔深过大，并有金属飞溅，甚至引起烧穿。通电时间对点焊质量的影响与焊接电流相似。点焊主要用于厚度为 4mm 以下薄板冲压结构及钢筋的焊接。

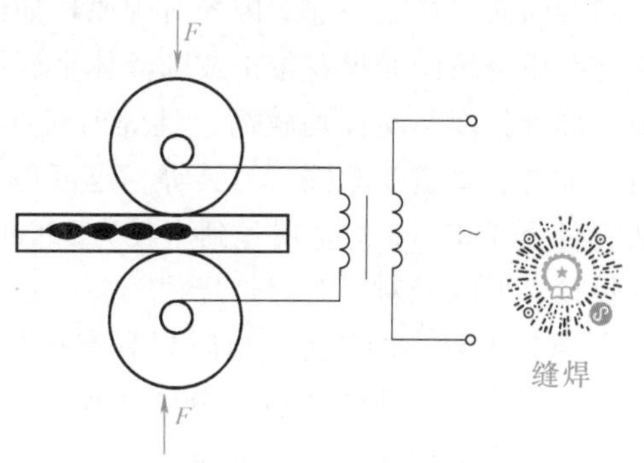

图 4-27　电阻缝焊原理示意图

(2) 缝焊　缝焊是连续的点焊过程，它是用连续转动的盘状电极代替柱状电极，焊后获得相互重叠的连续焊缝，如图 4-27 所示。其盘状电极不仅对焊件加压、导电，同时依靠自身的旋转带动焊件前移，完成缝焊。

缝焊时的分流现象较严重，焊相同板厚的工件时，焊接电流为点焊的 1.5~2 倍。缝焊常用于厚度为 3mm 以下有密封要求的薄壁容器的焊接，如油箱、水箱、消声器等。

(3) 对焊　对焊是利用电阻热使两个工件以对接的形式，使整个端面焊合的电阻焊方法。

1) 电阻对焊。电阻对焊是将焊件装配成对接接头，使其端面紧密接触，利用电阻热加热至塑性状态，然后加压完成焊接的方法，其原理如图 4-28a 所示。电阻对焊有接头光滑、毛刺小、焊接过程简单等优点，但其接头的力学性能较低，对焊件端面的准备工作要求高(对接处需进行严格的焊前清理)，一般用于小断面（250mm^2 以下）金属型材的对接。

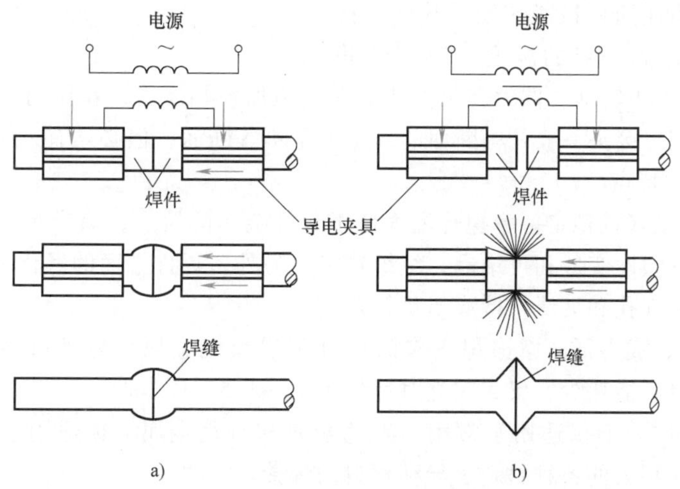

图 4-28　电阻对焊原理示意图

a) 电阻对焊　b) 闪光对焊

2）闪光对焊。焊接时，将工件夹紧在电极夹头上，先接通电源，然后逐渐靠拢。由于接触端面比较粗糙，开始时只有少数几个点接触。当强大的电流通过接触面积很小的几个点时，就会产生大量的电阻热，使接触点处的金属迅速熔化甚至汽化，熔化金属在电磁力和气体爆炸力的作用下连同表面的氧化物一起向四周喷射，产生火花四溅的闪光现象。继续推进焊件，闪光现象便在新的接触点处产生，待工件的整个接触端面有一薄层金属熔化时，迅速加压并断电，两工件便在压力作用下冷却凝固而焊接在一起。闪光对焊原理如图 4-28b 所示。闪光对焊过程中，工件端部的氧化物与杂质会被闪光火花带出或随液体金属挤出，并防止空气侵入，所以接头中杂质少、质量高、焊缝强度与塑性均较高，且焊前对端面的清理要求不高，常用于焊接重要零件，如钢轨、锚链、管道、车圈、刀具等，也可用于异种金属（如铝-铜、铜-钢、铝-钢等）的焊接，从直径为 0.01mm 的金属丝到直径为 500mm 的管材，截面达 20000mm^2 的金属型材、板材均可焊接。但闪光对焊时焊件烧损较多，且焊后有毛刺需要清理。

闪光对焊

（4）电阻焊的特点　电阻焊具有加热迅速且温度较低，焊件热影响区及变形小，易获得优质接头；无须外加填充金属和焊剂；无弧光，噪声小，烟尘、有害气体少，劳动条件好；其焊件结构简单、重量轻、气密性好，易于获得形状复杂的零件；易实现机械化、自动化，生产率高等优点。但因影响电阻大小的因素都可使热量波动，故接头质量不稳定，在一定程度上限制了电阻焊在某些重要构件上的应用。此外，电阻焊耗电量较大，焊机复杂，造价较高。

2. 摩擦焊

摩擦焊是利用焊件表面相互摩擦所产生的热，使端面达到热塑性状态，然后迅速施压，完成焊接的一种压焊方法。

图 4-29 所示为摩擦焊原理示意图。工件 1 夹持在可旋转的夹头上，工件 2 夹持在可沿轴向往复移动并能加压的夹头上。焊接开始时，工件 1 高速旋转，工件 2 向工件 1 移动并开始接触，摩擦表面消耗的机械能转换为热能，接头温度升高，并达到一定的温度（热塑性状态）。此时工件 1 停止转动，同时在工件 2 的一端施加顶端压力，在压力下冷却，获得致密的接头组织。摩擦焊接头一般是等断面的，也可是不等断面，但必须有一个断面是回转体。

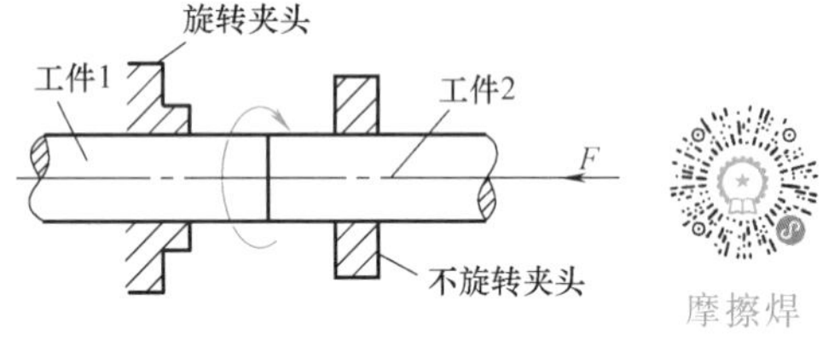

图 4-29　摩擦焊原理示意图

摩擦焊

（1）摩擦焊的特点

1）接头的质量好且稳定。摩擦焊温度低于焊件金属的熔点，热影响区小，且接头在顶端力作用下，完成塑性变形和再结晶，组织致密。另外，焊件端面的氧化膜和油污被摩擦清除，接头不易产生气孔和夹渣，接头质量较好。

2）生产率高、成本低。摩擦焊操作简单且不需填充金属，易于自动控制，生产率较高。同时设备简单、能耗少，仅为闪光对焊的 1/10～1/5，成本低。

3）适用范围广。不仅适用于常用的黑色金属和有色金属，也适用于在常温下力学性能、物理性能差异很大的特种材料、异种材料的焊接。

4）生产条件好。摩擦焊无火花、弧光及烟尘，操作方便，工人劳动强度小。

（2）摩擦焊的应用　摩擦焊作为一种快速有效的压焊方法，多用于圆形工件、棒料、

管子的对接，可焊直径为 2～100mm 的实心焊件，管子外径可达几百毫米。已经广泛应用在刀具生产以及汽车、拖拉机、石油钻杆、电站和纺织机械等。由于摩擦焊机一次性投资费用大，因此摩擦焊适于大批量生产。

4.2.3　钎焊

钎焊是采用比母材熔点低的金属材料作为钎料，将焊件和钎料加热到高于钎料熔点并低于母材熔点的温度，利用液态钎料润湿母材，填充接头间隙并与母材相互扩散，冷凝后实现连接的焊接方法。钎焊属于物理连接，钎焊时使用的熔剂称为钎剂，其作用是清除钎料和母材表面的氧化物及其他杂质，并以液态薄膜的形式覆盖在焊件和钎料表面，隔离空气，以保护液态钎料及焊件不被氧化，且可改善液态钎料对焊件的浸润性，增大钎料的填充能力。钎焊与其他焊接方法的根本区别是焊接过程中工件不熔化，而依靠熔点低于工件的钎料熔化、填充来完成连接。

钎焊的过程是：将表面清理好的工件装配在一起，把钎料放在接头间隙附近或接头间隙之间；当工件与钎料被加热到稍高于钎料的熔点温度后，钎料熔化（此时工件不熔化），借助毛细管作用使钎料被吸入并充满工件间隙，液态钎料与工件金属相互扩散，冷凝后即形成钎焊接头。

1. 钎焊的分类

根据钎料熔点的不同，钎焊可分为软钎焊和硬钎焊。

（1）软钎焊　钎料的熔点在 450℃ 以下，接头强度低，一般为 60～190MPa，工作温度低于 100℃。钎料渗入接头间隙的能力较强，具有较好的焊接工艺性。常用的软钎料是锡铅合金，也称为锡焊。锡焊钎料具有良好的导电性，主要用于电子线路元件的连接。软钎焊的钎剂主要有松香、氯化锌溶液等。

（2）硬钎焊　钎料的熔点在 450℃ 以上，接头强度较高，均在 200MPa 以上，工作温度也较高。常用的硬钎料有铝基、银基、铜基合金等，钎剂主要有硼砂、硼酸、氟化物、氯化物等。

2. 钎焊的接头形式及加热方式

钎焊的接头形式有板料搭接、套件镶接等。这些接头都有较大的钎接面，可保证接头有良好的承载能力。

钎焊的加热方式分为火焰加热、电阻加热、感应加热、炉内加热、盐浴加热及烙铁加热等，可依据钎料种类、工件形状与尺寸、接头数量、质量要求及生产批量等综合考虑选择。其中烙铁加热温度较低，一般只适用于软钎焊。

3. 钎焊的特点及应用

（1）钎焊的特点

1）钎焊要求工件加热温度较低，接头组织、性能变化小，焊件变形小，接头光滑平整，工件尺寸精确。

2）可焊接性能差异大的异种金属，工件厚度也不受限制。

3）生产率高。对焊件整体加热钎焊时，可同时钎焊由多条（甚至上千条）接缝组成的复杂构件。

4）钎焊设备简单，生产投资费用少。

（2）钎焊的应用　钎焊主要用于焊接精密、微型、复杂、多焊缝、异种材料的焊件。目前，软钎焊广泛用于电子、电器、仪表等部门；硬钎焊则用于制造硬质合金刀具、钻探钻头、换热器等。

4.3　常用金属材料的焊接

常用金属材料的焊接

4.3.1　材料的焊接性

1. 材料焊接性的概念

材料的焊接性是指材料在一定的焊接方法、焊接材料、焊接参数及结构型式条件下，获得具有所需性能的优质焊接接头的难易程度。

焊接性包括两个方面：一是工艺焊接性，即在一定工艺条件下，焊接接头产生缺陷的倾向，尤其是出现各种裂纹的可能性；二是使用性能，即在一定工艺条件下，焊接接头在使用中的可靠性，包括焊接接头的力学性能及其他特殊性能，如耐热性、耐蚀性、抗疲劳性等。

2. 材料焊接性的评定方法

影响材料焊接性的因素很多，可归类为材料（化学成分、组织状态、力学性能等）、设计（结构型式）、工艺（焊接方法、焊接规范等）及使用环境（工作温度、负荷条件、工作环境等）四个方面。材料的焊接性可通过焊前间接评估法或直接焊接试验法来估算和验证。

（1）碳当量法　焊接结构中最常用的材料是钢材，而影响钢材焊接性的最主要因素是化学成分。各种化学元素加入钢中以后，对焊缝组织、性能、夹杂物的分布以及对焊接热影响区的淬硬程度等影响不同，产生裂纹的倾向也不同。其中碳的影响最为明显，其他元素的影响均可折算成碳的影响，因此，常用碳当量法来评价被焊钢材的焊接性。硫、磷对钢材焊接性能的影响也很大，在各种合格的钢材中，硫、磷要受到严格限制。碳当量法也是评价钢材焊接性的最简便的方法。

国际焊接学会推荐的碳钢和低合金结构钢的碳当量 C_E 的计算公式为

$$C_E=\left(C+\frac{Mn}{6}+\frac{Cr+Mo+V}{5}+\frac{Ni+Cu}{15}\right)\times 100\%$$

式中，各元素符号表示该元素在钢中的质量百分数，取成分范围的上限。

经验表明，碳当量越大，裂纹倾向越大，钢的焊接性越差。通常：

当 $C_E<0.4\%$时，钢材焊接性优良。在一般的焊接工艺条件下，焊件不会产生裂纹，焊前不必采取预热等措施，但对厚大工件或低温下焊接时应预热。

当 $C_E=0.4\%\sim0.6\%$时，钢材焊接性较差。需采取保护性措施，如焊前适当预热、焊后缓慢冷却，以防止裂纹的产生。

当 $C_E>0.6\%$时，钢材焊接性很差。焊前需高温预热，焊接时要采取减少焊接应力和防止开裂的工艺措施，焊后要进行适当的热处理，才能保证焊接接头质量。

（2）小型抗裂试验法　小型抗裂试验法是模拟实际的焊接结构，按实际产品的焊接工艺进行焊接，根据焊后出现裂纹的倾向评判材料的焊接性。小型抗裂试验法的尺寸较小，结果直接可靠，能评定不同拘束形式的接头产生裂纹的倾向。根据接头类型的不同，有刚性固定对接抗裂试验法、十字接头抗裂试验法等。

4.3.2 钢材的焊接

1. 碳钢的焊接

（1）低碳钢的焊接　低碳钢中碳的质量分数低于0.25%，塑性好，一般没有淬硬倾向，对焊接热过程不敏感，焊接性良好，一般无须采取特殊的工艺措施，用任何焊接方法和最普通的焊接工艺都能获得优质焊接接头。焊接时一般不预热，除重要结构焊后需进行去应力退火处理、电渣焊结构焊后要进行正火处理外，一般焊件焊后均不进行热处理。常用的焊接方法有焊条电弧焊、埋弧焊、CO_2气体保护焊、电阻焊和电渣焊等。但在低温环境（<-10℃）施焊、焊接大厚度结构或钢中含硫、磷杂质较多时，应考虑焊前适当预热（100~150℃），以防止裂纹的产生，焊后进行去应力退火或正火，以消除残余应力，改善接头组织性能。

（2）中碳钢的焊接　中碳钢中碳的质量分数为0.25%~0.6%。随碳的质量分数的增加，淬硬倾向增大，焊接性能有所下降，在焊缝及热影响区中会分别出现热裂纹和冷裂纹。为保证接头质量，应采取下列措施：

1）焊前预热，焊后缓冷。通过减小焊件焊接前后的温差、降低冷速等，来减小焊接应力，避免淬硬组织的出现，从而有效防止焊接裂纹的产生。如35钢和45钢，焊前要预热至150~250℃；对于厚大件，预热温度应更高些。

2）尽量选用碱性低氢型焊条。减少合金元素烧损，降低焊缝中的硫、磷等低熔点元素的含量，同时氢含量很低，焊缝具有较强的抗裂能力，能有效防止焊接裂纹的产生。

3）焊件开坡口，且采用细焊丝、小电流、多层焊。通过减少含碳量高的母材金属熔入熔池来满足焊缝金属含碳量低于母材的要求，同时可减小热影响区的宽度，从而获得良好的接头。

（3）高碳钢的焊接　高碳钢中碳的质量分数超过0.6%，焊接性能更差，需采用更高的预热温度和更严格的工艺措施来保证焊接质量。焊前预热温度为250~350℃，刚度大的焊件在焊接过程中还应保持此温度，焊后应缓慢冷却。由于高碳钢焊接性差，通常不用于制造焊接结构，而主要用来修复损坏的机件。常采用焊条电弧焊和气焊来焊补。

2. 合金结构钢的焊接

焊接结构中，最常用的是普通低合金结构钢（简称低合金钢），其广泛用于压力容器、锅炉、桥梁、车辆和船舶等结构。低合金结构钢一般按屈服强度分级，我国低合金钢碳的质量分数都较低，但因其他合金元素种类与质量分数不同，所以性能上的差异很大，焊接性的差别比较明显。表4-5列出了几种常用普通低合金结构钢的焊接材料及预热温度。如果焊件厚度较大，环境温度较低，则预热温度还应适当提高。强度等级相同的其他合金结构钢也可参照此表选用。

当低合金结构钢的$R_{eL}<400$MPa时，其碳当量$C_E<0.4\%$，焊接性良好。焊接时不需要采取特殊的工艺措施。但在低温下焊接或焊接厚板时，焊前应对焊件预热。

对于$R_{eL}>400$MPa的低合金结构钢，其碳当量$C_E>0.4\%$，焊接性较差，接头产生冷裂纹的倾向增大，焊前一般要预热（预热温度>150℃），焊接时应调整焊接规范来严格控制热影响区的冷却速度，焊后进行去应力退火。

目前，在焊接生产中广泛采用16Mn钢，其焊接性接近低碳钢，但因锰的质量分数较高，在近缝区易出现晶粒粗大现象，冷却速度快时有淬硬现象，故在焊接厚度较大（>16mm）或低温（<-5℃）下施焊时，应焊前预热至150~250℃。

表 4-5 常用普通低合金结构钢的焊接材料及预热温度

强度等级/MPa	牌号	C_E(%)	焊条电弧焊焊条	埋弧焊		预热温度
				焊芯	焊剂	
300	09Mn2 09Mn2Si	0.35 0.36	E4303(J422) E4316(J426)	H08 H08MnA	HJ431	—
350	16Mn	0.39	E5003(J502) E5016(J506)	H08A H08MnA,H10Mn2	HJ431	—
400	15MnV 15MnTi	0.40 0.38	E5015(J507) E5515-G(J557)	H08MnA H10MnSi,H10Mn2	HJ431	≥100℃ (对于厚板)
450	15MnVN	0.43	E5015(J507) E6015-D1(J607)	H08MnMoA H10Mn2	HJ431 HJ350	≥150℃
500	18MnMoNb 14MnMoV	0.55 0.50	E6015-D1(J607) E7015-D2(J707)	H08Mn2MoA H08Mn2MoVA	HJ250 HJ350	≥200℃
550	14MnMoVB	0.47	E6015-D1(J607) E7015-D2(J707)	H08Mn2MoVA	HJ250 HJ350	≥200℃

焊接各种牌号的普通低合金结构钢常采用焊条电弧焊、埋弧焊和 CO_2 气体保护焊等。

3. 不锈钢的焊接

不锈钢按其组织可分为奥氏体、马氏体和铁素体不锈钢。应用最广的是铬镍奥氏体不锈钢，如 06Cr18Ni11Ti 等。这类钢的焊接性良好，但如果焊条选用不当，例如焊条含碳量偏高等，或焊接时在 500~800℃长时间停留，会在晶界处析出碳化铬，引起晶界附近铬的含量降低，形成贫铬区而引起晶间腐蚀，使焊接接头失去耐蚀能力。热裂纹的产生是由于在晶界处易形成低熔点共晶（含磷、硫、硅等）而造成的。当焊接材料选择不当或焊接工艺不合理时，会产生晶间腐蚀和热裂纹，这是奥氏体不锈钢焊接的两个主要问题。

一般的熔焊方法均能用于奥氏体不锈钢的焊接，目前生产上常用的方法有焊条电弧焊、氩弧焊和埋弧焊，其中氩弧焊是焊接不锈钢较为满意的方法。如果用焊条电弧焊，焊条的抗裂性要好，应选用化学成分与母材相同的不锈钢焊条；氩弧焊或埋弧焊时，选用的焊丝应保证焊缝化学成分与母材相同。

奥氏体不锈钢焊接不需要预热，但要用小电流及快速施焊。对于耐蚀性要求较高的重要结构，焊后要进行高温固溶处理，以消除贫铬现象。马氏体不锈钢（如 12Cr13）焊接性较差，其主要问题是焊接接头出现冷裂和淬硬脆化。焊接时要采取防止冷裂纹的一系列措施。铁素体不锈钢（如 10Cr17）焊接的主要问题是过热区晶粒长大引起脆化和裂纹。因此，要采用较低的预热温度，一般不超过 200℃，以防止过热脆化。此外，采用小能量焊接工艺可以减小晶粒长大倾向。

4.3.3 铸铁的焊补

1. 铸铁焊补的特点

铸铁中碳的含量高，含硫、磷等杂质较多，塑性差，焊接性能很差，故铸铁不能用于制造焊接结构件。但对于铸铁零件的局部损坏和铸造缺陷，可进行焊补修复。铸铁焊补有以下特点：

1）熔合区易产生白口组织。由于焊接是局部加热，焊后铸铁焊补区冷却速度比铸造时快得多，因此很容易产生白口组织和淬火组织，硬度很高，焊后很难进行机械加工。

2）易产生裂纹。铸铁强度低、塑性差，当焊接应力较大时，会在焊缝及热影响区产生裂纹，甚至沿焊缝整个断裂。此外，当采用非铸铁组织的焊条或焊丝冷焊铸铁时，因铸铁的碳及硫、磷含量高，若母材过多熔入焊缝中，则容易产生热裂纹。

3）易产生气孔。铸铁含碳量高，焊补时易生成 CO 与 CO_2 气体，由于冷速快，熔池中的气体往往来不及逸出而形成气孔。

4）只适于平焊。铸铁流动性好，熔池金属容易流失，所以一般只适于在平焊位置施焊。

2. 铸铁焊补的方法

根据铸铁的特点，铸铁的焊补一般都采用气焊、焊条电弧焊，要求不高时也可采用钎焊。按焊前是否预热可分为热焊法与冷焊法两大类。

（1）热焊法　热焊法是焊前将焊件整体或局部预热到 600～700℃，再进行焊接的焊补工艺。热焊法可防止焊件产生白口组织和裂纹，焊件品质较好，焊后可以进行机械加工。但热焊法成本较高、生产率低、劳动条件差，一般用于焊补形状复杂、焊后需要加工的重要铸件，如主轴箱、气缸体等。生产中常采用加热“减应区”法来提高焊补质量。

热焊常采用气焊和焊条电弧焊。气焊火焰可用于预热工件和焊后缓冷。气焊适用于焊补中小型薄壁件，采用含硅量高的焊条作为填充金属，并用气焊熔剂（常用 CJ201 或硼砂）去除氧化物；焊条电弧焊主要用于焊补厚度较大（>10mm）的铸铁件，采用铸铁芯铸铁焊条 Z248 或钢芯石墨化铸铁焊条 Z208。

（2）冷焊法　焊补之前焊件不预热或进行 400℃以下低温预热的焊补方法称为冷焊法。冷焊法主要依靠焊条来调整焊缝化学成分，防止或减少白口组织和避免裂纹。冷焊法方便灵活、生产率高、成本低、劳动条件好，但焊接处机械加工性能较差，生产中多用来焊补要求不高的铸件以及怕高温预热引起变形的铸件。焊接时，应尽量采用小电流、短弧、窄焊缝、短焊道（每段不大于 50mm），并在焊后及时轻轻锤击焊缝以松弛应力，防止焊后开裂。

冷焊法一般用焊条电弧焊进行焊补，并应根据铸铁材料的性能、焊后对机械加工的要求及铸件的重要性来选择焊条。常用的铸铁冷焊焊条有钢芯铸铁焊条和铸铁芯铸铁焊条，如 Z100、Z116、Z208、Z248 等，适用于一般非加工面的焊补；镍基铸铁焊条如 Z308、Z408、Z508 等，适用于重要铸铁件的加工面的焊补；铜基铸铁焊条如 Z607、Z612 等，适用于焊后需要加工的灰铸铁件的焊补。

4.3.4　常用有色金属的焊接

1. 铜及铜合金的焊接

铜及铜合金的焊接性比低碳钢差，其焊接特点如下：

1）难熔合。铜及铜合金热导率很大，热量易散失而达不到焊接温度，容易出现不熔合和焊不透的现象。

2）易变形开裂。铜及铜合金的线胀系数及收缩率都较大，易产生较大的焊接应力而变形甚至开裂。此外，铜易氧化，形成低熔点的共晶体分布在晶界上，易造成热裂纹。

3）易形成气孔。铜在液态时能溶解大量的氢，凝固时，溶解度急剧下降，氢来不及析出而形成气孔。

铜及铜合金的焊接常用氩弧焊、气焊、焊条电弧焊和钎焊等方法，以氩弧焊的焊接质量最好。焊接纯铜、青铜主要采用氩弧焊。因氩弧焊时惰性气体可有效地保护熔池不被氧化，且热量集中而能保证焊透，不仅能获得优质焊缝，还有利于减少焊接变形。焊接黄铜目前主要采用气焊，可减少锌的蒸发（锌的熔点为907℃），以保证焊缝的强度和耐蚀性。焊前应严格清理焊件，以减少氢的来源；同时焊前应预热，以弥补热传导损失；焊后锤击焊缝及进行完全退火，以消除应力和减少变形。

2. 铝及铝合金的焊接

通常铝及铝合金的焊接性很差，主要原因如下：

1）易氧化。铝氧化后形成高熔点的氧化铝覆盖在熔池金属表面，阻碍金属的熔合，且由于密度大（约为铝的1.4倍），不易浮出熔池，造成焊缝夹渣。

2）易变形开裂。铝的高温强度低，塑性差，而膨胀系数较大，焊接应力较大，易使焊件变形开裂。

3）易形成气孔。铝及铝合金液态溶氢量大，但凝固时溶解度下降为原来的1/20，易形成气孔。

此外，铝及铝合金焊接时，要求能量大或密集的热源，避免因铝极强的导热能力使热量散失，无法焊接。

铝及铝合金的焊接常采用氩弧焊、气焊、电阻焊和钎焊等方法。氩弧焊不仅有良好的保护作用，而且有阴极破碎作用，可去除氧化铝膜，使铝及铝合金很好地熔合，焊接质量好，常用于要求较高的结构件。要求不高的纯铝和热处理不能强化的铝合金可采用气焊，此时必须采用气焊溶剂去除氧化物。焊前应严格清理焊件表面的油污及杂质；焊后要清除残留在工件上的溶剂，以防腐蚀。

3. 钛及钛合金的焊接

由于钛及钛合金化学性质非常活泼，极易出现多种焊接缺陷，焊接性差，所以主要采用氩弧焊，此外还可采用等离子弧焊、真空电子束焊和钎焊等。

钛及钛合金极易吸收各种气体，使焊缝出现气孔。过热区晶粒粗化或钛马氏体生成以及氢、氧、氮与母材金属的激烈反应，都使焊接接头脆化，产生裂纹。氢是使钛及钛合金焊接出现延迟裂纹的主要原因。厚度为3mm以下的钛合金薄板，其钨极氩弧焊焊接工艺比较成熟。重要部件应在可控氩气室中焊接，也可在充氩气室内进行。焊前的清理工作、焊接中工艺参数的选定及焊后热处理工艺都要严格控制。

4.4 焊接成形件的工艺设计

设计焊接结构时，除了考虑焊件的使用性能外，还应考虑各种焊接方法的工艺特点、被焊接材料、选用接头形式及结构工艺性等方面的内容，力求达到焊接工艺简单、焊接质量优良的目的。焊接工艺设计包括焊接结构材料的选用、焊接方法的选择、焊接接头的设计、焊缝的布置等几个方面。

4.4.1 焊接结构材料的选用

焊接结构设计

选材是焊接结构设计的重要环节。焊接材料的选择原则如下：

1）尽量选用焊接性好的材料。

 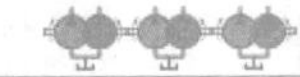

① 一般来说，w_C<0.25%的低碳钢和 C_E<0.4%的低合金钢，淬硬倾向小，塑性好，焊接性好，焊接工艺简单，应优先选用。对于 w_C>0.5%的碳钢和 C_E>0.4%的合金钢，焊接性不好，一般不宜采用。如必须采用，则应采取必要的措施，以保证焊接质量。

② 尽量选用镇静钢。镇静钢含气量低，特别是含 H_2、O_2、S 和 P 低，可减小焊接结构产生气孔和裂纹等缺陷的倾向。

2）尽量选用同一种材料焊接，以避免因材料不同导致的焊接性差异。若必须采用异种钢材或异种金属焊接时，焊缝应与低强度金属等强度，而工艺应按高强度金属设计。

3）尽量采用工字钢、槽钢、角钢和钢管等型材，以减少焊缝数量和简化焊接工艺过程。

焊接结构选材除应满足载荷、环境等工作条件外，还要考虑材料的各种工艺性能、体积与重量的要求（比强度要高）以及经济性等。

4.4.2 焊接方法的选择

焊接成形方法的选择应充分考虑材料的焊接性、焊件厚度、焊缝长短、生产批量及产品质量等因素，并结合各种焊接方法的特点和应用范围来确定。基本原则是：在保证产品质量的前提下，优先选用常用的焊接方法；生产批量较大时，要考虑选用能够提高生产率和降低成本的常用焊接方法。

1. 生产单件钢结构件

若板厚为 3~10mm，强度较低且焊缝较短，应选用焊条电弧焊；若板厚在 10mm 以上，焊缝为长直焊缝或环焊缝，应选用埋弧焊；若板厚小于 3mm，焊缝较短，应选用 CO_2 气体保护焊。

2. 生产大批量钢结构件

若板厚小于 3mm，无密封要求，应选用电阻点焊，若有密封要求，则应选用缝焊；若板厚为 3~10mm，焊缝为长直焊缝或环焊缝，应选用 CO_2 气体保护焊；若板厚大于 10mm，焊缝为长直焊缝或环焊缝，应选用埋弧焊；若为厚度在 35mm 以上的重要结构，条件允许时应采用电渣焊；若为棒材、管材、型材并要求对接，应采用电阻对焊或摩擦焊。

3. 生产不锈钢、铝合金和铜合金结构件

若板厚小于 3mm，应选用钨极氩弧焊；若板厚为 3~20mm，焊缝为长直焊缝或环焊缝，应选用熔化极氩弧焊或等离子弧焊。

4.4.3 焊接接头的设计

1. 熔焊接头设计

（1）熔焊接头形式　接头形式主要依据结构形状、使用要求和焊接生产工艺而定，并应保证焊接质量和降低成本。熔焊接头的基本形式有对接接头、搭接接头、角接接头和 T 形接头四种，如图 4-30 所示。

对接接头应力分布均匀，接头质量易于保证，适用于重要的受力焊缝（如锅炉、压力容器的焊缝）；搭接接头的两工件不在同一平面，受力时会有附加弯矩，降低了接头强度，但此接头无须开坡口，装配尺寸要求不高，适用于受力不大的平面连接（如厂房屋架、桥梁等结构）；当接头呈直角或一定角度时，必须采用角接接头或 T 形接头。

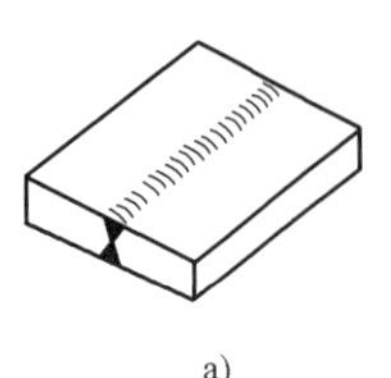
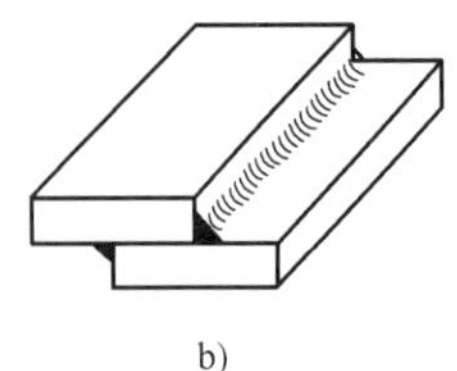
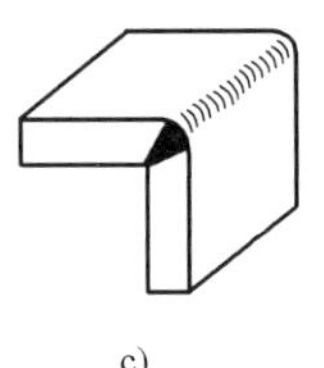
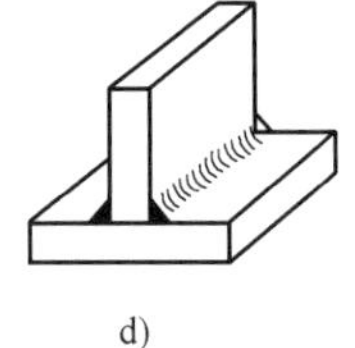

a) b) c) d)

图 4-30 熔焊接头的基本形式

a）对接接头 b）搭接接头 c）角接接头 d）T形接头

（2）坡口形式设计 焊接接头坡口的基本形式有I形坡口（不开坡口）、V形坡口、U形坡口、双V形坡口、双U形坡口等。焊接接头的坡口形式主要是由焊件厚度所决定的，其目的是保证焊件焊透，提高生产率和降低成本。采用焊条电弧焊焊接钢材时，板厚在4mm以下的焊件不开坡口。当板厚超过4mm时，为保证焊透，接头处可根据焊件厚度加工坡口。坡口角度和装配尺寸按标准选用。图4-31所示为焊条电弧焊焊接钢材时对接接头的推荐坡口形式及尺寸。当两焊件厚度相同时，有几种坡口形式可供选择：V形和U形坡口只需一面焊，便于操作，但焊后角变形大，焊条消耗量也大；双V形和双U形坡口两面施焊，受热均匀，变形小，焊条消耗量小，但需两面焊，易受结构形状的限制；U形、双U形坡口根部较宽，允许焊条深入与运条，易焊透，焊条消耗量也少，但因坡口形状复杂，加工成本高，仅在重要的动载结构中采用。

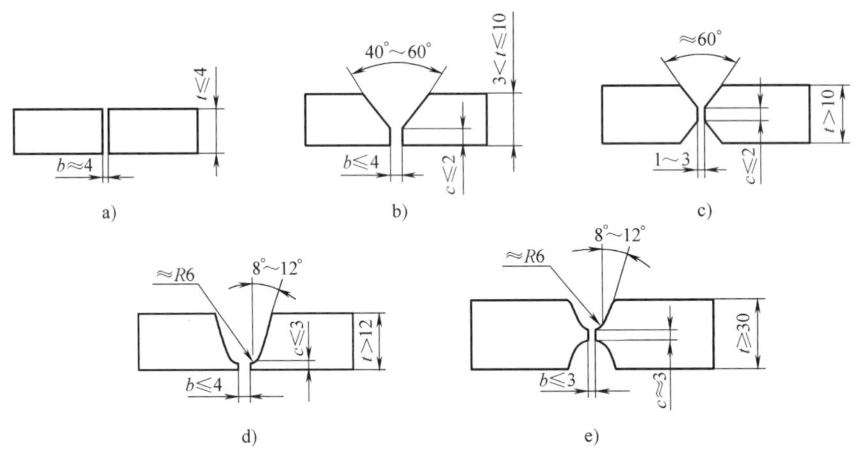

图 4-31 焊条电弧焊焊接钢材时对接接头的推荐坡口形式及尺寸

a）I形坡口 b）V形坡口 c）双V形坡口 d）U形坡口 e）双U形坡口

其他更多具体的坡口形式可参考国家标准《气焊、焊条电弧焊、气体保护焊和高能束焊的推荐坡口》（GB 958.1—2008）或有关手册设计选用。

为了使焊接接头两侧加热均匀，保证焊接质量，要求焊接结构两侧板厚或截面相同或相近，不同厚度焊件对接时，允许的厚度差见表4-6。若两焊件厚度差超过此范围，则应在较厚板上加工出单面或双面过渡段，厚度不同的角接接头和T形接头受力焊缝，也应考虑采用过渡接头，如图4-32所示。

表 4-6　两板对接时厚度差范围　（单位：mm）

较薄板的厚度 δ	≥2~5	>5~9	>9~12	>12
允许厚度差 $\delta_1-\delta$	1	2	3	4

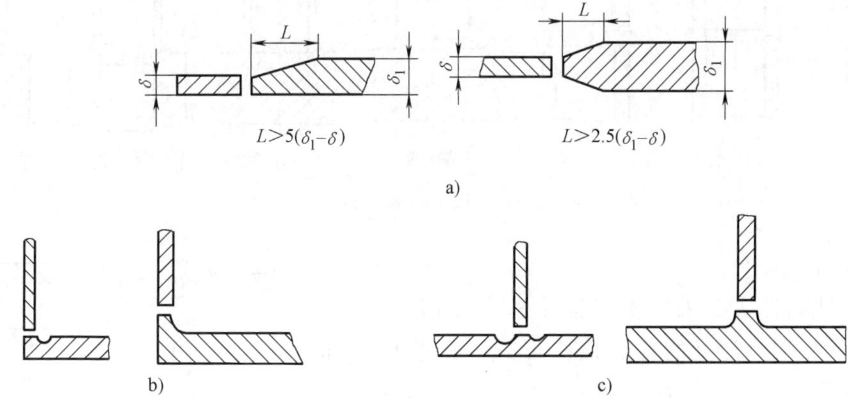

图 4-32　不同厚度金属材料焊接时的过渡形式

a）对接接头　b）角接接头　c）T 形接头

2. 压焊接头设计

（1）点焊接头设计　点焊通常采用搭接接头或折边接头。接头可以由两个或两个以上等厚度或不等厚度、相同材料或不同材料的零件组成。焊点数量可以为单点或多点。在电极可达性良好的情况下，接头主要尺寸设计可参见表 4-7。

表 4-7　点焊接头设计　（单位：mm）

序号	经验公式	简　图	备　注
1	$d=2\delta+3$ 或 $d=5\sqrt{\delta}$	$d\bigcirc n\times(e)$, e, s, s, s, s, c′, h, δ, d	d——熔核直径 A——焊透率 c'——压痕深度 e——点距 s——边距 δ——薄件厚度 n——焊点数 ○——点焊缝符号 $d\bigcirc n\times(e)$——点焊缝标注
2	A① $=30\%\sim70\%$		
3	$c'\leqslant0.2\delta$		
4	$e>8\delta$		
5	$s>6\delta$		

① 焊透率 $A=(h/\delta)\times100\%$。

（2）摩擦焊接头设计　摩擦焊接头设计应遵循以下原则：

1）在旋转式摩擦焊的两个焊件中，至少要有一个焊件具有回转截面。

2）焊件应有较大的刚度，能方便、牢固地夹紧，需尽量避免采用薄管和薄板接头。

3）尽量使接头的两个焊接截面尺寸相等，防止焊接时产生变形和应力，保证焊件品质。

4）为了增大焊缝面积，可以把焊缝设计成搭接成形的锥形接头。

摩擦焊接头的具体形式是随着产品结构的要求和焊接工艺的改善而不断发展的。图 4-33 所示为目前摩擦焊常用的几种接头形式。

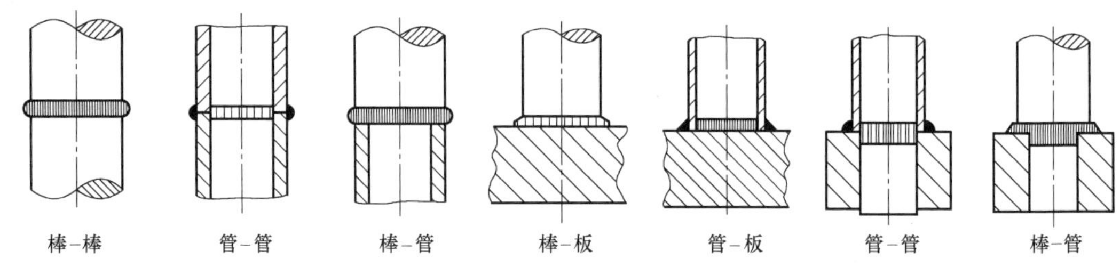

图 4-33 摩擦焊常用的几种接头形式

3. 钎焊接头设计

钎焊构件的接头都采用板料搭接和套件镶接形式。图 4-34 所示为几种常见的钎焊接头形式。这些接头都有较大的焊接面，可弥补钎料强度方面的不足，保证接头有一定的承载能力。接头之间要有良好的配合和适当的间隙，一般钎焊接头间隙要求为 0.05~0.2mm。间隙太小，会影响钎料的渗入与润湿，不可能全部焊合；间隙太大，不但浪费钎料，而且会降低钎焊接头强度。

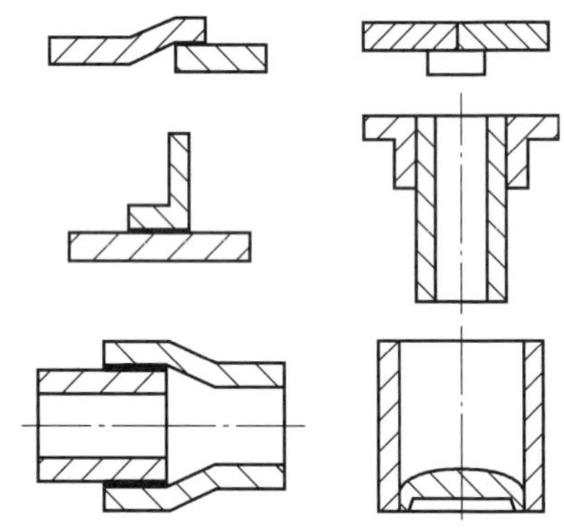

图 4-34 常见的钎焊接头形式

4.4.4 焊缝的布置

焊缝的布置一般应遵循以下原则：

1. 焊缝应避免密集交叉

焊缝的布置应避免密集、交叉或重叠（图 4-35）。因焊缝交叉或过分集中会造成接头处严重过热，热影响区增大，焊接应力大，力学性能下降。一般两条焊缝的间距应大于板厚的 3 倍且不小于 100mm。

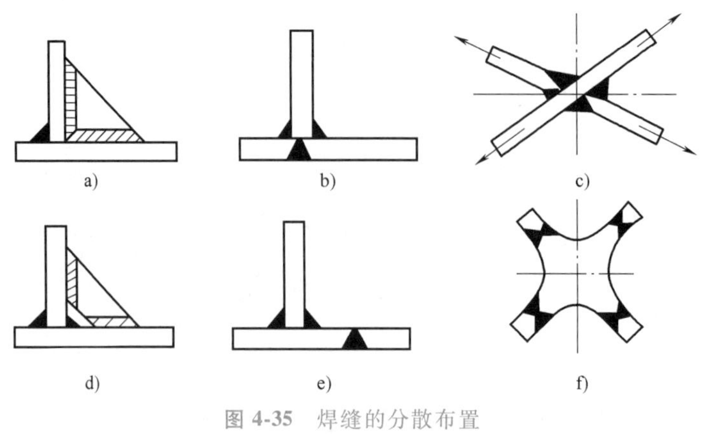

图 4-35 焊缝的分散布置

a)、b)、c) 不合理 d)、e)、f) 合理

2. 焊缝应对称分布

对称的焊缝可使焊接变形相互约束、抵消而减轻，特别是梁、柱类结构效果明显。图

4-36a 中两条焊缝偏于截面重心的一侧，变形较大；而图 4-36b 中两条焊缝对称分布，变形较小；图 4-36c 中焊缝既对称又列于对角处，实践证明变形最小。

3. 焊缝应避开应力集中和最大应力的部位

如图 4-37 所示的压力容器，其转角处易产生应力集中，应将无折边封头改为碟形封头，焊缝应设置在过渡段（一般不小于 25mm）内。而对于图 4-38 所示的大跨距梁，跨距中间应力最大，尽管图 4-38a 只有一条焊缝，但却削弱了其承载能力。图 4-38b 虽增加了一条焊缝，因改善了焊缝的受力情况，结构承载的能力反而上升。

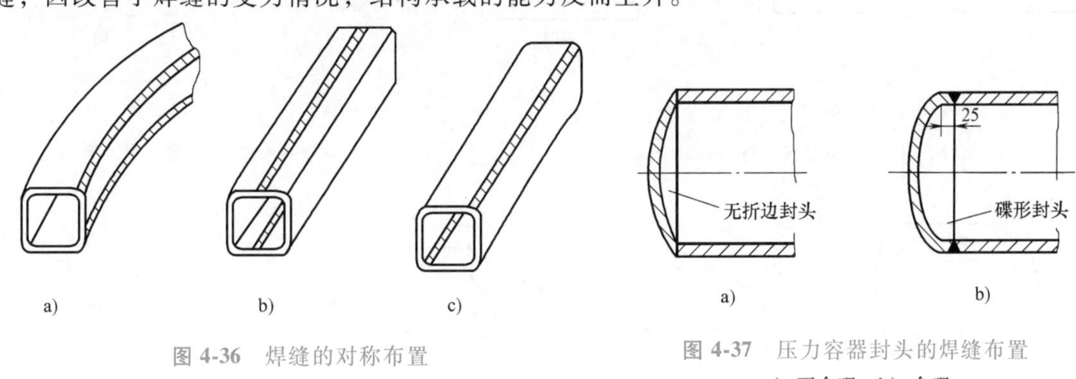

图 4-36 焊缝的对称布置

a）变形大 b）变形较小 c）变形小

图 4-37 压力容器封头的焊缝布置

a）不合理 b）合理

4. 焊缝应远离机加工表面

对某些部位精度要求较高的焊件，焊缝应远离机加工表面，以避免焊接应力和变形对已加工表面的影响，保证原有的加工精度，如图 4-39 所示。

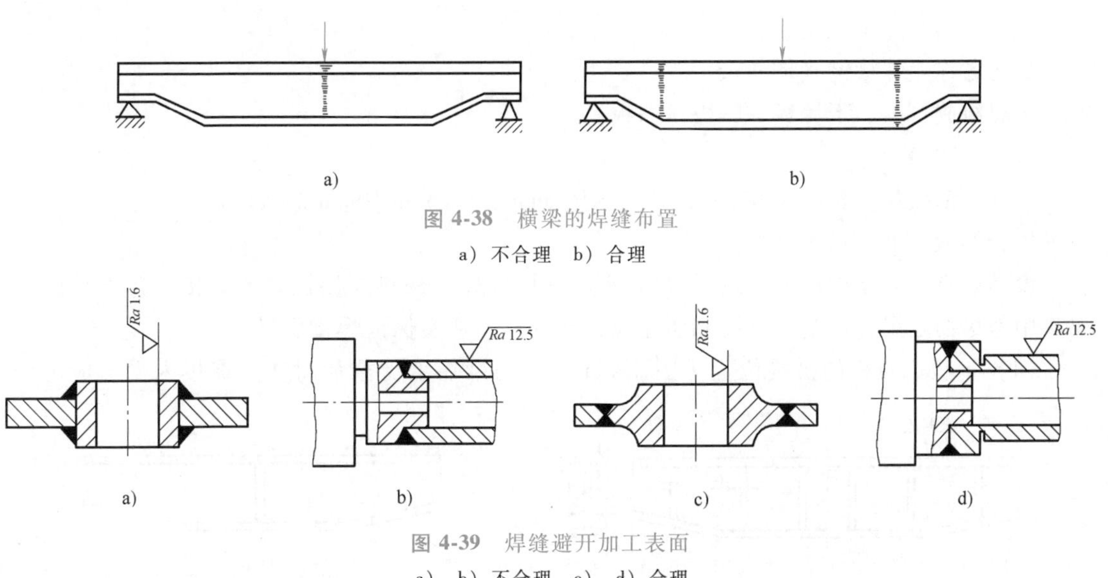

图 4-38 横梁的焊缝布置

a）不合理 b）合理

图 4-39 焊缝避开加工表面

a）、b）不合理 c）、d）合理

5. 焊缝分布应便于焊接操作

焊缝的布置应考虑到留有足够的操作空间，以满足焊接时运条、电极的伸入、焊剂的存放等，如图 4-40～图 4-42 所示。

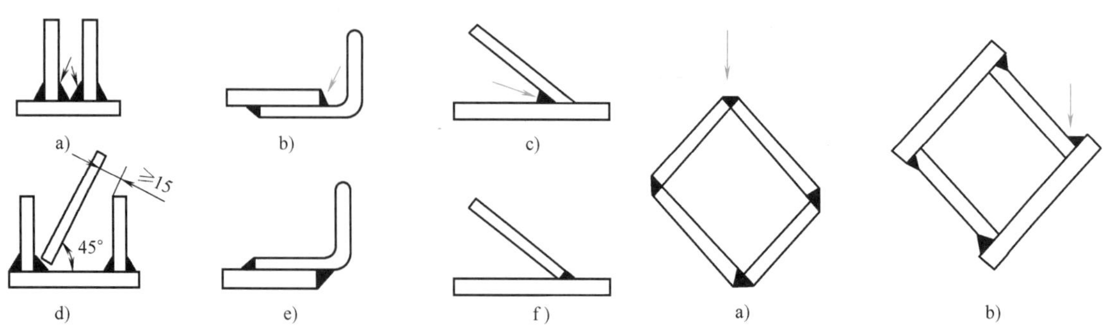

图 4-40　便于施焊的焊缝布置

a)、b)、c) 不合理　d)、e)、f) 合理

图 4-41　便于自动焊的焊缝设计

a) 放焊剂困难　b) 放焊剂方便

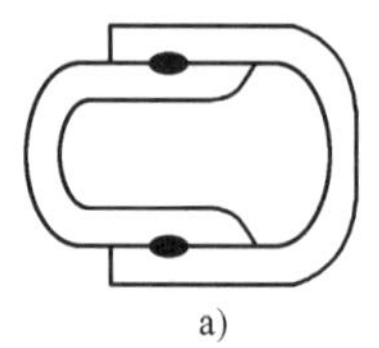

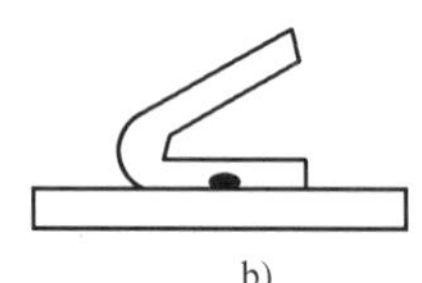

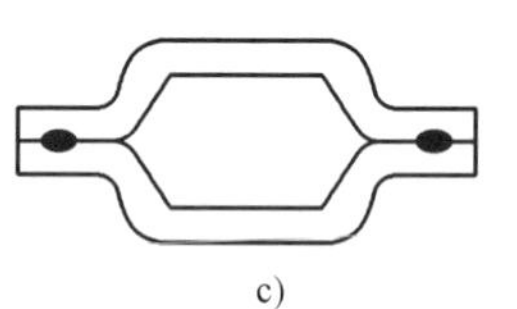

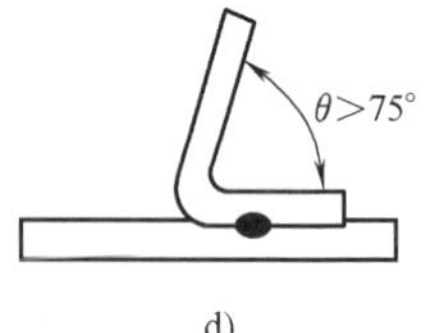

图 4-42　便于点焊及缝焊的焊缝设计

a)、b) 电极难以伸入　c)、d) 操作方便

4.4.5　典型工艺设计实例

1. 焊接梁的工艺设计

结构名称：焊接梁（图 4-43）。

主要组成：上、下翼板，腹板，肋板。

材料：20 钢。

尺寸：钢板最大长度 2500mm，分别选用 6mm、8mm 和 10mm 的板厚。

生产类型：大批量生产。

设计要点：该结构用低碳钢板（20 钢）下料拼焊，材料焊接性好。焊接工艺设计中需要集中考虑的是梁体的受力状况和防止应力与变形，切实保证焊接质量。

（1）翼板、腹板的拼接位置　图 4-43a 所示的梁在承受载荷时，上翼板内受压应力作

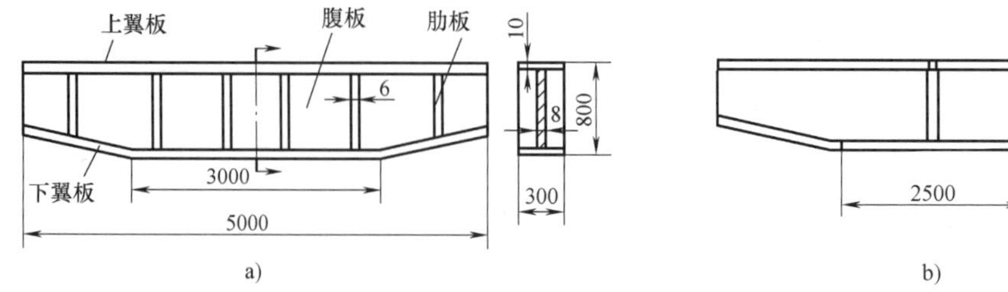

图 4-43　焊接梁

a) 焊接梁尺寸　b) 翼板、腹板的拼接位置

用，下翼板内受拉应力作用，中部拉应力最大，腹板受力较小。对上翼板和腹板，从使用要求看，焊缝的位置可以任意安排。为充分利用材料原长和减少焊缝数量，上翼板和腹板采用两块 2500mm 的钢板拼接，即焊缝在梁的中部；对下翼板，为使焊缝避开最大应力位置，采用三块板拼接，且焊缝相距 2500mm 并呈对称布局，如图 4-43b 所示。

（2）各焊缝的焊接方法及接头形式　根据焊件厚度、结构形状及尺寸，可供选择的焊接方法有焊条电弧焊、CO_2 气体保护焊及埋弧焊。因为是大批量生产，故应尽可能选用埋弧焊。对于不便采用埋弧焊的焊缝，则考虑选用焊条电弧焊或 CO_2 气体保护焊。

焊接梁各焊缝焊接方法及接头形式的选择见表 4-8。下翼板两端倾斜部分的焊缝应采用焊条电弧焊或 CO_2 气体保护焊。

表 4-8　焊接梁各焊缝焊接方法及接头形式的选择

焊缝名称	焊接方法	接头形式
拼板焊缝	焊条电弧焊或 CO_2 气体保护焊	10
翼板-腹板焊缝	1）埋弧焊 2）焊条电弧焊或 CO_2 气体保护焊	8 10
肋板焊缝	焊条电弧焊或 CO_2 气体保护焊	6 10

（3）焊接工艺和焊接顺序　主要工艺过程是：下料—拼板—装焊翼板和腹板—装配肋板—焊接肋板。

翼板和腹板的焊接顺序采用图 4-44 所示的对称焊，以减少焊缝收缩变形。

肋板的焊接顺序是：由于焊缝对称，可使变形最小，故先焊腹板上的焊缝，再焊下翼板上的焊缝，最后焊上翼板上的焊缝。这样可使梁适当上挠，增加梁的承载能力。每组焊缝焊接时，都应从中部向两端焊，以减少焊接应力和变形。

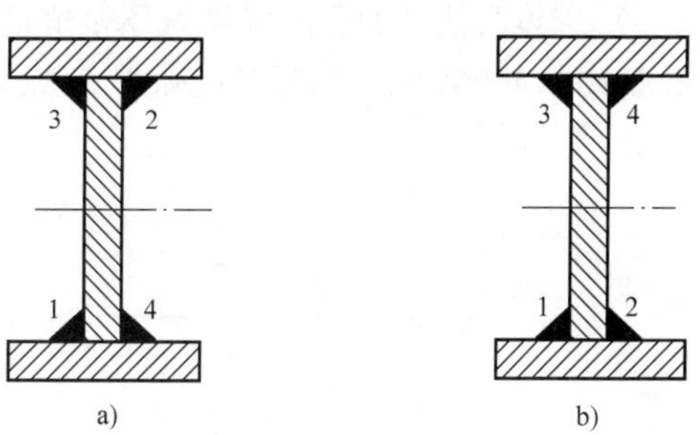

图 4-44　工字梁的焊接顺序

a）合理　b）不合理

2. 压力气罐焊接工艺设计

结构名称：压力气罐（图 4-45）。

材料：Q235A。

板厚：筒体 10mm，管体 6mm，法兰 10mm。

生产类型：小批生产。

（1）焊接方法、焊接接头形式和坡口形式的确定

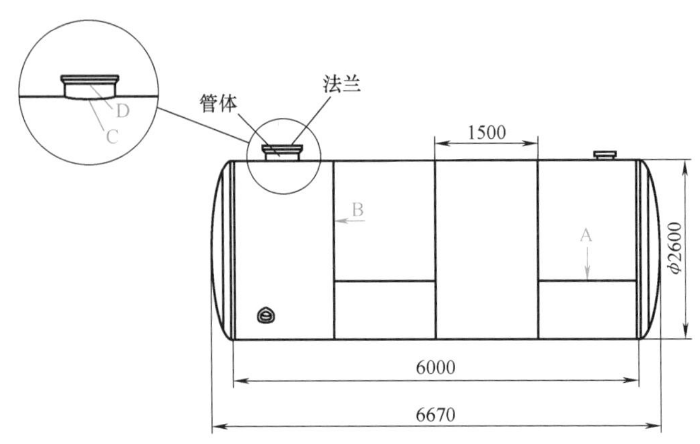

图 4-45 压力气罐结构

1）压力气罐中间罐身长为 6000mm，直径为 2600mm，因此罐身可由四节宽 1500mm 的筒体对接而成，每节筒体可用 8168mm（长度）×1500mm（宽度）×10mm（厚度）的钢板冷卷后焊接而成。

2）钢板拼接焊缝和筒体收口焊缝均为直焊缝，记为 A（图 4-45）。焊前在背面开 V 形坡口，如图 4-46a 所示，采用焊条电弧焊封底。正面不开坡口，用埋弧焊一次焊成。

3）筒体与筒体及封头与筒体间的对接焊缝为环焊缝，记为 B（图 4-45）。同样采用 V 形坡口，用焊条电弧焊封底，用埋弧焊完成。为避免纵缝 A 与环缝 B 十字交叉，对接时相邻筒体的直焊缝均应错开一定距离。

4）管体与罐身的连接焊缝为相贯线角接头，记为 C（图 4-45）。焊缝采用单边 V 形坡口，如图 4-46b 所示，用焊条电弧焊完成。

5）管体与法兰的连接焊缝为环形角接接头，记为 D（图 4-45）。焊缝采用单边 V 形坡口，如图 4-46b 所示，用焊条电弧焊完成。

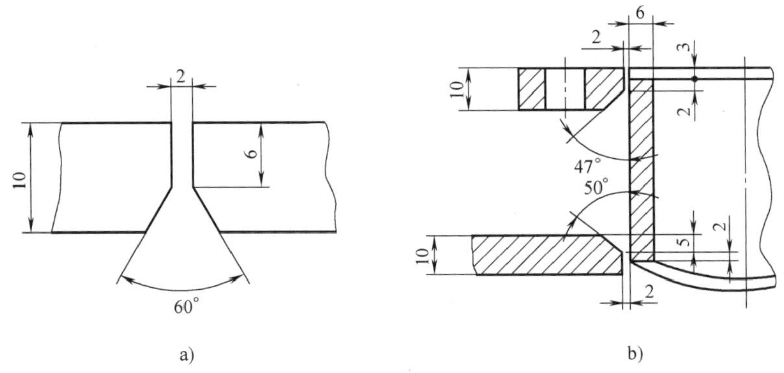

图 4-46 坡口形式及尺寸设计

a）V 形坡口 b）单边 V 形坡口

（2）焊接材料的选用 焊条电弧焊选用 J422 焊条；埋弧焊采用 H08MnA 焊丝，配用焊剂 431。

（3）焊接工艺过程

1）气罐中间罐身部分的焊接成形。中间部分罐身长为6000mm，直径为2600mm，由四节长度为1500mm、直径为2600mm的筒体对接而成。其成形工艺过程如下：

① 备料。根据气罐罐身部分的直径（2600mm）计算出冷卷单个筒体所用的钢板长度为8168mm。按图4-47所示下料，准备四块8168mm（长度）×1500mm（宽度）×10mm（厚度）的钢板（Q235A）。钢板也可按长度要求拼接而成。

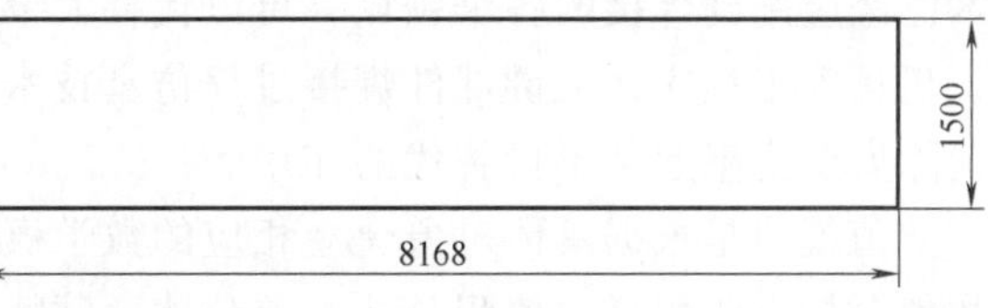

图4-47　冷卷用钢板简图

② 冷卷成形。将四块准备好的钢板分别冷卷成形，并焊接收口，如图4-48所示。

③ 筒体对接。将四节筒体依次对接，完成罐身部分的成形；然后按图样尺寸要求，在罐身相应位置画线并开孔。筒体对接、开孔完成后的罐身部分如图4-49所示。

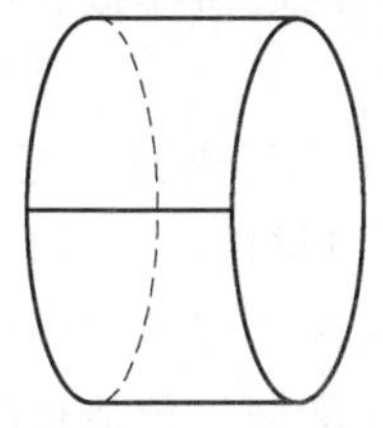
图4-48　冷卷后焊接而成的单个筒体简图

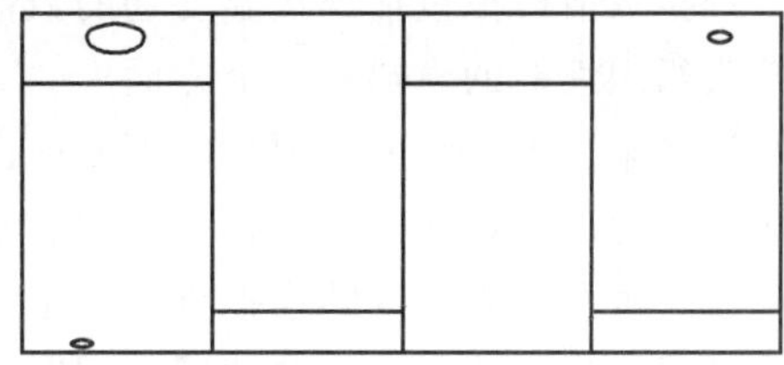
图4-49　筒体对接、开孔完成后的罐身部分

2）气罐封头与筒体的对接。气罐封头采用热压成形，与罐身连接处有长100mm的直段，使焊缝避开转角应力集中的位置，再将封头与筒体对接成形，如图4-50所示。

3）管体与罐身、法兰与管体的连接。分别完成管体与罐身、法兰与管体的焊接之后，即完成气罐成形，如图4-51所示。

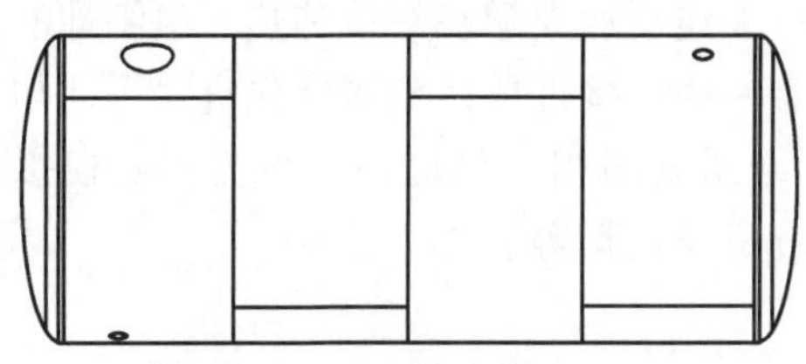
图4-50　气罐封头与筒体的对接

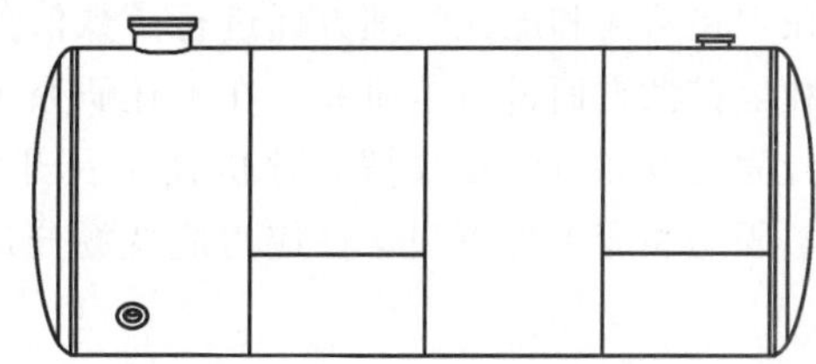
图4-51　焊接完成的压力气罐

（4）工艺措施　材料为低碳钢，焊接性良好，不需采取特殊工艺措施。

（5）检验

1）焊前检验。焊前检验包括材质、规格、性能、外观和下料尺寸的检验等。

2）生产过程中检验。生产过程中检验包括成形尺寸、形状、焊缝外观、焊缝内部质量（探伤）及焊接性能等的检验。

3）焊后成品的检验。焊后成品的检验包括外观检查和压力检查等。

*4.5　焊接成形中的数值模拟技术

焊接是一个涉及传热、冶金和力学等多学科交叉的复杂过程，单纯采用理论方法很难准确地解决生产实际问题。因此，在研究焊接生产技术时往往采用试验手段作为基本方法，但大量的焊接试验既增加了生产成本，又费时费力。随着计算机软硬件技术的发展，数值模拟技术已经应用到焊接的各个领域，可以代替大量的试验工作。在航空航天、军工、能源、动力、机械等工程中，关键部件焊接过程仿真技术的实现，对于优化工艺过程、提高产品质量和消除安全隐患起到不可替代的作用。

数值模拟是根据具体对象建立相应的数学模型，然后采用数值分析方法计算求解。常用的数值分析方法包括数值积分法、差分法、蒙特卡洛法、有限元法等。在焊接研究中，差分法常用于焊接热传导、熔池流体力学、氢扩散等问题的分析。有限元法在焊接数值模拟中的应用始于 20 世纪 70 年代，现在已被用来求解几乎所有的连续介质和场的问题。在焊接领域，有限元法已经广泛地用于焊接热传导、焊接热弹塑性应力和变形分析、焊接结构的断裂力学分析等。

焊接数值模拟包括焊接温度场的数值模拟、焊接应力与变形的数值模拟、焊接冶金和焊接接头组织性能的模拟等几个方面。

近年来，焊接数值模拟技术不断向深度、广度发展，研究工作已普遍由建立在温度场、电场、应力应变场基础上的旨在预测宏观尺度的模拟进入到以预测组织、结构、性能为目的的中观尺度及微观尺度的模拟阶段；由单一的温度场、电场、流场、应力应变场、组织模拟进入到耦合集成阶段；由共性通用问题转向难度更大的专用特性问题，包括解决特种焊接模拟及工艺优化问题，解决焊接缺陷消除等问题；由孤立研究转向与生产系统及其他技术环节实现集成，成为先进制造系统的重要组成部分。国内在焊接数值模拟方面的研究取得了不少成果，如西安交通大学和上海交通大学较早开展了焊接传热和热弹塑性应力分析；上海交通大学在三维焊接问题分析中取得了较大的进展，并在实际工程中得到了成功的应用；清华大学进行了辅助热源影响焊缝应变规律的数值分析；哈尔滨工业大学、山东大学和兰州理工大学在焊接熔池和电弧物理方面进行了数值分析研究；大连交通大学在焊接传热、组织性能预测和氢扩散方面进行了研究。在上述研究工作中，有一些已接近或达到国际先进水平，如焊接凝固裂纹和氢致裂纹精确评价技术及开裂判据、金属凝固相区热应力本构方程及模拟仿真、固态相变条件下弹塑性应力应变场分量的理论分析及模拟等。

*4.6 其他连接成形方法简介

4.6.1 铆接

将铆钉穿过被连接件（通常为板材或型材）的预制孔，经铆合而成的连接方式称为铆钉连接，简称铆接，如图 4-52 所示。

铆接分为冷铆和热铆。钉杆直径 $d \geqslant 12$mm 的钢制铆钉，通常是将铆钉加热（常加热到 1000～1200℃）后进行热铆。一般情况下，钉杆直径 $d<10$mm 的钢制铆钉和塑性较好的有色金属、轻金属及其合金（如铜、铝等合金）制成的铆钉在常温下进行冷铆。

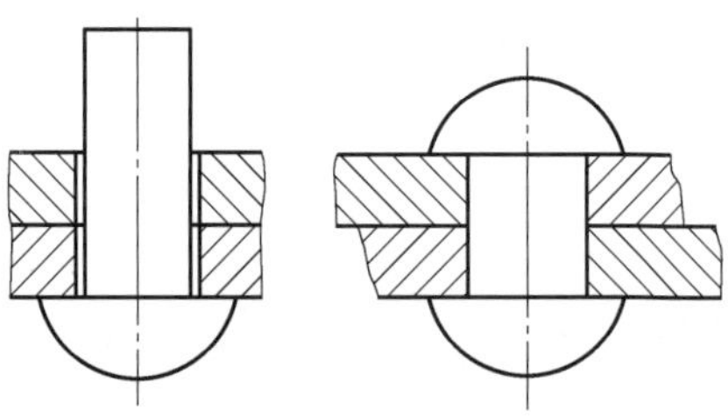

图 4-52 铆接

铆钉有空心和实心两大类。实心铆钉多用于受力大的金属零件的连接；空心铆钉用于受力较小的薄板或非金属零件的连接。铆钉按其钉头形状有多种类型，并已标准化（GB/T 863.1—1986～GB/T 876—1986）。

按工作要求，铆缝可分为三种：要求有足够可靠连接强度的强固铆缝，如金属桁架、飞机蒙皮和框架等结构中的铆缝；要求有足够强度和足够紧密性的强密铆缝，如蒸汽锅炉、压缩空气贮存器等高压容器的铆缝；要求有足够紧密性的紧密铆缝，如油箱、水箱的铆缝。

铆接具有工艺设备简单，工艺过程比较容易控制，质量稳定，铆接结构抗振、耐冲击，连接牢固可靠，对被连接材料的力学性能没有不良影响等特点。目前在承受严重冲击或剧烈振动载荷的金属结构的连接中，如起重机的构架、铁路桥梁、建筑物、船舶及重型机械等方面仍有应用；在受力较小的薄板、非金属零件或异性材料的连接及轻工产品上也得到应用；在航空航天工业中，由于飞行器结构本身的特点以及轻合金材料焊接困难，故其仍然是一种重要的连接方法。

与焊接或胶接相比，铆接工艺较费工时，工人劳动强度大、噪声大，影响工人的身心健康，铆缝紧密性也较差，因此铆接的应用在日益减少。

4.6.2 胶接

胶接是利用胶黏剂直接把被连接件连接在一起的工艺。由于新型胶黏剂的发展，胶接已可用于金属（包括金属与非金属材料组成的复合结构）的连接。

与铆接、焊接相比，胶接的主要优点是：被连接件的材料范围广泛；胶黏剂重量轻，材料的利用率高；成本低；在全部胶接面上的应力集中小，故耐疲劳性能好；有良好的密封性、绝缘性和耐蚀性。胶接的缺点是：抗剥离、抗弯曲及抗冲击振动性能差；耐老化及耐介质（如酸、碱等）性能差；胶黏剂对温度变化敏感，影响胶接强度；胶接件的缺陷有时不易发现。

目前，胶接在各行业中的应用日益广泛。机械工业中以胶代焊、以胶代铆、防漏防泄等已取得明显效果。现代的飞机、宇宙飞船和人造卫星的迅速发展，光纤通信的实现等都与胶接的发展密切相关，有着广阔的前景。不断推出新型胶黏剂、与其他连接技术配合使用等是解决当前胶黏强度不足的有效途径。

1. 胶接接头的基本类型及应用

胶接接头可概括为四种基本类型：角接、T形接、对接与表面接。它们可以组成各种具有不同特点的接头形式。

2. 胶接工艺

胶接的工艺过程一般包括表面处理、配胶、涂胶、晾置、胶合、固化等过程。

（1）胶接件的表面处理　胶接是发生胶接的物质两相界面间分子相互作用的结果，因而要创造条件使胶接表面上的分子相互接近，接近到分子（或原子、离子、原子团）间相互作用力能明显地表现出来。为此，必须除掉被粘体表面的各种覆盖物，使表面达到无灰尘、无油污、无锈蚀，并适当粗化，以利于胶黏剂的湿润和黏附力的形成，从而有效地提高胶接强度和耐候性。处理方法有物理方法（溶剂清洗法、机械处理法）、化学方法和电化学酸洗除锈法等。

1）溶剂清洗法。主要是除油，其次是表面的其他污物。清洗分手工清洗和机械清洗。

清洗剂有碱液、有机溶剂和各种水基清洗剂。目前广泛采用脱脂棉蘸湿有机溶剂，擦拭被粘材料表面。常用的溶剂有汽油、酒精、丙酮、苯和甲苯等。

2）机械处理法。对被粘表面进行机械处理，既可除掉金属表面锈蚀层、油污，又可使表面粗糙，以利于胶接。常用的机械处理方法有刮、铲、车、磨、铣、喷砂、喷丸等。

3）化学处理法。化学处理法是用配好的酸、碱液或某些无机盐溶液将被粘材料表面的一切油污和杂质清除掉。例如，酸洗是为了去除锈层而使用，特别是当机械方法不能采用时，常采用酸洗除锈。常用的酸洗液包含硫酸、盐酸和磷酸等成分。为防止再次锈蚀，酸洗液中需加有缓蚀剂。

4）电化学酸洗除锈法。电化学酸洗除锈法是将被处理工件浸在酸或金属盐处理液中并作为电极，通以直流电而使工件上的覆盖物通过侵蚀而去除的方法。电化学侵蚀法与化学侵蚀法相比生产率高、质量好且酸消耗少。

（2）配胶　表面处理后即可进行调胶配胶。对于单组分的胶黏剂，一般可以直接使用；对于双组分或多组分的胶黏剂，必须在使用前进行配制。每次配胶量的多少，需根据环境条件、施工条件和实际用量来确定。调胶时各组分的取料工具不能混用，各组分要搅拌均匀。配胶的场所要明亮干净。对于有毒性的胶需在通风橱中配制，且原则上应由专人负责，以保证获得优质的胶黏剂。

（3）涂胶　涂胶操作正确与否，对胶接质量有很大影响。涂胶时必须保证胶层均匀，一般胶层厚度宜控制在0.08~0.15mm。涂胶量原则上是保证两个贴合面不缺胶的情况下胶层越薄越好。因为胶层越薄，产生缺陷的可能性越小，在固化时产生内应力的可能性也越小，胶接强度则高。

（4）晾置　晾置是在涂胶后叠合前于空气中暴露的过程，目的是使溶剂挥发、黏度增大，以促进固化。

（5）胶合　胶合又称为合拢、叠合、粘合，是指将适当晾置的被粘表面叠合在一起的操作。胶合以后以挤出微小胶圈为宜，表明不缺胶。如果发现有缝或缺胶应补胶填满。

（6）固化　胶黏剂在固化过程中要控制三个要素：压力、温度、时间。首先，固化加压要均匀，应有利于排出胶层中残留的挥发性溶剂。胶黏剂固化时，要严格控制固化温度，它对固化程度有决定性的影响。如加热固化应阶梯升温，温度不能过高，持续时间不能太长，否则会导致胶接强度下降。固化时间的长短与固化温度和压力密切相关，温度升高时，固化时间可以缩短，降低温度则应适当延长固化时间。

复习思考题

1. 焊接电弧的特点是什么？各区温度如何分布？
2. 熔焊的三要素是什么？对各要素的要求怎样？
3. 什么是焊接热循环？有何特点？
4. 焊接应力与变形产生的原因是什么？焊接变形的基本形式有哪些？如何防止和矫正焊接变形？
5. 两块材质、厚度相同的钢板，采用相同的规范焊接时，当焊缝长度不同时其应力和变形有何不同？为什么？

6. 设计焊接结构时焊缝的布置应考虑哪些因素？

7. 焊接结构材料的选择应考虑哪些问题？

8. 试分析图 4-53 中三种焊件焊缝的分布是否合理。若不合理，请加以改正。

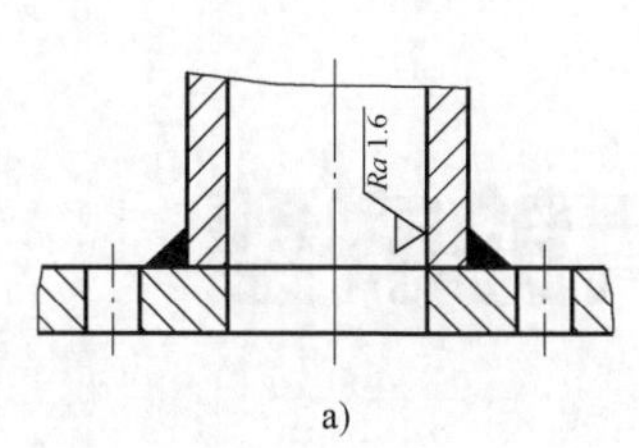

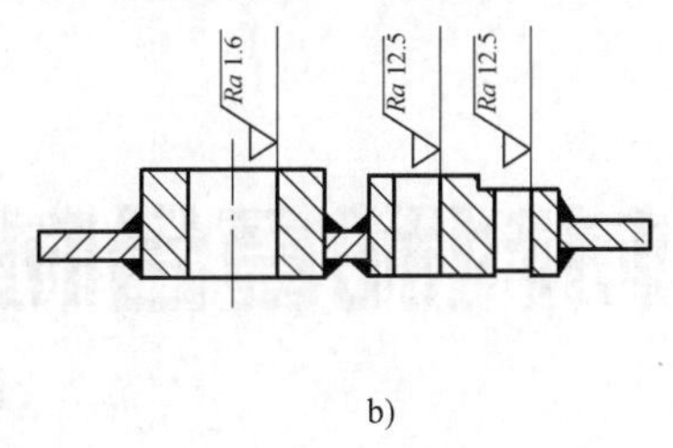

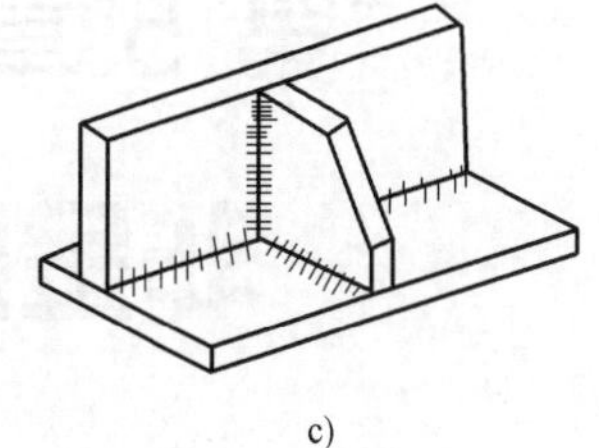

图 4-53　三种焊件的焊缝分布

9. 汽车制动用压缩空气储存罐如图 4-54 所示，大批量生产。材料为低碳钢，罐体采用壁厚为 2mm 的钢管，端盖厚为 3mm，四个管接头标准为 M10，工作压力为 0.6MPa，试根据焊接结构确定焊缝的布置、焊接方法、焊接材料及接头形式。

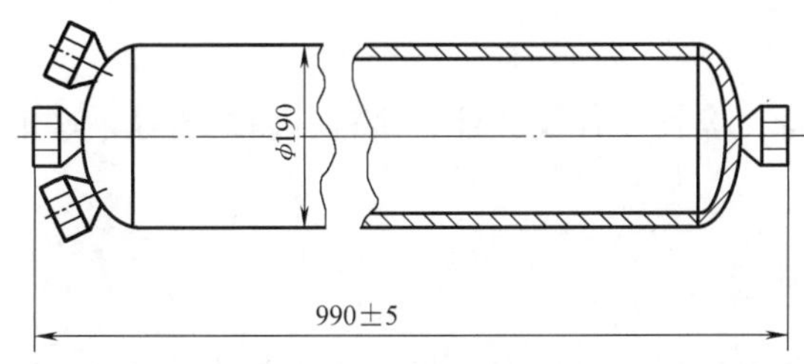

图 4-54　压缩空气储存罐

10. 什么是焊接性？怎样评定或判断材料的焊接性？

11. 铸铁件焊补时在什么情况下采用热焊？在什么情况下采用冷焊？

12. 用下列板材制作圆筒形低压容器，试分析其焊接性，并选择焊接方法与焊接材料。

1）20 钢板，厚 2mm，批量生产。

2）45 钢板，厚 6mm，单件生产。

3）纯铜板，厚 4mm，单件生产。

4）铝合金板，厚 20mm，单件生产。

13. 焊接热、冷裂纹产生的原因分别是什么？在焊接过程中如何防止热、冷裂纹的产生？

14. 熔焊、压焊和钎焊焊接接头的形成有何区别？

15. 埋弧焊和焊条电弧焊有何不同？各自的应用范围怎样？

16. 钎焊和熔焊的本质区别是什么？钎剂和钎料有何作用？

17. 试比较气焊、埋弧焊、CO_2 气体保护焊、氩弧焊、电阻焊和钎焊的特点及应用范围。

18. 焊接铝及铝合金时，有哪些困难？用何种焊接方法易获得较好的焊接质量？为什么？

19. 等离子弧和焊接电弧有何异同？各自的应用范围如何？

*第 5 章 非金属材料和复合材料的成型

非金属材料和复合材料的成型方法很多，不同种类的材料适用于不同的成型方法。这里主要介绍高分子材料、陶瓷材料和复合材料的成型方法。

5.1 高分子材料的成型

高分子材料包括塑料、橡胶、合成纤维、涂料、黏结剂等，这里主要介绍塑料和橡胶的成型方法。

5.1.1 塑料制品的成型

塑料制品的生产主要由成型、机械加工和修饰三个过程组成。塑料制品的成型是将各种形态的塑料（粉料、粒料、溶液或分散体）加热至熔融状态，经流动或压制使其成型并硬化，从而得到各种形状的塑料制品的过程。

塑料制品的成型可认为是塑料的一次成型，是塑料制品生产的基础。塑料经一次成型后常常还需进行机械加工或修饰。机械加工方法有切削加工的各种方法（如车、铣、磨等）、连接加工（铆接、螺钉接合、焊接、胶接等）、激光加工等。修饰方法有转鼓滚光、磨削、抛光、塑料件的表面金属化、塑料的涂饰等。这种经一次成型后进行的机械加工称为塑料的二次加工。在塑料的整个生产过程中，一次成型处于主要地位，但二次加工和修饰使塑料制品的尺寸、形状、加工精度等更加完善。至于塑料一次成型后是否需要进行二次加工，应根据具体需要而定。

1. 塑料的成型性能

塑料对各种成型方法、成型工艺及模具结构的适应能力称为成型性能。成型性能影响成型加工的难易程度和塑料制品的质量、加工成本、生产率和能源消耗等。表征塑料成型性能的指标有黏度、收缩性、吸湿性、定向作用等。

塑料的黏度是指塑料成型时的黏度，在成型过程中，绝大多数塑料处于黏流态。塑料在成型过程中，聚合物熔体的黏度直接影响成型过程的难易程度。不同的成型工艺要求有相应的熔体黏度配合。熔体黏度太大，则流动性差，成型困难，且模具的大小与设计受到较大的限制；熔体黏度太小时，容易出现溢模现象，且塑料制品的质量难以保证。在成型过程中应根据塑料的种类、成型工艺、成型方法、成型设备等合理选取适当的黏度。

收缩性是指制品从模具中取出，冷却至室温，再经 24h 后发生尺寸收缩的特性。塑料成型时不同程度的收缩将导致制品的实际尺寸与模膛尺寸不相符合，故在设计模具时应考虑塑料的收缩性。

塑料中各种添加剂对水的敏感程度称为吸湿性。吸湿性大的塑料在成型过程中由于高温高压使水分变成气体或发生水解作用，致使塑料制品存在气泡或表面粗糙等缺陷，并影响其电气性能。因此，成型前应将各种聚合物和添加剂进行干燥处理。

塑料中细而长的纤维状填料（如木粉、短玻璃纤维等）和聚合物本身，成型时会顺着流动方向平行排列，这种排列称为定向作用。若制品中存在定向作用，则制品将会出现各向异性。

2. 塑料制品的结构工艺性

塑料制品的形状、尺寸大小等对成型工艺和模具结构的适应性称为塑料制品的结构工艺性。塑料成型工艺是获得优质塑料制品的前提，合理的温度、压力、时间是获得优质塑料制品的保证。但塑料制品的结构设计也应尽可能适应成型过程，必须有利于熔料的流动，有利于充满模具型腔和制品的脱模，有利于成型模具的制造。因此，在进行塑料制品的结构设计时，应在满足使用性能的条件下易于成型。

3. 塑料的成型方法

塑料的成型方法很多，如注射成型、压制成型、挤出成型、吹塑成型、层压成型、压延成型、热成型、浇注成型、发泡成型等，而且随着时间的推移，成型方法的不断发展，又有新的成型方法出现。塑料的种类也很多，每一种塑料不一定适应各种成型方法，每一种成型方法也不一定适用于各种塑料。

（1）注射成型　注射成型是热塑性塑料的重要成型方法之一，几乎所有的热塑性塑料和某些热固性塑料都可以用注射法成型。注射成型工艺过程包括成型前的准备、注射过程和制件的后处理。

注射前应准备好所用设备和塑料，既要根据需要对注射机（主要是料筒）进行清洗或拆换，在模膛表面适量均匀地涂喷脱模剂（利于塑料制品从模膛中脱出），又要对成型塑料进行外观和工艺性能等方面的检测。

图 5-1 所示为螺杆式注射机注射成型过程。模具首先闭合锁紧，液压缸活塞推动螺杆以高压高速将头部的熔料通过喷嘴注入闭合的模膛，并保压补缩，以便生产出合格的制件（图 5-1a）。模具内的制件冷却定型后，合模机构开启，在注射机的顶出系统和模具推出机构的联合作用下，将制件自动推出（图 5-1b），为下一次成型做好准备。

塑料经注射成型或机械加工之后，常需要进行适当的后处理，以提高和改善塑料制品的性能。塑料制品的后处理主要包括退火和调湿处理。

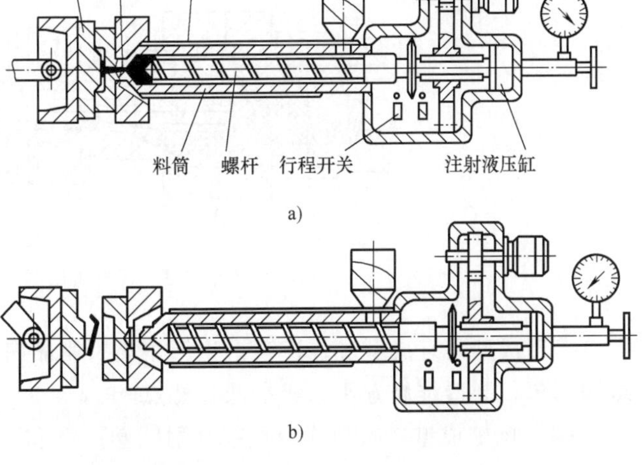

图 5-1　螺杆式注射机注射成型过程
a）合模注射　b）开模顶出

注射成型具有成型周期短，生产率高，能一次成型空间几何形状复杂、尺寸精度高、带有各种嵌件的塑料制品，适用于多种塑料的成型，生产过程易于实现自动化等优点。

（2）压制成型 压制成型又称为压缩成型或模压成型，是塑料加工中最传统的工艺方法。压制成型通常用于热固性塑料的成型。压制成型是将粉状、粒状或纤维状的热固性塑料放入成型温度下的模具型腔中，然后闭模加压，在温度和压力作用下，热固性塑料转为黏流态，并在这种状态下流满型腔而取得型腔所赋予的形状，随后发生交联反应，分子结构由线型结构转变为网状结构，塑料也硬化定型成塑料制品，最后脱模取出制品，如图 5-2 所示。

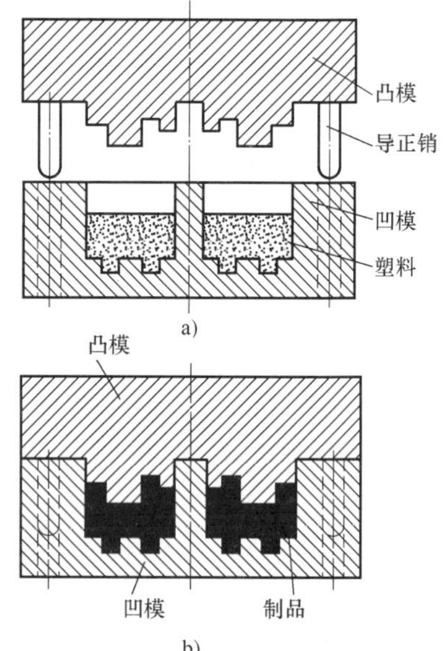

图 5-2 压制成型过程
a）加料 b）成型

压制成型过程包括安放嵌件、加料、闭模、排气、硬化和脱模等几个阶段。控制压制过程的主要工艺参数有压制压力、温度和时间等。

压制成型设备和模具结构简单、投资少，可以生产大型制品，尤其是有较大平面的平板类制品。也可以利用多槽模大量生产中、小型制品，制品的强度高。但压制成型的生产周期长，效率低，劳动强度大，难以实现自动化。

（3）挤出成型 挤出成型又称为挤塑成型，主要用于生产棒材、板材、线材、薄膜等连续的塑料型材。

挤出成型过程总体可分为两个阶段：第一阶段是使固态塑料塑化（即使塑料转变成黏流态）并在加压情况下使其通过特殊形状的口模而成为截面与口模形状相似的连续体；第二阶段是用适当的处理方法使挤出的连续体转变为硬化的连续体，即得到所需型材或制品。根据塑化的方式不同，挤出工艺可分为干法和湿法两种。在实际挤出成型工艺中使用较多的是干法挤出。图 5-3 所示为管材挤出成型原理。

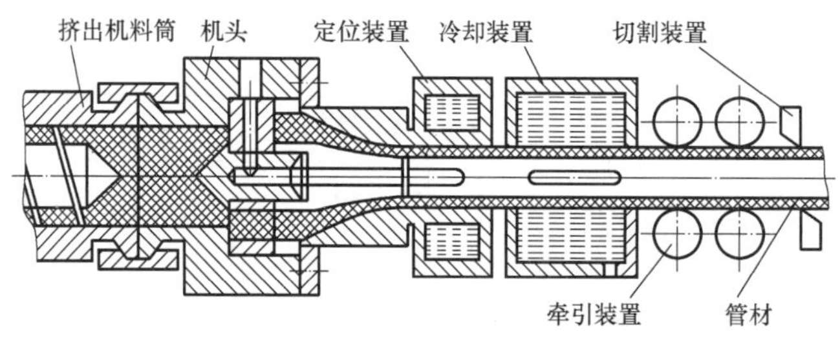

图 5-3 管材挤出成型原理

挤出成型具有成型过程连续、生产率高、制品内部组织均衡致密、尺寸稳定性高、模具结构简单、制造维修方便、成本低等特点。

（4）吹塑成型 吹塑成型包括注射吹塑成型和挤出吹塑成型两种。它是借助压缩空气，使处于高弹态或黏流态的中空塑料型坯发生吹胀变形，然后经冷却定型获得塑料制品的方法。塑料型坯是用注射成型或挤出成型生产的。中空型坯或塑料薄膜经吹塑成型后可以作为包装各种物料的容器。吹塑成型的特点是：制品壁厚均匀、尺寸精度高、后序加工量小，适合多种热塑性塑料。图 5-4 所示为塑料瓶的注射吹塑成型过程示意图。其生产步骤是：先由注射机将黏流塑料注入注射模内形成管坯，开模后管坯留在芯模上，芯模是一个周壁带有微孔的空心凸模，然后趁热使吹塑模合模，并从芯模中通入压缩空气，使型坯吹胀达到模膛的形状，继而保持压力并冷却，经脱模后获得所需制品。

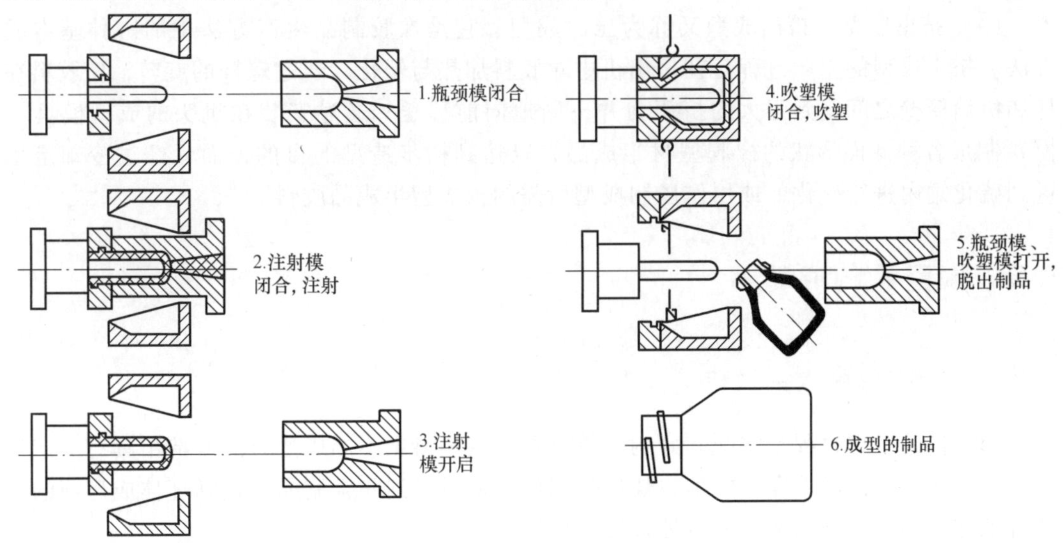

图 5-4 塑料瓶的注射吹塑成型过程示意图

(5) 层压成型 层压成型是指用成叠的、浸有或涂有树脂的片状底材，在加热和加压下制成坚实而又近于均匀的板状、管状、棒状等简单形状塑料制品的成型过程。因此方法涉及的物料除聚合物外还有诸如纸张、木材等材料，详细内容可参考复合材料成型的相关章节。

5.1.2 橡胶的成型

橡胶的成型是用生胶（天然胶、合成胶、再生胶）和各种配合剂（硫化剂、防老化剂、填充剂等）混炼成混炼胶（又称为胶料），加入能保持制品形状和提高其强度的各种骨架材料（如天然纤维、化学纤维、玻璃纤维、钢丝等），经混合均匀后放入一定形状的模具中，并在通用或专用设备上经过加热、加压（即硫化处理），获得所需形状和性能橡胶制品的工艺过程。

橡胶的成型与塑料的成型有许多相似之处，主要有压制成型、压铸成型、注射成型和挤出成型等。

(1) 压制成型 压制成型是将具有一定可塑性的胶料，经预制成简单的形状后填入敞开的模具型腔，闭模后经加热、加压硫化后，获得所需形状橡胶制品的方法。压制成型的模具结构简单、通用性好、操作方便。压制成型在橡胶生产中的应用很广。

(2) 压铸成型 压铸成型又称为传递法成型或挤胶法成型，是将混炼过的、形状简单而且限量的胶条或胶块半成品置于压铸模的型腔中，通过压铸柱塞挤压胶料，并使胶料通过浇注系统进入模具型腔中硫化定型的方法。压铸成型适用于制作普通压制成型不易压制的薄壁、细长的制品以及形状复杂难以加料的橡胶制品，而且制品致密性好，质量优越。

(3) 注射成型　注射成型又称为注压成型，它是利用注射机或注压机的压力，将预加热成塑性状态的胶料经注压模的浇注系统注入模具型腔中硫化定型的方法。注射成型时常采用自动进料、自动控制计时、自动脱模。因此，注射成型的硫化时间、成型时间短，生产率高，制品质量稳定，可以生产大型、厚壁、薄壁及复杂几何形状的制品。

(4) 挤出成型　挤出成型又称为压出成型，它是橡胶制品生产方法中的一种基本成型方法。挤出成型的生产过程是在挤出机中对胶料加热与塑化，通过螺杆的旋转，使胶料在螺杆和机筒筒壁之间受到强大的挤压力并不断地向前移送，通过安装在机头的成型模具（口模）制成各种截面形状的橡胶型材半成品，以达到初步造型的目的，而后经过冷却定型输送到硫化罐内进行硫化，或用作压制成型所需的预成型半成品胶料。

5.2 陶瓷件的成型

5.2.1 陶瓷件的生产过程

陶瓷件的生产过程是将配制好的、符合要求的坯料用不同成型方法制造出具有一定形状的坯体，再将坯体经干燥、施釉、烧成等工序，最后得到陶瓷制品。包括坯体成型前的坯料准备工作、坯体成型和坯体的后处理三大内容。

1. 坯料准备工作

首先利用物理方法、化学方法或物理化学方法精选原料，并根据需要，对原料进行预烧，以改变原料的结晶状态及物理性能，利于破碎、造粒；然后将细碎、造粒的原料按不同的成型方法要求配制成供成型用的坯料（如浆料、可塑泥团、压制粉料）。

2. 坯体成型

陶瓷制品种类繁多，形状、规格、大小不一，应该选择合理的成型方法，以满足不同制品的要求。选择成型方法时，可以从以下几方面考虑：产品的形状、大小和厚薄；坯料的成型性能；产品的产量和质量要求。此外，还应考虑生产的技术经济指标、工厂的设备条件和工人的操作技能与劳动强度等因素。

成型方法确定后，应选择成型设备，制订包括脱脂、排蜡等工序在内的成型温度、压力、成型模具等工艺参数，并严格按照规定的工艺参数进行成型操作，最终得到满足要求的坯体。

3. 坯体的后处理

成型后的坯体经适当的干燥后，先对其施釉（有浸釉、淋釉、喷釉等方法），再经烧成，即得到陶瓷制品。

5.2.2 陶瓷件的成型方法

陶瓷成型过程中，坯体的成型是陶瓷生产中一个非常重要的环节。常见的坯体成型方法有注浆成型、可塑成型和压制成型等。

1. 注浆成型

注浆成型是指将具有流动性的液态泥浆注入多孔模型内（模型为石膏模、多孔树脂模

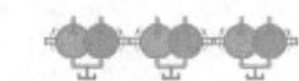

等)，借助于模型的毛细吸水能力，泥浆脱水、硬化，经脱模获得一定形状坯体的过程。注浆成型的适应性强，能得到各种结构、形状的坯体。根据成型压力的大小和方式的不同，又可将注浆法分为基本注浆法、强化注浆法、热压铸成型法和流延法等。

(1) 基本注浆法　基本注浆法的特点是泥浆的浇注、成型过程中不施加外力，浇注、成型是在自然重力条件下进行的。有空心注浆和实心注浆两种。所用的模型为石膏模型。

空心注浆法采用的石膏模型没有型芯（图 5-5）。泥浆注满模膛后，静置一段时间，使模膛充分吸浆。当模膛内壁黏附的厚度达到所要求的厚度时，倒出多余的泥浆，经干燥收缩、脱模，得到空心坯体。空心注浆法适合于小件、薄壁制品的成型。

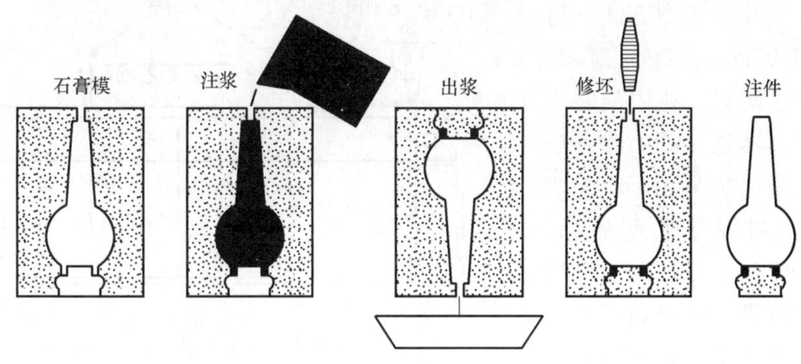

图 5-5　空心注浆法示意图

实心注浆法是将泥浆注入外模与型芯之间，注浆过程中由于石膏模具的吸浆作用，泥浆量不断减少，须不断补充，当注入的泥浆全部硬化后，便可获得坯体，如图 5-6 所示。实心注浆法适合于坯体的内外表面形状和花纹不同的大型、厚壁制品的成型。

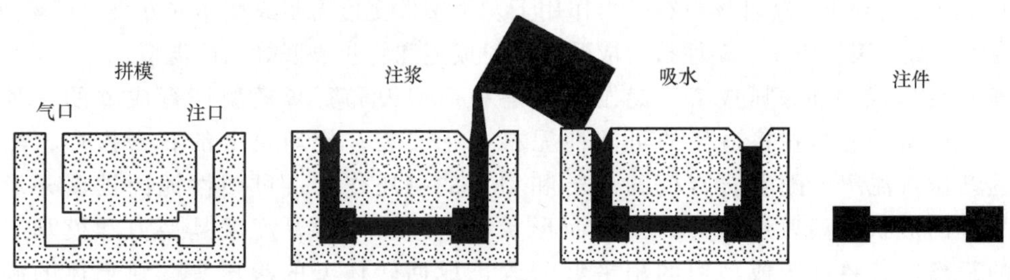

图 5-6　实心注浆法示意图

实际生产中，常常根据产品的结构要求将空心注浆法和实心注浆法结合起来使用。

(2) 强化注浆法　强化注浆法是在注浆过程中对泥浆施加外力，以加速注浆过程，提高吸浆速度，使坯体强度得以提高。强化注浆法有真空注浆、离心注浆和压力注浆等。

1) 真空注浆是将模型外面抽取真空，或将紧固的模型放在处于负压的真空室里，造成模型内外的压力差，以提高注浆成型中的充型能力，提高吸浆速度。真空注浆成型制品的密度高。

2) 离心注浆是将金属离心铸造方法移植到陶瓷的成型中。离心注浆法适合于回转空心壳体的成型。离心注浆法应注意控制泥浆中固体颗粒的粒度分布，尽可能使固体颗粒的大小均匀一致，以免造成坯体内外表面粒度分布不均匀，收缩不一致，形成内应力。

3) 压力注浆法是通过提高泥浆压力来增大注浆过程的推动力，提高吸浆速度，加速水分的扩散，以缩短注浆和吸浆时间，提高制品的密度和强度。压力注浆按压力大小可分为：微压注浆，压力小于 0.05MPa；中压注浆，压力在 0.15～0.4MPa 范围内；高压注浆，压力大于 0.4MPa，可达 3.9MPa。采用高压注浆成型方法时，由于石膏模型的强度不够，易破裂，因此，应选用强度高的多孔树脂模或无机填料模。

（3）热压铸成型法　热压铸成型是将含有石蜡的浆料在一定的温度和压力下注入金属模中，待坯体冷却凝固后脱模的成型方法。热压铸成型制品的尺寸精确、结构紧密、表面光滑，广泛用于制造形状复杂、尺寸要求精确的工业陶瓷制品。

（4）流延法　流延法是生产薄型或超薄型瓷片的成型方法，可成型厚度在 0.05mm 以下的薄膜，常用于生产电子陶瓷工业中的薄膜电路基片、电容器瓷片等。流延法的成型过程是：浆料由流延机（图 5-7）的加料漏斗底部流出，并被流延机嘴前面的刀片刮成一层平整而连续的薄膜，薄膜随基带向前移动，经过烘干箱后转至转鼓下面从基带面上脱离下来。薄膜的厚度由刮刀与基带面间的间隙、基带运动的速度、浆料的黏度及加料漏斗内浆面的高度等因素所决定。流延法成型没有外力作用，浆料里塑化剂的含量较高，因此坯体的密度较低，烧成时收缩率为 20%～21%。

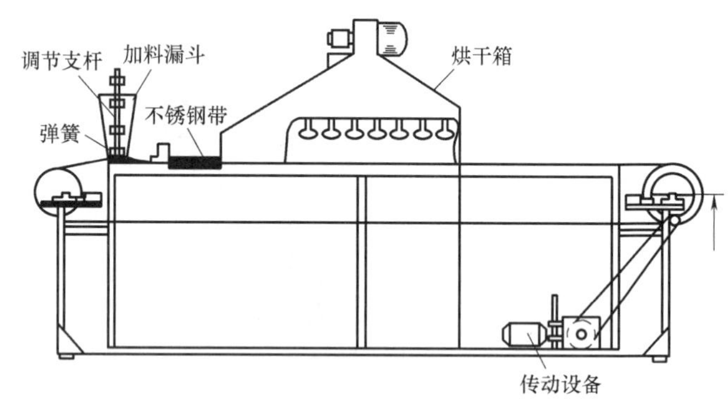

图 5-7　流延机结构示意图

2. 可塑成型

可塑成型是利用可塑性坯料在外力作用下发生塑性变形而制成坯体的方法。可塑成型方法有旋压成型、滚压成型、塑性挤压成型、注射成型和轧膜成型等几种类型。

（1）旋压成型和滚压成型　旋压成型是利用型刀和石膏模型进行成型的一种成型方法。其成型过程是：将适量的可塑性泥料置于安装在旋坯机上的石膏模中，然后将型刀逐渐压入泥料，随着石膏模的旋转和型刀的挤压作用，可塑性泥团被展开形成坯体。坯体的形状由型刀和模具的工作面形状确定，坯体的厚度就是型刀和模具工作面之间的距离。若将旋压成型用的扁平型刀改进成回转体型的滚压头，则上述的旋压成型便演变成滚压成型。滚压成型时，载着可塑性泥料的石膏模型和滚压头分别绕各自的轴线以一定速度同方向旋转，滚压头在旋转的同时逐渐压入泥料，使泥料受滚压作用而形成坯体。滚压成型有凸模滚压成型和凹模滚压成型两种，如图 5-8 所示。滚压成型比旋压成型的坯体密度高、强度大、质量好、生产率高。

（2）塑性挤压成型　塑性挤压成型类似金属模锻。模型常以石膏制造，模型内部盘绕一根多孔性纤维管，以供通压缩空气或抽真空用。塑性挤压成型过程如图 5-9 所示，首先将一定厚度的可塑性泥料置于底模上（图 5-9a）；合模后上、下模抽真空，挤压成型成为坯体（图 5-9b）；稍后向底模通压缩空气，从上模中抽真空，使坯体与底模分离并被吸附于上模（图 5-9c）；然后向上模通压缩空气，使坯体脱模并承放在托板上（图 5-9d）；最后移走托板，向上、下模通入压缩空气，使模型内的水分渗出，并用布擦干模型，为下一个坯体的成型做准备（图 5-9e）。

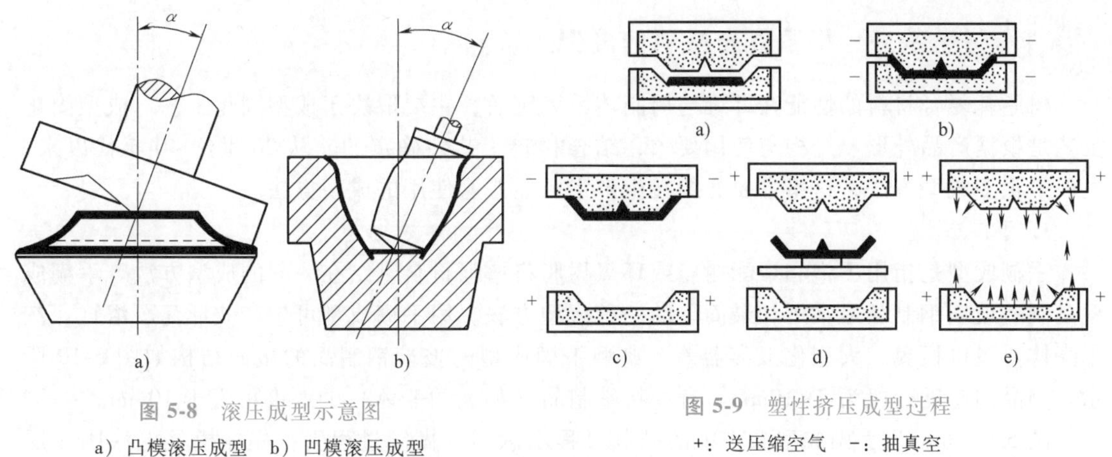

图 5-8　滚压成型示意图

a）凸模滚压成型　b）凹模滚压成型

图 5-9　塑性挤压成型过程

+：送压缩空气　-：抽真空

塑性挤压成型适合于各种碟形、盘类坯体的成型，其优点是在一定压力下成型，故坯体的致密度较高，强度高；缺点是石膏模型容易破损，寿命短。

（3）注射成型　陶瓷的注射成型与塑料的注射成型过程相似，在此不详细叙述。注射成型的优点是可以生产形状复杂、尺寸精度要求高的制品；缺点是有机添加物含量较高，脱脂时间长，金属模具易磨损，一次性投资较高。

（4）轧膜成型　轧膜成型方法与金属板料轧制相似，是生产薄片瓷坯的成型方法之一。这种方法可轧制厚度在 1mm 以下的坯片，常见的是 0.15mm 左右厚的坯片；主要用于电子陶瓷工业中的瓷片电容、电路基片等坯体的轧制。

3. 压制成型

压制成型是将含有一定水分的粒状粉料填充到模具中，使其在压力下成为具有一定形状和强度的陶瓷坯体的成型方法。根据粉料中含水量的多少，可分干压成型和半干压成型。

压制成型的加压方式有单面加压、双面同时加压、双面先后加压和四面加压（也称为等静压）四种。单面加压，坯料中的压力分布不均匀，靠近施压处的压力大，远离施压处的压力小；双面同时加压，坯料中部的压力较小，故可采用双面先后加压，使坯料的压力均匀，又由于两次加压中间有间歇，便于排出坯料中的空气。而四面加压时坯体所受的压力最均匀，故密度也最均匀。

压制成型的主要工艺参数是成型压力和加压速度。成型压力不够时，坯体的密度低、强度低、收缩率大、易变形开裂。为提高压力的均匀性，通常采用多次加压的办法。开始加压时压力不能太大，以利于坯料中气体的排出，随后可逐渐加大压力，最后一次加压后提起上模时要慢、要轻，以防止残留的空气急速膨胀，使坯体产生裂纹。施压时若同时进行粉料振动，则效果会更好。

5.3　复合材料的成型

复合材料的种类很多，本节将以树脂基纤维增强复合材料、金属基复合材料、陶瓷基复合材料等为主要内容，简述其成型技术。

5.3.1　树脂基纤维增强复合材料的成型

树脂基复合材料的性能在纤维与树脂体系确定后，主要取决于成型固化工艺。成型固化工艺是根据产品外形、结构与使用要求，结合材料工艺性确定的。从 20 世纪 40 年代以来，发展了很多成型方法，这里主要介绍在生产中已经普遍使用的成型方法。

1. 手糊成型

手糊成型是指用不饱和聚酯树脂或环氧树脂将增强材料黏结在一起的成型方法。手糊成型是制造玻璃钢制品最常用和最简单的一种成型方法。用手糊成型可生产波形瓦、浴缸、汽车壳体、飞机机翼、大型化工容器等。典型手糊成型的玻璃钢制品的截面结构如图 5-10 所示。制品的厚度一般为 2~10mm。有些特殊制品（如大的船体）的厚度可大于 10mm。

图 5-11 所示为手糊成型操作中的糊制过程示意图。糊制过程为：先在模具上涂刷一层脱模剂，再刷一层胶衣层，待胶衣层凝胶后（即发软而不粘手），立即在其上刷一层树脂，然后铺一层玻璃布，并用手动压辊沿着布的径向，顺着一个方向从中间向两边用力滚动，以排除其中的气泡，使玻璃布贴合紧密，含胶量均匀。如此往复，直到达到设计的厚度。

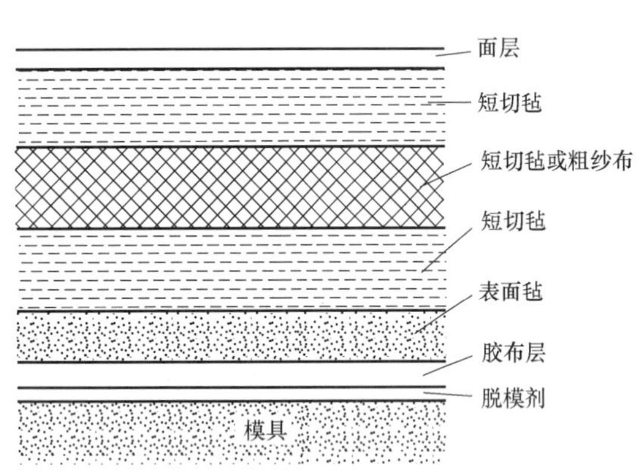

图 5-10　典型手糊成型的玻璃钢制品的截面结构

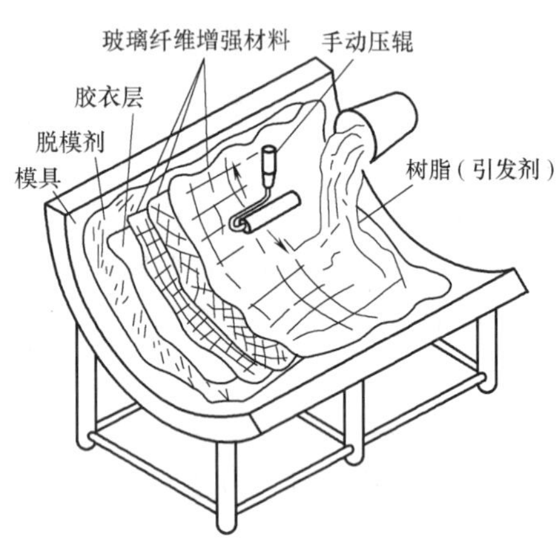

图 5-11　手糊成型操作中的糊制过程示意图

手糊成型具有如下优点：操作简单，设备投资少，生产成本低，可生产大型的、复杂结构的制品，适合多品种、小批量生产，且不受尺寸和形状的限制，模具材料适应性广。其缺点是生产周期长，制品的质量与操作者的技术水平有关，制品的质量不稳定，操作者的劳动强度大等。

手糊成型工艺所需原材料包括玻璃纤维及其织物、合成树脂等主要材料以及由固化剂、引发剂、促进剂、稀释剂、脱模剂、填料、触变剂等组成的辅助材料。

2. 层压成型

层压成型是先将纸、布、玻璃布等浸胶，制成浸胶布或浸胶纸半制品，然后将一定量的浸胶布（或纸）层叠在一起，送入液压机，使其在一定温度和压力的作用下压制成型的工艺方法。层压成型除可生产层压板外，还可用于玻璃钢卷管的生产，其工艺过程如图 5-12 所示。

层压成型的工艺过程：叠合→进模→热压→冷却→脱模→加工→热处理。叠合是将准备好的半制品（浸胶布、浸胶纸）按顺序组合成一个叠合体的过程。进模是将搭配好的叠合

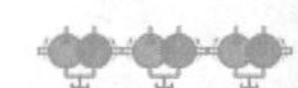

体推入多层压机的热板间，等待升温加压。热压分两个阶段：预热阶段和热压阶段。当树脂沿板坯边缘流出并出现硬化（即不能抽成细丝）时，预热阶段结束，转入热压阶段，保温保压一定时间后制品固化。达到保温时间后立即关闭电源，并维持原有的压力，通冷水或冷风冷却。当温度降至 60~70℃时，可降压脱模，必要时进行适当的机加工和热处理。

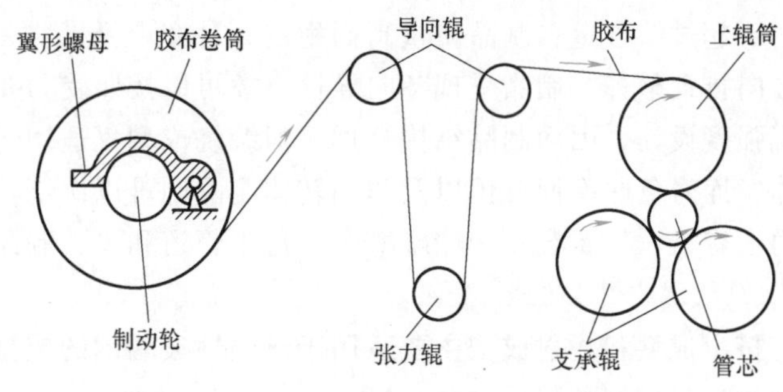

图 5-12　层压成型示意图

3. 模压成型

模压成型工艺是指将置于金属对模中的模压料，在一定的温度和压力作用下，压制成各种形状制品的过程。模压料由树脂、增强材料和辅助材料组成。树脂常为酚醛树脂或酚醛环氧树脂。根据模压料中增强材料的分类，模压成型可分为以下几种类型：短纤维料模压法、毡料模压法、层压模压法、碎布料模压法、缠绕模压法、织物模压法、定向铺设模压法、吸附预成型坯模压法、散状模塑料模压法、片状模塑料模压法。

与其他复合材料的成型方法相比，模压成型法生产率高，适于大批量生产，制品结构致密，尺寸精确，表面光滑，成型后无须进行有损于制品性能的机械加工，成型过程易实现机械化和自动化。但成型所用金属对模的设计与制造较复杂、费用较高，且制品尺寸受设备限制，通常只限于中、小型玻璃钢制品的生产。

4. 缠绕成型

缠绕成型是将经过树脂浸胶的连续纤维或带，按照一定规律缠绕到芯模上，经固化而成一定形状制品的工艺方法（图 5-13）。缠绕工艺过程一般包括芯模或内衬的制造、树脂胶液的配制、纤维热处理烘干、浸胶、胶纱烘干，在一定张力下进行缠绕、固化、检验、加工成制品等工序。缠绕成型按树脂基体的状态不同可分为干法、湿法和半干法三种。干法是在缠绕前预先将玻璃纤维制成预浸渍带，然后卷在卷盘上待用，缠绕时再将预浸渍带加热软化后绕在芯模上的一种方法；湿法是缠绕时将玻璃纤维经集束后进入树脂胶槽浸胶，在张力控制下直接缠绕在芯模上，然后固化成型的一种方法。半干法与湿法相比，增加了烘干工序，与干法相比，缩短了烘干时间，降低了烘干程度。

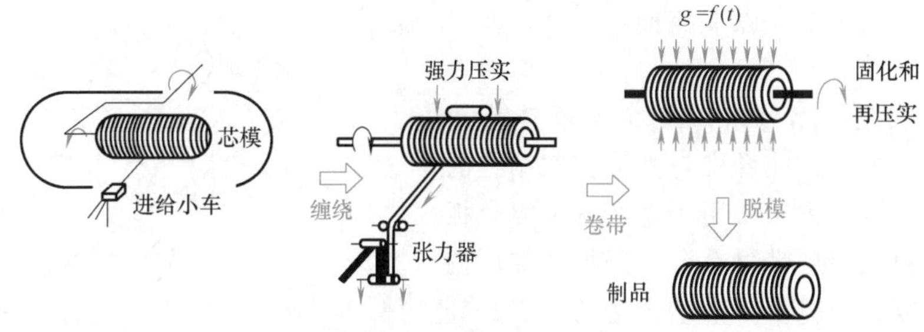

图 5-13　缠绕成型示意图

与其他复合材料的成型方法相比，缠绕成型制得的玻璃钢制品具有以下优点：比强度高，可超过钛合金；制品质量高而稳定，易实现机械化、自动化生产，生产率高；纤维按规定方向排列整齐，制品呈现各向异性，故可以按照受力要求确定纤维的排列方向、层次，以实现强度设计，因而制品结构合理。但缠绕成型仅适用于制造圆柱体、球体及某些正曲率回转体，而对负曲率回转体以及非回转体制品则难以缠绕。缠绕成型玻璃钢制品广泛应用于各种内压容器、外压容器、储罐槽车、化工管道和军工制品等。

5. 挤出成型和注射成型

挤出成型和注射成型主要适用于热塑性玻璃钢的成型，其成型工艺与热塑性塑料的挤出成型和注射成型相似。

玻璃钢的挤出成型和注射成型用粒料，玻璃钢中增强纤维应在造粒过程中便与树脂均匀地混合在一起。热塑性玻璃钢造粒方法有长纤维包覆挤出造粒法和短纤维挤出造粒法两种。前者是将纤维原丝多股集束在一起，与熔融树脂同时从模头挤出，长纤维被树脂包覆成料条，经冷却后切割成粒料；短纤维挤出造粒是将玻璃纤维与热塑性树脂一起送进挤出机，经熔融复合，通过模头挤出料条，冷却后切割成粒料。

6. 拉挤成型

拉挤成型是一种可以连续制造恒定截面复合型材的工艺方法，与铝材的挤压成型或塑料的挤出成型相似，可以制造实心、空心以及各种复杂截面的制品，并且可以设计型材的性能，以满足各种工程和结构要求。拉挤成型的工艺过程（图 5-14）是：首先将增强纤维浸渍树脂，再预成型，然后在固化模中精成型，固化后的型材从热模具中脱出、冷却，最后切割包装。

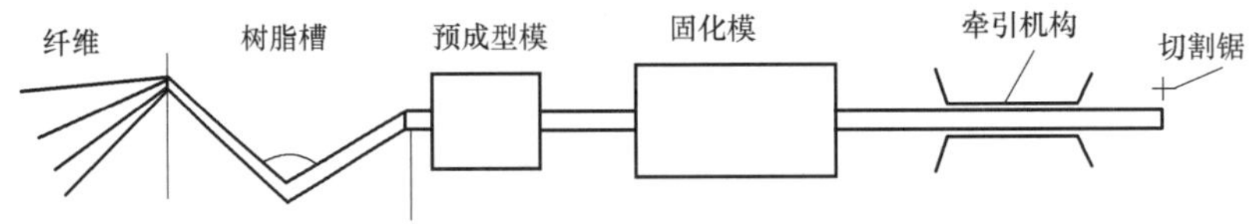

图 5-14 拉挤成型工艺过程示意图

5.3.2 金属基复合材料的成型

金属基复合材料的金属基体通常是韧性好、抗冲击能力强的铝、钛、镁等轻合金或镍铬耐热合金，增强物可以是颗粒状、片状或纤维状，其中纤维状增强物的金属基复合材料应用较广。常用的增强纤维有氧化铝纤维、硼纤维、碳纤维、碳化硅纤维或金属晶须。金属基复合材料的成型方法主要有以下几种：

1. 扩散结合法

扩散结合法是将增强纤维与金属基体排布好，并在高温下加压，使纤维与基体扩散结合的一种成型方法。这种方法常用于生产各种复合板材或带材。将数层单层带材叠合，经加热加压使其扩散可获得复合板材。扩散结合法的优点是纤维取向性好、润湿性好、温度低而反应小；缺点是生产周期长。图 5-15 所示为用扩散结合法生产带材的示意图。单层带材除用上述方法以外，

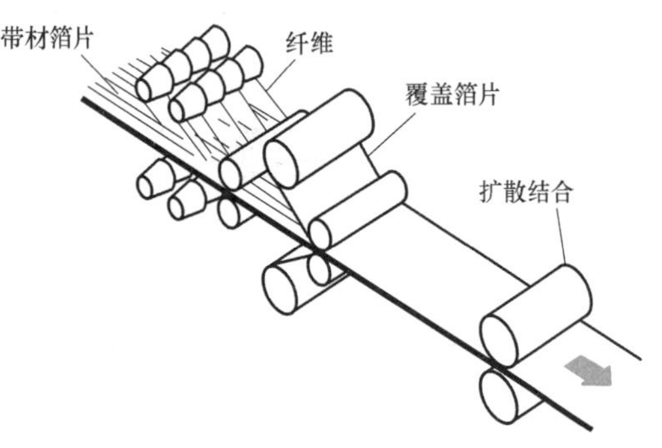

图 5-15 用扩散结合法生产带材的示意图

还可采用电镀法、等离子喷涂法等。

2. 熔融金属渗透法

熔融金属渗透法也称为液态渗透法，是在真空或惰性气体介质中，使排列整齐的纤维束之间浸透熔融金属，经冷却结晶后获得纤维增强复合材料的一种成型方法。目前大致有三种渗透法：毛细管上升法、压力渗透法和真空吸铸法，如图 5-16 所示。

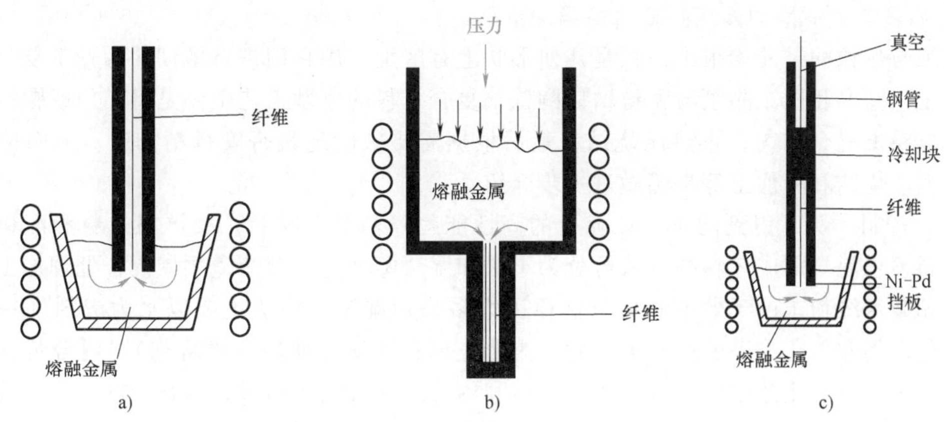

图 5-16 熔融金属渗透法示意图

a）毛细管上升法 b）压力渗透法 c）真空吸铸法

熔融金属渗透法常用于生产圆棒、管子或其他截面形状的棒材、型材等。其优点是成型过程中不伤纤维，且适合各种金属基体及形状，纤维与金属基体的润湿性良好；缺点是高温过程中界面反应大。

3. 等离子喷涂法

等离子喷涂法是在惰性气体保护下随等离子弧向排列整齐的纤维喷射熔融金属，待其凝固后形成金属基体纤维增强复合材料的一种方法。它不仅用于纤维增强复合材料的成型，还可用于层合复合材料的成型，如在金属基体表面上喷涂陶瓷或合金，形成层合复合材料。等离子喷涂法的优点是增强纤维与金属基体的润湿性好，界面结合紧密，成型过程中纤维不受损伤。

5.3.3 陶瓷基复合材料的成型

1. 纤维增强陶瓷基复合材料的成型

为了获得性能更加优良的复合材料，人们一直在不断深入地研究与改进成型技术。目前，纤维增强陶瓷基复合材料的成型方法主要包括：

（1）泥浆浇注法 这种方法是在陶瓷泥浆中把纤维分散，然后浇注在石膏模型中。这种方法比较古老，不受制品形状的限制，但对提高产品性能的效果不显著，成本低，工艺简单，适合于短纤维增强陶瓷基复合材料的成型。

（2）热压烧结法 将长纤维切短（<3mm），然后分散并与基体粉末混合，再用热压烧结的方法即可制得高性能的复合材料。这种短纤维增强体在与基体粉末混合时取向是无序的，但在冷压成型及热压烧结的过程中，短纤维由于在基体压实与致密化过程中沿压力方向转动，所以导致了在最终制得的复合材料中，短纤维沿加压面择优取向，这也就产生了材料

性能上一定程度的各向异性。热压烧结法制品中纤维与基体之间的结合较好，是目前采用较多的方法。

（3）浸渍法 浸渍法首先把纤维编织成所需要的形状，然后用陶瓷泥浆浸渍、干燥后进行焙烧。这种方法适用于长纤维，其优点是纤维取向可自由调节，缺点是不能制造大尺寸的制品，而且所得制品的致密度较低。

2. 晶须与颗粒增韧陶瓷基复合材料的成型

晶须与颗粒的尺寸均很小，只是几何形状上有区别，用它们进行增韧的陶瓷基复合材料的成型工艺基本相同。晶须与颗粒增韧陶瓷基复合材料的成型工艺主要是将晶须或颗粒分散并与基体粉末混合均匀，再热压烧结，最后根据需要来确定是否安排精加工。下面按照配料、成型、烧结和精加工等步骤做进一步介绍。

（1）配料 为了得到均质、孔隙少的高性能陶瓷基复合材料，要严格选料和配料。把几种原料粉末混合配成坯料的方法可分为干法和湿法两种。新型陶瓷领域混合处理加工的微米级、超微米级粉末由于效率和可靠性原因大多采用湿法。湿法主要以水为溶剂（在氮化硅、碳化硅等非氧化物系的原料混合时，为防止原料的氧化使用有机溶剂），混合装置一般采用球磨机。为防止球磨机运行过程中因球和内衬砖的磨损产物成为原料中的杂质，最好采用与加工原料材质相同的陶瓷球和内衬。

（2）成型 混合好后的浆料在成型时有三种不同的情况：经一次干燥制成粉末坯料后，供给成型工序；把结合剂添加于浆料中，不干燥坯料，保持浆状供给成型工序；用压滤机将料浆状的粉脱水后压成坯料供给成型工序。

把干燥粉料充入型腔内，加压后即可成型。通常有金属模成型法和橡皮模成型法。金属模成型法具有装置简单、成本低廉的优点，但它是单向加压，粉末与金属模壁的摩擦力大，粉末间传递压力不太均匀，故易造成烧成后的生坯变形或开裂，只适用于形状比较简单的制件。采用橡皮模成型法是用静水压从各个方向均匀加压于橡皮模来成型，故不会产生金属模中生坯密度不均匀和具有方向性的问题。此方法虽不能做到完全均匀地加压，但仍适合于批量生产。由于在成型过程中毛坯与橡皮模接触压成生坯，故难以制成精密形状，通常还要对细节部分进行修正。

另一种常见的成型法为注射成型法。陶瓷基复合材料的注射成型与塑料的注射成型过程类似，但其必须从生坯里将黏结剂除去并再烧结，这些工艺较为复杂，因此也使这种方法具有很大的局限性。注浆成型法则是具有悠久历史的陶瓷成型方法，它是将浆料浇入石膏模内，静置片刻，浆料中的水分被石膏模吸收，然后除去多余的浆料，将生坯和石膏模一起干燥，生坯干燥后保持一定的强度并从石膏模中取出。这种方法可以成型壁厚较小且形状较为复杂的制品。

挤压成型法是把料浆放入压滤机内挤出水分，形成块状后，用真空挤出成型机挤出成型的方法，它适用于断面形状简单的长条形坯件的成型。

（3）烧结 将从生坯中除去黏结剂组分后的陶瓷素坯烧结成致密制品的过程称为烧结。烧结用窑炉种类繁多，按其功能可分为间歇式和连续式。间歇式窑炉是指放入窑炉内生坯的硬化、烧结、冷却及制品的取出等工序是间歇进行的，不适合于大规模生产，但适合于处理特殊大型制品或长尺寸制品，且烧结条件灵活，筑炉价格也比较便宜。连续式窑炉适合于大批量制品的烧结，它由预热、烧结和冷却三部分组成。把装生坯的窑车从窑的一端以一定时

间间歇推进，窑车沿导轨前进，沿着窑内设定的温度分布经预热、烧结、冷却过程后从窑的另一端取出成品。

（4）精加工　由于高精度制品的需求不断增加，因此烧结后的许多制品还需要进行精加工。精加工的目的是提高烧成品的尺寸精度和表面平滑性。为提高尺寸精度主要是用金刚石砂轮进行磨削加工，为提高表面平滑性则用磨料进行研磨加工。

金刚石砂轮依据黏结剂种类的不同有各自不同的特征，大致分为电沉积砂轮、金属黏结剂砂轮、树脂黏结剂砂轮等。电沉积砂轮的切削性能好，但加工性能欠佳；金属黏结剂砂轮能实现难度较大表面的加工；树脂黏结剂砂轮由于其强度低、耐热性差，故只适于表面精加工。在实际磨削加工中，除选用砂轮外，还需确定合理的砂轮速度、切削量、进给量等各种磨削条件。

以上只是简单介绍了陶瓷基复合材料成型工艺的几个主要步骤，而实际成型过程相当复杂，需在实际工作中积累经验。

复习思考题

1. 什么是塑料的一次加工和二次加工？
2. 什么是塑料制品的结构工艺性？
3. 橡胶的成型方法如何分类？
4. 简述橡胶制品的成型过程。
5. 简述陶瓷坯料的注浆成型法。
6. 简述陶瓷坯料的压制成型法。
7. 树脂基纤维增强复合材料的成型方法主要有哪几种？
8. 简述树脂基纤维增强复合材料的手糊成型法。
9. 简述树脂基纤维增强复合材料的层压成型法。
10. 金属基复合材料的成型方法主要有哪几种？
11. 纤维增强陶瓷基复合材料的成型方法主要有哪几种？

*第 6 章 现代成形技术及发展趋势

6.1 快速成形技术

6.1.1 快速成形技术的基本原理

快速成形（Rapid Prototyping，RP）技术是 20 世纪 80 年代初期出现的一项先进制造技术，是制造技术领域的一次重大突破。快速成形的基本原理是离散分层/堆积成形。通过逐层堆积材料形成三维实体。快速成形技术将现代控制技术、CAD/CAM 技术、精密伺服驱动技术、激光技术和先进材料成形技术等集于一体，突破了传统的加工模式，大大缩短了产品的生产周期。快速成形技术与反求工程技术相结合，成为快速开发新产品的有力工具。快速成形又称为自由制造（Freeform Fabrication）、添加成形（Additive Fabrication）、桌面制造（Desk-Top Manufacturing）及三维打印（3D Printing）等。

快速成形技术的基本原理是由设计者在计算机上构造出所需产品的三维模型，用切片软件将其切成具有一定厚度的二维平面（轮廓曲线），而后经快速成形设备按此轮廓逐层叠加材料，直至成形。其工艺过程包括三维模型构造、三维模型的近似处理、三维模型的分层切片处理、一定截面厚度的加工成形、截面叠加形成制件和制件的后处理等过程，如图 6-1 所

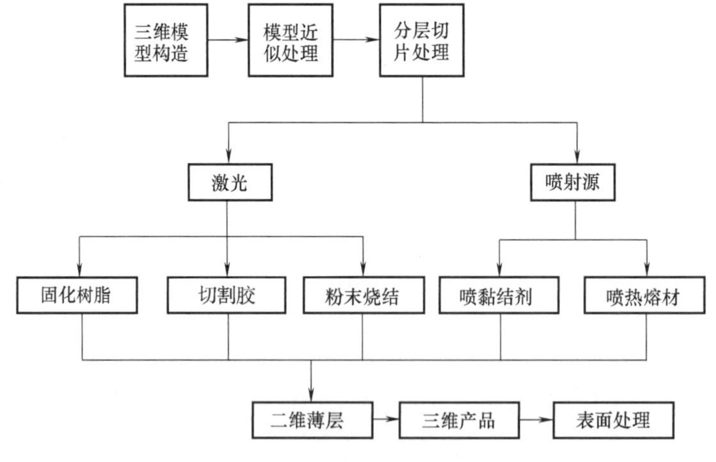

图 6-1 快速成形工艺过程

示。目前应用较多的快速成形技术有 SLA、LOM、SLS、FDM 和 3D-P 等。

6.1.2 激光立体光刻成形技术

激光立体光刻成形（Stereo Lithography Apparatus，SLA）技术是世界上第一种快速成形技术，由 Charles Hull 在 1982 年发明。其基本原理为：将所设计零件的三维计算机成像数据转换成一系列很薄的模样截面数据，然后在快速成形机上，用可控紫外线激光束，按计算机切片软件所得到的轮廓轨迹，对液态光敏树脂进行扫描固化，从而构成模样的一个薄截面轮廓。从零件的最底层截面开始，一次一层（一般厚度为 0.076～0.381mm），连续进行，直至三维立体模样制成。而后将模样从树脂液中取出，进行硬化处理，再打光、电镀、喷涂或着色即可。

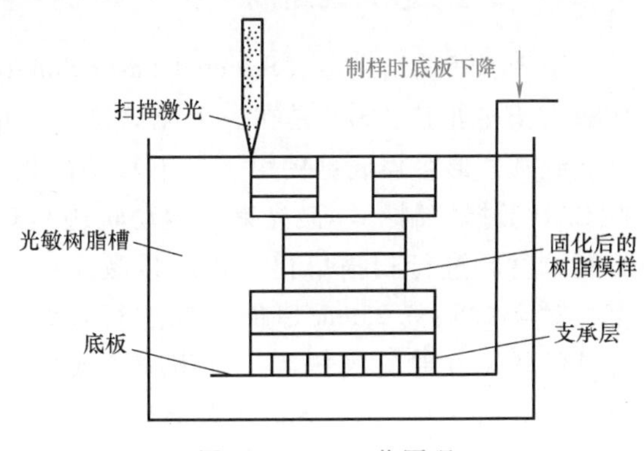

图 6-2 SLA 工艺原理

图 6-2 所示为 SLA 工艺原理。该技术的主要优点是可成形任意复杂形状，成形精度高，仿真性强，材料利用率高，性能可靠，性价比高。SLA 工艺适合产品外形评估、功能实验、快速制造电极和各种快速经济模具。其缺点是在液态树脂固化过程中，模样收缩后引起的变形量较大，在型壳焙烧中，因树脂模膨胀，易使型壳开裂，需要采用新型树脂制造尺寸精确的半空模样，且所需设备和光敏树脂价格昂贵，成本较高。

6.1.3 分层实体制造技术

分层实体制造（Laminated Object Manufacturing，LOM）技术首先由美国的 Helisys 公司研制成功，其工艺原理如图 6-3 所示。首先将产品的三维图形输入计算机的成形系统，用切片软件对该三维图形进行切片处理，得到沿产品高度方向上的一系列横截面轮廓线。将单面涂有热熔胶的纸卷套在纸辊上，并跨过支承辊缠绕到收纸辊上。由步进电动机带动收纸辊转动，使纸卷沿图中箭头方向移动一定的距离。当工作台上升至与纸面接触时，热压辊沿纸面自右向左滚压，加热纸背面的热熔胶，并使这一层纸与底基上的前一层纸黏合。CO_2 激光器发射的激光束跟踪零件的二维截面轮廓数据进行切割，并将轮廓外的废纸余料切割出方形小格，以便成形过程完成后易于剥离余料。每切割完一个截面，工作台连同被切出的轮廓层自动下降至一定高度，然后步进电动机再次驱动收纸辊将纸移到第二个需要切割的截面，重复下一次工作循环，直至形成

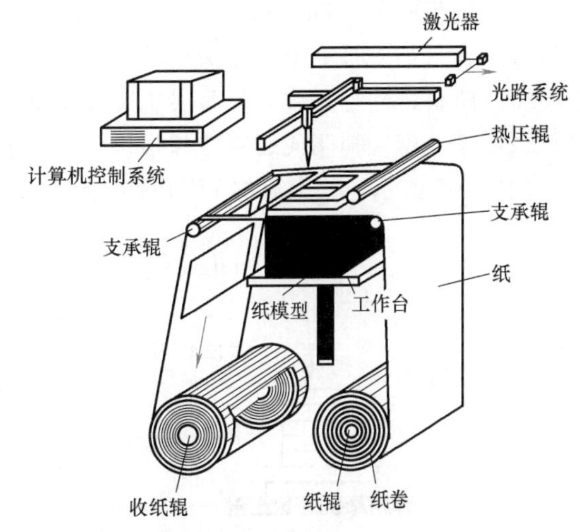

图 6-3 LOM 工艺原理

由一层层横截面黏结的立体纸样。最后剥离废纸小方块，即可得到性能似硬木或塑料的“纸质模样产品”。

LOM 工艺成形速度快，成形材料便宜，成本低，无热应力、收缩、膨胀、翘曲等现象，形状与尺寸精度稳定，但成形后废料剥离较费时间。该工艺适用于航空、汽车等行业中体积较大的制件。

6.1.4　激光选择烧结成形技术

激光选择烧结成形（Selected Laser Sintering，SLS）技术是由德克萨斯大学开发的，于1989 年开始推广。SLS 是在一个充满氮气的惰性气体加工室中，先将一层很薄的可熔粉末沉淀到圆柱形容器底部的可上、下移动的板上，按 CAD 数据控制 CO_2 激光束的运动轨迹，对可熔粉末材料进行扫描熔化，并调整激光束的强度，对 0.125～0.25mm 厚的粉末进行烧结。未烧结的粉末在制完模样后，可用刷子或压缩空气去除。图 6-4 所示为 SLS 工艺原理。

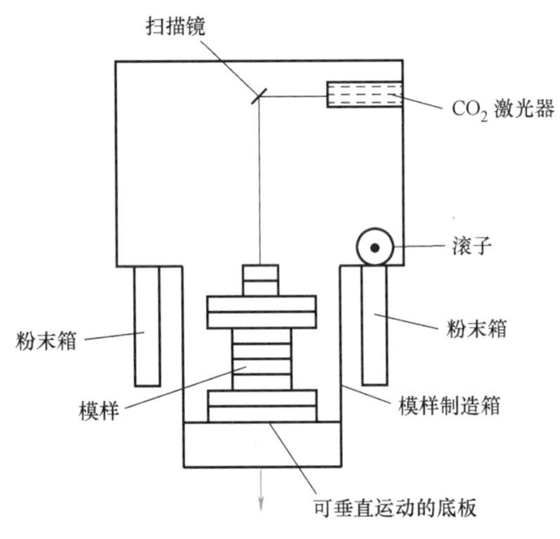

图 6-4　SLS 工艺原理

SLS 所用制模材料包括蜡料、聚碳酸酯和尼龙。另外高性能的热塑性塑料、陶瓷粉末和金属粉末也正在研究中。SLS 很适合那些采用机械加工方法难以成形或加工的几何形状复杂的聚碳酸酯模。SLS 工艺的发展方向是用金属粉末和陶瓷粉末来直接制造工具、模具和铸造型壳。

6.1.5　熔丝沉积成形技术

熔丝沉积成形（Fused Deposition Modeling，FDM）使用一个外观非常像二维平面绘图仪的装置，只是笔头被一个挤压头所代替，它可挤压出一束非常细的蜡状塑料（热塑性）或熔模铸造蜡料，并按二维切片薄层轨迹逐步堆积。同理，制造模样从底层开始，一层一层地进行，由于热塑性树脂或蜡料冷却很快，便形成一个由二维薄层轮廓堆积并黏结成的立体模样，如图 6-5 所示。放大后的 FDM 喷头如图 6-6 所示。

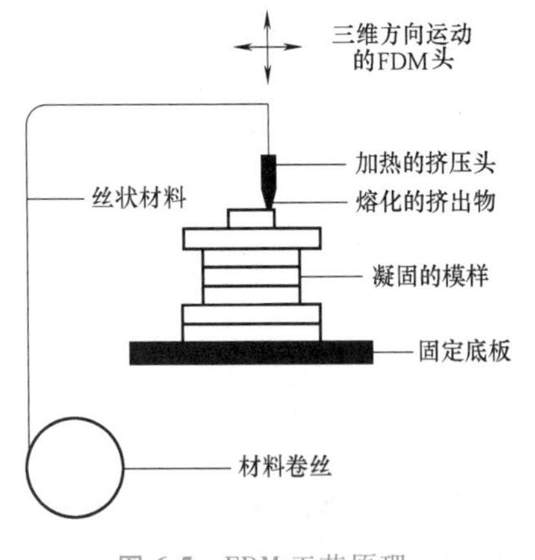

图 6-5　FDM 工艺原理

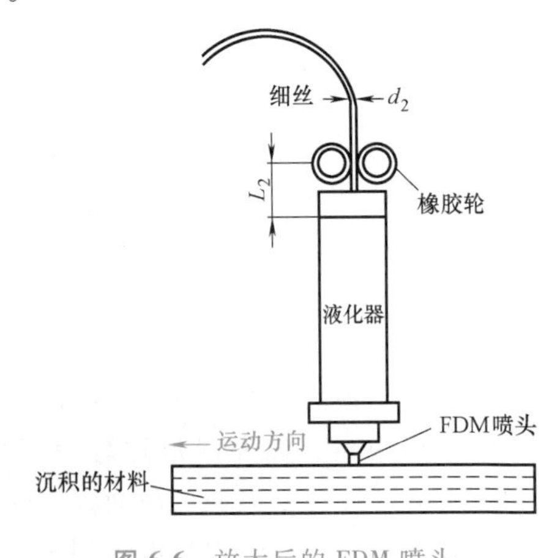

图 6-6　放大后的 FDM 喷头

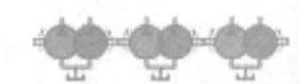

与其他 RP 工艺相比，用 FDM 工艺制模时，模样上的突出部分无需支承材料，制出的模样表面光洁，尺寸精度高，且消除了因层间黏结不良而形成的层间台阶毛刺缺陷和分层问题。

6.1.6 三维打印技术

三维打印（Three Dimension Printing，3D-P）技术是由美国麻省理工学院研制的，已被美国的 Soligen 公司以 DSPC（Direct Shell Production Casting）的名义商品化，用以制造铸造用的陶瓷壳体和型芯。

3D-P 工艺与 SLS 工艺类似，采用粉末材料成形，如陶瓷粉末、金属粉末等。3D-P 工艺与 SLS 工艺的不同之处是材料粉末不是通过烧结连接起来的，而是通过喷头黏结剂（如硅胶）将零件的截面"印刷"在材料粉末上面。图 6-7 所示为 3D-P 成形原理示意图，它类似于喷墨打印机，首先铺粉或薄层基底（如纸张），利用喷嘴将液态黏结剂喷在预先铺好的粉层或薄层上的特定区域，逐层处理后得到所需形状的制件。用黏结剂粘接的零件强度较低，还需后处理。后处理时，先烧掉黏结剂，然后在高温下渗入金属，使零件致密化，以提高强度。

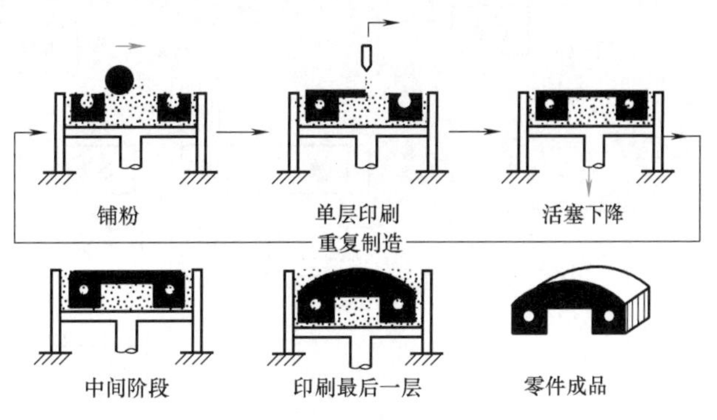

图 6-7 3D-P 成形原理示意图

6.2 粉末冶金成形技术

粉末冶金就是将金属粉末或金属与非金属粉末（或纤维）混合，压制成形后经烧结等过程制成零件材料的成形工艺方法。它既是一种不熔炼的特殊冶金工艺，又是一种精密的大批量制造机器零件的无切削、少切削加工工艺。

采用粉末冶金工艺可以制造减摩材料、结构材料、摩擦材料、硬质合金、难熔金属材料、特殊电磁性能材料、过滤材料等的板、带、棒、管、丝等各种型材，可以制造齿轮、链轮、棘轮、轴、套等各种零件，可以制造质量仅为几十毫克的小制品，也可以用热静压法制造近 2t 重的大型坯料。典型的粉末冶金工艺过程是：原料粉末的制备、粉末预处理、成形、烧结和烧结后处理。其工艺流程如图 6-8 所示。

6.2.1 粉末的制备

粉末可以是纯金属、非金属或化合物。粉末的制备方法主要包括机械法和物理、化学法，见表 6-1。机械法制取粉末是将原材料机械粉碎，而其化学成分基本不发生变化的工艺过程；物理、化学法则是借助物理或化学的作用，改变原材料的聚集状态或化学成分而获得粉末的工艺过程。实际上，在粉末冶金的生产实践中，机械法和物理、化学法之间并没有明

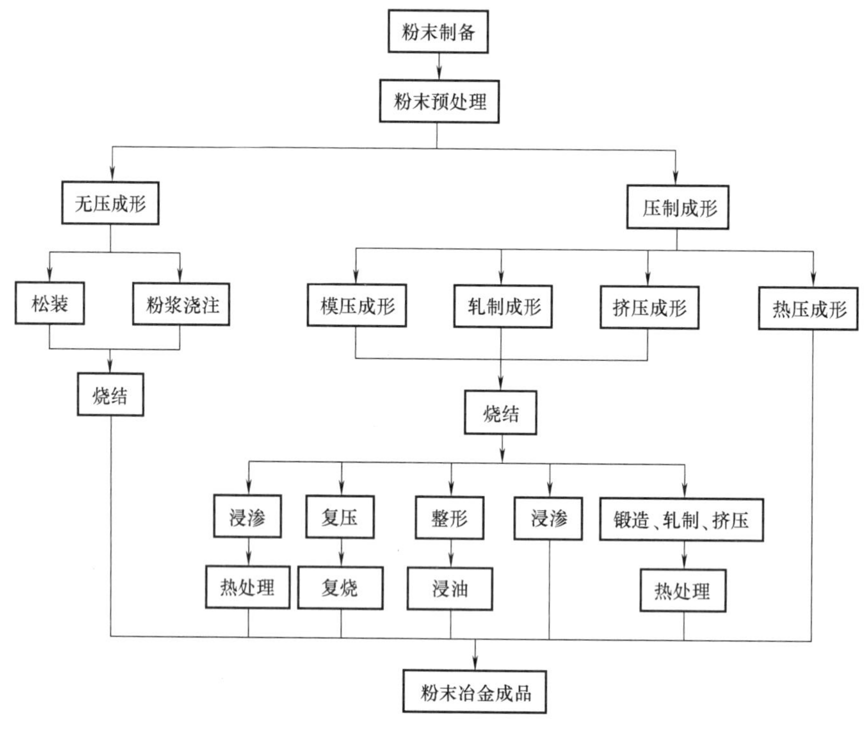

图 6-8 粉末冶金工艺流程

显的界限，而是相互补充的。例如，可使用机械法研磨由还原法制得的块状海绵金属，也可以采用还原法消除旋涡研磨或雾化所得粉末的应力、脱碳和减少氧化物。

表 6-1 粉末的制备方法

生产方法			原材料
机械法	粉碎法	机械研磨，旋涡研磨，冷气流粉碎，机械合金化	脆性金属和合金，人工增加脆性的金属和合金
	雾化法	气体雾化，水雾化，旋转圆盘雾化，旋转电极雾化	液态金属和合金
物理、化学法	还原法	碳还原，气体还原，金属热还原	金属氧化物，金属氧化物盐类
	还原化合法	碳化或碳与金属氧化物作用，硼化或碳化硼法，硅化或硅与金属氧化物作用，氮化或氮与金属氧化物作用	金属粉末或金属氧化物
	气相还原法	气相氢还原，气相金属热还原	气态金属卤化物
	气相冷凝或离散法	金属蒸气冷凝，羰基物热离散	气态金属，气态金属羰基物
	液相沉淀法	置换，溶液氢还原，从熔盐中沉淀	金属盐溶液，金属盐
	电解法	水溶液电解，熔盐电解	金属盐溶液，金属盐
	电化学腐蚀法	晶间腐蚀，电腐蚀	不锈钢，任何金属和合金

6.2.2　粉末的预处理

为了满足产品最终性能的需要或压制成形过程的要求，在粉末压制成形前要对粉末原料进行一定的准备，如退火、筛分、混合、制粒和加润滑剂等。

（1）退火　退火是指在一定气氛中以适当的温度对原料粉末进行加热处理，以使氧化物还原，降低碳和其他杂质的含量，提高粉末纯度，得到稳定的晶体结构。采用还原法、机械法和电解法等制取的粉末均需进行退火处理。此外，为了防止某些超细金属粉末自燃，需经退火钝化其表面。

（2）筛分　筛分是将不同颗粒大小的原始粉末进行分级。较粗的粉末一般采用标准筛网制成的筛子进行筛分，而对钨、钼等难熔金属细粉或超细粉则使用空气分级的方法，使粗细颗粒按不同的沉降速度进行区分。

（3）混合　混合是指将两种或两种以上不同成分的粉末混合均匀的过程。混合的目的是使性能不同的组元形成均匀的混合物，以利于粉末压制和烧结时状态均匀一致。

（4）制粒　制粒是指将小颗粒的粉末制成大颗粒或团粒的操作过程。常用来改善粉末的流动性和稳定粉末的松装密度，以利于自动压制。由于粉末流动阻力是由粉末颗粒间的直接或间接接触引起的，其阻碍其他颗粒的自由运动，因此，一般将数十个细小颗粒聚集在一起制成小球，以改善其流动性。

6.2.3　粉末的成形

粉末成形是将松散的粉末置于压模内经受一定的压力后，使其成为具有一定形状、尺寸、密度和强度的压坯的过程。粉末成形的方法很多，主要有封闭钢模压制成形、热压成形、粉末锻造成形、轧制成形、挤压成形和连续成形等。封闭钢模压制（模压）成形是粉末冶金生产中应用最广泛的成形方法。这里主要介绍封闭钢模冷压成形方法。

封闭钢模冷压成形是指在常温下将金属粉末装入钢模型腔，通过凸凹模对粉末加压，使之成形为压坯的方法。它的成形过程包括称粉、装粉、压制、保压及脱模。图 6-9 所示为压制模具示意图。封闭钢模冷压成形时，最基本的三种压制方式如图 6-10 所示。

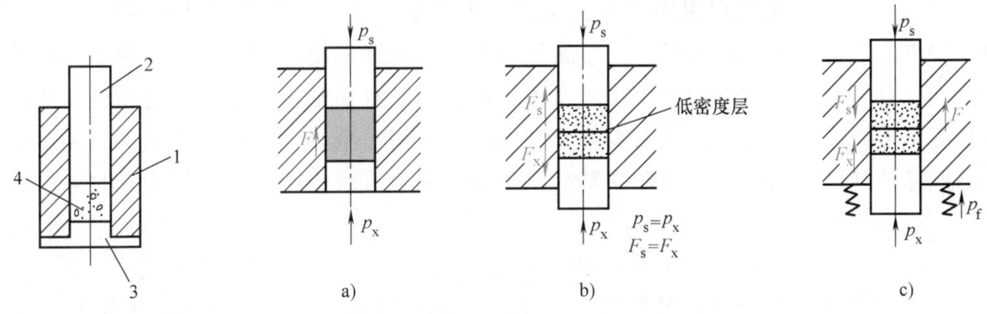

图 6-9　压制模具示意图
1—凹模　2—上凸模
3—下凸模　4—粉末

图 6-10　三种基本压制方式
a）单向压制　b）双向压制　c）浮动压制

单向压制所用模具简单、操作方便、生产率高，但压坯高度大时，上、下两端密度不均匀，只适用于压制高度小的制品。双向压制时凹模固定不动，上、下凸模以大小相等、方向相反的压力同时加压。双向压制的压坯，允许高度比单向压坯高一倍，适用于压制较长的制品。浮动压制是指下凸模固定不动，凹模用弹簧、气缸、液压缸等支承，受力后可以浮动。浮动压制是最常见的一种压制方式。

6.2.4 粉末的烧结

压坯的强度和密度都很低，不能满足使用要求。烧结是使成形的粉末坯件达到强化和致密化的高温处理工艺。它是粉末冶金的关键工序之一。

影响烧结的因素主要有加热速度、烧结温度、烧结时间、冷却速度和烧结气氛。此外烧结制品的性能也受粉末材料颗粒尺寸及形状、表面特性及压制压力等因素的影响。常用粉末冶金制品的烧结温度与烧结气氛见表 6-2。

表 6-2 常用粉末冶金制品的烧结温度与烧结气氛

粉末冶金材料	铁基制品	铜基制品	硬质合金	不锈钢	磁性材料(Fe-Ni-Co)	钨、铝、钒
烧结温度/℃	1015~1200	700~900	1350~1550	1250	1200	1700~3300
烧结气氛	发生炉煤气、分解氨	发生炉煤气、分解氨	氢	真空、氢	真空、氢	氢

6.2.5 烧结后处理

许多粉末冶金制品在烧结后可直接使用，但有些制品还要进行必要的后处理才能使用。通过后处理，可提高制品的物理化学性能，改善制品表面的耐蚀性，提高制品的形状与尺寸精度。常用的后处理方法有复压、浸渗、切削加工、热处理和表面保护处理。

（1）复压　复压是为了提高烧结体的精度和性能而对烧结后的制品进行施加压力的处理方法，包括精整和整形等。精整是为了达到所需尺寸而进行的复压，通过精整模对烧结体施压而提高其尺寸精度。整形是为了达到特定的表面形状和表面粗糙度而进行的复压。复压后的零件往往需要复烧或退火。

（2）浸渗　浸渗是利用烧结件孔隙的毛细现象，在烧结件中浸入各种液体的过程。常用的浸渗方法有浸油、浸塑料、浸熔融金属等。浸油即在烧结体内浸入润滑油，改善其自润滑性能，并可起到防锈防蚀的作用，常用于铁、铜基含油轴承；浸塑料是在烧结体内浸入聚四氟乙烯溶液，经固化后，可以实现无油润滑，常用于金属、塑料减摩制件；浸熔融金属可提高制品的强度和耐磨性，如在铁基材料中浸入铜溶液或铅溶液等。浸渗有时可以在常温下进行，有时则需要在真空下进行。

（3）切削加工　切削加工是在制品上进一步加工，以提高其尺寸精度。

（4）热处理　热处理可提高铁基制品的强度和硬度。常用的热处理方法有淬火、化学热处理等，工艺方法一般与致密材料相似。对于孔隙度大于 10% 的制品，不得采用液体渗碳或盐浴炉加热，以防盐液浸入孔隙中造成内腐蚀。

（5）表面保护处理　常用的表面保护处理方法有蒸汽发蓝处理、浸油、浸硫并退火、电镀、浸锌、磷化和阳极化处理等。这些方法可以满足仪表、军工等行业对制品表面防腐的要求。

此外，还可以通过锻压、焊接、切削加工和特种加工等方法进一步改变烧结体的形状、尺寸或提高精度，以满足零件的最终使用要求。

6.2.6 粉末冶金制品实例

粉末冶金制品的应用非常广泛，已应用于印刷机械、内燃机、汽车、纺织、土木机械、包装机械、农业机械、水泵、阀门、建筑工具、起重工具及办公器材等多个领域。

1. 不同材料的制品

粉末冶金制品的种类很多，可分为铁基、铜基、铝基、镍基、钴基及碳化物基等。在机械制造业中应用最广泛的是铁基和铜基制品。图 6-11 所示为铁基粉末冶金齿轮，图 6-12 所示为铜基粉末冶金齿轮和接头，图 6-13 所示为镍基粉末冶金齿轮。

图 6-11 铁基粉末冶金齿轮

图 6-12 铜基粉末冶金齿轮和接头

图 6-13 镍基粉末冶金齿轮

2. 具有自润滑功能的制品

具有自润滑功能的制品是利用粉末冶金工艺方法制成的多孔材料，通过浸油处理使其内部含有一定量的润滑油。该类零件广泛应用于各种传导装置，包括各类微型电动机、办公设备和家用电器等。图 6-14 所示为具有自润滑功能的钢套，图 6-15 所示为含油轴承。

图 6-14 具有自润滑功能的钢套

图 6-15 含油轴承

3. 机械结构零件制品

机械结构零件是指具有相当严格的尺寸精度，参与机械运动并与其他零件发生摩擦，承受着拉伸、压缩或扭曲力以及一定程度的冲击等负荷的零件。过去这些零件大多是由金属材料采用铸造、压力加工、切削加工等工艺制成的。目前，用粉末冶金法制造的机械结构零件（又称为烧结结构零件）已被广泛应用于汽车、农业机械、办公机械、液压件、家用电器等领域。图 6-16 所示为粉末冶金模具，其耐磨耐蚀性能大大提高；图 6-17 所示为粉末冶金零件，其特点是耐磨性好，运行噪声低。

图 6-16　粉末冶金模具

图 6-17　粉末冶金零件

6.3　半固态成形技术

6.3.1　半固态成形的概念

金属半固态成形（Semi-Solid Forming of Metals）就是在金属凝固过程中，对其施以剧烈的搅拌或扰动，或改变金属的热状态，或加入晶粒细化剂，或进行快速凝固，即改变初生固相的形核和长大过程，得到一种液态金属母液中均匀地悬浮着一定球状初生固相的固-液混合浆料，利用这种固-液混合浆料直接进行加工成形。也可以先将固-液混合浆料完全凝固成坯料，根据需要将坯料切分，再将切分的坯料重新加热至固液两相区，用这种半固态坯料进行成形加工。金属半固态成形具有能消除气孔、缩孔，提高零件的力学性能及延长模具寿命等优点。半固态金属易于搬运和输送，为连续高效地自动化生产创造了条件，在节省能源、保护环境方面也比传统的铸造方法更为优越。目前美国、欧洲已将半固态加工成形技术应用于生产。

6.3.2　半固态金属浆料的制备

半固态成形技术采用机械搅拌或电磁搅拌的方法，可以得到固体组分的颗粒大小在50~100μm范围内的半固态浆料。图6-18所示为半固态金属浆料机械搅拌装置。对于铝、铜合金和铸铁，该法可实现固相率为50%的浆料的连续生产。电磁搅拌法与机械搅拌法相比，减少了搅拌器对浆料的污染，但在制备高固相率的浆料时，搅拌速度会急剧降低，表观黏度迅速增加，使浆料排出困难。图6-19所示为半固态金属浆料电磁搅拌装置。该装置中的四对磁极以0~3000r/min的速度回转。为了使浆料产生三维运动，磁铁与旋转中心轴之间有10°的偏转角，呈螺旋形放置。采用该装置已制造出以A356[⊖]铝合金为基体，加入平均颗粒尺寸为29μm的20%SiC（体积分数）颗粒的复合材料锭。

⊖　A356是美国牌号，相当于我国的ZL101A。

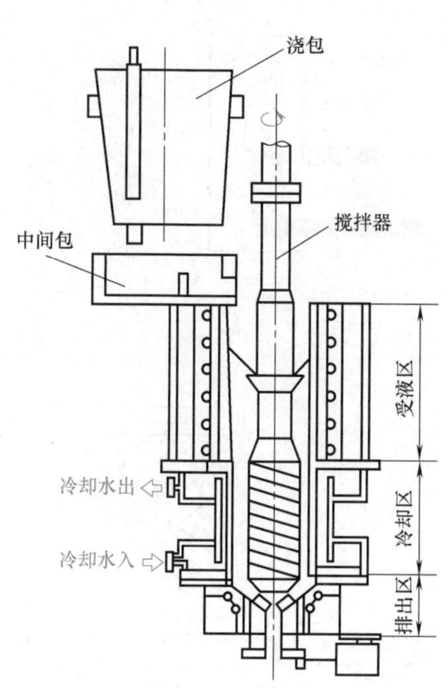

图 6-18　半固态金属浆料机械搅拌装置

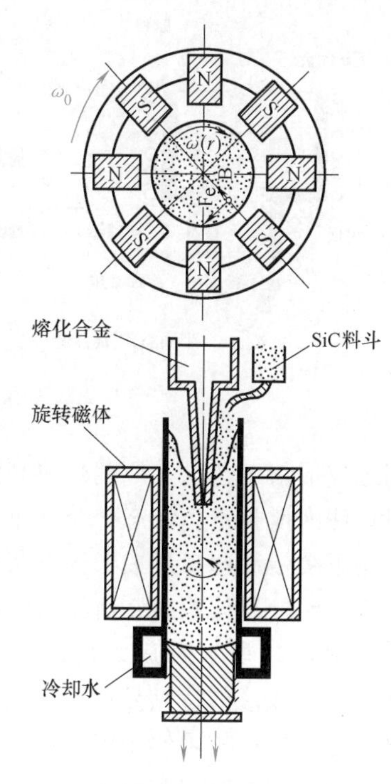

图 6-19　半固态金属浆料电磁搅拌装置

6.3.3　半固态金属的成形与应用

半固态金属成形是介于铸造和锻造之间的一种工艺过程，适用于很多常规的成形方法。通常根据采用的成形设备对其命名，这些设备包括改进的压铸设备、注射成形设备、连续铸造设备和模锻设备等。在研究和应用中，铸造设备在半固态金属成形中占有较大比例，因而半固态金属成形多称为半固态铸造。已经对铝、镁、锌、铜合金以及钢、铸铁、镍基超耐热合金、复合材料进行过许多试验研究。目前应用的合金还是直接取自现有的铸造或锻造合金系列，应用最多的是 A356 铝合金，其凝固区间为 614~555℃。半固态镁合金的成形则主要采用 AZ91D。

半固态金属原料在进入模具内腔之前有不同的处理方法，从而使半固态金属成形分为流变成形（Rheo-forming）和触变成形（Thixo-forming）两大类。流变成形是将获得的半固态金属浆料直接成形；触变成形是将半固态金属浆料首先制成锭料，生产时将定量的锭坯重新加热至半固态，然后再成形。

1. 半固态金属的流变成形

（1）流变铸造成形　流变铸造是在金属液从液相到固相的冷却过程中进行强烈搅动，使浆料中形成非枝晶固相，在一定固相分数下，直接将所得到的半固态金属浆液压铸或挤压成形。图 6-20 所示为流变铸造工艺过程示意图。该方法生产的铝合金铸件的力学性能比挤压铸件高，与半固态触变铸件的性能相当。但因半固态金属浆料的保存和输送难度较大，故实际投入应用的较少。

（2）流变注射成形　注射成形是将半固态金属流变压铸与注塑成形相结合而形成的一

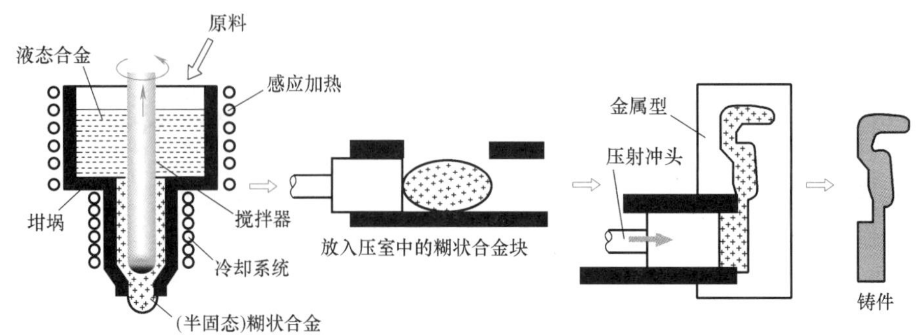

图 6-20 流变铸造工艺过程示意图

种半固态成形新工艺。其原理是将高温液态合金通过进料口注入搅拌室，液态合金在重力和搅拌器的搅拌作用下缓慢冷却，形成半固态浆料。当浆料在注射口堆积到一定体积时，由注射装置注射至模具内成形。图 6-21 所示为流变注射成形工艺示意图。

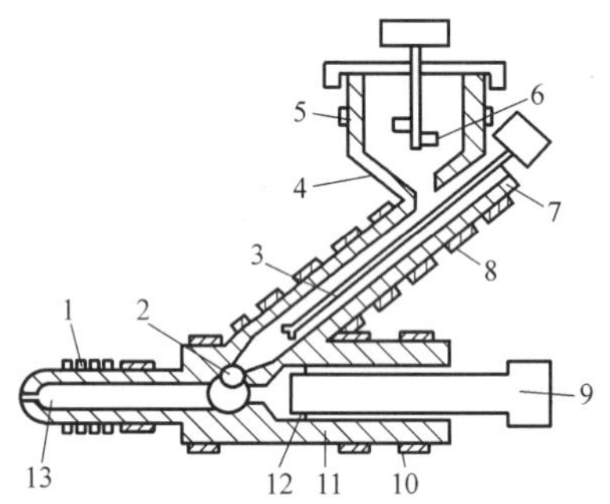

图 6-21 流变注射成形工艺示意图

1、5、8、10—加热元件 2—球阀 3—搅拌器Ⅰ 4—金属液给料器 6—搅拌器Ⅱ 7—筒体 9—活塞 11—缸体 12—密封圈 13—半固态金属累积室

流变注射成形的特点是：流变注射成形工艺的金属以液态供料，故可使用锭、棒和回炉料等，节约了材料预处理的时间和费用；工艺过程简单，易于实现自动化。

（3）流变轧制成形 流变轧制就是将半固态金属浆料直接进行轧制变形，连续制备金属薄带。图 6-22 所示为半固态钢铁浆料电磁搅拌制备和直接轧制过程示意图。其工艺过程是：采用电磁搅拌器对浇入搅拌室的合金液进行连续变温搅拌，控制搅拌室中合金液的冷却速度，使其处于液

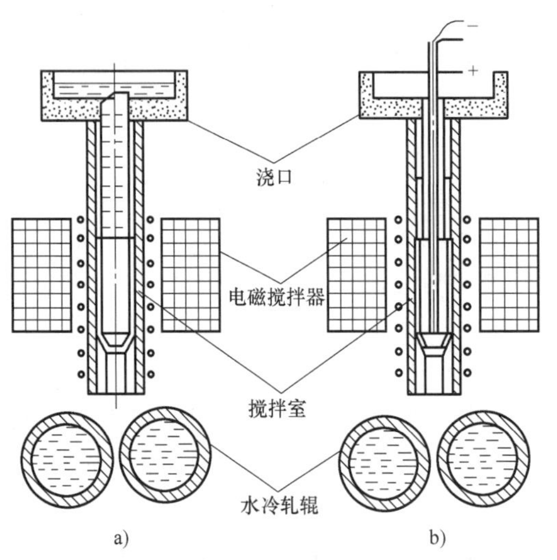

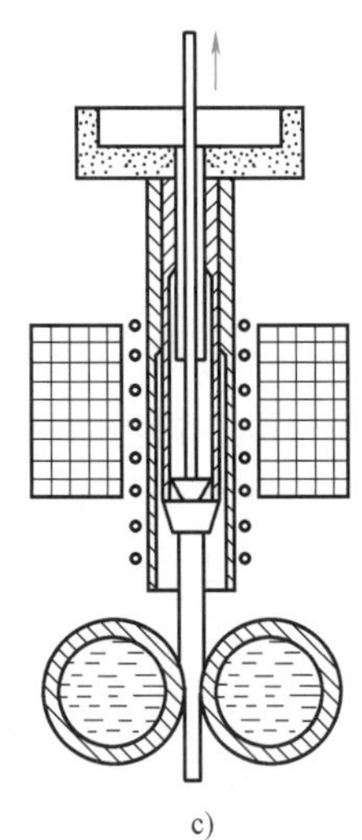

图 6-22 流变轧制过程示意图

a）浇注 b）搅拌 c）浆料输送和轧制

相线温度 T_L 和固相线温度 T_S 之间的时间足够长，以便能对其进行较充分的电磁搅拌，获得球状或近球状初生固相的半固态钢铁浆料。通过中间塞杆及提升机构将半固态浆料定量输送出来，送入空心水冷双辊轧机的辊缝，直接轧制成形。

2. 半固态金属的触变成形

（1）触变压铸成形　触变压铸成形的工艺过程如图 6-23 所示。半固态金属的触变压铸成形是流变压铸的改良，其工艺流程主要包含三个步骤：

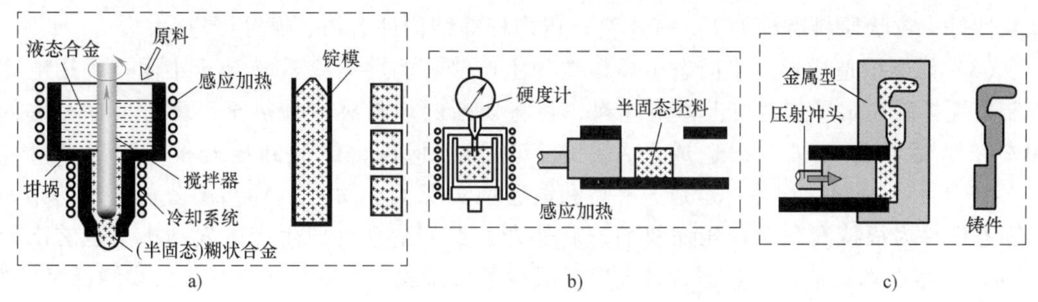

图 6-23　触变压铸成形的工艺过程

a）触变坯料的制备　b）二次加热重熔　c）压铸成形

1）半固态金属原始坯料的制备。用连续流变铸造法制取非枝晶锭料，并将锭料切成所需尺寸的小块。

2）坯料的二次加热重熔。将切割的半固态金属坯料放入加热装置内进行快速半固态重熔加热，并控制坯料的固相分数或液相分数。

3）压铸成形。将半固态金属坯料送入压铸机的压射室，进行压射成形，并进行适当的保压，然后卸压开型，取出铸件，清理型腔和喷刷涂料。

由于该方法对坯料的加热、输送易于实现自动化，是目前半固态铸造的主要工艺方法。

（2）触变注射成形　触变注射成形又称为半熔融注射成形，是由美国 Dow Chemical 公司开发的技术，1992 年由日本制钢所引进并完成成形机的研究开发，是半固态成形领域中最成功、应用最广泛的技术之一。其采用了近乎塑料注射成形的方法和原理，如图 6-24 所

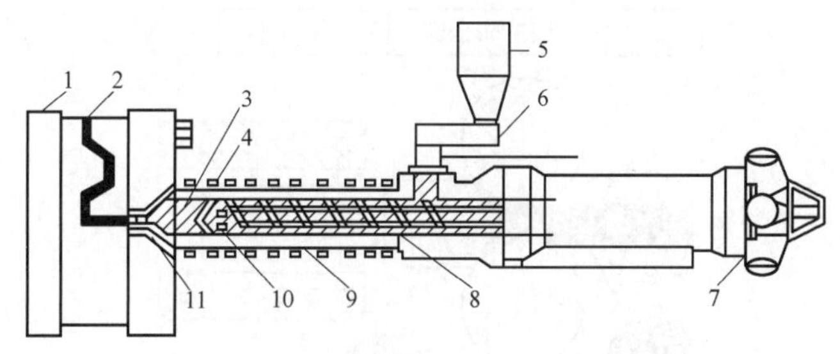

图 6-24　触变注射成形原理示意图

1—模具架　2—模型　3—半固态镁合金累积器　4—加热器　5—镁合金颗粒料斗　6—给料器　7—旋转驱动及注射系统　8—螺旋推进器　9—筒体　10—单向阀　11—射嘴

示。目前该设备系统主要用于镁合金零件的半固态成形。其工艺过程为：首先利用专用的机械装置将铸锭切分成 3~6mm 的颗粒，然后在室温下通过料斗送入定量供料器中，由螺旋驱动向前推进并加热至半固态（固相率>60%），此时颗粒同时受到剪切和加热作用，一定量的糊状半固态金属在螺旋的前端累积，最后在注射缸的作用下，糊状半固态金属被注射至模具内成形。

触变注射成形的特点是：铸锭无须预热及熔化，成形工艺简单，成本低；成形温度低（比镁合金压铸温度低约 100℃）；制品的孔隙率低（低于 0.069%），制件的尺寸精度高，重复性好；粒状原料需预加工，成本高；内螺杆等结构件磨损、腐蚀严重。

（3）触变锻造成形　半固态金属锻造的生产流程为将合金液冷却至半固态，用电磁搅拌装置搅拌后在水平连铸机上铸成坯料，再将切断的坯料感应加热至半固态（固相率约为50%），而后在压力机上锻造成形，并进行适当的保压，最后卸压开模，取出锻件，如图 6-25 所示。材料的加热、运送、夹持和锻造均实现了自动化。Alumax 公司生产的第一个半固态锻件为福特汽车空调压缩机前、后外壳。克莱斯勒公司生产的发动机上也首次使用 Alumax 的半固态锻造铝合金摇臂轴支座，减少了机械加工，减轻了重量，大大降低了成本。

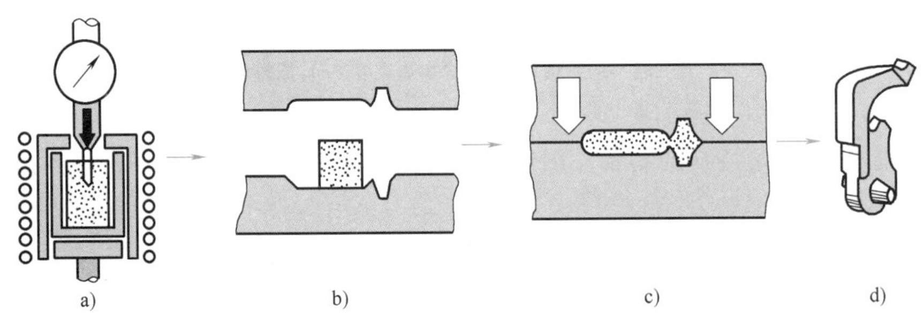

图 6-25　触变锻造成形工艺示意图

a）半固态重熔加热　b）坯料放入锻模型腔　c）锻压成形　d）锻件

（4）触变轧制成形　触变轧制是将半固态金属坯料送入轧辊辊缝中进行轧制成形的方法，如图 6-26 所示。触变轧制成形的优点是：当半固态金属坯料的固相分数很高时（如大于 80%），其变形和热轧时情形基本相同，板坯内的固相和液相变形均匀，可得到沿板厚方

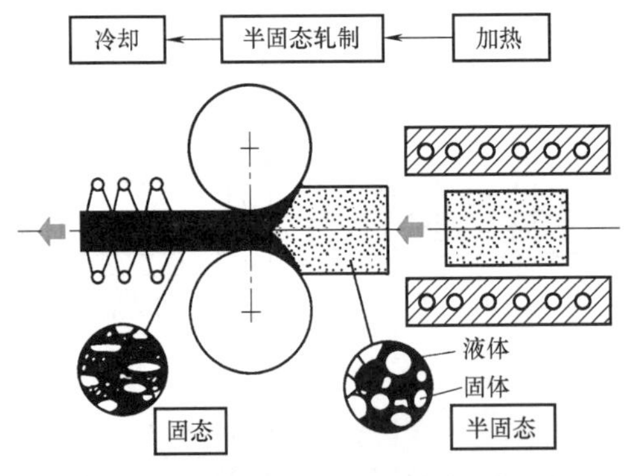

图 6-26　触变轧制成形工艺示意图

向固相颗粒均匀的产品。但当坯料的固相分数较低时（如70%以下），则变形时会出现固液相偏析，这种偏析有时是有利的，但在不需要时，应采取措施进行控制，这是触变轧制需要解决的问题。

6.4 精密成形和超塑性成形技术

6.4.1 精密模锻

精密模锻是直接锻造出形状复杂、公差等级可达IT9~IT7，表面粗糙度 *Ra* 值为3.2~0.8μm的锻件的工艺方法。精密模锻件只需进行少量切削加工甚至不需加工即可直接使用。

1. 精密模锻的工艺流程

精密模锻必须先将原始坯料经普通模锻成为中间坯料，再对中间坯料进行严格的清理，除去氧化皮和缺陷，最后采用无氧化或少氧化加热后精锻。图6-27所示为锥齿轮锻件图及零件图。其精密模锻的工艺流程为：棒料下料→少、无氧化加热到1000~1150℃→预锻→终锻→空冷→切边、清理氧化皮→少、无氧化加热至700~850℃→精压→保护介质中冷却→切边、检验→以齿形定位加工中心轴孔。

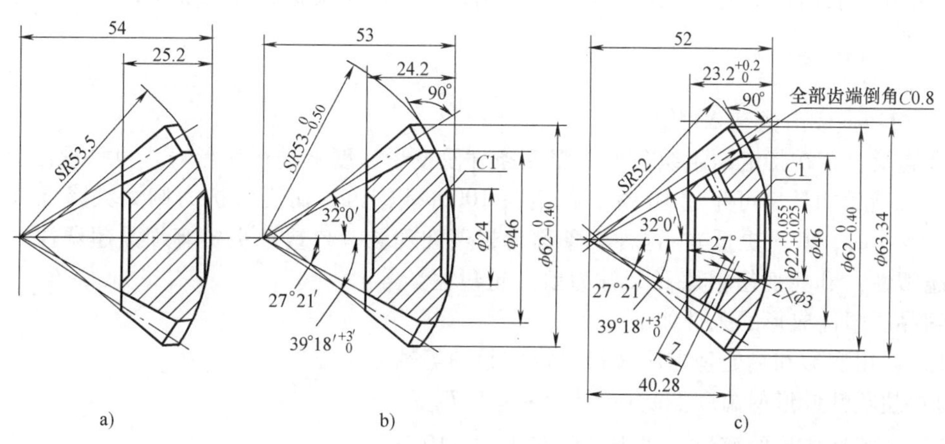

图6-27 锥齿轮锻件图及零件图

a）预锻坯图 b）精锻件图 c）零件图

2. 精密模锻的特点及应用

精密模锻工艺要求非常严格，具体要求为：①需精确计算原始坯料的尺寸，精确下料，并采用喷砂、酸洗等方法清除坯料表面的氧化皮；②需采用少、无氧化方式加热，以减少坯料表面的氧化和脱碳现象；③需采用精度高、刚度好的摩擦压力机、曲柄压力机或高速模锻锤等锻造设备进行锻造；④锻模上、下模具之间需采用导向装置，以保证上、下模精确合模。

精密模锻近年来发展较快，汽车、拖拉机中的直齿锥齿轮、飞机操纵杆、涡轮机叶片、发动机连杆及医疗器械等复杂零件均采用了精密模锻技术。精密模锻在中、小型复杂零件的大批量生产中得到了较好的应用。

6.4.2 精密冲裁

用普通冲裁获得的冲裁件，由于公差大、断面质量较差，只能满足一般产品的使用要求，远不能满足钟表、照相机、电子仪器等精密器械的要求。精密冲裁可以获得高精度、低表面粗糙度值的精密零件，且生产率高。精密冲裁工艺实现的原理是改变冲裁条件，以增大变形区的静压作用，抑制材料的断裂，使塑性剪切变形延续到剪切的全过程，在材料不出现剪切裂纹的冲裁条件下实现材料的分离，从而得到断面光滑而变形小的精密零件。精密冲裁技术的基本要素是精密冲裁设备、精密冲裁工艺、精密冲裁模具、精密冲裁材料和精密冲裁润滑等。

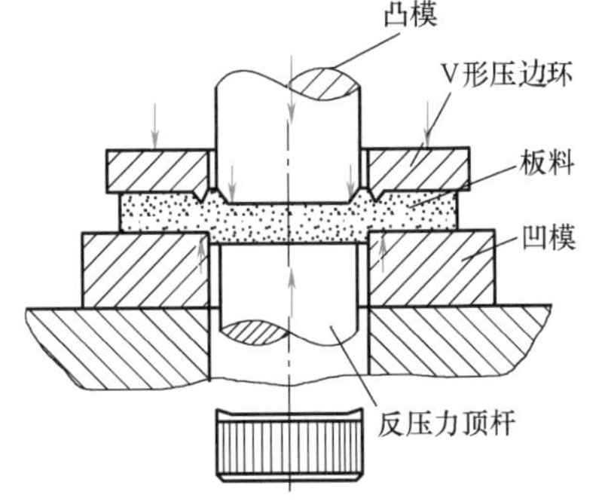

图 6-28 强力压边精密冲裁

精密冲裁方法很多，如带圆角模精密冲裁法、负间隙精密冲裁法和强力压边精密冲裁法等。图 6-28 所示为目前应用较为普遍的强力压边精密冲裁。它依靠 V 形压边环、极小的模具间隙、凹模刃口略带小圆角和反压力顶杆等，可以得到精密冲裁件。

精密冲裁件断面平直、光亮，外形平整，公差等级可达 IT8~IT6，表面粗糙度 Ra 值可达 0.8~0.4μm，因此不需进行任何加工即可直接使用。

6.4.3 超塑性成形

1. 超塑性成形的基本概念

金属及合金在特定的组织条件、温度条件及变形速度下进行变形时，可呈现出异乎寻常的塑性（断后伸长率可超过 100%，甚至在 1000% 以上），而变形抗力则大大降低（为常态下的 1/5 左右，甚至更低），这种现象称为超塑性现象。超塑性主要有细晶超塑性（又称为恒温超塑性）和相变超塑性（又称为动态超塑性）等。

细晶超塑性成形的条件如下：

1）采用变形和热处理方法获得稳定的超细等轴晶粒。

2）超塑性成形的温度控制在 $(0.5\sim0.7)T_{熔}$。

3）超塑性成形的变形速率应控制在 $10^{-2}\sim10^{-4}\mathrm{s}^{-1}$。

相变超塑性成形的主要条件是：在金属及合金的相变点附近经过多次温度循环或应力循环。在实际生产中应用的主要是细晶超塑性。

2. 超塑性成形的特点

1）超塑性金属材料成形性好，可以成形塑性成形难以成形的复杂形状制品；有些无法进行常规塑性成形的金属及合金材料，甚至部分陶瓷和金属间化合物，也可实现超塑性成形。

2）超塑性金属材料变形抗力很小，可以在吨位较小的设备上成形出较大的制品。

3）超塑性金属材料内部晶粒细小、组织均匀，具有各向同性的特性。

4）超塑性金属材料加工精度高，可获得尺寸精密的制件，是材料实现近净成形、净终成形加工的新途径。

5）超塑性成形的加热温度较高，变形速度低，因此生产率较低。

3. 超塑性成形的应用

（1）模锻 超塑性模锻的工艺过程为：首先对金属或合金进行适当的预处理，以获得

具有微细晶粒的超塑性毛坯；然后将毛坯在超塑性变形温度及变形速度的条件下进行等温模锻；最后对锻件进行热处理。图 6-29 所示为超塑性模锻示意图。为保证模具和坯料在锻造过程中恒温，超塑性模锻的锻模中设置了隔热垫和感应加热圈。超塑性模锻目前主要应用于航天、仪表、模具等行业中生产高温合金以及钛合金等难以采用常规方法加工成形的高精度零件，如高强度合金的飞机起落架、涡轮盘等。

（2）板料深冲　图 6-30 所示为超塑性板料深冲方法示意图。板料深冲时需先将超塑性板料的法兰部分加热到一定温度，并在外围施加油压，即可一次冲出薄壁深冲件，其高径比 H/d_0 可为普通拉深件的 15 倍，且工件壁厚均匀、无凸耳、无各向异性。

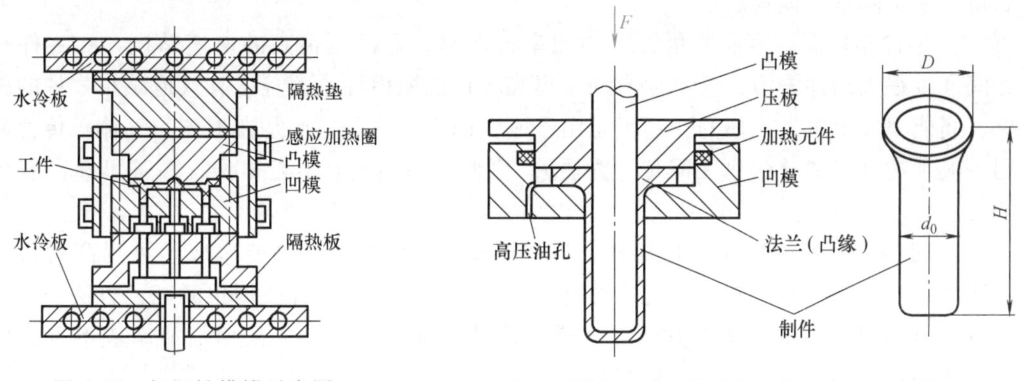

图 6-29　超塑性模锻示意图

图 6-30　超塑性板料深冲方法示意图

（3）板料成形　板料成形方法主要有真空成形法和吹塑成形法，如图 6-31 所示。将超塑性板料放入模具中，将板料与模具同时加热到超塑性温度后，抽出模具内的空气（真空成形法）或向模具内吹入压缩空气（吹塑成形法），模具内产生的压力将板料紧贴在模具上，从而获得所需形状的工件。真空成形法最大气压为 10^5 Pa，成形时间仅为 20~30s，仅适用于厚度为 0.4~4mm 的薄壁零件的成形；吹塑成形法成形时压力大小可调，可产生较大的变形，适用于厚度较大、强度较高的板料成形。

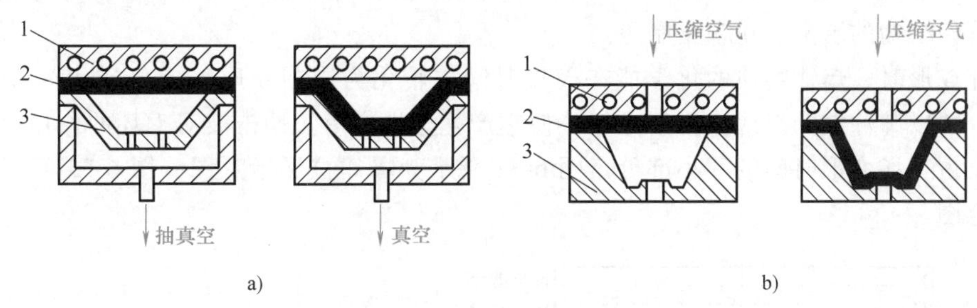

图 6-31　超塑性板料成形

a）真空成形　b）吹塑成形

1—加热板　2—坯料　3—模具

6.5　高能率成形技术

高能率成形技术是一种在极短时间内释放高能量而使金属变形的成形方法。高能率成形

的历史可追溯到100多年前，但由于成本太高及当时工业发展的局限，该工艺并未得到应用。随着航空及导弹技术的发展，高能率成形方法才逐渐应用到生产实践中。

高能率成形主要包括：利用高压气体使活塞高速运动来产生动能的高速成形；利用火药化学能的爆炸成形；利用电能的电液成形以及利用磁场力的电磁成形。

6.5.1 高能率成形的特点

与常规成形方法相比，高能率成形具有以下特点：

(1) 模具简单　高能率成形仅用凹模就可以实现。因此，节省了模具材料，缩短了模具制造周期，降低了模具成本。

(2) 零件精度高，表面质量好　高能率成形时，零件以很高的速度贴模，在零件和模具之间产生很大的冲击力，这不但有利于提高零件的贴模性，而且可有效地减小零件的弹复现象。高能率成形时，毛坯的变形不是由于刚性凸模的作用，而是在液体、气体等传力介质作用下实现的（电磁成形则无需传力介质）。因此，毛坯表面不受损伤，而且可提高变形的均匀性。

(3) 可提高材料的塑性变形能力　与常规成形方法相比，高能率成形可提高材料的塑性变形能力。因此，对于塑性差的成形材料，高能率成形是一种较理想的工艺方法。

(4) 成本低　用常规成形方法需多道工序才能成形的零件，采用高能率成形方法可在一道工序中完成。因此，可有效地缩短生产周期，降低成本。

6.5.2 高能率成形的类型

1. 爆炸成形

爆炸成形是利用爆炸物质在爆炸瞬间释放出巨大的化学能对金属毛坯进行加工的高能率成形方法。爆炸成形装置简单，操作容易，能加工工件的尺寸一般不受设备能力限制，在试制或小批量生产大型工件时经济效益尤为显著。

爆炸成形主要用于板材的拉深、胀形、校形等成形工艺。此外还常用于爆炸焊接、表面强化、管件结构的装配、粉末压制等。

爆炸成形时，爆炸物质的化学能在极短时间内转化为周围介质（空气或水）中的高压冲击波，并以脉冲波的形式作用于毛坯，使它产生塑性变形。冲击波对毛坯的作用时间为微秒级，仅占毛坯变形时间的一小部分。图6-32所示为爆炸拉深示意图，图6-33所示为爆炸胀形示意图。

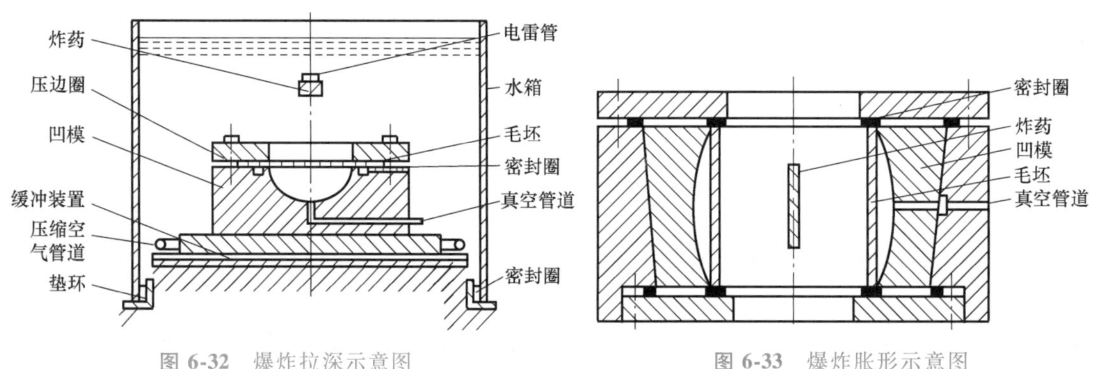

图6-32　爆炸拉深示意图

图6-33　爆炸胀形示意图

药包起爆后，爆炸物质以极高的传爆速度在极短的时间内完成爆轰过程。位于爆炸中心周围的介质，在爆炸过程中产生的高温和高压气体的骤然作用下，形成了向四周急速扩散的高压冲击波。当冲击波与成形毛坯接触时，由于冲击波压力大大超过毛坯塑性变形抗力，毛坯开始运动并以很大的加速度积累运动能量。冲击波压力很快降低，当其降低至毛坯的塑性变形抗力时，毛坯位移速度达最大值。这时毛坯所获得的动能，使它在冲击波压力低于毛坯变形抗力和在冲击波停止作用以后仍能继续变形，并以一定的速度贴模，从而完成成形过程。

2. 电液成形

电液成形是利用液体中强电流脉冲放电所产生的强大冲击波对金属进行加工的一种高能率成形方法。与爆炸成形相比，电液成形时能量容易控制，成形过程稳定，操作方便，生产率高，便于组织生产。但由于受到设备容量限制，电液成形还只限于中小型零件的加工。电液成形可进行拉深、胀形、翻边、冲裁、校形等。

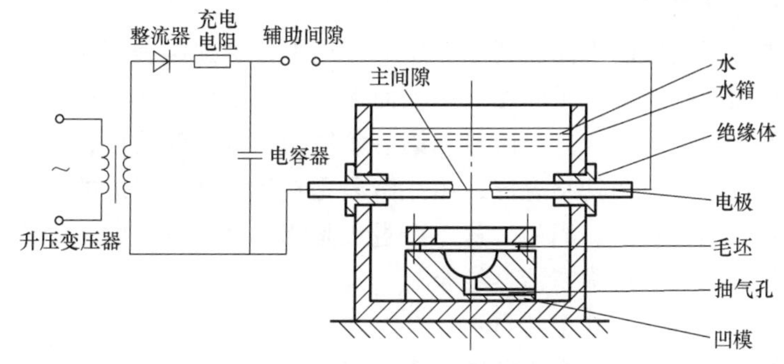

图 6-34 电液成形原理

电液成形原理如图 6-34 所示。该装置主要由两部分组成，即充电回路和放电回路。充电回路主要由升压变压器、整流器和充电电阻组成；放电回路主要由电容器、辅助间隙及电极组成。来自网路的交流电经由升压变压器和整流器后变为 2040V 的高压直流电，并向电容器充电，当充电电压达到一定数值时，辅助间隙击穿，高压加在由两个电极板形成的主间隙上，将其击穿并放电，形成的强大冲击电流（达 3×10^4A 以上）在介质（水）中引起冲击波及液流冲击，使金属毛坯成形。

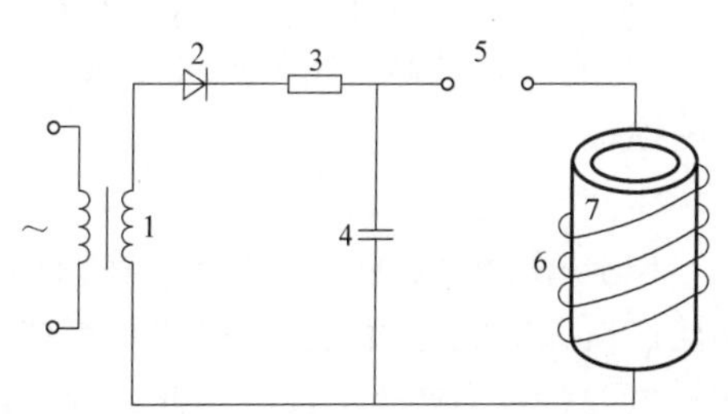

图 6-35 电磁成形装置示意图

1—升压变压器 2—整流器 3—限流电阻 4—电容器 5—辅助间隙 6—工作线圈 7—毛坯

3. 电磁成形

电磁成形是利用脉冲磁场对金属进行压力加工的高能率成形方法，如图 6-35 所示。电磁成形无需传力介质，可以在真空或高温条件下成形，能量易于控制，成形过程稳定，再现性强，生产率高，易于实现机械化。电磁成形适用于板材、管材的胀形、缩口、翻边、压印、剪切、装配、连接等，尤其适于管子、管接头的连接装配，目前已在生产中得到了推广应用。

6.6　连接成形新技术

现代制造工业的快速发展，对焊接技术提出了许多更新更高的要求。一方面，为了适应一些特殊环境下的连接要求，如在预热到200℃的容器内的焊接、在深水中采油平台上的焊接、在有辐射情况下原子反应堆的焊接等；另一方面，为了适应新材料的连接要求，如异种金属的连接、金属与陶瓷的扩散连接等，近几十年来，人们研究开发了多种高效节能的焊接方法，以满足实际生产的需要。同时，连接成形技术越来越多地与计算机和信息技术相结合，提高了焊接技术水平，并拓宽了焊接研究范围，逐步实现了从焊接生产的机械化与自动化向智能化的革新换代，给制造业带来巨大的变革。

6.6.1　扩散连接技术

1. 扩散连接的原理及特点

扩散连接是指相互接触的表面在高温和压力作用下，被连接表面相互靠近，局部发生塑性变形，经一定时间后结合层原子间相互扩散而形成整体的可靠连接过程。

扩散连接过程大致可以分为三个阶段：第一阶段为物理接触阶段；第二阶段是接触界面原子间的相互扩散，形成牢固的结合层；第三阶段是在接触部分形成的结合层逐渐向体积方向发展，形成可靠的连接接头。当然，这三个过程是相互交叉进行的，最终在接头连接区域经过扩散、再结晶等过程形成固态冶金结合。

扩散连接方法主要有以下几个特点：

1）扩散连接适合于耐热材料（耐热合金、钨、钼、铌、钛等）、陶瓷、磁性材料及活性金属的连接，特别适合不同种类的金属与非金属等异种材料的连接。

2）它可以进行内部及多点、大面积构件的连接。

3）它是一种高精密的连接方法，其连接后，工件不变形，可以实现机械加工后的精密装配连接。

2. 材料的扩散连接工艺

（1）耐热合金的扩散连接　在镍中加入其他合金元素形成镍基耐热合金，是现代燃气涡轮、航天、航空喷气发动机的基本结构材料。镍基耐热合金可以是铸态或锻造状态，其焊接性极差，极易产生裂纹。因此，针对这种合金开发了扩散连接。

在焊接之前，应对材料的连接表面进行仔细加工，使被焊表面接触良好，还要克服表面氧化膜对扩散连接的影响，通过真空加热使氧化膜分解。镍基合金的氧化膜是氧化镍，在真空条件下，1427K 镍中氧的溶解度为 0.12%，形成 0.005μm 厚的氧化膜，在 1174～1473K 只要几十分之一秒至几秒的时间就可以溶解。扩散连接时一般表面只有 0.0035μm 厚的氧化膜，在高温下，这样薄的氧化膜可以很快在母材中溶解，不会对扩散连接接头造成影响，从而实现可靠的连接。

（2）陶瓷材料的扩散连接　由于陶瓷材料具有高硬度、耐高温、耐蚀性及特殊的电化学性能，近年来得到飞速的发展，特别是一些具有特殊性能的工程陶瓷，已经在生产中得到应用。陶瓷材料的连接技术已经成为国际焊接界研究的热门课题。陶瓷材料主要有：氧化物陶瓷（Al_2O_3、SiO_2、MgO、TiO_2 等）、碳化物陶瓷（WC、ZrC、MoC、SiC、TiC 等）和氮

化物陶瓷（ZrN、VN、Cr_2N、Mo_2N、SiN、TiN 等）。

陶瓷材料连接主要有以下困难：

1）在扩散连接过程中，很多熔化的金属在陶瓷表面不能润湿。

2）金属与陶瓷连接时，由于热膨胀系数不同，在连接或使用过程中，容易受热应力的作用而破坏。

因此，在陶瓷连接过程中，一般在陶瓷表面用物理或化学的方法（PVD、CVD）涂上一层金属，即对陶瓷表面金属化，然后再进行陶瓷与金属的连接。对于结构陶瓷，如果连接界面要求承受较高的应力，扩散连接时必须选择一些活性金属作为中间层，或中间层材料中含有一些活性元素，以改善和促进金属在陶瓷表面的润湿过程。同时，应加入韧性好的中间层，以缓和内应力。选择连接材料时，应当使两种材料的热膨胀系数差值小于10%。常用的活性金属主要有铝、钛、锆、铌及铪等，这些都是很强的氧化物、碳化物及氮化物形成元素，它们可以与氧化物、碳化物及氮化物陶瓷反应，从而改善连接界面的润湿、扩散和连接性能。

6.6.2　微连接技术

微连接技术是随着微电子技术的发展而逐渐形成的新兴焊接技术。它与微电子器件和微电子组装技术的发展有着密切的关系。

由于连接对象尺寸微小精细，在传统焊接技术中可以忽略的因素，如溶解量、扩散层厚度、表面张力、应变量等将对材料的连接性及连接质量产生不可忽视的影响，这种必须考虑接合部位尺寸效应的连接方法称为微连接。微连接技术并不是一种传统连接技术之外的连接方法，只是由于尺寸效应，使微连接技术在工艺、材料、设备等方面与传统连接技术有显著不同。

1. 微电子器件内引线连接中的微连接技术

微电子器件的内引线连接是指微电子元器件制造过程中固态电路内部互连线的连接，即芯片表面电极（金属化层材料，主要为 Al）与引线框架（Lead Frame）之间的连接。按照内引线形式，可分为丝材键合、梁式引线键合、倒装芯片键合。

（1）丝材键合（Wire Bonding）　丝材键合借助于球-劈或楔-楔等特殊工具，通过热、压力和超声波等外加能量去除被连接材料表面的氧化膜并实现连接。连接材料是直径为 10~200μm 的金属丝。

1）丝材超声波键合。丝材超声波键合是通过辅助工具——楔，把连接材料——Al 丝紧压在被连接硅芯片上的 Al 表面电极上，然后瞬间施加平行于键合面的超声振动（通常频率为 15~60kHz），破坏键合面的氧化膜（Al_3O_2），从而实现原子距离的结合。丝材超声波键合的工艺过程如图 6-36 所示。该方法可在常温下进行连接，属于冷压焊的范畴。它适用于混合集成电路以及热敏感的单片集成电路。

2）丝材热压键合。丝材热压键合是通过键合工具——楔，直接或间接地以静载或脉冲方式将压力与热量加到键合区，使接头区域产生典型的塑性变形，从而实现连接。为保证丝材迅速发生塑性变形，键合区一般预热到 300~400℃。丝材热压键合对键合金属表面和键合环境的洁净度要求十分高。

3）丝材热超声波键合。丝材热超声波键合法结合热压与超声波两者的优点，超声波与

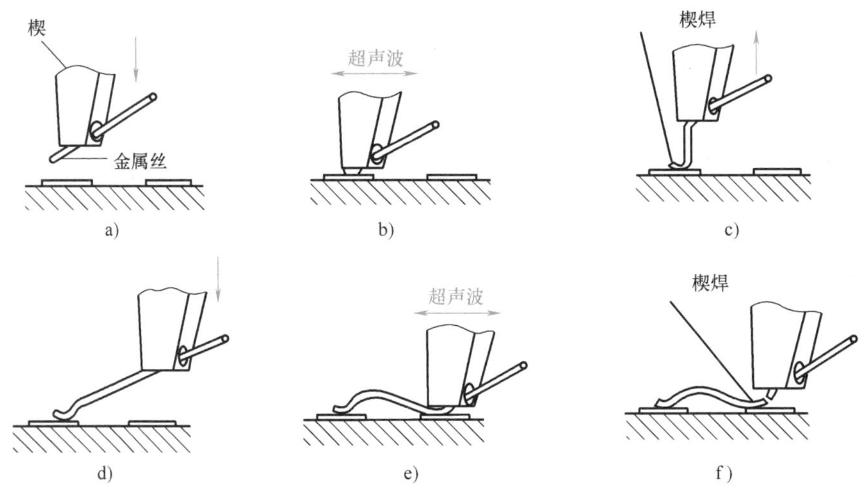

图 6-36　丝材超声波键合的工艺过程

a）楔运动到待键合部位　b）施加超声波，键合第一个焊点　c）键合第一个焊点后，楔头抬起　d）准备键合第二个焊点　e）施加超声波，键合第二个焊点　f）去除尾丝

热共同作用，一方面利用了超声波的振动去膜作用，另一方面又利用了热扩散作用，因此连接时的加热温度可以低于热压法，并且由第一焊点向第二焊点运动时不用考虑方向性。该方法特别适合难以连接的厚膜混合基板的金属化层。

（2）梁式引线键合（Beam-lead Bonding）　梁式引线键合采用复层沉积方式在半导体硅片上制备多层金属组成的梁，以这种梁式引线代替常规内引线，与外电路实现连接。其主要优点是减少了对芯片内引线的连接，并且每根梁式引线是一种集成接触，而不是用机械制成的连接，提高了电路可靠性。把梁式引线焊到芯片上时主要采用热压焊方法。由于梁的制作工艺复杂、成本高昂，这种方法主要在军事、宇航等要求长寿命和高可靠性的器件中应用。

（3）倒装芯片键合（Flip-chip Bonding）　随着大规模和超大规模集成电路的发展，微电子器件内引线的数目也随之增加。传统的丝材键合方法由于丝径和芯片上电极尺寸的限制，最大的引线数目存在极限，于是相继出现了一些可以提高芯片组装密度（单位面积上的 I/O 数）的微连接技术，其代表是倒装芯片法和载带自动键合。

倒装芯片法是将芯片有源区面对芯片载体基板，通过芯片上呈阵列的金属突台（代替金属丝）来实现芯片与基板电路的连接。倒装芯片法组装中采用的焊接工艺主要为载流软钎焊（占 80%~90%），其余为热压焊。载流软钎焊由于钎料重熔时的自调整作用对元器件的放置精度要求较低，从而可实现高速生产，已成为倒装芯片法连接工艺的主流。

2. 印制电路板组装中的微连接技术

印制电路板组装是指微电子元器件信号引出端（外引线）与印制电路板上相应焊盘之间的连接。印制电路板组装中的微电子连接技术主要是软钎焊技术，它与传统的软钎焊连接原理相同，只是由于连接对象的尺寸效应，在工艺、材料、设备上有很大的不同。

常见的软钎焊工艺为波峰焊和载流焊。波峰焊和载流焊的根本区别在于热源和钎料。在波峰焊中，钎料波峰起提供热源和钎料的双重作用；在载流焊中，预置钎料膏在外加热源下熔化，与母材发生相互作用而实现连接。

6.6.3　焊接机器人和智能化

焊接机器人是20世纪70年代开始发展的一种新型自动化焊接设备，现已成为焊接自动化的重要发展方向。如美国在轿车生产线上应用了电焊机器人，可达每小时生产100台汽车的高速度，精度可达±0.1mm。我国几家汽车公司也已大量采用电焊机器人来实现车身装焊。

1. 焊接机器人的组成

图6-37所示为焊接机器人的基本组成，它主要包括机器人和焊接设备两部分。机器人由机器人本体和控制柜（硬件及软件）组成；焊接设备（以弧焊及点焊为例）则由焊接电源（包括控制系统）、送丝机（弧焊）、焊枪（钳）等部分组成。对于智能机器人还应有传感系统，如激光或摄像传感器及其控制装置等。

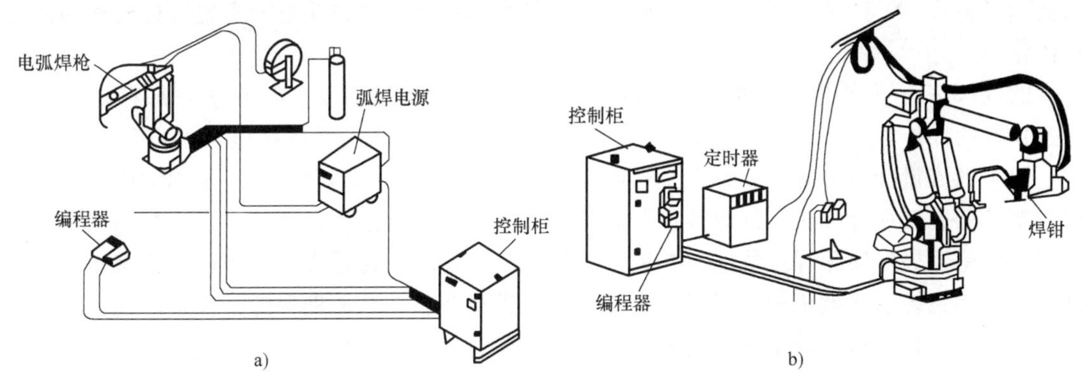

图6-37　焊接机器人的基本组成
a）弧焊机器人　b）点焊机器人

2. 焊接机器人的发展及应用

新一代焊接机器人正朝着智能化方向发展，能自动检测材料的厚度、工件形状、焊缝轨迹和位置、坡口的尺寸和形式、对缝的间隙等，并自动设定焊接规范及参数，焊枪运动点位或轨迹、填丝或送丝速度、焊钳摆动方式等；也可实时检测是否形成所要求的焊点或焊缝，是否有内部或外部焊接缺陷等情况。智能机器人的关键在于计算机硬件和软件功能的完善和发展，以及各种多功能、高可靠性的传感器研制上。目前，在汽车制造等高密度、高集成生产中焊接机器人得到大规模使用，由于其具有运行成本低且效率高等特点，几乎取代了普通焊接工。随着互联网技术、机器人技术及人工智能的不断发展，结合传统焊接工艺特点，使得机器人在焊接领域的发展与创新更具精准性、实用性、智能性。

6.6.4　计算机在焊接中的应用

1. 数值模拟技术

数值模拟技术是利用一系列数理方程来描述焊接过程中基本参数的变化关系，然后利用数值计算求解，并通过计算机演示整个过程。

传统焊接工艺的确定依赖于试验和经验，数值模拟技术可得到大量完整的数据，并减少了试验方法造成的误差，使焊接工艺的制订科学可靠。如焊接过程中温度的变化、焊缝凝固过程、焊接应力及应变的产生等都可以通过数值模拟直观、定量地描述。

2. 焊接专家系统

焊接专家系统是解决焊接领域相关问题的计算机软件。它包括知识获取模块、知识库、推理机构和人机接口。知识获取模块可以实现专家系统的自学习，将有关焊接领域的专家信息、数据信息转化成计算机能够利用的形式，并在知识库中存储起来。知识库是专家系统的重要组成部分，完整、丰富的知识库可使专家系统对遇到的问题进行全面、综合分析。推理机构可针对当前问题的有关信息进行识别、选取，与知识库匹配，得到问题的解决方案。

焊接专家系统可对大量数据进行快速、准确的分析。目前，在焊接领域中已出现多种焊接专家系统，如焊接结构断裂安全评定专家系统、焊接材料及焊接工艺专家系统等。

3. 焊接 CAD/CAM 系统

焊接 CAD/CAM 系统，即利用计算机辅助设计与制造控制焊机进行焊接。CAD/CAM 集成技术可将 CAD 与 CAM 不同功能规模的模块和信息相互传递和共享，实现信息处理的高度一体化。

图 6-38 所示为计算机数控焊接机器人的 CAD/CAM 焊接系统。计算机内部存储了关于焊接技术的操作程序、焊接程序、焊接参数调整程序等。首先对焊接电流、电压、焊接速度、保护气流量和压力等焊接参数进行综合分析，总结出焊接不同材料、不同结构的最佳焊接方案，然后利用计算机控制焊接机器人按照预定的运动轨迹执行最佳方案进行焊接。计算机通过传感器提取实际焊接情况，并进行对比、分析，然后通过数字模拟转换器将指令反馈到电源控制系统、送丝机构、气流阀、驱动装置进行调整，从而确保焊接质量。输出装置中还设有监控电视、打印设备等，用来记录质量情况，显示监控结果。

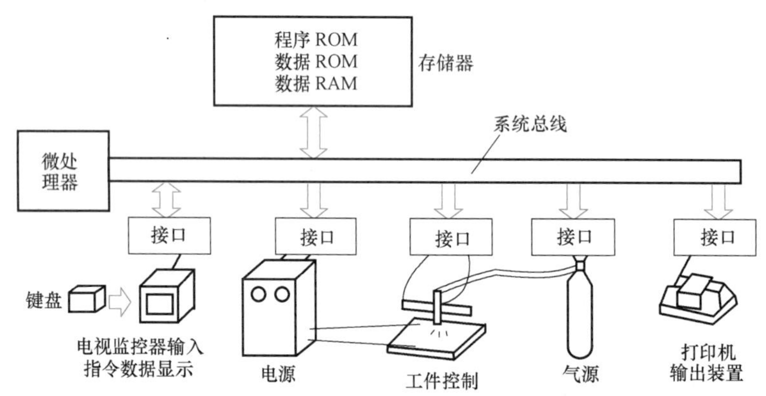

图 6-38 计算机数控焊接机器人的 CAD/CAM 焊接系统

6.6.5 提高焊接生产率

提高焊接生产率是推动焊接技术发展的重要驱动力。其途径有两个方面：

1）提高焊接熔敷率。焊条电弧焊直接采用铁粉焊条、重力焊条等工艺；埋弧焊中采用多焊丝、热焊丝。例如三丝埋弧焊，其工艺参数分别为 2200A×33V、1400A×40V、1100A×45V，采用较小坡口截面，背面用挡板或衬垫，50~60mm 厚的钢板可一次焊透成形，焊速达到 0.4m/min 以上，其熔敷率是焊条电弧焊的 100 倍以上。

2）减小坡口截面面积及熔敷金属量。近年来最突出的成就是窄间隙焊接。它以气体保

 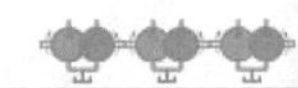

护焊为基础，利用单丝、双丝、三丝进行焊接，无论接头厚度如何，均可采用对接形式。如钢板厚度为 30~50mm，间隙为 13mm 左右，所需熔敷金属量大幅度降低，从而大大提高了生产率。窄间隙焊接的主要技术关键是如何保证两侧熔透和保证电弧中心自动跟踪处于坡口中心线上。为解决这两个问题，世界各国开发出多种不同方案，出现了种类多样的窄间隙焊接法。电子束焊、激光焊及等离子弧焊时可采用对接接头，且无须开坡口，因而得到较为广泛的应用。

6.7 现代成形技术发展趋势

随着金属间化合物、超导材料、各种新型功能材料等新材料的出现，传统的成形技术遇到了新的挑战。与新材料的制备和合成相对应，新的成形方法正成为材料加工研究开发的一个重要领域，材料制备和加工一体化是一个发展趋势。根据材料成形加工技术未来可能面临的挑战和机遇，材料成形加工技术将会出现如下新特征：精密特征，成形精度向净成形（即近无余量成形）的方向发展；优质特征，成形质量向近无缺陷的方向发展；快速特征，成形过程的快速化；复合特征，成形方法向复合方向发展；绿色特征，成形加工生产向清洁生产方向发展；信息化特征，与信息技术高度融合。

近年来出现了很多新的精确成形加工技术。例如，在精确铸造成形加工方面，汽车工业中的科斯沃思（Cosworth）铸造、消失模铸造及压力铸造已成为新一代汽车薄壁、高质量铝合金缸体铸件的三种主要精确铸造成形方法。半固态铸造精确成形技术由于熔体在压力下充型、凝固，从而使铸件的表面及内部质量大大提高。连铸连轧是连续铸造与连续轧制复合的一项新型短流程成形技术，可使由钢液至成卷的时间由传统生产的 5h 降至 15~30min。喷射铸造是将铸造与粉末冶金工艺复合的快速凝固技术。该工艺将液态金属通过气体雾化成微细颗粒，然后喷射在一定形状的收集器上制成半成品金属件。

从新材料的合成与制造来看，往往利用极端条件作为必要手段，如超高压、超高温、超高真空、极低温、超高速冷却及超高纯等。例如，电磁成形是一种既可控形又可控性的材料成形新方法。激光成形技术多种多样，包括电子元件的精密微焊接、汽车和船舶铸造中的焊接、切割和成形等。纳米材料是现代材料科学的一个重要发展方向。作为新型结构功能材料的纳米材料，其未来的应用很大程度上取决于纳米粉末零件成形技术的发展，以保证纳米材料微结构的稳定性。

随着计算机技术的发展，基于知识的材料成形技术模拟仿真成为材料科学与工程学科的前沿领域和研究热点。高性能、高保真和高效率则是模拟仿真的努力目标。经过 40 多年的不断发展，铸造及锻造过程的宏观模拟在工程中已获得应用。多尺度模拟特别是微观组织模拟是近年来研究的新热点。通过计算机模拟，可深入研究材料的结构、组成及各种物理化学过程中的宏观、微观变化机制，并由材料成分、结构及制备参数的最佳组合进行材料设计。

复习思考题

1. 什么是快速成形技术？

2. 快速成形技术有哪几种类型？它们有何异同点？
3. 在快速成形技术中哪一种使铸件适时生产成为可能？为什么？
4. SLA 快速成形工艺在哪些方面得到应用？
5. 什么是高能率成形技术？主要有哪些类型？
6. 什么是半固态成形技术？常用的半固态成形技术有哪些？
7. 生产中常用什么方法制备半固态金属浆料？
8. 简述触变压铸的生产过程。
9. 试述几种半固态成形技术的特点。
10. 简述现代成形技术的发展趋势。
11. 简述粉末冶金制品的烧结机理。
12. 冷压成形时为什么压坯的密度沿高度方向分布不均匀？可采取哪些措施加以改善？
13. 什么是粉末的预处理？有哪些方法？
14. 粉末冶金制品的后处理方法有哪些？并分别指出各种方法的目的。
15. 简述扩散连接的原理及特点。
16. 耐热合金的扩散连接主要用于哪些领域？
17. 陶瓷材料连接主要有哪些困难？生产中采用哪些措施来改善陶瓷材料的连接性能？
18. 什么是微连接？
19. 微电子器件内引线连接中的微连接方法有哪些？
20. 大规模和超大规模集成电路最适宜的微连接是什么？

第 7 章

切削加工的基础知识

学习目标及要求

本章主要介绍金属切削加工的基础知识。学习之后，第一，掌握切削运动、切削用量的基本概念，了解常用的刀具材料、刀具的几何角度；第二，了解切削过程中积屑瘤的形成、已加工表面的形成、切削热和切削温度、刀具磨损形式。通过本章学习，学生应获得根据加工条件选择合理的切削用量和刀具角度的基本能力。

章前导读——切削加工原理及影响加工质量与效率的因素

切削加工是使零件获得良好表面质量和达到要求精度的重要手段。切削加工是如何实现的？在切削加工过程中，哪些因素会影响加工表面质量、刀具寿命、切削效率？本章将在介绍切削加工基础知识的前提下，从刀具材料、刀具几何角度、切削原理、切削用量等方面着手，较全面地介绍主要的影响因素。

7.1 切削加工的分类

切削加工是利用切削刀具从工件毛坯上切除多余的材料，以获得具有一定形状、尺寸、精度和表面粗糙度的零件的加工方法。在现代机械制造中，除少数零件采用精密铸造、精密锻造以及粉末冶金和工程塑料压制等方法直接获得外，绝大多数的零件都要通过切削加工获得，以保证零件的精度和表面质量要求。因此，切削加工在机械制造中占有十分重要的地位。

切削加工可分为钳工和机械加工两部分。

1. 钳工

钳工一般是在钳台上以手工工具为主，对工件进行各种加工的方法。钳工的主要内容有划线、打样冲眼、锯削、錾削、锉削、刮研、配研、钻孔、铰孔、攻螺纹、套螺纹等。此外，机械装配和修理也属于钳工范围。随着工业技术的不断发展，一些钳工工作已被机械加工所替代，机械装配也在一定范围内不同程度地实现了机械化、自动化，但是钳工作为切削加工的一部分仍是不可缺少的，并在机械制造中占有特殊的地位。

2. 机械加工

机械加工是通过工人操作机床进行的切削加工，其主要方式包括车削、刨削、钻削、镗削、铣削、磨削和齿轮加工等。

7.2　切削运动与切削要素

切削运动与切削要素

1. 切削表面和切削运动

（1）零件表面的形成　使用机床进行切削加工，除了要有一定切削性能的切削工具外，还要有机床提供工件与切削工具间所必需的相对运动，这种相对运动应与工件各种表面的形成规律和几何特征相适应。

机器零件的形状虽然多种多样，但基本上是由平面、外圆柱（锥）面、内圆柱（锥）面和成形面所组成。这些表面一般是由一条母线按某种规律运动形成的，如图 7-1 所示。母线和导线统称为形成表面的发生线。在机床加工零件表面的过程中，工件、刀具之一或两者同时按照一定的规律运动，就可形成两条发生线，生成所要求的表面。形成发生线的方法可归纳为下列四种：

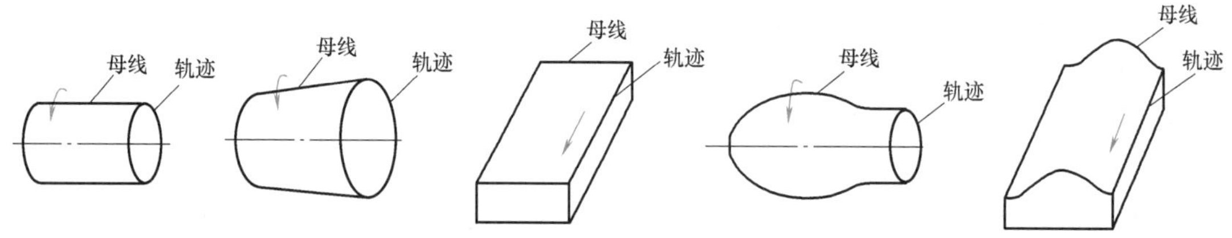

图 7-1　零件表面的形成

1）成形法。成形法指的是刀具切削刃与工件表面之间为线接触，切削刃的形状与形成工件表面的一条发生线完全一致。如图 7-2a 所示，刨刀切削刃形状与形成工件曲面的母线相同，由切削刃形成母线。

2）轨迹法。轨迹法指的是刀具切削刃与工件表面之间为近似点接触，发生线是通过刀具与工件之间相对运动，由刀具刀尖的运动轨迹来实现的。如图 7-2b 所示，当刨刀沿 A_1 方向做直线运动时，形成直线型母线；当刨刀沿 A_2 方向做曲线运动时，形成曲线型导线。

3）相切法。相切法是指用旋转刀具（如铣刀、砂轮等）一边旋转一边沿一定的轨迹运动，刀具各个切削刃的运动轨迹共同形成了曲面的发生线。如图 7-2c 所示，刀具旋转 B_1 及刀具中心按一定规律做轨迹运动 A_2，其切削点运动轨迹的包络线即形成发生线 2。

4）展成法。展成法是利用工件和刀具做展成切削运动的方法。切削加工时，刀具切削刃与被成形的表面相切，可认为是点接触，切削刃相对工件滚动（即展成运动），所需形成的发生线是刀具的切削刃在各瞬时位置的包络线。图 7-2d 所示为圆柱齿轮加工，滚刀转动 B_{11} 与工件转动 B_{12} 组成展成运动，滚刀切削刃的一条条切削线形成的包络线就是形成齿面的母线（渐开线）。

（2）切削运动　切削时，工件与刀具的相对运动称为切削运动。切削运动包括主运动和进给运动。主运动是切除工件表面多余材料所需的最基本的运动；进给运动是使工件切削层材料相继投入切削从而加工出完整表面所需的运动，如图 7-3 所示。

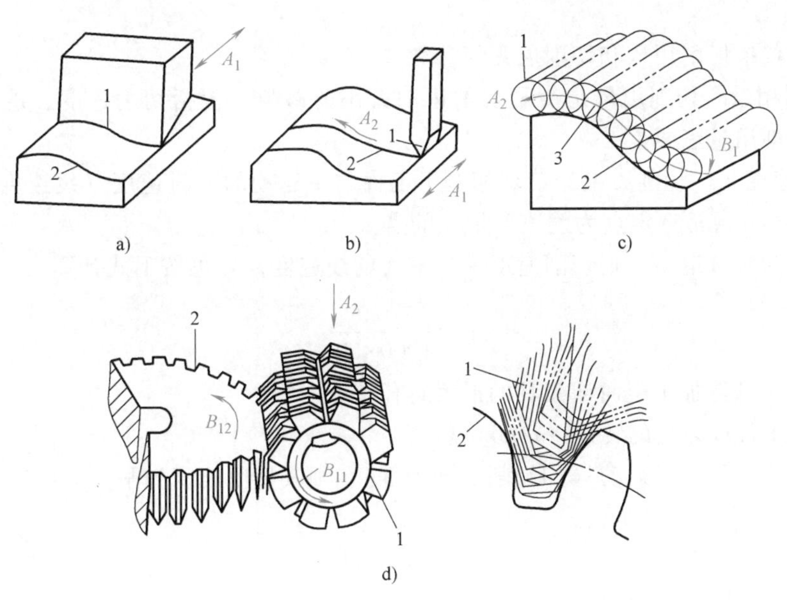

图 7-2　形成发生线的四种方法及运动

1—刀尖或切削刃　2—发生线　3—刀具中心的运动轨迹

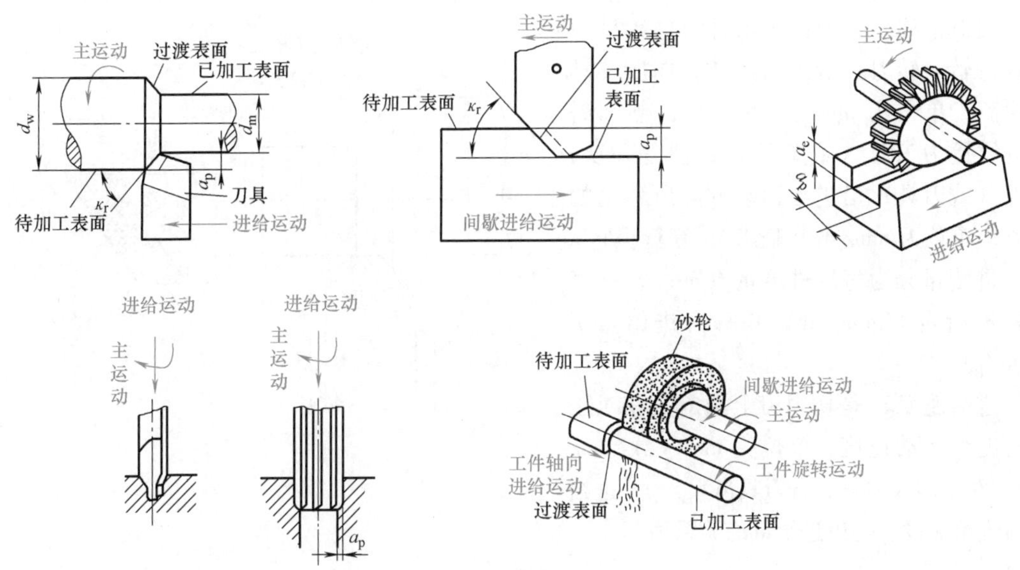

图 7-3　各种切削加工运动和加工表面

在切削运动中，通常只有一个主运动，并且主运动的运动速度（线速度）最高，所消耗的功率也最大；而进给运动则有一个或几个，速度较低，所消耗的功率也较小。

（3）切削时的工件表面　在切削加工过程中，工件上存在三个变化着的表面，如图 7-3 所示。

1）待加工表面：工件上等待被切除的表面。

2）已加工表面：工件上经刀具切削后形成的表面。

3）过渡表面（加工表面）：工件上正在被刀具切削的表面。

2. 切削要素

切削要素包括切削用量和切削层几何参数。

（1）切削用量　切削用量是衡量切削运动大小的参数，包括切削速度、进给量和背吃刀量，称为切削用量三要素。

1）切削速度 v_c。切削刃上选定点相对于工件的主运动的瞬时速度（线速度），以 v_c 表示，单位为 m/s。通常选定点为线速度最大的点。

若主运动为旋转运动，则切削速度为其最大的线速度，v_c 可按下式计算：

$$v_c=\frac{\pi d_w n}{1000\times 60}$$

式中　d_w——工件待加工表面或刀具的最大直径（mm）；

n——工件或刀具的转速（r/min）。

若主运动为往复直线运动（如刨削、插削等），则其切削速度为平均运动速度，即

$$v_c=\frac{2Ln_r}{1000\times 60}$$

式中　L——往复运动的行程长度（mm）；

n_r——主运动每分钟的往复次数（str/min）。

2）进给量 f。在主运动的一个工作循环（或单位时间）内，刀具或工件沿进给运动方向的相对位移。例如：车削时的进给量为工件每转一转刀具沿进给运动方向所移动的距离，单位为 mm/r（图 7-4）；刨削时的进给量为刀具（或工件）每往复一次，工件（或刀具）沿进给运动方向所移动的距离，单位为 mm/str（毫米/往复行程）。

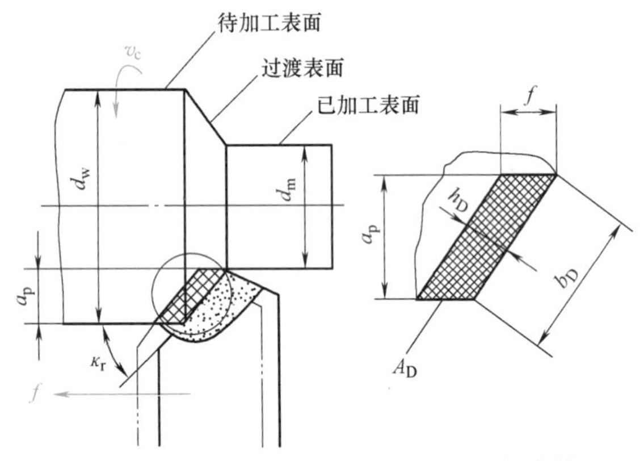

图 7-4　车外圆时切削用量和切削层几何参数

进给量分为每转进给量 f（mm/r）、每行程进给量 f（mm/str）和每齿进给量 f_z（mm/z）。

进给速度 v_f 是切削刃上选定点相对工件的进给运动速度，单位为 mm/s 或 mm/min。对于多齿刀具，若刀具齿数为 z，进给量与进给速度、每齿进给量的关系为

$$v_f=fn=f_z zn$$

3）背吃刀量 a_p。工件上已加工表面与待加工表面间的垂直距离，即在垂直于进给运动的方向上测量的主切削刃切入工件的深度，单位为 mm。a_p 的大小直接影响主切削刃的工作长度，反映了切削负荷的大小。例如，外圆车削的背吃刀量（图 7-4）为：

$$a_p=\frac{d_w-d_m}{2}$$

式中　d_w——工件上待加工表面的直径（mm）；

d_m——工件上已加工表面的直径（mm）。

（2）切削层几何参数　切削层是指在切削过程中，刀具或工件沿进给方向移动一个进

给量f或每齿进给量f_z，刀具所切除的工件材料层。以图 7-4 所示的车外圆为例，切削层就是工件每转一转，切削刃所切下的一层材料。

1）切削层公称宽度b_D。切削层中沿主切削刃度量的待加工表面至已加工表面之间的距离。当切削力大小不变时，随着切削层公称宽度的增加，切削刃单位长度上分担的切削力减小。同时，切削层公称宽度增加有利于切削热的扩散，有助于改善切削条件。

2）切削层公称厚度h_D。切削层中两个相邻加工表面之间的垂直距离。

3）切削层公称横截面积A_D。在切削层尺寸测量平面内测量的切削层的横截面积。面积越大，切削力越大。

7.3　切削加工刀具

金属切削刀具

7.3.1　刀具的结构

切削刀具的种类很多，如车刀、刨刀、铣刀和钻头等，它们的几何形状各异，复杂程度不等，但它们的切削部分的结构和几何角度都具有许多共同的特征。其中车刀是最常用、最简单和最基本的切削刀具，因而最具有代表性，而其他刀具都可以看作是车刀的组合或演变。因此，在研究金属切削工具时，通常以车刀为例进行研究和分析。

车刀由切削部分和刀柄两部分组成。切削部分承担切削加工任务，刀柄用以装夹在机床刀架上。切削部分由一些面和切削刃组成。常用的外圆车刀由一个刀尖、两条切削刃、三个刀面所组成，如图 7-5 所示。

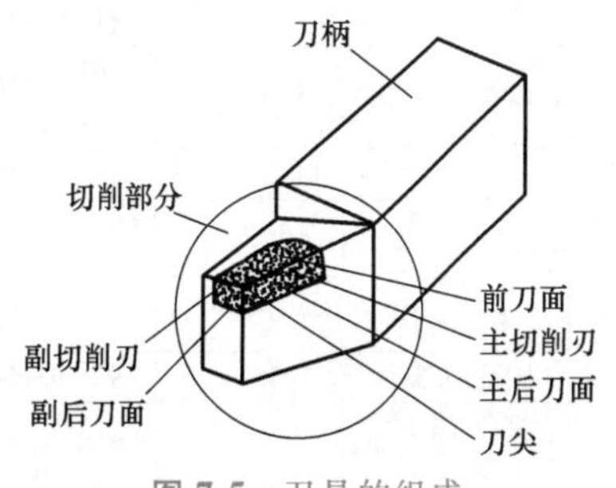

图 7-5　刀具的组成

（1）前刀面　刀具上切屑流过的表面。

（2）主后刀面　刀具上与工件过渡表面相对的表面。

（3）副后刀面　刀具上与工件已加工表面相对的表面。

（4）主切削刃　前刀面与主后刀面的交线，切削时起主要作用。

（5）副切削刃　前刀面与副后刀面的交线，切削时起辅助作用。

（6）刀尖　主切削刃与副切削刃的连接段或相交点。

7.3.2　刀具材料

揽下瓷器活的金刚钻——功勋压机

刀具材料通常是指刀具切削部分的材料，其性能将直接影响生产率、加工质量和工件的加工成本，因此应当正确选择和合理使用刀具材料，并不断研制新型刀具材料。

1. 刀具材料应具备的性能

在切削加工时，刀具切削部分与切屑、工件相互接触的表面承受很大的压力和强烈的摩擦，刀具在高温下进行切削的同时，还承受着切削力、冲击和振动，因此要求刀具切削部分的材料应具备以下性能：

（1）高硬度　刀具材料必须具有高于工件材料的硬度，常温硬度应在 60HRC 以上。

（2）高耐磨性　刀具的耐磨性是指刀具抵抗磨损的能力。通常刀具材料的硬度越高，耐磨性越好。

（3）足够的强度和韧性　为了承受切削力、冲击和振动，刀具材料应具有足够的强度和韧性。

（4）高耐热性（又称为热硬性）　刀具材料在高温下保持较高的硬度、耐磨性、强度和韧性，并有良好的抗扩散、抗氧化的能力，即刀具材料的耐热性。耐热性越好，刀具材料在高温时抵抗塑性变形和耐磨损的能力越强。它是衡量刀具材料综合切削性能的主要指标。

（5）良好的工艺性　为便于刀具制造，要求刀具材料有较好的可加工性，包括锻、轧、焊接、切削加工、可磨削性和热处理性能等。

2. 常用刀具材料

刀具材料种类很多，常用的有碳素工具钢、合金工具钢、高速工具钢、硬质合金、陶瓷、金刚石和立方氮化硼等。其中在生产中使用最多的是高速工具钢和硬质合金。常用刀具材料的物理力学性能见表 7-1。

表 7-1　常用刀具材料的物理力学性能

材料种类		相对密度	硬度 HRC（HV）	抗弯强度/GPa	冲击韧度/(MJ/m^2)	热导率/[W/(m·K)]	耐热性/℃	切削速度比值①
工具钢	碳素工具钢	7.6~7.8	60~65（81.2~84）	2.16		≈41.87	200~250	0.32~0.4
	合金工具钢	7.7~7.9	60~65（81.2~84）	2.35		≈41.87	300~400	0.48~0.6
	高速工具钢	8.0~8.8	63~70（83~86.6）	1.96~4.41	0.098~0.588	16.75~25.1	600~700	1~1.2
硬质合金	钨钴类	14.3~15.3	（89~91.5）	1.08~2.16	0.019~0.059	75.4~87.9	800	3.2~4.8
	钨钛钴类	9.35~13.2	（89~92.5）	0.882~1.37	0.0029~0.0068	20.9~62.8	900	4~4.8
	含有碳化钽、铌类		（约 92）	约 1.47			1000~1100	6~10
	碳化钛基类	5.56~6.3	（92~93.3）	0.78~1.08			1100	6~10
陶瓷	氧化铝陶瓷	3.6~4.7	（91~95）	0.44~0.686	0.0049~0.0117	4.19~20.93	1200	8~12
	氧化铝碳化物混合陶瓷			0.71~0.88			1100	6~10
超硬材料	立方氮化硼	3.44~3.49	（8000~9000）	≈0.294		75.55	1300~1500	
	人造金刚石	3.47~3.56	（10000）	0.21~0.48		146.54	700~800	≈25

① 该比值为刀具允许切削速度与高速工具钢允许切削速度的比值。

（1）碳素工具钢　碳素工具钢（如 T10A、T12A）的高温强度低，淬火时易开裂、变形，且其耐热性较差，故仅适用于制作手工工具及切削速度很低的刀具（如丝锥、锉刀、手工锯条等）。

（2）合金工具钢　合金工具钢（如 9SiCr、CrWMn）的高温强度比碳素工具钢稍好，其淬硬性、耐磨性和冲击韧性均比碳素工具钢高。按其用途可分为刀具、模具和量具用钢，常用于丝锥、板牙、铰刀及量规的制造。

（3）高速工具钢　高速工具钢（如 W18Cr4V、W6Mo5Cr4V2）与碳素工具钢和合金工具钢相比，其耐热性提高了 1~2 倍，允许的切削速度提高 3~5 倍。高速工具钢因其切削刃锋利、表面银白发亮，故又称为白锋钢。高速工具钢具有一定的硬度和耐磨性、高的强度及韧性，切削普通钢料的速度一般不高于 40~60m/min，不适合高速切削和硬质材料的加工。

但其制造工艺性较好，可以锻、焊、热轧加工。且热处理变形小，所以广泛用来制造形状复杂的刀具（如铣刀、螺纹梳刀、拉刀和齿轮刀具等）。

（4）硬质合金 硬质合金由高硬度和高熔点的金属碳化物（WC、TiC、TaC、NbC 等）和金属结合剂（Co、Mo、Ni 等）用粉末冶金工艺制成。硬质合金的硬度（特别是高温硬度）、耐磨性、耐热性都高于高速工具钢，其允许的切削速度比高速工具钢提高了 3~5 倍，刀具寿命是高速工具钢的几倍到几十倍。硬质合金刀具可以加工包括淬硬钢在内的金属和非金属多种材料。目前，在工业发达国家有 90%以上的车刀和 55%以上的铣刀都采用硬质合金制造。

硬质合金刀具也存在一些缺陷，如抗弯强度低、韧性低，不能承受较大的冲击载荷，制造工艺性较差，不易制造形状较为复杂的整体刀具。因此，通常把硬质合金制成各种形式的刀片焊接或夹固在刀体上使用。

根据 GB/T 2075—2007 采用的 ISO 标准，可将切削用硬质合金分为以下四类：HW 类，主要含碳化钨（WC）的未涂层的硬质合金，粒度≥1μm；HF 类，主要含碳化钨（WC）的未涂层的硬质合金，粒度<1μm；HT 类，主要含碳化钛（TiC）或氮化钛（TiN）或两者都有的未涂层的硬质合金；HC 类，上述硬质合金，进行了涂层。

依照不同的被加工工件材料，切削刀具材料分为六大组：

P 组，适合加工钢，如除不锈钢外所有带奥氏体结构的钢和铸钢。

M 组，适合加工不锈钢，如不锈奥氏体钢或铁素体钢、铸钢。

K 组，适合加工铸铁，如灰铸铁、球墨铸铁、可锻铸铁。

N 组，适合加工非铁金属，如铝合金，其他有色金属、非金属材料。

S 组，适合加工超级合金和钛，如基于铁的耐热特种合金、镍、钴、钛、钛合金。

H 组，适合加工硬材料，如硬化钢、硬化铸铁、冷硬铸铁。

如硬质合金 HW-P10，适合加工钢，如除不锈钢外所有带奥氏体结构的钢和铸钢；HW-K20 适合加工铸铁，如灰铸铁、球墨铸铁、可锻铸铁。

（5）陶瓷材料 陶瓷刀具是以氧化铝（Al_2O_3）或氮化硅（Si_3N_4）为主要成分，经压制成形后烧结而成的。陶瓷刀具具有很高的高温硬度，在 1200℃时硬度能达到 80HRA（大约相当于 58HRC），化学稳定性好，与被加工金属亲和作用小，加工表面光洁，广泛应用于高速切削加工中；但陶瓷的抗弯强度和冲击韧性较差，对冲击十分敏感。目前主要用于各种金属材料的半精加工和精加工，特别适合于淬硬钢、冷硬铸铁的加工。由于陶瓷原料在自然界中容易得到，且价格低廉，因而是一种极有发展前途的刀具材料。

（6）金刚石 金刚石的硬度高达 10000HV，是自然界中最硬的材料。金刚石刀具具有硬度极高、耐磨性很好、摩擦因数小、切削刃极锋利、加工工件表面质量很高的特点。金刚石刀具能切削陶瓷、高硅铝合金、硬质合金等难加工材料，还可以切削有色金属及其合金；其主要缺点是耐热性差、抗弯强度低、脆性大、对振动敏感、不能切削铁族材料。因为碳和铁元素有很强的亲和性，加工时碳元素易向工件扩散，加快刀具磨损。人造金刚石多用于高速精细车削或镗削有色金属及其合金和非金属材料，尤其适合加工硬质合金、陶瓷、高硅铝合金、玻璃等高硬度、高耐磨性的材料。

（7）立方氮化硼 立方氮化硼（CBN）是一种人工合成的刀具材料，其硬度仅次于金刚石，耐热性和化学稳定性均优于金刚石，可耐 1300~1500℃的高温，与铁族金属的亲和力小，但其强度低、脆性大、焊接性差。这种材料常用于淬硬钢、冷硬铸铁、高温合金和一些难加工材料的连续切削。但在800℃以上易与水起化学反应，故不宜采用水基切削液。

（8）涂层刀具　刀具涂层技术可划分为两大类，即CVD（化学气相沉积）和PVD（物理气相沉积）技术。

CVD涂层与基体结合强度高，涂层厚度薄，厚度可小至7～9μm，具有较好的耐磨性，主要用于硬质合金刀具的表面涂层，其涂层刀具适合于中型、重型切削，完成高速粗加工及半精加工。

PVD技术由于其工艺处理温度可控制在500℃以下，因此可作为最终处理工艺用于高速工具钢类刀具的涂层。PVD工艺可大幅度提高高速工具钢刀具的切削性能，在工业发达国家，复杂高速工具钢刀具PVD涂层的比例已超过60%。

7.3.3　刀具的几何角度

刀具的几何形状　辅助平面　刀具

1. 刀具角度的静止参考系

刀具几何参数的确定需要以一定的参考坐标系和参考坐标平面为基准。参考系是用于定义和规定刀具角度的各基准坐标平面。参考系有刀具静止参考系和刀具工作参考系。前者用于定义刀具设计、制造、刃磨和测量时的几何参数；后者用于确定刀具切削时的几何参数。

刀具静止参考系中常用的是正交平面参考系，它由三个相互垂直的参考坐标平面构成(图7-6)。

（1）基面 p_r　通过主切削刃某选定点，与主运动方向相垂直的平面。

（2）切削平面 p_s　通过主切削刃某选定点，包含主切削刃且与基面相垂直的平面。

（3）正交平面 p_o　通过主切削刃某选定点，同时垂直于基面与切削平面的平面。

基面、切削平面和正交平面组成标注刀具角度的参考坐标系。

2. 刀具的标注角度

刀具的标注角度是指在刀具图样上标注的角度，也称为刃磨角度。以外圆车刀为例，其在正交平面参考系有如下五个基本角度（图7-7）：

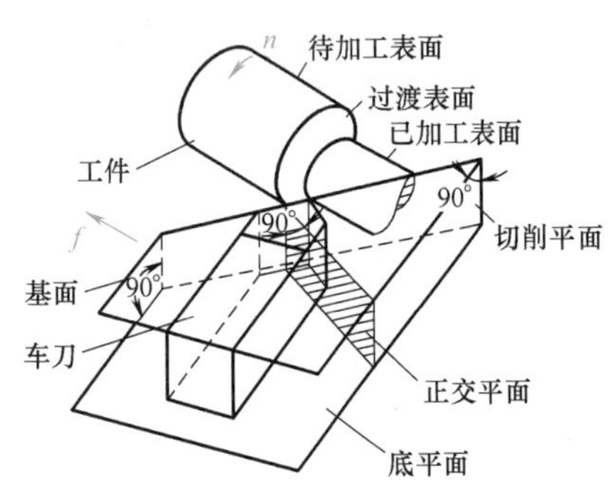

图7-6　刀具角度的参考坐标系

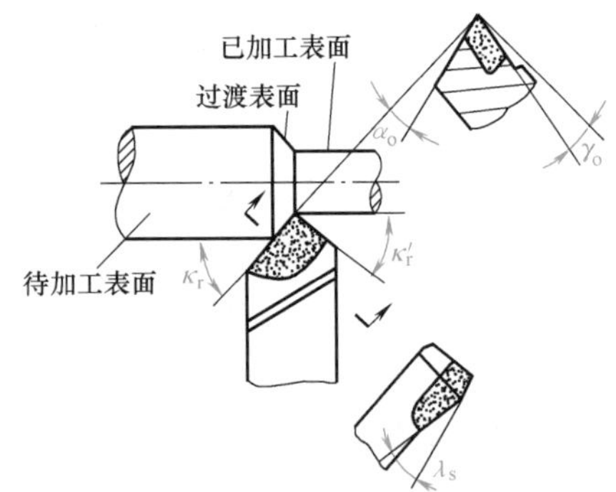

图7-7　刀具角度

（1）前角 γ_o　在正交平面内测量，前刀面与基面之间的夹角。前角 γ_o 可以是正值、负值或零，判断方法为：前刀面在基面之下为正；前刀面在基面之上为负。

（2）后角 α_o　在正交平面内测量，主后刀面与切削平面之间的夹角。

（3）主偏角 κ_r　在基面内测量，主切削刃与进给运动方向之间的夹角。

(4) 副偏角 κ'_r　在基面内测量，副切削刃与进给运动反方向之间的夹角。

(5) 刃倾角 λ_s　在切削平面内测量，主切削刃与基面之间的夹角。刃倾角 λ_s 可以是正值、负值或零，判断方法为：主切削刃在基面之下为正；主切削刃在基面之上为负。

3. 刀具的工作角度

在实际切削加工中，由于刀具装夹位置和进给运动的影响，上述静止参考系中坐标平面的位置将发生变化，使得刀具实际切削时的角度值与其标注角度值不同。刀具在切削过程中的实际角度，称为工作角度。

(1) 刀具装夹位置的影响　当刀尖高于或低于工件回转中心时，将会使工作前角 γ_{oe} 和工作后角 α_{oe} 与标注角度不同（图 7-8）。当刀尖高于工件回转中心时，工作前角增大，工作后角减小。随着工件直径的减小，后角甚至接近负值，影响正常切削。当刀尖低于工件回转中心时，工作前角、后角变化相反。镗削内孔时装刀高低对工作角度的影响与外圆情况相反。

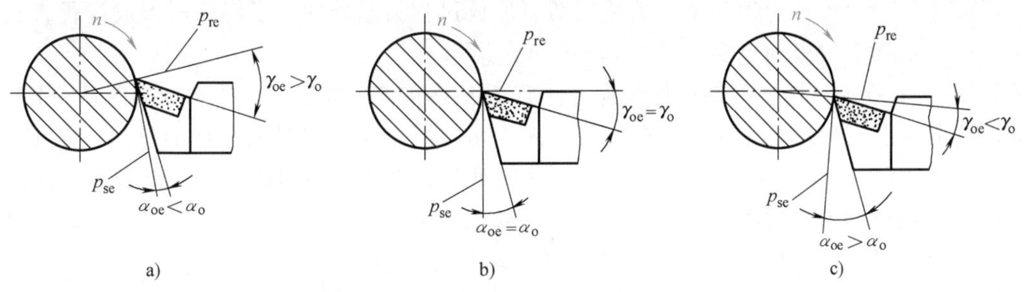

图 7-8　刀具装夹高度对前角和后角的影响

a) 刀尖偏高　b) 等高　c) 刀尖偏低

当外圆车刀刀杆轴线与进给方向不垂直时，会使工作主偏角 κ_{re} 和工作副偏角 κ'_{re} 与标注角度不同（图 7-9）。

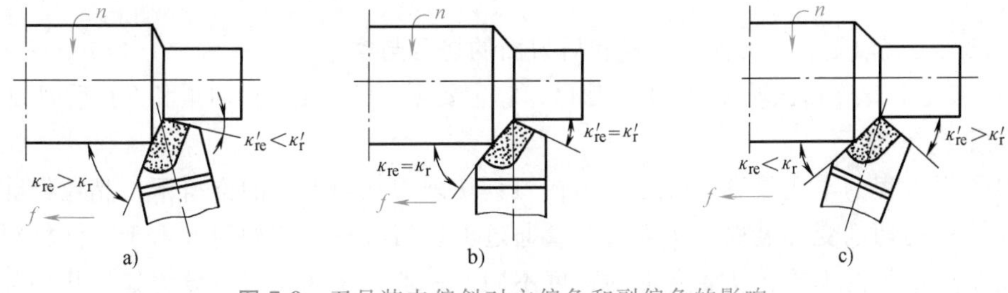

图 7-9　刀具装夹偏斜对主偏角和副偏角的影响

a) 偏右　b) 垂直　c) 偏左

(2) 进给运动的影响　以车槽刀为例（图 7-10），当考虑横向进给运动时，车槽过程中切削刃相对于工件的运动轨迹为一平面阿基米德螺旋线。这时合成切削速度 v_c 的方向与切削刃处的阿基米德螺旋线相切，工作基面 p_{re} 是与合成切削速度方向垂直的平面，工作主切削平面 p_{se} 应与工作基面 p_{re} 垂直，因而工作前角 γ_{oe} 比标注前角 γ_o 大，工作后角 α_{oe} 比标注后角 α_o 小。

7.4　切削加工过程

金属切削过程

金属切削过程是通过切削运动利用刀具从工件表面切除多余的金属层，形

成切屑和已加工表面的过程。在金属切削过程中，始终存在着刀具切削工件和工件材料抵抗切削的矛盾，从而产生一系列物理现象，如切屑变形、切削力、切削热与切削温度、刀具的磨损、加工表面质量的变化等，这些现象都与金属的切削变形及其变化规律有密切的关系。研究切削过程对保证产品质量、提高生产率、降低成本和促进切削加工技术的发展，有着十分重要的意义。

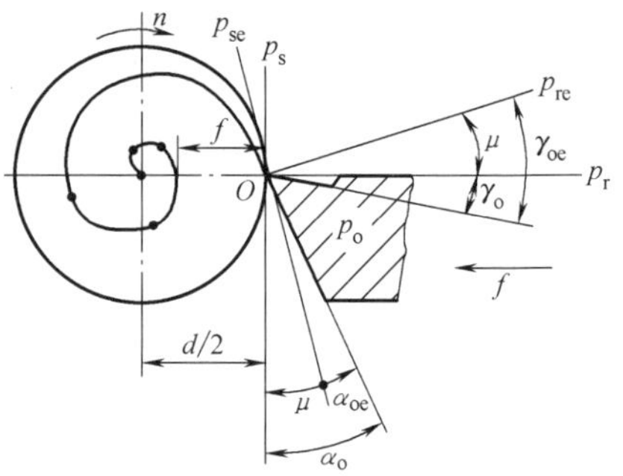

图 7-10　进给运动对工作角度的影响

7.4.1　切削过程与切屑的种类

1. 切屑的形成及变形区的划分

切削过程中的各种物理现象，都是以切屑形成过程为基础的。了解切屑形成过程，对理解切削规律及其本质极为重要。

如图 7-11 所示，塑性材料在切削加工过程中，存在三个变形区。第Ⅰ变形区从 OA 开始到 OM 结束，也称为基本变形区。在该区域内，切削层金属受刀具前刀面的挤压，从 OA 开始产生塑性滑移，至 OM 线塑性变形结束。该区域是切削力和切削热的主要来源地，切削层金属在此区域产生大量的塑性变形，产生加工硬化现象。

切削层金属经过剪切滑移后，形成切屑沿着前刀面流出。由于受到前刀面挤压和摩擦作用，切屑靠近前刀面的底层金属薄层纤维化（与前刀面平行），形成了一层流动滞缓的金属层，此金属层称为滞留层。此区域称为第Ⅱ变形区，或称为摩擦变形区，它主要影响刀具前刀面的磨损和积屑瘤的形成。

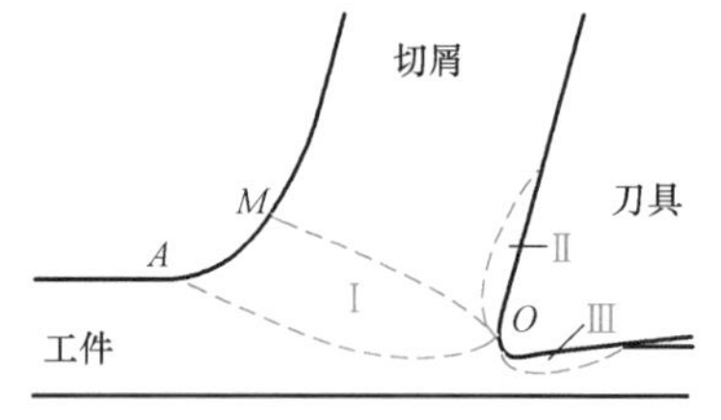

图 7-11　滑移线与变形区

工件已加工表面受切削刃钝圆半径和后刀面的挤压与摩擦产生塑性变形，该变形区域称为第Ⅲ变形区，它主要影响已加工表面质量和刀具后刀面的磨损。

2. 切屑的类型

金属切削过程的本质是被切削层金属在刀具切削刃和前刀面的推挤下，晶粒经受挤压而产生剪切滑移的切削变形过程，切削层金属通过剪切滑移后变成切屑。由于工件材料、刀具角度、切削用量等的不同，切屑变形的程度不同。一般，金属切屑可分为如下几种类型：

（1）带状切屑　如图 7-12a 所示，带状切屑是最常见的一种切屑，一般在加工塑性材料、进给量较小、切削速度中等、刀具前角较大时得到。其特点是：外观呈绵延的长带状，底层表面光滑，上层表面毛茸，无明显裂纹；切削过程平稳，已加工表面粗糙度值较小。但切屑连续容易产生缠绕，影响加工质量，因此必须采取有效的断屑、排屑措施。

（2）节状切屑　如图 7-12b 所示，节状切屑一般在加工中等硬度的塑性材料、进给量和背吃刀量较大、切削速度较低、刀具前角较小时得到。其特点是：切屑底层有裂纹，上层表面呈锯齿形；切削力较大，切削振动较大，已加工表面粗糙度值较大，但断屑效果较好。

（3）崩碎切屑　如图 7-12c 所示，崩碎切屑是在加工铸铁和黄铜等脆性材料时，切削层金属发生弹性变形后，不经过塑性变形而挤裂或崩断，形成的不规则细粒状碎片。其特点是：切屑形状呈不规则碎块，已加工表面凹凸不平，切削过程很不稳定，容易损坏刀具。解

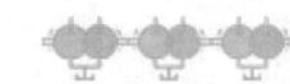

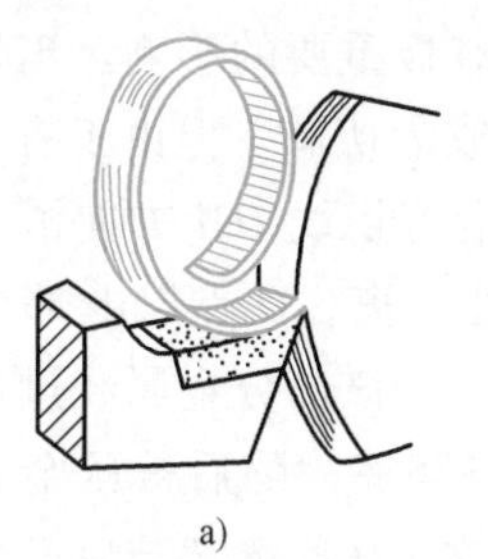
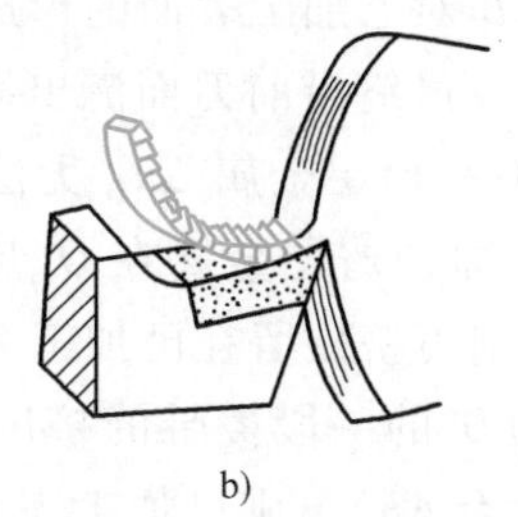
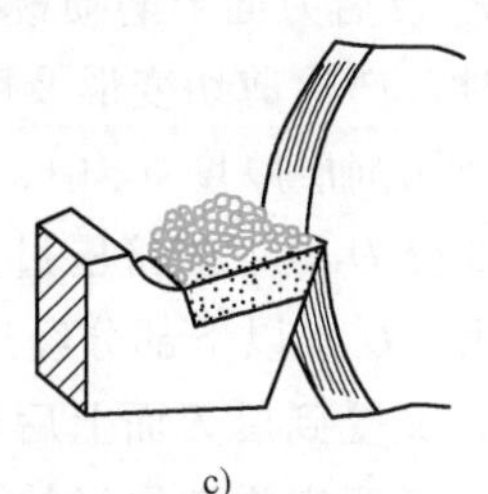

a)　　b)　　c)

图 7-12　切屑的种类

a）带状切屑　b）节状切屑　c）崩碎切屑

决的办法是：减小切削厚度，提高切削速度，使其形成针状或片状切屑。

7.4.2　积屑瘤与已加工表面的形成过程

1. 积屑瘤的形成

当切削塑性金属时，在切削速度不高且形成带状切屑的情况下，常在刀具前刀面刃口处黏附着一块剖面呈三角状的硬块（图 7-13），称为积屑瘤。在切削过程中，切屑沿前刀面流出，在一定的温度和压力下，前刀面与接触的切屑底层发生黏结，使这一层金属的流速减慢，形成一层很薄的滞留层。滞留层中流动速度为零的切削层就被剪切断裂黏结在前刀面上，此过程重复出现，滞留层逐渐堆积，高度增加就形成了积屑瘤。由于这层金属经受了强烈的剪切滑移变形，产生加工硬化，所以其硬度较高。积屑瘤的产生、生长、脱落是在短时间内进行的，并且在切削过程中周期性地不断出现。

积屑瘤的硬度很高，通常是工件材料的 2~3 倍。积屑瘤能够代替切削刃进行切削，起到了保护刀具的作用，而且增大了实际前角，可减小切屑变形和切削力；但是积屑瘤的不稳定使背吃刀量和切削厚度不断发生变化，影响加工精度，并引起切削力忽大忽小的变化，产生振动和冲击，而且脱落的碎片易黏附在已加工表面上，使加工表面变粗糙。因此，粗加工时可以利用积屑瘤的有利之处，精加工时应避免产生积屑瘤。

γ_b　h_D　H_b　Δh_D

图 7-13　积屑瘤

积屑瘤的形成需具备两个条件：一是切削塑性金属材料；二是采用中等切削速度（v_c = 5~60m/min）。实践证明，工件材料塑性越好，越易形成积屑瘤；切削速度很高或很低时，很少形成积屑瘤。此外，增大刀具前角、改善前刀面的表面质量、使用合适的切削液、对工件进行正火或调质处理，都可减少或避免积屑瘤的形成。

2. 已加工表面的形成

图 7-14 所示为已加工表面的形成过程。在以上分析切屑的形成过程中，假定刀具的切削刃是绝对锋利的，但实际上，切削刃总不可避免有一钝圆半径 r_n；此外，刀具开始切削后不久，后刀面就会因磨损（磨损量为 VB）形成一段后角为 0°的棱带。切削刃

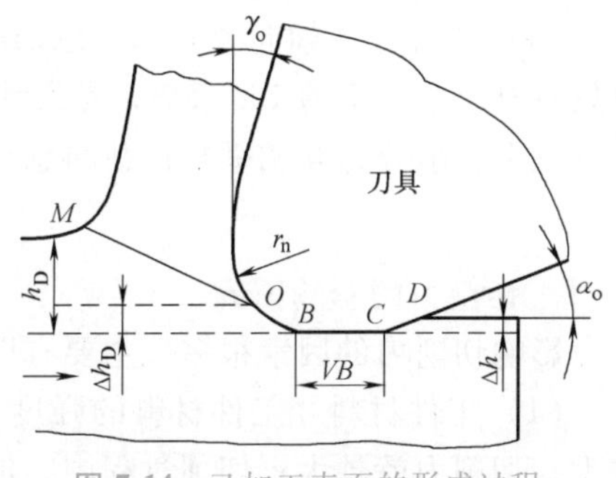

图 7-14　已加工表面的形成过程

的钝圆半径 r_n 及后刀面上磨损棱带 VB 对已加工表面的形成有极重要的影响。当切削层金属逼近切削刃时，产生剪切变形及摩擦，最终沿前刀面流出而成为切屑。但由于有钝圆半径 r_n 的作用，整个切削层厚度 h_D 中，将有一薄层金属 Δh_D 无法沿剪切线 OM 方向滑移，而是从切削刃钝圆部分 O 点下面挤压过去，即切屑层金属在 O 点处分离，O 点以上部分成为切屑沿前刀面流出，O 点以下部分经过切削刃挤压留在已加工表面。该部分金属经过切削刃钝圆部分 B 点后，又受到后刀面上后角为 0°的一段棱带的挤压与摩擦，随后被压金属材料表层产生弹性回复（假定弹性回复的高度为 Δh），则已加工表面在 CD 段继续与后刀面摩擦。切削刃钝圆部分、BC 部分、CD 部分构成后刀面上的接触长度，这种接触状态使已加工表面层的变形更加剧烈，表层剧烈的塑性变形造成加工硬化。硬化层的表面上，由于还存在残余应力，还常常出现细微的裂纹。

加工硬化和残余应力的存在，会影响已加工表面的质量和工件的疲劳强度，并增加下道工序的困难及刀具的磨损，故应尽量减轻已加工表面的加工硬化程度。

7.4.3　切削力

1. 切削力的分解

金属切削时，刀具切入工件使被切金属层发生变形成为切屑所需要的力称为切削力。切削力来源于两个方面：一是克服在切屑形成过程中工件材料对弹性变形和塑性变形的变形抗力；二是克服切屑与前刀面、工件过渡表面与后刀面相对运动而产生的摩擦阻力。这些力构成了作用在刀具上的总切削力 F，该力是一个空间矢量，很难直接测量。为了便于分析、计算和测量，常将 F 分解为三个相互垂直的切削分力（图 7-15）。

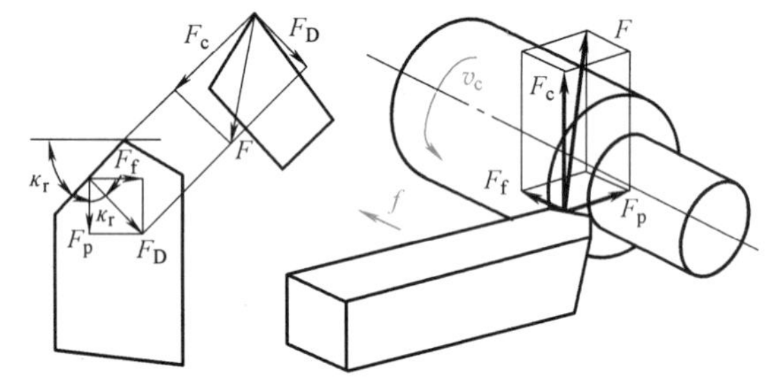

图 7-15　切削力的分解

（1）主切削力（切向力）F_c　总切削力 F 在切削速度方向上的分力，占总切削力的 80%～90%，是计算切削功率、校核机床和刀具、夹具强度和刚度的重要参数。

（2）背向力（径向力）F_p　总切削力 F 在背吃刀量方向上的分力，是进行加工精度分析、计算工艺系统刚度及分析工艺系统振动时的参数。F_p 过大会引起工艺系统的变形和振动，影响加工精度及已加工表面质量。

（3）进给力（轴向力）F_f　总切削力 F 在进给运动方向上的分力。它所消耗的功率一般只占机床总功率的 1%～5%，是设计、校核机床进给系统的主要依据。

三个切削分力互相垂直，并与总切削力有如下关系：

$$F=\sqrt{F_c^2+F_D^2}=\sqrt{F_c^2+F_p^2+F_f^2}$$

2. 切削力的影响因素

影响切削力的因素很多，主要有以下几方面：

（1）工件材料　工件材料的强度、硬度越高，塑性、韧性越大，则切削时的变形抗力越大，切削力就越大；切削过程中，加工硬化程度越大，切削力也越大。

（2）刀具几何角度　前角越大，切屑变形越小，切削力越小；后角越大，后刀面与工件间的摩擦越小，切削力也越小；主偏角对进给力和背向力影响较大，当主偏角增大时，背向力 F_p 减小，进给力 F_f 增大。刃倾角 λ_s 对主切削力 F_c 的影响很小，但对背向力 F_p、进给力 F_f 的影响显著。λ_s 减小时，背向力 F_p 增大，进给力 F_f 减小。

（3）切削用量　增大背吃刀量 a_p 和进给量 f 时，都能使切削面积 A_D 增大，其变形抗力、摩擦力增大，切削力也随之增大。实验表明，当背吃刀量 a_p 增加一倍时，切削力也增加一倍；进给量 f 增加一倍时，切削力只增加 68%～86%。

（4）刀具材料及切削液　刀具材料与被加工材料间的摩擦因数会影响摩擦力的变化，进而影响切削力的变化。在同样的切削条件下，陶瓷刀具的切削力最小，硬质合金刀具次之，高速工具钢刀具的切削力最大。切削过程中喷注切削液可减小刀具与工件或切屑间的摩擦，有利于减小切削力。以冷却水为主的水溶性切削液对切削力的影响很小，以润滑作用为主的切削液可减小刀具与工件或切屑间的摩擦，显著地减小切削力。

7.4.4　切削热和切削温度

在切削过程中，因变形和摩擦所消耗的功绝大多数转化为切削热，对整个工艺系统产生重要的影响。因此，研究切削热的产生和传导规律，了解影响切削温度的各种因素，对保证加工精度、延长刀具使用寿命具有重要的实用意义。

1. 切削热

切削热来源于两个方面：一是切削层金属发生弹性和塑性变形所产生的热；二是切屑与前刀面、工件与后刀面间产生的摩擦热。所产生的切削热由切屑、工件、刀具以及周围的介质传导出去（图7-16），各部分传导切削热的比例根据加工方式的不同而异。在不加切削液切削时，用高速工具钢车刀车削钢件，切屑带走 50%～86%的热量，10%～40%传入车刀，3%～9%传入工件，1%左右通过辐射传入空气；而钻削加工时，28%的热量由切屑带走，14.5%传入刀具，52.5%传入工件，5%左右传入周围介质；磨削加工时，4%由磨屑带走，12%传给砂轮，84%传入工件。

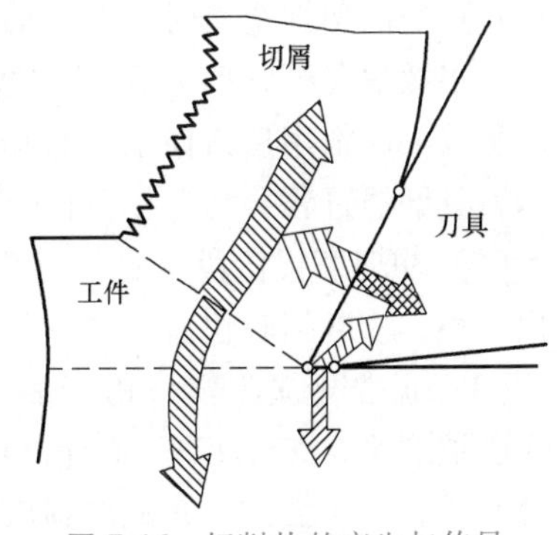

图 7-16　切削热的产生与传导

切削热传入刀具，会引起刀具温度升高（高速切削时刀体温度可达 1000℃以上），加速刀具磨损；切削热传入工件，会引起工件变形，从而降低加工精度；切削热传入机床、夹具等也会对加工精度和表面质量产生影响。

2. 切削温度

切削温度是指切削区域的平均温度。切削温度的高低取决于切削热产生多少和切削热传导的快慢。高的切削温度是造成刀具磨损的主要原因，但较高的切削温度对提高硬质合金刀具材料的韧度有利。由于切削温度的影响，精加工时，工件本身和刀杆受热膨胀致使工件精度达不到要求。切削温度主要受工件材料、切削用量、刀具角度和冷却条件等因素的影响。

（1）工件材料　工件材料的硬度和强度越高、热导率越低，产生的切削热也越多，传出的热量越少，切削温度就越高。

（2）切削用量　实验表明，当切削速度提高一倍时，切削温度升高 20%～30%；进给量增大一倍时，切削温度约升高 10%；背吃刀量增大一倍时，切削温度只升高 3%左右。总之，切削速度对切削温度影响最大，进给量次之，背吃刀量影响最小。

（3）刀具角度　前角和后角增大，产生的切削力减小，切削温度降低；主偏角增大，切削刃工作长度缩短，使切削热相对集中，散热条件变差，切削温度将逐渐升高。

（4）冷却条件　选用切削液、采取合理的冷却措施，可使切削温度降低。

7.4.5　刀具磨损和刀具寿命

切屑和前刀面之间的摩擦以及后刀面和工件过渡表面之间的摩擦会使刀具磨损。

1. 刀具磨损的形式及过程

因工件材料和切削用量不同，刀具磨损有三种形式：前刀面磨损，后刀面磨损，前、后刀面同时磨损（图 7-17）。

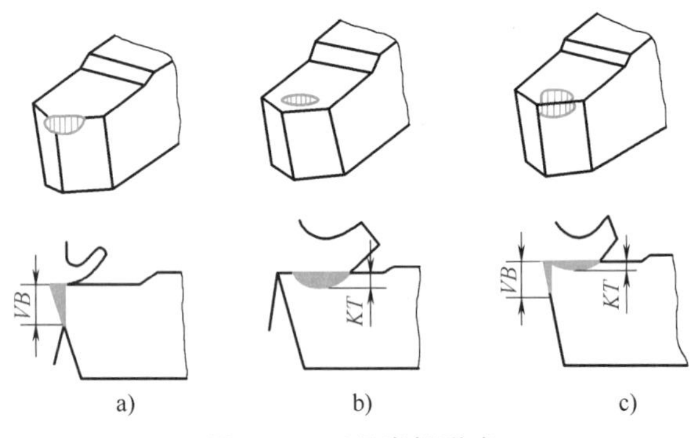

图 7-17　刀具磨损形式

a）后刀面磨损　b）前刀面磨损　c）前、后刀面同时磨损

以较高的切削速度和较大的切削层公称厚度（$h_D>0.5$mm）切削塑性金属时，易产生前刀面磨损；在切削脆性金属或以较低的切削速度、较小的切削层公称厚度（$h_D<0.1$mm）切削塑性金属时，易产生后刀面磨损；当以中等切削速度和中等切削层公称厚度（$h_D=0.1\sim0.5$mm）切削塑性金属时，前、后刀面易同时产生磨损。

在多数情况下，后刀面都有磨损。后刀面磨损量 *VB* 对加工质量影响较大，且测量方便，所以一般都用后刀面上的磨损高度 *VB* 来表示刀具磨损程度。

刀具磨损过程分为三个阶段（图 7-18）：

（1）初期磨损阶段　由于刀具刃磨后其后刀面上有微观凸峰，与过渡表面的实际接触面积很小，故磨损较快。

（2）正常磨损阶段　由于后刀面上的微观凸峰已被磨平，表面已很光滑，可形成一定的接触面积，使压强减小，故磨损较慢。

（3）急剧磨损阶段　刀具在正常磨损后期，已逐步磨钝，刀具切削显著恶化，摩擦加剧，从而使切削刃急剧变钝，甚至丧失切削能力。

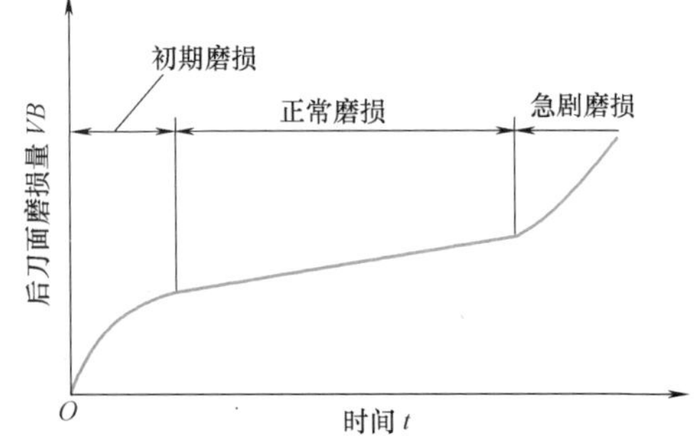

图 7-18　刀具磨损的典型曲线

2. 刀具寿命

刀具使用到正常磨损阶段后期就应及时刃磨，否则会降低加工精度和表面质量，使工艺系统振动甚至崩裂切削刃。因此，必须规定一个最大允许磨损值作为刀具的磨钝标准。一般以后刀面磨损值 *VB* 达到一定数值作为磨钝标准。按 ISO 国际标准规定：均匀磨损，取 $VB_{max}=0.3$mm；不均匀磨损，取 $VB_{max}=0.6$mm。

实际生产中不可能经常停车去测量 *VB* 值，所以人们规定：刀具从刃磨锋利后，自开始切削到磨钝为止的实际切削工作时间，称为刀具寿命，以 *T* 表示。刀具寿命是确定换刀时间的重要依据，同时也是衡量工件材料切削加工性和刀具材料切削性能的优劣，以及刀具几何参数和切削用量的选择是否合理的重要标准。一般，硬质合金车刀的寿命约为60min，高速工具钢钻头的寿命为80~120min。

刀具总寿命与刀具寿命的概念不同。所谓刀具总寿命是指一把新刀从投入使用经多次重磨到报废为止的总切削时间。因此，刀具总寿命等于该刀具寿命乘以刃磨次数。

刀具寿命标志着刀具磨损的快慢程度，刀具寿命长，即刀具磨损的速度慢；刀具寿命短，即刀具磨损的速度快。凡是影响切削温度和刀具磨损的因素，都影响刀具寿命，主要因素有工件材料、刀具材料，以及几何角度、切削用量等。

（1）工件材料　工件材料的强度、硬度越高，产生的切削温度越高，刀具寿命越短。工件材料的塑性、韧性越大，导热性越差，切削温度越高，刀具寿命越短。

（2）刀具材料　刀具材料的高温强度越高、耐磨性越好，刀具寿命越长。但在有冲击切削、重型切削和难加工材料切削时，影响刀具寿命的主要因素是冲击韧度和抗弯强度。刀具的冲击韧度越好、抗弯强度越高，刀具寿命也越长。

（3）几何角度　对刀具寿命影响最大的几何参数是前角和主偏角。前角增大，切削力减小，切削温度降低，刀具寿命延长；但刀具前角太大，会使刀具强度削弱，散热差，容易破损，反而缩短了刀具寿命。由此可见，对于每一种具体加工条件，刀具几何参数都有一个使刀具寿命最长的合理数值。

（4）切削用量　切削用量增大，刀具寿命降低，其中切削速度的影响最为明显，进给量次之，背吃刀量影响最小。所以，在保证一定的刀具寿命的前提下，为了提高切削效率，应首先选用较大的背吃刀量，然后选择比较大的进给量，最后选择合理的切削速度。

7.5 金属切削条件的合理选择

7.5.1 刀具几何参数的合理选择

当刀具材料和刀具结构确定之后，刀具的几何角度对加工过程有十分重要的影响。例如，切削力的大小、切削温度的高低、加工质量的好坏，以及刀具寿命、生产率、生产成本的高低等都与刀具几何参数有关。因此，刀具几何参数的合理选择是提高金属切削效率的重要措施之一。

1. 前角 γ_o

前角决定切削刃的锋利程度和强度。除此之外，前角对切削过程有如下影响：

1）增大前角能减小切屑变形，减小切削力和切削功率。

2）增大前角能改善刀-屑的摩擦状况，降低切削温度和减小刀具磨损，延长刀具寿命。

3）增大前角能减小或抑制积屑瘤，减小切削振动，从而改善加工表面质量。

但前角过大，切削刃和刀尖的强度下降，刀具散热体积减小，影响刀具的使用寿命。因此，前角的大小应有一个合理的范围。前角大小的确定与工件材料、刀具材料、加工要求等有关，具体选择时应考虑以下几个方面：

（1）工件材料　工件材料的强度和硬度越低、塑性越大时，选择大的前角；当加工脆性材料时，其切屑呈崩碎状，切削力带有冲击性，并集中在刃口附近，为了防止崩刃，一般应选择较小的前角。

（2）刀具材料　强度和韧性大的刀具材料应选择较大的前角。如高速工具钢刀具的前角取 5°～10°，硬质合金刀具取-5°～20°。

（3）加工性质　粗加工时（尤其是断续切削，或有冲击载荷，或铸锻件有黑皮），为保证切削刃有足够的强度，应选择较小的前角；精加工时，前角可取大值。

（4）切削条件　当工艺系统刚性差时，应选取较大的前角以减小切削力。

2. 后角 α_o

后角的作用是减少刀具后刀面与工件加工表面之间的摩擦，因此，增大后角可使刃口锋利、减少刀具磨损、提高加工表面质量。但后角过大，切削刃强度和散热条件变差，反而影响刀具的使用寿命。具体选择时应考虑以下几个方面：

（1）切削层公称厚度 h_D　h_D 越大，则切削力越大，为保证刃口强度和提高刀具寿命，应选择较小的后角。

（2）工件材料　工件材料硬度、强度较高时，为保证切削刃强度，取较小的后角；工件材料塑性越大，材料越软，为减小后刀面的摩擦对加工表面质量的影响，取较大的后角。

（3）加工性质　粗加工时，为提高刀具强度，应取较小的后角（$\alpha_o=4°\sim6°$）；精加工时，为减小摩擦，可取较大的后角（$\alpha_o=8°\sim12°$）。

3. 主偏角 κ_r

主偏角的大小影响切削层截面形状、刀尖强度和散热条件，从而影响刀具的寿命。当 f 和 a_p 一定时，减小 κ_r 可增加主切削刃参加工作的长度，使切屑薄而宽。图 7-19 中显示采用不同主偏角 κ_{r1}、κ_{r2} 时切削层的变化。减小主偏角能够减小主切削刃单位长度上的负荷，增加刀尖强度，提高刀具的使用寿命。但 κ_r 的减小会使背向力（径向力）增大，当工件刚性较差时，容易引起工件变形和振动。通常根据系统的刚性选用 κ_r。当系统刚性较好时，适当减小 κ_r，以提高刀具的使用寿命，取 $\kappa_r=30°\sim45°$；当系统刚性较差或强力切削时，取 $\kappa_r=60°\sim75°$；车削细长轴时，取 $\kappa_r=90°$，以避免振动。

4. 副偏角 κ_r'

副偏角的主要作用是减小副切削刃与已加工表面之间的摩擦，防止切削振动。κ_r'的大小直接影响已加工表面的表面粗糙度和刀具寿命。κ_r'越小，已加工表面残留面积的最大高度越小，表面粗糙度值越小（图 7-20）。通常根据加工要求选取副偏角 κ_r'，一般为 5°～15°。粗加工时 κ_r'取大值，精加工时 κ_r'取小值。

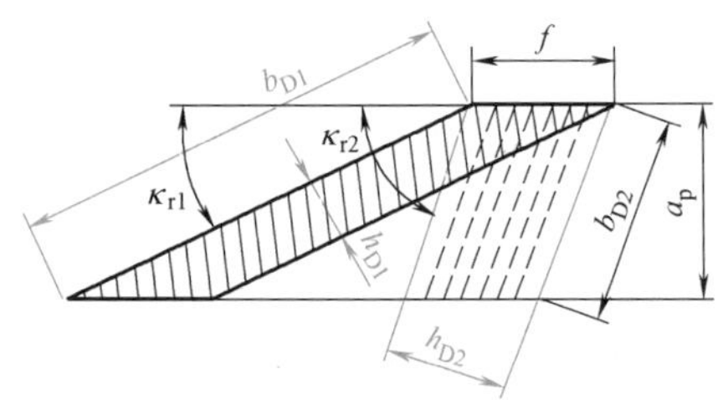

图 7-19　不同大小的 κ_r 对 h_D、b_D 的影响

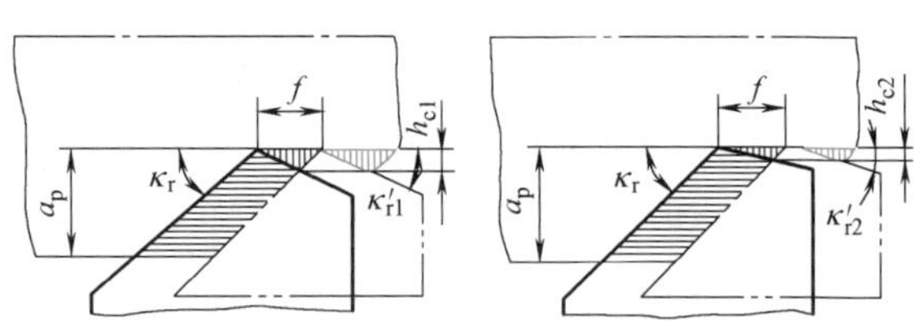

图 7-20　主、副偏角对残留面积的影响

5. 刃倾角 λ_s

刃倾角主要影响刀头强度和切屑流出方向（图 7-21）。当 $\lambda_s=0°$时，切屑垂直于主切削刃方向流出；当 $\lambda_s<0°$时，切屑流向已加工表面，易擦伤已加工表面，但刀尖强度好，适宜

粗加工或有冲击的断续切削等；当 $\lambda_s>0°$ 时，切屑流向待加工表面，适宜精加工，此时刀头强度削弱。一般 $\lambda_s=-5°\sim5°$。

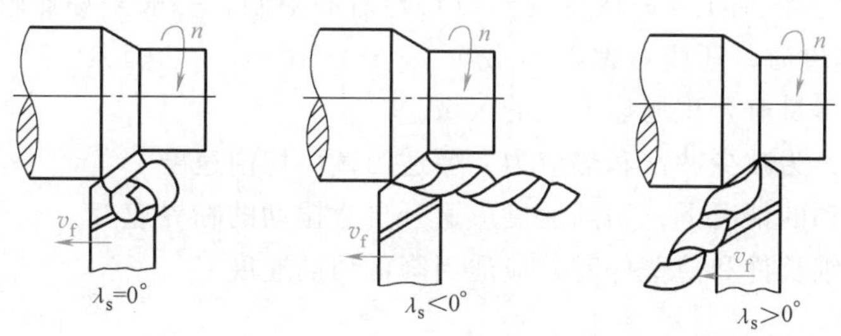

图 7-21　刃倾角对排屑方向的影响

应当指出，刀具各角度之间是相互联系、相互影响的，孤立地选择某一角度，并不能得到理想的切削效果。例如，在加工硬度较高的工件材料时，为了增加切削刃的强度，一般取较小的后角，但在加工特别硬的材料如淬硬钢时，通常采用负前角，这时如适当增大后角，不仅使切削刃易于切入工件，而且可提高刀具寿命。

7.5.2　切削用量的合理选择

切削用量的大小对切削力、切削功率、刀具磨损、加工质量和加工成本均有显著的影响。选择切削用量时，就是在保证加工质量和刀具寿命的前提下，充分发挥机床性能和刀具切削性能，使切削效率最高，加工成本最低。

1. 背吃刀量的选择

通常根据加工性质、加工余量选择背吃刀量。粗加工时，在保留半精加工和精加工余量的基础上，尽可能选用较大的背吃刀量去除多余余量，以使进给次数最少。在加工余量过大或工艺系统刚度不足或刀片强度不足、加工余量不均匀等情况下，才分成两次以上进给。这时，应将第一次进给的背吃刀量取大些，可占全部余量的 2/3~3/4；而后进给的背吃刀量逐步减小，以使精加工工序获得较小的表面粗糙度值及较高的加工精度。切削零件表层有硬皮的铸、锻件或不锈钢等冷作硬化较严重的材料时，应使背吃刀量超过硬皮或冷硬层，以避免切削刃在硬皮或冷硬层上切削。在中等功率的机床上，一般粗加工时，背吃刀量可达 8~10mm；半精加工时，背吃刀量取 0.5~2mm；精加工时，背吃刀量取 0.1~0.4mm。

2. 进给量的选择

在背吃刀量确定的前提下，进给量越大，切削力越大，同时加工表面的表面粗糙度值越大。为此，在粗加工时，进给量主要受到切削力大小的限制，在刀具、工件及机床进给机构刚度、强度允许的情况下，可以选用较大的进给量。一般可取 $f=0.4\sim1$mm/r。

半精加工和精加工时，因背吃刀量较小，产生的切削力不大，进给量的选择主要受到表面粗糙度值的限制。当刀具具有合理的过渡刃，且切削速度较高时，进给量可以选择较小值。但进给量不应选择得太小，否则不仅影响生产率，而且因切削厚度太薄而切不下切屑，反而影响加工质量。一般取 $f=0.15\sim0.3$mm/r。

3. 切削速度的选择

切削速度的选择取决于刀具材料、工件材料和加工条件。当采用耐热温度比较高的刀具材料时，如硬质合金，切削速度可以取较大值；当采用耐热温度不高的刀具材料时，如高速工具钢，则应采用相对较低的切削速度。被加工的工件材料硬度、强度较高时，采用较低的切削速度，反之采用较高的切削速度。粗加工时，受到刀具寿命和机床功率的限制，一般采用比较低的切削速度；精加工时，主要受到刀具寿命的限制，一般采用比较高的切削速度。另外，在选择切削速度时，还应考虑以下几点：

1）精加工时，尽量避开积屑瘤产生的区域。

2）断续切削时，为减少冲击和热应力，要适当减小切削速度。

3）在易发生振动的情况下，切削速度应避开自激振动的临界速度。

4）加工大件、细长件和薄壁件时，应适当降低切削速度。

7.5.3 切削液的合理选择

金属切削过程中，合理选择切削液，可以改善工件与刀具间的摩擦状况，减小切削力和降低切削温度，减少刀具磨损，减小工件热变形，从而提高刀具寿命，提高生产率和表面质量。切削液具有冷却、润滑、清洗、排屑和缓蚀等作用。

1. 切削液的种类

生产中常用的切削液有水溶液、乳化液和切削油三大类。

（1）水溶液　水溶液的主要成分是水，并加入一定的防锈剂、清洗剂、油性添加剂等，它主要起冷却作用。

（2）乳化液　乳化液由矿物油、乳化剂及其他添加剂与水混合而成，呈乳白色或半透明状的液体。低浓度的乳化液以冷却为主，用于粗加工和普通磨削加工；高浓度的乳化液具有良好的润滑作用，可用于精加工。

（3）切削油　切削油通常为矿物油，少量采用动植物油或复合油，主要起润滑作用。纯矿物油不能在摩擦界面形成坚固的润滑膜，润滑效果较差。在实际应用中，常加入油性、极压添加剂和防锈添加剂，以提高其润滑和防锈作用。

2. 切削液的选择

（1）根据工件材料选择　切削钢等塑性材料时，需用切削液；切削铸铁、青铜等脆性材料时，一般不用切削液。切削高强度钢、高温合金等难切削材料时，应选用切削油或乳化液；切削铜、铝及其合金时，因为硫对其有腐蚀作用，所以不能使用含硫的切削液，而可以采用乳化液或煤油；切削镁合金时，不能采用水溶液，以防止燃烧。

（2）根据刀具材料选择　高速工具钢的刀具耐热性较差，一般应采用切削液。硬质合金刀具热硬性好，耐热、耐磨，一般不用切削液，必要时可使用低浓度的乳化液或合成切削液，但必须连续、充分浇注，以免刀片因冷热不均匀，产生较大的内应力而导致破裂。

（3）根据加工方法选择　进行钻孔（尤其是深孔）、铰孔、攻螺纹、拉削等加工时，工具与已加工表面摩擦严重，宜采用乳化液、切削油，并充分浇注。使用螺纹刀具、齿轮刀具及成形刀具切削时，因刀具价格较贵，刃磨困难，要求刀具寿命长，宜采用极压切削油、硫化切削油等。对于磨削，因其加工时温度很高，且会产生大量的细屑及脱落的磨粒，容易堵塞砂轮和使工件烧伤，要选用冷却作用好、清洗能力强的切削液，如合成切削液和低浓度乳化液。磨削不锈钢和高温合金时，则应选用润滑性能较好的合成切削液和高浓度乳化液。

（4）根据加工要求选择　粗加工时，金属切除量大，切削温度高，应选用冷却作用好的切削液；精加工时，主要要求提高加工精度和加工表面质量，宜选用以润滑性能为主的切削液。

7.6 机械加工质量的概念

零件的机械加工质量直接影响机械产品的使用性能和寿命，它是保证机械产品质量的基础。零件的机械加工质量包括机械加工精度和机械加工表面质量两方面。

7.6.1 机械加工精度

机械加工精度是指零件加工后的实际几何参数（尺寸、形状和表面间的相互位置）与理想几何参数的符合程度。符合程度越高，加工精度就越高。机械加工精度包括尺寸精度、形状精度和位置精度三个方面。

一般情况下，零件的加工精度越高，加工成本相对越高，生产率则相对越低。因此，设计人员应根据零件的使用要求，合理地规定零件的加工精度；工艺人员则应根据设计要求、生产条件等采取适当的工艺方法，以保证加工误差不超过允许范围，并在此前提下尽量提高生产率和降低成本。

1. 尺寸精度

尺寸精度是指零件的直径、长度、表面距离等尺寸的实际数值与理想数值相接近的程度。尺寸精度是用尺寸公差来控制的。尺寸公差是切削加工中零件尺寸允许的变动量。在公称尺寸相同的情况下，尺寸公差越小，则尺寸精度越高。

为了实现互换性和满足各种使用要求，国家标准 GB/T 1800.2—2020 规定：尺寸公差分为 20 个公差等级，即 IT01，IT0，IT1，IT2，…，IT17，IT18。IT 表示标准公差（IT 是国际公差 ISO Tolerance 的英文缩写），公差的等级代号用阿拉伯数字表示，从 IT01 ~ IT18，精度依次降低，公差数值依次增大。

2. 形状精度

形状精度是指加工后零件上的线、面的实际形状与理想形状的符合程度。评定形状精度的项目按 GB/T 1182—2018 规定，有直线度、平面度、圆度、圆柱度、线轮廓度和面轮廓度六项。形状精度是用形状公差来控制的，各项形状公差，除圆度、圆柱度分 13 个精度等级外，其余均分为 12 个精度等级，1 级最高，12 级最低。

3. 位置精度

位置精度是指加工后零件上的点、线、面的实际位置与理想位置的符合程度。评定位置精度的项目按 GB/T 1182—2018 规定，有平行度、垂直度、倾斜度、同轴度、对称度、位置度、圆跳动和全跳动八项。位置精度是用位置公差来控制的，各项目的位置公差分为 12 个精度等级。

7.6.2 机械加工表面质量

1. 机械加工表面质量的含义

机械加工表面质量主要包含两方面内容：

(1) 加工表面的几何形状特征　主要指表面粗糙度。表面粗糙度是表面微观几何形状误差，其大小是以表面轮廓的算术平均偏差 Ra 或微观不平度 Rz 的平均高度表示的。

（2）加工表面层材质的变化　零件加工后在表面层内出现不同于基体材料的力学、冶金、物理及化学性能的变质层。主要表现为：因塑性变形产生的表面变形强化，因切削热或磨削热引起的金相组织变化，因力或热的作用产生的残余应力等。

零件的表面质量与零件的配合性质、耐磨性和耐蚀性等有着密切关系，它影响机器的寿命和使用性能。为了保证零件的使用性能和寿命，一般都需要对零件表面质量做出要求。

一般来说，零件表面的尺寸精度越高，其形状和位置精度要求越高，表面粗糙度值越小。对于摩擦副的工作表面，在半液体润滑和干摩擦的情况下，摩擦副表面有一个最佳表面粗糙度值，过大或过小的表面粗糙度值都会使初期磨损增大。对于完全液态润滑，要求摩擦副表面不刺破油膜，使工件表面互不接触，表面粗糙度值越小越有利。

表面的变形强化能够增加表面硬度，提高表面耐磨性，但过度的冷硬层会造成金属组织疏松，甚至会产生疲劳裂纹和表面剥落现象，所以存在一个最佳的冷硬程度。

2. 表面粗糙度的影响因素及其值的降低措施

影响表面粗糙度的因素有切削条件（切削速度、进给量、切削液）、刀具（几何参数、切削刃形状、刀具材料、磨损情况）、工件材料及热处理、工艺系统刚度和机床精度等。

降低加工表面粗糙度值的一般措施如下：

（1）刀具　刀具应采用较大的刀尖圆弧半径、较小的副偏角或合适的修光刃、宽刃精刨刀、精车刀等。选用与工件材料适应性好的刀具材料，避免使用磨损严重的刀具。这些均有利于减小表面粗糙度值。

（2）工件材料　对加工表面粗糙度影响较大的是材料的塑性和金相组织。对于塑性大的低碳钢、低合金钢材料，应预先进行正火处理以降低塑性，切削加工后能得到较小的表面粗糙度值。工件材料应有适宜的金相组织（包括状态、晶粒度大小及分布）。

（3）切削条件　以较低或较高的切削速度切削塑性材料可抑制积屑瘤出现，减小进给量，采用高效切削液，增强工艺系统刚度，提高机床的动态稳定性，都可获得好的表面质量。

（4）加工方法　主要是采用精密、超精密和光整加工。

3. 减少加工表面层变形强化和残余应力的措施

工件表面在切削力、切削热的作用下，会出现不同程度的塑性变形和由于金相组织变化引起的体积改变，从而产生残余应力。合理选择刀具的几何形状，采用较大的前角和后角，并在刃磨时尽量减小其切削刃圆角半径；使用刀具时，应合理限制其后刀面的磨损高度；合理选择切削用量，采用较高的切削速度和较小的进给量；加工时采用有效的切削液等均可减少加工表面层变形强化。

当零件表面存在残余拉应力时，其疲劳强度会明显降低，特别是对有应力集中或在腐蚀性介质中工作的零件，影响更为突出。对残余应力的控制分为两方面：一是减少或消除残余应力，可采用精密加工工艺或光整加工工艺作为最终工序，或者增加时效处理以消除残余应力；二是形成残余压应力，可采用表面强化工艺或表面热处理工艺，使表面形成残余压应力。生产中常采用滚压、挤（胀）孔、喷丸强化、金刚石压光等冷压加工方法来改善表面层材质的变化。

复习思考题

1. 什么是主运动？什么是进给运动？各有何特点？

2. 切削要素包含哪些内容？如何选择切削用量三要素？

3. 车刀切削部分是如何构成的？常用的刀具材料有哪些？

4. 在车床切断工件时，为什么要求刀尖与工件回转中心等高？如果刀尖低于工件回转中心会如何？

5. 切削力、切削热的主要来源是什么？

6. 切削热是怎样传出的？影响切削热传出的因素有哪些？

7. 切削液有哪些种类？如何选用？

8. 背吃刀量和进给量对切削温度的影响有何不同？为什么？

9. 刀具磨损类型有哪些？一般如何判别刀具的磨损？

10. 什么是刀具寿命？它与刀具总寿命有何不同？

11. 试述积屑瘤的形成原因，分析其对切削过程的影响。生产中应如何控制积屑瘤？

12. 与其他刀具材料相比，高速工具钢有什么特点？常用的高速工具钢牌号有哪些？它们主要用于制造哪些刀具？试举例说明。

13. 刀具的前角、后角、主偏角、副偏角、刃倾角各有何作用？如何选用合理的刀具角度？

14. 机械加工表面质量包含哪些内容？为什么尺寸精度越高，表面粗糙度值越小？

第 8 章

零件表面的常见加工方法

学习目标及要求

本章主要介绍典型表面的切削加工方法及加工路线。学习之后，第一，掌握外圆面、内圆面、平面的常见加工方法、工艺特点；第二，了解螺纹、齿轮的常见加工方法。通过本章学习，学生应获得根据加工条件制订典型表面加工路线的能力。

常见的机械零件表面一般都是通过切削加工获得的，这些表面常具有表面粗糙度和尺寸公差的要求。为了保证加工表面的质量要求，如何高效率、经济地获得合格的加工表面是切削加工过程中面临的主要问题。

章前导读——典型表面的加工及加工路线制定

机械零件的典型表面可以通过多种加工方法获得。因此，零件加工中面临两个主要问题：一是依据加工条件，考虑不同加工方法的特点，在保证加工表面的质量和加工效率的前提下，如何合理选择加工方法；二是如何实现多种加工方法相互配合，完成零件表面从粗到精的完整加工过程。

8.1 外圆面的加工

机器中的轴类、套类、盘类零件是常见的具有外圆表面的零件类型。外圆面的技术要求有：尺寸精度，如外圆面直径、长度；形状和位置精度，如圆度、圆柱度、直线度、平行度、同轴度、垂直度等；表面质量，如表面粗糙度、表面层硬度、残余应力的大小及方向等。外圆面的常用加工方法有车削、磨削、研磨、超级光磨等。

8.1.1 外圆面的车削加工

切削加工方法——车削加工

车削是外圆面加工的主要工序，与磨削相比，具有较高的切削效率。工件旋转为主运动，刀具直线移动为进给运动。

车外圆可在不同类型的车床上进行。单件小批生产中，中小型零件多在卧式车床上加工，大型圆盘类零件（直径大、长度短）多用立式车床加工；成批或大批大量生产中小型轴、套类零件，则广泛使用转塔车床、多刀半自动车床及自动车床进行加工；数控机床自动化程度高、加工精度高、可靠性好，适合精度要求高、形状复杂的回转类表面加工，在单件、小批及成批量生产中都获得了广泛的应用。

根据工件安装方式不同，外圆面车削分为卡盘装夹、卡盘顶尖装夹、双顶尖装夹、心轴装夹等，如图 8-1 所示。卡盘装夹适合长径比较小、刚性较好的回转类零件；卡盘顶尖装夹允许较大的切削力，适合长轴类、不需要多次装夹的回转类零件；双顶尖装夹精度较好，适合长轴类、需要多次装夹的回转类零件；心轴装夹适合有内孔的盘套类、其内孔与外圆表面有位置度要求的零件。

车外圆面

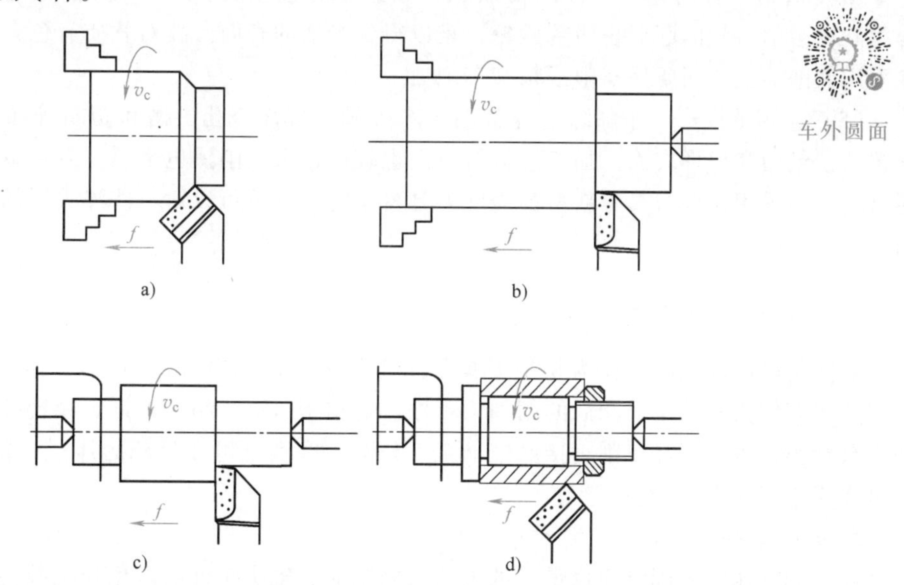

图 8-1 车外圆时工件的安装方式

a）卡盘装夹 b）卡盘顶尖装夹 c）双顶尖装夹 d）心轴装夹

外圆面的车削分为粗车、半精车、精车和精细车。

（1）粗车 粗车后的尺寸公差等级一般为 IT13~T11，表面粗糙度 *Ra* 值为 50~12.5μm。粗车也可作为低精度表面的最终工序。

（2）半精车 半精车可作为中等精度外圆面的终加工，也可作为精加工外圆的预加工。半精车的背吃刀量和进给量比粗车时小。半精车的尺寸公差等级可达 IT10~1T9，表面粗糙度 *Ra* 值为 6.3~3.2μm。

（3）精车 精车可作为较高精度外圆面的终加工，也可作为光整加工的预加工。精车一般采用小的背吃刀量和进给量，可以采用高的切削速度，以避免积屑瘤的形成。精车的尺寸公差等级一般为 IT8~IT7，表面粗糙度 *Ra* 值为 1.6~0.8μm。

（4）精细车 精细车一般用于精度要求高、韧性大的有色金属零件的加工。精细车所用机床应有很高的精度和刚度，多使用仔细刃磨过的金刚石刀具。车削时采用小的背吃刀量、小的进给量和高的切削速度。精细车的尺寸公差等级可达 IT6~IT5，表面粗糙度 *Ra* 值为 0.4~0.1μm。

车削的工艺特点如下：

（1）易于保证相互位置精度 对于轴、套筒、盘类等零件，各加工表面具有同一旋转轴线，可以在一次安装中加工出不同直径的外圆面、孔及端面，即可保证同轴度以及端面与轴线的垂直度。

(2) 刀具简单 车刀是刀具中最简单的一种，其制造、刃磨和安装均较方便，这就便于根据具体的加工要求，选用合理的车刀角度，有利于提高加工质量和生产率。

(3) 切削过程平稳 与铣削和刨削相比，一般情况下车削过程是连续进行的，不会产生大的冲击和振动，因此车削过程比较平稳。故车削允许采用较大的切削用量进行高速切削或强力切削，有利于提高生产率。

(4) 适用于有色金属零件的精加工 因某些有色金属材料硬度较低，塑性、韧性高，若用砂轮磨削，软的磨屑易堵塞砂轮，难以得到光洁的表面。故对软质有色金属零件表面不宜采用磨削加工，而要用车削或精细车削。

(5) 应用范围广 车削除了经常用于车外圆、端面、孔、槽和切断等加工外，还用来车螺纹、锥面和成形表面。加工的材料范围也较广，可车削黑色金属、有色金属和某些非金属材料。当采用陶瓷刀具等新型高硬度刀具材料时，甚至可以对一些淬火后的钢件进行车削加工。

8.1.2 外圆面的磨削加工

磨削加工

磨削是以砂轮或砂带作为切削刀具加工工件表面的精密加工方法。外圆面磨削加工多作为半精车外圆后的精加工工序。对精密铸造、精密模锻、精密冷轧的毛坯，因加工余量小，也可不经车削直接磨削加工。外圆面磨削既可在外圆磨床或万能磨床上进行，也可在无心磨床上进行。

1. 外圆磨床上磨削

在外圆磨床上磨削是应用最广的方法。磨削时，轴类工件两端用顶尖装夹，其方法与车削基本相同，但磨床所用顶尖都不随工件一起转动；盘、套类工件则用心轴和顶尖装夹。磨削方法分为以下几种。

(1) 纵磨法 砂轮高速旋转为主运动，工件旋转并和磨床工作台一起的往复直线运动分别为周向进给和纵向进给；每当工件一次往复运动终了时，砂轮做周期性的横向进给。每次磨削深度很小，磨削余量是在多次往复行程中切除的。磨到要求尺寸后，进行无横向进给的光磨行程，直至火花消失为止，如图 8-2a 所示。

由于每次磨削的深度小，产生的热量少，散热条件较好，还可以利用最后几次无横向进给的光磨行程进行精磨，因此加工精度和表面质量较高。此外，纵磨具有较大的适应性，可以用一个砂轮加工不同长度的工件。但是，它的生产率较低，故广泛用于单件、小批生产及精磨，特别适合于细长轴的磨削。

(2) 横磨法（又称为切入磨法） 工件不做纵向进给，而由砂轮以慢速对工件做连续或断续的横向进给，直至磨去全部磨削余量，如图 8-2b 所示。横磨生产率高，适用于成批、大量生产，尤其是工件上的成形表面，只要将砂轮修整成形，就可以直接磨出。

(3) 深磨法 磨削时用较小的纵向进给量，较大的背吃刀量，在一次行程中切除全部余量，如图 8-2c 所示，因此生产率较高。深磨法只适合于大批大量生产中，加工刚度较大的工件，且被加工表面两端要有较大的距离，允许砂轮切入和切出。

(4) 混合磨法 先用横磨法将工件表面分段进行粗磨，相邻两段砂轮间有 5~10mm 的

搭接，工件上留有 0.01~0.03mm 的余量，然后用纵磨法进行磨削。该方法综合了横磨法和纵磨法的优点。

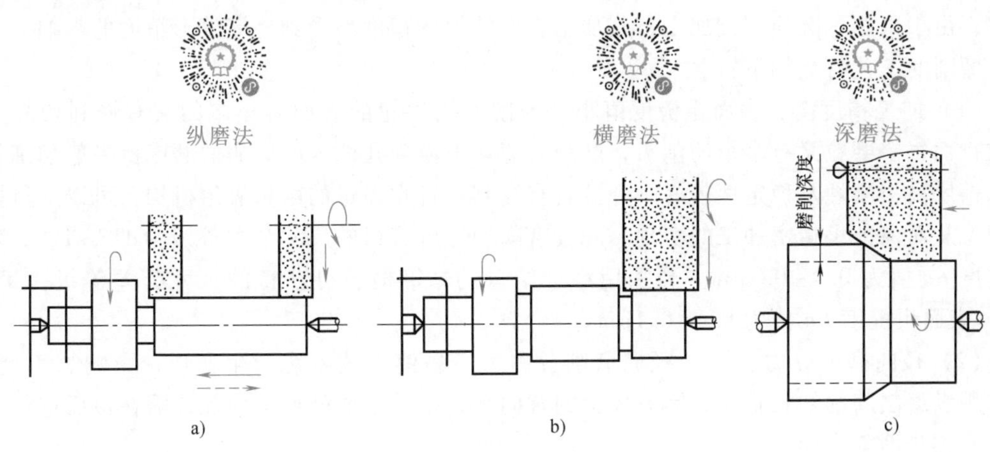

图 8-2 外圆磨削方法

a）纵磨法 b）横磨法 c）深磨法

2. 无心外圆磨床上磨削

无心外圆磨床（图 8-3）进行磨削加工时，工件放在砂轮与导轮之间，且工件中心高于砂轮和导轮中心线，不用顶尖支承，以被磨削外圆表面作为定位基准，支承在托板上，如图 8-4 所示。砂轮和导轮的旋转方向相同，磨削砂轮的旋转速度很大，导轮的旋转速度相对很小。导轮与砂轮的轴线间有一个小的夹角，导轮依靠摩擦力带动工件旋转并做轴向进给运动。工件的旋转速度基本上等于导轮的线速度，从而在砂轮和工件间形成很大的速度差，实现工件表面的磨削加工。改变导轮转速，即可调节工件的圆周进给速度。

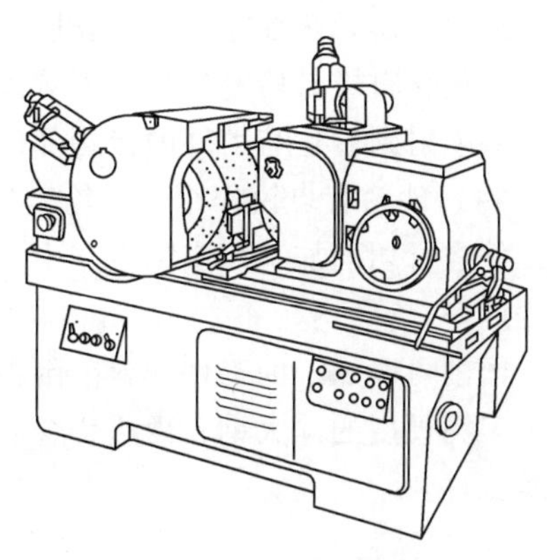

图 8-3 无心外圆磨床

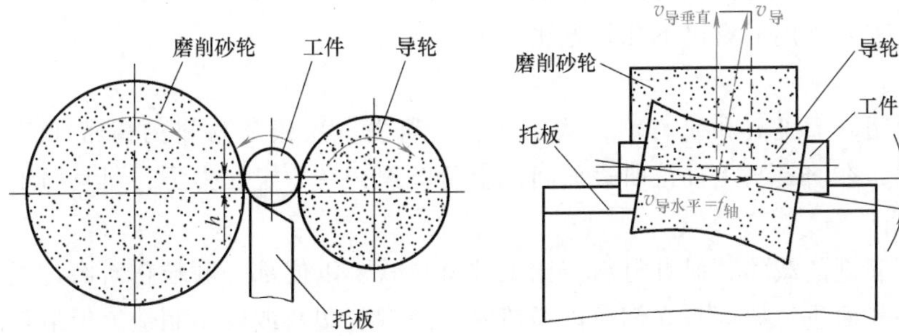

图 8-4 无心外圆磨床加工方法

在无心磨床上加工工件不需要钻中心孔，装夹工件省时省力，而且可以连续磨削，所以加工效率很高。

无心磨床在成批、大量生产中普遍应用，适合磨削细长轴、无中心孔短轴类零件，特别适合磨削刚性很差的细长轴、细长管。但无心磨床调整费时，生产批量较小时不宜采用；当工件表面周向不连续时，也不宜采用。对于套类零件，无心磨无法保证外圆与内孔的同轴度要求；由于采用外圆面定位加工，其加工表面的形状精度易受到毛坯外形精度的影响。

磨削的工艺特点如下：

（1）加工精度高、表面粗糙度值小　磨削所用砂轮的表面有极多的具有锋利切削刃的磨粒，而每个磨粒又有多个切削刃，磨削时能切下薄到几微米的磨屑。磨床比一般切削加工机床精度高，刚性及稳定性较好，并且具有控制小背吃刀量的微量进给机构，可以进行微量磨削，从而保证了精密加工的实现。一般磨削加工可获得的尺寸公差等级为IT7~IT6，表面粗糙度 Ra 值为0.8~0.4μm。当采用小进给量的精磨时，可获得的尺寸公差等级为IT6~IT5，表面粗糙度 Ra 值为0.4~0.1μm。

（2）径向磨削分力较大　径向磨削分力大，易使工艺系统产生变形，影响加工精度。例如用纵磨法磨削细长轴时，因有较大的背向力，工件易成鼓形。为此，需在最后进行多次光磨，逐步消除变形。

（3）磨削温度高　在磨削过程中，磨削速度很高，为一般切削加工的10~20倍，磨削区的温度可高达800~1000℃，甚至能使金属微粒熔化。磨削温度高时还会使淬火钢工件的表面退火，使导热性差的工件表层产生很大的磨削应力，甚至产生裂纹。此外，在高温下变软的工件材料极易堵塞砂轮，影响砂轮寿命和工件质量。因此在磨削时，必须以一定压力将切削液喷射到砂轮与工件的接触部位，以降低磨削温度，并冲刷掉磨屑。

（4）砂轮有自锐作用　砂轮变钝后磨粒就会破碎脱落，产生新的较锋利的棱角，继续对工件进行切削加工。实际生产中，可利用这一原理，进行强力连续磨削，以提高磨削加工的生产率。

磨削可以加工的工件材料范围很广，既可以加工铸铁、碳钢、合金钢等一般材料，也能够加工高硬度的淬火钢、硬质合金、陶瓷和玻璃等难切削材料。但不宜加工塑性较大的有色金属工件。

8.1.3 外圆面的光整加工

光整加工及外圆面加工方案的选择

工件表面经磨削后，如果要进一步提高其精度和减小表面粗糙度值，还需要进行光整加工，常用的有以下几种方法：

1. 研磨

研磨是利用研磨工具和研磨剂，从工件表面研去一层极薄材料的精密加工方法。研磨时，在研具与工件被研表面间加上研磨剂，在一定压力下，研具与工件做复杂的相对运动。

研具是研磨剂的载体，研具材料应比工件材料软，以便部分磨粒在研磨过程中嵌入研具表面，对工件表面进行研磨。它们可以用铸铁、纯铜、塑料或硬木制造，但最常用的是铸铁研具，因为它适于加工各种材料，并能较好地保证研磨质量和生产率，成本也较低。

研磨剂中的磨料起切削作用，常用的磨料有刚玉、碳化硅、碳化硼和人造金刚石等。精研和抛光时还用软磨料，如氧化铁、氧化铬等。分散剂使磨料均匀分散在研磨剂中，并起稀释、润滑和冷却等作用，常用的有煤油、机油、动物油、甘油、酒精和水等。辅助材料主要是混合脂，常由硬脂酸、脂肪酸、石蜡、油酸等材料配成，在研磨过程中起乳化、润滑和吸

附作用。

研磨剂中的磨料会嵌入研具表面，在相对运动中对已经精细加工过的工件表面进行微量切削。此外，在研磨过程中还伴有化学作用，即研磨剂可使工件表面形成很薄的氧化膜或硫化膜，从而加快研磨过程。研磨过程中研磨运动复杂，运动轨迹不重复，工件表面可得到均匀的加工，表面粗糙度值便会逐渐减小。

研磨有手工研磨和机械研磨两种。图 8-5 所示为外圆面手工研磨示意图。工件安装在车床两顶尖之间做低速旋转运动，工人手持研具沿轴向做往复直线运动，直至研磨完成。手工研磨生产率低，只适用于单件、小批量生产。

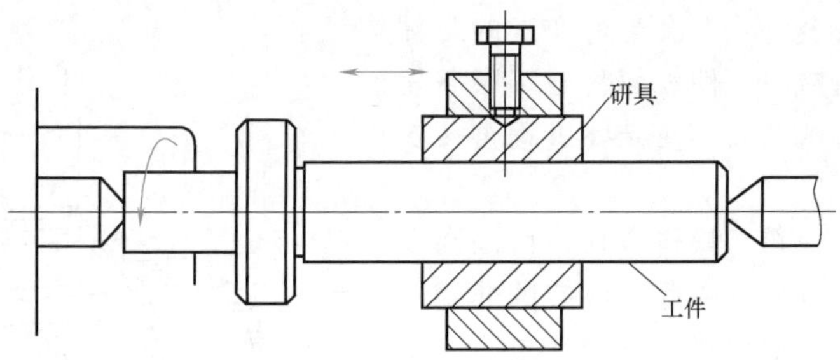

图 8-5　外圆面手工研磨示意图

机械研磨在研磨机上进行，图 8-6 所示为小型带孔工件圆柱面机器研磨示意图。工件 F 穿在隔离盘 C 的销杆 D 上，置于两块做相反方向转动的盘形研具 A、B 之间。A 盘的转速比 B 盘的转速高，带动隔离盘 C 绕轴线 E 旋转。由于轴线 E 处在偏心位置，工件一方面在销杆上自由转动，同时又沿销杆滑动，因而获得复杂的、不重复的运动轨迹，可保证均匀地切除余量，获得很高的精度和很小的表面粗糙度值。

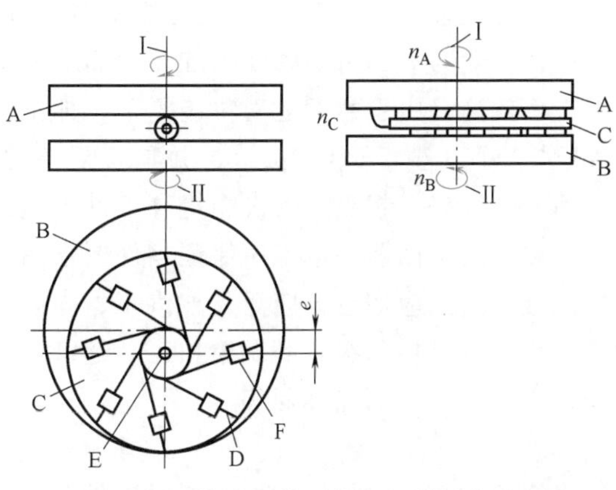

图 8-6　小型带孔工件圆柱面机器研磨示意图

研磨的工艺特点如下：

1）简便可靠。除了可在专门的研磨机上进行外，还可在简单改装的车床、钻床上进行，设备和研具都比较简单，成本低。若研具精度足够高，经精细研磨，加工后表面的尺寸公差等级可达 IT5 或更高，表面粗糙度 *Ra* 值可达 0.1~0.008μm。

2）不但能提高工件的表面质量，还能提高工件的尺寸精度和形状精度。

3）生产率较低，所以研磨前的工件应进行精车或精磨，余量一般不应超过 0.01~0.03mm。

研磨的应用很广，常见的表面如平面、圆柱面、螺纹表面、齿轮齿等，都可以用研磨进行光整加工。精密配合偶件如柱塞泵的柱塞与泵体、阀芯与阀套等，往往要经过两个配合件的配研才能达到要求。在现代工业中，常用研磨作为精密零件的最终加工。

2. 超级光磨

超级光磨也称为超精加工，是用细粒度的磨石（粒度为 F70 或更细的刚玉或碳化硅磨料），以较低的压力（5~20MPa）在复杂的相对运动下对工件表面进行光整加工的方法。

图 8-7 所示为超级光磨外圆示意图。加工时，工件旋转，磨条以恒力轻压于工件表面，在轴向进给的同时，做轴向低频振动，从而对工件的微观不平表面进行修磨。

加工过程中，在磨条和工件之间注入切削液（煤油），一方面为了冷却、润滑及清除磨屑等，另一方面是为了形成油膜。当磨条最初与比较粗糙的工件表面接触时，由于实际接触面积小，压强较大，磨条与工件之间不能形成完整的油膜；加之切削方向经常变化，磨条的自锐性较好，切削能力较强，随着工件表面被磨平，以及细微磨屑等嵌入磨条空隙，使磨条表面逐渐平滑，接触面积逐渐增大，压强逐渐减小，在磨条与工件表面之间逐渐形成完整的润滑油膜，切削作用逐渐减弱，经过光整抛光阶段，最后便自动停止。

当平滑的磨条表面再一次与待加工的工件表面接触时，较粗糙的工件表面将破坏磨条表面平滑而完整的润滑油膜，使光整过程再一次进行。

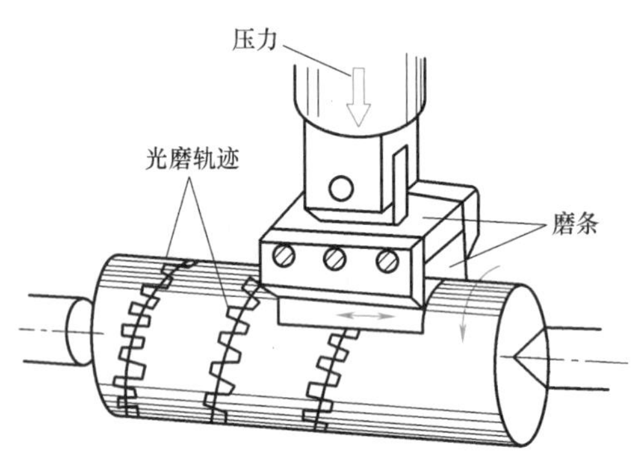

图 8-7　超级光磨外圆示意图

超级光磨设备简单，操作方便，可以在专门的机床上进行，也可以在适当改装的通用机床上，利用不太复杂的超级光磨磨头进行。由于磨条与工件之间无刚性的运动联系，磨条切除金属的能力较弱，所以，超级光磨的加工余量极小，一般为 3~10μm。因为加工余量极小，故生产率较高。由于磨条运动轨迹复杂，加工过程是由切削作用过渡到光整抛光，表面粗糙度 Ra 值很小（小于 0.012μm），并具有复杂的交叉网纹，有利于储存润滑油，故加工后表面的耐磨性较好。超级光磨仅能提高工件表面的表面质量，而不能提高其尺寸精度和形状精度。所以，必须由前一道工序保证零件要求的精度。

超级光磨的应用也很广泛，如汽车、内燃机零件，轴承、精密量具等表面粗糙度值要求较小的表面，常用超级光磨做精加工。超级光磨不仅能加工轴类零件的外圆柱面，而且能加工圆锥面、孔、平面和球面等。

3. 抛光

抛光是利用高速旋转的抛光轮对工件进行光整加工的方法。抛光时，在工件表面涂抹由刚玉或碳化硅等磨料加油酸、软脂酸配制而成的抛光剂，将工件压于高速旋转的软质抛光轮上，材料表面产生微量切削，同时，在抛光剂介质的化学作用下，加工表面产生一层极薄的软膜，有利于磨料切除，而不会在工件表面留下划痕。抛光轮与加工表面高速摩擦产生的高温使工件表面出现极薄的微流层，工件表面的微观凹谷被其填平，因而获得很光亮的表面（呈镜面）。

与其他的光整加工方法相比，抛光一般不用特殊设备，工具和加工方法比较简单，成本低；由于抛光轮是弹性的，能与曲面相吻合，故易于实现曲面抛光，便于对模具型腔进行光整加工；抛光轮与工件之间没有刚性的运动关系，不能保证从工件表面均匀地切除材料，只能去掉前道工序所留下的痕迹，因而仅能获得光亮的表面，不能提高精度。抛光后的表面粗糙度 Ra 值为 0.1~0.025μm。抛光只能用于表面装饰及金属件电镀前的准备工序。

抛光除可加工外圆面外，还可以加工孔、平面和成形面等。

8.1.4 外圆面加工方案的选择

外圆面的加工方法主要有车削、磨削和光整加工。一般根据外圆面加工精度和表面粗糙度的要求，结合零件材料、生产批量、零件结构特点等因素选用不同的加工方案。

表 8-1 为外圆面常用的几种加工方案，供选择时参考。

表 8-1 外圆面的加工方案

序号	加工方案	经济尺寸公差等级	表面粗糙度 Ra 值/μm	适用范围
1	粗车	IT12~IT11	50~12.5	适用于淬火钢以外的金属、塑料件
2	粗车—半精车	IT10~IT8	6.3~3.2	
3	粗车—半精车—精车	IT8~IT7	1.6~0.8	
4	粗车—半精车—磨削	IT7~IT6	0.8~0.4	适用于淬火钢，也可加工未淬火钢，但不宜加工软质的有色金属
5	粗车—半精车—粗磨—精磨	IT6~IT5	0.4~0.1	
6	粗车—半精车—粗磨—精磨—超级光磨	IT6~IT5	0.1~0.012	
7	粗车—半精车—粗磨—精磨—研磨	IT5 以上	<0.1	
8	粗车—半精车—精车—精细车	IT6~IT5	0.4~0.1	主要适用于有色金属的加工

8.2 内圆面的加工

钻、扩、铰、镗、拉削加工

内圆面主要指圆柱形的孔。内孔是零件的主要组成表面之一。具有内孔的零件按其结构特点可分为两种：一种是单一轴线的孔，如空心轴、套筒、盘环类零件上的孔，这些孔一般要求与某些外表面同轴、与端面垂直；另一种是多轴线系，如箱体、机座类零件上的同轴孔系、平行孔系、垂直孔系。

内孔的技术要求大致有：①尺寸精度，即孔径和长度的尺寸精度；②形状精度，即孔的圆度、圆柱度及轴线的直线度；③位置精度，即孔与孔或孔与外圆面的同轴度，孔与孔或孔与其他表面之间的尺寸精度、平行度、垂直度等；④表面质量，即表面粗糙度、表层加工硬化和表层物理、力学性能要求等。

由于受刀具直径限制，内孔面加工时，刀具刚性差，加工时散热差，冷却、排屑条件差，测量也不方便。因此，在精度相同的情况下，内孔面加工要比外圆面加工困难。为了使加工难度大致相同，通常轴公差比孔高一级配合使用。如间隙配合采用孔 H7，轴采用 g6；过渡配合采用孔 H7，轴采用 k6；过盈配合采用孔 H7，轴采用 p6。

孔的加工方法很多，主要有钻孔、扩孔、铰孔、镗孔、拉孔、磨孔、孔的光整加工等。

8.2.1 钻孔

钻孔

在工件的实体部位加工孔的工艺过程称为钻孔。钻孔常在钻床、车床上进行，也可在镗床、铣床上进行。常用的钻床有台式钻床（用于钻削直径在 13mm 以下的孔）、立式钻床（用于钻中型工件上的孔）、摇臂钻床（一般用于大型工件、多孔工件上的各种孔加工）。机床的选用主要根据零件的结构、孔的尺寸、分布位置、技术要求和批量大小确定。

在钻床上钻孔时，钻头的旋转运动为主运动，沿自身轴线方向的直线运动为进给运动。在车床上钻孔时，工件的旋转运动为主运动。

麻花钻是孔加工时最常用的刀具，如图 8-8 所示。其切削部分由前刀面、主后刀面、副后刀面、主切削刃、副切削刃和横刃等组成。

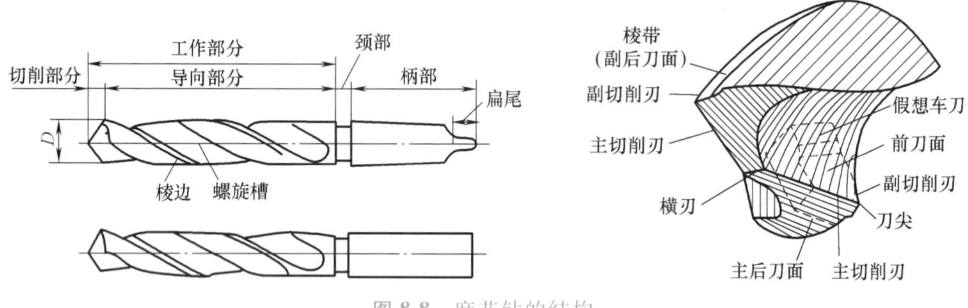

图 8-8　麻花钻的结构

切削部分有两个刀齿（刃瓣），每个刀齿可看作一把外圆车刀。两个主后刀面的交线称为横刃，它是麻花钻所特有的。横刃上有很大的负前角，横刃的存在使钻削的进给力增加，恶化了切削条件。两主切削刃之间的夹角称为顶角，通常为 118°±2°。

钻孔时，孔径由钻头直径决定，钻出的孔径稍大于钻头直径。

钻孔的工艺特点如下：

（1）易引偏　引偏是孔径扩大或孔轴线偏移和不直的现象。由于钻头横刃的存在，产生很大的进给力，同时钻头刚性和导向作用较差，钻头定心不准，中心易偏移，造成钻孔的位置精度不高，孔轴线易弯曲。由此，在钻床上钻孔易引起孔的轴线偏移和不直（图 8-9a），在车床上钻孔易引起孔径扩大（图 8-9b）。

（2）排屑困难　钻孔的切屑较宽，在孔内被迫卷成螺旋状，流出时与孔壁发生剧烈摩擦，造成排屑不畅。一方面容易刮伤已加工表面，另一方面，增大了切屑与孔壁之间的摩擦力，甚至会卡死或折断钻头。在深孔加工时，这一现象尤其严重。

（3）切削温度高，刀具磨损快　钻削时背吃刀量大（孔的半径），横刃上由于负前角的存在造成挤压和摩擦，切削时产生的切削热多，加之钻削为半封闭切削，切屑不易排出，切削热不易传出，使切削区温度很高，影响刀具寿命。因此，钻削过程中往往采用切削液进行冷却。

上述工艺特点使钻孔加工精度很低，一般尺寸公差等级只能达到 IT13 ~ IT11，表面粗糙度 Ra 值达到 50 ~ 12.5μm。同时，钻削不宜采用较大的切削用量，所以钻削生产率低。

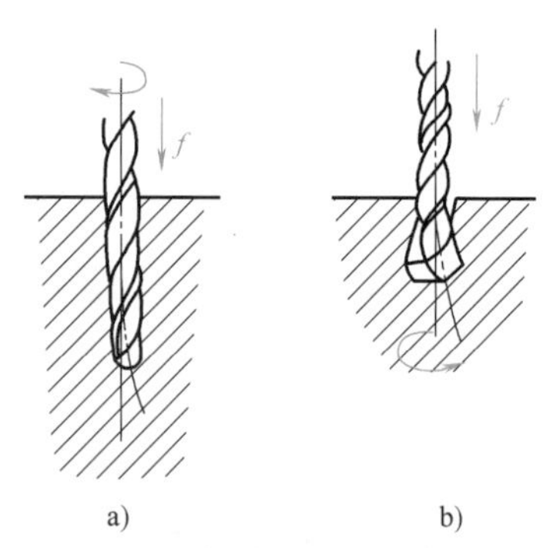

图 8-9　钻孔时的引偏
a）在钻床上钻孔　b）在车床上钻孔

实际生产中，为提高孔的加工精度可采取以下措施：

1）仔细刃磨钻头，使两个主切削刃的长度相等和顶角对称，从而使径向切削力互相抵消，减少钻孔时的歪斜。

2）用刚性好的短钻头，预钻一个小顶角锥形坑，可以起到钻孔时的定心作用（图 8-10a）。

3）用钻模为钻头导向（图 8-10b），这样可减少钻孔开始时的引偏，特别是在斜面或曲面上钻孔时更有必要。

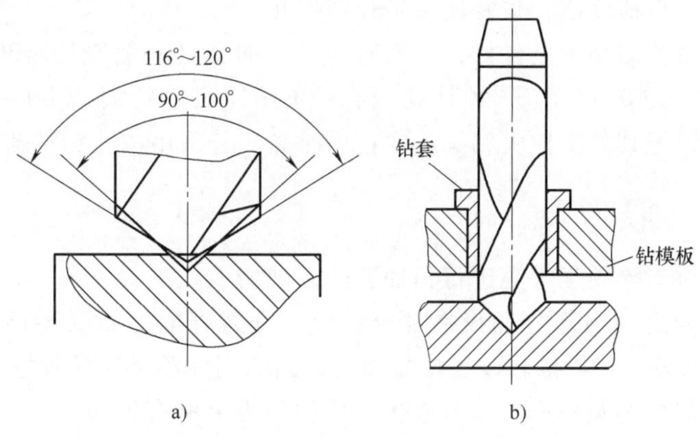

图 8-10 减少引偏的措施

钻孔属于粗加工，所以钻孔可用于精度要求不高的孔的终加工，如螺栓孔、油孔等；也可用于技术要求高的孔的预加工或攻螺纹前的底孔加工。钻孔加工属于定尺寸刀具加工，刀具直径决定了加工孔的直径。受钻头尺寸的限制，一般钻孔直径不大于 80mm。

8.2.2 扩孔

扩孔是用扩孔刀具对工件上已有的孔进行扩大加工（图 8-11），可在钻床、车床、铣床或镗床上进行。常用的扩孔刀具为扩孔钻和钻头。

扩孔钻的结构如图 8-12 所示，其形状和麻花钻相似，但前端为平面，无横刃，刀齿数一般为 3~4 个。扩孔钻钻心粗大，刚度较高；切削部分和棱边比麻花钻多，导向性较好；扩孔时的切削余量小（一般为孔径的 1/8 左右），所需排屑槽浅，切屑细小容易排屑；无横刃影响，切削进给力比钻削时明显减小，切削条件得以改善，因而扩孔加工的质量比钻孔高。

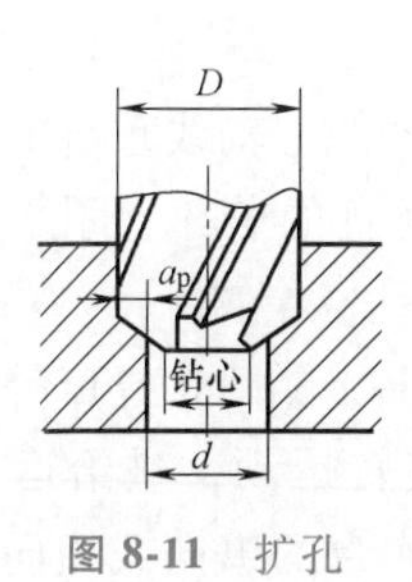

图 8-11 扩孔

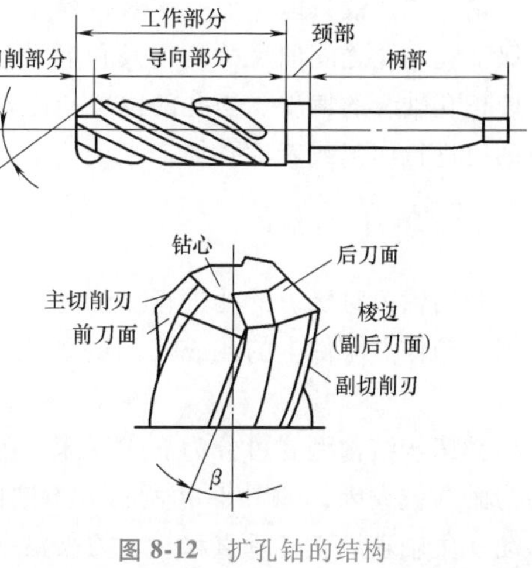

图 8-12 扩孔钻的结构

扩孔是孔的半精加工工序，加工直径范围一般为 10~80mm，尺寸公差等级可达 IT10~IT9，表面粗糙度 Ra 值可达 6.3~3.2μm。对技术要求不太高的孔，可作为终加工；对精度要求高的孔，常作为铰孔前的预加工。在成批或大量生产时，为提高钻削孔、铸锻孔或冲压孔的精度和降低表面粗糙度值，也常使用扩孔钻扩孔。

考虑到扩孔比钻孔的切削条件好，在钻直径较大的孔（一般直径≥30mm）时，可先用小钻头（直径为孔径的 0.5~0.7）预钻孔，然后再用原尺寸的大钻头扩孔。实践证明，这样虽然分两次钻孔，但其效率比大钻头一次钻出时高。若采用扩孔钻扩孔，则效率更高。

8.2.3　铰孔

多工位钻扩铰

铰孔是用铰刀对未淬硬工件孔进行精加工的一种加工方法。

铰刀的工作部分由切削部分和校准部分组成，且为直槽，如图 8-13 所示。铰刀有 6~12 个切削刃，容屑槽较浅，横截面大，因此刚性和导向性较好。切削部分为锥形，校准部分为圆柱形。铰刀修光部分切削刃上留有棱边，其上的前、后角都为 0°，铰孔时校准部分切削刃对孔壁进行挤压和熨平。

铰孔的余量小（粗铰为 0.15~0.35mm，精铰为 0.05~0.15mm），切削力较小；铰孔时的切削速度较低，以避免产生积屑瘤，同时产生的切削热较少。因此，铰孔加工质量比扩孔高，常用于孔的精加工。

钻头、扩孔钻和铰刀都属于定尺寸刀具，其加工孔的尺寸由刀具尺寸决定。为减少刀具数量，该类刀具外径尺寸已标准系列化。因此，当设计相应的孔径时，需要注意应尽量采用标准化尺寸，以便于采购和降低成本。对于中等尺寸以下较精密的孔，钻—扩—铰是一种典型的加工方案，生产率高，尺寸一致性好，在单件小批乃至大批大量生产中均可采用。

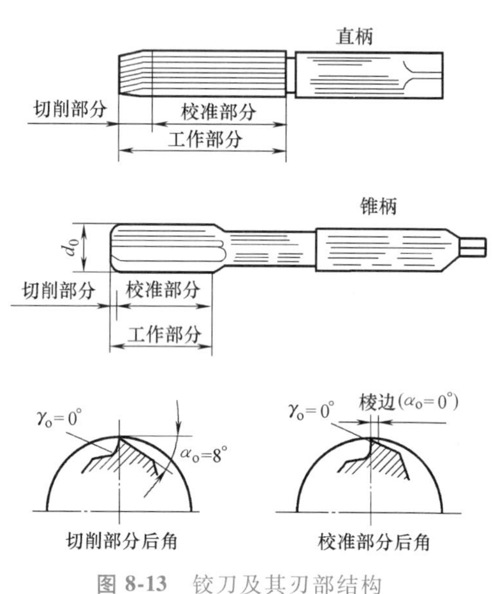

图 8-13　铰刀及其刃部结构

钻、扩、铰只能保证孔本身的精度，而不易保证孔与孔之间的尺寸精度及位置精度，无法校正孔轴线的偏斜。当孔的位置精度要求较高时，孔的位置精度应由前道工序保证，如利用钻模进行加工或者镗孔加工。铰孔不宜加工阶梯孔和不通孔。

8.2.4　镗孔

利用镗刀对已有的孔进行加工的过程称为镗孔。回转类零件上轴线重合的孔多在车床上镗削。箱体类零件上的孔或孔系的加工（要求相互平行或垂直的若干个孔），常在镗床上进行。

镗床按结构型式可分为立式镗床、卧式铣镗床、坐标镗床、专门化镗床等，应用最广泛的为卧式铣镗床，如图 8-14 所示。镗削的主运动是主轴的旋转运动，进给运动有主轴轴向移动、主轴箱沿立柱垂直移动、刀架沿平旋盘径向移动、工作台的纵向或横向移动和圆周转

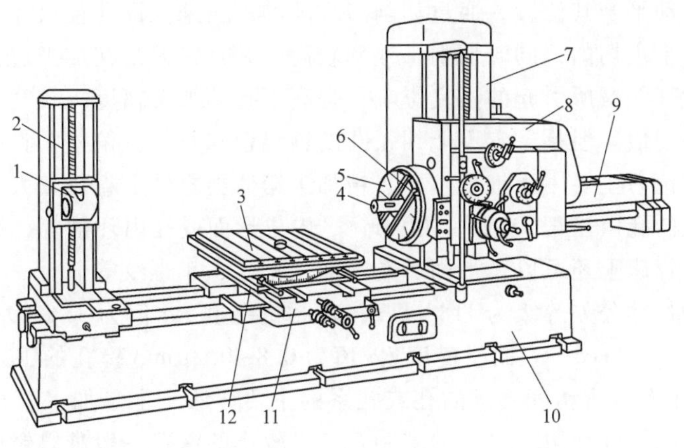

图 8-14 卧式铣镗床

1—后支承 2—后立柱 3—工作台 4—镗轴 5—平旋盘 6—径向导轨 7—前立柱 8—主轴箱 9—尾筒 10—床身 11—下滑座 12—上滑座

动等。

镗刀有单刃镗刀和多刃镗刀之分。

(1) 单刃镗刀 单刃镗刀刀头的结构与车刀类似。图 8-15a 所示为不通孔镗刀，可镗有台阶孔和不通孔；图 8-15b 所示为通孔镗刀。单刃镗刀实际上是一把内孔车刀，只有一个主切削刃。其优点是结构简单、使用方便，既可粗加工，也可半精加工或精加工。操作者通过调整镗刀头可以用一把镗刀加工直径不同的孔，并可纠正原有孔的轴线歪斜或位置偏差。但单刃镗刀的刚性较差，为了减少镗孔时镗刀的变形和振动，必须采用较小的切削用量，加之仅有一个主切削刃参加工作，所以生产率比扩孔和铰孔低。单刃镗刀适用于单件、小批量生产。

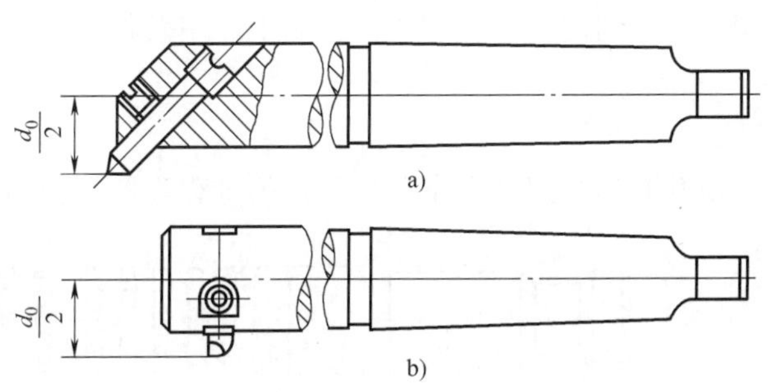

图 8-15 单刃镗刀

a) 不通孔镗刀 b) 通孔镗刀

(2) 多刃镗刀 在多刃镗刀中，常用可调浮动镗刀片，如图 8-16 所示。镗孔时，镗刀片插在镗杆的长方形孔中，并能在垂直于镗杆轴线的方向上自由滑动，由两个对称的切削刃

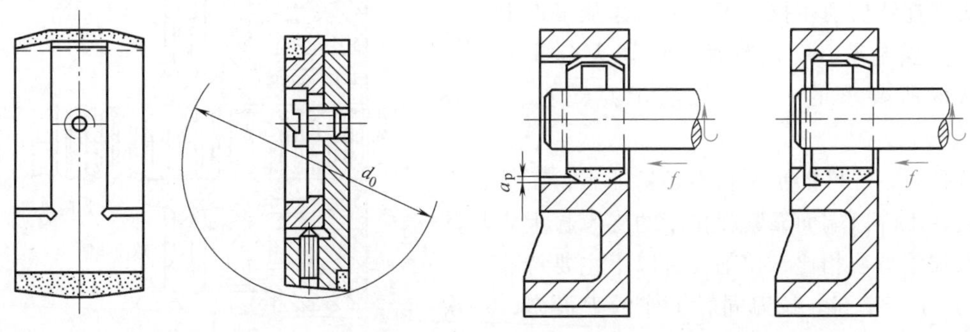

图 8-16 可调浮动镗刀片及工作情况

产生的切削力，自动平衡其位置，通过切削刃之间的距离来保证孔径尺寸。

浮动镗刀有两个主切削刃同时切削，效率较高，并且镗刀片在加工过程中浮动，可抵消刀具安装误差或镗杆偏摆所引起的不良影响，提高了孔的加工精度。较宽的修光刃可修光孔壁，减小表面粗糙度值。但是，它不能纠正孔的轴线歪斜及位置偏差，且镗刀结构复杂，刀具成本较高。浮动镗刀主要用于批量生产、精加工箱体类零件上直径较大的孔。

对于直径较大的孔（一般 $D>80\sim100$mm）、内成形面或孔内环槽等，镗削是唯一合适的加工方法。此外在镗床上还可以车平面、铣端面、钻孔、车螺纹等。

一般精镗孔的尺寸公差等级为 IT8～IT7，表面粗糙度 Ra 值为 1.6～0.8μm；精细镗时，尺寸公差等级可达 IT7～IT6，表面粗糙度 Ra 值为 0.8～0.2μm。镗孔的工艺特点如下：

1）镗孔是加工有位置精度要求的孔或孔系的主要方法，也是加工直径大、精度高的孔的主要手段。受镗孔尺寸和镗杆尺寸的限制，直径较小的深孔一般难以镗削加工。

2）镗孔加工范围广，灵活性大。镗床是一种万能性强、功能多的通用机床。径向尺寸可以调节，用一把刀具就可以加工直径不同的孔；在一次装夹中，既可进行粗加工，也可进行半精加工和精加工；可加工各种结构类型的孔，如不通孔、阶梯孔等。此外，还可以进行部分车削、铣削和钻削加工。

3）与铰孔相比较，由于单刃镗刀刚性较差，且镗刀杆为悬臂布置或支承跨距较大，使切削稳定性降低，因而只能采用较小的切削用量，以减少镗孔时镗刀的变形和振动，同时参与切削的主切削刃只有一个，因而生产率较低，且不易保证稳定的加工精度。

8.2.5 拉孔

拉孔是用拉刀在拉床上加工孔的过程。圆孔拉刀示意图如图 8-17 所示。

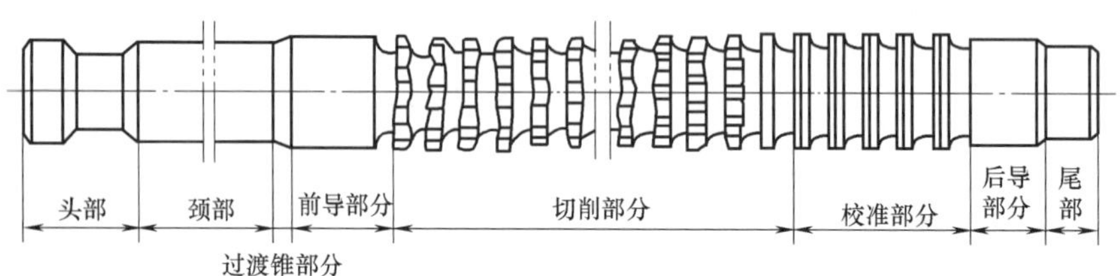

图 8-17 圆孔拉刀示意图

拉刀上分布多个切削齿。拉削时，拉刀沿轴向进行的纵向运动为主运动，进给运动是由后一个刀齿高出前一个刀齿（齿升量）来完成的，从而实现连续切削。拉刀每一个刀齿从工件上切去薄薄的一层金属，一次行程即可切去全部加工余量，获得所要求的表面。拉削示意图如图 8-18 所示。

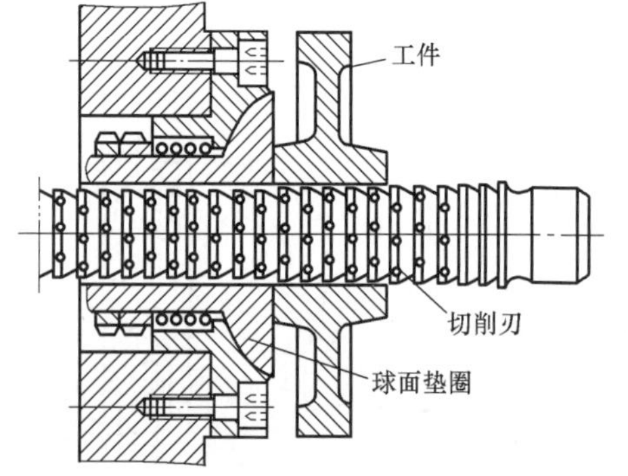

图 8-18 拉削示意图

拉孔时，工件的预制孔不必精加工，工件也无须夹紧，工件以端面靠紧在拉床的支承板上。与其他切削加工方法相比，拉削具有以下主要特点：

1）生产率高。拉刀同时工作的刀齿多，一次行程就能够完成粗、精加工。

2）拉刀寿命长。拉削速度低，每齿切削厚度很小，切削力小，切削热也少，并且拉刀可以多次刃磨。

3）加工精度高。拉削速度低，不易产生积屑瘤；校准部分的多个刀齿对加工表面起刮光和熨平作用。拉削的尺寸公差等级一般可达 IT8～IT7，表面粗糙度 Ra 值为 0.8～0.4μm。但是，拉孔时，工件以被加工孔自身定位（拉刀前导部分就是工件的定位元件），拉孔不易保证孔与其他表面的相互位置精度；对于那些内外圆表面具有同轴度要求的回转体零件的加工，往往都是先拉孔，然后以孔为定位基准加工其他表面。

4）拉床只有一个主运动（直线运动），结构简单，操作方便。

5）加工范围广。拉削不但可以加工圆形及其他形状复杂的通孔，还可以加工平面及其他没有障碍的外表面，如图 8-19 所示。但是拉削不能加工台阶孔、不通孔和薄壁孔。

6）拉刀成本高，刃磨复杂。一般用于大批量生产中加工孔径为 ϕ10～ϕ80mm、孔深不超过孔径 5 倍的中小零件上的通孔。在单件、小批量生产中，对于某些精度要求较高、形状特殊的成形表面，用其他方法加工困难时，也有采用拉削加工的，如几米长的大炮炮管精度要求特别高，可以用拉削作为最终加工工序。

图 8-19 拉削加工的各种表面举例

8.2.6 磨孔

磨孔是孔的精加工方法之一。磨孔可以在内圆磨床或万能外圆磨床上进行。目前应用的内圆磨床多是卡盘式的，工件安装在卡盘上做低速旋转进给运动，装在砂轮架上的砂轮做高速旋转主运动。另外，砂轮还可做轴向直线往返进给运动和周期性的径向进给运动。内圆磨床可以加工圆柱面、圆锥面和成形内圆面等，也可以磨削端面，如图 8-20 所示。

·磨内圆表面

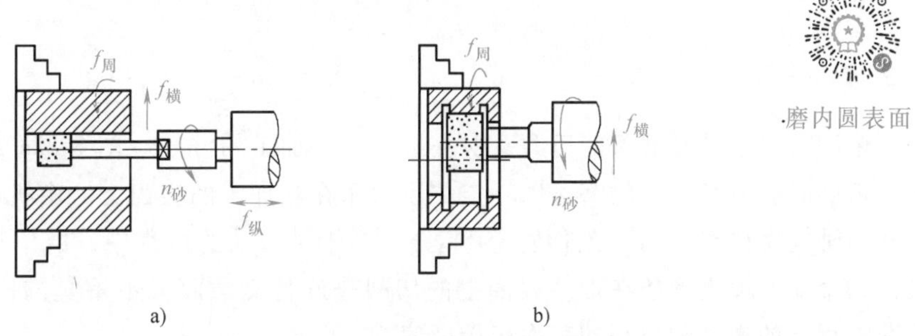

图 8-20 磨孔的方法

a）纵磨法磨孔 b）横磨法磨孔

与外圆面磨削相似，内孔磨削也可以采用纵磨法、横磨法和综合磨法，其加工特点与外圆磨削相似。磨孔的砂轮直径较小，而转速又不能太高，其线速度很难达到正常的磨削速度（>30m/s）；砂轮轴刚性差，不宜采用较大的进给量和背吃刀量；切削液不易注入磨削区，工件易发热变形；砂轮直径小、磨损快、易堵塞，需要经常更换和修整砂轮，增加辅助时间，因此磨孔的质量和生产率均不如外圆磨削。

内孔磨削可达到的尺寸公差等级为IT7~IT6，表面粗糙度 Ra 值为0.8~0.2μm。

磨孔的工艺特点如下：

1）可磨削淬硬钢以及硬质合金、陶瓷等难切削材料。

2）不仅能保证孔本身的尺寸精度和表面质量，还可以提高孔轴线的直线度，纠正孔的位置偏差。

3）适应性好，可以磨削加工通孔、不通孔，孔径尺寸不受限制。

4）生产率比铰孔低，比拉孔更低。

磨孔加工一般只用于单件、小批量生产，特别是对淬硬零件上孔的精加工。

8.2.7　研磨孔

研磨孔是孔的光整加工方法，需要在精镗、精铰或精磨后进行。研磨后孔的尺寸公差等级可提高到IT6~IT4，表面粗糙度 Ra 值为0.1~0.008μm，圆度和圆柱度也相应提高。

研磨孔所用的研具材料、研磨剂、研磨余量等均与研磨外圆类似。在车床上研磨套类零件上孔的方法如图8-21所示，图中研具为可调式研磨棒。研磨前，套上工件，将研磨棒安装在车床上，涂上研磨剂，调整研磨棒直径使其对工件有适当的压力，即可进行研磨。研磨时，研磨棒旋转，手握工件往复移动。

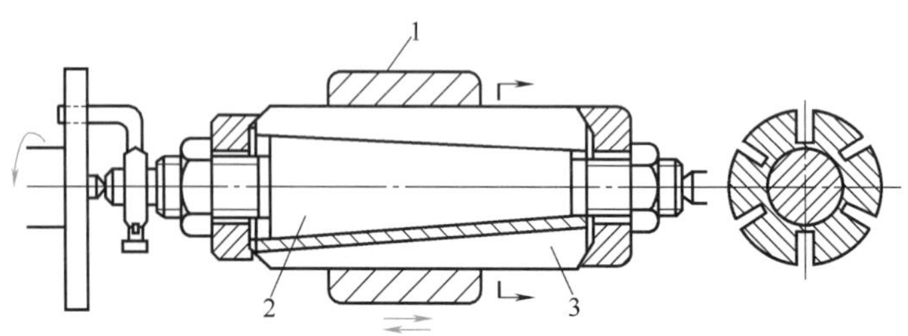

图8-21　在车床上研磨套类零件上孔的方法

1—工件（手握）　2—研磨棒　3—研套

8.2.8　珩磨孔

珩磨是利用带有磨条的珩磨头对孔进行光整加工的方法。图8-22a是珩磨头的结构示意图。珩磨时，珩磨头上的磨条以一定的压力压在被加工的表面上，由机床主轴带动珩磨头旋转并沿轴向做往复运动（工件固定不动）。在相对运动的过程中，磨条从工件表面切除一层极薄的金属，加之磨条在工件表面上的切削轨迹是交叉而又不重复的网纹（图8-22b），故可获得很高的精度和很小的表面粗糙度值。

为了及时地排出切屑和切削热，降低切削温度和减小表面粗糙度值，珩磨时要浇注充分的切削液。珩磨铸铁和钢件时，通常用煤油加少量的机油作为切削液；珩磨青铜时，可以用

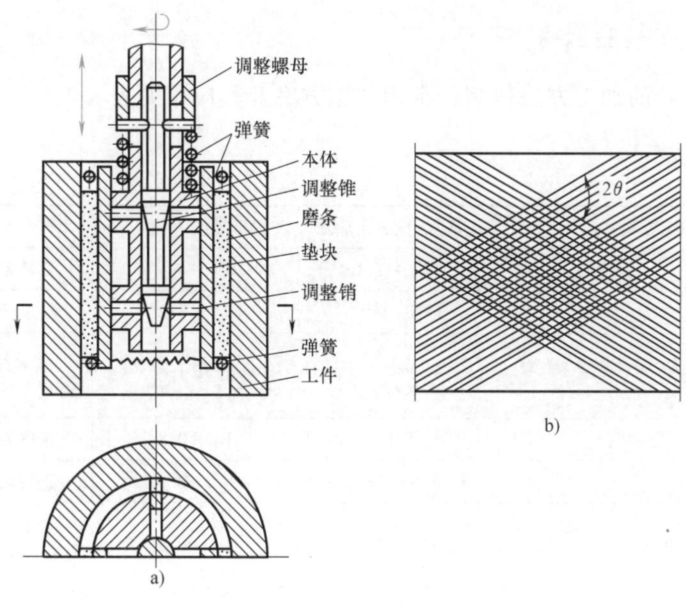

图 8-22 珩磨头及切削轨迹示意图

水作为切削液或不加切削液。

在大批大量生产中，珩磨在专用的珩磨机上进行。机床的工作循环是半自动的，主轴旋转是机械传动，而其轴向往复运动是液压传动；珩磨头磨条与孔壁间的工作压力由机床液压装置调节。在单件、小批量生产中，常将立式钻床或卧式车床进行适当改造，来完成珩磨加工。

珩磨的特点如下：

1）生产率较高。珩磨时有多个磨条同时工作，并且经常连续变化方向，能较长时间保持磨粒锋利，所以珩磨效率较高。因此，珩磨的余量比研磨时稍大，一般珩磨铸铁时为0.02~0.15mm，珩磨钢件时为0.005~0.08mm。

2）珩磨可提高孔的表面质量、尺寸和形状精度，但不能提高孔的位置精度。因此，在珩磨前孔的精加工中，必须保证其位置精度。

3）珩磨表面耐磨损。由于已加工表面有交叉网纹，利于油膜的形成，故润滑性能好，磨损慢。

4）不宜加工有色金属。珩磨实际上是一种磨削，为避免磨条堵塞，不宜加工塑性大的有色金属零件。

5）珩磨头结构复杂，调整所需时间长。

珩磨孔是对孔进行的较高效率的光整加工方法，需在磨削或精镗的基础上进行，能加工直径为5~500mm或更大的孔，并且能加工深孔。珩磨不仅在大批大量生产中应用普遍，而且在单件、小批量生产中应用也较广泛。对于某些零件的孔，珩磨已成为典型的光整加工方法。例如，飞机、汽车、拖拉机发动机的气缸、缸套、连杆，以及液压缸、炮筒等。

珩磨后孔的尺寸公差等级可达IT6~IT5，表面粗糙度 Ra 值为0.2~0.025μm，孔的形状精度也相应提高。

8.2.9 孔加工方案的选择

内孔加工方案的选择

由上述可知，孔的加工方法很多，常用加工方案及其应用见表 8-2。

表 8-2 在实体材料上加工孔的方案及其应用

序号	加工方案	经济尺寸公差等级	表面粗糙度 Ra 值/μm	适用范围
1	钻	IT12~IT11	12.5~6.3	低精度的螺栓孔、油孔等
2	钻—扩	IT10~IT9	6.3~3.2	精度要求不高的未淬火孔
3	钻—扩—铰	IT8	3.2~1.6	直径较小的未淬硬孔，如销孔
4	钻—扩—粗铰—精铰	IT7	1.6~0.8	精度要求较高的未淬硬孔
5	钻—粗镗	IT9~IT8	6.3~3.2	直径较大的未淬硬孔
6	钻—粗镗—精镗	IT8~IT7	1.6~0.8	直径较大的未淬硬孔，精度要求较高
7	钻—粗镗—精镗—精细镗	IT7~IT6	0.8~0.1	直径较大的未淬硬孔，精度要求更高
8	钻—扩（粗镗）—磨	IT8	1.6~0.8	精度要求较高的淬硬孔
9	钻—扩（粗镗）—粗磨—精磨	IT7~IT6	0.4~0.2	精度要求更高的淬硬孔
10	钻—扩（镗）—磨—珩磨	IT7~IT6	0.1~0.025	气缸、液压缸孔等
11	钻—扩（镗）—磨—研磨	IT7~IT6	≤0.2	高精度孔
12	钻—拉	IT8~IT7	0.8~0.4	未淬硬孔，大批量生产

8.3 平面的加工

平面是组成平板、支架、箱体、机座等零件的主要表面之一。平面在机械零件中常见的类型有：

1）非结合面，这类平面只有在外观或防腐蚀上有要求时，才进行加工。

2）结合面和重要结合面，如零件的固定连接平面等。

3）导向平面，如机床的导轨面等。

4）精密测量工具的工作面等。

平面的主要技术要求有：①几何形状精度，如平面度、直线度；②各表面间的位置精度，如平行度、垂直度等；③表面质量，如表面粗糙度、表面加工硬化、残余应力及金相组织等。平面本身无尺寸精度，但平面与平面或与其他表面间一般有尺寸精度或位置精度要求。

根据平面的技术要求以及零件的结构形状、尺寸、材料和毛坯的种类，考虑热处理等因素，结合具体的加工条件，平面可分别采用车、铣、刨、磨、拉等方法加工。要求更高的精密平面，可以用刮研、研磨等进行光整加工；回转体零件的端面，多采用车削和磨削加工；其他类型的平面，以铣削或刨削加工为主。拉削适用于在大批大量生产中加工技术要求较高的中小尺寸平面，淬硬的平面则必须用磨削加工。

8.3.1 车平面

平面车削适用于回转体零件的端面加工，如盘、套、齿轮、阶梯轴的端面。这些零件的端面大多数与其外圆面、内孔有垂直度要求，并且和其他端面间有平行度要求，车削能保证这些要求。

单件、小批量生产的中小型零件在卧式车床上加工，重型零件可在立式车床上加工。车削后两平面间的尺寸公差等级一般可达 IT8~IT7，表面粗糙度 *Ra* 值为 6.3~1.6μm。

8.3.2 刨平面

牛头刨床运动

刨平面

刨削加工

在刨床上利用刨刀进行的切削加工称为刨削，刨平面是平面加工常用的方法。刨削时的主运动为直线往复运动，进给运动是间歇运动。常见的刨床有牛头刨床、龙门刨床和插床。牛头刨床和龙门刨床都是水平刨削，插床是垂直刨削。刨削加工的工艺特点如下：

1）通用性好。机床结构简单，操作方便。刨刀为单刃刀具，制造方便，容易刃磨出合理的几何角度。所以机床、刀具的费用低。

2）生产率较低。因为刨刀回程时不切削，一般只用单刃刨刀进行加工，刨刀在切入、切出时产生较大的振动，因而主运动速度不能太高，所以生产率较低。刨削一般用在单件、小批量或修配生产中。但是，当加工狭长平面、长直槽，以及在龙门刨床上采用多工件、多刨刀加工时生产率也较高。

3）加工质量较低。精刨平面的尺寸公差等级一般可达 IT9~IT8，表面粗糙度 *Ra* 值为 6.3~1.6μm。

牛头刨床只适用于加工中小型零件；龙门刨床主要用于加工大中型零件，或一次安装几个中小型零件，进行多件同时刨削。

刨削可以完成多种表面的加工，如平面、V 形槽、燕尾槽、T 形槽及成形表面等，如图 8-23 所示。在刨床上加工床身、箱体等平面，易于保证各表面之间的位置精度。插床又称为立式牛头刨床，主要用来加工工件的内表面，如键槽（图 8-24）、花键槽等，也可用于

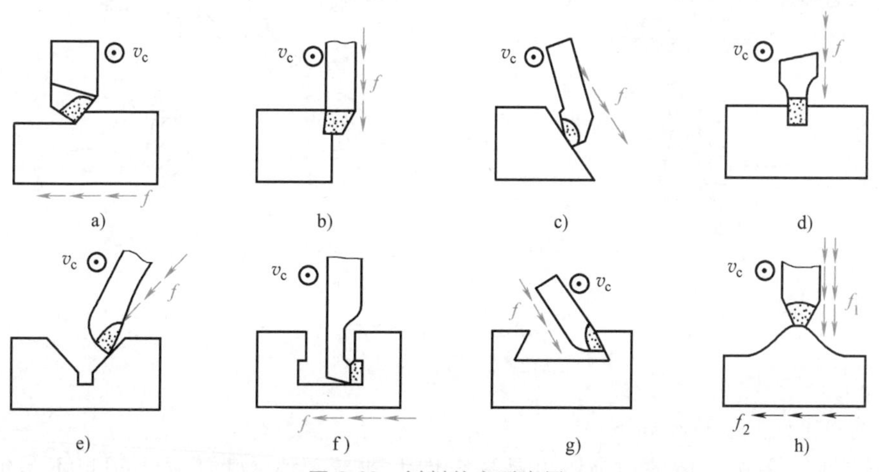

图 8-23 刨削的主要应用

a）刨水平面 b）刨垂直面 c）刨斜面 d）刨直槽 e）刨 V 形槽 f）刨 T 形槽 g）刨燕尾槽 h）刨成形面

加工多边形孔，如四方孔、六方孔等，特别适于加工不通孔或有障碍台阶的内表面。

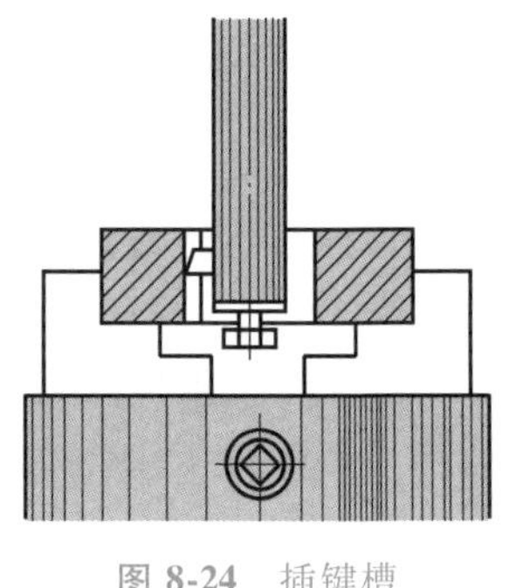

图 8-24　插键槽

8.3.3　铣平面

铣削加工

铣削是平面加工的主要方法之一。铣削时，铣刀的旋转运动是主运动，工件随工作台的运动是进给运动。常用的铣削设备有卧式或立式升降台铣床及龙门铣床。卧式或立式铣床适用于中小型零件的单件、小批量生产；龙门铣床有两个卧式铣头和两个立式铣头，可以同时加工多个平面，生产率较高，适用于大型零件加工，或同时加工多个中小型零件，多应用于成批、大量生产。

1. 平面的铣削方式

铣平面时，有周铣和端铣两种方法。周铣是用圆柱铣刀的圆周刀齿铣平面，端铣是用面铣刀的端部刀齿铣平面，如图 8-25 所示。

周铣平面

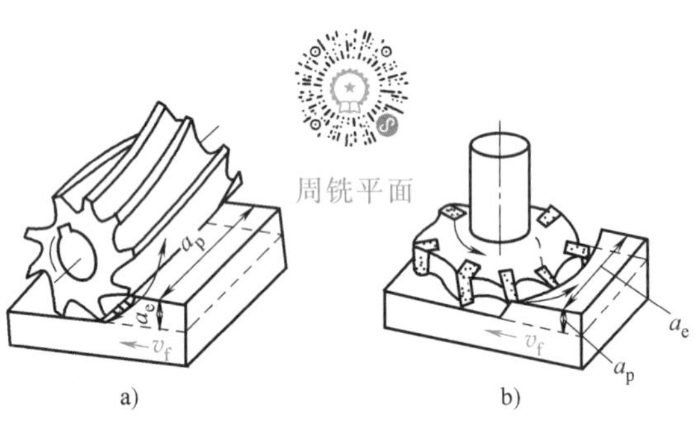

图 8-25　周铣和端铣
a）周铣　b）端铣

（1）周铣　用周铣铣平面又可以分为逆铣和顺铣。在切削部位铣刀的旋转方向与工件的进给方向相反时称为逆铣（图 8-26a）；在切削部位铣刀的旋转方向与工件的进给方向相同时称为顺铣（图 8-26b、c）。

逆铣

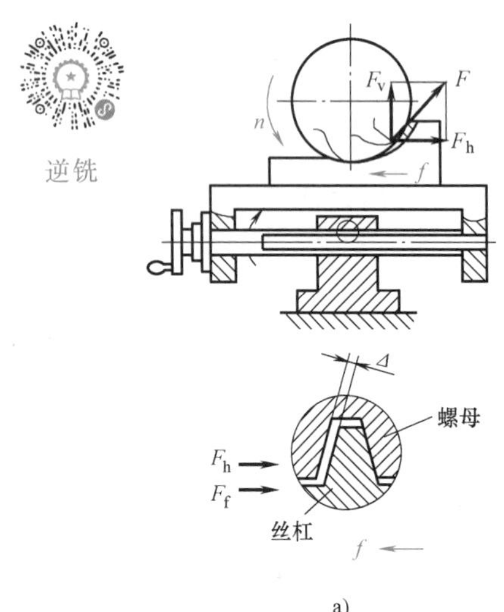

顺铣

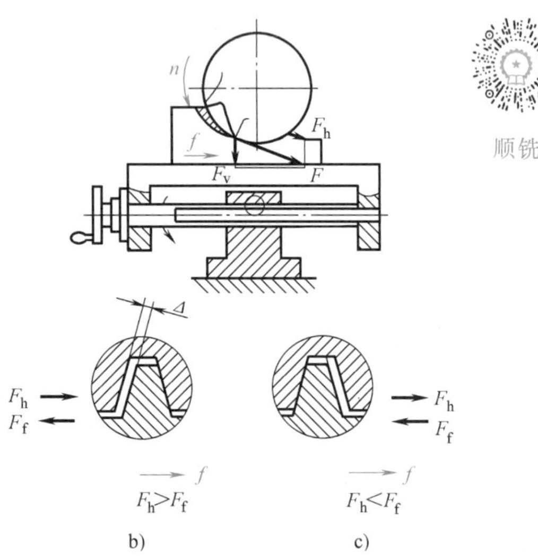

图 8-26　逆铣和顺铣
a）逆铣　b）、c）顺铣

与顺铣相比，逆铣特点如下：

1）逆铣时，每个刀齿的切削厚度是从零增大到最大值。由于铣刀刃口不是绝对尖锐的，在刀齿切入工件初期，会在工件表面上挤压、滑行，使刀齿与工件之间的摩擦增大，加

速刀具磨损，同时也使表面质量下降。顺铣时，每个刀齿的切削厚度是由最大值减小到零，从而避免了上述缺点。

2）逆铣时，铣削力上抬工件，而顺铣时，铣削力将工件压向工作台，减小了工件振动的可能性，尤其铣削薄而长的工件时，更为有利。

由上述分析可知，为提高刀具寿命、工件表面质量以及增加工件夹持的稳定性，一般采用顺铣法为宜。但是顺铣时，忽大忽小的水平分力 F_h 与工件的进给方向相同，由于工作台进给丝杠与紧固螺母之间一般都存在间隙，当水平分力 F_h 值较小时，丝杠与螺母之间的间隙位于右侧（图 8-26c），而当水平分力 F_h 值足够大时，就会将工件连同丝杠一起向右拖动，使丝杠与螺母之间的间隙位于左侧（图 8-26b）。由于 F_h 的大小变化会使工作台忽左忽右来回窜动，造成切削过程不平稳，严重时会打刀甚至损坏机床。而逆铣时，水平分力 F_h 与进给方向相反，铣削过程中工作台丝杠始终压向螺母，不会因为间隙的存在而引起工作台窜动。若能消除间隙（如 X6132 型铣床设有丝杠螺母间隙调整机构），采用顺铣法更合适。

（2）端铣　端铣法可以通过调整铣刀和工件的相对位置，调节刀齿切入和切出时的切削厚度，达到改善铣削过程的目的。端铣分为对称铣（图 8-27a）、不对称逆铣（图 8-27b）和不对称顺铣（图 8-27c）。

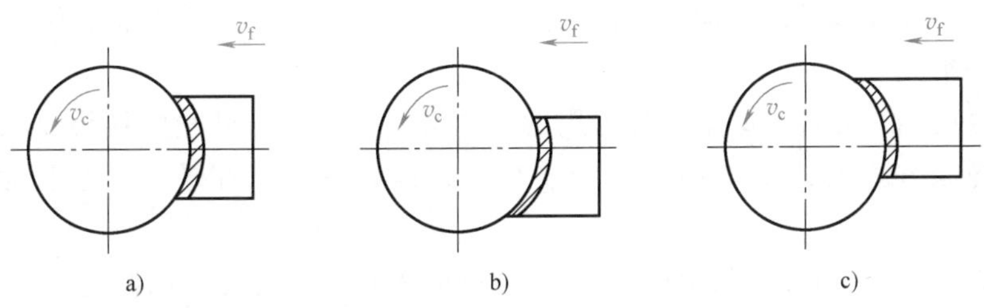

图 8-27　端面铣削方式

a）对称铣　b）不对称逆铣　c）不对称顺铣

2. 周铣法与端铣法的比较

1）端铣的加工质量比周铣好。周铣时，同时参加工作的刀齿一般只有 1~2 个，而端铣时同时参加工作的刀齿多，切削力变化小，因此端铣的切削过程比周铣时平稳；面铣刀的刀齿切入和切出工件时，虽然切削厚度较小，但不像周铣时切削厚度变为零，从而改善了刀具后刀面与工件的摩擦状况，延长了刀具寿命，并可减小表面粗糙度值；端铣时还可以利用修光刀齿修光已加工表面，因此端铣可达到较小的表面粗糙度值。

2）端铣的生产率比周铣高。这是因为面铣刀一般直接安装在铣床的主轴端部，悬伸长度较小，刀具系统的刚性好，而圆柱铣刀安装在细长的刀轴上，刀具系统的刚性远不如面铣刀；同时，面铣刀可以方便地镶装硬质合金刀片，而圆柱铣刀多采用高速工具钢制造。所以，端铣时可以采用高速铣削，极大地提高了生产率，同时还可以提高已加工表面的质量。

3）周铣的适应性好于端铣。周铣可以使用多种结构型式的铣刀铣削斜面、各种沟槽、齿形、成形表面和切断等，而端铣只能用于平面加工。

3. 铣削的工艺特点

（1）生产率较高　铣刀是典型的多齿刀具，铣削时有几个刀齿同时参加工作，总的切削宽度较大。铣削的主运动是铣刀的旋转，有利于采用高速铣削，所以铣削的生产率一般比刨削高。

（2）容易产生振动 铣刀的刀齿在切入和切出时会产生冲击，每个刀齿的切削厚度随刀齿的运动而发生变化，切削面积和切削力也随之变化，使铣削过程不平稳，容易产生振动。铣削过程的不平稳性，限制了铣削加工质量和生产率的进一步提高。

（3）刀齿散热条件较好 铣刀刀齿在切离工件的一段时间内，可以得到一定的冷却，散热条件较好。但是，切入和切出时热和力的冲击，将加速刀具的磨损，甚至可能引起硬质合金刀片的碎裂。

铣平面的尺寸公差等级一般可达 IT9～IT7，表面粗糙度 Ra 值为 6.3～1.6μm。

8.3.4 拉平面

拉平面是使用平面拉刀对小平面加工的方法，多用于大批大量生产中。平面拉削的工艺特点与拉孔基本相同。

8.3.5 磨平面

平面磨削适用于淬硬工件及具有平行表面的零件的精加工。平面磨削主要在平面磨床上加工，在外圆磨床上和内孔磨床上也可加工端面。平面磨削常采用电磁吸盘安装工件，操作简单且能很好地保证基准面与加工表面之间的平行度要求。用平面磨床磨削平面时，分为周磨和端磨两种形式。

利用砂轮的圆周面进行磨削，称为周磨。周磨时，工件与砂轮的接触面积小、发热少、排屑与冷却效果好。因此加工精度高、质量好，但效率低，在单件、小批量生产中应用较广。

利用砂轮的端面进行磨削，称为端磨。端磨时砂轮垂直安装，悬伸短、刚性好、允许较大的磨削用量，且砂轮与工件的接触面积大，故生产率较高。但端磨时磨削热较大、切削液难以进入切削区，易使工件受热变形，砂轮磨损不均匀，影响加工精度。一般用于批量零件平面的磨削加工。

平面磨床的工作台有圆形和矩形两种，如图 8-28 所示。

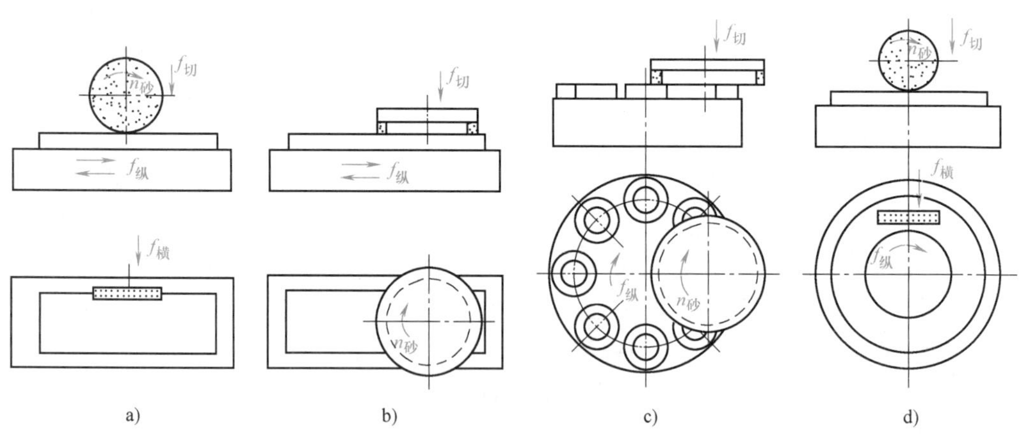

图 8-28 平面磨削的形式

a）卧轴矩台周磨 b）立轴矩台端磨 c）立轴圆台端磨 d）卧轴圆台周磨

平面磨削常作为刨削或铣削后的精加工，特别适用于磨削淬硬工件，以及具有平行表面的零件（如滚动轴承环、活塞环等）。经磨削，两平面之间的尺寸公差等级可达 IT7～IT6，表面粗糙度 *Ra* 值为 0.8～0.2μm，平面度一般为 6～5 级。

8.3.6 研磨平面

研磨是平面的光整加工方法之一，一般在磨削之后进行。研磨平面的研具为带有槽的平板和光滑的平板。前者用于粗研，后者用于精研。研磨时，在平板上涂以适当的研磨剂，工件沿平板的全部表面以 8 字形或直线相结合的运动轨迹进行研磨，目的是使磨料不断在新的方向起研磨作用。

研磨后两平面之间的尺寸公差等级可达 IT5～IT3，表面粗糙度 *Ra* 值为 0.1～0.008μm。研磨还可以提高平面的形状精度，对于小型平面，研磨还可以减小平行度误差。

平面研磨主要用来加工小型精密平板、平尺、量块以及其他精密零件的表面。单件、小批量生产一般用手工研磨，大批大量生产多用机器研磨。

8.3.7 平面加工方案的选择

平面加工方案的选择

常用的平面加工方案及其应用见表 8-3，主要根据毛坯种类、精度要求、平面的形状尺寸、材料性能等因素来选择。

表 8-3 常用的平面加工方案及其应用

序号	加工方案	经济尺寸公差等级	表面粗糙度 *Ra* 值/μm	适用范围
1	粗车、粗铣或粗刨	IT12～IT11	50～12.5	低精度平面
2	粗车—半精车	IT10～IT9	6.3～3.2	回转类零件中等精度端面
3	粗车—半精车—精车(磨削)	IT8～IT7	1.6～0.8	回转类零件高精度端面
4	粗铣(刨)—半精铣(刨)	IT10～IT9	6.3～3.2	未淬火钢一般精度平面
5	粗铣(刨)—半精铣(刨)—精铣(刨)	IT8～IT7	1.6～0.8	未淬火钢中等精度平面
6	粗铣(刨)—半精铣(刨)—粗磨—精磨	IT7～IT6	0.8～0.2	精度较高的平面
7	粗铣(刨)—半精铣(刨)—粗磨—精磨—研磨	IT6～IT5	0.1～0.025	高精度平面
8	粗拉—精拉	IT8～IT6	1.6～0.4	小平面,大批量生产

8.4 特形表面的加工

特形表面是指除简单几何表面以外的、机械零件上常见的面，如手柄、凸轮成形面、螺纹及齿形等。

8.4.1 成形面加工

与其他表面类似，成形面的技术要求也包括尺寸精度、形状精度、位置精度及表面质量等。成形面的加工方法一般有车削、铣削、刨削、拉削和磨削等。这些加工方法可归纳为以下两种基本方式。

1. 用成形刀具加工

用切削刃形状与工件轮廓相符合的刀具，直接加工出成形面。例如，用成形车刀车成形面（图 8-29），用成形刨刀刨削成形面。

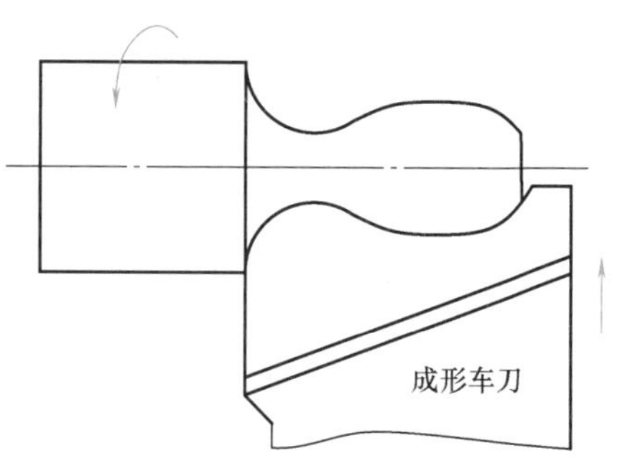

图 8-29 成形刀法车成形面

用成形刀具加工成形面，不需要对机床进行改造，操作简便。但是刀具的制造和刃磨比较复杂（特别是成形铣刀和拉刀），成本较高。受工件成形面尺寸的限制，这种方法不宜用于加工刚性差而成形面较宽的工件。

2. 利用刀具和工件做特定的相对运动加工

利用手动、液压仿形装置或数控装置等来控制刀具与工件之间特定的相对运动，从而实现成形面的加工。图 8-30 所示为靠模法车成形面。

利用刀具和工件做特定的相对运动来加工成形面，刀具比较简单，并且加工成形面的尺寸范围较大。但是，机床的运动和结构都较复杂，成本也高。

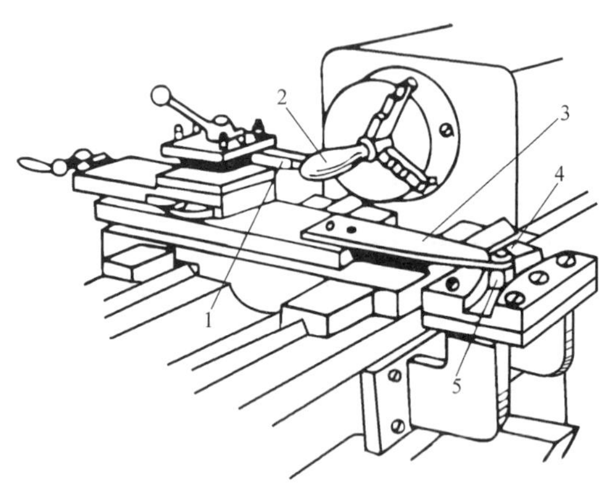

图 8-30 靠模法车成形面

1—车刀 2—工件 3—连接板 4—靠模 5—滑块

成形面的加工方法应根据零件的尺寸、形状及生产批量来选择。小型回转体零件上形状不太复杂的成形面，在大批大量生产时，常用成形车刀在自动或半自动车床上加工；批量较小时，可用成形车刀在普通车床上加工。成形的直槽和螺旋槽等，一般可用成形铣刀在万能铣床上加工。尺寸较大的成形面，大批大量生产时，多采用仿形车床或仿形铣床加工；单件小批生产时，可借助样板在普通车床上加工，或者依据划线在铣床或刨床上加工，但这种方法加工的质量和效率较低；为了保证加工质量和提高生产率，在单件小批生产中，可应用数控机床加工成形面。大批大量生产中，为了加工一定的成形面，常常专门设计和制造专用的拉刀或专门化的机床，如加工凸轮轴上凸轮的凸轮轴车床、凸轮轴磨床等。对于淬硬的成形面，或精度高、表面粗糙度值小的成形面，其精加工则要采用磨削，甚至要用光整加工。

8.4.2 螺纹加工

1. 螺纹的分类

螺纹是一种特定的成形面，它有多种类型，若按用途不同，可分为如下两类：

（1）连接螺纹 它用于零件间的固定连接。常见的普通螺纹和管螺纹均属于连接螺纹。其螺纹截面形状多呈三角形，摩擦力大，利于自锁。米制螺纹牙型角为 60°，寸制螺纹牙型角为 55°。对普通螺纹的主要要求是可旋入性和连接的可靠性；对管螺纹的主要要求是密封性和连接的可靠性。

（2）传动螺纹　它用于传递动力、运动和位移，如机床的丝杠螺纹和测微螺杆的螺纹等，其牙型为梯形、矩形或锯齿形，强度高，利于传递动力。对传动螺纹的主要要求是传动准确、可靠、螺纹牙侧表面接触良好及耐磨等。

2. 螺纹的技术要求

对于连接螺纹和无传动精度要求的传动螺纹，一般只要求中径和顶径（外螺纹的大径或内螺纹的小径）的精度。

对于有传动精度要求或用于读数的螺纹，除要求中径和顶径的精度外，还要求螺距和牙型角的精度。此外，对螺纹表面的粗糙度和硬度等，也有较高的要求。

3. 螺纹的加工方法

螺纹的加工方法有车削、铣削、攻螺纹与套螺纹、滚压、磨削、研磨等。

螺纹加工的切削运动要点：工件每转过一转，刀具相对于工件沿轴向位移为一个导程。其加工可以用手工操作，也可以在车床、钻床、螺纹铣床、螺纹磨床、滚丝机、搓丝机等机床上利用不同的刀具进行。

（1）攻螺纹和套螺纹　单件、小批量生产时，利用手用丝锥攻螺纹；批量较大时，利用机用丝锥在车床、钻床或攻螺纹机上攻螺纹。对于小尺寸的内螺纹，攻螺纹几乎是唯一有效的加工方法。套螺纹一般用于螺纹直径不大于 16mm 的场合，按批量大小或手工操作或在机床上加工。

攻螺纹和套螺纹应用较广，但因其加工精度较低，主要用于加工精度要求不高的普通螺纹。

（2）车螺纹　单件、小批量生产时，用具有螺纹牙型廓形的成形车刀在卧式车床上车削各种内、外螺纹，特别适于加工尺寸较大的螺纹。这种方法适应性广、刀具简单，但生产率低，加工质量取决于机床、刀具的精度及工人的技术水平，材料硬度低于 30~50HRC。

批量较大时，则常采用螺纹梳刀车削，以提高生产率。螺纹梳刀（图 8-31）是一种多齿的螺纹车刀，只需一次进给即可车出全部螺纹。螺纹梳刀分为平体、棱体和圆体三种，以圆体螺纹梳刀最为常用。梳刀具有主偏角，可使切削负荷均匀分布在多个刀齿上，使刀齿磨损均匀。但螺纹梳刀一般不能加工精密螺纹和螺纹附近有轴肩的工件。

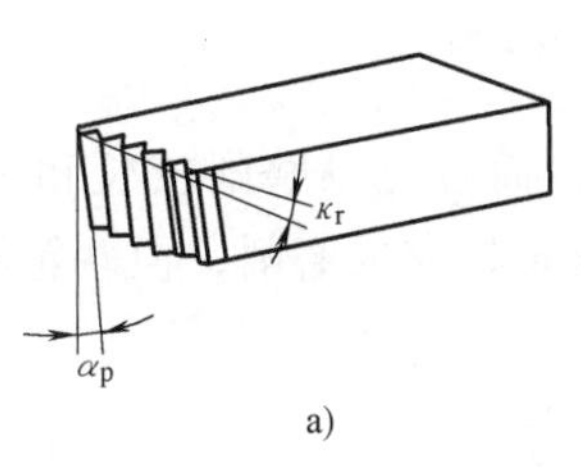

a)

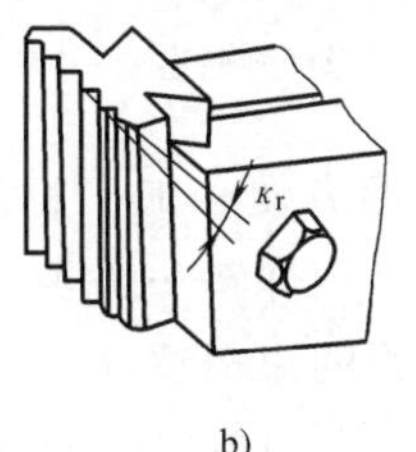

b)

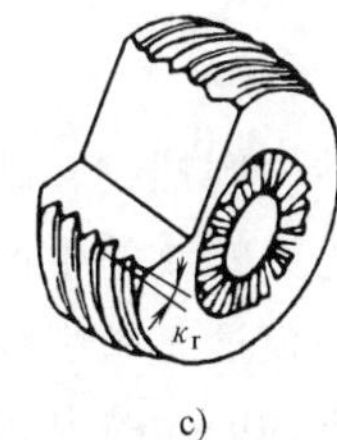

c)

图 8-31　螺纹梳刀

a）平体螺纹梳刀　b）棱体螺纹梳刀　c）圆体螺纹梳刀

（3）铣螺纹　铣螺纹比车螺纹的生产率高，在成批和大量生产中应用较广。铣螺纹一般需在专用螺纹铣床上进行。按铣刀的结构不同，铣螺纹有两种方法：

1）盘形螺纹铣刀铣削。一般用于铣削螺距较大的传动螺纹。铣削时，铣刀轴线相对于工件轴线倾斜 λ 角（螺纹升角），如图 8-32 所示。由于加工精度较低，所以只用于粗加工。

2）梳形螺纹铣刀铣削。一般用于加工短而螺距不大的三角形内、外螺纹。梳刀切削部分长度应大于工件被切的螺纹长度（图 8-33）。加工时工件只需转一圈多一点，即可切出全部螺纹，生产率很高；同时，不需要退刀槽，即可加工靠近轴肩或不通孔底部的螺纹。缺点是加工精度低。

（4）磨螺纹　螺纹磨削是高精度的螺纹加工方法，常用于淬硬螺纹的精加工。如精密螺杆、丝锥、滚丝轮、螺纹量规等，以修正因热处理而引起的变形。

磨螺纹一般在螺纹磨床上进行。磨前需用车、铣等方法粗加工；对于小尺寸的精密螺纹，也可不经过粗加工直接磨出。依照砂轮形状的不同，外螺纹磨削分为单线砂轮磨削（图 8-34a）和梳形砂轮磨削（图 8-34b）。

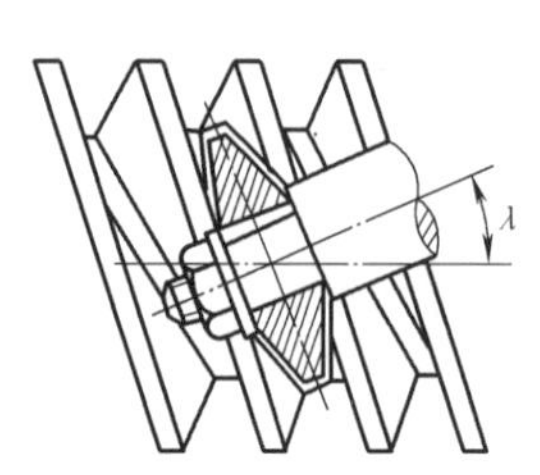

图 8-32　盘形螺纹铣刀铣螺纹

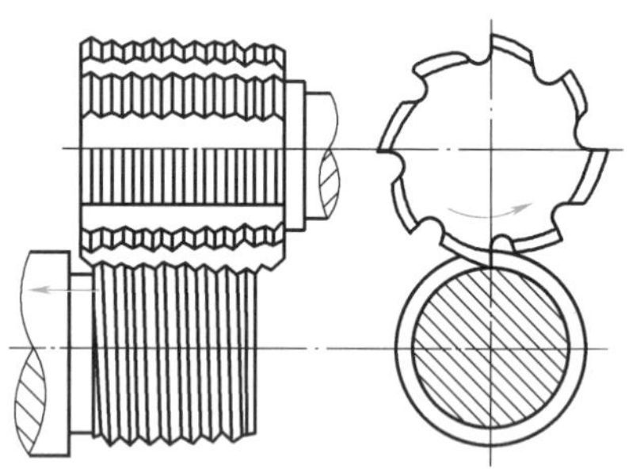

图 8-33　梳形螺纹铣刀铣螺纹

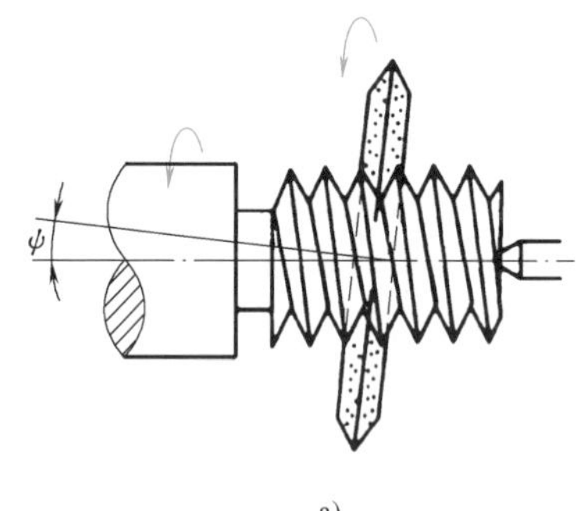

a)

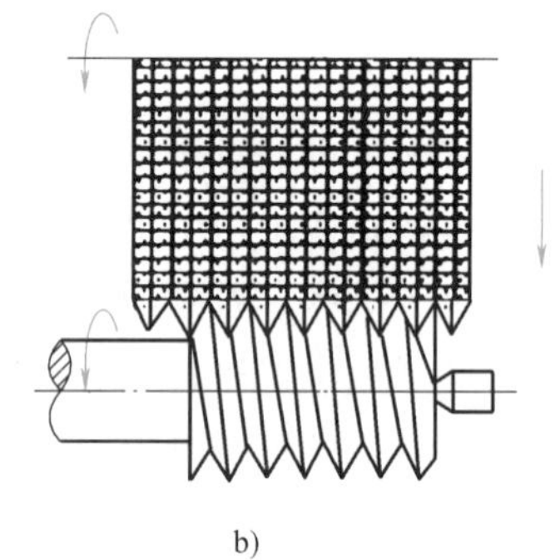

b)

图 8-34　磨削外螺纹

a）单线砂轮磨削　b）梳形砂轮磨削

用单线砂轮磨螺纹，砂轮修形方便、加工精度高，而且可以磨削较长和螺距较大的螺纹；梳形砂轮磨螺纹的生产率高，工件转一圈多一点就可以完成磨削，但砂轮修形困难、加工精度较低，仅适于磨削较小螺距的短螺纹。

直径大于 30mm 的内螺纹，也可用单线砂轮磨削。

（5）搓螺纹与滚压螺纹　这两种方法均是借助外力使工件材料产生塑性变形的无屑加工方法。

1）搓螺纹。用一对螺纹模板（搓丝板）轧制出工件的螺纹（图 8-35）。螺纹模板分上、下两块，其工作面的截面形状与被加工螺纹牙型吻合，螺纹方向相反。工作时，上模板做往复直线运动，下模板固定，工件在两模板间滚动轧出螺纹。这种方法适用于大批大量生产中加工外螺纹。

2）滚压螺纹。用一副螺纹滚轮滚轧出工件的螺纹（图 8-36）。两滚轮工作面的截面形

状与被加工螺纹牙型相同，两滚轮错开半个螺距，转向相同、转速相等。加工时，左轮轴心固定，右轮做径向进给，逐渐滚轧至螺纹成形。滚压螺纹的坯料直径为 0.3～120mm，适于大批大量生产中加工外螺纹。

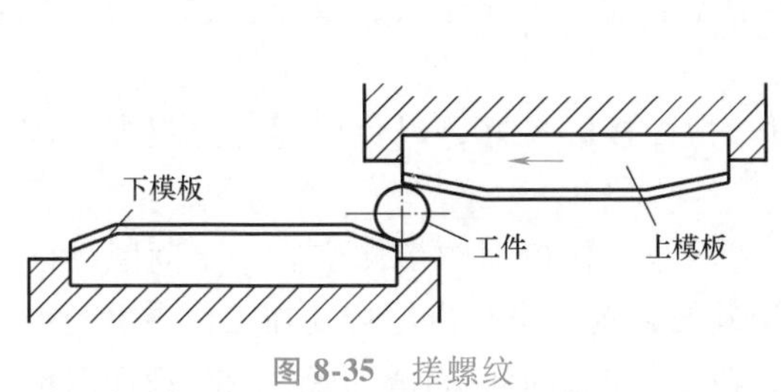

图 8-35　搓螺纹

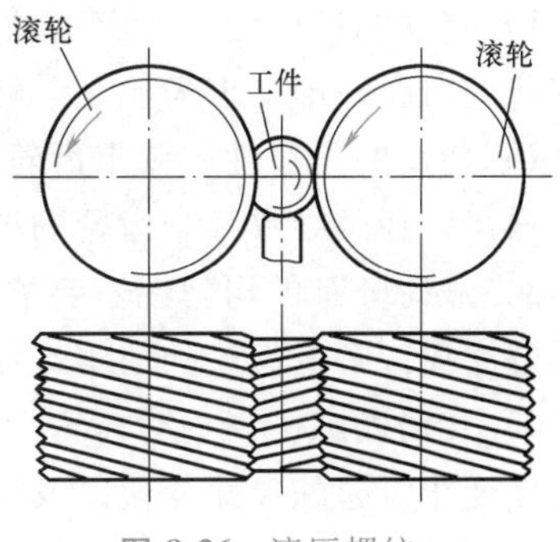

图 8-36　滚压螺纹

与搓螺纹相比，滚压螺纹精度高、表面粗糙度值小。其原因是滚轮工作面经热处理后，可在螺纹磨床上精磨。而搓螺纹用的模板热处理后精加工很难。但滚压螺纹生产率稍低。

另外，还可以通过研磨提高螺纹精度，减小表面粗糙度值，常用于精度高、表面质量好的螺纹最终加工。

4. 螺纹加工方案分析

螺纹加工方法的选择主要取决于螺纹种类、精度等级、生产批量及零件的结构特点等因素。表 8-4 列出了常用螺纹加工方法所能达到的精度及适用的生产类型。

表 8-4　常用螺纹加工方法所能达到的精度及适用的生产类型

加 工 方 法	中径公差等级	表面粗糙度 Ra 值/μm	适用的生产类型
攻螺纹	8～6	6.3～1.6	各种批量
套螺纹	8～7	3.2～1.6	各种批量
车螺纹	8～4	1.8～0.4	单件小批
铣螺纹	8～6	6.3～3.2	大批大量
旋风铣螺纹	8～6	3.2～1.6	大批大量
搓螺纹	8～5	1.6～0.4	大批大量
滚压螺纹	5～4	0.8～0.2	大批大量
磨螺纹	6～4	0.4～0.1	各种批量
研螺纹	4	0.1	单件小批

8.4.3　齿轮加工

齿轮是机械产品中应用较多的零件之一，是用来传递运动和动力的主要零件。

齿轮的齿面也是一种特定形状的成形面，有摆线形面、圆弧形面、渐开线形面等，一般机械上所用的齿轮，多为渐开线齿形。渐开线齿轮精度按国家标准（GB/T 10095.1—2008）规定为 13 个精度等级，精度由高到低依次为 0、1、2、3、…、12 级。在实际应用中，3～5 级为高精度等级，如测量齿轮、精密机床、航空发动机的重要齿轮；6～8 级为中等精度等级，如内燃机、电气机车、汽车、拖拉机的重要齿轮；9～12 级为低精度等级，如起重机械、农业机械中的一般齿轮。

本节仅介绍渐开线圆柱齿轮齿形的加工。

1. 齿轮的技术要求

由于齿轮在使用上的特殊性，除了一般精度和表面质量的要求外，还有一些特殊的要求。根据齿轮传动的用途，归纳为以下四项：

1）传动的准确性。要求主动轮转过一定角度，从动轮按传动比关系也应准确地转过一个相应的角度，即要求齿轮在一转范围内，最大转角误差应限制在一定的范围内。

2）传动的平稳性。要求齿轮传动瞬时传动比的变化不能过大，以免引起冲击，产生振动和噪声，甚至导致整个齿轮的破坏。

3）载荷分布的均匀性。要求齿轮啮合时，齿面接触良好，以免引起应力集中，造成齿面局部磨损，影响齿轮的使用寿命。

4）传动侧隙。当一对齿轮啮合传动时，要求非工作齿面的齿侧应有一定间隙，以补偿因温度变化引起的尺寸变化以及加工和安装误差的影响，防止齿轮传动在工作中引起卡死或烧伤。同时齿侧间隙可存储一定量的润滑油，在工作齿面形成润滑油膜，减少齿面磨损。齿侧间隙是通过控制轮齿的齿厚实现的，即分度圆上的实际齿厚略小于理论齿厚。

以上四项要求，相互间既有一定联系，又有主次之分，应根据具体的用途和工作条件来确定。

2. 齿轮的加工方法

展成法

滚齿原理

用切削加工的方法加工齿轮齿形，按加工原理的不同，可以分为如下两大类：

1）成形法。成形法是指用与被切齿轮齿槽的法向截面形状相符的成形刀具直接切出齿形的加工方法，如在万能铣床上用盘状模数铣刀铣齿，在滚齿机上或人字铣齿机上用指形模数铣刀加工齿形，或用成形砂轮磨齿等。

2）展成法。展成法是指利用齿轮刀具与被切齿轮的啮合运动（或称展成运动）关系，在专用的齿轮加工机床上切出齿轮齿形的加工方法。最常用的展成法有滚齿和插齿两种方法。

齿形加工是齿轮加工的核心和关键。精铸、精密锻造、冷轧、热轧和粉末冶金等方法加工齿形的生产率高、材料损耗少，但精度低于切齿，因而未被广泛采用。目前加工齿形仍主要采用切削加工。常用齿轮齿形的加工设备有铣床、滚齿机、插齿机、剃齿机、珩齿机、磨齿机等。齿轮齿形的加工方法及工艺特点见表 8-5。

表 8-5　齿轮齿形的加工方法及工艺特点

工艺方法	图　例	加工精度	表面粗糙度 Ra 值/μm	生产率	主要限制	适用范围
铣齿	n f a)　n f b)	9 级以下	1.6	低	不宜加工内齿轮	单件、小批生产。工件硬度低于30HRC。用于修配或不重要的齿轮加工

（续）

工艺方法	图例	加工精度	表面粗糙度 *Ra* 值/μm	生产率	主要限制	适用范围
滚齿	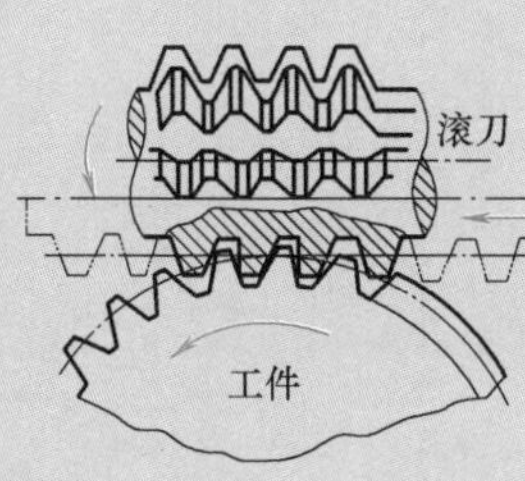 滚刀 齿条 工件	7级	1.6	高	不宜加工内齿轮；加工双联或三联齿轮应留有足够的退刀槽	批量不限。用于加工外圆柱直齿、斜齿及精密齿轮的预加工
插齿	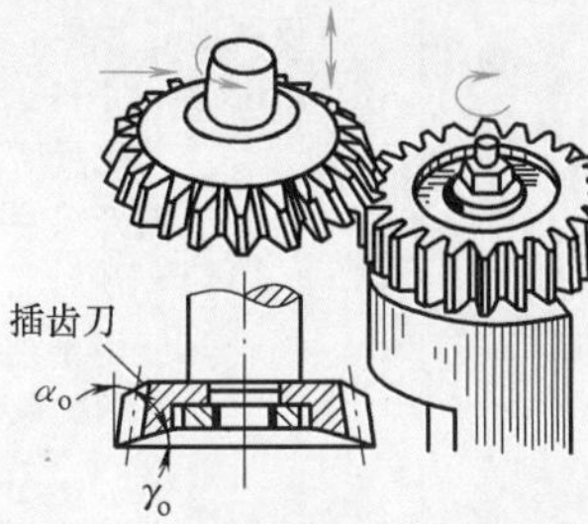 插齿刀 α_0 γ_0	7~6级	1.6	较高	插斜齿轮时刀具复杂，机床调整复杂	批量不限，常用于成批生产。工件硬度应低于30HRC。适于加工各种圆柱齿轮，尤以加工内齿轮或扇形齿轮为佳。可用于一般齿轮生产及精密齿轮的预加工
剃齿	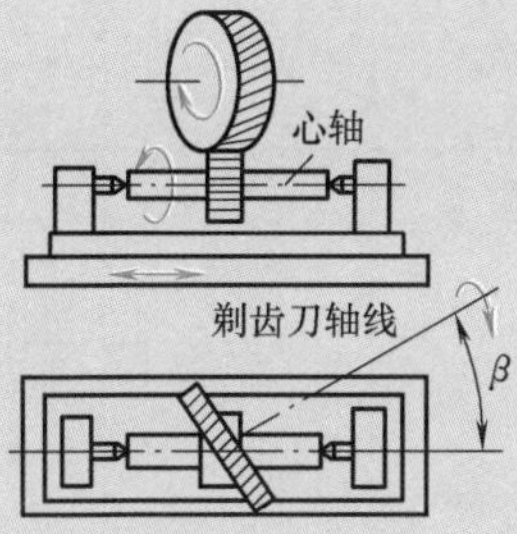 心轴 剃齿刀轴线 β	6级	0.2	高	刀具制造与刀具刃磨很复杂，只能微量纠正预加工中产生的几何误差	用于齿轮的精加工，加工精度可在预加工基础上提高1~2级。可用于各种渐开线齿轮的精加工，工件硬度应低于30HRC
弧齿铣	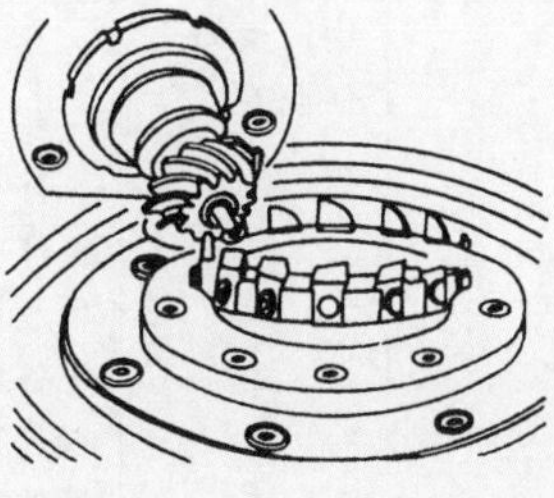	7级	1.6	较低	盘铣刀的制造、刃磨、安装复杂；机床调整复杂	生产批量不限。工件的硬度应低于30HRC。适于加工各种规格的圆弧齿轮

（续）

工艺方法	图　例	加工精度	表面粗糙度 Ra 值/μm	生产率	主要限制	适用范围
成形砂轮磨齿	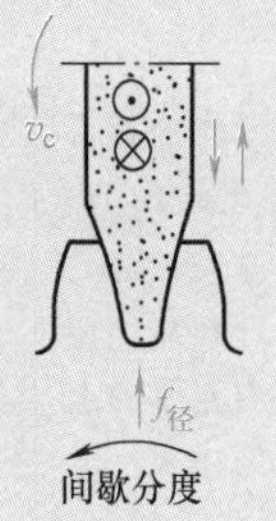	6~5 级	0.2	稍高	难以磨削较小内齿轮	生产批量不限，工件硬度不限，但塑性不宜太好。可加工各种渐开线外圆柱齿轮，其中成形砂轮磨可磨削尺寸稍大的内齿轮，也可磨削各种非渐开线齿轮。可纠正预加工产生的几何误差。适于精密齿轮的最终加工
锥形砂轮磨齿	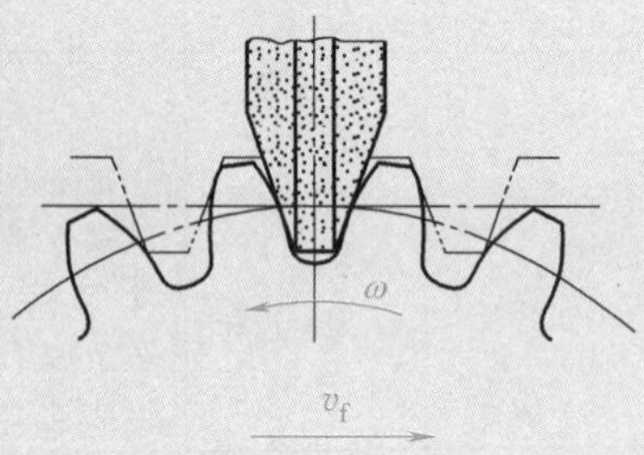	5 级	0.2	一般		
蝶形砂轮磨齿	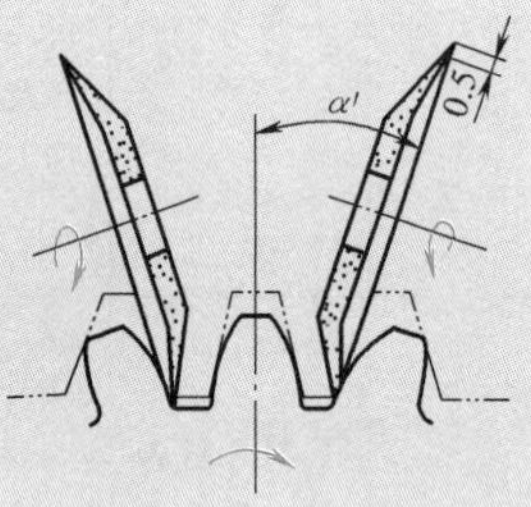	5~4 级	0.1	一般		
研磨	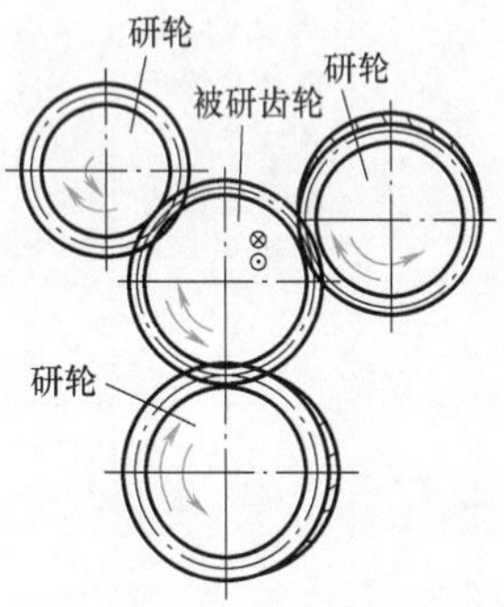	5~4 级（在预加工基础上提高 1 级左右）	0.1~0.025	低	只能微量纠正预加工中产生的几何误差	生产批量不限，工件硬度不限，塑性不限，可加工各种规格的渐开线齿轮。主要用以提高齿面的表面完整性，加工精度相应得到提高
珩磨	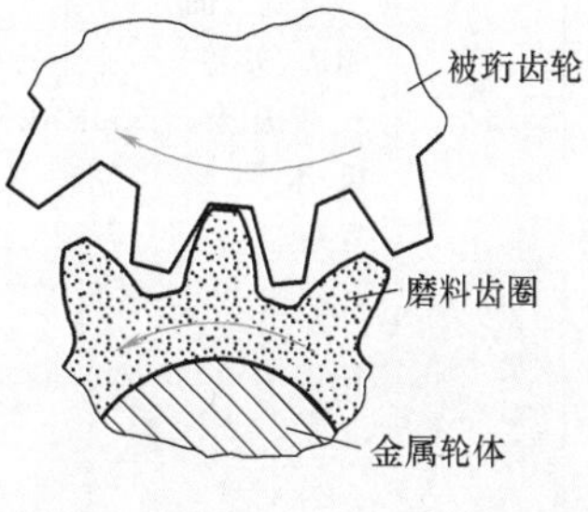		0.2~0.1	稍高		生产批量不限，工件硬度不限，对工件的塑性要求可低于磨削。可精加工各种规格的渐开线齿轮。在提高精度的同时，表面完整性得以改善

3. 齿形加工方案的选择

齿轮齿形加工方案的选择主要取决于齿轮的精度等级、齿轮结构、热处理及生产批量等。常用的齿形加工方案见表 8-6。

表 8-6　常用的齿形加工方案

齿轮精度等级	齿面表面粗糙度 Ra 值/μm	热　处　理	齿形加工方案	生 产 批 量
9 级以下	6.3~3.2	不淬火	铣齿	单件小批
8 级	3.2~1.6	不淬火	滚齿或插齿	
		淬火	滚(插)齿—淬火—珩齿	
7 级或 6 级	0.8~0.4	不淬火	滚齿—剃齿	单件小批
		淬火	滚(插)齿—淬火—磨齿 滚齿—剃齿—淬火—珩齿	
6 级以上	0.4~0.2	不淬火	滚(插)齿—磨齿	

注：未注生产批量的，表示适用于各种批量。此时加工方案的选择主要取决于齿轮精度等级和热处理要求。

复习思考题

1. 试述车床所能完成的工作。
2. 钻孔、扩孔与铰孔有何区别？
3. 镗削可加工哪些表面？镗孔的工艺特点是什么？
4. 刨削加工的工艺特点是什么？
5. 拉削加工的特点是什么？在单件、小批生产中能否采用？为什么？
6. 什么是逆铣和顺铣？它们各有何特点？分别适用于何种场合？
7. 简述铣削的工艺特点。
8. 磨孔的工艺特点是什么？
9. 为什么研磨、珩磨、超级光磨能达到很高的表面质量？
10. 研磨、珩磨、超级光磨各适用于何种场合？
11. 在零件的加工过程中，为什么常把粗加工和精加工分开进行？
12. 试列举连接螺纹和传动螺纹各两个实例，说明对其质量要求的差别。
13. 与切削螺纹相比，搓螺纹和滚压螺纹的优缺点如何？
14. 按加工原理的不同，齿轮齿形加工可以分为哪两大类？
15. 为什么在铣床上铣齿的精度和生产率皆较低？铣齿适用于什么场合？
16. 齿面淬硬和齿面不淬硬的 6 级精度直齿圆柱齿轮，其齿形的精加工应当采用什么方法？
17. 列表比较车外圆、磨外圆和研磨外圆的设备、工具、主运动、进给运动、加工精度和表面粗糙度。
18. 根据给定加工要求写出加工路线：

1）小批加工纯铜小轴外圆，$\phi10h7$，$Ra=0.8\mu m$；

2）小批加工 45 钢外圆，淬火，$\phi20h6$，$Ra=0.2\mu m$；

3）大批加工圆柱销外圆，20 钢，ϕ8h7，Ra = 0.8μm；

4）小批加工铸铁齿轮孔，ϕ20H8，Ra = 1.6μm；

5）单件加工 20 钢上的孔，ϕ8H10，Ra = 3.2μm；

6）大批量加工铸铁齿轮孔，ϕ30H7，Ra = 0.8μm；

7）单件加工齿轮箱轴承孔，ϕ70JS7，Ra = 1.6μm；

8）单件加工铸铁机座平面，100×500，Ra = 3.2μm；

9）单件加工淬火钢平面，300×400，Ra = 0.4μm。

第 9 章

机械零件的结构工艺性

学习目标及要求

本章主要介绍机械零件的结构工艺性。学习之后，掌握零件结构设计的一般原则，能够分析零件的结构工艺性，并进行改正。

章前导读——机械零件的结构工艺性设计

某零件的设计图如图 9-1 所示。该零件图设计合理吗？如果不合理如何修改？

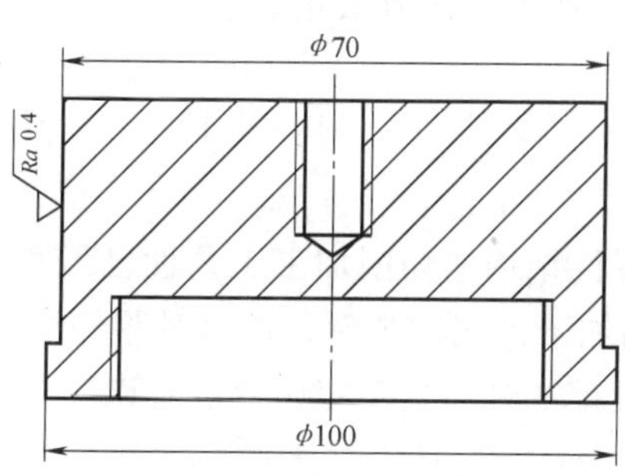

图 9-1　某零件的设计图

9.1　零件结构设计的基本原则

零件的结构工艺性是指所设计的零件在满足使用要求的前提下，制造的可行性、难易程度和经济性，是评价零件结构优劣的重要技术指标。

影响结构工艺性的主要因素有生产批量、设备条件和工艺技术的发展三个方面。由于不同批量的生产采用的设备、工装、制造工艺均不同，零件的结构工艺性必须与制造厂的生产条件相适应。

同时，随着新的加工设备和工艺方法的不断出现，零件结构工艺性的评判标准也在发生变化，例如特种加工工艺的出现，使得复杂型面、精密微孔等的加工变得容易。这就要求设计者不断掌握新的工艺技术，使设计更加符合当代工艺水平。

零件结构工艺性存在于毛坯生产、切削加工、热处理、装配等阶段，应尽量使其在各个生产阶段都具有良好的结构工艺性。机器中大部分零件的尺寸精度、几何精度、表面粗糙度等，最终要靠切削加工来保证，所耗费的工时和费用最多，因此零件结构的切削加工工艺性的好坏显得尤为重要。

为了使零件在切削加工过程中具有良好的工艺性，本节从制造容易、成本低的角度，提出对零件结构设计时应遵循的一般原则：

1）被加工表面的加工可行性。

2）合理地规定零件的加工精度和表面粗糙度。尽可能减少加工表面和精加工面积，以减少机械加工工作量，降低加工成本。

3）力求零件的某些结构尺寸标准化、规格化（如孔径、齿轮模数、螺纹、键槽宽度等），以便于采用标准刀具和通用量具。

4）组成零件的表面应尽量简单、有规律，各表面的形状尽量统一，从而减少换刀的次数。

5）被加工表面应保证足够的加工空间，应便于刀具以高生产率进行工作，如刀具的进入和退出的空间、标准的退刀槽、加工表面的连续和等高等。

6）零件的结构应保证加工时便于定位、夹紧和测量，要有足够的刚度，装夹稳定可靠，便于装配和拆卸。

7）零件的结构要与先进的加工工艺方法相适应。

9.2 切削加工对零件结构工艺性的要求

切削加工零件的结构工艺性

人们在生产实践中，对零件结构的切削加工工艺性已经积累了丰富的知识。表 9-1 列出了零件结构的切削加工工艺性举例，通过对零件结构工艺性优劣进行对比，供参考学习，为合理设计零件结构奠定必要的基础。

表 9-1　零件结构的切削加工工艺性举例

设计原则	不合理的结构	合理的结构	说　明
尽量采用标准化参数，减少刀具、量具种类	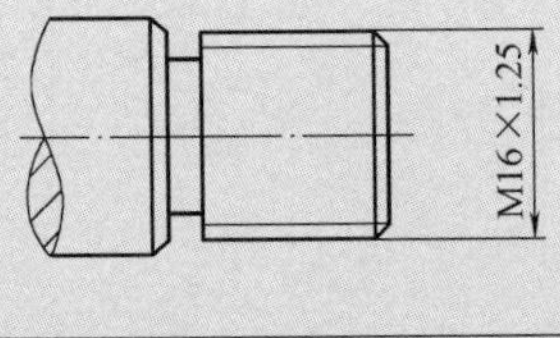 M16×1.25	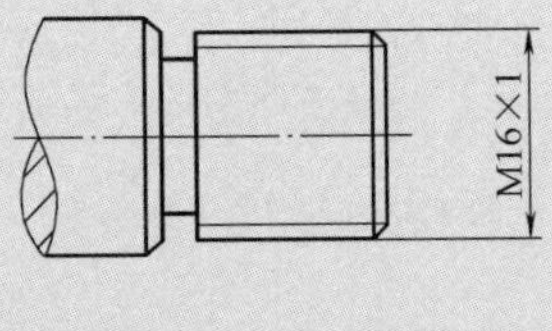 M16×1	螺纹的公称直径和螺距应取标准值，以便使用标准丝锥和板牙加工，也便于利用标准螺纹量规进行检验
	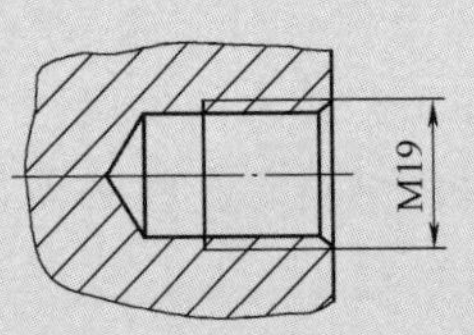 M19	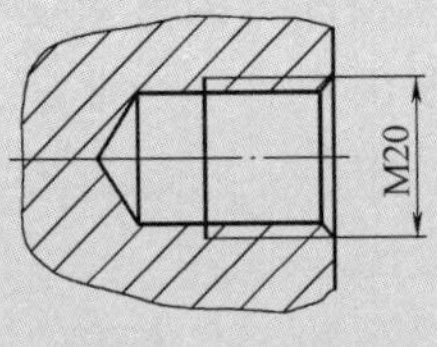 M20	

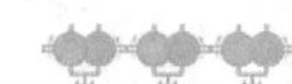

（续）

设计原则	不合理的结构	合理的结构	说　明
尽量采用标准化参数，减少刀具、量具种类	R3　R1.5 2　2.5　3 8　6	R2　R2 2.5　2.5　2.5 6　6	轴上的圆角半径、退刀槽、砂轮越程槽和键槽宽度应尽可能一致，以减少刀具种类
	3×M8　4×M10 4×M12　3×M6	6×M8 8×M12	箱体上的螺纹孔种类应尽量减少，以减少钻头和丝锥的种类
便于采用标准刀具加工			只需钻不通孔或阶梯孔，其孔底和孔径的过渡处应设计成与钻头顶角相同的圆锥面
			铣削不通凹槽时，表面过渡处内角无法铣出，设计时凹槽的圆角半径必须与标准立铣刀圆角半径相同
便于进刀和退刀	Ra 6.3 Ra 12.5	Ra 6.3 Ra 12.5	应使箱体底板的小孔与箱壁留有适当的距离，以免钻孔时钻头主轴碰到箱壁。避免采用加长钻头

（续）

设计原则	不合理的结构	合理的结构	说　明
便于进刀和退刀	M12	M12	螺纹无法加工到轴肩根部，必须留有螺纹退刀槽
	Ra 0.4	Ra 0.4	阶梯轴的小端外圆要求磨削，应留砂轮越程槽
		插齿刀	插齿刀加工双联齿轮或多联齿轮时，应设计足够宽的退刀槽，以便刀具切出
	滚刀	滚刀	用滚刀加工带凸台的轴齿轮时，应留有足够宽的退刀槽，便于滚刀切出
尽量减少加工面积	Ra 6.3 Ra 1.6	Ra 6.3 Ra 1.6	支架底面中凹以减少加工量，并使工件安装更加稳固；凸台可在钻孔的同时用锪钻加工，以减少加工工时
	φ40H7 Ra 0.8 130	φ40H7 Ra 0.8 Ra 12.5 φ42 Ra 0.8 130	长径比大、有配合要求的孔，可将中间段设计成不加工面，且尽量长，以减少精车孔的面积。改进后的结构更有利于保证配合精度
尽量减少装夹次数	a		零件同一方向的加工面，高度尺寸如果相差不大，应尽可能等高，以减少机床的调整次数
			原设计的两个键槽需要在机用虎钳上装夹两次，改进后只需装夹一次
			改进前左侧螺纹孔及其凸台分别为斜孔和斜面，钻孔时需要装夹两次，改进后只需装夹一次

（续）

设计原则	不合理的结构	合理的结构	说　明
尽量减少装夹次数			原设计两端孔需两次安装车出，改进后可一次装夹车出，且两孔同轴度高
			左图不便装夹，改为圆柱面或增设工艺凸台后，即便于装夹
便于装夹			左图不便装夹，增设夹紧的工艺凸台或工艺孔，以便用螺钉、压板夹紧，且吊装、搬运方便
			为加工立柱导轨面，在斜面上设置工艺凸台 A
避免在斜面上钻孔和钻半截孔			防止钻孔引偏和损坏钻头，以保证孔的精度
同轴孔径向一个方向递减，或从两边向中间递减，端面应在同一平面上			1）孔径向一个方向递减，可依次或同时加工同轴线上的几个孔 2）孔径从两边向中间递减，缩短镗杆伸出长度，提高刚度，也可同时从两面加工 3）端面平齐，可在一次调整中加工出各端面
零件结构应便于加工			在孔内车或镗环形槽改为轴上车槽，使加工方便，且刀具刚性好

（续）

设计原则	不合理的结构	合理的结构	说　明
零件结构应便于加工	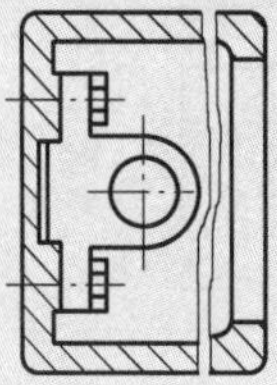	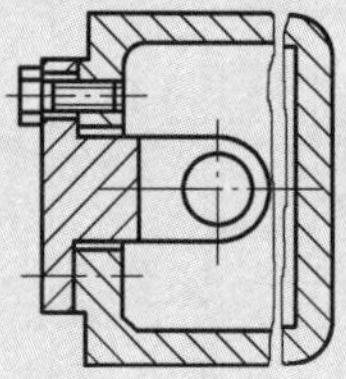	壳体内端面不便加工，改为外端面加工，不仅加工方便，且易保证质量
	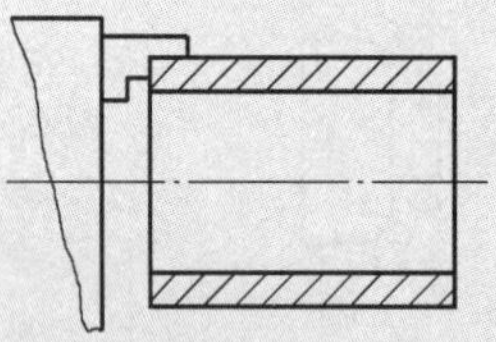	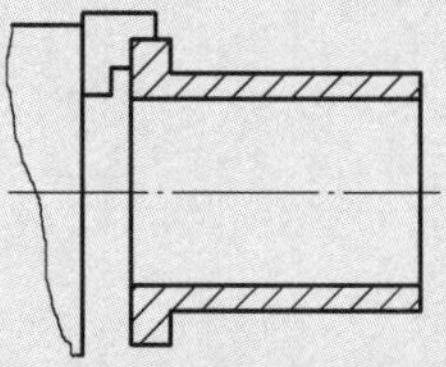	薄壁、套筒类零件夹紧时易变形，若一端加凸缘，可提高工件刚度
	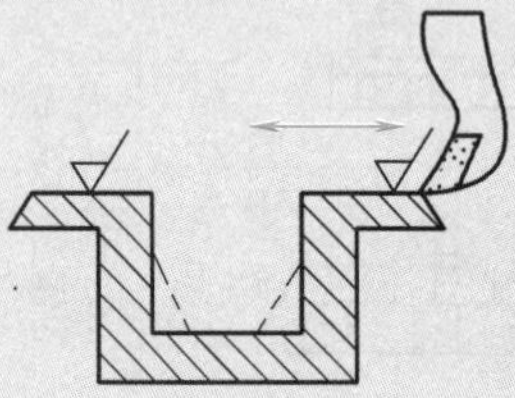	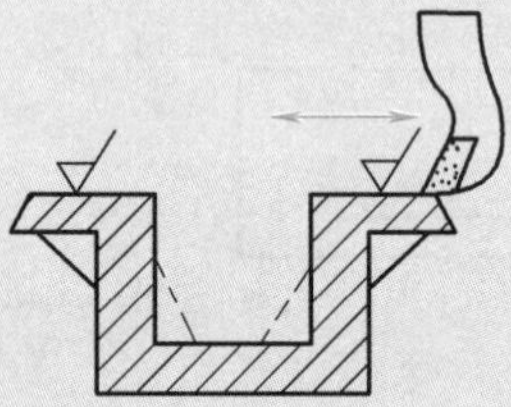	设置加强肋，可提高零件刚度，减少刨削或铣削时工件的振动或变形
	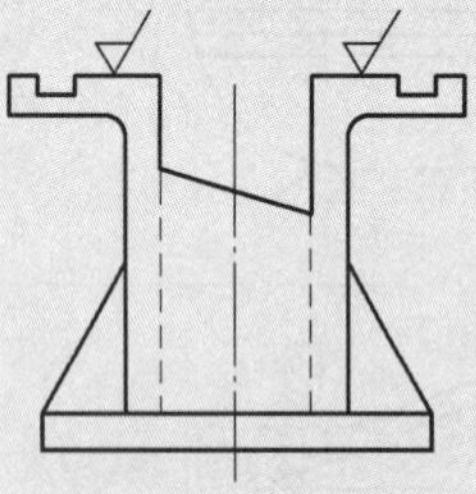	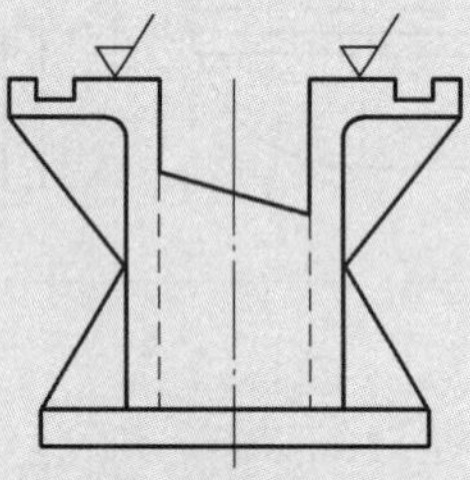	
零件结构应便于拆卸	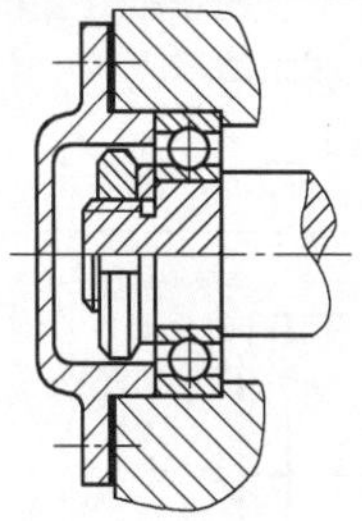	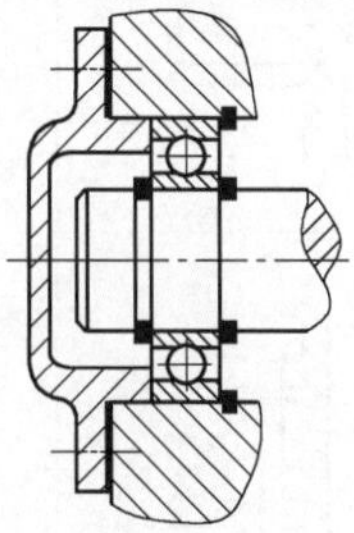	用弹性挡圈代替轴肩、螺母和阶梯孔，简化了结构，便于滚动轴承的装卸
	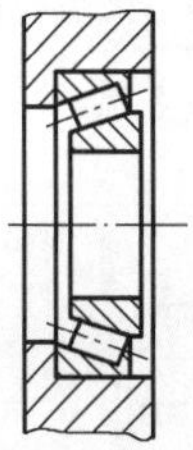	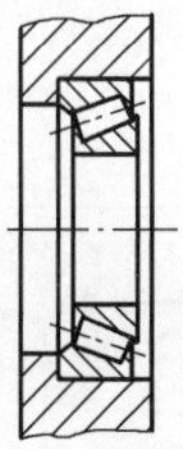	轴承或箱体的靠肩孔应当大于圆锥滚子轴承外环小锥直径，以便拆卸

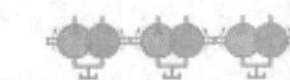

复习思考题

1. 试述零件结构工艺性在实际生产中的意义。
2. 试举实例说明工艺凸台、工艺孔的作用。
3. 试举例说明零件加工面积应该减小的结构。
4. 图 9-2 所示的零件结构工艺性若不合理，如何改进并说明理由。

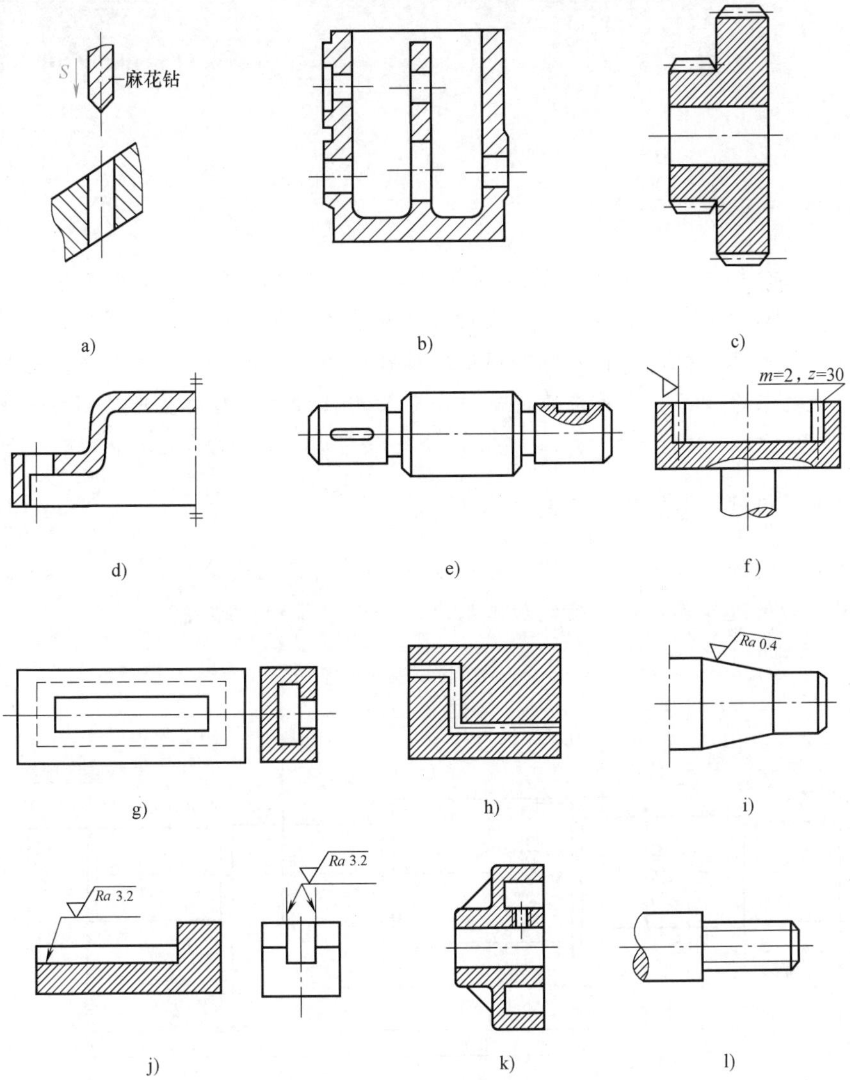

图 9-2 零件的结构设计

第 10 章

机械加工工艺过程

学习目标及要求

本章主要介绍机械加工工艺的基础知识。学习之后，第一，掌握工序、安装、工位、工步、进给的概念，了解生产纲领对工艺及装备的影响；第二，掌握工件的定位原理，了解基准的基本概念、粗基准和精基准选择的原则；第三，了解制订工艺规程的基本步骤。通过本章学习，学生应获得制订合理的定位方案、对典型产品制订其加工路线的能力。

章前导读——机械零件加工工艺过程的制订

机械零件的加工工艺路线如何制订？如图 10-1 所示的齿轮轴，材料为 45 钢，要求调质处理，如何选择其毛坯、确定加工基准、合理安排加工路线？

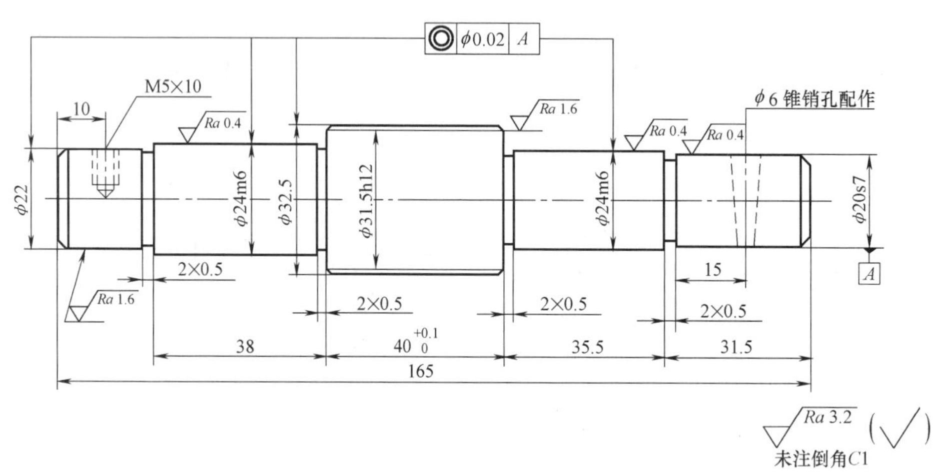

图 10-1 齿轮轴零件图

10.1　机械加工工艺过程的基本概念

机械加工工艺过程的基本概念与工件的安装与夹具

1. 生产过程与工艺过程

(1) 生产过程　将原材料制成各种零件并装配成机器的全过程，称为生产过程。它主要包括原材料的运输和保管、生产准备工作、毛坯制造、机械加工、热处理、装配、检验、调试以及涂覆和包装等。

(2) 工艺过程　在生产过程中，直接改变原材料或毛坯的形状、尺寸、相对位置和性能等，使其成为成品或半成品的过程，称为工艺过程。工艺过程是生产过程的主要组成部分，主要包括毛坯的制造（铸造、锻造、冲压、焊接等）、机械加工、热处理、装配等。因此，工艺过程又可分为铸造工艺过程、锻造工艺过程、冲压工艺过程、焊接工艺过程、机械加工工艺过程、热处理工艺过程、装配工艺过程等。

2. 机械加工工艺过程及其组成

机械加工工艺过程是指用机械加工的方法直接改变毛坯的形状、尺寸、相对位置和性质等使之成为合格零件的工艺过程。从广义上讲，电加工、超声波加工、电子束加工、离子束加工等也属于机械加工工艺过程。该过程直接决定零件及机械产品的质量和性能，对产品的成本和生产率都有较大影响，是整个工艺过程的重要组成部分。

由于零件加工表面的多样性、生产设备加工范围的局限性、零件精度要求及产量的不同，零件的机械加工工艺过程由若干个顺次排列的工序组成。工序是机械加工工艺过程的基本组成单元。每一个工序又可分为一个或若干个安装、工位、工步或进给。

(1) 工序　指由一个或一组工人，在相同的工作地点对一个或一组工件连续进行的那一部分工艺过程。

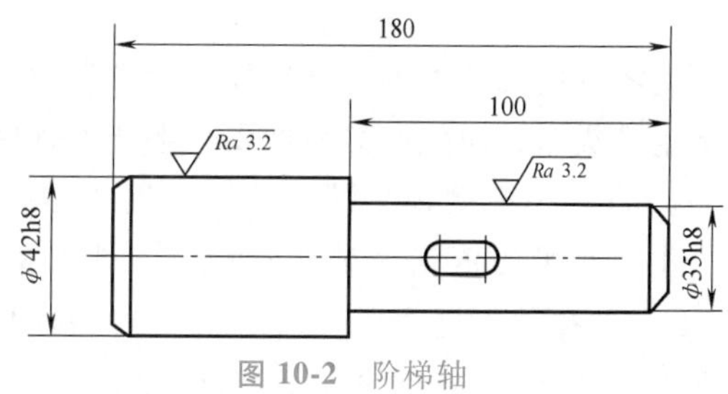

图 10-2　阶梯轴

工序是组成工艺过程的基本单元，也是生产计划、成本核算的基本单元。一个零件的工艺过程需要包括哪些工序，由被加工零件的复杂程度、加工精度要求及生产类型等因素决定。如图 10-2 所示的阶梯轴，在单件、小批量生产时，其工艺过程由三个工序组成（表 10-1）；而在大批量生产时可由五个工序组成（表 10-2）。

表 10-1　单件、小批量生产工艺过程

工序	工序内容	设　备
1	车一端面，钻中心孔；车另一端面，钻中心孔	车床
2	粗车、半精车大端外圆及倒角；粗车、半精车小端外圆及倒角	车床
3	铣键槽；去毛刺	铣床

表 10-2　大批量生产工艺过程

工序	工序内容	设　备
1	铣端面，钻中心孔	铣端面、钻中心孔机床
2	粗车各外圆及倒角	车床
3	半精车各外圆	车床
4	铣键槽	铣床
5	去毛刺	钳工台

（2）安装 安装是指在工件经一次定位夹紧后所完成的那一部分工序内容。在一道工序中，可能有一次或几次安装。表10-1中工序1和2都是两次安装，而表10-2中各个工序都是一次安装。在加工过程中应尽量减少安装次数，以减少辅助时间和装夹误差。

（3）工位 为减少安装次数，生产中常采用回转工作台、多工位夹具或多轴机床，使工件在一次装夹后经过几个不同位置依次加工。为了完成一定的工序内容，在一次装夹后，工件（或装配单元）与夹具或设备的可动部分一起相对刀具或设备的固定部分所占据的每一个位置所完成的加工称为工位。图10-3所示为移动工作台或移动夹具，在一次装夹中顺次完成铣两端面、钻两端中心孔的多工位加工示意图。

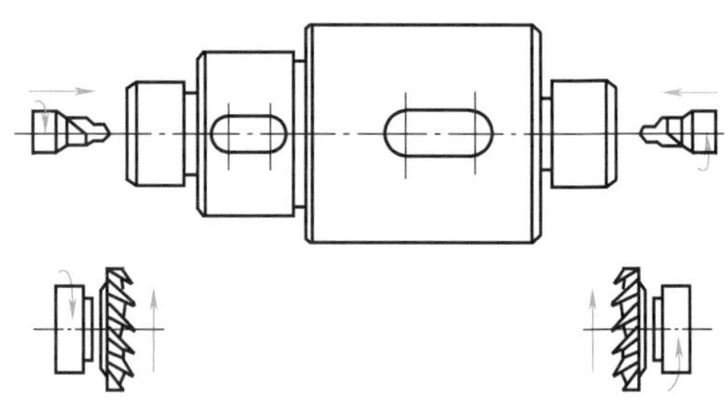

图 10-3 多工位加工

（4）工步 工步是指在加工表面、切削刀具、切削速度和进给量均不变的情况下所完成的那部分工序。一般来说，改变其中一个因素就是另一个工步。但对于在一次安装中连续进行的若干个相同工步，生产中习惯上视为一个工步。如用一把钻头连续钻削几个相同尺寸的孔，就认为是一个工步。

有时为了提高生产率，经常用几把刀具或复合刀具同时加工一个工件上的几个表面，也看成是一个工步，称为复合工步。在多刀车床、转塔车床的加工中经常有这种情况。

（5）进给 在一个工步内，因加工余量较大，需分几次切削。切削刀具在加工表面上切削一次所完成的那部分工序，称为一次进给。一个工步包括一次或几次进给。

3. 生产纲领与生产类型

零件的机械加工工艺过程与生产类型密切相关，在制订机械加工工艺规程时，首先要确定生产类型，而生产类型主要与生产纲领有关。

（1）生产纲领 零件的生产纲领是指包括备品与废品在内的年产量。生产纲领是划分生产类型的依据，对工厂的生产过程及管理有着决定性的影响。具体可按下式计算：

$$N=Qn(1+a\%)(1+b\%)$$

式中 N——零件的年产量（件/年）；

Q——产品的年产量（台/年）；

n——每台产品中该零件的数量（件/台）；

$a\%$——备品率；

$b\%$——废品率。

（2）生产类型 根据生产纲领和产品质量以及产品结构的复杂程度，产品制造过程可分为三种生产类型：

1）单件生产。单个生产不同结构、尺寸的产品，很少重复或完全不重复，这种生产称为单件生产。如机械配件加工、专用设备制造、新产品试制等都属于单件生产。

2）成批生产。呈周期性地、成批地制造某种相同的零件或产品，这种生产称为成批生产。如机床制造等多属于成批生产。成批生产又可分为小批生产、中批生产和大批生产。小批生产工艺过程的特点与单件生产相似。

3）大量生产。产品的数量很大，在同一工作地点重复地进行同一种零件的某一道工序的加工，这种生产称为大量生产。如手表、洗衣机、自行车、汽车等的生产。表 10-3 列出了按生产纲领划分的生产类型。

表 10-3 按生产纲领划分的生产类型

生产类型		生产纲领/(件/年)		
		重型零件（质量>2000kg）	中型零件（质量=100~2000kg）	小型零件（质量<100kg）
单件生产		<5	<10	<100
成批生产	小批生产	5~100	10~200	100~500
	中批生产	100~300	200~500	500~5000
	大批生产	300~1000	500~5000	5000~50000
大量生产		>1000	>5000	>50000

不同的生产类型，对生产组织、生产管理、毛坯选择、设备工装、加工方法和工人的技术等级要求均有所不同。表 10-4 列出了各种生产类型的工艺特点。

表 10-4 各种生产类型的工艺特点

工艺特点	生产类型		
	单件生产	成批生产	大量生产
加工对象	经常变换	周期性变换	固定不变
毛坯特点	木模造型或自由锻，毛坯精度低，余量大	金属型造型或模锻，毛坯精度及加工余量中等	广泛采用模锻或金属型机器造型，毛坯精度高，余量小
机床设备	采用通用设备及数控机床	通用机床及部分专用机床	专用机床、自动机床
夹具	通用夹具或组合夹具	广泛采用专用夹具	采用高效率的专用夹具
刀具量具	通用刀具与万能量具	专用或通用刀具、量具	专用刀具、量具，自动测量
装配方法	零件不互换	多数互换，部分试装或修配	全部互换或分组互换
生产周期	不确定	周期重复	长时间连续生产
生产率	低，用数控机床可改善	中等	高
技术等级	要求技术水平高的工人	要求中等熟练程度的工人	对操作工要求较低，对调整工要求熟练
工艺文件	只编制简单工艺过程卡	比较详细	详细编制各种工艺文件

10.2 工件的安装与夹具的基本知识

在机械加工前，必须先将工件放在机床或夹具上，使其占有一个正确的位置，称为定位。在加工过程中，为了使工件能承受切削力，并保持其正确的位置，还必须将其压紧固定，称为夹紧。工件从定位到夹紧的全过程称为安装。工件的安装方法有如下几种：直接找正安装、划线找正安装、利用专用夹具安装等。工件的安装方式对零件的加工质量、生产率和制造成本都有较大的影响。但无论采用哪种安装方法，都必须使工件在机床或夹具上正确地定位，以便保证加工精度。

1. 工件定位的基本原理

(1) 工件的六点定位原理　一个不受任何约束的物体，是一个自由物体，其空间位置是不确定的，可以向任何方向移动或转动。一个自由物体的空间位置不确定性，称为自由度。如果把物体放在空间直角坐标系中描述，如图 10-4 所示，则一个自由工件具有六个自由度，即沿着三个互相垂直坐标轴的移动（用 $\vec{x}$、$\vec{y}$、$\vec{z}$ 表示）和绕这三个坐标轴的转动（用 $\widehat{x}$、

$\overset{\frown}{y}$、$\overset{\frown}{z}$ 表示）。

显然，要使工件在空间占据完全确定的位置，就必须限制工件的六个自由度。如果按图10-5所示在三个互相垂直的坐标平面内设置六个支承点，工件的三个面分别与这些支承点接触，其中在 xOy 平面上的三个支承点限制了 $\overset{\frown}{x}$、$\overset{\frown}{y}$、$\vec{z}$ 三个自由度，在 yOz 平面上的两个支承点限制了 $\vec{x}$、$\overset{\frown}{z}$ 两个自由度，在 xOz 平面上的最后一个支承点限制了 $\vec{y}$ 一个自由度。这样，工件的六个自由度便都被限制了。所以，在机械加工中，通过用一定规律分布的六个支承点来限制工件的六个自由度，使工件在机床或夹具中的位置完全确定，称为工件的六点定位原理。

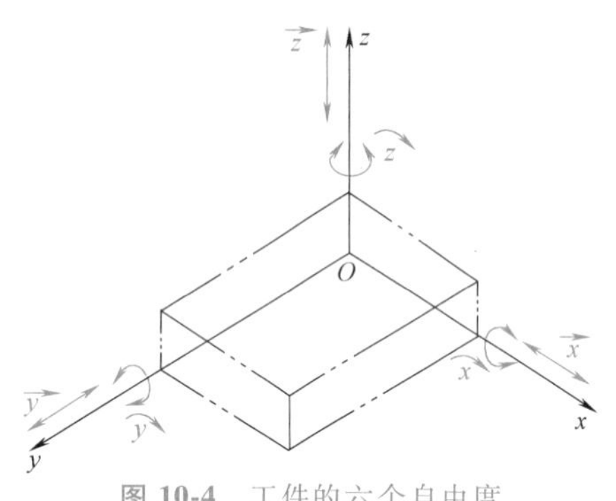

图 10-4　工件的六个自由度

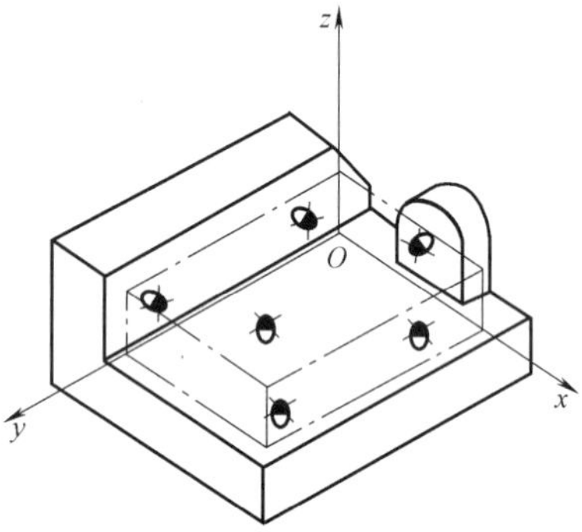

图 10-5　六点定位简图

（2）六点定位原理的应用　在实际生产中，并不要求在所有的情况下都要限制工件的六个自由度，一般主要是根据工件的加工要求来确定必须限制的自由度数。工件定位时，影响加工要求的自由度必须加以限制，不影响加工要求的自由度，有时可以不限制，这要视具体情况而定。由此产生了下列定位现象：

1）完全定位。工件的六个自由度都被限制的定位称为完全定位。如图10-6所示，长方体工件铣不通槽需要限制工件的六个自由度，应该采用完全定位。

2）不完全定位。工件被限制的自由度数少于六个，但能保证加工要求的定位称为不完全定位。这种定位有两种情况：一种是由于工件的几何形状特点，限制工件的某些自由度没有意义，有时也无法限制，如光轴的绕轴线旋转自由度；另一种情况是，工件的某些自由度不限制并不影响加工要求。如图10-7所示，加工通槽时，为保证两个加工尺寸 x 和 y，只需限制 $\vec{x}$、$\vec{y}$、$\overset{\frown}{x}$、$\overset{\frown}{y}$、$\overset{\frown}{z}$ 五个自由度即可。

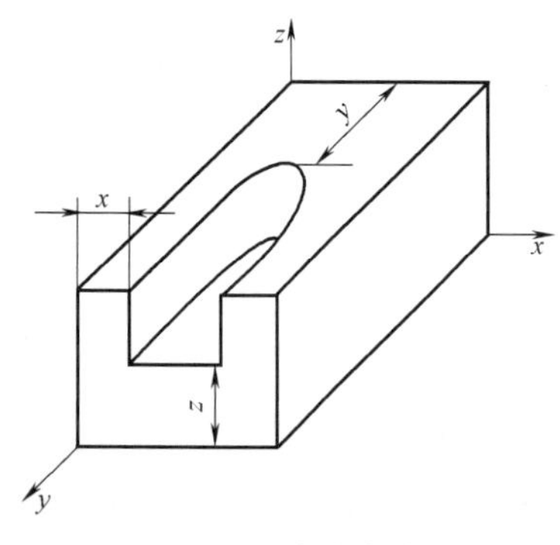

图 10-6　完全定位

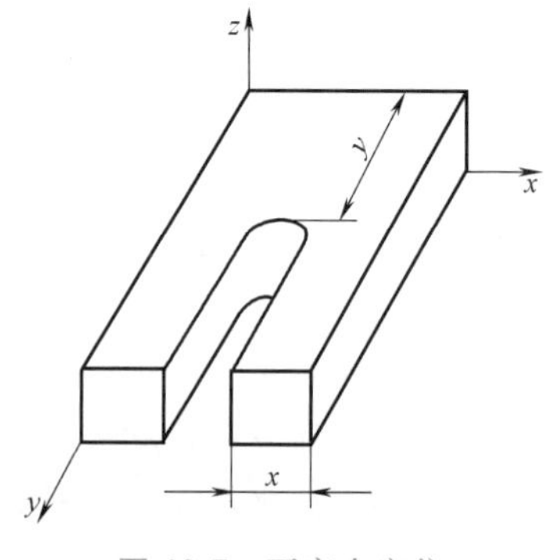

图 10-7　不完全定位

3）欠定位。按照加工要求应该限制的自由度没有被限制的定位称为欠定位。显然，欠定位不能保证加工要求，在确定定位方案时，欠定位是不允许出现的。

4）过定位。两个或两个以上的定位支承点同时限制工件的同一个自由度的定位形式称为过定位，也称为重复定位。

在设计夹具时，是否允许过定位，应根据工件的不同定位情况进行分析。图 10-8a 所示为插齿时常用的夹具。工件（齿坯）以内孔在心轴上定位，限制工件的$\vec{x}$、$\vec{y}$、$\overset{\frown}{x}$、$\overset{\frown}{y}$四个自由度，又以端面在支承凸台上定位，限制工件的$\overset{\frown}{x}$、$\overset{\frown}{y}$、$\vec{z}$三个自由度，则$\overset{\frown}{x}$、$\overset{\frown}{y}$两个自由度被重复限制，出现了过定位。当齿坯孔与端面的垂直度误差较大时，工件的定位将如图 10-8b 所示，这时齿坯端面与凸台面只有一点接触，夹紧后，将造成工件和定位元件（心轴）的弯曲变形。

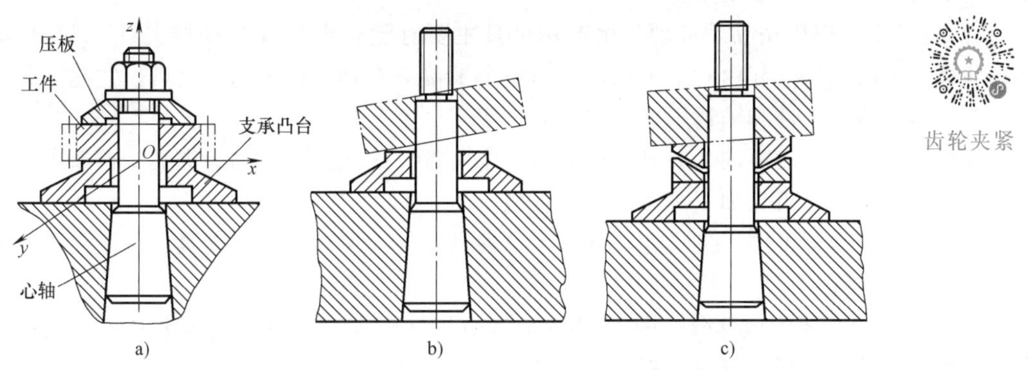

图 10-8　齿轮齿形加工常用定位方式及其夹具

一般情况下，应尽量避免过定位。因为过定位的出现，会导致定位不稳定，同时增加了同批工件在夹具中位置的不一致性，甚至导致工件和夹具定位元件的夹紧变形。避免过定位的措施是改变定位装置的结构，如将长圆柱销改为短圆柱销，或将大支承板改为小支承板或浮动支承，如图 10-8c 所示用球面垫圈，去掉重复限制$\overset{\frown}{x}$、$\overset{\frown}{y}$的两个支承点。但在某些情况下，过定位是允许的，也是必要的，有时甚至是不可避免的。对于刚性差的薄壁件、细长杆件或用已加工过的大平面作为工件定位基准时，为减小切削力造成工件和夹具定位元件的变形，确保加工中定位稳定，常常采用过定位。例如，在车床上车削细长轴时，往往采用前后顶尖和中心架（或跟刀架）定位，通过过定位增加系统刚度，减少加工变形。

2. 夹具的基本知识

在切削加工中，为完成某道工序，用来正确、迅速装夹工件的装置称为夹具。它对保证加工精度、提高生产率、减轻工人劳动强度以及扩大机床的使用范围等有很大的作用。

（1）夹具的种类　按使用范围的不同，机床夹具通常可分为以下几类：

1）通用夹具。通用夹具是指在一定范围内用于加工不同工件的夹具。如车床使用的自定心卡盘、单动卡盘，铣床使用的平口虎钳、万能分度头等。这类夹具已经标准化，作为机床附件由专业厂生产。其通用性强，不需调整或稍加调整就可以用于不同工件的加工，但生产率低，夹紧工件操作复杂。这类夹具主要用于单件、小批量生产。

2）专用夹具。专用夹具是指专为某一工件的某一道工序设计和制造的夹具。其特点是结构紧凑，操作迅速、方便；可以保证较高的加工精度和生产率；设计和制造周期长，制造费用高；在产品变更后，无法利用而导致报废。因此，这类夹具主要用于大批量生产中，对于形状和结构复杂的工件（如薄壁件），为保证加工质量，有时也采用专用夹具。

3）成组可调夹具。成组可调夹具是指在成组工艺的基础上，针对某一组零件的某一工序而专门设计的夹具。其特点是在专用夹具的基础上，少量调整或更换部分元件，即可用于装夹一组结构和工艺特征相似的工件，如滑柱式钻模和带可调换钳口的平口钳等夹具。这类夹具主要用于成组加工中形状相似、尺寸相近的工件，用于多品种、中小批量生产。

4）组合夹具。组合夹具是指由预先制造好的通用标准零部件经组装而成的专用夹具，是一种标准化、系列化、通用化程度高的工艺装备。其特点是组装迅速、周期短；通用性强，元件和组件可反复使用；产品变更时，夹具可拆卸、清洗、重复再用；一次性投资大，夹具标准元件存放费用高；与专用夹具比，其刚性差，外形尺寸大。这类夹具主要用于新产品试制以及多品种、中小批量生产中。

5）自动化生产用夹具。自动化生产用夹具主要有随行夹具（自动线夹具）。在自动线上，随被装夹的工件一起由一个工位移到另一个工位的夹具，称为随行夹具。它是一种移动式夹具，担负装夹工件和输送工件两方面的任务。

根据所使用机床的不同，夹具又可分为车床夹具、铣床夹具、钻床夹具、镗床夹具、拉床夹具、磨床夹具、齿轮加工机床夹具等类型。

按夹紧的动力源不同，夹具还可分为手动夹具、气动夹具、液压夹具、气液夹具、电磁夹具、真空夹具等。

（2）夹具的主要组成部分　图 10-9 所示为简易钻模夹具示例。机床夹具虽然用途和种类各不相同，结构各异，但它们都由下列共同的基本部分组成。

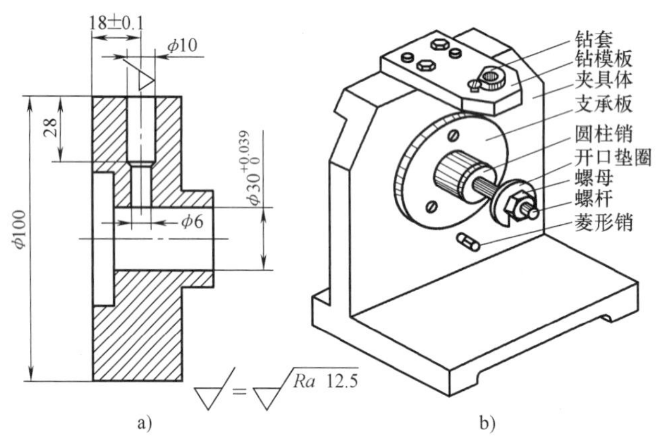

图 10-9　简易钻模夹具示例

a）后盖零件图　b）钻孔的夹具

1）定位元件。用于确定工件在夹具中正确位置的各种元件。工件以平面定位时，用支承钉或支承板为定位元件（图 10-10）。支承钉有三种形式：平头式用于已加工过的平面定位；球头式用于粗糙毛坯表面的定位；带齿纹的形式可以增加摩擦力，但不宜清除切屑，多用于侧面定位。工件以外圆柱面定位时，用 V 形块和定位套筒作为定位元件（图 10-11）。工件以孔定位时，用定位心轴和定位销作为定位元件（图 10-12）。图 10-9 所示后盖零件钻 ϕ10mm 径向孔时，夹具中的圆柱销、菱形销和支承板都是定位元件，它们使工件在夹具中占据正确位置。

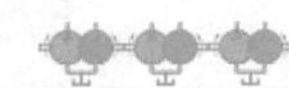

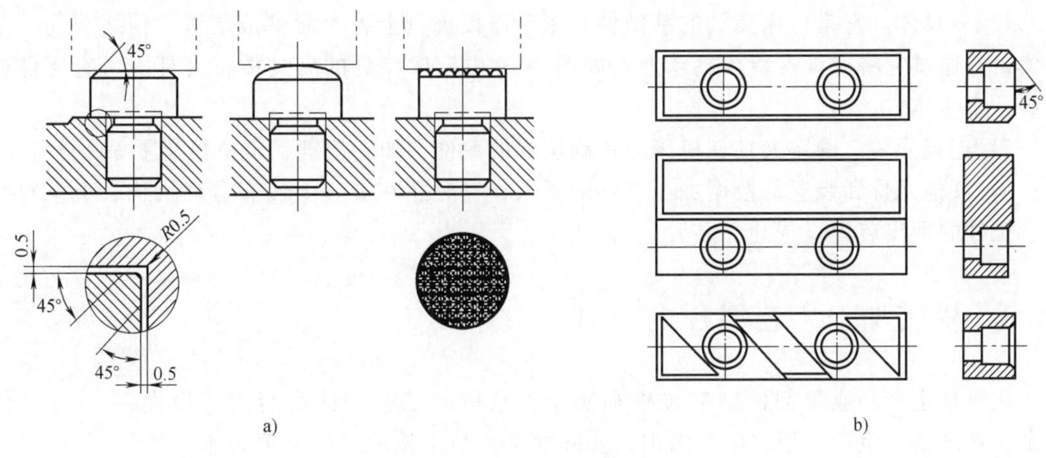

图 10-10 平面定位用的定位元件（支承钉和支承板）的标准结构

a）支承钉 b）支承板

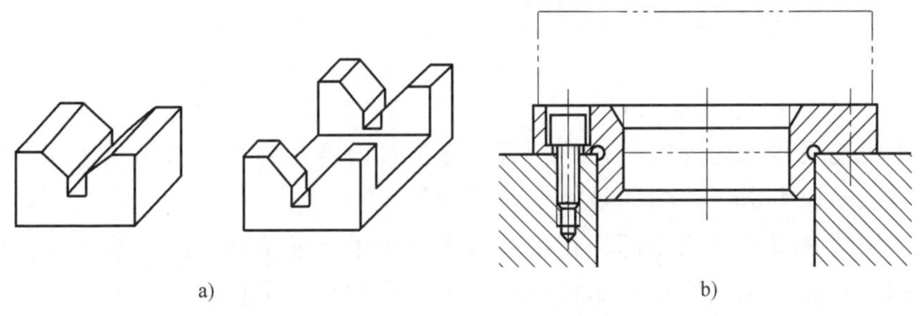

图 10-11 外圆柱面定位用的定位元件

a）V 形块 b）定位套筒

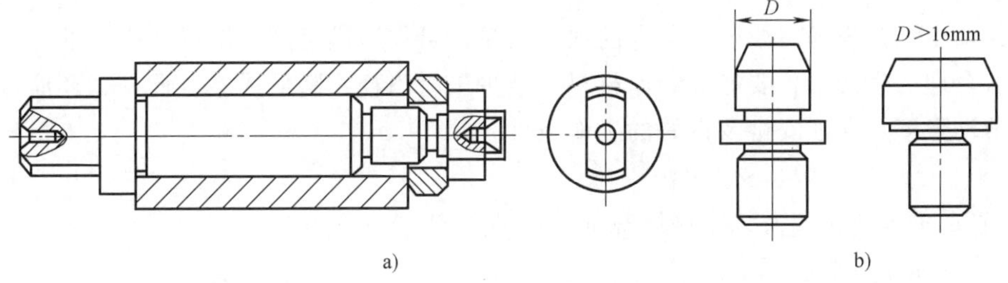

图 10-12 定位心轴和定位销

a）定位心轴 b）定位销

2）夹紧装置。夹紧装置用于保持工件在夹具中的正确位置，保证工件在加工过程中受到外力（如切削力、重力、惯性力）作用时，已经占据的正确位置不被破坏。如图 10-9 所示，钻床夹具中的开口垫圈是夹紧元件，与螺杆、螺母一起组成夹紧装置。

3）对刀、导向元件。用于确定刀具相对于夹具的正确位置和引导刀具进行加工。其中，对刀元件是在夹具中起对刀作用的零部件，如铣床夹具上的对刀块、塞尺等。导向元件是在夹具中起对刀和引导刀具作用的零部件。如图 10-9 所示的钻床夹具中的钻套是导向元件。

4）夹具体。它是机床夹具的基础件，用于连接夹具上各个元件或装置，使之成为一个整体，并通过它将夹具安装在机床上。如图 10-9 中钻床夹具的夹具体将夹具的所有元件连接成一个整体。

5）连接元件。确定夹具在机床上正确位置的元件。如定位键、定位销及紧固螺栓等。

6）其他元件和装置。根据加工工件的要求，有时还在夹具上设有分度机构、上下料装置、工件的顶出装置（或让刀装置）等。

10.3 机械加工工艺规程的制订

工艺规程制订

用来规定产品或零部件制造过程和操作方法等的工艺文件称为工艺规程。它是生产准备、生产计划、生产组织、实际加工及技术检验等的重要技术文件，是进行生产活动的基础资料。根据生产过程中工艺性质的不同，又可分为毛坯制造、机械加工、热处理及装配等不同的工艺规程。本节仅讲述拟定机械加工工艺规程的一些基本问题。

10.3.1 制订机械加工工艺规程的内容和要求

1. 机械加工工艺规程的内容

机械加工工艺规程的内容主要包括：各工序加工内容与要求、所用机床和工艺装备、工件的检验项目及检验方法、切削用量及工时定额等。

加工工艺路线是指产品或零部件在生产过程中由毛坯准备到成品包装入库，所经过加工工序的先后加工顺序。工艺路线是制订加工工艺规程的重要依据。

工艺装备（简称工装）是产品制造过程中所用的各种工具的总称，它包括刀具、夹具、模具、量具、检验工具及辅助工具等。

2. 机械加工工艺规程的基本要求

制订加工工艺规程，要确保零件的加工质量，可靠地满足产品图样所提出的全部技术要求；要有合理的生产率，要能节约原材料，减少工时消耗，降低成本。此外，还应尽量减轻工人的劳动强度，保证安全及良好的工作条件。

3. 制订工艺规程所需要的原始资料

1）产品的零件图以及该零件所在部件的装配图。

2）产品质量的验收标准。

3）产品的年产量计划。

4）工厂现有生产条件。如毛坯的制造能力，现有加工设备、工艺装备及其使用状况，专用设备、工装的制造能力及工人的技术水平等。

5）有关手册、标准及指导性文件。如机械加工工艺手册、时间定额手册、机床夹具设计手册、公差技术标准，以及国内外先进工艺、生产技术发展状况等方面的资料。

10.3.2 制订机械加工工艺规程的一般步骤

1. 零件的工艺分析

首先要了解整个产品（如整台机器）的用途、性能和工作条件，同时结合装配图了解所加工零件在产品中的位置、作用、装配关系等技术要求对产品质量和使用性能的影响。然

后对产品零件图进行细致的审查，并进行工艺分析，主要内容如下：

（1）检查零件图样是否完整和正确 视图表达是否完整、正确，所标注的尺寸、公差、表面粗糙度和技术要求等是否齐全。

（2）审查零件材料的选择是否恰当 零件材料的选用应立足国内，尽量选用我国资源丰富的材料，不要轻易采用贵重材料。另外还要分析所选择的材料是否会使加工工艺变得困难和复杂。

（3）分析零件技术要求是否合理 分析加工表面的尺寸、形状和位置精度以及表面粗糙度要求是否合理，热处理工艺以及一些特殊要求能否达到。过高的精度要求和过低的表面粗糙度值以及其他要求，会使工艺过程复杂化，加工困难，成本增加。

（4）审查零件的结构工艺性 审查零件的结构是否符合工艺性一般原则的要求，在现有的生产条件下能否经济、高效、合格地加工出来。

通过工艺分析，如果发现原设计有问题，应与有关设计人员共同研究，按规定程序对原图样进行必要的修改与补充。

2. 毛坯的选择

毛坯选择正确与否，对零件的加工质量、材料消耗和加工工时有很大影响。毛坯的尺寸、形状越接近成品零件，机械加工量就越少；但是毛坯的制造成本就越高。应根据生产纲领，综合考虑毛坯制造和机械加工成本来确定毛坯类型，以求最好的经济效益。

常用的毛坯类型有铸件、锻件、冲压件和型材等，选用时主要考虑：

1）零件的材料与受力情况，据此大致确定毛坯的种类。例如：铸铁零件选用铸造毛坯；形状简单的钢质零件，力学性能要求较低时常用棒料，力学性能要求较高时用锻件；形状复杂、力学性能要求较高的用铸钢件。

2）零件的结构形状与外形尺寸。

3）生产类型。大批量生产应采用精度和生产率最高的毛坯制造方法；铸件采用金属模机器造型，锻件用模锻或精密锻造。在单件、小批生产中，用木模手工造型或自由锻造来制造毛坯。

4）毛坯车间的生产条件。

5）利用新工艺、新技术、新材料的可能性。采用精密锻造、压铸、冷轧、冷挤压、粉末冶金、异型钢材及工程塑料等，可大大减少机械加工劳动量。

3. 机械加工余量的确定

加工余量是指在加工过程中从被加工表面上切除的金属层厚度。加工余量可分为加工总余量和工序余量两种。加工总余量为同一表面上毛坯尺寸与零件设计尺寸之差（即从加工表面上切除的金属层总厚度）。

工序余量是指工件某一表面相邻两工序尺寸之差（即一道工序中切除的金属层厚度）。显然某表面加工总余量等于该表面各个工序余量之和。

在工件上留有加工余量，是为了切除上一道工序所留下来的加工误差和表面缺陷，例如零件表面的硬质层、气孔、夹砂层，锻件及热处理件表面的氧化皮、脱碳层、表面裂纹，切削加工后内应力层、较粗糙的表面和加工误差等，以保证获得所要求的精度和表面质量。

毛坯上所留的加工余量不应过大或过小。过大，则费料、费工、增加刀具的消耗，有时还不能留工件最耐磨的表面层。过小，则不能保证切去工件表面的缺陷层，不能纠正上一道工序的加工误差，有时还会使刀具在不利的条件下切削，加剧刀具的磨损。

决定工序余量的大小时，应考虑在保证加工质量的前提下使余量尽可能地小。由于各工序的加工要求和条件不同，余量的大小也不一样。一般来说，越是精加工，工序余量越小。目前，确定加工余量的方法有以下几种：

(1) 估计法　由工人和技术人员根据经验和本厂具体条件，估计确定各工序余量的大小。为了不出废品，往往估计的余量偏大，仅适用于单件小批生产。

(2) 查表法　即根据各种工艺手册中的有关表格，结合具体的加工要求和条件，确定各工序的加工余量。由于手册中的数据是大量生产实践和试验研究的总结和积累，所以对一般的加工都能适用。

(3) 计算法　对于重要零件或大批大量生产的零件，为了更精确地确定各工序的余量，则要分析影响余量的因素，列出公式，计算出工序余量的大小。

4. 定位基准的确定

在加工过程中，合理选择定位基准，对保证零件的加工精度、合理安排加工工序和提高生产率有着决定性的影响。

(1) 基准的概念与分类　基准是指在零件设计和制造过程中，用来确定生产对象上几何要素间的几何关系所依据的那些点、线、面。按基准作用的不同，基准分为设计基准和工艺基准两大类。

1) 设计基准。设计基准是零件图样上用于标注尺寸和确定表面相互位置关系的基准。如图 10-13 所示的齿轮零件，轴线是各外圆和内孔的设计基准。

2) 工艺基准。工艺基准是在零件制造和装配机器等工艺过程中所采用的基准。按其不同用途又可分为：

① 定位基准。在加工过程中，用于确定工件在机床或夹具上正确位置的基准。如图 10-13 所示齿轮零件，用内孔装在心轴上磨削 ϕ50h8 外圆表面时，内孔中心线为定位基准。

② 测量基准。在测量、检验时所采用的基准。

③ 装配基准。在装配时用于确定零件或部件在产品中的相对位置所采用的基准。如图 10-13 所示齿轮零件，ϕ30H7 内孔及端面为装配基准。

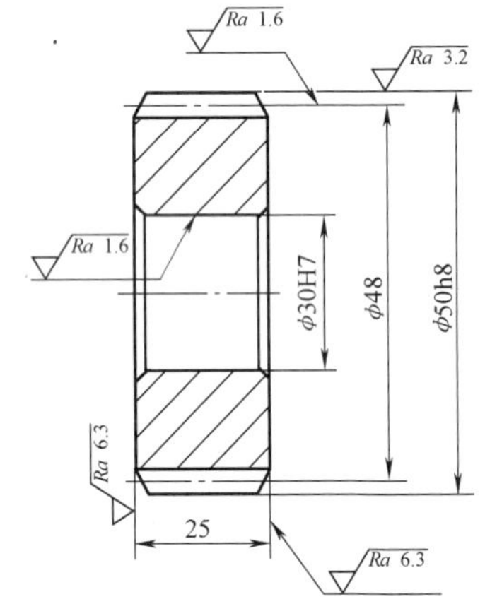

图 10-13　齿轮零件

(2) 定位基准的选择　定位基准又可分为粗基准和精基准两种。用作定位的表面，如果是没有加工过的毛坯表面，则称为粗基准；如为已经加工过的表面，则称为精基准。

1) 粗基准选择的原则。在机械加工过程中，第一道工序总是用粗基准定位。粗基准的选择对各加工表面加工余量的分配、保证非加工表面与加工表面间的尺寸、相互位置精度均有很大的影响。具体选择时应考虑以下原则：

① 不加工表面原则。为了保证加工表面与不加工表面之间的相互位置要求，一般应选择不加工表面为粗基准。如图 10-14 所示，选择不加工的外圆面作为粗基准，既可在一次安装中把大部分加工表面加工出来，又能保证外圆面与内孔同轴及端面与孔轴线垂直。

② 重要加工面原则。对于工件的重要表面，为保证其本身的加工余量均匀，应优先选

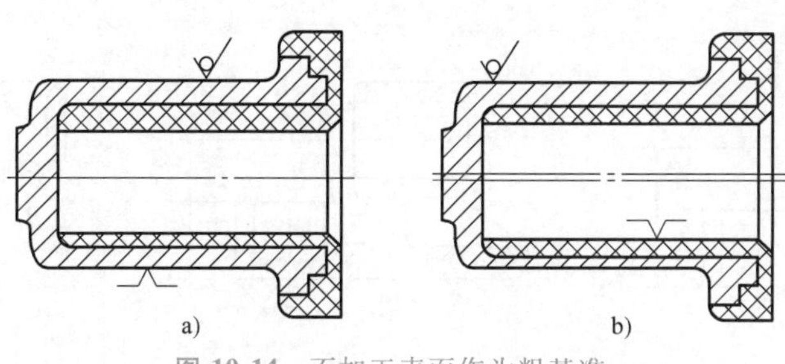

图 10-14 不加工表面作为粗基准

a）不加工外圆面作为粗基准 b）加工内孔面作为粗基准

择该重要表面为粗基准。如加工机床床身、主轴箱时，常以导轨面（图 10-15）或主轴孔为粗基准。

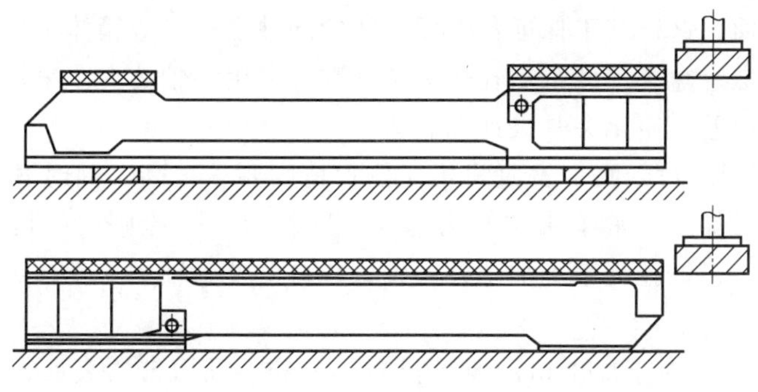

图 10-15 床身加工的粗基准

③ 余量最小表面原则。若零件上有多个加工表面，则应选择其中加工余量最小的表面为粗基准，以保证各加工表面都有足够的加工余量。如图 10-16 所示，铸造或锻造的轴，一般大头直径上的余量比小头直径上的余量大，故常用小头外圆表面为粗基准来加工大头直径外圆。

④ 平整光洁原则。应选择较为平整光洁、无分型面和冒口、面积较大的表面为粗基准，以使工件定位准确、装夹可靠。

⑤ 使用一次原则。粗基准在同一自由度方向上只能使用一次。粗基准重复使用会造成较大的定位误差。

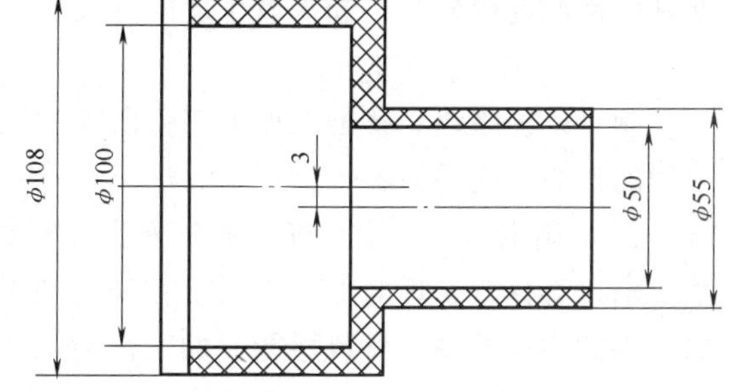

图 10-16 余量最小表面作为粗基准

2）精基准选择的原则。选择精基准时，应重点考虑保证加工精度，使加工过程操作方便。选择精基准一般应考虑以下原则：

① 基准重合原则。尽量选用被加工表面的设计基准作为精基准，这样可以避免因基准不重合而引起的误差。如图 10-17a 所示的轴承座零件，1、2 表面已精加工完毕，现欲加工孔 3，要求孔 3 的轴线与设计基准面 1 之间的尺寸为 $A_{0}^{+\delta A}$。如果按图 10-17b 所示，用 2 面作为定位精基准，而 2 面与 1 面之间的尺寸有公差 δB。所以，加工一批零件时，在孔 3 轴线与 1 面之间尺寸 A 的误差中，除了因其他原因产生的误差外，还包括由于定位基准与设计基准不重合而引起的定位误差，这项误差值为 $\varepsilon_{定基} = \delta B$。如果用 1 面作为定位基准

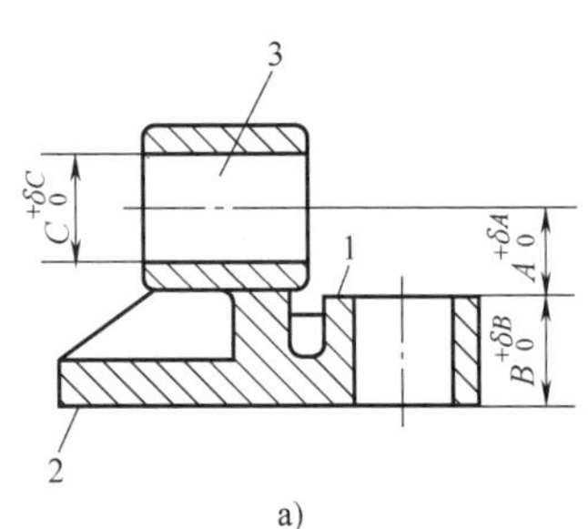

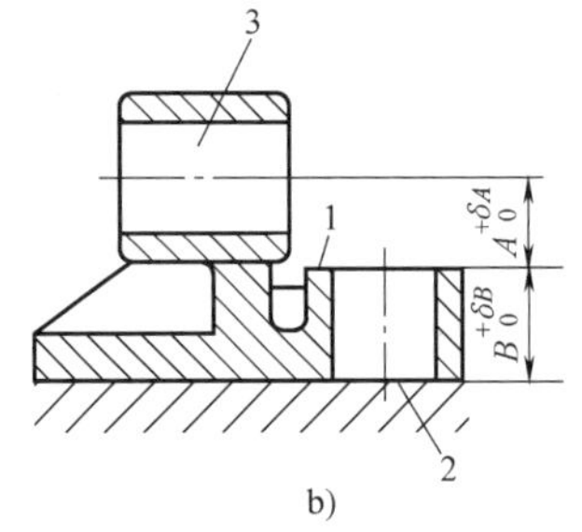

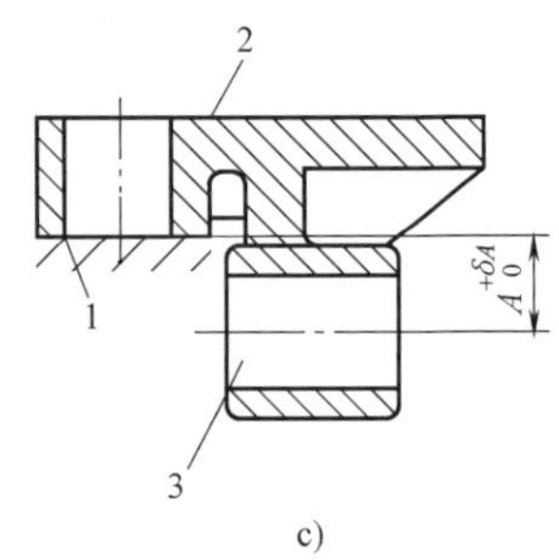

图 10-17　定位误差与定位基准选择的关系

（图 10-17c），则因定位基准与设计基准重合，此时定位误差 $\varepsilon_{定基}=0$。

② 基准同一原则。尽可能选择同一基准加工各表面。如轴类零件，常用顶尖孔作为同一基准加工外圆表面，这样利于保证各表面之间的同轴度；一般箱体常用一平面和两个距离较远的孔作为精基准；盘类零件常用孔作为精基准，采用心轴装夹。采用基准同一原则可避免基准变换产生的误差，简化夹具设计和制造。

③ 互为基准原则。对于两个表面间相互位置精度要求很高，同时其自身尺寸与形状精度均要求很高的表面加工，常采用“互为基准、反复加工”原则。如机床主轴前端锥孔与轴颈外圆的加工，常以锥孔为基准加工外圆轴颈，再以外圆轴颈为基准加工内锥孔，以保证两者间的位置精度。

④ 自为基准原则。对于加工精度要求很高、余量小且均匀的表面，加工中常用加工表面本身作为定位基准。例如磨削机床床身导轨面时，为保证导轨面上切除余量均匀，以导轨面本身找正定位磨削导轨面。

⑤ 便于装夹原则。所选精基准，应保证工件装夹稳定可靠，夹具结构简单，操作方便。

在实际生产中，定位基准的选择要完全符合上述原则，但有时是不可能的，这时就要根据具体情况进行分析，选择最合理的方案。

5. 工艺路线的拟定

制订工艺路线，就是把加工工件所需的各个工序按顺序合理地排列出来，这是制订工艺规程的核心，主要内容包括：

（1）确定加工方案　确定加工方案即根据零件每个加工表面（尤其是主要表面）的技术要求，选择较合理的加工方法。在确定加工方案时，除了加工表面的技术要求外，还要考虑零件的生产类型、材料性能、加工性能、热处理状况以及工厂现有的生产条件等。

（2）加工阶段的划分　对于加工要求较高或比较复杂的零件，整个工艺路线常划分为如下几个阶段来进行：

1）粗加工阶段。高效率地切除各加工表面上的大部分加工余量，并加工出精基准。

2）半精加工阶段。此阶段的任务是减小粗加工留下的误差，为主要表面的精加工做好准备（控制精度和适当余量），并完成一些次要表面的加工（如钻孔、攻螺纹、铣键槽等）。

3）精加工阶段。此阶段的任务是保证各主要表面的加工质量达到图样规定要求。

4）精整加工阶段。此阶段的主要任务是提高表面本身的精度（包括表面粗糙度），一般没有纠正相互位置误差的作用。

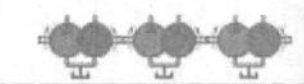

划分加工阶段的目的在于保证加工质量、合理使用设备、及时发现毛坯的缺陷、便于组织生产，同时还可防止或减少对精加工后的表面损伤。

应当指出，加工阶段的划分不是绝对的。对于那些刚性好、余量小、加工要求不高或内应力影响不大的工件，如有些重型零件的加工，可以不划分加工阶段。在组合机床和自动机床上加工零件，也常常不划分加工阶段。

(3) 工序的集中与分散 确定加工方法和划分加工阶段以后，需对加工表面分别加工，按不同加工阶段组合成若干个工序，拟定出整个加工路线。组合工序时有工序集中和工序分散两种方式。

1) 工序集中。工序集中就是将零件的加工内容集中在少数几道工序中完成。其特点如下：

① 有利于采用高效的专用设备和工艺装备，可大大提高劳动生产率。

② 工序少，减少了机床数量、操作工人人数和生产面积，简化了生产计划管理。

③ 工件装夹次数减少，缩短了辅助时间。由于在一次装夹中加工较多的表面，容易保证它们的相互位置精度。

④ 设备和工艺装备复杂，生产准备工作量和投资都较大，调整、维修费时费事，故转换新产品比较困难。

2) 工序分散。工序分散就是将零件的加工内容分散到很多工序内完成。其特点如下：

① 由于每台机床完成的工序简单，可采用结构简单的高效单能机床，工艺装备简单、调整容易，易于平衡工序时间，组织流水生产。

② 生产准备工作量少，容易适应产品的转换，对操作工人技术要求低。

③ 有利于采用最合理的切削用量，缩短机动时间。

④ 设备数目多、操作工人多、生产面积大、物料运输路线长。

工序集中与工序分散各有优缺点，在制订工艺路线时应根据生产类型、零件的结构特点及工厂现有设备等灵活处理。一般情况下，单件小批生产能简化生产作业计划和组织工作，易于工序集中；成批生产和大批量生产中，多采用工序分散，也可采用工序集中。从生产发展来看，一般趋向于工序集中方式组织生产。

(4) 工序加工顺序的安排 工序加工顺序的安排对保证加工质量、提高生产率和降低成本都有重要的作用。

1) 切削加工工序的安排。

① 先粗后精。各表面的加工工序按照由粗到精的加工阶段进行。

② 先主后次。先安排零件的装配基准面和工作表面等主要表面的加工，将次要表面（如键槽、紧固用的光孔和螺纹底孔等）的加工穿插进行。

③ 先面后孔。对于箱体、支架、连杆、底座等零件，先加工主要表面、定位基准平面和孔的端面，然后加工孔。

④ 基准先行。优先安排精基准面的加工，按基面转换的顺序和逐步提高加工精度的原则来安排基准面和主要表面的加工。

在安排加工顺序时，还要注意退刀槽、倒角、去毛刺等工序的安排。

2) 热处理工序的安排。根据热处理工序的性质和作用不同，一般可分为：

① 预备热处理。预备热处理是指为改善金属组织和加工性能而进行的热处理，如退火和正火等。一般安排在机械加工之前进行。

② 时效处理。在毛坯制造和切削加工的过程中，都会有内应力残留在工件内，为了消除它对加工精度的影响，需要进行时效处理。对于一般工件，可于安排在粗加工后、精加工前进行。对于精度要求很高的精密丝杠、主轴等零件，应安排多次时效处理。对于结构复杂的铸件，如机床床身、立柱等，则在粗加工前、后都要进行时效处理。

③ 最终热处理。最终热处理是指为提高零件表面硬度和强度而进行的热处理，如淬火、渗碳、调质等。一般安排在半精加工后、磨削加工前进行。

3）辅助工序的安排。检验工序是重要的辅助工序，它是保证产品质量的必要措施。检验工序一般安排在粗加工完全结束之后、重要工序加工前后、工件在车间之间转换时、特殊性能检测（如磁力探伤、密封性能检测等）以及工件全部加工结束之后进行。

除了检验工序以外，有时在某些工序之后还应安排一些如去毛刺、去磁、涂缓蚀漆等辅助工序。

6. 工艺文件的编制

拟定好工艺过程后，要以图表或文字的形式写成工艺文件。工艺文件的种类和形式多种多样，其繁简程度也有很大不同，要视生产类型而定。具体内容可参考相关工艺手册。

10.4　典型零件工艺过程分析

常见的典型零件有三类，即轴类零件、盘套类零件和机架箱体类零件。本节的主要内容将围绕上述三类零件进行。

1. 轴类零件

轴类零件是一种常见的典型零件，按其结构特点可分为简单轴、阶梯轴、空心轴（如车床主轴）和异形轴（如曲轴）等。其主要表面为外圆面、轴肩和端面，某些轴类零件还有内圆面和键槽、退刀槽、螺纹等其他表面。外圆面主要用于安装轴承和轮系（包括齿轮、带轮、链轮、凸轮、槽轮等）。轴肩的作用是使上述零件在轴上轴向定位。轴类零件通过轴上安装的零件起支承、传递运动和转矩的作用。轴类零件的加工方法主要有车削、磨削、钻削、铣削等。

现以图 10-18 所示的传动轴为例，编制其单件、小批量生产的加工工艺过程。

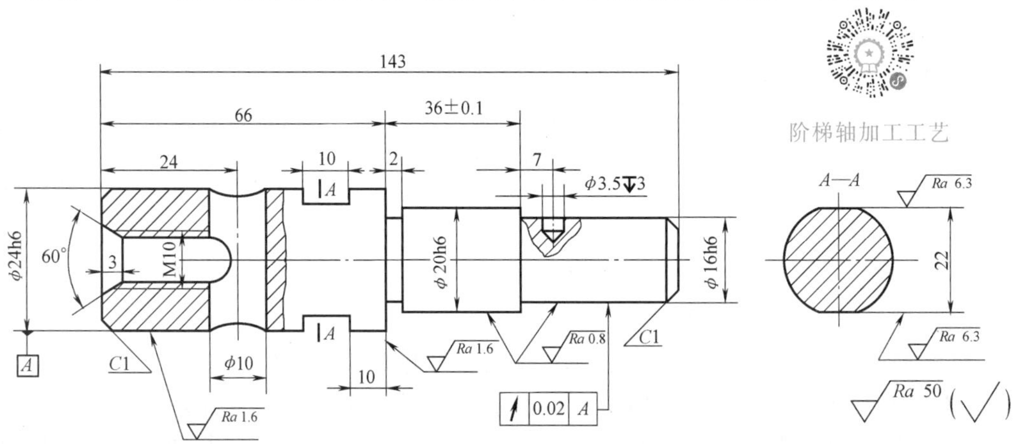

图 10-18　传动轴零件图

（1）技术要求分析　该零件的轴颈 ϕ24h6 和 ϕ16h6 分别装在箱体的两个孔中，是孔的装配对象，轴通过螺纹 M10 和孔 ϕ10mm 紧固在箱体上。ϕ16h6 相对于 ϕ24h6 有 0.02mm 的圆跳动公差要求。轴上 ϕ20h6 处是用来安装滚动轴承的，轴承上装有齿轮，轴是支承齿轮的。轴中间对称地加工出相距 22mm 的两个平行平面，这是为了将轴安装在箱体上时，为采用扳手调整而设计的工艺结构。该轴的材料为 45 钢，调质 235HBW。

（2）工艺分析　如前所述，轴颈 ϕ24h6 和 ϕ16h6 处用来装在箱体中，ϕ20h6 处用来装滚动轴承，所以这三个外圆面都是配合表面，其精度要求较高，*Ra* 值要求较小，且两端轴颈对轴线有径向圆跳动的要求，说明螺孔的轴线与 ϕ16h6 的轴线有同轴度要求，而且螺纹的精度必须在规定的公差范围内。这两个表面在轴的两端，一般情况下难以在一次安装中全部完成。所以，加工螺纹时应特别注意选用精基准定位。

（3）基准选择

1）以圆钢外圆面为粗基准，粗车端面并钻中心孔。

2）为保证各外圆面的位置精度，以轴两端的中心孔为定位精基准，这样满足了基准重合和基准同一原则。

3）调质后，以外圆面定位，精车两端面并修整中心孔。

4）以修整后的两中心孔作为半精车和磨削的定位精基准，这样满足了互为基准原则。

（4）工艺过程　单件、小批量生产传动轴的机械加工工艺过程见表 10-5。

表 10-5　单件、小批量生产传动轴的机械加工工艺过程

工序号	工序名称	工序内容	加工简图	设　备
5	准备	45 圆钢下料 ϕ30mm×150mm		锯床
10	粗车	① 粗车一端面，钻中心孔 ② 粗车另一端面，至长 145mm，钻中心孔 ③ 粗车一端外圆，分别至 ϕ22.5mm×36mm、ϕ18.5mm×42mm ④ 粗车另一端外圆至 ϕ26.5mm	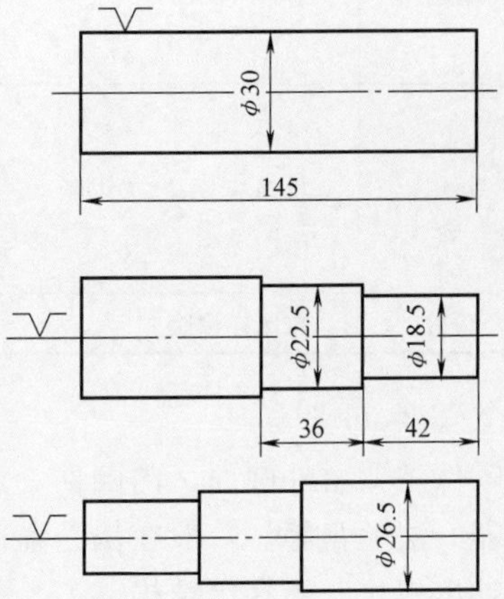	卧式车床
15	热处理	调质，硬度为 235HBW		

（续）

工序号	工序名称	工序内容	加工简图	设备
20	半精车	① 精车 ϕ18.5mm 端面，修整中心孔 ② 精车另一端面，至长 143mm，钻 M10 螺纹底孔 ϕ8.5mm×25mm，孔口车锥面 60° ③ 半精车一端外圆至 $\phi 24.4^{+0.1}_{0}$ mm ④ 半精车另一端外圆至 $\phi 16.4^{+0.1}_{0}$ mm、$\phi 20.4^{+0.1}_{0}$ mm×(36±0.1)mm，并保证 $\phi 24.4^{+0.1}_{0}$ mm×66mm ⑤ 切槽至 2mm×0.5mm	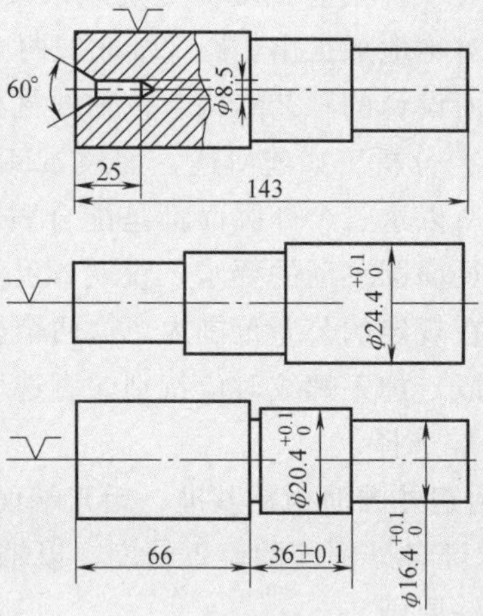 60°　ϕ8.5　25　143　$\phi 24.4^{+0.1}_{0}$　$\phi 20.4^{+0.1}_{0}$　$\phi 16.4^{+0.1}_{0}$　66　36±0.1	卧式车床
25	铣削	按加工简图所注尺寸铣扁，保证尺寸 22mm，并去毛刺	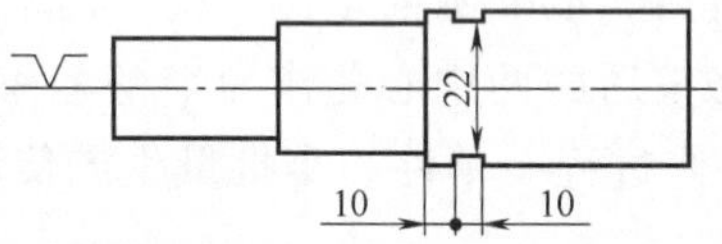 22　10　10	立式铣床
30	钻孔	按加工简图所注尺寸钻 ϕ10mm 通孔、ϕ3.5mm 深 3mm 孔	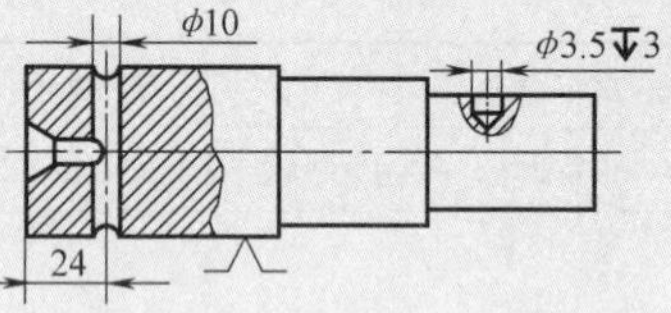 ϕ10　ϕ3.5↧3　24	立式钻床
35	磨削	磨各外圆面	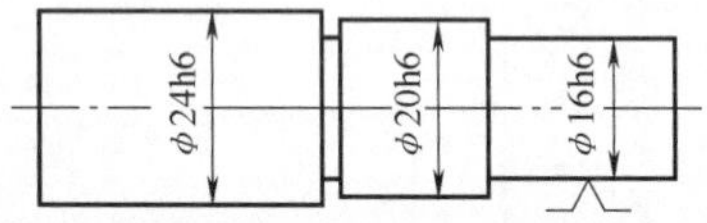 ϕ24h6　ϕ20h6　ϕ16h6	外圆磨床
40	钳工	攻 M10 螺纹，去毛刺	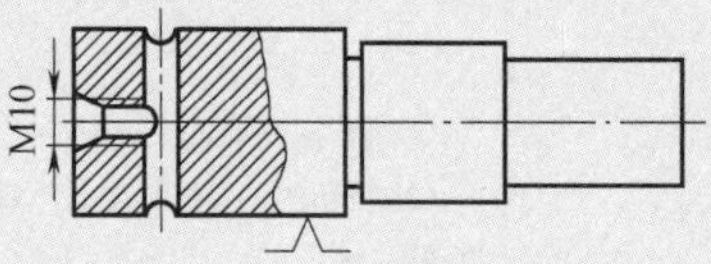 M10	
45	检验	按图样检验		

2. 盘套类零件

盘套类零件主要由外圆面、内圆面、端面和沟槽等组成，其特征是径向尺寸大于轴向尺寸，如联轴器、法兰盘等。一般在法兰盘的底板上设计出均匀分布的、用于连接的孔，根据需要还可设计出螺纹、销孔等结构。

现以常用的如图 10-19 所示的法兰端盖为例，说明盘套类零件的机械加工工艺过程。

（1）技术要求分析　该零件的底板为 80mm×80mm 的正方形，它的周边不需要加工，其精度直接由铸造保证。底板上有四个均匀分布的通孔 ϕ9mm，其作用是将法兰盘与其他零件相连接，外圆面 ϕ60d11 是与其他零件相配合的基孔制的轴，内圆面 ϕ47J8 是与其他零件相配合的基轴制的孔。它们的表面粗糙度 Ra 值均为 3.2μm。该零件的精度要求较低，可采

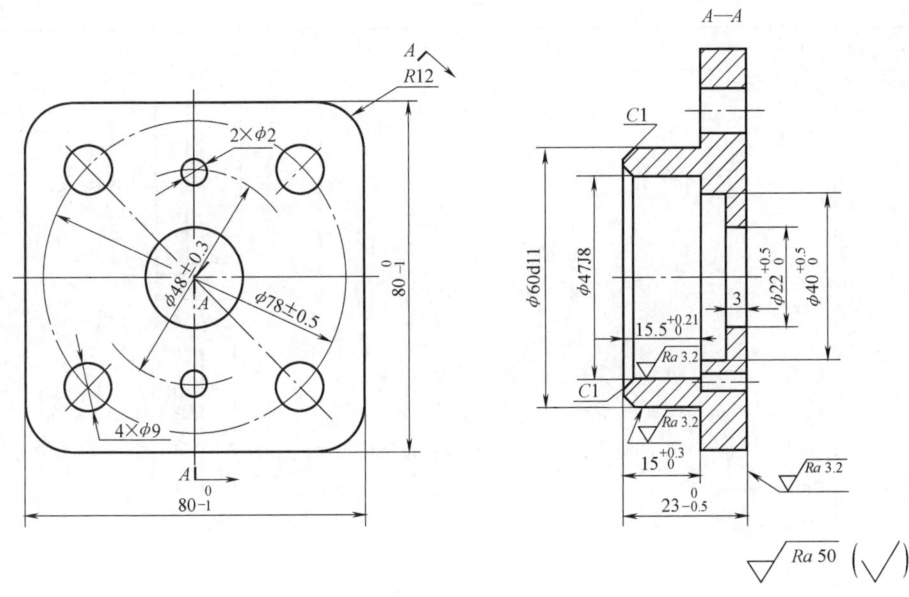

图 10-19 法兰端盖零件图

用一般加工工艺完成。零件材料为 HT100。

（2）工艺分析 外圆面与正方形底板的相对位置可由铸造时采用整模造型保证，这样不会产生大的偏差。由于该零件精度要求较低，只要选择好定位基准，采用粗车→半精车即可完成车削加工。因此，可以采用铸造→车削→划线、钻孔→检验的工艺路线。

（3）基准选择

1）以 ϕ60d11 的外圆面为粗基准，加工底板的底平面。

2）以底板加工好的底平面为精基准，不需要加工的侧面为粗基准，即以底平面定位、单动卡盘夹紧的方式将工序集中，在一次安装中把所有需要车削加工的表面加工出来，这样符合基准同一原则。

3）以 ϕ60d11 外圆面的轴线为基准划线，找出孔 4×ϕ9mm 和 2×ϕ2mm 的中心位置，即可钻出上述各小孔。

（4）工艺过程 单件、小批量生产法兰端盖的机械加工工艺过程见表 10-6。

表 10-6 单件、小批量生产法兰端盖的机械加工工艺过程

工序号	工序名称	工 序 内 容	加 工 简 图	设 备
5	铸造	铸造毛坯,尺寸如右图所示,清理铸件	φ66, 80×80, 14, 30	

（续）

工序号	工序名称	工序内容	加工简图	设备
10	车削	① 车 80mm×80mm 底平面，保证总长尺寸 26mm ② 车 ϕ60mm 端面，保证尺寸 $23_{-0.5}^{0}$mm ③ 车 ϕ60d11 及 80mm×80mm 底板的上端面，保证尺寸 $15_{0}^{+0.3}$mm ④ 钻 ϕ20mm 通孔 ⑤ 镗 ϕ20mm 孔至 $\phi22_{0}^{+0.5}$mm ⑥ 镗 $\phi22_{0}^{+0.5}$mm 至 $\phi40_{0}^{+0.5}$mm，保证尺寸 3mm ⑦ 镗 ϕ47J8，保证尺寸 $15.5_{0}^{+0.21}$mm ⑧ 倒角 $C1$	26 $15_{0}^{+0.3}$　ϕ20　ϕ60d11　$23_{-0.5}^{0}$ $\phi22_{0}^{+0.5}$ $40_{0}^{+0.5}$　3　ϕ47J8　$15.5_{0}^{+0.21}$　C1	卧式车床
15	钳工	按图样要求划 4×ϕ9mm 及 2×ϕ2mm 孔的加工线		
20	钻孔	根据划线找正、安装，钻 4×ϕ9mm 及 2×ϕ2mm 孔		立式钻床
25	检验	按图样检验		

3. 机架箱体类零件

机架箱体类零件是机器的基础零件，用以支承和装配轴系零件，并使各零件之间保证正确的位置关系，以满足机器的工作性能要求。因此，机架箱体类零件的加工质量对机器的质量影响很大。

现以图 10-20 所示的减速器箱体为例，介绍一般机架箱体类零件的机械加工工艺过程。

（1）技术要求分析

1）箱座底面与接合面的平行度在 1000mm 长度内不大于 0.5mm。

2）接合面加工后，其表面不能有条纹、划痕及毛刺。接合面对合间隙不大于0.03mm。

3）三个主要孔（轴承孔）的轴线必须保持在对合面内，其偏差不大于±0.2mm。

4）主要孔的距离误差应保持在±0.03～±0.05mm的范围内。

5）主要孔的尺寸公差等级为IT6，其圆度与圆柱度误差不超过其孔径公差的1/2。

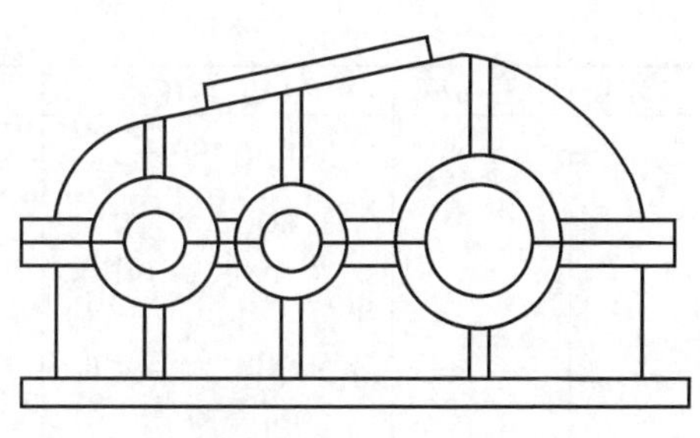

图10-20 减速器箱体

6）加工后，箱体内部需要清理。

7）工件材料为HT150，毛坯为铸件去应力退火。

（2）工艺分析 减速器箱体的主要加工表面有：

1）箱座的底面和接合面、箱盖的接合面和顶部方孔的端面，可采用龙门铣床或龙门刨床加工。

2）三个轴承孔及孔内环槽，可采用坐标镗床加工。

（3）基准选择

1）粗基准的选择。为了保证接合面的加工精度和表面完整性，选择距离接合面最近的不加工面作为粗基准加工接合面。

2）精基准的选择。箱座的接合面与底面互为基准，箱盖的接合面与顶面互为基准。

（4）工艺过程 大批、大量生产减速器箱体的机械加工工艺过程见表10-7。

表10-7 大批、大量生产减速器箱体的机械加工工艺过程

工序号	工序名称	工序内容	加工简图	设备
5	铸造			
10	热处理	去应力退火		
15	刨削	粗刨接合面	Ra 6.3　Ra 6.3	龙门刨床
20	刨削	① 粗、精刨箱座的底面及两侧面 ② 粗、精刨箱盖的方孔端面及两侧面	Ra 3.2	龙门刨床
25	刨削	精刨接合面	Ra 1.6　Ra 1.6	龙门刨床
30	钻削	① 钻连接孔 ② 钻螺纹底孔 ③ 钻销孔		摇臂钻床
35	钳工	① 攻螺纹孔 ② 铰孔 ③ 连接箱体		

（续）

工序号	工序名称	工序内容	加 工 简 图	设　　备
40	镗孔	① 粗镗三个主要孔 ② 半精镗三个主要孔 ③ 精镗三个主要孔 ④ 精细镗三个主要孔		镗床
45	终检	按图样检验		

复习思考题

1. 什么是机械制造工艺过程？机械制造工艺过程主要包括哪些内容？

2. 什么是生产纲领？如何确定企业的生产纲领？什么是生产类型？如何划分生产类型？各生产类型都有什么工艺特点？

3. 分析图 10-21 所示定位方法分别限制了工件的哪几个自由度？属于哪种定位？

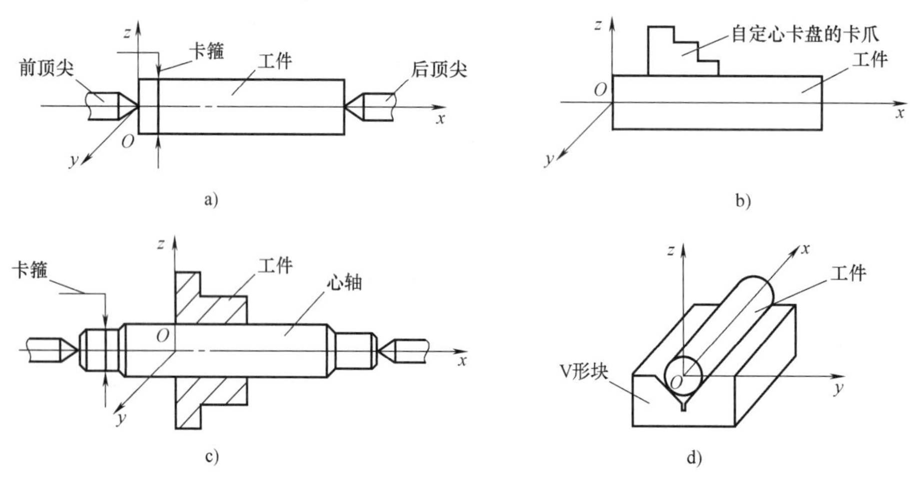

图 10-21　工件的定位方法

a）双顶尖定位　b）自定心卡盘定位　c）心轴定位　d）V 形块定位

4. 试分析加工图 10-22 所示各工件，要保证图示的尺寸要求，需限制工件的哪几个自由度？

5. 试拟定如图 10-1 所示齿轮轴在单件、小批量生产中的工艺过程。

6. 试拟定如图 10-23 所示轴套在单件、小批量生产中的工艺过程。

7. 试拟定如图 10-24 所示双联齿轮在单件、小批量生产中的工艺过程。

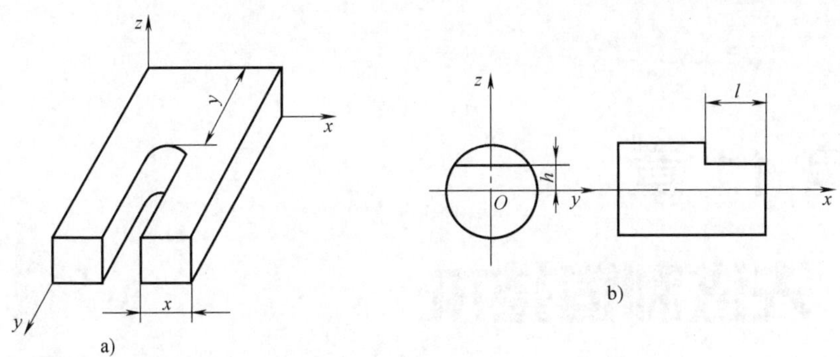

图 10-22 工件上需要加工的表面

a）铣槽 b）铣平面

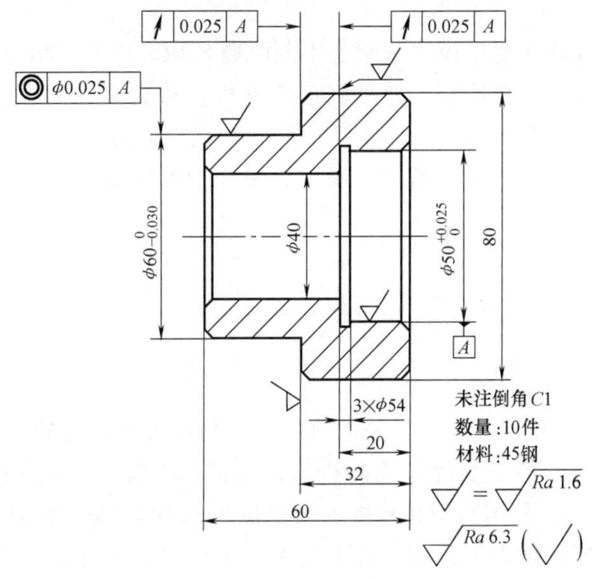

图 10-23 轴套零件图

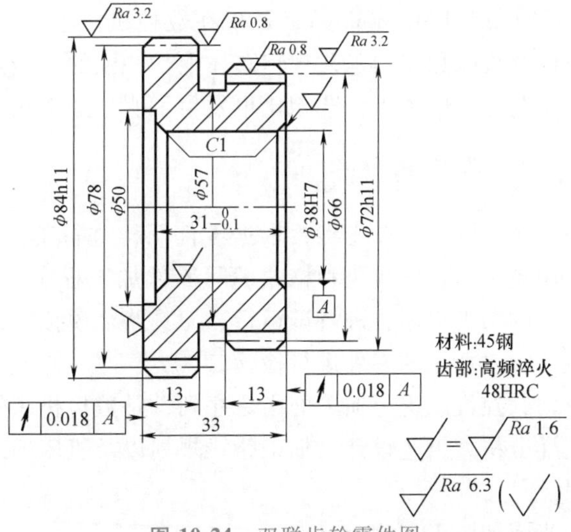

图 10-24 双联齿轮零件图

*第 11 章 先进制造技术

先进制造技术是在传统制造技术基础上不断吸收机械、电子、信息、材料、能源以及现代管理技术的成果，将其综合应用于产品制造全过程，从而实现优质、高效、低耗、清洁、灵活的生产，提高对动态多变的产品市场适应能力和竞争能力的制造技术总称。先进制造技术的发展趋势可以概括为“绿色、智能、超常、融合、服务”。

11.1 数控加工技术

11.1.1 数控加工的概念

数控（Numerical Control，NC）是采用数字化信息对机床的运动及其加工过程进行控制的方法。数控机床是指装备了数控系统的机床，简称 NC 机床。计算机数控（Computerized Numerical Control，CNC）是用通用计算机直接控制机床的运动及其加工的方法。计算机数控只需改变相应的控制程序即可改变其控制功能，而无须改变硬件电路，因此 CNC 系统具有更大的通用性和灵活性，是数控技术的发展方向，在生产中获得了广泛的应用。

数控加工（Numerical Control Machining），是指在数控机床上进行零件加工的一种工艺方法。数控机床加工与传统机床加工的工艺规程总体上是一致的，但由于数控加工具有本身的特点，因此数控加工工艺与一般加工工艺相比也发生了明显的变化。

11.1.2 数控加工过程与数控编程

一个完整的数控加工包含以下几个步骤：根据零件图样进行工艺分析，确定加工方案、工艺参数和位移数据；用规定的程序代码和格式编写零件加工程序单；程序的输入或传输；将输入或传输到数控单元的加工程序，进行试运行、刀具路径模拟等；通过对机床的正确操作，自动运行，首件试切；对加工的零件进行检验。

数控加工程序是驱动数控机床进行加工的指令序列，是数控机床的应用软件。数控编程的主要工作包括零件图样分析、工艺设计、加工路线规划以及机床辅助功能确定等内容，是数控加工中的重要阶段。

数控编程的内容与步骤如图 11-1 所示。

数控程序编制的方式包括手工编程和自动编程两种。

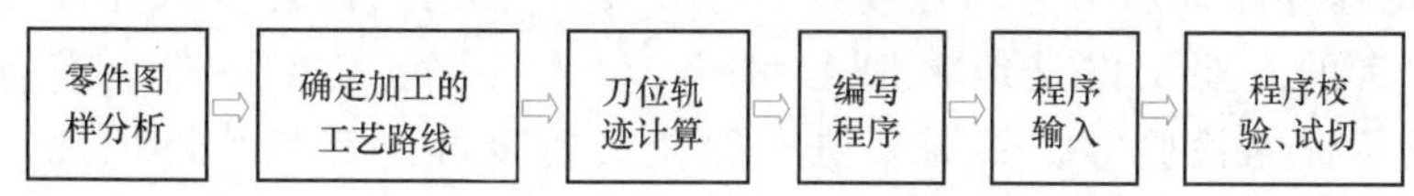

图 11-1 数控编程的内容与步骤

1）手工编程是指从分析零件图样、制订工艺规程、计算刀具运动轨迹、编写零件加工程序单、制备控制介质直到程序校核，整个过程都由人工完成的编程方法。对于几何形状不太复杂的零件，计算较简单，加工程序不多，采用手工编程易于实现。

手工编程方法是编制加工程序的基础，也是数控机床现场加工调试的主要方法，是机床操作人员必须掌握的基本功。对于形状复杂的零件，如具有非圆曲线、列表曲线轮廓的零件，用手工编程计算繁琐，程序量极大，出错的可能性大，效率低，手工编程难以胜任，应采用自动编程。

2）自动编程是指数控机床的程序编制工作大部分或一部分由计算机完成的编程方法。采用自动编程减轻了编程人员的劳动强度，提高了编程的效率和质量，同时解决了手工编程难以解决的复杂零件的编程难题。

根据信息输入方式与处理方法的不同，自动编程方法主要分为语言编程和图形交互编程。语言编程就是采用某种高级语言，对零件几何形状及进给路线进行定义，由计算机完成复杂的几何计算，或通过工艺数据库对刀具、夹具及切削用量进行选择。比较著名的数控编程系统有 APT（Automatically Programmed Tools）。语言编程方法描述零件几何形状不直观，是早期数控机床采用的编程方法，已逐步被图形交互编程方法所取代。

图形交互编程是基于某一 CAD/CAM 软件，人机交互完成加工图形定义、工艺参数设定，后经编程软件自动处理生成刀具轨迹和数控加工程序。图形交互编程是目前最常用的方法，典型的软件系统有 Mastercam、UG、Pro/E 等数控编程系统。

11.1.3 数控加工的特点

相对于传统机械加工，数控加工的优势如下：

1）对加工对象的适应性强。用数控机床所加工零件的形状主要取决于加工程序，当加工对象改变时，只需要重新编制程序就能实现对零件的加工，特别适合单件、小批量生产以及试制新产品。此外，数控加工运动的可控性使其能完成普通机床难以完成或无法进行的复杂型面加工。

2）加工精度高，产品质量稳定。数控机床本身的精度比普通机床高。在加工过程中，数控机床的自动加工方式可避免人为因素带来的误差，因此加工同一批零件的尺寸一致性好，精度高，加工质量十分稳定。

3）加工生产率高。数控机床主轴转速和进给量的调节范围较普通机床要大得多，机床刚度较高，允许进行大切削量的强力切削，从而有效地节省了加工时间。数控机床移动部件空行程运动速度快，缩短了定位和非切削时间。数控机床按坐标运动，可以省去划线等辅助工序，缩减辅助时间。被加工工件往往安装在简单的定位夹紧装置中，缩短了工艺装备的设计和制造周期，从而加快了生产准备过程。在带有刀库和自动换刀装置的数控机床上，工件只需一次装夹就能完成多道工序的连续加工，缩减了半成品的周转时间，生产率的提高更为明显。

4）自动化程度高，加工劳动强度低。数控机床加工零件是按事先编好的程序自动进行的，操作者的主要工作是编辑加工程序、输入程序、装卸零件、准备刀具、加工状态的观测及零件的检验等，不需要进行繁重的重复性手工操作。因此，劳动强度大幅度降低，机床操作者的工作趋于智力操作。另外，数控机床一般是封闭式加工，既清洁，又安全。

5）有利于生产管理现代化。程序化控制加工，改换品种方便，另外，一机多序加工，简化了生产过程的管理，减少了管理人员，还可实现无人化生产。采用数控机床加工能准确计算产品单个工时，合理安排生产。数控机床使用数字信息与标准代码处理、控制加工，为实现生产过程自动化创造了条件，并有效地简化了检验、工夹具和半成品之间的信息传递。

11.1.4　数控加工的应用

数控加工机床的性能特点决定了数控加工的应用范围。对于数控加工，可按照适用程度将加工对象分为三类。

（1）最适应类　加工精度高，形状、结构复杂，尤其是具有复杂曲线、曲面轮廓的零件，或具有不开敞内腔的零件，这类零件用通用机床很难加工和检测，加工质量也难以保证；必须在一次装夹中完成多道工序加工的零件。

（2）较适应类　价格昂贵，毛坯获得困难，不允许报废的零件。这类零件在普通机床上加工时，容易产生次品或废品，为可靠起见，可选择在数控机床上加工；在通用机床上加工效率低、劳动强度大、质量难稳定控制的零件；用于改型比较、供性能测试的零件（要求尺寸一致性好）；多品种、多规格、单件小批量生产的零件。

（3）不适应类　定位完全依靠人工找正的零件；如果数控机床无在线检测系统可自动检测调整零件位置坐标的情况下，加工余量很不稳定的零件；必须用特定的工艺装备，依靠样板、样件加工的零件；需要大批量生产的零件。

随着数控机床性能的提高、功能的完善和成本的降低，以及数控加工用的刀具、辅助用具的性能不断提高和数控加工工艺的不断改进，利用数控机床高自动化、高精度、工序集中的特点，将数控机床应用于大批量生产的情况也逐渐增加。

11.2　高速切削加工技术

切削加工仍是目前最主要的机械加工方法，在机械制造中占据着重要地位。随着制造技术的发展，切削加工技术在20世纪末取得了巨大进步，进入了以发展高速切削，开发新的切削工艺和加工方法，提供成套技术为特征的新阶段。以提高加工效率和加工质量为基本特征的高速切削是近年来迅速崛起的一项先进制造技术。在当今工业发达国家，高速切削作为一种新的切削加工理论，已经被越来越多的技术人员所认可和重视。

11.2.1　高速切削的概念与特点

高速切削加工是个相对的概念，目前尚无共识。一般认为高速加工是指采用超硬材料刀具，通过极大地提高切削速度和进给速度，以提高材料切除率、加工精度和加工表面质量的现代加工技术。高速切削加工的核心是速度和精度。由于刀具材料、工件材料和加工工艺的

多样性，很难就高速切削的速度范围给出一个明确的定义。现阶段一般把主轴转速在10000r/min以上，或者为普通切削速度5~10倍的视为高速加工。高速切削加工时，不但切削加工速度大幅度提高，而且机床运送部件的速度也要比常规切削高得多，不仅节省了切削加工时间，还可大幅度缩短辅助加工时间。

高速切削的特点如下：

1）加工效率高。随着自动化程度的提高，辅助时间、空行程时间已大幅度减少，有效切削时间占工件在制时间的主要部分，而切削时间的多少取决于进给速度和进给量的大小。高速切削虽然切削深度较小，但由于主轴转速高、进给速度快，使得单位时间内的金属切除量反而高，加工效率自然也相应得到提高。

2）加工精度高。高速切削具有较高的材料去除率，并相应地减小了切削力。对于同样的切削层参数，高速切削的单位切削力小，工件在切削过程中受力变形小，易于保证加工精度；高速切削时，由于切削速度高，切削热还来不及传给工件，因而工件基本保持冷态，热变形小，有利于加工精度的提高；此外，加工时可将粗加工、半精加工、精加工等多工序集成在一台机床上完成，避免了因多次装夹而使加工精度降低。值得注意的是，对于大型的框架、薄板件、薄壁槽形件高精度高效率的加工，高速铣削则是目前最有效的加工方法。

3）已加工表面质量高。高速切削时，切削力小，幅值波动小，与主轴有关的激振频率也远离切削工艺系统的固有频率，不易产生振动；另外，由于加工过程迅速，切削热传入工件的比例大幅度降低，加工表面的受热时间短，切削温度低，因此工件的热影响区和热影响程度都较小，有利于获得低损伤的表面结构状态，以及保持良好的表面物理性能、力学性能。

4）加工能耗低。高速切削时，单位功率的金属切除率显著增大。由于切除率高，能耗低，加工时间短，提高了能源和设备的利用率，降低了切削加工在制造系统资源总量中的比例。由于采用较小的切削深度，使得机床主轴、导轨的受力较小，延长了机床使用寿命。

11.2.2　高速切削的应用领域

高速切削加工技术目前主要应用于航空航天工业、汽车工业、模具工业等领域，以及复杂曲面、难加工材料的加工。航空工业是高速切削加工技术的主要应用行业，飞机上的零件通常采用整体制造法，其金属切除量相当大（一般金属切除率在70%以上），采用高速切削可大大缩短切削时间；在汽车制造行业，为了满足市场个性化需求而由大批量生产逐步转向为多品种变批量生产，由柔性生产线代替组合机床的刚性生产线，对技术变化较快的汽车零件，采用高速切削加工将柔性生产线的加工效率提高到组合机床生产线的水平；在模具制造方面，当采用高转速、高进给、低切削深度的加工方法时，对淬硬钢模具型腔的加工可获得较佳的表面质量，可减少甚至省去电加工和磨削加工，无论是对减少加工准备时间，缩短工艺流程，还是缩短切削加工时间都有很大的优势。

11.3　超精密加工

超精密加工是指加工精度和表面质量达到极高程度的精密加工工艺，从概念上讲具有相对性，随着技术的不断发展，超精密加工的技术指标也不断变化。目前，就其加工零件的精密量级来说，可以获得亚微米乃至纳米级的形状和尺寸，且能获得纳米级的表面粗糙度。超精密加工方法主要包括超精密切削（如超精密车削和超精密铣削等）、超精密磨削、超精密研磨、超精密特种加工等。

11.3.1　超精密切削加工

超精密切削加工主要是采用金刚石刀具的车削加工，主要用于加工非铁合金及光学玻璃、大理石和碳素纤维板等非金属材料。超精密切削加工之所以能获取高的切削精度，一方面是由于金刚石刀具与非铁合金的亲和力比较小，其硬度、耐磨性以及导热性相对比较好，并且可以刃磨得非常锋利；另一方面，在超精密切削加工中，采用了高精度的空气轴承、气浮导轨、定位检测元件等零部件，采取恒温、防振以及隔振等措施，从而使其所加工工件的表面粗糙度 Ra 值可以达到 0.025μm 以下，几何精度可达 0.1μm。因此，超精密切削加工技术在航空航天、光学及民用等领域的应用越来越广泛，正朝着更高精度的方向发展。

11.3.2　超精密磨削加工

超精密磨削是一种亚微米级的加工方法，正向纳米级发展。它是指加工精度达到或高于 0.1μm、表面粗糙度 Ra 值低于 0.025μm 的砂轮磨削方法，适于对钢铁材料、陶瓷及玻璃等硬脆材料的加工。通过超精密磨削加工可以省去传统磨削加工中的抛光工序，达到要求的表面粗糙度。采用超精密磨削，除保证获得精确的几何形状和尺寸外，还可以获得镜面级的表面质量。

11.3.3　超精密研磨

超精密研磨包括机械研磨、化学机械研磨、浮动研磨、弹性发射加工以及磁力研磨等加工方法。超精密研磨加工出的球面跳动公差可达 0.025μm，表面粗糙度 Ra 值可达 0.003μm。超精密研磨的关键条件是精密的温度控制、加工过程无振动、洁净的环境以及细小而均匀的研磨剂。此外，高精度的检测方法也必不可少。

11.3.4　超精密特种加工

超精密特种加工技术被国际上公认为是 21 世纪最有前途的技术。它是指采用电能、热能、光能、电化学能、化学能、声能及特殊机械能等能量使其达到去除或增加材料的加工方法。其应用对象主要有难加工材料（如钛合金、耐热不锈钢、高强钢、复合材料、工程陶瓷、金刚石、红宝石、硬化玻璃等高硬度、高韧性、高强度、高熔点材料）、难加工零件（如复杂零件三维型腔、型孔、群孔和窄缝等的加工）、低刚度零件（如薄壁零件、弹性元件等零件的加工）和以高能量密度束流实现焊接、切割、制孔、喷涂、表面改性、刻蚀和精细加工工艺。这类加工方法主要包括激光加工、电子束加工、离子束加工、微细电火花加工、微细电解加工等，这里仅做简要介绍。

1. 激光加工

激光加工是指由激光发生器将高能量密度的激光进一步聚焦后照射到工件表面，光能被吸收瞬时转化为热能，根据能量密度的高低，可实现打孔、精密切割、加工精微防伪标志等。随着激光加工设备和工艺的迅速发展，已出现了 100kW 以上的大功率激光器、千瓦级

的高光束固体激光器，同时还配有光导纤维，可进行多工位、远距离工作。由于激光加工设备功率大、自动化程度高，已普遍采用 CNC 控制、多坐标联动，并装有激光功率监控、自动聚焦、工业电视显示等辅助系统。目前，激光制孔的最小孔径已达到 0.002mm，激光切割薄材的速度可达 15m/min，切缝仅在 0.1～1mm 之间。激光表面强化、表面重熔、合金化、非晶化处理技术应用越来越广，激光微细加工在电子、生物、医疗工程方面的应用已成为无可替代的特种加工技术。

2. 电子束加工

电子束加工是指在真空中从电子枪的阴极向阳极不断发射负电子，负电子从电子枪的阴极向阳极移动过程中不断地加速、聚焦成极细的、能量密度极高的电子束流，当高速运动的电子撞击到工件表面时，其动能转化为热能，使材料熔化、汽化，并从真空中被抽走。控制电子束的强弱和偏转方向，配合工作台 x、y 方向的数控位移（采用 CNC 控制、多坐标联动)，可实现打孔、成形切割、刻蚀、光刻曝光等工艺。

电子束加工技术在国际上日趋成熟，已广泛用于运载火箭、航天飞机等主承力构件大型结构的组合焊接以及飞机梁、框、起落架部件、发动机整体转子、机匣、功率轴等重要结构件和核动力装置压力容器的制造。集成电路制造中也广泛采用波长比可见光短得多的电子束光刻曝光，可达到 0.25μm 的线条图形分辨率。

3. 离子束加工

离子束加工是指在真空中将离子源产生的离子加速、聚焦使之撞击工件表面。与电子束加工相比，由于离子带正电荷且质量比电子大数千万倍，故加速以后可以获得更大的动能，靠微观的机械撞击能量而不是靠动能转化为热能来加工工件。离子束加工可用于表面刻蚀、超净清洗，实现原子、分子级的切削加工。

4. 微细电火花加工

微细电火花加工是指在绝缘的工作液中通过工具电极和工件间脉冲火花放电产生的瞬时局部高温熔化和汽化去除金属。加工过程中工具电极与工件间没有宏观的切削力，只要精密地控制单个脉冲放电能量并配合精密微量进给，就可实现极微细的金属材料的去除，可加工微细轴、孔、窄缝、平面及曲面等。高档电火花成形及线切割已能提供微米级加工精度，可加工 3μm 的微细轴和 5μm 的孔。

5. 微细电解加工

微细电解加工是在导电的工作液中将水分解为氢离子和氢氧根离子，工件作为阳极，其表面的金属原子成为金属正离子溶入电解液而被逐层地电解下来，随后与电解液中的氢氧根离子发生反应形成金属氢氧化物沉淀，而工具阴极并不损耗。加工过程中工具与工件间也不存在宏观的切削力，只要精细地控制电流密度和电解部位，就可实现纳米级精度的电解加工，而且表面不会产生加工应力。

微细电解加工常用于镜面抛光、精密减薄以及一些需要无应力加工的场合。电解加工应用较广，除叶片和整体叶轮外，已扩大到机匣、盘环零件和深小孔加工。用电解加工可加工出高精度金属反射镜面。目前，电解加工机床的最大电流容量已达到 5 万 A，并已实现 CNC 控制和多参数自适应控制。

6. 复合加工

复合加工是指采用几种不同能量形式、几种不同的工艺方法，互相取长补短、复合作用的加工技术，如电解研磨、超声电解加工、超声电解研磨、超声电火花加工、超声切削加工等。复合加工比单一加工方法更有效，适用范围更广。

11.4 纳米加工技术

正如制造技术在当今各领域所起的重要作用一样，纳米加工技术在纳米技术的各领域中也起着关键作用。纳米加工技术包含机械加工、化学腐蚀、能量束加工以及利用扫描隧道显微镜在铝表面上的电场电工等许多方法。关于纳米加工技术目前还没有一个统一的定义，一般尺寸为 100nm 以下的材料的加工称为纳米加工，加工表面粗糙度为纳米级的也称为纳米加工。纳米加工技术是指零件加工的尺寸精度、形状精度以及表面粗糙度均为纳米级。采用以下加工技术可以实现纳米级加工。

11.4.1 纳米级机械加工技术

纳米级机械加工方法有单晶金刚石和 CBN 制作的单点刀具的超精密切削、金刚石和 CBN 磨料制作的磨具的超精密多点磨料加工，以及研磨、抛光、弹性发射加工等自由磨料加工或机械化学复合加工等。

目前，利用单点金刚石超精密切削加工已在实验室得到了 3nm 的切屑，利用可延性磨削技术也实现了纳米级磨削，而通过弹性发射加工等工艺则可以实现亚纳米级的去除，得到埃米级的表面粗糙度。

11.4.2 能量束加工技术

能量束加工是利用能量密度很高的激光束、电子束或离子束等去除工件材料的特种加工方法，主要包括离子束加工、电子束加工和光束加工等。此外，电解射流加工、电火花加工、电化学加工、分子束外延、物理和化学气相沉积等也属于能量束加工。离子束加工溅射去除、沉淀和表面处理，以及离子束辅助蚀刻也是纳米级加工的研究开发方向。

与固体工具切削加工相比，离子束加工的位置和加工速率难以确定，为取得纳米级的加工精度，需要亚纳米级检测系统与加工位置的闭环调节系统。电子束加工是以热能的形式去除穿透层表面的原子，可以进行刻蚀、光刻曝光、焊接、微米和纳米级钻削和铣削加工等。1999 年初，0.18μm 工艺的深紫外线（DUV）光刻机已相继投放市场。在 0.1μm 之后用于替代光学光刻的所谓下一代光刻技术（NGL）主要包括极紫外光、X 射线、电子束以及离子束光刻。下面就各种光刻技术的进展情况做简要介绍。

1. 光学光刻

光学光刻是通过光学系统以投影方法将掩膜上的大规模集成电路器件的结构图形“刻”在涂有光刻胶的硅片上。限制光学光刻所能获得的最小特征尺寸与光学光刻系统所能获得的分辨率直接相关，而减小光源的波长是提高分辨率的最有效途径。因此，开发新型短波长光源光刻机一直是国际上的研究热点。目前，商品化光刻机的光源波长已经从过去的汞灯光源紫外光波段进入到深紫外波段（DUV），如用于 0.25μm 技术的 KrF 准分子激光（波长为 248nm）和用于 0.18μm 技术的 ArF 准分子激光（波长为 193nm）。除此之外，利用光的干涉特性，采用各种波前技术优化工艺参数也是提高光刻分辨率的重要手段。这些技术是运用

电磁理论结合光刻实际对曝光成像进行深入分析所取得的突破，其中有移相掩膜、离轴照明技术、邻近效应校正等。运用这些技术，可在目前的技术水平上获得更高分辨率的光刻图形。如 1999 年初 Canon 公司推出的 FPA—1000ASI 扫描步进机，该机的光源为 193nm ArF，通过采用波前技术，可在 300mm 硅片上实现 0.13μm 光刻线宽。

光学光刻技术包括光刻机、掩膜、光刻胶等一系列技术，涉及光、机、电、物理、化学、材料等多个研究领域。目前，科学家正在探索更短波长的 F2 激光（波长为 157nm）光刻技术。由于大量的光吸收，获得用于光刻系统的新型光学及掩膜衬底材料是该波段技术的主要困难。

2. 极紫外光刻

极紫外光刻（EUVL）用波长为 10~14nm 的极紫外光作为光源。虽然该技术最初被称为软 X 射线光刻，但实际上更类似于光学光刻。所不同的是由于在材料中的强烈吸收，其光学系统必须采用反射形式。

3. X 射线光刻

X 射线光刻（XRL）光源波长约为 1nm。由于易于实现高分辨率曝光，自从 XRL 技术在 20 世纪 70 年代被发明以来，就受到人们广泛的重视。欧洲各国、美国、日本和中国等拥有同步辐射装置的国家相继开展了有关研究，是所有下一代光刻技术中最为成熟的技术。XRL 的主要困难是获得具有良好机械物理特性的掩膜衬底。近年来，掩膜技术研究取得了较大进展。SiC 是最合适的衬底材料。由于与 XRL 相关问题的研究已经比较深入，加之光学光刻技术的发展和其他光刻技术的新突破，XRL 不再是未来唯一的候选技术。近年来，美国对 XRL 的投入有所减少。尽管如此，XRL 技术仍然是不可忽视的候选技术之一。

4. 电子束光刻

电子束光刻（EBL）采用高能电子束对光刻胶进行曝光从而获得结构图形。由于其德布罗意波长为 0.004nm 左右，电子束光刻不受衍射极限的影响，可获得接近原子尺度的分辨率。电子束光刻可以获得极高的分辨率并能直接产生图形，不但在超大规模集成电路（VLSI）制作中已成为不可缺少的掩膜制备工具，还是加工用于特殊目的的器件和结构的主要方法。目前，电子束曝光机的分辨率已达 0.1μm 以下。电子束光刻的主要缺点是生产率较低，为每小时 5~10 个圆片，远小于目前光学光刻的每小时 50~100 个圆片的水平。美国朗讯公司开发的角度限制散射投影电子束光刻 SCALPEL 技术令人瞩目，该技术如同光学光刻那样对掩膜图形进行缩小投影，并采用特殊滤波技术去除掩膜吸收体产生的散射电子，从而在保证分辨率条件下提高产出效率。应该指出，无论未来光刻采用何种技术，EBL 都将是集成电路研究与生产不可缺少的基础设施。

5. 离子束光刻

离子束光刻（IBL）采用液态原子或固态原子电离后形成的离子通过电磁场加速及电磁透镜的聚焦或准直后对光刻胶进行曝光，其原理与电子束光刻类似，但德布罗意波长更短（小于 0.0001nm），且具有无邻近效应小、曝光场大等优点。离子束光刻主要包括聚焦离子束光刻（FIBL）、离子投影光刻（IPL）等。FIBL 发展最早，试验研究中已获得 10nm 的分辨率，由于效率低，很难在生产中作为曝光工具得到应用，目前主要用作 VLSI 中的掩膜修补工具和特殊器件的修整。针对 FIBL 的缺点，人们发展了具有较高曝光效率的 IPL 技术，已取得较大进展。

11.4.3 光刻电模铸造技术

光刻电模铸造（LIGA）工艺是由深层同步辐射 X 射线光刻、电铸成形、塑铸成形等技术组合而成的综合性技术，其最基本和最核心的工艺是深层同步辐射光刻，而电铸和塑铸工艺是 LIGA 产品实用化的关键。与传统的半导体工艺相比，LIGA 技术具有许多独特的优点，用材广泛，可以是金属及其合金、陶瓷、聚合物、玻璃等；可以制作高度达数百微米至一千微米，长径比大于 200 的三维立体微结构；横向尺寸可以小到 0.5μm，加工精度可达 0.1μm；可实现大批量复制、生产，且成本低。

用 LIGA 技术可以制作各种微器件、微装置。已研制成功或正在研制的 LIGA 产品有微传感器、微电机、微机械零件、集成光学和微光学元件、微波元件、真空电子元件、微型医疗器械、纳米技术元件及系统等。LIGA 产品的应用涉及面广泛，如加工技术、测量技术、自动化技术、汽车及交通技术、电力及能源技术、航空及航天技术、纺织技术、精密工程及光学、微电子学、生物医学、环境科学和化学工程等。

11.4.4 扫描隧道显微镜技术

Binning 和 Bobrer 发明的扫描隧道显微镜（STM），不但使人们可以以单个原子的分辨率观测物体的表面结构，而且为以单个原子为单位的纳米级加工提供了理想途径。应用扫描隧道显微镜技术可以进行原子级操作、装配和改型。STM 将非常尖锐的金属针（探针）接近试件表面至 1nm 左右，施加电压时隧道电流产生，隧道电流每隔 0.1nm 变化一个数量级。采用电流保持一定的工作方式，对试件表面进行扫描，即可分辨出表面结构。一般隧道电流通过探针尖端的一个原子，因而其横向分辨率为原子级。扫描隧道显微加工技术不仅可以进行单个原子的去除、添加和移动，而且可以进行 STM 光刻、探针尖电子束感应的沉淀和腐蚀等。

11.5 柔性制造系统

柔性制造系统（Flexible Manufacturing System，FMS）通常是利用系统工程学原理和成组技术，通过局域网把数控机床（加工中心）、坐标测量机、物料输送装置、对刀仪、立体刀库、工件装卸站、机器人等设备连接起来，在计算机及控制软件的控制下形成一个加工系统，解决制造业中的多品种、小批量生产，并使其达到整体最优的自动化加工过程。自 1967 年由英国莫林斯（Molins）公司建造首个 FMS（System-24）以来，柔性制造技术被世界各国所重视，并在发达国家的制造业中得到了广泛的应用。柔性制造技术的应用，既解决了近百年来中、小批量和中、大批量多品种加工自动化的问题，也很好地适应了产品不断迅速更新的需求。柔性制造技术具有较高的柔性和通用性；转产快、准备时间短；设备利用率高，可实现无人看管 24h 连续工作；加工质量高且稳定；生产成本低等特点。柔性制造技术已成为整个机械制造领域的核心技术。

11.5.1 柔性制造系统的组成

一个 FMS 主要由多工位的数控加工系统、自动化的物料储运系统、计算机控制的信息

系统等几部分组成。多工位的数控加工系统主要包括加工中心、车削中心或计算机数控（CNC）车、铣、磨及齿轮加工机床等，用以自动地完成多种工序的加工及刀具和工件的自动更换；自动化的物料储运系统用以实现工件及工装夹具的自动供给和装卸，以及完成工序间的自动传送、调运和存储工作；计算机控制的信息系统用以处理 FMS 的各种信息，输出控制 CNC 机床和物料系统等自动操作所需的信息，确保 FMS 有效地适应中、小批量和多品种生产的管理、控制及优化。

11.5.2 柔性制造系统的分类

按规模大小，FMS 可分为以下四类：

1. 柔性制造单元

柔性制造单元（Flexible Manufacturing Cell，FMC）由 1~2 台加工中心、工业机器人、数控机床及物料运送存储设备构成，具有适应加工多品种产品的灵活性。FMC 可视为一个规模最小的 FMS，是 FMS 向廉价化及小型化方向发展的一种产物，其特点是实现单机柔性化及自动化，迄今已进入普及应用阶段。

2. 柔性制造系统

FMS 通常包括 4 台或更多台全自动数控机床（加工中心与车削中心等），由集中的控制系统及物料系统连接起来，可在不停机的情况下实现多品种和中、小批量的加工及管理。

3. 柔性制造线

柔性制造线（Flexible Manufacturing Line，FML）是处于单一或少品种大批量非柔性自动线与中、小批量和多品种 FMS 之间的生产线。其加工设备可以是通用的加工中心、CNC 机床，也可采用专用机床或 CNC 专用机床。

4. 柔性制造工厂

柔性制造工厂（Flexible Manufacturing Factory，FMF）是将多个 FMS（或多条 FML）连接起来，配以自动化立体仓库，用计算机系统进行联系，采用从订货、设计、加工、装配、检验、运送至发货的完整 FMS。它包括了 CAD/CAM，并使 CIMS 投入实际应用，实现生产系统柔性化及自动化，进而实现全厂范围的生产管理、产品加工及物料储运进程的全盘化。

11.5.3 柔性制造技术的发展

FMS 是实现未来工厂的发展趋势，从第一台柔性制造系统诞生以来，相关技术一直在发展和进步。20 世纪 80 年代中期 FMS 技术获得了迅猛发展，一方面是由于单项技术如 CNC 加工中心、工业机器人、CAD/CAM、资源管理及高技术的发展，为系统集成提供了关键技术基础；另一方面，世界市场发生了重大变化，由过去传统、相对稳定的市场发展为动态多变的市场，企业为求生存、求发展，开始探索适应市场需求的生产方法和经营模式。

目前柔性制造技术已经相当成熟。未来的发展方向包括：

1）对于中、小、微企业，FMC 的投资少，FMC 将成为发展和应用的热门技术。

2）对于大批量多品种的生产企业，发展生产效率更高的 FML。

3）开发包含锻造、冲压、焊接、装配、检验等制造工序的多功能 FMS。

4）柔性制造技术与 CAD 和 CAM 技术结合，发展模块化技术，形成不同形式、拥有不同信息流和物料流的模块化柔性系统。

5）从企业战略和全局高度，实现柔性制造系统的自动化和柔性化。

11.6　虚拟制造技术

11.6.1　虚拟制造的概念

虚拟制造（Virtual Manufacturing，VM）是实际制造过程在计算机上的本质实现，是利用计算机仿真与虚拟现实技术，在高性能计算机及高速网络的支持下，采用群组协同工作，通过模型来模拟和预估产品功能、性能及可加工性等各方面可能存在的问题，实现产品制造的本质过程，包括产品的设计、工艺规划、加工制造、性能分析、质量检验，并进行过程管理与控制，以增强制造过程各级的决策与控制能力。

11.6.2　虚拟制造的基本原理

虚拟制造系统（Virtual Manufacturing System，VMS）可实现产品开发和制造过程各环节的集成。根据制造企业的制造策略，在信息集成和功能集成的基础上，通过对整个产品开发过程的建模、管理、控制和协调，使企业资源、技术、人员得到合理的组织和配置，在产品的整个生命周期内，实现制造企业策略、企业经营、工程设计和生产活动的集成，以及并行处理虚拟环境下多学科小组的协同工作，以适应市场和用户需求的不断变化，以最快的速度向市场和用户提供质优价廉的产品。

利用 VMS 能够在产品开发的各个阶段，根据产品的要求，在虚拟环境下对虚拟产品原型的结构、功能、性能、加工、装配、制造过程以及生产过程进行仿真，并依据产品评价体系的方法、规范和指标，设计修改和优化产品制造过程。从而大大缩短产品的开发时间，并在产品开发的早期阶段及时发现可能存在的问题，在实际制造之前予以解决。由于开发进程的加快，使“设计→评价→修改”的设计方式，从串行工作模式下的局部循环过渡到基于并行工作模式的整体循环，进而有利于实现对多个解决方案的比较和优化选择。

11.6.3　虚拟制造系统的应用

虚拟制造技术自 20 世纪 80 年代提出以来，经过数十年的发展，已日趋完善。目前，虚拟制造技术的关键技术包括高性能计算机软硬件、三维建模技术、虚拟仿真技术、虚拟现实交互技术等。其主要应用范围包括：

1）虚拟产品设计。虚拟设计出产品并对其进行结构、力学、运动学等相关分析，缩短研制周期，优化设计。如飞机、汽车设计过程中，对关键零部件进行力学分析，优化结构；对运动部件进行运动分析，防止干涉；对外形进行空气动力学分析，优化外形；对整体进行三维模拟，提高其空间利用率。

2）虚拟产品制造。应用计算机仿真技术，对零件的加工方法、工序顺序、工装和工艺参数的选用以及加工工艺性、装配工艺性等均可建模仿真，可以提前发现加工缺陷，提前发现装配时出现的问题，从而能够优化制造过程，提高加工效率。

3）虚拟生产过程。产品生产过程的合理制订，人力资源、制造资源、物料库存、生产调度、生产系统的规划设计等，均可通过计算机仿真进行优化；同时还可对生产系统进行可

靠性分析，对生产过程的资金和产品市场进行分析预测，从而对人力资源、制造资源进行合理配置，对缩短产品生产周期、降低成本意义重大。

11.7 计算机辅助设计和计算机辅助制造技术

11.7.1 计算机辅助设计和计算机辅助制造的基本概念

计算机辅助设计和计算机辅助制造（CAD/CAM）技术是一项综合性的、技术复杂的系统工程，涉及许多学科领域，如计算机科学和工程、计算数学、几何造型、计算机图形显示、数据结构和数据库、仿真、数控、机器人和人工智能学科与技术，以及与产品设计和制造有关的专业知识等。它是产品设计人员和组织产品制造的工艺技术人员在计算机系统的辅助下，根据产品的设计和制造程序进行设计和制造的一项新技术，是传统技术与计算机技术的有机结合。目前，CAD/CAM 技术不仅已广泛用于航空航天、电子、机械制造等工程和产品生产领域，而且逐渐发展到服装、装饰、家具和制鞋等应用领域。

从产品制造的过程来看，产品的制造过程往往要经过图样设计或三维模型、工艺设计才能进行加工。所以，CAD/CAM 又可细分为 CAD/CAPP/CAM，其中计算机辅助工艺规划（CAPP）是连接 CAD、CAM 的桥梁。

1. 计算机辅助设计（Computer Aided Design，CAD）

计算机辅助设计是指工程技术人员在人和计算机组成的系统中以计算机为辅助工具，通过人-机交互操作方式进行产品设计构思和论证、产品总体设计、技术设计、零部件设计，有关零件的强度、刚度、热、电、磁的分析计算和零件加工信息（工程图样或数控加工信息等）的输出，以及技术文档和有关技术报告的编制等，从而达到提高产品设计质量、缩短产品开发周期、降低产品成本的目的。CAD 系统的主要功能包括草图设计、零件设计、装配设计、复杂曲面设计、工程图样绘制、工程分析、真实感及渲染和数据交换接口等。

2. 计算机辅助工艺规划（Computer Aided Process Planning，CAPP）

计算机辅助工艺规划是指在人和计算机组成的系统中，根据产品设计阶段给出的信息，人-机交互地或自动地确定产品加工方法和工艺过程。在 CAD/CAM 集成环境中，通常工艺设计人员可以根据 CAD 过程提供的信息和 CAM 系统的功能，进行零部件加工工艺路线的控制和加工状况的仿真，以生成控制零件加工过程的信息。CAPP 的基本功能主要包括毛坯设计，加工方法选择，工艺路线制订，工序、工步设计，刀具、夹具设计等。

3. 计算机辅助制造（Computer Aided Manufacture，CAM）

在机械制造业中，利用计算机通过各种数值控制机床和设备，自动完成离散产品的加工、装配、检测和包装等制造过程，称为计算机辅助制造。CAM 有广义和狭义两种定义。广义 CAM 一般是指利用计算机辅助完成从生产准备到产品制造整个过程的活动，包括工艺过程设计、工装设计、CNC 自动编程、生产作业计划、生产控制和质量控制等。狭义 CAM 通常是指 CNC 程序编制，包括刀具路径规划、刀位文件生成、刀具轨迹仿真及 CNC 代码生成等。

11.7.2 CAD/CAM 研究的关键技术

CAD/CAM 系统体系结构可分为基础层、支撑层和应用层三个层次。基础层由计算机、外围设备和系统软件组成，其中，系统软件包括各种支撑软件、系统开发和维护的工具软件；支撑层包括 CAD/CAM 支撑软件、产品数据管理、图形显示等内容，随着互联网/企业内部网的广泛使用，分布式协同 CAD/CAM 环境正成为支撑层中的一个重要组成部分；应用层则是针对不同的应用领域需求而开发的各种 CAD/CAM 应用系统。

1. 集成化技术

产品的设计过程作为一项创造性活动，随着自然科学、技术科学、环境科学和人文科学的发展已变成一项综合技术。将系统观点和信息观点引入制造业，就出现了 CIMS 的概念。随着 CAD/CAM 技术 40 多年来的发展，其各个单元技术（如 CAD、CAPP、CAM、PDM、ERP 等）已日渐成熟，在各自的领域起到越来越重要的作用。但由于这些独立的分系统之间无法实现信息的自动传递和交换，使许多工作不得不在各分系统中重复来做，如在 CAPP 中需要建立产品特征模型，在 CAM 系统中需要再次建立产品的模型，而普通的 CAD 模型主要用于图样的生成和产品仿真。

所谓集成通常是指以统一产品数据模型及工程数据库为基础，在系统之间及系统内部实现信息传递、响应、分析及反馈，从而达到系统及各模块之间的无缝集成。

2. 智能化技术

智能制造系统就是将人工智能融合到制造系统的各个环节中，通过模拟专家的智能活动取代或延伸制造环境中应由专家完成的那部分活动。在智能制造系统中，系统具有部分人类专家的“智能”。例如：系统能自动监视自身的运动状态；系统能够自动调整自身参数以适应外部环境，使自己始终运行在最佳状态下。智能制造系统的研究和应用主要取决于人工智能技术的发展。

3. 网络化技术

网络化技术包括硬件与软件的实现，各种通信协议及制造自动化协议、通信接口、系统操作控制策略等，是实现各种制造系统自动化的基础。特别是在 20 世纪 90 年代以后，随着互联网/企业内部网的发展，为异地、协同设计的研究和应用提供了平台，CAD/CAM 技术也朝着网络化的方向发展。目前，这方面的研究内容主要集中在以下几个方面：

1）因特网/企业内部网络环境下的异地协同设计平台的建立。

2）并行协同工作原理和实施技术（包括协同问题求解、合作运行机制和管理控制）。

3）协同工作环境下的产品建模问题。

4）基于网络的企业制造资源管理。

4. 可视化技术

可视化技术是利用虚拟现实技术、多媒体技术及计算机仿真技术实现产品设计制造过程中的几何仿真、物理仿真、制造过程仿真及工作过程仿真，采用多种介质来存储、表达、处理多种信息，融文字、语音、图像、动画于一体，给人一种真实感及临境感。比较典型的应用包括虚拟制造、虚拟现实等方面。具体体现在以下几个方面：

1）科学计算结果数据的数字及图形动态显示。

2）产品及其零部件的几何仿真及装配过程仿真。

3）产品性能的物理及力学仿真。

4）产品工作过程仿真，使其具有临境感及可驾驭感。

总之，制造过程的自动化程度是制造技术先进性的主要标志之一，也是 21 世纪现代制

造技术中的一个最活跃的环节。制造自动化的发展将以其柔性化、集成化、敏捷化、智能化、全球化的特征来满足市场快速变化的要求。我国制造自动化的发展是以立足国情、瞄准世界先进水平、提高竞争力为前提，采用人机结合的适度自动化技术，将自动化程度较高的设备（如数控机床、工业机器人）和自动化程度较低的设备有效地组织起来，在此基础上实现以人为中心、以计算机为重要工具，具有柔性化、智能化、集成化、快速响应和快速重组的制造自动化系统。显然，制造自动化技术是我国必须大力发展的重要技术领域。

复习思考题

1. 简述数控加工的过程与特点。
2. 高速切削的特点是什么？
3. 超精密加工主要包括哪几种加工方法？
4. 什么是纳米加工？纳米加工如何实现？
5. 什么是柔性制造系统？它由哪些部分组成？如何分类？
6. 什么是虚拟制造？其基本原理是什么？
7. 什么是计算机辅助设计（CAD）、计算机辅助工艺规划（CAPP）和计算机辅助制造（CAM）？
8. CAD/CAM 研究的关键技术主要包括哪几方面？

参考文献

[1] 齐乐华. 工程材料与机械制造基础 [M]. 2版. 北京：高等教育出版社，2018.
[2] 严绍华. 材料成形工艺基础 [M]. 北京：清华大学出版社，2008.
[3] 李梦群，庞学慧，王凡. 先进制造技术导论 [M]. 北京：国防工业出版社，2005.
[4] 宾鸿赞，王润孝. 先进制造技术 [M]. 北京：高等教育出版社，2006.
[5] 王纪安. 工程材料与材料成形工艺 [M]. 2版. 北京：高等教育出版社，2004.
[6] 何红媛，周一丹. 材料成形技术基础 [M]. 南京：东南大学出版社，2015.
[7] 李新城. 材料成形学 [M]. 北京：机械工业出版社，2004.
[8] 童幸生，徐翔，胡建华. 材料成形及机械制造工艺基础 [M]. 武汉：华中科技大学出版社，2002.
[9] 沈其文. 材料成形工艺基础 [M]. 4版. 武汉：华中科技大学出版社，2021.
[10] 云建军. 工程材料及材料成形技术基础 [M]. 北京：电子工业出版社，2003.
[11] 杜丽娟. 工程材料成形技术基础 [M]. 北京：电子工业出版社，2003.
[12] 詹武. 工程材料 [M]. 北京：机械工业出版社，1997.
[13] 崔忠圻，覃耀春. 金属学与热处理 [M]. 3版. 北京：机械工业出版社，2020.
[14] 陈仪先，梅顺齐. 机械制造基础 [M]. 北京：中国水利水电出版社，2005.
[15] 林建榕. 机械制造基础 [M]. 上海：上海交通大学出版社，2006.
[16] 熊良山. 机械制造技术基础 [M]. 4版. 武汉：华中科技大学出版社，2020.
[17] 张柯柯，等. 特种先进连接方法 [M]. 3版. 哈尔滨：哈尔滨工业大学出版社，2017.
[18] 华樊生，等. 机械制造技术基础 [M]. 重庆：重庆大学出版社，2003.
[19] 韩洪涛. 机械制造技术 [M]. 2版. 北京：化学工业出版社，2009.
[20] 蔡光起. 机械制造技术基础 [M]. 沈阳：东北大学出版社，2002.
[21] 李绍明. 机械加工工艺基础 [M]. 北京：北京理工大学出版社，1993.
[22] 邓文英，郭晓鹏，邢忠文. 金属工艺学：上册 [M]. 6版. 北京：高等教育出版社，2017.
[23] 邓文英，郭晓鹏，邢忠文. 金属工艺学：下册 [M]. 6版. 北京：高等教育出版社，2017.
[24] 李蕾. 机械工程材料及机械制造基础 [M]. 北京：哈尔滨地图出版社，2005.
[25] 张万昌，等. 热加工工艺基础 [M]. 北京：高等教育出版社，1991.
[26] 裴崇斌. 工程材料与热加工工艺 [M]. 西安：西北工业大学出版社，1996.
[27] 赵熹华，冯吉才. 压焊方法及设备 [M]. 2版. 北京：机械工业出版社，2019.
[28] 曲卫涛. 铸造工艺学 [M]. 西安：西北工业大学出版社，1994.
[29] 盛善权. 机械制造基础 [M]. 北京：高等教育出版社，1993.
[30] 李志远，钱乙余，张九海，等. 先进连接方法 [M]. 北京：机械工业出版社，2000.
[31] 张启芳. 热加工工艺基础 [M]. 南京：东南大学出版社，1996.
[32] 王寿彭. 铸件形成理论及工艺基础 [M]. 西安：西北工业大学出版社，1994.
[33] 柳百成，沈厚发. 21世纪的材料成形加工技术与科学 [M]. 北京：机械工业出版社，2004.
[34] 朱林泉，白培康，朱江淼. 快速成型与快速制造技术 [M]. 北京：国防工业出版社，2003.
[35] 毛卫民. 半固态金属成形技术 [M]. 北京：机械工业出版社，2004.
[36] 王先逵. 机械加工工艺手册 [M]. 2版. 北京：机械工业出版社，2007.
[37] 韩秀琴. 机械加工工艺基础 [M]. 哈尔滨：哈尔滨工业大学出版社，2005.
[38] 顾熙棠. 金属切削机床：上册 [M]. 上海：上海科学技术出版社，1994.
[39] 顾熙棠. 金属切削机床：下册 [M]. 上海：上海科学技术出版社，1994.

[40] 盛晓敏，邓朝辉. 先进制造技术［M］. 北京：机械工业出版社，2019.

[41] 樊自田. 先进材料成形技术与理论［M］. 北京：化学工业出版社，2006.

[42] 刘伟军. 快速成型技术及应用［M］. 北京：机械工业出版社，2005.

[43] 申荣华，丁旭. 工程材料及其成形技术基础［M］. 2版. 北京：北京大学出版社，2013.

[44] 李凯岭. 机械制造技术基础［M］. 北京：科学出版社，2007.

[45] 亓四华. 工程材料及成形技术基础［M］. 3版. 合肥：中国科技大学出版社，2008.

[46] 杨慧智，吴海宏. 工程材料及成形工艺基础［M］. 4版. 北京：机械工业出版社，2020.

[47] 鞠鲁粤. 工程材料与成形技术基础［M］. 3版. 北京：高等教育出版社，2015.

[48] 孙康宁，程素娟，孙宏飞. 现代工程材料成形与制造工艺基础：上册［M］. 北京：机械工业出版社，2001.

[49] 刘光宇，虞跃生，万贤毅. 计算机模拟技术在金属塑性成形中的应用［J］. 汽车科技，2000（6）：34-37.

[50] 华林，秦训鹏. 计算机技术在塑性加工中的应用［J］. 机械工人（热加工），2003（6）：6-8.

[51] 江树勇. 材料成形技术基础［M］. 北京：高等教育出版社，2010.

[52] 宫大猛，雷毅. 数值模拟在焊接中的应用分析［J］. 电焊机，2012，42（6）：57-62；104.

[53] 吴言高，李午申，邹宏军，等. 焊接数值模拟技术发展现状［J］. 焊接学报，2002，23（3）：89-92.

[54] 汪建华. 焊接数值模拟技术及其应用［M］. 上海：上海交通大学出版社，2003.

[55] 傅水根. 机械制造工艺基础［M］. 3版. 北京：清华大学出版社，2010.

[56] 任家隆，刘志峰. 机械制造基础［M］. 3版. 北京：高等教育出版社，2015.

[57] 丁树模，丁问司. 机械工程学［M］. 5版. 北京：机械工业出版社，2015.

[58] 周伟平. 机械制造技术［M］. 武汉：华中科技大学出版社，2002.

[59] 骆莉，卢记军. 机械制造工艺基础［M］. 武汉：华中科技大学出版社，2006.

[60] 李永刚. 机械制造技术基础［M］. 北京：清华大学出版社，2014.

[61] 孙兴伟，薛小兰，杨林初. FANUC系统数控机床编程与加工［M］. 北京：中国水利水电出版社，2015.

[62] 魏杰. 数控技术及其应用［M］. 2版. 北京：机械工业出版社，2014.

[63] 谢乐林. 金属工艺学［M］. 成都：电子科技大学出版社，2013.

[64] 丁怀清，王鑫. 先进制造技术［M］. 北京：中央广播电视大学出版社，2011.

[65] 仲兴国. 数控机床与编程［M］. 2版. 沈阳：东北大学出版社，2011.

[66] 胡育辉，袁晓东. 数控机床编程与操作［M］. 北京：北京大学出版社，2008.

[67] 王英杰. 金属工艺学［M］. 2版. 北京：机械工业出版社，2010.

[68] 胡玮，吴斌. 工程材料与机械制造基础［M］. 合肥：合肥工业大学出版社，2021.

[69] 李爱菊. 工程材料与机械制造基础：下册［M］. 3版. 北京：高等教育出版社，2019.